THIS IS PARIS

THIS IS
PARIS

초판 1쇄 발행 2022년 7월 15일
개정 1판 1쇄 발행 2023년 3월 20일
개정 2판 1쇄 발행 2024년 5월 17일
개정 3판 1쇄 발행 2025년 2월 17일
개정 4판 1쇄 발행 2026년 2월 10일

지은이 김민준, 박영희, 윤유림, 임현승, 정희태

발행인 박성아
편집 김민정
교정 김현신
디자인 & 지도 일러스트 the Cube
경영 기획·제작 총괄 홍사여리
마케팅·영업 총괄 유양현

펴낸 곳 테라(TERRA)
주소 03925 서울시 마포구 월드컵북로 400, 서울경제진흥원 2층(상암동)
전화 02 332 6976
팩스 02 332 6978
이메일 terra@terrabooks.co.kr
인스타그램 @terrabooks
등록 제2009-000244호
ISBN 979-11-92767-45-1 13980
값 20,000원

THIS IS 디스이즈파리 PARIS

글·사진 김민준 박영희 윤유림 임현승 정희태

TERRA

작가 소개

김민준

유럽에 첫발을 디딘 일곱 살 때부터 호기심 어린 눈으로 유럽의 이 골목 저 골목을 탐험하다 국제 미아가 된 경험을 꼽으면 열 손가락이 넘는다. 레오나르도 다빈치의 작품에 매료되어 화가의 길을 선택했고, 오랜 세월 보고 듣고 느낀 유럽을 어려운 예술 작품이 아닌 쉬운 말로 설명해달라는 주변 사람들의 끈질긴 요구에 '친절한 여행 작가 되기'를 선언했다. 여행자들이 이 책을 쉽고 편안한 길동무 삼아 수많은 예술가가 사랑한 길을 걸으며 한 폭의 명화를 감상하듯 여유롭게 파리를 즐기길 바란다. 지은 책으로는 <자신만만 세계여행 유럽>과 <프랑스 데이>(공저)가 있다.

박영희

대학에서 연기를 전공하고 패션 관련 일을 했다. 프랑스의 패션과 그림, 조각 공부에 푹 빠져 파리행을 결심한 후, 유로자전거나라 가이드로 일하며 파리의 미술관을 종횡무진했다. 파리에 산 지 어느덧 14년이 흐른 지금도, 파리는 여전히 수많은 영감과 설렘을 주는 도시다. 한국의 독자들이 궁금해하는 프랑스 여행 정보를 알려주기 위한 글을 꾸준히 쓰고 있다. 지은 책으로는 <쁘띠 파리>(공저) <비-하인드 파리> <프랑스 데이>(공저)가 있다.

INSTAGRAM @younghee_paris

윤유림

전직 서울대병원 마취과 간호사. 평생 한국에서 의료인으로 살아갈 줄 알았는데, 우연한 계기로 프랑스에 온 지 10년째가 됐다. 때론 사랑하는 가족과 친구들이 그립기도 하지만 날마다 축제 같은 낭만의 도시 파리에서 프랑스 미술과 패션을 공부하며 틈틈이 파리의 갤러리와 부티크를 부지런히 돌아다닌다. 프라이빗 도슨트와 퍼스널 쇼퍼로 활동하고 있다. 지은 책으로는 <쁘띠 파리>(공저)가 있다.

INSTAGRAM @jjoie.paris

임현승

유럽 전문 지식가이드 그룹 유로자전거나라 프랑스 지점장이자 프랑스 공인 문화해설 전문 가이드. 현대인이 체감하는 시간의 속도로 따지면 강산이 몇 번은 변했을 만큼 오랜 세월을 프랑스에서 생활하고 있지만 아직 한 번의 권태기도 못 느꼈을 정도로 프랑스에 대한 애정이 지극하다. 매 순간 즐거움과 행복을 추구하는 유로자전거나라 프랑스 팀 동료들의 '기'를 팍팍 받아, 이 책을 들고 여행을 나선 독자들의 발걸음이 설렘으로 가득하길 바라는 마음으로 작업했다. 지은 책으로는 <90일 밤의 미술관: 루브르 박물관>(공저)과 <프랑스 데이>(공저), <파리의 미술관>(공저)이 있다.

정희태

유로자전거나라 프랑스 가이드이자 프랑스 공인 문화해설 전문 가이드. 대학에서 요리를 공부하고 와인에 빠져 무작정 프랑스로 유학을 떠나왔다. 와인의 중심 부르고뉴 지역에서 소믈리에 과정과 와인 시음 전문과정을 수료했고, 이후 프랑스 역사와 문화 그리고 미술 등을 전문적으로 공부하여 프랑스 국가 공인 가이드 자격을 취득하였다. 현재는 루브르 박물관과 오르세 미술관을 비롯한 프랑스 문화재에서 14년째 문화 해설사로 활동을 이어가고 있다. 지은 책으로는 <그림을 닮은 와인 이야기>와 <90일 밤의 미술관: 루브르 박물관>(공저), <파리의 미술관>(공저)이 있다.

유로자전거나라를 아시나요?

유로자전거나라는 세계 최초로 지식가이드 서비스를 만들어낸 유럽 전문 가이드 회사입니다. 2000년대 초반 '어떻게 하면 더 만족스럽고 행복한 여행을 할 수 있을까?'란 고민에서 시작해, 지난 25년간 프랑스, 이탈리아, 스페인, 영국 등 유럽을 방문한 수십만 명의 개인 여행자들에게 숙련된 현지 가이드의 깊이 있고 알찬 해설을 제공해왔습니다. 앞으로도 유로자전거나라는 새로운 변화를 시도하며 여러분께 유럽 여행의 진정한 의미와 감동을 전해드리도록 노력하겠습니다.

유로자전거나라 www.eurobike.kr

About <This is PARIS>

더 이상의 파리 가이드북은 없다!

● 파리 현지 작가들이 발로 뛰며 찾아낸, 생생한 여행 정보!

유럽 최고의 지식가이드 그룹 유로자전거나라의 베테랑 가이드와 14년 차 유럽 전문 여행 작가가 파리 구석구석을 발로 뛰며 알아낸 파리 여행 정보로 가득합니다.

● 계획 '1'도 없이 떠나도 좋아! 요즘 파리 트렌드 총정리

현지에서 살고 있지 않으면 알기 어려운 트렌디한 정보들을 한 권에 깔끔하게 정리했습니다. 일일이 인터넷을 검색하거나 커뮤니티에 질문 글을 올리는 번거로움을 덜어드립니다.

● 아는 만큼 보인다! 재밌고 풍부한 읽을거리

관광지 정보뿐 아니라 역사적인 건물과 예술품의 배경 설명을 풍부하게 싣고, 박물관과 미술관이 소장하고 있는 대표 작품 이미지와 구조도까지 수록하여 여행자들의 이해를 도왔습니다.

● 여행 일정 짜기 참 쉬워요! 최적의 이동 동선을 고려한 관광지 순서

지역별 추천 관광지를 이동 동선에서 가까운 순서대로 나열해 초보 여행자도 어려움 없이 최적의 동선으로 나만의 여행 코스를 설계할 수 있습니다.

● 꾹 눌러 담은 파리의 '찐' 맛집 대방출

세계 최고의 식도락 국가 프랑스의 식문화를 A부터 Z까지 제대로 즐길 수 있도록, 프랑스 음식 문화를 낱낱이 파헤쳐 소개했습니다.

● 용도에 따라 활용하기 좋은 2가지 버전의 지도

실제로 현지에서 들고 다니며 길 찾기에 도움을 주는 세밀 지도가 실린 맵북과 관광지와 맛집, 상점의 위치를 한눈에 파악할 수 있는 본책 내 구역별 개념도가 동선과 방향 감각을 익힐 수 있도록 돕습니다.

● 복잡한 현지 교통 정보가 머릿속에 쏙!

궁금했던 교통 정보를 쉽고 간결하게 설명했습니다. 또한 기차와 지하철 출구 정보, 원어로 된 행선지 안내판까지 꼼꼼하게 기록해 여행자들의 이동 시간을 줄일 수 있도록 도왔습니다.

일러두기

- 이 책에 수록된 요금 및 영업시간, 교통 패스, 스케줄 등의 정보는 현지 사정에 따라 수시로 바뀔 수 있습니다. 여행에 불편함이 없도록 방문 전 공식 홈페이지 또는 현장에서 다시 확인하길 권합니다.

- 이 책에서 '예약 필수' 또는 '예매 필수'라고 표기한 곳은 인터넷에서 티켓을 예약 또는 예매하고 가야 하며, 예약할 때 수수료가 부과될 수 있습니다. 예약·예매 필수인 곳이라도 현장에서 잔여분을 구매할 수 있는 경우가 있으니 확인하기를 바랍니다. 성수기에는 예약·예매 필수가 아니더라도 예약·예매하고 가는 것이 안전합니다. 예약·예매 필수인 곳에 방문할 때는 17세 이하 및 뮤지엄 패스 소지자도 예약(무료)해야 입장할 수 있습니다.

- 파리와 파리 근교의 대부분 박물관과 미술관은 17세 이하 청소년과 어린이들에게 무료로 개방하고 있습니다. 이 책에서 특별히 언급하지 않은 경우 17세 이하는 무료입장입니다.

- 외래어 표기는 국립국어원의 외래어 표기법을 따랐으나, 우리에게 익숙하거나 이미 굳어진 지명과 인명, 관광지명, 상호 및 상품명 등은 관용적 표현을 사용함으로써 독자의 이해와 인터넷 검색을 도왔습니다.

- 이 책에서 **GOOGLE MAPS**는 온라인 지도 서비스인 구글맵스(www.google.com/maps)의 검색 키워드를 의미합니다. 구글맵스에서 한국어로 검색할 수 있는 곳의 검색 키워드는 한국어로 적었고, 그렇지 않은 곳은 간단한 프랑스어나 영어 또는 구글맵스에서 제공하는 '플러스 코드(Plus Code, ⁙)'로 표기했습니다. 플러스 코드는 'V75V+8Q 파리'와 같이 알파벳(대소문자 구분 없음)과 숫자로 이루어진 6~7개의 문자와 도시명으로 이루어져 있습니다. 도시명은 한국어로 입력할 수 있으며, 현재 내 위치가 있는 도시에서 장소를 검색할 경우 생략해도 됩니다.

- 구글맵스에서 목적지를 검색할 때 대소문자는 구분하지 않으며, à â é ê è ë ô î ï ù û ü û ÿ ç 등의 특수 문자는 악센트 부호를 생략하고 a e o i u y c 등으로 입력해도 됩니다. œ(Œ)는 oe로 입력합니다.

- 프랑스에서는 우리나라와 마찬가지로 생일을 기준으로 계산하는 '만 나이'를 사용하고 있습니다. 이 책에 수록된 나이 기준은 모두 만 나이입니다.

- 프랑스는 건물의 층수를 셀 때 '0'부터 시작합니다. 즉, 우리나라의 1층이 프랑스에서는 0층, 우리나라의 2층이 프랑스에서는 1층인 식입니다. 이 책에서는 현지에서 활용하기 쉽도록 프랑스식으로 층수를 표기했습니다.

Contents

BON VOYAGE! PARIS

파리 여행 준비

파리 음식 & 쇼핑

탐구일기

Musée d'Art
et d'Histoire
Basilique
Théâtre G. Philipe
Office de Tourisme
Gare S.N.C.F-R.E.R.
Stade de France

PARIS TRANSPORTATION

파리 교통 가이드

PARIS SUBURBS GUIDE

파리 근교 가이드

PRINTEMPS

BON VOYAGE!
PARIS
파리 여행 준비

PARIS Overview

누구나 한 번쯤 꿈꿔봤을 도시, 파리. 전 세계 여행자의 로망을 자극하는 에펠탑과 센강, 미술 백과사전이라 불리는 루브르 박물관, 어디선가 종지기 콰지모도가 나와 종을 칠 것만 같은 노트르담 대성당 등 수없이 많은 볼거리와 이야기가 있는 도시다. 빈티지와 앤티크의 고풍스러움이 물씬 풍기는 작은 상점부터 끝없는 맛집의 향연까지. 이제 우리는 설렘과 기대를 가득 품고 파리를 향해 한 걸음 내디디려고 한다.

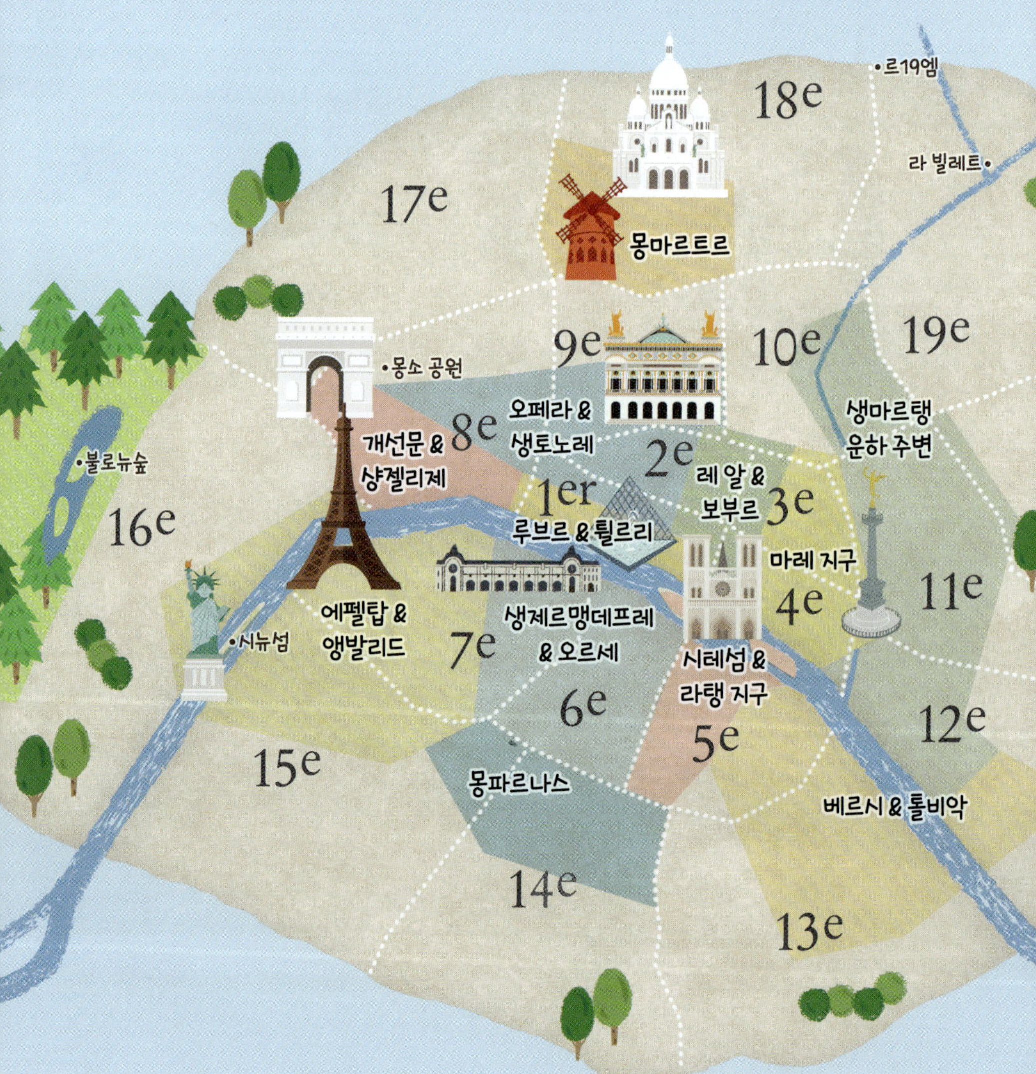

에펠탑 & 앵발리드

출발은 여기로 정했다! 인증샷 0순위이
자, 파리의 상징!

→ 164p

개선문 & 샹젤리제

화려함으로 파리에서 두 번째라면 자존
심 상하는 곳. 울창한 가로수가 거리의 품
격을 더한다.

→ 186p

루브르 & 튈르리

루브르, 오랑주리, 튈르리, 콩코르드….
모든 것이 아름답다.

→ 198p

팔레 루아얄 & 오페라

프랑스 패션의 메카이자, 역사의 현장

→ 216p

시테섬 & 라탱 지구

압도적인 스케일의 건축물 & 시대의 아
픔과 열정을 품은 대학가 산책

→ 244p

생제르맹데프레 & 오르세

유럽 지성의 산실. 세련된 상점과 로컬 식
당이 뒤섞인, 찐 파리 감성

→ 272p

레 알 & 보부르

클래식과 모던이 어우러진 거리 산책의
즐거움

→ 300p

마레 지구

힙한 편집숍, 감각적인 독립 서점, 개성
가득한 카페로 무장한 파리 트렌드세터
들의 아지트

→ 312p

생마르탱 운하와 그 주변

젊은 파리지앵들이 열렬히 사랑하는 핫
플레이스

→ 336p

몽마르트르

옛 파리의 향수가 진하게 남아있는 낭만
특구. 언덕 꼭대기에 올라서면 파리의 전
망이 시원하게 펼쳐진다.

→ 356p

몽파르나스

여행의 피날레를 멋진 야경과 함께 장식
하고 싶은 여행자의 필수 코스. '묘지 산
책'이란 이색 체험도 할 수 있다.

→ 372p

베르시 & 톨비악

지금까지 알던 파리는 잊어라! 파리의 대
표적 도시재생 지구로 떠나는 로컬 투어

→ 378p

: WRITER'S PICK :

파리의 지역 구분

파리는 동서의 길이 12km, 남북
의 길이 9km로 그리 크지 않은 면
적이지만 도시 전체가 명소라 할 만
큼 볼거리가 많다. 파리 시내는 20
개 구(Arrondissement)로 나뉘어 있
으며 파리의 발상지인 시테섬 서쪽
을 1구(1er)로 하여 시계방향 나선
형으로 돌아가며 20구(20e)까지 이
어진다. 주소 끝에 붙는 5자리 숫자
중 앞자리 '75'는 파리를, 마지막 두
자리는 구를 뜻한다(75001=1구, 16
구는 75016와 75116로 나뉨). 또 파리
시내는 센강을 중심으로 북쪽 지역
은 우안(右岸, Rive Droite, 리브 드루
아트), 남쪽 지역은 좌안(左岸, Rive
Gauche, 리브 고슈)으로 구분된다.

About PARIS

우리나라 ⇆ 파리 직항편 소요시간

인천 → 파리
약 **14**시간 **30**분

파리 → 인천
약 **12**시간

비자

우리나라와 무비자 협정을 체결해 비자 없이 최대 90일간 머물 수 있다. 단, 셍겐 우선국으로 180일 내 셍겐 가입국 통합 총 90일만 체류할 수 있고 2026년 말부터 ETIAS 등록이 필수다.

입국 심사

EES 시행으로 우리나라 여행자는 전자여권 입국 심사 키오스크에서 여권을 스캔하고 얼굴·지문 정보를 등록하면 입국 심사가 완료된다.

국경일 & 공휴일

신년 1월 1일
성금요일 4월 3일*
부활절 다음 월요일 4월 6일*
노동절 5월 1일
제 2차대전 승전기념일 5월 8일
예수승천일 5월 14일*
성령 강림일 다음 월요일 5월 25일*
혁명기념일(바스티유 데이) 7월 14일
성모승천일 8월 15일
만성절 11월 1일
제1차 세계대전 종전기념일 11월 11일
크리스마스 12월 25일

*표시는 매년 날짜가 바뀜, 2026년 기준

환율

1EURO(EUR, €) ≒
약 **1695**원
2026년 1월 매매기준율

날씨 정보

프랑스 기상청
www.meteofrance.com
앱 meteo france

위도

북위 **48.9°**
서울은 북위 37.6°

인구

약 **213**만 명
2025년 기준,
수도권 일드프랑스 포함 약 1141만 명

인구밀도

약 **2**만/km²
서울 약 1만6000/km², 부산 약 4400/km²

면적

약 **105**km²
(수도권 일드프랑스 포함 1만2012km²,
우리나라 서울은 약 605km²,
수도권은 약 1만1745km²)

시차

−8시간
서머타임(3월 마지막 일요일~
10월 마지막 일요일) 동안에는 −7시간

언어

프랑스어
관광지나 레스토랑, 상점에서는 영어가 잘 통한다. 영어를 못한다고 해도 여행하는 데 별 지장은 없다.

전압

220V 50Hz
우리나라에서 사용하는 핀 2개짜리 플러그가 일반적이다. 한국에서 쓰던 전기 제품을 그대로 가져가면 된다.

전화

프랑스 국제전화 번호

33

프랑스 내에서 전화할 때는 같은 시내라도 0을 포함한 지역번호와 전화번호를 눌러야 한다.

인터넷(와이파이)

파리는 인터넷 환경이 비교적 잘 돼 있다. 식당 등에서 무료 제공할 경우 비밀번호를 알려달라고 요청한다.

심 카드(이심/유심)

프랑스만 여행한다면 프랑스 통신회사 오랑주(Orange), SFR, FREE 등의 심 카드를 구매하는 것이 좋다.

긴급 연락처

긴급 번호 112   **경찰** 17

응급 의료/구급차 15   **화재** 18

*무료, 번호만 누르면 됨

24시간 긴급 출동 의료진

SOS Médicine 3624 또는 01 4707 7777

주요 교통수단

METRO 지하철
16개 노선, 300여 개 역이 파리 지하를 촘촘하게 연결하고 있다.

RER 고속 교외 전철
시내와 근교를 연결하는 전철로 A, B, C, D, E 5개 노선이 있다.

BUS 버스
01:00~05:30에 운행하는 심야버스(Noctilien)가 유용하다.

TAXI 택시
승차장(Station de Taxi)에서 빈 택시를 잡는다.

파리의 물가 수준

1€ ≒1695원, 2026년 1월 매매기준율, 일부 상품은 상점에 따라 다름

스타벅스 아메리카노 톨 사이즈
3.75~4.45€
(약 6360~7540원, 한국 4700원)

맥도날드 빅맥 단품
6.50€~
(약 1만 1020원~, 한국 5500원)

콜라(50cl)
1.80€(약 3050원, 한국 2400원)

생수(50cl)
0.70€(약 1190원, 한국 1100원)

담배(말보로)
12~14€(2만 340~2만 3730원, 한국 4500원)

1664 캔(50cl)
1.50€(약 2360원, 한국 4500원)

메트로 1구간
2.55€
(약 4320원, 서울 1550원(카드))

택시
기본 요금 약 4.40€(약 7460원, 서울 4800원)
최소 요금 8€(약 1만 3560원, 서울 4800원)

대중교통 요금 체계

일드프랑스(Île-de-France)는 총 5개 존(Zone, 구역)으로 나뉘지만 2025년부터 1회권을 비롯한 대부분 승차권 요금은 존 구분 없이 통일됐다. 승차권에 대한 자세한 내용은 406p 참고.

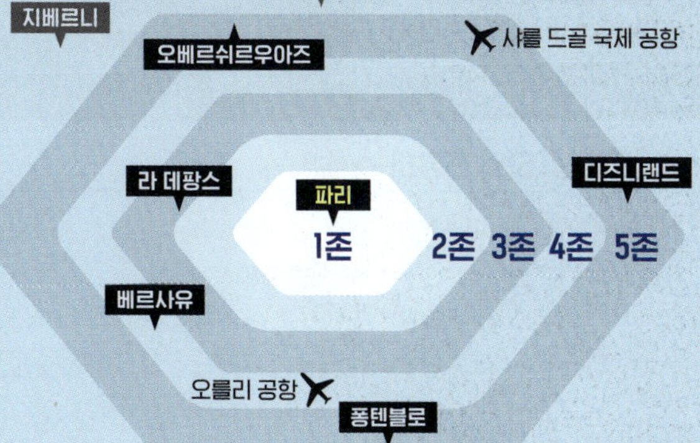

파리에서 가장 아름다운 뷰 포인트

프랑스의 중심이자 전 세계의 예술과 패션을 주도하는 파리는 어딜 가든 매력적인 볼거리로 가득하다.
가장 완벽한 고딕 양식 건축물로 손꼽히는 노트르담 대성당과 세계의 보물창고인 루브르 박물관,
21세기 프랑스 문화의 상징인 퐁피두 센터까지, 파리의 아름다움을 만끽할 수 있는 최고의 뷰 포인트들로 안내한다.

몽파르나스 타워 전망대

이보다 아름다울 순 없다네

··· 전망대가 문 닫기 약 30분 전에 올라가면 사람이 적어
　　사진 찍기 편하다. 삼각대 사용 가능. **373p**

샤이요 궁전 앞 트로카데로 정원

그림처럼 펼쳐지는 에펠탑 풍경

··· 줌을 적절히 조절해가며 다양한 사진을 남겨보자.
167p

에펠탑 앞 카루젤

100년 전 파리로 타임슬립!

··· 에펠탑과 카루젤에 불이 환하게 켜지기 시작하는
저녁이나 해 질 무렵이 좋다.

센강 유람선

유람선 위에서 만난 에펠탑

··· 풍경만 감상할 목적이라면
가장 저렴한 바토무슈를 추천.
026p

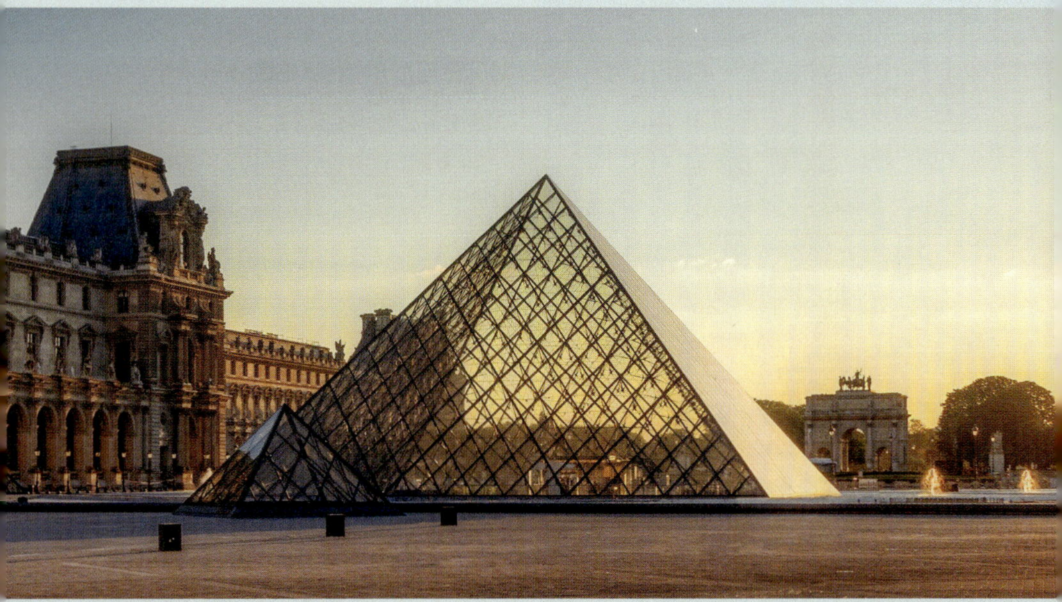

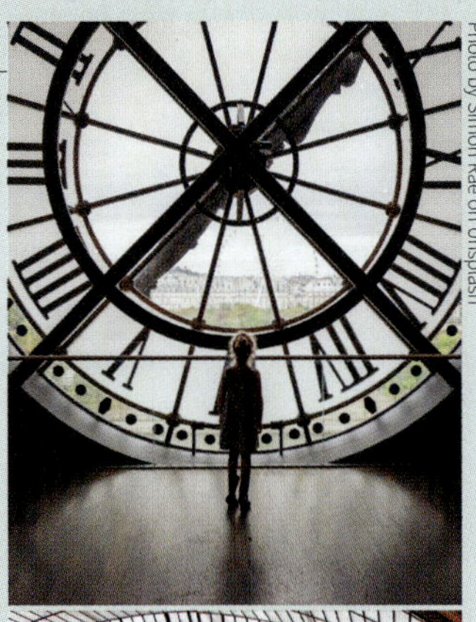

오르세 미술관

19세기 기차역 모습 그대로

··· 광각 촬영이 포인트.

279p

Photo by Simon Rae on Unsplash

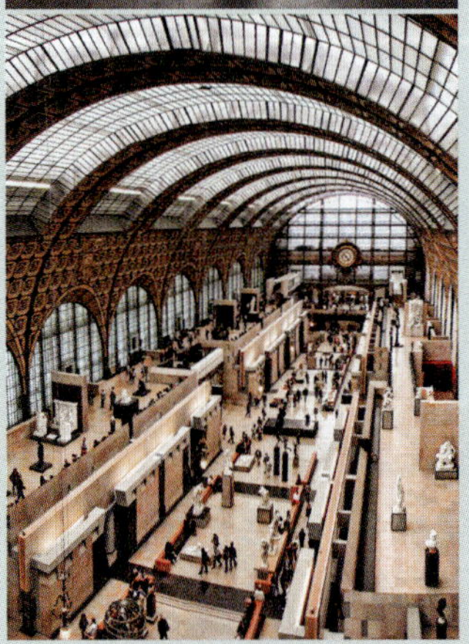

퐁 데자르(아르교)

시테섬의 황홀한 노을 속으로

··· 퐁 데자르에서 시테섬을 바라보며 빛이 예쁘게 떨어지는 순간을 포착하자. 025p

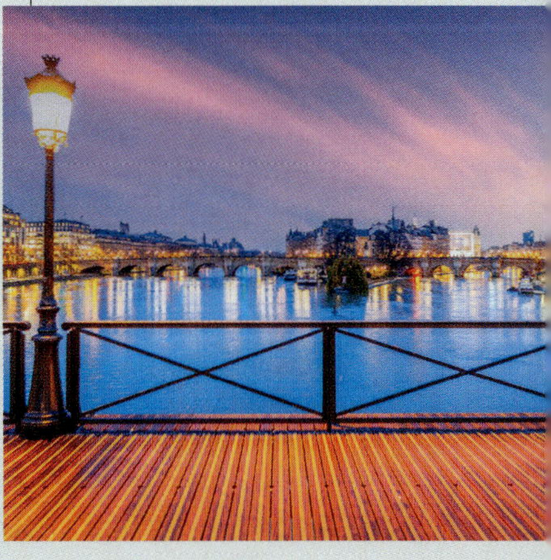

루브르 박물관

파리 웨딩 스냅 촬영 0순위!

… 박물관이 문을 닫아 사람이 적은 화요일,
　　빛이 가장 화려한 해 질 무렵을 노린다. **204p**

갤러리 라파예트

도심 한가운데 빼꼼~ 파리의 반전 매력

… 사람이 많다면 근처 프렝탕 백화점
　　남성관 8층의 무료 테라스나 옥상으로
　　자리를 옮겨보자. **222p**

개선문 전망대

영원히 간직하고 싶은 인생 노을

… 일몰 직전 전망대에 올라가 에펠탑에
　　조명이 켜지기 시작할 때를 기다리자.
　　187p

Jeff Whyte / Shutterstock.com

좌안의 고서점가(부키니스트)

헤밍웨이의 발자취를 따라

⋯ 이른 아침에 가면 노트르담 대성당 뒤쪽
  하늘을 가장 아름답게 담을 수 있다. **255p**

테르트르 광장

몽마르트르 풍경의 정석

⋯ 새벽이나 일몰 후 사람이 가장 적은 때를 기다렸다
  찍는다. **359p**

크레미유 거리

알록달록, 파리의 부라노섬

⋯ 일출이나 일몰 시간대에 사진이 예쁘게 나온다. 사진 촬영을
  원치 않는다는 표지판을 세워둔 집들은 주의! **354p**

사크레쾨르 대성당 돔 전망대

가슴이 웅장해지는 풍경

··· 전망대는 날씨에 따라 유동적으로 개방하니 오픈 여부를 확인하고 간다. **358p**

알렉상드르 3세교

도심의 야경, 영화 속 그 장면

··· 낮에는 페가수스 상의 금색 월계관을, 밤에는 불을 밝힌
램프를 함께 담아 이미지에 생동감을 더하자. **193p**

센강

파리의 낭만은 센강(La Seine)을 타고 흐른다.
강변에 조성된 둑길을 따라 여유롭게 산책하거나 유람선을 타며 아름다운 센강의 다리를 감상해보자.

비르아켐교 Pont de Bir-Hakeim

영화 <로스트 인 파리>의 무대가 된 2층 철골 다리다. 하층으로는 자동차와 사람이 다니고, 상층으로는 메트로가 통과한다. 시뉴섬(Île aux Cygnes) 북쪽에 걸쳐 있으며 에펠탑이나 샤이요 궁전에서 시작해 산책하기 좋은 코스의 중심에 있다. 파리 감성 충만한 포토 포인트 중 하나. 1906년 완공.

미라보교 Pont Mirabeau

초현실주의 시인 기욤 아폴리네르의 시집 <알코올(Alcools)>에 실린 시 '미라보 다리 위에서'로 유명해진 다리다. 이 시는 유독 음악가들의 사랑을 받아 많은 노래로 작곡되었다. 오묘한 연둣빛의 금속제 아치형 다리로, 소박한 느낌을 준다. 1897년 완공.

: WRITER'S PICK :

센강의 다리들

센강을 가로질러 파리의 좌안과 우안을 연결하는 다리는 1존에만 37개나 된다. 그중 걸어서 건널 수 있는 다리는 보행자 전용 다리 5개를 포함해 23개다. 각각의 다리는 아름다운 조각상과 가로등으로 장식돼 있으며 다리에 얽힌 사연이 알려지거나 영화나 소설 속에 등장하면서 주목받기도 했다. 센강은 그다지 넓지 않으므로 이 다리들을 걸어서 건너보는 것도 멋진 추억거리가 될 수 있다.

알렉상드르 3세교 Pont Alexandre III

1900년 파리 엑스포에 맞춰 개통한 다리로, 대단히 화려하다. 총 길이 107.5m, 너비 40m의 아치형 다리 네 모퉁이에는 그리스 신화의 여신과 페가수스 상이 금색으로 빛난다. 좌안의 앵발리드와 우안의 그랑 팔레·프티 팔레를 연결하고 있다.

콩코르드교 Pont de la Concorde

콩코르드 광장과 프랑스 하원 의사당인 부르봉 궁전을 연결하는 다리다. 루이 15세 다리라는 이름으로 지어지고 있었으나, 프랑스 혁명 당시 파괴된 바스티유 감옥의 잔해로 완공되었다. 구체제의 상징이었던 감옥의 잔해가 다리를 지나는 수많은 파리 시민의 발걸음에 영원히 짓밟히기를 바랐던 혁명의 의지가 담겨 있다.

그랑 팔레
프티 팔레
오랑주리 미술관
Passerelle Léopold-Sédar-Senghor
Pont des Invalides
Pont Royal
Pont du Carrousel
오르세 미술관
튈르리 정원
루브르 박물관
사마리탱 백화점
Pont au Change
파리 시청사
콩시에르주리
노트르담 대성당
생루이섬
Pont Saint-Michel
Pont de l'Archevêché
Pont de la Tournelle
파리 식물원
바생 드 라르제날
Pont d'Austerlitz
Pont Charles-de-Gaulle
패션과 디자인 시티
Pont de Bercy
베르시 공원
프랑스 국립도서관
앵발리드

퐁 데자르(아르교) Pont des Arts

루브르 박물관과 프랑스 학사원(Institut de France)을 연결하는 다리라서 '예술의 다리'라는 이름이 붙여졌다. 파리지앵이 가장 사랑하는 보행자 전용 다리답게 온갖 사연을 간직한 자물쇠로 가득했으나, 무게를 견디지 못한 난간이 무너지는 사고가 잇따르면서 이제 자물쇠는 걸지 못한다. 하지만 와인을 마시고 거리 예술을 즐기는 사람들로 북적이는 다리 분위기는 예전 그대로다. 1804년 완공.

퐁 뇌프(뇌프교) Pont Neuf

1607년 '새로운 다리'라는 뜻의 이름으로 완공됐으나, 이제는 파리에서 가장 오래된 다리가 됐다. 한때 영화 <퐁 뇌프의 연인들>로 유명세를 떨쳤는데, 실제 촬영은 퐁 뇌프 다리가 아니라 별도 제작한 세트에서 이뤄졌다고. 다리 중간쯤에는 퐁 뇌프를 건설한 앙리 4세의 기마상이 서 있다.

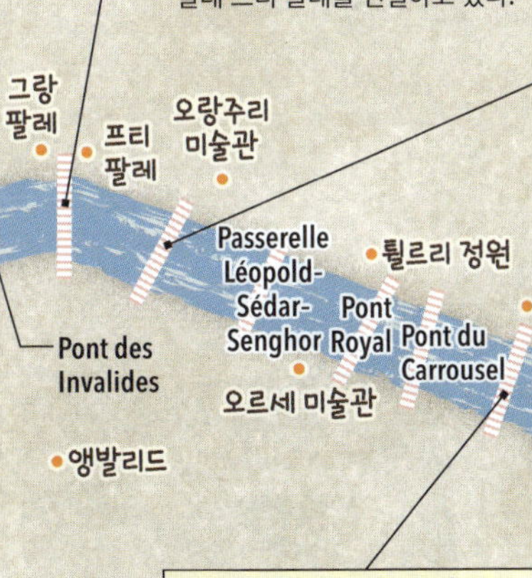

센강 유람선 투어

하얀 물거품을 만들며 센강을 유유히 가로지르는 유람선을 바라보고 있으면 누구든 한 번쯤
타보고 싶은 욕구가 샘솟기 마련이다. 센강에는 다양한 종류의 유람선이 있지만
일행이 많고 오래 타고 싶다면 '바토무슈', 좋은 분위기를 원한다면 '바토 파리지앵',
유람선을 시티 투어 버스처럼 자유롭게 타고 내리며 교통수단으로 이용할 계획이라면 '바토뷔스'를 권한다.

🛡 바토무슈 Bateaux-Mouches

한국어 안내 서비스를 제공하고 위층은 지붕과 옆 창문 없이 뻥 뚫려
있어 인기가 많다. 한인 민박이나 투어 회사에서 할인 티켓을 판매하
기도 한다. 약 1시간 10분 소요. 음식과 음료를 제공하는 런치·디너
크루즈는 1시간 30분~2시간 15분 소요된다. MAP ❼-B

ADD Port de la Conférence, 75008(알마교 근처)
TIME 4~9월 10:00~22:00(토요일 ~22:30)/30~45분 간격,
10~3월 10:15~21:30/30~45분간격/시즌과 요일에 따라 다름/
50인 이상 승선 시 출발
PRICE 18€(4~12세 8€, 3세 이하 무료)/토·일요일·공휴일 런치 크루즈 85€
(12:00까지 승선)/디너 크루즈 90~165€(17:30~20:00까지 승선/디너 종류에
따라 다름)/온라인 예약 시 할인
METRO 9 Alma-Marceau 또는 **BUS** 42·63·72·80·92 Alma-Marceau
하차, 표지판을 따라 강가로 내려가면 선착장이 보인다.
WEB www.bateaux-mouches.fr

🚩 바토 파리지앵 Bateaux Parisiens

한국어를 포함한 개별 오디오 가이드를 제공하고 내부도 깔끔하다. 디너 크루즈의 인기가 높은데, 드레스 코드가 있으니 가벼운 정장을 준비하자. 기본 약 1시간 소요. 그 외 크루즈 종류에 따라 승선 시간과 루트, 소요 시간이 다르다. MAP ❼-B

ADD Port de la Bourdonnais, 75007(이에나교 근처)
TIME 10:00~22:00(7~8월 ~23:00, 겨울철 10:30~)/30분~1시간 간격/요일·시즌에 따라 운항 시간과 간격 유동적
PRICE 19€(4~11세 9€, 3세 이하 무료)/런치 크루즈 79~134€(12:30까지 승선)/디너 크루즈 99~245€(18:00·20:15까지 승선)/온라인 예약 시 할인
METRO 4 Bir-Hakeim, **RER C** Champ de Mars-Tour Eiffel 하차, 강가로 내려가면 선착장이 보인다./4~10월에는 **METRO** 4 Saint-Michel 근처 선착장(노트르담 대성당에서 센강 남쪽)에서도 승선 가능
WEB www.bateauxparisiens.com

🚩 바토뷔스 Batobus

에펠탑, 오르세 미술관, 노트르담 대성당, 루브르 박물관 등 주요 명소 근처의 9군데 선착장에서 유효시간 동안 무제한 승·하선할 수 있다. 내리지 않고 일주할 경우 약 2시간 소요. MAP ❼-B(기·종점)

ADD Port de la Bourdonnais, 75007(이에나교 근처 에펠탑 선착장)
TIME 10:00~19:00(시즌·요일에 따라 유동적, 동절기 단축 운행)/20~45분 간격
PRICE 24시간권 23€(4~11세 13€), 48시간권 27€(4~11세 17€)/온라인 예약 시 할인
ACCESS 운항 루트 중 가까운 선착장에서 승선. 강가로 내려가면 'Batobus' 표지판이 있다.
ROUTE 에펠탑 → 앵발리드 → 오르세 미술관 → 생제르맹데프레 → 노트르담 대성당 → 식물원 → 시청사 → 루브르 박물관 → 콩코르드 광장 → 에펠탑
WEB www.batobus.com

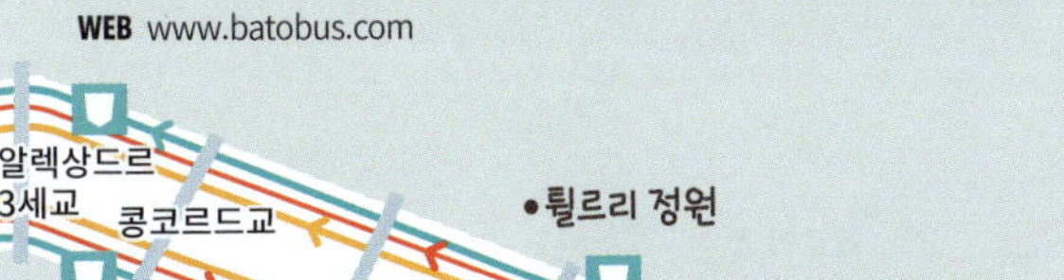

브데트 드 파리 Vedettes de Paris

오디오 가이드를 제공하고, 에펠탑 근처에서 출발한다는 점은 다른 유람선들과 같지만 전문 가이드가 동승해 질문하고 대답하는 방식으로 진행한다는 점이 흥미롭다. 바생 드 라르제날 운하 입구까지 다녀온다. 약 1시간 소요. **MAP ❼-B**

ADD Port de Suffren, 75007(이에나교 남쪽)
TIME 10:45~17:45(여름철 유동적 ~18:30)/30분~1시간 간격/요일·시즌에 따라 유동적
PRICE 21€(4~11세 11€, 3세 이하 무료)/온라인 예약 시 할인
WALK 에펠탑에서 이에나교 방향으로 길을 건너 왼쪽으로 내려가면 표지판이 보인다.
WEB vedettesdeparis.fr

파리 카날 Paris Canal

해피 아워 크루즈가 오르세 미술관 근처 선착장에서 출발해 에펠탑까지 다녀오기 힘든 위치에 있을 때 유용하다. 바생 드 라르제날 운하 입구와 에펠탑 사이를 왕복 운항한다. 약 1시간 30분 소요. 오르세 미술관에서 생마르탱 운하를 지나 라 빌레트까지 운항하는 생마르탱 크루즈도 있다. **MAP ❻-A**

ADD Quai Anatole France, 75007
TIME 해피 아워 크루즈 18:30·20:30/1일 1~2회,
생마르탱 운하 크루즈 10:00·15:00(오르세 미술관 근처 선착장 출발),
14:30(라 빌레트 공원 근처 선착장 출발)/상황에 따라 유동적으로 운항하므로 홈페이지 참고 필수
PRICE 해피 아워 크루즈 17€(4~14세 13€),
생마르탱 운하 크루즈 편도 24€(15~25세 21€, 4~14세 16€)
METRO 12 Assemblée Nationale 또는 **RER C** Musée d'Orsay 하차 후 센강변으로 내려가면 콩코르드교와 레오폴드 세다르 상고르교(Passerelle Léopold-Sédar-Senghor) 사이에 선착장(Port de Solférino)이 보인다.
WEB pariscanal.com

여름엔 센강변을 걸어보아요
파리 플라주 Paris Plages

파리지앵들은 해변으로 바캉스를 떠나지 못해도 아쉽지 않다. 파리에선 센강변과 운하를 물놀이터로 만들어주는 여름 축제, 파리 플라주가 열리는 덕분이다. 축제 기간 센강변의 자동차 도로에는 5000톤 이상의 모래가 깔리고 야자수가 심어진다. 각종 전시회와 스포츠 경기, 어린이 물놀이 시설 등도 즐길 수 있다. 파라솔과 선베드도 이용할 수 있지만 강에서 수영은 할 수 없다.

WEB en.parisinfo.com/discovering-paris/major-events/paris-plages(파리 관광청)
paris.fr/quefaire(파리시 관광 정보 공식 사이트)

강변일까, 해변일까?
센강 수변 공원 Parc Rives de Seine

파리 시내 중심, 퐁 데자르(아르교)에서 쉴리교(Pont de Sully)까지 센강변 북쪽, 우안에 조성된다. 모래사장에 설치된 파라솔 아래에서 선탠과 모래 찜질을 하고, 강변을 산책하다가 임시 테이블에서 간식을 먹을 수도 있다. 어린이들을 위한 서커스와 연극도 열린다. 가장 인기 있는 구간은 퐁 뇌프(뇌프교)에서 생루이섬 동쪽의 루이 필리프교(Pont Louis Philippe)까지다. 시원스레 펼쳐진 파라솔의 행렬과 파리의 건물이 한눈에 들어와 여름의 더위를 잠시나마 잊게해 준다. 매년 개최 장소와 날짜가 조금씩 바뀌고 센강 남쪽의 좌안에 추가로 조성되기도 하니 파리 관광청 홈페이지를 참고.

OPEN 7월 초~8월 말 또는 9월 초   **PRICE** 무료   **METRO** 7 Pont Neuf에서 바로

수영장이 강 위에 둥둥
바생 드 라 빌레트 Bassin de la Villette

파리 19구에 있는 라 빌레트(La Villette) 남쪽, 파리에서 가장 큰 인공운하인 우르크 운하(Canal de l'Ourcq)에 떠다니는 수영장이 개장한다. 길이와 수심이 각각 다른 4개의 수영장에 정수 처리한 강물을 채워 만들며 어린이용 수영장도 있다. 주변에는 샤워 시설과 탈의실, 간이 화장실, 간이주점 등이 설치되고 카누, 집라인, 뗏목 타기를 즐길 수 있으며, 콘서트, 댄스 수업 등 다양한 문화 프로그램도 진행된다. **MAP ④-B**

GOOGLE MAPS V9PF+6V 파리
OPEN 7월 중순~9월 초 11:00, 13:30, 16:00, 18:30에 입장해 약 2시간 머물수 있다. (1회 500명) **PRICE** 무료 **METRO** 5 Laumière 또는 7 Riquet에서 도보 5분

주말에는 운하 풍경을 감상할 수 있는 보트도 운항한다.

영화와 드라마 속 무대가 된 파리

영화나 드라마 속에서 나를 설레게 한 파리의 바로 그곳, 지금 만나러 갑니다.

SCENE 01 미드나잇 인 파리
Midnight in Paris, 2011

··· **데롤** Deyrolle

동물 박제 및 표본 전문점. 독특한 분위기에 매료된 예술가들이 영감을 얻어가는 곳이기도 해서 영화에 등장하거나, 데미언 허스트의 전시회장으로 활용되기도 했다. 각종 곤충 표본과 동물 박제를 전시한 호기심 방(Cabinet de Curiosités)은 진귀한 것으로 가득하다. 1831년 장 밥티스트 데롤이 교육용 차트 상점으로 시작해 박제 연구와 함께 교육용 재료의 범위를 확장하면서 유명해졌다. <미드나잇 인 파리>에서 길(오웬 윌슨)과 아드리아나(마리옹 꼬띠아르)가 다시 만나는 파티장으로 등장했다.

MAP ❻-C

ADD 46 Rue du Bac, 75007
OPEN 10:00~19:00/일요일 휴무
METRO 12 Rue du Bac에서 도보 2분
WEB deyrolle.com

SCENE 02 인셉션
Inception, 2010

··· **비르아켐교** Pont de Bir-Hakeim

타인의 꿈에 들어가 생각을 훔치는 특수 보안요원 코브(레오나르도 디카프리오)와 아드리아드네(엘렌 페이지)가 꿈 꾸는 법을 배웠던 장소. 세계 각지에서 몰려든 청춘들의 커플 사진 명소가 됐다. 자동차와 보행자가 다니는 하층에는 장식과 조명이 꾸며진 철제 기둥이 있고, 상층에는 메트로가 다니는 특이한 구조의 다리. 에펠탑을 예쁘게 담을 수 있는 사진 명소이기도 하다. **173p**

레 미제라블
Les Miserables, 2012

… 생폴 생루이 성당
Paroisse Saint-Paul Saint-Louis

코제트와 마리우스가 결혼식을 올리고 장 발장의 임종을 지켜보던 성당이다. <레 미제라블>의 작가 빅토르 위고의 장녀 레오폴딘이 결혼식을 올린 곳이기도 하다. 성당 입구에는 딸의 결혼식을 기념해 위고가 교회에 기증한 조개껍데기 모양의 성수반이 있다. 17세기 바로크 양식의 성당 안에는 들라크루아의 <올리브 나무 정원의 그리스도> 등 많은 예술품이 있다. 마레 지구에 있다. **MAP ⑤-C**

ADD 99 Rue St. Antoine, 75004 　**WEB** spsl.fr

… 바스티유 광장 Place de la Bastille

<레 미제라블>은 1832년에 군주제 폐지를 기치로 일어난 6월 봉기를 시대 배경으로 한 영화다. 영화 속에 등장하는 흰색 코끼리 상은 나폴레옹이 이곳에 세우려던 24m 높이의 거대한 코끼리 상을 재현한 것. 원래 청동으로 만들 계획이었지만 나폴레옹의 몰락으로 완성되지 못했고, 1833년이 되어서야 석고상을 세웠다가 1846년에 철거됐다. 실제 촬영은 영국에서 했다. **339p**

비포 선셋
Before Sunset, 2004

… 셰익스피어 앤 컴퍼니
Shakespeare and Company

<비포 선셋> <줄리 & 줄리아> <미드나잇 인 파리> 등 여러 영화에 배경으로 등장해 명소가 된 영미 문학 전문 서점이다. 헤밍웨이가 즐겨 방문했던 장소이기도 하다. **255p**

SCENE 05 에밀리 파리에 가다
Emily in Paris, 2020~2024

··· 레스트라파드 광장
Place de l'Estrapade

에밀리와 가브리엘이 사는 아파트와 가브리엘이 일하는 식당 레 두 콩페르(Les Deux Compères, 실제 이름은 Terra Nera), 에밀리가 감탄사를 내뱉으며 팽 오 쇼콜라를 먹던 불랑제리 모던 (Boulangerie Moderne)이 모두 모인 곳. 라탱 지구의 팡테옹 근처에 있다. **MAP ❾-B**

ADD 1 Pl. de l'Estrapad, 75005

··· 라브르부아 거리
Rue l'Abreuvoir

반 고흐 전시에 영감을 얻은 에밀리가 침대 홍보 이벤트를 펼치던 몽마르트르 언덕길이다. 침대를 놓은 곳은 길 끝에 자리한 달리다 광장(Place Dalida)으로, 프랑스의 유명 샹송 가수 달리다의 흉상이 놓여 있다. 에밀리와 친구 민디가 함께 식사하던 식당 라 메종 로즈(La Maison Rose)는 드라마와 달리 맛집은 아니니 집 앞에서 사진만 찍는 것을 추천. **360p**

··· 아틀리에 데 뤼미에르
Atelier des Lumières

카미유가 에밀리에게 가브리엘과 같이 가자고 설득했던 장소. 140개의 영상 프로젝터와 최첨단 음향 시스템을 통해 유명 작가들의 작품을 디지털 아트로 만나볼 수 있는 파리 최초의 몰입형 미디어 아트 센터다. **339p**

SCENE 06 퐁 뇌프의 연인들
Les Amants du Pont-Neuf, 1991

··· 퐁 뇌프 Pont Neuf

시테섬 서쪽과 센강의 둑길 양쪽을 연결하는 다리. 실제 영화 촬영은 퐁 뇌프를 본떠 만든 곳에서 했다. **025p**

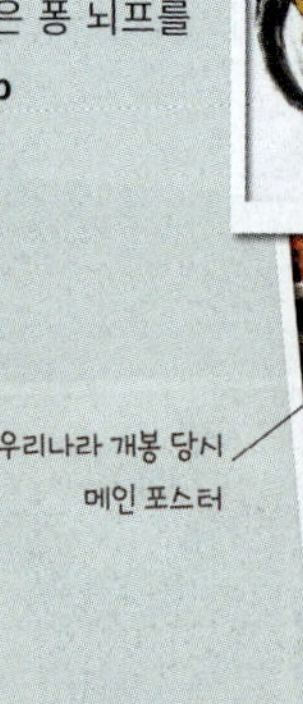

우리나라 개봉 당시 메인 포스터

SCENE 07 · 사랑해, 파리
Paris, Je t'Aime, 2006

··· **몽수리 공원** Parc Montsouris

드넓은 공원 잔디에 누워 파리지앵들이 자유롭게 시간을 보내는 아름다운 이 공원은 '몽수리 공원 찾아가기' 챕터에서 영화 속 주인공이 눈물 흘리던 곳이다. 무료한 일상을 탈출한 미국인 주부는 낭만의 도시 파리와 사랑에 빠진다. **393p**

··· **페르라셰즈 묘지** Cimetière Père-Lachaise

파리에서 가장 큰 공동묘지. 쇼팽, 발자크, 오스카 와일드, 에디트 피아프 등 유명인들이 묻혀 있다. 유머 감각 없는 까칠한 남편이 이곳에서 오스카 와일드의 유령에게 한 수 배우는 장면의 배경으로 등장한다. **349p**

우리나라 개봉 당시
메인 포스터

SCENE 08 · 다빈치 코드
The Da Vinci Code, 2006

··· **생쉴피스 성당** Église Saint-Sulpice

소설과 영화에 등장하는 '로즈 라인'을 볼 수 있는 성당. 햇빛에 반사되는 지점에 오벨리스크가 세워져 있고, 그 앞까지 구리선이 길게 이어지는 이 라인은 태양 광선의 변화에 따른 지구의 움직임을 연구하기 위한 것이었다고 한다. **275p**

SCENE 09 · 아멜리에
Amélie, 2001

··· **생마르탱 운하** Canal Saint-Martin

새빨간 드레스를 입은 아멜리에가 물수제비를 뜨는 개천으로 등장했다. 소형 유람선을 타고 운하를 따라 늘어선 산책로와 예쁜 카페를 구경하는 것도 꽤 낭만적이다. **337p**

··· **카페 데 두 물랭** Café des Deux Moulins

아멜리가 일한 카페. 시끌벅적한 분위기에 둘러싸여 편하게 웃고 떠들 수 있는 곳으로, 몽마르트르에 있다. 카페 안 노란 액자에는 영화 포스터가 걸려 있다. **MAP ❸-B**

SABLÉS
PUR BEURRE
CHANEL

파리
음식 & 쇼핑

탐구일기

파리 음식 탐구 일기

17세기에 중동을 거쳐 프랑스로 건너온 커피는 파리지앵이 물 다음으로 가장 많이 마시는 음료다. 이 때문에 파리지앵과 카페는 떼려야 뗄 수 없는 관계. 파리에선 대부분 카페가 술과 음식도 판매하므로, 에스프레소 한 잔의 여유를 즐기러 온 이들뿐 아니라 점심을 해결하러 들른 각양각색의 파리지앵이 모여든다. 커피와 다과 외 본격적인 식사를 제공하는 곳은 살롱 드 테(Salon de Thé)라고 한다.

커피의 종류

카페 에스프레소 Café Espresso

프랑스에서 '카페'는 보통 에스프레소(Espresso)를 의미하므로, '카페'라고만 써놓은 곳도 많다. 드립 커피보다 카페인을 적게 함유하며 맛이 강하고 풍부하다.

카페 누아르
Café Noir

블랙커피. 에스프레소에 아주 약간의 물을 탄 느낌이다.

카페 알롱제
Café Allongé

에스프레소에 물을 넣은 커피. 아메리카노와 비슷하지만 물의 양이 조금 더 적다. 물의 양을 손님이 조절하도록 따로 제공하기도 한다.

카페 오 레
Café au Lait

에스프레소에 우유를 넣은 커피. 우리에게 익숙한 카페 라테와 달리 일반 커피 잔과 에스프레소, 따뜻한 우유를 따로따로 내오는 곳이 많다.

카페 라테
Café Latte

에스프레소에 우유를 넣어서 내온다. 카푸치노보다 우유 거품이 적고 우유 함유량이 많아 연한 편이다.

카페 크렘 Café Crème

에스프레소에 크림이나 우유 거품을
얹어주는 커피. 생크림을 듬뿍 얹은
커피(Café avec Crème Chantilly)도 있다.

카푸치노
Cappuccino

커피의 양보다
우유 거품이 더
많은 커피. 카페에
따라 거품 위에 코코아
가루나 계핏가루를 뿌려
주기도 한다.

플랫 화이트 Flat White

호주와 뉴질랜드에서 시작된 커피.
커피잔 높이까지 평평하게 우유 거품을
올린 것이 특징이다. 카페 라테보다
우유가 적게 들어가고 거품도 아주
조금만 얹어 맛이 진하다.

카페 비엔누아
Café Viennois

비엔나커피. 카페 크렘과 비슷하지만
우유나 물을 넣어 커피의 양이 많다.
코코아 가루나 초코칩 등을 얹어주는
곳도 있다.

카페 누아제트 Café Noisette

에스프레소에 약간의 우유나
거품을 얹어 작은 잔에 제공한다.
'누아제트'는 커피색이 헤이즐넛과
같다고 해서 붙은 이름이다.

카페 글라세 Café Glacé

아이스커피. 뜨거운 에스프레소에 얼음
2~3개를 넣어주므로 커피를 받는 순간 얼음은
이미 다 녹고 흔적도 없다. 최근에는 아이스
아메리카노처럼 얼음을 가득 넣어주는 곳도 있다.

카페 구르망
Café Gourmand

커피나 차(Thé)와
함께 여러 종류의
작은 디저트를 곁들여
나오는 메뉴다.

쇼콜라 쇼 Chocolat Chaud

핫 초콜릿. 가루가 아닌 진짜 초콜릿을 녹여
만든다. 단것을 좋아하는 프랑스 사람들에게
사계절 내내 사랑받는 음료다.

이 맛있는 음식을 먹는 순간은 기록해야만 하는 것. 찰칵!

크로크무슈 Croque-Monsieur

빵 사이에 베샤멜 소스를 바르고 햄을 넣은
뒤, 빵 위에 치즈를 얹어 구운 토스트의 일종

크로크마담 Croque-Madame

크로크무슈 위에 달걀 프라이를 얹은 것. 둥글게
튀어나온 노른자가 여성이 쓰는 모자 같다 하여
붙여진 이름이다.

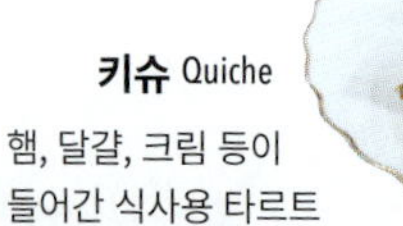

키슈 Quiche

햄, 달걀, 크림 등이
들어간 식사용 타르트

샌드위치 Sandwich

바삭한 바게트에 돼지 뒷다리살을 염장한 생햄(Jambon)과 고소한
버터(Beurre)를 넣은 잠봉뵈르(Jambon-beurre)는 매일 먹어도
질리지 않는다. 크루아상에 햄과 치즈를 끼운 샌드위치도 인기!

타르트 살레 Tarte Salée

'소금이 들어간 타르트'라는
뜻으로, 식사용 타르트를 말한다.

타르트 플랑베
Tarte Flambée

얇은 반죽 위에 사워크림을 바른 후 베이컨과
양파를 올려 화덕에서 구운 요리. 요즘에는
피자처럼 다양한 재료를 얹어 만든다.

기타
Others

미국식 팬케이크와 와플, 오믈렛,
프렌치토스트도 인기 있는
아침 식사 & 브런치 메뉴다.

샐러드 Salad

건강과 다이어트에
관심이 많은 파리지앵의
한 끼 식사!

분위기는 덤, 커피 맛은 찐! 지금 가장 핫한 카페들.

카페 키츠네 Café Kitsuné

MZ세대를 사로잡은 메종 키츠네의
유니크한 감성을 그대로 **232p**

쿠튐 카페 Coutume Café

젊고 재능 있는 바리스타들이 이끄는
최근 파리 카페 문화의 선봉장 **290p**

붓 카페 Boot Café

이 감성, 너무 파리스럽다.
324p

말롱고 Malongo

미식가인 프랑스인들이 인정한
공정무역 커피 브랜드 **261p**

텐 벨스 Ten Belles

<피가로>가 파리 5대 카페 중
하나로 선정한 젊은 카페 **344p**

드리민 맨 Dreamin' Man

숨은 고수의 커피를 맛보러
멀리서도 찾아가는 카페 **345p**

+ **M O R E** +

스타벅스 덕후들의 순례지, 파리 스타벅스 1호점

'파리까지 와서 무슨 스타벅스?'라고 생각한 사람도 궁전 같은 인테리어를 보면 생각이 바뀔 것.
천장화와 샹들리에, 탁자와 의자 등 휘황찬란한 금빛 향연에 내부를 구경하러 온 사람의 발길이
끊이지 않는다. 카페 문화의 발상지라는 자부심이 대단한 파리 시민의 반대로 엄청난 논쟁 끝에
2004년 간신히 문을 연 파리의 첫 스타벅스다. 내부와 외관 디자인 시안을 수없이 제출해 시에서
직접 검토한 후 허가를 받을 수 있었다고 한다. 맛이나 메뉴는 일반 스타벅스와 같다. MAP ❸-D

GOOGLE MAPS 스타벅스 카푸친스
ADD 3 Boulevard des Capucines, 75002
OPEN 07:00~22:00(토요일 07:30~23:00, 일
요일 07:30~)
MENU 카페라테 3.95€~, 아메리카노 3.75€~
WALK 오페라 가르니에에서 도보 2분
WEB www.starbucks.fr

달콤한 건 못 참지!

디저트 (데세르)

프랑스에서는 식후 달콤한 디저트를 먹어야 식사를 제대로 마쳤다고 여기는 사람이 많아서 디저트 문화가 매우 발달했다. 매일 새롭게 진화하는 파리 스타일 '달다구리'의 세계로 초대한다.

마카롱 Macaron

바삭한 가나슈 사이에 촉촉한 잼이나 크림을 발라 만든, 꽃보다 예쁜 디저트.
이탈리아가 원조라 알려졌지만 우리가 알고 있는 마카롱은 파리에서 시작되었다.

이스파한 **a**
Ispahan

a 얼그레이 홍차
Thé Earl Grey

a 마카롱 열쇠고리

a 원하는 맛의 마카롱 6개를
담은 상자 세트

우리가 아는 마카롱의 탄생지
a 라뒤레 Ladurée

파리식 마카롱을 처음 개발한 현대 마카롱의 조상님. 1862년 마들렌 성당 근처에 맨 처음 문을 열었다. 본점과 보나파르트·샹젤리제 지점은 기념품도 다양하게 갖추고 살롱 드 테를 운영해 차 한잔과 함께 쉬어가기에도 좋다.
→ 195p

파티스리계의 피카소
b 피에르 에르메 Pierre Hermé

라뒤레의 수석 파티시에였던 피에르 에르메가 독립해 독창적인 방식으로 만든 마카롱은 먹기 아까울 정도로 예쁘다. 라뒤레 마카롱이 촉촉하고 부드럽다면 피에르 에르메는 바삭하면서도 입에 넣자마자 사르르 녹는 것이 특징이다. → 196p, 287p

b 이스파한
Ispahan

b 원하는 맛의 마카롱 7개를 담은 상자 세트

c 마카롱 세트

밤 퓌레를 얹은 케이크. 실로 엮은 듯한 모양의 부드러운 밤 크림 속에 생크림과 머랭이 숨어 있는 앙젤리나의 몽블랑 케이크가 가장 유명하다. 초콜릿을 진하게 녹인 쇼콜라 쇼와 잘 어울린다.

d 오리지널 몽블랑
Le Mont-Blanc

쇼콜라 쇼 d
Chocolat Chaud

현지인이 꼽은 파리 최고의 마카롱
c 카레트 Carette

각종 미디어에서 선정하는 파티스리 순위에서 항상 상위권을 차지하는 곳. 마카롱은 물론 에클레르도 종종 1등을 하고 밀푀유 맛집으로도 유명하다. 귀족 저택처럼 꾸민 실내에서 고급스러운 도자기에 내오는 차와 함께 디저트를 즐길 수 있는 살롱 드 테도 운영한다. → 183p

코코 샤넬도 사랑한 몽블랑
d 앙젤리나 Angelina

1903년 문을 열어 귀족과 부르주아의 사교장으로 애용된 살롱 드 테. 이 집의 몽블랑 케이크는 혀끝에 닿자마자 녹아버릴 정도로 부드럽고 달콤하다. 리볼리 거리(Rue de Rivoli) 본점을 포함해 파리 시내에 7개 매장이 있다.
→ 215p

'1000겹의 잎사귀'라는 의미로, 잎사귀처럼 얇은
1000겹의 바삭한 파이 사이에 크림을 넣은 케이크다.
마카롱 못지않게 창의성이 돋보이는 디저트.

슈는 '양배추'라는 뜻의 폭신한 구름 과자다.
슈 안에 크림을 넣은 것은 슈 아 라 크렘
(Chou à la Crème)이라고 한다.

b
슈 아 라 크렘
Chou à la Crème

b
슈로 만든 케이크

a
밀푀유
Mille-Feuille

c **슈 아 라 크렘**
Chou à la Crème

밀푀유의 정석
a **카를 마를레티** Carl Marletti

파리 5구의 끝자락에 위치해 접근성
은 다소 떨어지나 디저트 애호가라면
반드시 들러야 할 성지다. 시그니처
메뉴인 밀푀유는 바삭한 페이스트리
의 질감과 진한 바닐라 향의 조화가
압권이다. 오후에는 품절되는 날이
많으니 최대한 빨리 갈 것! MAP **9**-B

ADD 51 Rue Censier 75005
(몽쥬 약국 근처)
OPEN 10:00~19:00(일요일 ~13:30)/
월요일 휴무
MENU 밀푀유 7.70€~
METRO 7 Censier-Daubenton에서
도보 2분

고깔모자를 쓴 귀여운 슈
b **포펠리니** Popelini

카트린 드 메디시의 전속 요리사로,
16세기에 슈를 처음 개발한 포펠리니
의 이름을 딴 곳. 초콜릿, 커피, 피스
타치오 등 9가지 기본 맛에 초콜릿으
로 포인트를 주었다. → **323p**

파리를 평정한 슈크림
c **오데트** Odette

마카롱을 제치고 젊은 파리지앵의 입
맛을 사로잡은 슈 전문점. 진한 크림
을 감싼 바삭한 슈가 마치 베레모를
쓴 것 같은 깜찍한 모양이다. 크림에
따라 9가지 종류가 있다. → **260p**

타르트 Tarte

프랑스식 파이. 산딸기(Framboise), 딸기(Fraise), 사과(Pomme) 등 과일을 올린 것이 많다. 얇게 저민 사과 위에 버터와 설탕을 올려 구운 것은 타르트 타탱(Tarte Tatin)이라고 한다.

아이스크림 Glace

프랑스에서는 우유를 넣지 않거나 아주 조금만 넣어 만든 소르베(Sorbet, 영어로 셔벗)를 주로 먹는다. 일반 아이스크림은 글라스(Glace)라고 부르며, 젤라토(Gelato)는 이탈리아식의 쫀득한 아이스크림을 말한다.

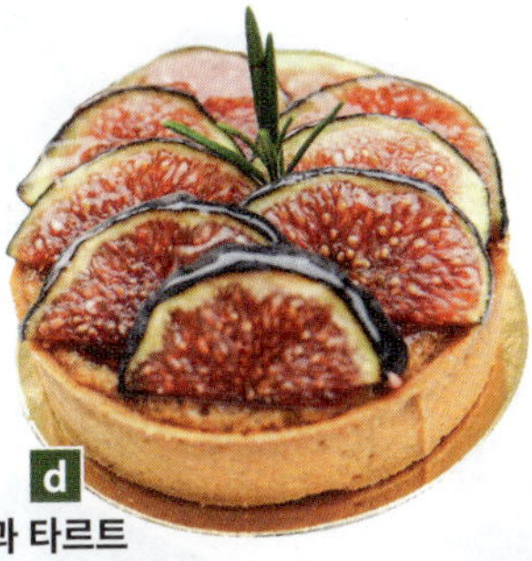

d **무화과 타르트**
Tarte Aux Figues

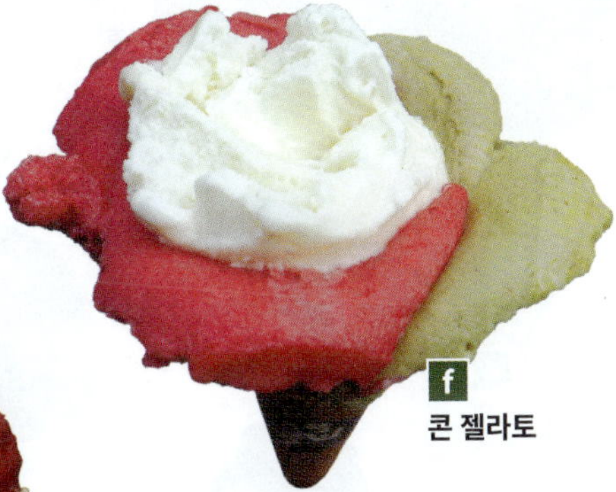

f **콘 젤라토**

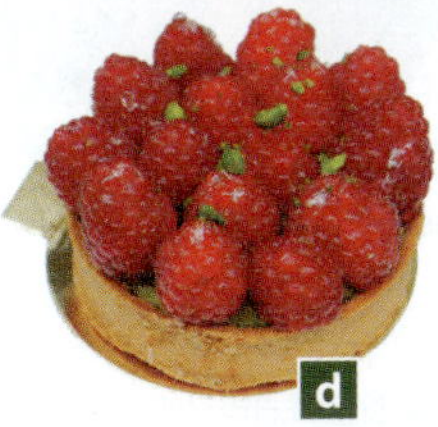

d **산딸기 타르트**
Tarte aux Framboises

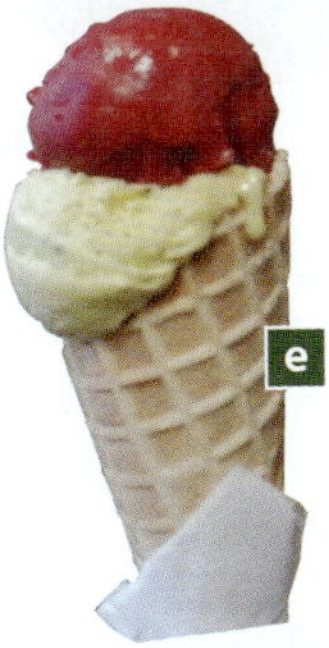

e **소르베**

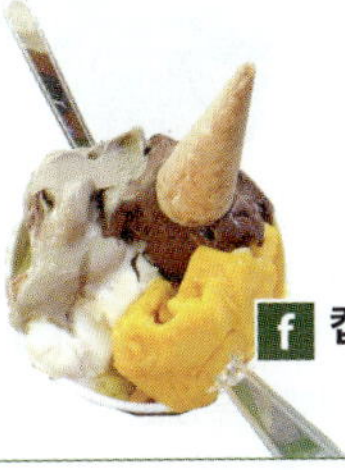

f **컵 젤라토**

상큼한 과일 타르트

d 팽 드 쉬크르 Pain de Sucre

바삭한 시트지에 올린 새콤한 과일과 달콤한 크림의 조화가 뛰어나다. 시즌별로 제철 과일을 올린 다양한 타르트를 선보인다. 이 중 아몬드 파이 위에 산딸기를 올린 타르트가 단연코 No.1! → 323p

프랑스 아이스크림의 자존심

e 베르시용 Berthillon

1954년에 문을 연 '검증된' 아이스크림 가게. 언제 가도 길게 줄을 서야 하며 가격 대비 양이 매우 적은 편이다. 시원하고 상큼한 딸기(Fraise)와 레몬(Citron) 맛 글라스나 소르베가 인기. → 261p

달콤하고 상큼한 '장미 젤라토'

f 아모리노 Amorino

2002년 이탈리아에서 온 두 젊은이가 문을 연 젤라테리아. 젤라토를 골라 콘으로 주문하면 장미꽃 모양으로 만들어 준다. 인기 메뉴는 요구르트와 딸기 맛. 지점에 따라 살롱 드 테를 운영하는 곳도 있다. → 261p

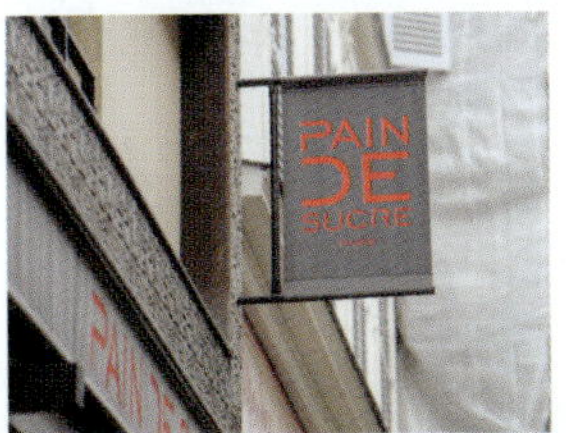

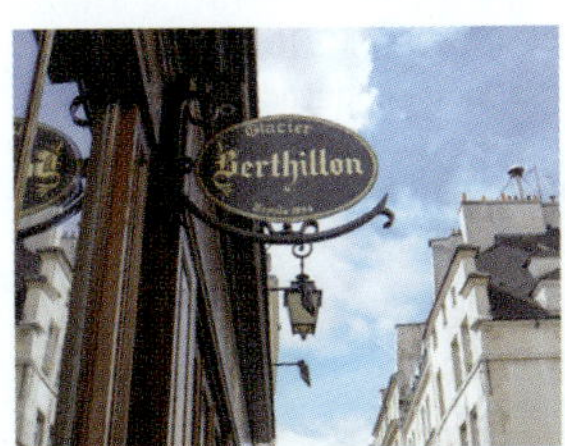

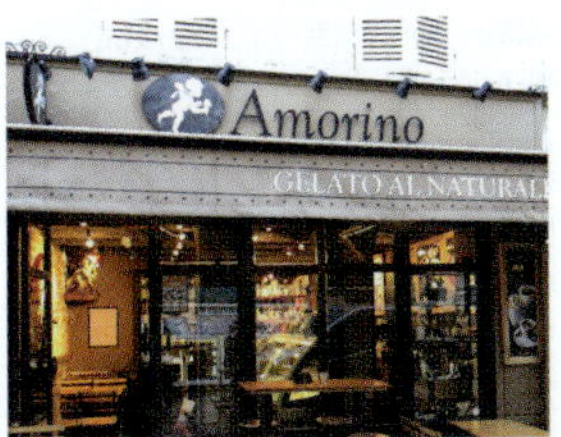

프랑스 디저트의 끝판왕으로 초콜릿이 빠질 순 없다. 소규모 공방에서 직접 만든 초콜릿은
공장에서 대량 생산하는 초콜릿이 결코 따라갈 수 없는 맛과 향을 지녔다.

a 통카 Tonka
초콜릿 무스와 프랄린
등이 든 초콜릿 케이크

c 인기 No. 1
다양한 맛의 초콜릿 봉봉

a
16가지 맛의
수제 초콜릿 세트

b 트라비아타 Traviata
아몬드, 헤이즐넛,
크렘브륄레가 들었다.

b
다양한 패키지의
선물 세트

c 모자이크 Mosaïque
다양한 양과자 모둠

수제 초콜릿의 명문
a 장폴 에뱅 Jean-Paul Hévin

수많은 초콜릿 관련 대회에서 우승한
초콜릿계의 거장, 장폴 에뱅. 그의 초
콜릿을 맛본 이들은 '예술'이라고 평
한다. 루브르 지점은 살롱 드 테도 운
영해 진한 쇼콜라 쇼를 맛볼 수 있다.
MAP 본점 ⑥-A

ADD 231 Rue Saint-Honoré, 75001(본점,
방돔 광장 근처)/108 Rue Saint-Honoré,
75001(루브르 지점)/파리 시내 지점 9개
OPEN 10:00~19:30/일요일·공휴일 휴
무/지점마다 다름
MENU 초콜릿 세트(9개 145g) 26€~
WEB jeanpaulhevin.com

초콜릿으로 만든 달콤한 집
b 라 메종 뒤 쇼콜라
La Maison du Chocolat

뷰티 살롱 같은 고급스러운 인테리어
가 눈길을 사로잡는다. 유혹적인 모양
에 다양한 패키지로 포장된 초콜릿은
선물용으로 좋다. 마카롱이나 케이크
종류도 다양하다. **MAP 본점 ❷-D**

ADD 225 Rue du Faubourg Saint-
Honoré, 75008(본점, 개선문 근처)/파리
시내 지점 11개
OPEN 10:00~19:00/7·8월 일요일·일부
공휴일 휴무/지점마다 다름
MENU 초콜릿 세트(16개 112g) 29€~
WEB lamaisonduchocolat.com

요즘 제일 핫한 쇼콜라티에
c 자크 주냉 Jacques Genin

메종 뒤 쇼콜라의 파티시에였던 자크 주
냉이 2008년 오픈한 쇼콜라티에. 초콜
릿뿐 아니라 한 입 크기의 젤리나 캐러
멜이 입맛을 사로잡는다. 밀푀유를 비롯
한 제과류는 주문 제작만 하는데, 주말
에는 일반 판매하는 경우도 있으니 직원
에게 문의하자. **MAP 본점 ❺-A**

ADD 133 Rue de Turenne, 75003(본점,
마레 지구)/27 Rue de Varenne, 75007
(바렌 지점, 르 봉 마르셰 백화점 근처)
OPEN 11:00~19:00(토 ~19:30)/월요일 휴무
MENU 초콜릿 9개 14€~
WEB jacquesgenin.fr

커피에 적신 비스킷과 크림, 초콜릿 등을 여러 겹 쌓은 케이크. 달로와요의 파티시에 가스통 르노트르가 처음 만들어 오페라 가르니에의 발레리나에게 바친다는 의미로 이름을 붙였다.

먹는 순간 번개처럼 순식간에 사라진다고 해서 '번개'라는 이름이 붙여졌다. 긴 페이스트리 안에 크림을 채우고 위에는 초콜릿을 비롯한 다양한 재료의 크림을 올린다.

오페라1955
Opéra 1955

d

사계절 오페라
L'Opéra en Quatre Saisons

e **커피 에클레르**
Eclair Café

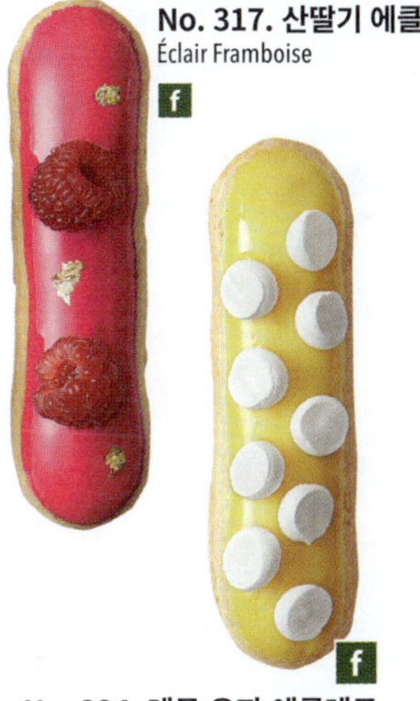

No. 317. 산딸기 에클레르
Éclair Framboise

f

f

No. 224. 레몬 유자 에클레르
Éclair Citron Yuzu

루이 14세가 반해버린 맛

d 달로와요 Dalloyau

루이 14세에게 스카우트돼 베르사유 궁전에서 아뮈즈부슈를 만들던 달로와요 가문이 프랑스 혁명으로 왕실이 망하자 시내에 오픈한 가게. 지금은 살롱 드 테, 레스토랑, 디저트 전문 숍 등을 운영하고 있다. **MAP 본점 ❸-C**

ADD 101 Rue du Faubourg Saint-Honoré, 75008(본점, 샹젤리제 거리 근처)/파리 시내 지점 3개
OPEN 08:00~20:00(살롱 드 테 ~18:00, 일요일 ~16:00)/지점마다 다름
MENU 오페라 9€~
WEB www.dalloyau.fr

파리의 고급 식품점

e 포숑 Fauchon

1886년에 문을 열어 디저트, 차, 와인, 잼, 초콜릿 등 2만 가지가 넘는 품목을 갖춘 고급 식품점. 에클레르 외에 산딸기 타르트, 밀크잼, 초콜릿과 차 등도 인기 상품이다. 레스토랑도 가격대비 괜찮다. **→ 234p**

ADD 11 Place de la Madeleine, 75008(본점, 마들렌 성당 근처)/백화점을 비롯해 파리 곳곳에 지점이 있다.
OPEN 카페 & 레스토랑 08:00~22:30/지점마다 다름
MENU 에클레르 13€~
WEB www.grandcafefauchon.fr

예뻐서 먹기 아깝네

f 레클레르 드 제니
L'Éclair de Génie

화려한 색채와 섬세한 디테일로 유명한 포숑의 에클레르를 개발한 파티시에 크리스토프 아당의 부티크. 패션쇼의 꽃인 오트 쿠튀르 콘셉트로 선보이는 작고 세련된 모양의 에클레르가 인기만점이다. **MAP ❸-D**

ADD 122 Rue Montmartre, 75002(레알 & 보부르)/파리 시내 지점 4개
OPEN 08:30~19:00(일요일 09:00~18:00)/지점마다 다름
MENU 에클레르 7€~
WEB www.leclairdegenieshop.com

크렘 브륄레 Crème Brûlée

커스터드 크림 위에 캐러멜을 입혀 살짝 구운 디저트. 숟가락으로 캐러멜을 톡톡 깨어 먹는다. 레스토랑에서 후식용 디저트로 각광받는다.

일 플로탕트 Îles Flottantes

'떠다니는 섬'이라는 뜻의 디저트. 머랭이 뜰 정도로 크렘 앙글레즈(가볍고 부드러운 커스터드 크림류)를 듬뿍 넣고 캐러멜시럽을 아낌없이 뿌린다.

사블레 Sablé

보통 쿠키보다 설탕이 적게 들어가 부드럽고 부서지기 쉬운 쿠키. 레몬이나 오렌지 사블레가 대중적이다.

갈레트 데 루아 Galette des Rois

'왕의 과자'란 뜻을 지닌 동그란 모양의 아몬드 파이. 프랑스에서 새해 축하 음식으로 즐겨 먹는다.

마들렌 Madeleine

조개 모양의 폭신한 비스킷

머랭 Meringue

달걀흰자에 약간의 설탕을 넣고 거품 형태로 만들어 굳힌 과자. 프랑스어로 므랭그라 발음한다.

마롱 글라세 Marron Glacé

껍질을 벗긴 단밤을 시나몬 등과 함께 설탕 시럽에 넣고 조린 디저트

피낭시에 Financier

마들렌과 더불어 프랑스 구움과자의 양대 산맥. 아몬드 혹은 헤이즐넛 가루를 듬뿍 넣어 만든다.

카눌레 Canelé

밀가루, 우유, 버터, 달걀노른자, 럼, 바닐라 등을 넣어 만든 보르도 지방의 전통 케이크

빵(뺑)

프랑스 여행은 '빵심'으로!

빵순이, 빵돌이들에겐 빵이야말로 파리 여행의 목적이다. 파리에 도착하면 제일 먼저 근처 불랑제리로 달려가 보자. 내 인생의 빵 역사가 새로 쓰이기 시작한다.

바게트 Baguette

1920년대부터 먹기 시작한 프랑스의 대표적인 식사용 빵. 꼭 유명한 곳이 아니더라도 가게에서 직접 빵을 만드는 빵집(불랑제리)에서 파는 바게트는 웬만하면 다 맛있다. 단, 하나만 사지 말고 꼭 2개씩 살 것. 너무 맛있어서 아침, 점심, 저녁 계속 먹게 될 테니.

불 Boule

둥근 공(Boule) 모양의 바게트

바타르
Bâtard

굵고 짧은 바게트. 무게는 대개 500g 정도다.

토르사드 Torsade

치즈나 베이컨, 올리브를 넣은 작고 가느다란 모양의 바게트

바게트
Baguette

무게는 250~300g, 길이는 55~65cm, 칼집이 6~7개인 기본 바게트

전통 바게트
Baguette de Tradition

밀가루, 물, 소금, 이스트 외에는 어떠한 첨가물도 넣지 않고 만들어 가장 비싸다.

피셀
Ficelle

무게가 약 120g으로 일반 바게트보다 가늘고 단단하다. '피셀'은 프랑스어로 '줄'이라는 뜻.

+MORE+

프랑스 빵집 & 디저트숍의 종류

■ **불랑제리** Boulangerie : 빵과 케이크를 판매하는 곳. 식사를 할 수 있는 곳도 있다.

■ **파티스리** Pâtisserie : 케이크와 마카롱 등 디저트를 주로 판매하는 곳.

■ **쇼콜라트리** Chocolaterie / **쇼콜라티에** Chocolatier : 초콜릿을 주재료로 한 디저트를 만드는 곳. 파티스리와 판매 품목이 많이 겹치지만 초콜릿에 중점을 둔다.

캉파뉴
Pain de Campagne

통밀가루로 만든 일명 '프랑스
시골 빵'

팽 오 르뱅
Pain au Levain

유기농 밀가루와 천연 효모로 만든 빵

미슈 드 팽
Miche de Pain

화학 재료를 전혀 사용하지 않고 천연
효모와 굵은소금 등을 넣어 만든 건강 빵.
한 덩어리가 워낙 커서 보통 얇게 잘라
판매한다.

팽 오 세레알
Pain aux Céréales

잡곡빵

팽 드 세글
Pain de Seigle

호밀빵

팽 드 미
Pain de Mie

프랑스식 식빵

파티스리 Pâtisserie & 비에누아즈리 Viennoiserie

밀가루 반죽에 버터와 물 등을 섞어 반죽해 바싹하게 구운 과자나 빵은 파티스리(영어로
페이스트리)라고 한다. 비에누아즈리는 설탕과 달걀, 버터를 넉넉히 넣은 발효 반죽으로
만든 아침용 파티스리를 지칭하는 용어로, 빵과 파티스리의 중간 형태라 할 수 있다.

크루아상 Croissant

초승달 모양의 빵. 버터를 듬뿍
넣은 반죽을 얇게 말아가며 만든다.

팽 오 쇼콜라
Pain au Chocolat

버터를 많이 넣은
반죽에 초콜릿 칩을 넣은 빵.
쇼콜라틴(Chocolatine)이라고도 한다.

브리오슈
Brioche

버터와 달걀이 많이
든 부드러운 빵

사크리스탱
Sacristain

파이 반죽을 비틀어 꼬아
오븐에 구운 바삭한 과자

쇼숑 오 폼므
Chausson aux Pommes

프랑스식 애플파이.
쇼숑(Chausson)은
'슬리퍼'라는 뜻이다.

에스카르고
Escargot

건포도나 초콜릿 등을 넣은
달팽이 모양의 데니쉬 파티스리

빵 덕후 모여라! 빵순이, 빵돌이를 위한 동네 빵집 Best 6!

푸알란 Poilâne

이스트 대신 천연 효모를 사용해 빵을 만드는 아티장 불랑제리들의 원조격인 곳. 1932년 창업 이후 지금까지 이스트를 사용한 제빵을 거부하고 바게트도 만들지 않는다. → 289p

라 파리지엔느 La Parisienne

2016년 파리 최고의 바게트 1위, 2024년 3위에 빛나는 곳. 상 받은 정통 바게트도 훌륭하지만 아몬드가 박힌 크루아상과 달달한 케이크도 무척 맛있다. → 289p

데 갸토 에 뒤 팽
Des Gâteaux et du Pain

피에르 에르메와 라뒤레의 전 파티시에가 운영하는 파티스리. 빵과 케이크 하나하나가 섬세한 예술작품처럼 감탄을 불러일으킨다.

→ 377p

라 메종 디사벨
La Maison d'Isabelle

2018년 파리 최고의 크루아상을 수상한 내공 깊은 빵집. 바삭하면서도 쫄깃한 파리 정통 크루아상을 제대로 느낄 수 있다.

→ 260p

뒤팽 에 데지데
Du Pain et des Idées

패션업계에 몸담았던 오너가 패션과 감성을 담아 만든다. 달팽이 모양의 에스카르고 피스타슈 쇼콜라가 대표 메뉴다. → 338p

> **: WRITER'S PICK :**
>
> ### 프랑스 대표 빵, 바게트
>
> 프랑스에서 바게트는 매년 100억 개가 판매될 정도로 사랑받는 국민 빵이다. 기계화와 기업화에 타격을 받은 제빵사들을 보호하기 위해 프랑스 정부는 1993년 소위 '바게트 법'을 제정했다. 법령에 따르면 일반 바게트와 달리 전통 바게트(Baguettes de Tradition)는 밀가루, 소금, 물, 이스트의 4가지 성분으로만 만들어야 하고 길이 50~55cm, 무게 250~270g이어야 하며 매장에서 직접 반죽하고 구워야 한다. 1994년부터는 파리시에서 매년 바게트 경연 대회를 열어 맛, 굽기, 부스러기와 바게트 모양 등을 보고 파리 최고의 바게트(La Meilleure Baguette de Paris)를 만드는 10곳의 빵집을 선정하고 있다. 대회에서 1등을 차지한 제빵사는 상금 4000유로와 함께 1년간 프랑스 대통령 관저(엘리제 궁전)에 빵을 납품할 수 있는 자격을 얻는다.

파리가 제아무리 미식의 도시라 해도, 시간이 부족한 여행자가 매번 레스토랑에서 느긋한 식사를 즐기긴
어려운 일! 그럴 땐 간편하면서도 맛과 분위기까지 챙길 수 있는 프랜차이즈 불랑제리가 훌륭한 선택이다.

폴 Paul

파리 시내 곳곳에서 가장 쉽게 만날
수 있는 프랑스 국민 빵집.
샌드위치를 비롯한 간단한 음식도
포장 판매하며 식사가 가능한
레스토랑을 겸하는 매장도 있다.
파리 시내에 50여 개 지점이 있다.

WEB www.paul.fr

브리오슈 도레 Brioche Dorée

커피와 가벼운 간식을 즐기기 좋은
불랑제리. 샹젤리제 거리와 오페라
가르니에 근처에는 규모가 큰 지점이
있어 잠시 쉬어 가기 좋다.
파리 시내에 20여 개 지점이 있으며
주로 기차역에서 볼 수 있다.

WEB www.briochedoree.fr

공트랑 셰리에 Gontran Cherrier

파리의 유명 호텔과 레스토랑에 빵을
공급하며 우리나라에도 30여 개
지점을 둔 불랑제리. 고소한 오징어
먹물 바게트 등 창의적인 프랑스
빵을 만날 수 있다.
몽파르나스역에 지점이 있다.

WEB gontrancherrierboulanger.com

메르시 제롬 Merci Jérôme

빵, 디저트, 커피, 식사까지 한 번에
해결 가능한 불랑제리. 로스트비프,
커리, 연어, 참치 등 다양한 재료들로
빼곡한 샌드위치와 알찬 구성의
샐러드는 포장도 가능해
숙소에서 먹기 좋다.
파리 시내에 9개의 지점이 있다.

WEB mercijerome.com

르 팽 코티디앵 Le Pain Quotidien

슬로푸드와 오가닉을 콘셉트로 한
레스토랑 & 불랑제리. 벨기에의 유명
요리사 알랭 쿠몽이 1990년대 초에
창업한 뒤 17개국에 100여 개 지점을
열었다. 가볍게 즐길 수 있는 담백한
요리와 샐러드 종류가 많아 채식하는
사람에게도 선택의 폭이 넓은 편.
파리 지점 수는 10개.

WEB www.lepainquotidien.com

에릭 케제르 Éric Kayser

4대째 이어오는 제빵 명가. 프랑스
사르코지 전 대통령과 일본 구로다
사야코 공주 등 유명인사의 단골
빵집으로도 유명하다. 액상 자연
효모 배양 기계를 개발해 고소하고
건강한 자연 효모빵과 케이크를
만들어 낸다. 식사할 수 있는
테이블을 갖춘 지점도 있다.
파리 지점 수는 20여 개.

WEB www.maison-kayser.com

미식의 도시 파리를 찾는 여행자들은 누구나 잊지 못할 프랑스식 만찬을 기대하기 마련이다. 하지만 프랑스 음식에 대한 기본적인 이해가 없다면 음식을 주문하기조차 쉽지 않은 것이 현실. 파리에서는 '아는 만큼 먹는다'는 것을 꼭 기억하자.

프랑스 코스 요리

귀족 문화에서 비롯된 정통 프랑스 요리는 원래 12가지 코스가 기본 구성이지만 최근에는 많이 간소해져 5~7가지 코스를 제공하는 고급 레스토랑이 많다. 프랑스 문화를 즐기는 기분 좋은 한 끼를 경험하는 것이 목적이라면 일반 레스토랑에서 2~3가지 코스만으로도 충분하다.
3코스는 전채 요리(앙트레), 메인 요리(플라), 디저트(데세르) 순으로 메뉴판을 보고 하나씩 고른다.
2코스는 전채+메인 또는 메인+디저트로 구성된다. 빵은 기본.
작은 레스토랑이라도 저녁 식사 시간에는 전채, 메인, 디저트를 1인당 1개씩 주문해야 한다.

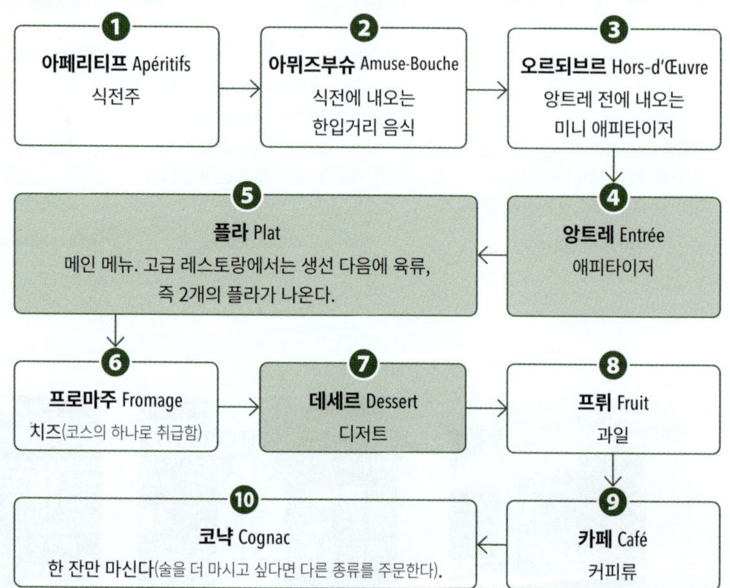

: WRITER'S PICK :

"봉주르~"는 언제 어디서나!

파리에서는 "안녕하세요"라는 인사말, '봉주르(Bonjour)'를 어색해하지 말자. 식당이나 상점에 들어갔을 때 인사를 할 때와 하지 않을 때 점원의 태도는 매우 다르다. 저녁에는 "봉수아(Bonsoir)"라고 한다. 식당이나 카페에서 종업원을 부를 때 남성은 '무슈(Monsieur)', 여성은 '마드모아젤(Mademoiselle)' 또는 '마담(Madame)'이라 하며 "익스큐제 무아(Excusez-moi, 실례합니다)"를 적절히 구사하는 것이 좋다.

1 레스토랑
Restaurant

코스 요리 위주의 식당. 런치와 디너 사이에 잠시 문을 닫는 곳이 많다. 대부분 디너는 예약이 필수고, 런치도 예약을 권장한다. 레스토랑이라고 이름이 붙은 곳에서 식사할 때는 복장에도 신경 써야 한다.

2 비스트로
Bistro

자유로운 분위기에 작은 규모의 식당이다. 음식의 양이 푸짐하고, 단품 요리만 주문해도 된다. 지역 특산물을 이용한 가정식 음식 메뉴가 많다. '카페'라고 돼 있어도 커피보다는 음식과 와인에 집중하는 식당이 대부분 비스트로에 속한다.

3 브라스리
Brasserie

'맥주를 양조하다(Brew)'라는 뜻의 프랑스어 '브라세(Brasser)'에서 이름이 유래한 술집. 휴식 시간 없이 밤늦게까지 영업하는 곳이 많다. 주류 판매가 주업이지만 간단한 식사도 제공한다.

캐비아, 송로버섯과 함께 프랑스 3대 미식 재료로 꼽히는 푸아그라(Foie Gras). '거위 간(Foie)'과 '지방(Gras)'의 합성어로, 살찐 거위의 간을 의미한다. 그러나 거위보다 오리가 사육하기 쉬워서 대부분 오리(Canard)의 간을 사용하며 오리 간도 푸아그라라고 통칭한다. 메뉴판에 'Foie Gras d'Oie'라고 표시되었다면 진짜 거위 간으로 만들었다는 뜻. 다만 최근에는 푸아그라 요리를 위한 오리나 거위 사육 방식이 잔인하다는 이유로 동물 보호 단체들의 꾸준한 시위가 이어지고 있으며, 많은 유명인사들도 보이콧 선언을 하고 있다.

음식을 코스가 아닌 단품으로 먹을 수 있는 비스트로나 브라스리에는 맥주나 와인에 곁들여 부담 없이 먹을 수 있는 메뉴가 많다. 솔 뫼니에르(Sole Meunière), 뵈프 부르기뇽(Bœuf Bourguignon), 오자 모엘(Os à Moelle) 등이 대표적. 토마토 소스에 가지, 호박, 피망 등 다양한 채소를 넣고 뭉근히 끓여낸 프랑스 남부의 채소 스튜 라타투이(Ratatouille)도 우리 입맛에 잘 맞는다. 단, 라타투이는 프랑스 가정에서 반찬 삼아 먹는 음식이라서 식당에서 맛보기는 어렵고, 플라에 가끔 사이드로 나온다. 메인으로 제공하는 식당이라면 기본 빵과 함께 간단한 한 끼 식사 대용으로도 완벽하다.

애피타이저

오르되브르 Hors-d'Œuvre/앙트레 Entrée

차가운 에피타이저인 오르되브르는 고급 레스토랑에서 나온다. 최근에는 앙트레에 통합되는 추세다.

푸아그라 Foie Gras

거위의 간으로 만든 요리. 앙트레로 나올 때는 다른 재료와 함께 갈아서 반죽한다. 플라로 나올 때는 통으로 잘라 스테이크처럼 구워서 내오는 요리(Foie Gras de Canard/Oie Rôti)가 대부분이다.

- 파테(Pâté) & 무스(Mousse): 푸아그라가 50% 이상
- 파르페(Parfait): 푸아그라가 75% 이상
- 테린(Terrine): 푸아그라와 다른 재료를 층층이 쌓은 요리

에스카르고 Escargot

달팽이 요리. 레몬즙과 파슬리, 마늘, 버터로 만든 소스를 얹어 오븐에 굽는 것이 일반적인 요리법. 남은 소스는 빵에 발라 먹는다. 껍질을 잡는 집게와 전용 포크가 따로 나온다.

수프 아 로뇽 Soupe à l'Oignon

양파 수프. 레스토랑보다는 비스트로에서 자주 볼 수 있다. 겨울철 인기 앙트레다.

캐비아 Caviar

철갑상어알. 단독으로 나오는 경우는 거의 없고 다른 재료 위에 토핑으로 사용된다.

위트르 Huître

생굴. 굴 옆에 쓰인 번호(N°)는 크기를 의미하며 번호가 클수록 크기가 작다.

소몽 퓌메 Saumon Fumé

훈제 연어

콩소메 Consommé

고기와 채소를 오래 끓인 후 천에 여러 번 걸러 만든 맑은 수프. 국물이 투명한 금빛이고 재료가 바닥에 가라앉은 흔적이 없어야 한다.

외프 마요네즈 Œuf Mayonnaise

삶은 달걀을 반으로 자르고 그 위에 식물성 기름, 머스터드, 소금, 후추, 마요네즈 등을 섞어 만든 드레싱을 뿌려 접시에 담아낸다.

잠봉 크뤼 Jambon Cru

생햄. 이탈리아의 프로슈토(Prosciùtto)나 스페인의 하몽(Jamón)과 비슷하며 멜론과 같이 먹으면 단짠의 정석이 된다.

오자 모엘 Os à Moelle

오븐에 구운 소 다리뼈 골수 요리. 골수를 스푼으로 긁어 빵에 발라 먹는다.

메인 요리

플라 Plat

육류와 생선으로 나뉘며, 해물 요리가 유명한 레스토랑은 해물 요리(Fruits de Mer)를 플라에 포함한다.

● **육류 : 비앙드** Viande

비프테크 Bifteck

뵈프 스테이크(Bœuf Steak)의 줄임말로, 소고기 스테이크를 통칭한다. 앙트르코트(Entrecôte)는 등심 스테이크, 필레 드 뵈프(Filet de Bœuf)는 안심 스테이크, 코트 드 뵈프(Côte de Bœuf)는 뼈 없는 갈빗살 스테이크다. 보(Veau)는 송아지 요리를 뜻한다.

콩피 드 카나르
Confit de Canard

오리 다리 조림. 보통 구운 후 소스에 조려서 만든다. 요리 이름에 카나르 대신 마그레(Magret)가 붙으면 오리 가슴살을, 카네트(Canette)가 붙으면 암컷 새끼 오리를 사용한 요리라는 뜻.

지고 다뇨 로티 오 푸르
Gigot d'Agneau Rôti au Four

양의 허벅다리구이. 카레 다뇨(Carré d'Agneau)는 양의 갈빗살 요리를 말한다.

타르타르 Tartare

소고기 육회

뵈프 부르기뇽
Bœuf Bourguignon

소고기 부채살에 채소와 와인을 넣고 오랫동안 끓인 찜 요리

에신 드 코숑/포르
Échine de Cochon/Porc

새끼 돼지/돼지 등심 요리

부댕 누아르 Boudin Noir

프랑스식 소시지 요리. 우리나라의 순대와 비슷하며 고기와 빵, 양파 등으로 속을 채웠다.

코코뱅 Coq au Vin

와인에 넣어 조린 닭고기 요리

포토푀 Pot-au-feu

소고기 냄비 요리. 소뼈와 고기, 당근, 양파 등 채소를 함께 넣고 오랜 시간 끓인다.

● 생선 : 푸아송 Poisson / 해물 : 프뤼 드 메르 Fruits de Mer

도라드 루아얄 그리예
Dorade Royale Grillé

도미구이. 도미를 굵은소금에 감싸 통째로 구운 후 껍질과 소금을 제거하고 부드러운 속살만 내온다. 만새기 같은 흰살 생선을 같은 이름으로 내오기도 한다.

솔 뫼니에르 Sole Meuniére

생선에 밀가루를 묻힌 후 프라이팬에 버터나 기름을 두르고 굽는 요리. 주로 가자미(Limande)나 광어(Turbot)로 만들며 일부 레스토랑에서는 넙치를 사용하기도 한다.

카비요 라케 소자
Cabillaud Laqué Soja

간장 소스를 발라 구운 생대구. 연어로 만들면 소몽 라케 소자(Saumon Laqué Soja)라고 한다.

소몽 그리예
Saumon Grillé

그릴에 구운 연어

코키으 생자크
Coquille Saint-Jacques

가리비 관자 요리. 앙트레나 오르되브르로 준비될 때도 많다.

플라토 드 프뤼 드 메르
Plateau de Fruits de Mer

해물 모둠 요리

물 마리니에르
Moules Marinières

백포도주로 조리한 홍합 요리

음료

부아송 Boisson

프랑스에서는 음료 단위로 'mL'가 아니라 'cl'를 사용한다. 1cl = 10mL 음료를 병으로 주문한다면 테이블당 1병이면 충분하다.

오 Eau

물. 다른 유럽 국가에 비해 우리가 마시는 것과 같은 일반 생수(Eau Plate)가 탄산수(Eau Gazeuse)보다 많다. 탄산수 대표 브랜드는 페리에, 일반 생수 브랜드는 에비앙과 비텔이 있다.

뱅 Vin

와인. 보통 와인이라고 하면 레드 와인, 즉 뱅 루즈(Vin Rouge)를 가리킨다. 화이트 와인은 뱅 블랑(Vin Blanc), 로즈 와인은 뱅 로제(Vin Rosé), 샴페인은 샹파뉴(Champagne)라고 한다.

비에르 Bière

맥주

시드르 Cidre

사과주. 단맛이 강하다. 크레페를 먹을 때 주로 마신다.

쥐 드 프뤼 Jus de Fruit

과일 주스. 생과일을 바로 짠 것은 쥐 드 프뤼 프레(Jus de Fruit Frais)라고 한다.

레 Lait

우유

카페 Café

커피. 그냥 '카페'라고 하면 에스프레소를 말한다. 약간의 물을 넣은 커피는 카페 알롱제(Café Allongé), 우유를 넣은 커피는 카페 오 레(Café au Lait)라고 한다.

영어로 된 메뉴판을 갖춘 곳도 많지만 프랑스어 메뉴판만 있는 곳도 있다. 좋아하는 재료가 있다면 프랑스어를 미리 알아두자. 참고로 'Sauvage'가 붙은 생선이나 해산물은 양식이 아닌 자연산을 의미한다.

채소

감자	Pomme de Terre	폼 드 테르	**시금치**	Épinard	에피나르
으깬 감자	Pommes Purée	폼 퓌레	**당근**	Carotte	카로트
고구마	Patate	파타트	**강낭콩**	Haricot	아리코
양파	Oignon	오뇽	**콩**(대두)	Soja	소자
샬롯	Échalote	에샬로트	**호박**	Citrouille	시트루이
셀러리	Céleri	셀리	**송로버섯**	Truffe	트뤼프

생선 & 해산물

연어	Saumon	소몽	**홍합**	Moules	물
도미	Dorade	도라드	**바닷가재****	Homard	오마르
대구	Morue	모뤼	**작은 새우**	Crevette	크르베트
생대구	Cabillaud/Cod	카비요/코드	**조금 큰 새우**	Gambas	강바
광어*	Turbot	튀르보	**게**	Crabe	크라브
송어	Truite	트뤼트	**가리비 관자**	Coquille Saint-Jacques	코키으 생자크
농어	Bar	바르			
참치	Thon	통	**문어와 낙지류**	Pieuvre/Poulpe	피외브르/풀프
생굴	Huître	위트르	**오징어**	Calmar	칼마르

*가자미(Limande)와 비슷한 넙치류를 통칭해 쓰기도 한다.
**큰 가재와 큰 새우를 통칭함. 닭새우는 팔리뉘리다(Palinuridae)와 바닷가재의 다른 이름인 랑구스트(Langoustes)를 혼용하기도 한다.

육류

식용 달팽이	Escargot	에스카르고	**양/새끼 양**	Mouton/Agneau	무통/아뇨
소/송아지	Bœuf/Veau	뵈프/보	**토끼**	Rapin	라팽
갈빗살, 등심	Entrecôte	앙트르코트	**오리**	Canard	카나르
안심	Filet	필레	**닭/영계**	Coq/Poulet	코크/풀레
생고기, 소고기 육회	Tartare	타르타르	**거위**	Oie	우아
돼지/새끼 돼지	Porc/Cochon	포르/코숑	**달걀**	Œuf	외프

과일

복숭아	Pêche	페슈
딸기	Fraises	프레즈
산딸기류	Framboise	프랑부아즈
사과	Pomme	폼
배	Poire	푸아르
바나나	Banane	바난
파인애플	Ananas	아나나
무화과	Figue	피그

프랑스 각지 명물 구루메

땅이 넓은 프랑스는 풍토와 기후, 특산물과 지역의 역사적 경험이 다른 만큼,
각 지역을 대표하는 명물 음식도 유난히 다채롭다. 안 먹으면 후회할
프랑스 머스트 잇 음식 리스트를 꼽았다.

노르망디

양고기류(Mouton/Agneau)

브르타뉴

굴(Huître), 갈레트(Galette, 식사용 크레페)

보르도

오리 다리 조림(Confit de Canard),
푸아그라(Foie gras), 마늘 수프(Tourin)

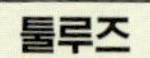

툴루즈

카술레(Cassoulet, 고기와
콩 등을 넣고 오래 끓인 스튜)

파리
프랑스 전 지역의 음식.
특히 디저트

알자스
슈크루트(Choucroute, 양배추 절임),
앙두예트(Andouillette, 소시지)

부르고뉴
코코뱅(Coq au Vin),
에스카르고(Escargot, 달팽이)

코트다쥐르
피살라디에르(Pissaladière, 안초비,
버섯, 블랙 올리브가 들어간 피자),
소카(Socca, 병아리콩을 갈아서 만든 팬케이크)

프로방스
라타투이(Ratatouille, 채소 스튜),
부야베스(Bouillabaisse, 생선과 조개
등 해물에 향신료를 넣고 끓인 요리)

Hauts-de-France
PARIS
Île-de-France
Grand Est
ALSACE
Centre-Val de Loire
Bourgogne-Franche-Comté
BOURGOGNE
Nouvelle-Aquitaine
Auvergne-Rhône-Alpes
Provence-Alpes-Côte d'Azur
CÔTE D'AZUR
Occitanie
PROVENCE
TOULOUSE

프랑스 요리에 맛을 더하는 기본 상식

1 메뉴의 기본

- ☐ 메뉴판-카르트(Carte)
- ☐ 세트 요리-므뉘(Menu) / 포르뮐(Formule)
- ☐ 단품 요리(선택식 주문)-아 라 카르트(À la Carte)
- ☐ 오늘의 요리-플라 뒤 주르(Plat du Jour)

우리가 흔히 말하는 '메뉴'는 프랑스에서 세트 요리 '므뉘'를 뜻하며, 메뉴판은 '카르트'라고 한다. 프랑스 레스토랑에서 메뉴를 달라고 하면 세트 요리인 므뉘를 주문하는 것으로 생각하니 주의! 므뉘는 대부분 매일 제공하는 요리가 다르다. 각각 가격이 따로 붙어 있는 요리를 개별로 시킬 때는 메뉴판의 '아 라 카르트' 칸을 찾아 주문하면 된다. 고르기 어렵다면 '오늘의 요리(플라 뒤 주르)'를 주문해보자.

2 세트 요리의 종류

- ☐ 아침 식사-프티 데죄네(Petit Déjeuner)
- ☐ 점심 세트 요리-데죄네 므뉘(Déjeuner Menu) 또는 주르 므뉘(Jour Menu)

점심에만 판매하는 세트에는 '데죄네'나 '주르' 등이 추가로 붙고, 저녁에는 세트 메뉴를 제공하지 않는 곳이 많다. 아침 식사는 대부분 간단한 세트로 제공한다.

3 스테이크 익힘 정도

- ☐ 레어-세냥(Saignant)
- ☐ 미디엄-아 푸앙(À Point)
- ☐ 웰던-비앙 퀴트(Bien Cuite)
- ☐ 미디엄 웰던-비앙 퀴트, 파 트로 퀴(Bien Cuite, pas trop cuit)

미디엄-웰던 정도를 원한다면 웰던을 주문하면서 "파 트로 퀴(너무 익히지 말아주세요)"라고 말하자.

4 조리법

- ☐ 팬에서 익힌 요리-푸알레(Poêler/Poêlée)
- ☐ 끓는 기름에 튀긴 요리-프리튀르(Friture)
- ☐ 기름 또는 버터에 볶은 요리-소테(Sauté)
- ☐ 스튜-라구(Ragoût)
- ☐ 구운 고기-로티(Rôti)
- ☐ 석쇠에 구운 요리-그리예(Grillé)
- ☐ 꼬치 요리-브로셰트(Brochette)
- ☐ 불에 익히지 않은 날것-크뤼(Cru)
- ☐ 유산지나 알루미늄 포일로 싸서 익힌 요리-파피요트(Papillote)
- ☐ 생선에 밀가루를 묻힌 후 프라이팬에 버터를 두르고 익힌 요리-뫼니에르(Meunière)

5 프랑스 음식에 많이 사용되는 소스 5가지

- ☐ 우유 베이스-베샤멜(Béchamel)
- ☐ 송아지 고기 육수 베이스-에스파뇰(Espagnole)
- ☐ 맑은 육수 베이스-블루테(Velouté)
- ☐ 달걀과 버터 베이스-올랑데즈(Hollandaise)
- ☐ 토마토 베이스-토마토(Tomato)

6 물 주문하기

- ☐ 물 한 병 주세요-윈 카라프 도, 실 부 플레 (Une carafe d'eau, s'il vous plait.)
- ☐ 물 한 잔만 주세요-엉 베르 도, 실 부 플레 (Un verre d'eau, s'il vous plait.)
- ☐ 수돗물 주세요-로 뒤 로비네, 실 부 플레 (L'eau du robinet, s'il vous plait.)
- ☐ 일반 생수-오 플라트(Eau Plate) / 오(Eau)
- ☐ 스파클링 워터-오 가죄즈(Eau Gazeuse)

대부분의 식당에서는 물도 음료처럼 돈을 주고 주문해야 한다. 공짜 물을 요청하면 수돗물이나 간단히 정수한 물을 주는데, 민감하지 않다면 큰 문제는 없다.

프랑스 식당 에티켓

1 입구에서

- ☐ 식당 입구에서 직원이 맞이할 때까지 기다렸다가 인원이 몇 명인지 얘기하고 자리를 안내받는다.

음료만 마시는 손님과 식사하는 손님을 구분해 자리를 배정하는 식당이 많다. 빈자리가 있는데도 무엇을 먹을 것인지 물어보고는 자리가 없다거나 서비스 시간이 아니라고 말한다면 테이블 구분을 까다롭게 하는 곳일 뿐 사람을 차별하는 것이 아니니 기분 나빠하지 말자.

2 자리에 앉은 후

- ☐ 메뉴판(Carte, 카르트)을 가져다줄 때까지 기다린다.
- ☐ 스태프를 소리 내어 부르거나 손짓하지 말고 눈이 마주칠 때까지 기다린다.

테이블마다 무슈(Monsieur, 담당 직원)가 정해져 있다. 다른 직원은 요청을 받아도 무시하거나 못마땅해한다.

3 주문 후

- ☐ 테이블 위에 팔꿈치를 올리지 않고, 손을 테이블 아래에 두는 것도 삼가자. 손목과 팔꿈치 사이를 테이블 가장자리에 살짝 기대는 정도가 적당하다.
- ☐ 냅킨은 허벅지 위에 펴서 올린다. 셔츠 앞으로 냅킨을 걸치면 매너에 어긋난다. 천 소재의 냅킨이라면 립스틱까지 닦는 것은 예의가 아니니 주의한다.

주문부터 음식이 나오기까지 정말 오래 걸리니 느긋하게 마음먹자.

4 식사하기

- ☐ 포크와 나이프는 보통 바깥쪽에 있는 것부터 사용한다.
- ☐ 포크나 나이프를 떨어뜨렸다면 줍지 말고 새것을 갖다 달라고 요청한다.
- ☐ 포크와 나이프 모두 접시 오른쪽에 가로로 걸쳐두면 다 먹었다는 뜻. 음식이 남았더라도 접시를 치우고 다음 코스를 내온다.

생선을 통째로 내오거나 뼈를 제거하지 않은 상태로 내오는 요리의 경우 나이프와 포크를 이용해 머리와 꼬리를 자른 후 몸통의 지느러미, 뼈를 제거하고 아래쪽 살을 나이프로 잘라가며 먹는다. 마지막으로 윗부분의 살을 먹은 후에는 절대로 생선을 뒤집지 않는다.

5 계산하기

- ☐ 계산은 테이블에서 한다.
- ☐ 계산서를 달라고 할 때는 "라디시옹 실 부 플레(L'addition, s'il vous plaît)"라고 말한다.
- ☐ 신용카드로 계산할 땐 계산서 위에 카드를 올려놓으면 직원이 결제 기계를 들고 온다. 비밀번호(핀 넘버)를 입력하고 영수증에 사인을 추가로 하는 곳도 있다.

일반 레스토랑에서 팁이 의무는 아니지만 서비스가 만족스러웠다면 음식 가격의 3~5% 정도를 주거나 거스름돈을 놓고 가는 것도 좋다. 고급 레스토랑의 경우 팁은 음식 가격의 8% 내외를 주되, 깔끔하게 떨어지는 액수를 테이블에 둔다. 동전을 주는 것은 실례다.

SPECIAL PAGE ★

미식가들의 바이블

미슐랭 가이드

프랑스의 타이어 회사 미슐랭에서 1900년부터 매년 발간하는 레스토랑 안내서 <미슐랭 가이드(Guide Michelin, 기드 미슐랭)>. 처음에는 주차장과 레스토랑이 있는 호텔을 표시해 고객에게 무료로 나누어 주던 자동차 여행 안내 책자였는데, 이곳에 실린 레스토랑이 맛있기로 소문나면서 인기를 얻자 1920년대부터 등급을 매기고 유료로 판매하기 시작했다. 그 후 인기가 상승하여 연간 130만 부 이상 팔리는 베스트셀러가 되었고 '미식가들의 바이블'이란 명성까지 얻으며 전 세계 셰프와 레스토랑의 권위를 인정받는 기준이 되었다.

★미슐랭 스타란?

미슐랭 가이드는 맛, 서비스, 가격, 분위기, 청결 상태 등을 평가해 식당 등급을 별 1~3개로 표시하고 별을 부여할 조건에 살짝 모자라면 추천 레스토랑(빕구르망)으로 분류한다. 등급은 매년 엄격한 심사를 거친 뒤에 새롭게 리스트를 발표한다. 또 셰프에게 주는 것이 아니라 레스토랑에 부여하는 것인데도 별을 받았을 때의 셰프가 그 레스토랑을 그만두면 별을 취소한다. 2025년 전 세계에 별 3개를 받은 식당은 총 153개에 불과할 정도로 까다롭게 선정하며, 그중 파리에 10곳이 있다.

WEB guide.michelin.com

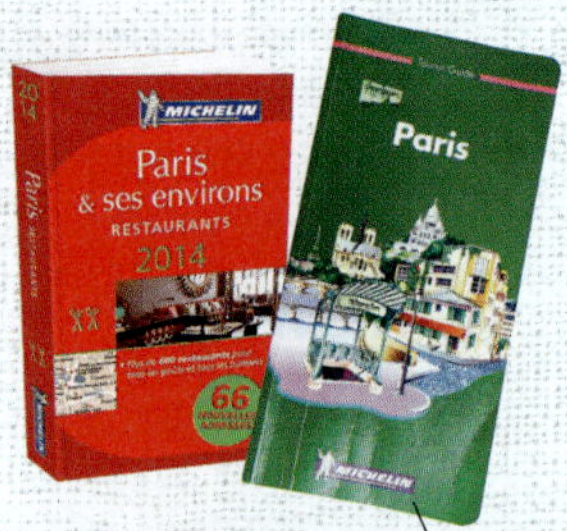

음식은 전통적인 빨간색, 여행안내 책자는 녹색과 파란색으로 발행한다.

★파리의 3스타 레스토랑 (2025년)

레스토랑	셰프	홈페이지
Alléno Paris au Pavillon Ledoyen	Yannick Alléno	www.yannick-alleno.com/fr/
Arpège	Alain Passard	www.alain-passard.com
Épicure	Éric Fréchon	oetkercollection.com/hotels/le-bristol-paris/restaurants-bar/
Kei	Kei Kobayashi	www.restaurant-kei.fr
L'Ambroisie	Bernard Pacaud	www.ambroisie-paris.com
Le Cinq	Christian Le Squer	www.fourseasons.com/paris/dining/
Le Gabriel-La Réserve Paris	Jérôme Banctel	lareserve-paris.com/restaurants-bars/restaurant-le-gabriel/
Le Pré Catelan	Frédéric Anton	restaurant.leprecatelan.com
Pierre Gagnaire	Pierre Gagnaire	pierregagnaire.com
Plénitude-Cheval Blanc Paris	Arnaud Donckele	www.chevalblanc.com

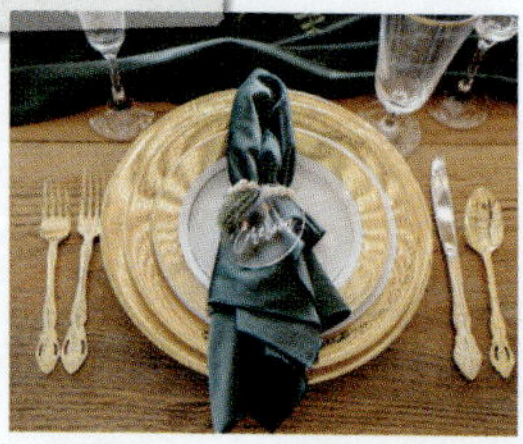

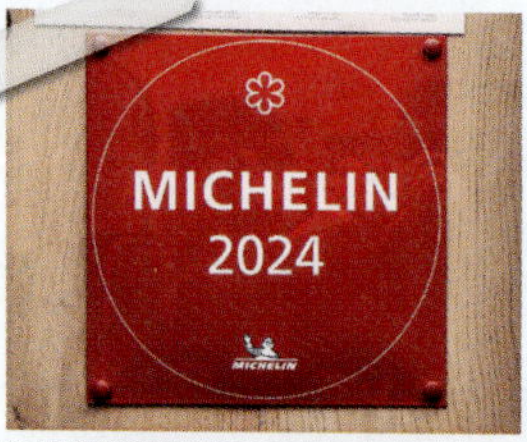

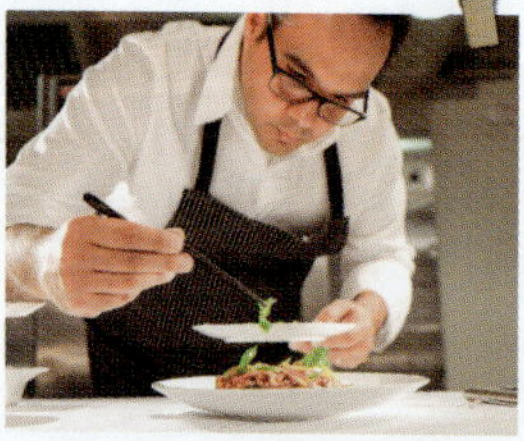

★ 전설이 된 파리의 스타 셰프들

조엘 로뷔숑
Joël Robuchon(1945~2018)

15세에 요리를 시작해 기존 요리 계의 모든 기록을 갈아치우고 셰프들 사이에서도 전설로 인정받은 최고의 스타 셰프. 1996년에 은퇴했다가 2003년 새 식당을 오픈했는데, 7년간의 공백에도 불구하고 30여 개의 미슐랭 스타를 획득했다. 2018년에 73세의 나이로 세상을 떠났다.

WEB www.atelier-robuchon-etoile.com

기 사부아
Guy Savoy(1953~)

유독 예술가들의 사랑을 많이 받는 셰프. 늘 인자한 웃음과 손님을 배려하는 자세, 요리에 대한 깊은 열정을 보여주는 기 사부아는 아이러니하게도 독설로 유명한 영국 셰프 고든 램지의 스승이기도 하다. 비교적 저렴한 가격대의 레스토랑도 운영해 방문자의 문턱을 낮췄다.

WEB www.guysavoy.com

피에르 가녜르
Pierre Gagnaire(1950~)

재료의 맛을 최대한 끌어내면서 전혀 다른 모양으로 새롭게 태어나는 분자 요리(Cuisine Moléculaire)의 대가. 프랑스 전통 미식을 추구하면서도 모던한 맛과 비주얼을 선보인다. 요리뿐 아니라 인테리어와 테이블 세팅 등 분위기에도 세심하게 신경 쓰기로 유명하다.

WEB www.pierre-gagnaire.com

알랭 뒤카스
Alain Ducasse(1956~)

16세에 요리계에 입문해 33세에 처음 미슐랭 별 3개를 받았다. 어디에서 맛있다는 음식 얘기가 들리면 직접 달려가 맛을 확인하고 재료에 대해 끊임없이 연구하는 것으로도 유명하다. 후학 양성에도 힘을 쏟고 있으며, 파리에 10여 개, 전 세계에 60여 개의 레스토랑과 카페 등을 운영하고 있다.

WEB www.ducasse-paris.com

+MORE+

프랑스 최우수 명장상 MOF(Meilleurs Ouvriers de France)

MOF는 3~4년에 한 번씩 수여하는 타이틀로, 프랑스 미식 업계에서는 미슐랭 3스타에 버금가는 최고의 영예로 간주한다. 마땅한 수상자가 없으면 그냥 지나가는 해가 있을 정도로 깐깐하게 심사하니 가게 앞에 MOF라는 로고나 문구가 보이면 믿고 들어가도 좋다.

MOF 수상자가 있는 파리의 베이커리 & 레스토랑
- **제빵 부문** : Laurent Duchêne(크루아상), Arnaud Lahrer(파티스리), Au Duc de la Chapelle(바게트) 등
- **초콜릿 부문** : Franck Kestener, La Maison du Chocolat, Patrick Roger, Jean-Paul Hévin 등
- **치즈 부문** : Fromagerie de Paris Lefebvre, La Fromagerie d'Auteuil, Fromagerie Laurent Dubois 등
- **육류 요리 부문** : Boucherie de l'Avenir 등
- **프랑스 요리 전반** : Pierre Gagnaire, Lenôtre 등

'와인' 하면 프랑스가 제일 먼저 떠오를 정도로 와인은 프랑스인의 삶에서 빼놓을 수 없는 가장 중요한 음료다. 실제로 2024년 프랑스의 와인 생산량은 이탈리아에 이어 세계 2위, 소비량은 미국에 이어 세계 2위로, 한 마디로 만든 만큼 열심히 소비하고 있는 셈이다. 와인은 각 지역과 농장에서 재배하는 품종과 제조 과정에 따라 맛과 가격이 천차만별이다. 하지만 와인의 맛은 가격에 비례하지 않다는 것! 내 입에 잘 맞는 와인을 찾아보고, 잘 모르겠다면 소믈리에의 도움을 받는 것이 중요하다.

프랑스 와인 등급

1 AOP (Appellation d'Origine Protégée, 구: AOC)

가장 엄격한 원산지 통제 등급으로, 포도 품종·양조 방식·지역 규정을 충족해야 한다. 라벨에는 'Appellation [지역명] Protégée'(AOP) 또는 'Appellation [지역명] Contrôlée'(AOC)로 풀어 쓰는 경우가 많다. AOP는 EU 기준에 따라 AOC를 대체한 명칭으로, 둘 다 원산지를 보증하는 등급이다.

2 IGP (Indication Géographique Protégée)

지리적 표시 와인. AOP보다 기준이 완화돼 다양한 품종과 스타일을 자유롭게 시도할 수 있다. 라벨에 'Vin de Pays'로 표기하기도 한다.

3 Vins de France

프랑스 전역에서 생산된 와인에 붙는 등급. 지역 표시는 없지만 품종과 빈티지 표기가 가능하다. 실험적인 블렌딩이나 비전통적 스타일에 자주 사용된다.

+MORE+

프랑스 와인 라벨 읽는 법

프랑스 와인 라벨은 생산 지역과 와이너리에 따라 디자인이 다르다. 그러나 모든 요소를 표기하는 것이 원칙이므로 잘 살펴보면 어떤 와인인지 알 수 있다. 보통 생산자의 경우 부르고뉴는 '도맹(Domain)', 보르도는 '샤토(Château)'로 표기한다.

❶ MIS EN BOUTEILLE AU CHÂTEAU : 생산 후 바로 샤토에서 병입했음.

❷ CHÂTEAU MARGAUX : 생산자 명칭. 즉 도맹 또는 샤토 이름

❸ 로고, 이미지 등

❹ 1987 빈티지. 포도 수확 연도

❺ PREMIER GRAND CRU CLASSÉ : 1855년 보르도 분류에 따른 최고 등급(1등급)으로, AOP(AOC) 산지 내 공식 분류 체계에 따른 품질을 의미한다.

❻ MARGAUX : 생산 지역

❼ 알코올 도수 ❽ 용량

❾ APPELLATION MARGAUX CONTRÔLÉE : 프랑스 AOC 체계의 표기로, 생산지(Margaux)와 통제(Appellation Contrôlée) 항목이 함께 표기된다.

❿ 생산자의 정확한 주소와 이름, 국가 등

→ 샤토 마고에서 재배·양조·병입된 1987년 빈티지 와인. 마고 지역 AOC 산지에 속하며, 1855년 보르도 분류 기준에 따라 1등급(Premier Grand Cru Classé)으로 지정된 최고급 와인이다.

1 샹파뉴 Champagne

샴페인의 본고장. 샴페인이라는 명칭은 오직 이 지역에서 만든 스파클링 와인에만 사용할 수 있다. 주요 품종은 피노누아, 피노 뮈니에, 샤르도네다.

2 알자스 Alsace

독일 접경 지역. 리슬링, 게뷔르츠트라미너 등 아로마틱한 화이트 와인이 유명하다. 대부분 단일 품종으로 만들며, 드라이한 맛과 향이 뚜렷하다.

3 루아르 Loire

프랑스에서 가장 다양한 스타일의 와인을 생산하는 지역. 소비뇽블랑, 슈냉블랑, 카베르네 프랑 등이 대표 품종으로, 청량하고 우아한 스타일이 많다.

4 부르고뉴 Bourgogne

단일 품종 와인의 대명사. 화이트는 샤르도네, 레드는 피노누아가 중심이다. 지역·포도밭 단위의 세분화된 분류가 특징이며, 테루아 표현이 뛰어나다.

5 보졸레 Beaujolais

부르고뉴 남쪽의 독립된 산지로, 가메 품종의 라이트한 레드 와인을 생산한다. 보졸레 누보는 매년 11월 셋째 주 목요일에 전 세계 동시 출시된다.

6 론 Rhône

북부는 시라 중심의 구조적인 레드 와인, 남부는 그르나슈 기반의 블렌딩 와인이 주를 이룬다. 북부는 단일 품종, 남부는 복합적인 스타일이 특징.

7 보르도 Bordeaux

전 세계 블렌딩 와인의 기준이 되는 지역. 카베르네 소비뇽, 메를로, 소비뇽블랑 등 2종 이상을 섞어 만든다. 좌안·우안에 따라 스타일이 달라진다.

❶ **슈퍼마켓에 간다** 숙소에서 가까운 슈퍼마켓으로 가자. 웬만한 와인 전문점 못지않게 와인을 갖추고 있다. 주로 3~20€의 저렴한 와인 위주로 구비해 가성비가 뛰어난 와인을 고를 수 있다.

❷ **와인 종류를 고른다** 시원하게 탄산이 있는 와인을 원한다면 스파클링 와인(대표적으로 샴페인), 상큼하고 가볍게 마시려면 화이트 와인(Vin Blanc), 조금 진한 와인을 원한다면 레드 와인(Vin Rouge)을 골라보자.

❸ **와인 라벨을 보고 등급을 정한다** 프랑스 와인은 법적으로 등급이 세분화돼 엄격히 관리된다. AOP(구 AOC)는 가장 공신력 있는 원산지 통제 등급으로, 기본적인 품질을 보장한다. 이 중 '그랑 크뤼(Grand Cru)'나 '프르미에 그랑 크뤼(Premier Grand Cru)'는 특정 지역에서 최고 등급으로 분류된 고급 와인이다.

❹ 좀 더 세심하게 고르려면 빈티지(포도 수확 시기)와 생산 지역을 보자. 자세한 빈티지 정보는 와인 애호가 매거진(Wine Enthusiast Magazine) 참고.
WEB www.winemag.com/wine-vintage-chart/

포도 재배부터 양조까지 화학물질과 인공첨가물, 사람의 손길을 최소화하며 만든 와인. 미세산화나 미생물의 개입으로 신맛과 향이 두드러지며, 독특하고 개성 있는 풍미가 특징이다. '네이키드(Naked)' 와인, '로(Raw)' 와인이라 부르기도 하며, 마니아층의 사랑을 받고 있다.

❶ 재배할 때 살충제나 제초제를 뿌리지 않는다.
❷ 수확할 때 기계를 사용하지 않고 일일이 손으로 딴다.
❸ 천연 효모를 사용하여 보통 와인보다 더 오랜 시간 발효시킨다.
❹ 인공 오크 향, 설탕, 식초, 달걀흰자 등 전통 와인 제조업자들이 사용하는 첨가물을 넣지 않는다.
❺ 부패 방지를 위한 아황산염(Sulfite)을 넣지 않거나 최소한의 양만 병입할 때 넣는다.

+ MORE +

와인의 단짝 친구, 치즈 Fromage(프로마주)

페이스트리, 와인과 함께 프랑스에서 빼놓을 수 없는 것이 치즈다. 프랑스에는 2500여 종의 치즈가 있으며, 프랑스인들은 치즈를 온전한 음식으로 대접한다. 레스토랑에서도 메인 요리 이후 격식을 차려 먹는 식사의 한 코스로 치즈를 내올 정도. 치즈에는 보통 그 치즈를 만든 지역의 이름을 붙이며 발효 기간이 길수록 향이 강해지고 가격도 비싸진다. 프랑스를 대표하는 치즈의 종류는 다음과 같다.

카망베르 Camembert

겉은 약간 단단하고 속은 부드럽다. 프랑스 대혁명 즈음 만들어져 역사가 짧은데도 전 세계에서 사랑받고 있다. 우리 입맛에도 잘 맞는다.

브리 Brie

카망베르와 비슷한 흰곰팡이 치즈로, 풍미는 더 순하고 크기는 큰 편이다. '치즈의 왕'이라 불릴 정도로 유명하고 인기가 많다.

콩테 Comté

프랑스에서 오랫동안 사랑받는 전통 치즈. 속은 짙은 노란색을 띠고 매끄러운 질감을 선보인다. 쫀쫀한 식감으로, 일상적으로 자주 먹는다.

에망탈 Emmental

구멍이 송송 뚫린 경성 치즈. 스위스 대표 치즈지만 프랑스에서도 광범위하게 생산된다. 샌드위치에 가장 많이 곁들이는 치즈다.

미몰레트 Mimolette

프랑스식으로 재해석한 네덜란드 에담 계열 치즈로, 단단하고 짠맛이 강하며 샐러드에 잘 어울린다.

묑스테르 Munster

강한 향으로 유명한 알자스산 치즈. 겉은 주황빛을 띠고, 속은 옅은 노란색이다. 풍미가 진하고 깊어 애호가들에게 특히 사랑받는다.

리바로 Livarot

응고시킨 우유를 소금물로 세척하며 숙성시킨 주황색의 연성 치즈. 호불호가 갈릴 수 있는 진한 향과 짠맛이 특징이다.

로크포르 Roquefort

양젖으로 만든 프랑스 대표 블루치즈. 짙은 풍미와 강한 짠맛이 특징이며, 고르곤졸라·스틸턴과 함께 세계 3대 블루치즈로 꼽힌다. 진한 와인과 잘 어울린다.

블루 데 코스
Bleu des Causses

버터처럼 부드러운 질감에 순한 블루치즈 향을 지녀 초심자에게도 잘 맞는다. 천연동굴에서 숙성시켜 만든다.

로카마두르
Rocamadour

산양유로 만든, 크기가 작고 부드러운 치즈. 진한 풍미와 섬세한 질감이 특징이다.

1 에헴~ 내가 바로 와인계의 원로
르그랑 피 에 피스 Legrand Filles et Fils

1880년 팔레 루아얄 근처의 갤러리 비비엔(Galerie Vivienne)에 문을 연 와인숍 겸 바. 보르도, 론, 랑그독 지역의 고급 와인을 주로 판매한다. 구매하기 전에 바나 테이블에서 테이스팅(8€~)해 볼 수 있고 콜키지(25€)를 내면 구매한 와인을 가게에서 바로 마시는 것도 가능하다. 안주로는 12:00부터 치즈 모둠과 콜드 컷(살라미+테린+릴레트+치즈), 초콜릿을, 15:00부터 정어리구이, 푸아그라 등을 판매한다. 점심에는 와인을 페어링한 고등어구이, 소고기 타르타르 같은 식사도 제공하는데, 와인숍치고는 꽤 맛있어서 현지인들 사이에서는 맛집으로 더 유명하다. **MAP ❻-B**

GOOGLE MAPS caves legrand
ADD 1 Rue de la Banque, 75002
OPEN 10:00~19:30/일요일 휴무,
식당 12:00~23:00/일·월요일 휴무/
8월 중순 약 일주일 휴가
WALK 팔레 루아얄 북쪽 끝에서 도보 1분
METRO 3 Bourse 2번 출구에서 도보 5분
WEB www.caves-legrand.com

2 프랑스에서 가장 큰 와인 체인점
니콜라 Nicolas

파리에서 가장 쉽게 만날 수 있는 대중적인 와인 체인점. 쇼핑할 시간이 부족한 여행자는 다양한 종류와 가격대의 와인을 갖춘 마들렌 성당 뒤쪽의 본점을 주로 찾는다. 어떤 것을 골라야 할지 모르겠다면 매니저에게 원하는 가격대와 종류, 맛을 이야기하면 추천해준다. 2층에 마련된 와인 바에서는 치즈와 샐러드를 주문해 와인과 함께 즐길 수 있다. 아래층에서 구매한 와인을 가져와 마실 경우 콜키지 5€가 추가된다. 파리 시내에 150여 개 지점이 있다. **MAP ❸-C**

GOOGLE MAPS nicolas madeleine
ADD 31 Place de la Madeleine, 75008(본점, 마들렌 성당 근처)
OPEN 10:00~20:00/일요일 휴무
METRO 8·12·14 Madeleine에서 도보 1분
WEB www.nicolas.com

파리 쇼핑 탐구 일기

원하고, 바라고, 갖고 싶던 그것

편집숍 & 빈티지숍

쇼핑이 천직인 사람도, 쇼핑에는 통 관심이 없는 사람도 파리에서라면 해답을 찾을 수 있다. 디렉터의 감각이 돋보이는 수준급의 편집숍 덕에 특별한 안목이 없어도 근사한 스타일을 담아올 수 있고, 큰돈을 들이지 않아도 기대 이상의 질 좋은 상품을 득템할 수 있는 도시이기 때문이다.

편집숍

1 메르시
Merci

봉푸앙을 창립한 코앙 부부가 운영하는 편집숍. 자체 브랜드는 물론 A.P.C.와 이자벨 마랑, 이솝 등 핫한 브랜드와 신진 디자이너의 브랜드, 생활·주방용품까지 갖추고 있다. 잠시만 둘러봐도 내 패션 감각이 높아질 것만 같은 느낌이다. → 227p, 320p

2 도버 스트리트 마켓
Dover Street Market Paris

17세기 고저택에 문을 연 후 파리 패션의 새로운 정점으로 꼽히는 하이엔드 편집숍이다. 꼼데가르송과 스투시 등 150여 개 브랜드가 현대 미술 전시장 같은 감각적인 공간에 어우러져 파리의 최신 트렌드를 가장 역동적으로 보여준다. → 321p

3 브로큰 암
The Broken Arm

트렌드를 앞서는 감각적인 셀렉션으로 소문이 자자한 마레 지구의 의류 편집숍이다. 파리에서 주목받는 신진 디자이너의 제품과 주요 브랜드의 한정 아이템을 발 빠르게 들여온다. → 322p

1 킬로 숍
Kilo Shop

'고르고, 재고, 가져가라!'는 슬로건을 내세운, 파리 최대 규모의 빈티지숍. 가격은 1kg에 20~60€로, 대개 상품에 붙어 있는 도난 방지 태그나 꼬리표의 색상으로 분류한다. 저울에 옷을 올린 후 태그나 꼬리표와 색상이 같은 버튼을 눌러 가격을 측정할 수 있다. 파리 시내에 8개 지점이 있다. **MAP 마레 지점 ⑤-A**

GOOGLE MAPS kilo shop marais
ADD 69-71 Rue de la Verrerie, 75004
OPEN 11:00~19:30(일요일 14:00~)
METRO 1·11 Hôtel de Ville에서 도보 2분
WEB www.kilo-shop.com

2 프리 '피' 스타
Free 'P' Star

마레 지구에 3개, 레알 지구에 1개의 매장이 있는 저렴한 빈티지숍. 파리 젊은이들이 정신줄 놓고 옷을 고르는 곳이다. 미니스커트와 원피스 등 여성복은 5€~, 가죽 재킷과 인조 가죽 의류는 30~80€ 정도로, 상태도 좋고 브랜드도 다양한 편. 지하에는 클럽 의상으로 제격인 아찔한 옷과 소품이 가득하다. **MAP 마레 지점 ⑤-A**

GOOGLE MAPS free p star marais(마레 지구 리볼리 거리점)
ADD 20 Rue de Rivoli, 75004
OPEN 11:00~20:30(토요일 10:00~)
METRO 1 Saint-Paul에서 도보 2분
INSTAGRAM @freepstar officiel

3 에스파스 킬리워치
Espace Kiliwatch

상태 좋은 중고 옷은 물론, 캐주얼 브랜드의 신상품까지 취급하는 빈티지계의 유명 편집숍. 1€짜리 버튼부터 500€가 넘는 밍크코트까지 다양한 상품을 갖췄다. 넓은 매장에 스타일과 브랜드별로 잘 정리해두어 원하는 상품을 쉽게 찾을 수 있다. 세일 기간에 추가 할인을 하며 세금도 환급받을 수 있다. **MAP 레 알 지점 ⑥-B**

GOOGLE MAPS kiliwatch paris
ADD 64 Rue Tiquetonne, 75002
OPEN 10:30~19:30(월요일 ~19:00)/일요일 휴무
METRO 4 Étienne Marcel에서 도보 5분
WEB kiliwatch.paris

약국 & 화장품 쇼핑

파리 길거리 쇼핑의 꽃

피부 트러블러들에게 열렬한 환영을 받는 프랑스의 '약국 화장품'. 믿고 살 수 있는 약국(Pharmacie)에서 판매하는 데다 가격도 부담스럽지 않아 20~30대에게 특히 인기가 많다. 대부분 제품이 우리나라보다 저렴하므로, 파리 여행자의 필수 쇼핑 아이템이다.

약국

1 몽쥬 약국
Pharmacie Monge

우리나라 여행자들에게 독보적 인기를 누리고 있는 약국의 성지. 한국인 직원은 물론 한국어를 하는 프랑스 직원도 있고 규모가 커서 다양한 상품을 만날 수 있다. 구매 금액에 따라 추가 할인을 해주는 점도 인기 비결 중 하나다. MAP ⑩-A

GOOGLE MAPS 몽주약국 노트르담
ADD 1 Place Monge, 75005 (파리 식물원 근처)
OPEN 08:00~20:00/일요일·공휴일 휴무(일부 일요일·공휴일 오픈)
METRO 7 Place Monge에서 도보 1분
WEB notre-dame.pharmacie-monge.fr

2 까레 쇼세 당탱
Carré Chaussée d'Antin

갤러리 라파예트와 프렝탕 백화점 등 쇼핑 상점이 모여 있는 오페라 지역의 4개 약국 연합이다. 그중 쇼세 당탱 지점이 2층 규모의 넓고 쾌적한 매장과 일요일에도 문을 열어 인기가 많다. 한국인 직원이 상주하고 있어 의약품을 살 때도 도움받을 수 있다. MAP ❸-D

GOOGLE MAPS 까레 쇼세 당탱 약국
ADD 52-54 Rue de la Chaussée d'Antin, 75009 (오페라 가르니에 근처)
OPEN 08:00~20:30(토요일 09:30~, 일요일 10:30~20:00)
METRO 7·9 Chaussée d'Antin-La Fayette에서 도보 6분
WEB carre-opera.com

3 시티파르마
Citypharma

넓은 매장과 10개가 넘는 계산대, 브랜드별로 알아보기 쉽게 정리한 진열대를 갖춰 쇼핑하기 편리한 곳. 전 세계 여행자에게 유명한 약국이다. 현지인도 많이 오는 곳이라 늘 사람이 많지만 매장이 넓어 혼잡하지는 않다.
MAP ❻-D

GOOGLE MAPS 시티파르마 파리
ADD 26 Rue du Four, 75006 (생제르맹데프레)
OPEN 08:30~21:00 (토요일 09:00~, 일요일 12:00~20:00)
METRO 4 Saint-Germain-des-Prés에서 도보 2분
WEB pharmacie-paris-citypharma.fr

: WRITER'S PICK :

약국, 어디로 가야 할까?

파리 시내를 돌아다니다 보면 약국이 정말 많이 보인다. 정찰제가 아니어서 약국마다 가격도 다르고 특별 할인을 하는 곳도 있다. 너무 싸거나 조건이 좋은 제품은 유효기간이 얼마 남지 않은 것일 수 있으니 꼼꼼히 확인하고 사자. 우리나라에서도 판매하거나 인터넷으로 주문하면 더 저렴한 것도 있으니 미리 조사하고 가는 것이 좋다.

세포라
Sephora

화장품 전문 매장. 면세점보다 다소 가격이 비싸지만 부담 없이 테스트해볼 수 있고, 무엇보다 전 세계 모든 화장품과 향수를 구비하고 있다는 말이 나올 만큼 그 종류가 많다. 파리 시내에 30여 개 지점이 있다.

WEB www.sephora.fr

: WRITER'S PICK :
약국에서 세금 환급받기

프랑스 약국에서 의약품을 제외한 일반 상품을 100.01€ 이상 구매하면 세금을 환급받을 수 있다. 그러나 모든 약국에서 가능한 것은 아니고 글로벌 블루(Global Blue)나 프리미어 택스 프리(Premier Tax Free) 등 국제 세금 환급 업체에 회원으로 가입한 약국에서만 가능하다. 세금을 환급받을 수 있는 약국은 입구에 해당 스티커나 안내문을 붙여 놓았으니 확인하고 이용하자.

+ M O R E +

위급 상황 시 알아두면 유용한 정보

■ 24시간 문 여는 약국

파리의 약국은 일요일과 공휴일에 돌아가며 문을 연다. 따라서 아프다면 참지 말고 일드프랑스 약국 정보 홈페이지에서 찾아보고 약국으로 가자. 낮(Jour)과 밤(Nuit)으로 나눠서 운영하니 날짜와 시간대를 지정해 검색한다.

WEB monpharmacien-idf.fr

■ 긴급 시 이용 가능한 의료 기관 연락처

- **SAMU** Service d'Aide Médicale Urgente
  TEL 15(응급 의료 및 구급차) 또는 112(모든 긴급 상황)
- **응급 소아과** Hôpital Necker
  TEL 01 44 49 40 00　**WEB** www.hopital-necker.aphp.fr
- **오피탈 코샹** Hôpital Cochin
  TEL 01 58 41 41 41 / 01 58 41 27 22(응급실 직통)
  ADD 27 Rue du Faubourg Saint-Jacques, 75014
  WEB hopital-cochin-port-royal.aphp.fr

■ 증상 관련 프랑스어

- 통증 Douleur(둘뢰허) / 발열 Fièvre(휘에브)
- 근육, 관절통 Muscles et articulations
　　　　　　　(뮈슬 에 아티퀼라시옹)
- 변비 Constipation(콩스티파시옹)
- 설사 Diarrhée(디아헤)
- 헛구역질 Nausée(노제) / 구토 Vomissement(보미스멍)
- 소화 불량 Digestion difficile(디제스티옹 디피실)
- 감기 Rhume(흐윔) / 독감 Grippe(그맆)
- 가래 나오는 기침 Toux grasse(투 그하스)
- 마른기침 Toux sèche(투 세쉬)
- 후두염(목감기) Mal a la gorge(말 알라고쥐)
- 두통(편두통) Migraine(미그헨)
- 코로나19 COVID19(코비드 디즈뇌프)

쟁이자! 슈퍼마켓 & 마트

여행 중 현지인 기분을 느껴보기에 마트 장보기 만한 것이 없다. 파리 시내엔 대형 마트는 물론 크고 작은 슈퍼마켓이 곳곳에 있어서 언제든 쉽게 들를 수 있다.

미셸에오귀스탱 Michel & Augustin
초콜릿 퐁당 쿠키
(Grand Coeur Fondant)

가보트 Gavotte
크레페 쿠키류

본 마망 Bonne Maman
잼, 마들렌, 타르틀레트 등

마리아주 프레르
Mariage Frères
얼그레이 잼

다논 Danone
초콜릿칩 요거트
(Jockey Stracciatella)

쿠스미 티 Kusmi Tea
홍차 & 허브 티

티렐 Tyrrell's
사워크림 & 세레나데
칠리 맛 감자칩

르 프티 마르세예즈
Le Petit Marseillais
마르세유 비누 & 바디 로션

자케 Jacquet
미니 브라우니

보디에르
Bordier
버터, 요거트 등

이즈니 생트메르
Isigny Sainte-Mère
무염 버터

마리 부베로 Marie Bouvero /
파스티피초 아르티자노
Pastificio Artigiano
에펠탑 모양
파스타

쥐스탱 브리두
Justin Bridou

말린 소시지
(Bâton de Berger Mini).
*우리나라로 반입은 안되므로
현지에서 소비한다.

아티장 드 라 트뤼프
Artisan de la Truffe

트뤼프 소금 & 파스타

생달푸르 St. Dalfour
무설탕 잼

뤼 LU
과자류

라 페뤼슈
La Perruche

브라운 각설탕

클레망 포지에르
Clément Faugier

마롱크림(Crème de
Marrons de l'Ardèche)

피그 Figue
무화과

페슈 플라트
Pêche Plate

납작복숭아

마트 쇼핑백
기념품으로도 손색 없는 튼튼한 가방

1 프랑스 대표 유통체인
모노프리 Monoprix 

식료품뿐 아니라 의류·화장품·문구류 등도 판매하는 대형 마트. 일반 슈퍼마켓 모노프(Monop'), 샌드위치·즉석식품 전문점 데일리 모노프(Daily Monop'), 화장품 전문점 뷰티 모노프(Beauty Monop') 등 취급 품목에 따라 다양한 브랜드로 나뉜다. 모노프리가 다루는 라인업을 총집합한 라탱 지구의 생미셸 지점(24 Boulevard Saint-Michel, 75006)은 밤늦게까지 영업한다.

WEB www.monoprix.fr

2 글로벌 유통 체인
카르푸 Carrefour 

파리 시내에는 일반 슈퍼마켓 규모의 카르푸 마켓(Carrefour Market)과 편의점 정도 크기인 카르푸 시티(Carrefour City), 카르푸 익스프레스(Carrefour Express) 등이 있다. 우리에게 익숙한 대형 마트 카르푸는 2존 밖에 있으며, 파리 시내의 소규모 매장들은 대형 마트보다 가격이 비싸다.

WEB www.carrefour.fr

3 지점 수로는 내가 제일!
프랑프리 Franprix 

다양한 식료품을 모노프리보다
조금 더 저렴하게 파는 슈퍼마켓. 파리 시내에 200여 개 매장이 있어 마치 편의점처럼 이용할 수 있다. 지점에 따라 규모와 영업시간이 많이 다르며 일주일에 1~2일은 24시간 영업하는 곳도 있다.

WEB www.franprix.fr

4 냉동식품 전문 매장
피카르 Picard 

앙트레에서 디저트까지 냉동 식품을 전문으로 취급하는 유통업체로, 파리에 120여 개 지점이 있다. 간편식은 물론 채소까지 급속 냉동해 신선함을 보장한다. 숙소에 조리 시설이 있는 여행자에게 유용한 곳. 특히 여름에 방문한다면 아이스크림 프로모션을 놓치지 말자.

WEB www.picard.fr

디자인 소품 & 기념품

보기만 해도 기분 좋은

파리 감성을 듬뿍 담은 기념품에는 어떤 것이 있는지 살펴보자. 부담없는 가격대만 쏙쏙 골랐으니 지인들에게 줄 가벼운 선물로도 손색이 없다.

루브르박물관 Ⓐ
<니케> 모형

메종 키츠네 Ⓑ
에코백

Ⓐ **루브르박물관**
유명 작품을 활용한 문구류

Ⓑ **셰익스피어 앤 컴퍼니**
에코백

오르세 미술관 Ⓐ
머그잔

메르시 Ⓑ
에코백

무슨 선물할까 고민하지 말고
Ⓐ 박물관 & 미술관 기념품숍

디자인 강국답게 박물관이나 미술관의 기념품숍 또한 빼놓을 수 없다. 유명 작품을 그대로, 또는 패러디해 프린트한 수건이나 머그잔, 문구류를 추천. 아이들을 위한 다양한 책과 굿즈들도 수준이 높다. 파리시의 공식 기념품 판매점인 파리 시청사 부티크(Boutique de l'Hôtel de Ville)에서도 신진 디자이너의 독특한 아이템과 'Made in Paris'를 자랑하는 상품을 득템할 수 있다.

오늘 기분은 에코백!
Ⓑ 편집숍 & 서점

무심한 듯 어깨에 걸쳐 멘 세련된 에코백이야말로 파리지앵 스타일의 정점이다. 여행 기념품으로도 손색없는 에코백 하나 메고 파리 거리를 거닐어보자. 메종 키츠네(226p), 메르시(227p, 320p), 셰익스피어 앤 컴퍼니(255p), Ofr(319p), 이봉 랑베르(319p) 같은 유명 편집숍과 서점은 물론 명품 브랜드에서도 앞다투어 판매한다.

삶은 달걀 거치대

박물관 & 미술관
공식 파리 기념품

다양한 파리의
아이콘이 담긴 컵

파리에 관한 100가지 비밀과
이야기가 담긴 종이 티켓

귀여운 모양의
화분 & 화분 받침

장식용으로도 좋은
에펠탑 모양 강판

에펠탑 모양 칫솔

다양한 메세지를
전할 수 있는 양말

충동구매욕이 활활~

C 필론 Pylones

알록달록한 색상과 귀엽고 새침한 캐릭터가 눈길을 사로잡는 디자인 소품점. 스푼, 토스터, 우산, 주방용품 등 예술 작품이라고 해도 좋을 만큼 멋진 생활용품을 보기보다 저렴한 가격에 판매한다. 유머러스한 디자인과 풍부한 색채감에 현혹돼 충동구매하기 쉬우니 단단히 마음먹고 가자. 파리 시내에 10여 개 지점이 있다.

WEB www.pylones.com

파리 최대의 라이프스타일 편집숍

D 플뢰 Fleux

의류, 생활 잡화, 가구, 식품 등 폭넓은 라이프스타일 전반을 다루는 대규모 편집숍. 세련된 소재와 디자인의 고급스러운 제품을 선보인다. 부피가 큰 고가의 상품이 많은 편이지만 사랑스러운 머그잔이나 에펠탑 스노우볼같은 디자인 소품도 종종 눈에 띈다. 퐁피두 센터 근처에 6개 지점이 모여 있으며 매장마다 콘셉트와 판매하는 상품이 다르다.

WEB www.fleux.com

네덜란드에서 온 생활 잡화 브랜드

E 에마 Hema

물가 비싼 유럽에서 마음 편하게 들를 수 있는 생활용품 잡화점. 덴마크 디자인 스토어 플라잉 타이거 코펜하겐과 비슷한 콘셉트로, 일회용품부터 간식거리까지 다양한 상품이 준비돼 있고 가격대비 상품의 질도 좋은 편이다. 각종 충전 케이블도 있어 여행 중 파손된 제품이 있을 때도 들르기 좋다. 파리 시내에 약 15개 지점이 있다.

WEB www.hema.com

파리지앵 룩 따라잡기

프렌치 시크 감성 브랜드

'꾸안꾸' 프랑스인들만의 멋지고 세련된 스타일을 살펴보는 시간. 헐렁한 리넨 셔츠와 뭉툭한 굽의 디커부츠만으로도 품위와 개성이 한껏 드러난다.

▌메종 키츠네 Maison Kitsuné

음반 레이블이자 패션 브랜드로 유명한 메종 키츠네는 유행을 타지 않는 깔끔한 디자인에 귀여운 여우 패치가 들어간 제품이 특징이다. 남녀공용으로 나와 커플룩으로 활용 만점인 티셔츠와 스니커즈, 에코백이 인기. → 226p

WEB hwww.maisonkitsune.com

▌아페쎄 A.P.C.

메종 키츠네와 함께 편안하고 감성적인 데일리 아이템으로 사랑받는 캐주얼 브랜드. 청바지와 스니커즈, 숄더백 등 스테디셀러를 비롯해 유명인과 합작한 컬래버레이션 한정 아이템을 꾸준히 선보이고 있다.

WEB www.apc.fr

▌이자벨 마랑 Isabel Marant

프렌치 시크의 유행은 이자벨 마랑에서부터 시작됐다고 해도 과언이 아니다. 프렌치 시크를 대표하는 럭셔리 컨템포러리 브랜드.

WEB www.isabelmarant.com

▌쟈딕에볼테르 Zadig & Voltair

시크와 페미닌을 넘나드는 프랑스 캐주얼계의 명품 브랜드. 면 티셔츠 한 장에 75~160€ 정도로 비싼 편이지만 빈티지 스타일의 감각적인 디자인과 질 좋은 원단으로 전 세계 젊은 층에게 널리 사랑받고 있다.

WEB zadig-et-voltaire.com

▌마쥬 Maje

로맨틱하고 시크한 보헤미안 스타일로 주목 받고 있는 프랑스 패션 브랜드. 가격이 저렴한 편은 아니어서 세일을 시작하면 인기 사이즈부터 일찌감치 품절된다.

WEB fr.maje.com

▌산드로 Sandro

캐주얼과 세미 정장 스타일의 옷을 주로 선보이는 컨템포러리 브랜드. 모던한 디자인과 모노톤 색상이 돋보인다. 세심한 디테일로 감각적인 디자인을 내세운 재킷이 대표 상품.

WEB fr.sandro-paris.com

▌루즈 Rouje

배우이자 패션 인플루언서인 잔느 다마스가 2016년에 론칭한 프렌치 시크 브랜드. 빈티지한 프렌치 스타일에서 영감을 받은 페미닌한 디자인을 합리적인 가격에 선보인다.

WEB www.rouje.com

▌세잔 Sézane

프랑스 최초의 온라인 SPA 브랜드. 제품의 4분의 3에 친환경 소재를 적용하며 차별화에 성공했다. 감각적인 셀렉션과 스타일이 돋보이는 드레스와 블라우스, 랩 스커트가 인기.

WEB www.sezane.com

▌세인트 제임스 Saint James

1889년 프랑스 노르망디 인근지역에서 설립된 뒤 깔끔한 스트라이프 패턴의 마린룩으로 명성을 떨치고 있는 캐주얼 브랜드. 고급 소재를 사용한 편안한 착용감 덕분에 데일리룩의 대명사로 자리 잡았다.

WEB fr.saint-james.com

▌벤시몽 Bensimon

1979년 등장한 이래, 연간 300만 족의 판매고를 올리며 세계적인 인기를 구가하는 '테니스 슈즈'는 물론, 의류와 소품, 가구까지 취급하는 라이프스타일 브랜드.

WEB www.bensimon.com

▌봉푸앙 Bonpoint

다양한 감성의 유아동복을 선보이는 럭셔리 브랜드. 가격은 조금 비싼 편이지만 세일 기간에는 할인율이 높아 인기 품목은 금세 품절된다.

WEB www.bonpoint.com

▌봉통 Bonton

봉푸앙에 가벼운 컨템포러리 감성을 가미해 론칭한 세컨드 브랜드. 다채로운 색감의 깜찍한 아동복과 문구류, 가구, 생활용품, 미용 서비스까지 유아와 아동을 위한 모든 것을 취급한다.

WEB www.bonton.fr

아웃렛 vs 스톡

실속파 여행자들의 선택

파리 시내 곳곳의 할인 매장에서는 쟈딕에볼테르, A.P.C., 마쥬, 봉푸앙 등 우리나라에서도 인기 있는 프랑스 브랜드들을 만나볼 수 있다. 단, 대형 아웃렛은 다른 유럽 국가의 아웃렛보다 여러모로 뒤처지는 편이므로, 방문 시 이 점을 감안해야 한다.

아웃렛

파리에서 아웃렛 하면 여기!

라 발레 빌라주 La Vallée Village

파리 시내에서 RER로 30분 거리에 있어 많은 사람이 찾는 파리의 대표 아웃렛. 다만 샤넬, 디올 등 프랑스의 명품 브랜드는 찾아보기 어렵고, 버버리와 아르마니, 몽클레르, 막스마라, 발렌시아가 등의 브랜드도 상품 수가 많지는 않다. 대신 우리나라 여행자들에게 인기 있는 롱샴, 쟈딕에볼테르, 봉푸앙 등 프랑스 캐주얼·유아 브랜드와 폴로 랄프 로렌 등은 다양한 종류의 상품을 갖추고 있다. 할인율은 보통 30~50%이며, 프랑스 전국 세일 기간인 1~2월과 6월 말~7월에는 일부 품목에 한해 최고 80%까지 추가 세일을 한다.

세일 기간에는 각 매장 앞에 줄을 서야 할 정도이니 아침 일찍 서두르는 것이 좋다.

GOOGLE MAPS 라발레빌리지 파리
ADD 3 Cours de la Garonne, 77700
TEL 01 60 42 35 00
OPEN 10:00~20:00(일부 공휴일과 공휴일 전날에는 유동적 오픈)/1월 1일·5월 1일·12월 25일 휴무
RER A Val d'Europe/Serris Montévrain에서 도보 12분
WEB www.lavalleevillage.com

똑소리 나는 아웃렛 쇼핑법

라 발레 빌라주 홈페이지에 회원 가입하면 음료 증정권이나 행사 초대장 등을 이메일로 받을 수 있다. 여행 일정과 맞으면 다양한 혜택을 이용할 수 있으며, VIP 카드 소지 시 10% 추가 할인 쿠폰도 제공된다. 신용카드사 이벤트로 추가 할인권을 받을 수 있고, VIP 패스포트 교환권이 있다면 쇼핑 전 안내 센터에서 쿠폰으로 교환해야 한다. 구매 금액은 합산되지 않으며, 한 브랜드에서 100.01€ 이상 구매 시 약 12%의 부가세 환급이 가능하다. 계산 시 택스 리펀드(Tax Refund/Détaxe)를 요청해 관련 서류를 챙기자.

라 발레 빌라주 셔틀버스

파리 시내에서 라 발레 빌라주까지 셔틀버스(Shopping Express)가 운행한다. 라 발레 빌라주나 파리 시티비전(Paris City Vision) 홈페이지에서 예약하고 이용한다. 풀만 베르시 호텔에서 출발하며, 왕복 또는 라 발레 빌라주 출발 편도만 가능하다. 파리 시티비전은 왕복만 가능.

PRICE 09:00 파리 출발, 18:45 라 발레 빌라주 출발 25€/ 09:00 파리 출발, 14:30 라 발레 빌라주 출발 30€/라 발레 빌라주 출발 편도 15€
METRO 풀만 베르시 호텔: **14** Cour Saint-Émilion에서 도보 5분
WEB www.pariscityvision.com

파리 시내 할인점 리스트

■ 마쥬 Maje(스톡)

GOOGLE MAPS maje abbesses
ADD 92 Rue des Martyrs, 75018(몽마르트르)
OPEN 10:30~19:30(일요일 12:30~, 월요일 11:00~)
METRO **2·12** Pigalle에서 도보 4분
WEB fr.maje.com

■ 산드로 Sandro(아웃렛)

GOOGLE MAPS sandro outlet paris
ADD 26 Rue de Sévigné, 75004(마레 지구)
OPEN 10:30~19:30(일요일 11:00~19:00)
METRO **1** Saint-Paul에서 도보 4분
WEB fr.sandro-paris.com

■ 봉푸앙 Bonpoint(스톡)

GOOGLE MAPS V85H+36 파리
ADD 42 Rue de l'Université, 75007(오르세 미술관 근처)
OPEN 10:00~19:00/일요일 휴무
METRO **12** Rue du Bac에서 도보 4분
WEB www.bonpoint.com

■ 쟈딕에볼테르 Zadig & Voltaire(스톡)

GOOGLE MAPS V954+2J 파리
ADD 22 Rue du Bourg Tibourg, 75004(마레 지구)
OPEN 11:00~19:00
METRO **1·11** Hôtel de Ville 에서 도보 4분
WEB zadig-et-voltaire.com

GOOGLE MAPS V87W+2C 파리
ADD 11 Rue Montmartre, 75001(레알 지구)
OPEN 11:00~19:00/일요일 휴무
METRO **4** Les Halles 에서 도보 3분

■ A.P.C. (쉬르플뤼)

GOOGLE MAPS apc surplus 몽마르트
ADD 20 Rue André del Sarte, 75018(몽마르트르)
OPEN 11:00~19:30(토요일 10:30~, 일요일 ~19:00)
METRO **2** Anvers에서 도보 8분
WEB apc.fr

GOOGLE MAPS apc surplus jacob
ADD 40 Rue Jacob, 75006(생제르맹데프레)
OPEN 11:00~19:30(일요일 ~19:00)
METRO **4** Saint-Germain-des-Prés에서 도보 4분

: WRITER'S PICK :
소매치기를 피하려면 이렇게!

파리에서는 지나치게 여행자티 나는 복장은 자제하자. 무엇보다 알록달록한 등산복 차림이나 셀카봉은 소매치기를 향해 '나 관광객이에요'라고 손짓하는 것이나 다름없으니 절대 금물! 스카프와 모자, 목걸이 등을 모두 하거나 액세서리를 과하게 착용하는 것 역시 눈에 띈다. 조금이나마 덜 여행자스럽게 보이고 싶다면 무채색 계열의 아우터와 에코백을 추천.

주말마다 열리는 파리의 벼룩시장은 여기저기 발품을 팔며 깐깐하게 물건을 고르는 프랑스인들로 가득하다. 유쾌한 흥정이 기다리는 파리지앵의 삶 속으로 한 발 들어서보자.

1 파리의 벼룩시장을 책임질게
방브 벼룩시장 Marché aux Puces de Vanve

생투앙 시장보다 작은 규모에 상품도 소박하지만 350여 개 부스를 가득 채운 앤티크한 그릇, 그림, 가구, 수공예품, 인테리어 소품 등 소소한 볼거리가 많아 여행자들에게 가장 사랑받는 벼룩시장이다. 생계보다는 소일거리 삼아 나오는 사람들이 대부분이라 호객 행위 없이 마음 편히 둘러볼 수 있고, 세계 각국의 수집가가 모여들다 보니 영어 소통이 가능한 곳도 많다. 다만, 파리지앵에게도 만남의 장인 만큼 물건을 구매할 때는 주변에서 수다 떨고 있는 주인을 찾아 나서야 할 때도 있다. 파리 중심부에서도 가까워 주말 이른 아침, 활기 넘치는 파리지앵의 기운을 받아 가기 좋다. MAP ❶

GOOGLE MAPS 방브벼룩시장
ADD Avenue Marc Sangnier, Avenue Georges Lafenestre, 75014(파리 시내 남쪽 끝지점)
OPEN 토·일요일 07:00~14:00/ 날씨나 상황에 따라 유동적
METRO 13 & **TRAM** 3a Porte de Vanves 에서 도보 3분

2 세계 최대 규모의 벼룩시장
생투앙 벼룩시장 Marché aux Puces de Saint-Ouen

1885년 시작된 벼룩시장. 크고 작은 15개의 시장을 통칭하며 클리냥쿠르(Clignancourt) 벼룩시장이라고도 불린다. 메트로역에서 나와 고가도로를 완전히 벗어나면 나오는 교차로 가운데 쭉 뻗은 로지에 거리(Rue des Rosiers)를 중심으로 양쪽에 앤티크 가구와 헌책, 예술품, 옷가게가 늘어서며, '벼룩시장 안의 벼룩시장'이라 할 수 있는 시장이 형성돼 있다.
앙티카(Antica), 비롱(Biron), 캉보(Cambo) 등은 전 세계의 수집가들을 불러모으는 고가의 가구를 주로 취급하며 포장과 배송까지 책임지는 운송 센터도 마련돼 있다. 가장 규모가 큰 폴 베르(Paul Bert) 시장에서는 현대 예술품과 작은 가구, 장식품, 액세서리 등을 만나볼 수 있고, 교차로 오른쪽에 있는 장앙리 파브르 거리(Rue Jean-Henri Fabre)와 앞으로 뻗은 미슐레 대로(Avenue Michelet)에는 신제품 위주의 의류와 액세서리, 신발 상점이 모여 있다. 5€대의 원피스나 스카프, 가방도 있다. **MAP ❶**

GOOGLE MAPS W82V+HH 생투앙
ADD Rue des Rosiers. Rue Paul Bert, 93400 Saint-Ouen(파리 북쪽, 시 외곽)
OPEN 월요일 11:00~17:00, 금요일 08:00~12:00, 토·일요일 10:00~18:00
METRO 4 Porte de Clignancourt에서 도보 10분
WEB www.pucesdeparissaintouen.com

세금 환급받기

프랑스에서는 '택스 프리(Tax Free)'라는 표시가 있는 한 상점에서 첫 구매일부터 3일 이내에 총 100.01€ 이상 구매하면 부가세를 환급해 준다. 부가세는 기본적으로 20%지만 상품에 따라 세율이 다르기 때문에 보통 총 구매 금액의 12% 정도를 환급받을 수 있다. 백화점은 브랜드에 상관없이 식품 등 일부 상품을 제외한 당일 총합계 금액에 따라, 파리 근교의 아웃렛인 라 발레 빌라주는 브랜드당 구매 금액에 따라 환급해 준다. 일부 백화점에는 환급 센터와 세관 업무 대행 키오스크 파블로가 있어 미리 처리할 수 있다.

⊕ 세금 환급 절차 한눈에 보기

상점에서

❶ 상품 구매 100.01€ 이상

❷ 세금 환급 서류 작성
현금·신용카드 중 택일(현금은 수수료 3~5% 공제됨)

> 여권 지참 필수,
> 성명, 여권 번호, 주소,
> 신용카드 번호 기입

프랑스 내에서
상품을 구매하고 서류를 발급받은 경우(시내에서 미리 현금으로 환급받은 경우 포함)

프랑스 외 EU 국가에서
상품을 구매하고 서류를 발급받은 경우

공항에서

❸ 세관 업무 대행 키오스크 파블로
(Pablo)에서 여권과 서류의 바코드를 스캔한 뒤 환급 방법을 선택한다. 신용카드 선택 시 '기타'를 선택 후 진행한다.

녹색 화면에 '양식이 확인되었습니다.(영어 화면은 'OK', 'Form valid')'라는 문구가 뜨면 완료!

*빨간색 화면이 뜨면 세관으로 가서 상품을 보여주고 처리해야 한다.

*시내에서 미리 현금으로 환급받았더라도 파블로에서 스캔하는 것을 잊지 말자.

❸ 세관에 가서 구매한 상품을 보여주고 환급 서류에 도장을 받는다.

❹ 환급

■ **현금으로 신청 시**
현금 환급 대행 회사(Cash Paris) 창구에 서류를 내고 현금을 받는다.

■ **신용카드로 신청 시**
프랑스에서 상품 구매 후 파블로 스캔까지 완료했다면 우편을 보내지 않아도 된다. 단, ❶ 프랑스 외의 EU 국가에서 구매했거나 ❷ 파블로에서 처리가 안 되서 세관에서 환급 서류에 도장을 받은 경우, ❸ 일부 환급 대행 회사에 따라 우편을 보내야 하는 경우도 있으니 안내문을 잘 살펴본다.
세무서 확인 후 신용카드 결제 계좌로 입금된다(10일~3개월 소요).

*노란색 우체통이나 환급 대행 회사 전용 우편함에 넣는다.

+ M O R E +

세금 환급 대행 회사 정보

■ **글로벌 블루**
WEB www.global-blue.com

■ **플래닛 택스 프리**
WEB www.planetpayment.com

2E터미널 유인 세관 사무소

: WRITER'S PICK :

글로벌 블루 앱

SHOP TAX FREE

글로벌 블루(Global blue)에서 세금 환급을 받을 예정이라면 앱을 다운받아 두자. 글로벌 블루 앱에 여권과 신용카드 정보 등을 입력해 두면 실시간으로 환급 과정을 확인할 수 있어 막연하게 기다리는 시간과 걱정을 줄일 수 있다. 내가 등록한 여권 정보에 해당하는 세금 환급 금액 조회도 가능하다.

⊕ 상점에서 상품 구매 후 세금 환급 서류 작성

'Tax Free'라고 적혀 있는 상점에서 세금 환급 기준에 맞게 쇼핑을 하면 상점에서 세금 환급 서류(Global Refund Cheque)를 작성해준다. 여기에 이름, 여권 번호, 주소, 환급 방법, 신용카드 번호를 기재한다. 이때, 신용카드 명의자와 서류의 이름이 일치해야 한다. 체크카드는 오류가 많으니 일반 신용카드로 등록한다. 서류에 바코드가 찍혀 있는지 확인한 후 세금 환급 서류와 규격 봉투를 받아 잘 보관한다.

세관 업무 대행
키오스크 파블로

⊕ 샤를 드골 국제공항에서 세금 환급받기

❶ 공항에 도착하자마자 세관으로!
'Tax Refund, Détaxe' 표지판을 따라 세관으로 간다. 비행기 출발 시각 최소 3시간 전에는 공항에 도착하는 것이 안전하다.

- 세관 위치 : 1터미널-지하 층(CDGVAL 층), 2A터미널-출발 층 5번 게이트, 2C터미널-출발 층 4번 게이트, 2E터미널-출발 층 8번 게이트, 2F터미널-도착 층, 3터미널-출발 층

❷ 파블로(Pablo)에서 여권과 영수증 바코드 스캔
프랑스에서 구매한 상품의 세금 환급은 파블로를 이용한다. 여권과 영수증에 있는 바코드를 스캔하고 녹색 화면에 '양식이 확인되었습니다.'라는 문구가 뜨면 성공적으로 처리됐다는 뜻. 단, 일부 상품은 세관에서만 환급 처리가 가능할 수도 있다.

❸ 유럽의 다른 국가에서 구매한 상품이라면 세관 방문
세관에서 도장을 받으려면 탑승권(이티켓도 가능)과 여권, 세금 환급 서류, 쇼핑 물품이 반드시 필요하다. 물건을 보여달라고 요청하면 구매한 물건을 포장된 상태 그대로 보여줘야 하니 위탁 수하물로 부치면 안 된다. 도장만 받으면 세금 환급 서류를 한국에서도 처리할 수 있으니 최소한 도장은 받아와야 한다. 파블로에서 오류가 났을 때도 세관에 들러 처리한다.

❹ 현금으로 환급받기를 신청했다면
세관 옆에 있는 현금 환급 대행 회사 캐쉬 파리(Cash Paris) 사무소 창구에 서류를 내고 현금과 영수증을 받는다.

1터미널 캐쉬 파리

2E터미널 캐쉬 파리

❺ 신용카드로 환급받기를 신청했다면
파블로에서 스캔한 경우 대부분 우편을 보내지 않아도 된다. 우편 발송이 필요한 경우 세금 환급 서류를 작성할 때 받은 봉투에 서류(Refund Copy)를 넣고 밀봉해서 세금 환급 대행 회사의 전용 우편함 또는 노란색 우체통의 국제 발송 투입구(Autres Départements Étranger/International)에 넣는다.

+ MORE +

세금 환급은 마지막 EU 체류 국가에서

여러 EU 가입국에서 쇼핑했을 경우 마지막 EU 체류 국가에서 한꺼번에 세금을 환급받는다. 출국하는 날 공항이나 국경에 있는 기차역에서 세금을 환급받을 수 있다. 만약, 항공편으로 출국하는데 EU 가입국을 경유한다면 경유하는 국가에서 환급받는다. 세금 환급 처리와 창구의 위치는 공항마다 다르므로 마지막 출국하는 EU 공항의 정보에 대해 미리 알아두자. 스위스 등 EU에 비가입국에서 구매한 상품은 그 나라에서 출국할 때 환급받는다.

: WRITER'S PICK :

세금 환급이 안 돼서 걱정된다면?

신용카드로 신청했다면 환급받기까지 빠르면 3주, 늦으면 3개월 정도 걸린다. 6주가 지나도 환급되지 않는다면 각 회사 홈페이지에서 조회해보자. 이때 서류에 기재된 'Doc ID'가 있어야 하니 서류는 환급이 완료될 때까지 잘 보관한다. 이메일이나 전화로 문의할 때도 'Doc ID'가 있어야 빠르게 처리된다.

파리의 날씨 & 축제

● 파리 월평균 기온과 강우량·강우일

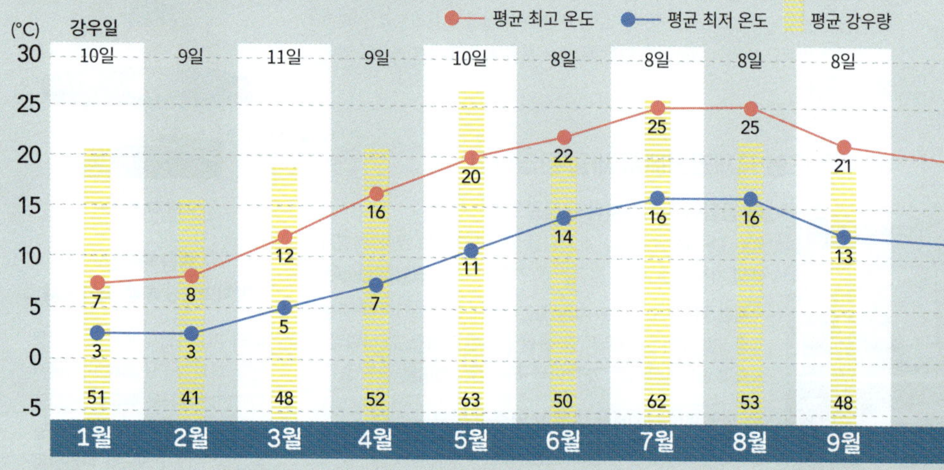

봄 : 3·4·5월

도서 박람회 Salon du Livre

2026년 4월 17~19일

프랑스의 출판사와 작가들은 물론 전 세계 유명 작가들 약 3000명이 모여 독자와의 토론회나 사인회를 갖는다. 도서와 관련한 각종 전시도 열린다.

WEB www.festivaldulivredeparis.fr

유럽 박물관의 밤 Nuit Européenne des Musées

5월 셋째 토요일(2026년 5월 23일)

이날에는 유럽 전역의 박물관이 야간 개장하며 다양한 이벤트를 펼친다. 유명 박물관과 미술관은 대부분 참여한다.

WEB nuitdesmusees.culture.gouv.fr

> **: WRITER'S PICK :**
> ### 파리의 세일 시즌
>
> 매년 1월 첫째 수요일~2월 셋째 화요일, 6월 마지막 수요일~8월 첫째 화요일은 솔드(Soldes), 즉 정기 세일 시즌이다. 일부 명품 브랜드를 제외하고 아웃렛까지 모두 참여한다. 대개 30%에서 시작해 막바지에는 50~70%까지 할인한다. 가방이나 지갑 등 인기 아이템과 사이즈는 금세 품절되니 일정을 잘 계획한다.

여름 : 6·7·8월

정원과의 만남 Rendez-vous aux Jardins

6월 초 약 3일(2026년 6월 5~7일)

전국 규모의 정원 축제로, 기하학적인 조경이 특징인 프랑스 정원을 한껏 멋지게 꾸며 일반에게 공개한다.

WEB rendezvousauxjardins.culture.gouv.fr

백야 축제 Nuit Blanche

6월 첫째 토요일(2026년 6월 6일)

온 도시가 흥겨움에 들썩이며 새벽까지 밝은 빛이 꺼지지 않는 축제다. 거리 곳곳에서 공연과 퍼포먼스가 펼쳐지고 야간 개장은 물론 평소 일반에게 공개하지 않던 곳도 일부 개방한다.

음악 페스티벌 Fête de la Musique

6월 21일

이 시기를 전후해 프랑스 전국에서 아침부터 밤까지 전 세계의 다양한 음악 공연이 펼쳐진다. 프로 뮤지션뿐 아니라 아마추어 밴드나 동네 음악 모임 등도 참여해 즐긴다.

WEB fetedelamusique.culture.gouv.fr

혁명 기념일 Fête Nationale Française

7월 14일

낮에는 샹젤리제에서 군사 퍼레이드가, 밤에는 에펠탑 조명 쇼와 더불어 불꽃놀이가 펼쳐진다.

겨울에는 문 닫는 명소가 많다

오베르쉬르우아즈의 라부 여관과 지베르니에 있는 모네의 집은 11월 초~3월 말(매년 조금씩 다름) 휴무이다. 그밖에 1시간 정도 일찍 문 닫는 곳도 많으니 겨울에 여행하려면 오픈 시간을 미리 확인하는 것이 좋다.

크리스마스 시즌의 볼거리

- 프렝탕 백화점의 쇼윈도 장식 **222p**
- 갤러리 라파예트 백화점의 대형 크리스마스트리 **222p**
- 포부르 생토노레 거리의 가로수 일루미네이션 **218p**
- 앙팡 루즈 시장 앞의 크리스마스 마켓 **316p**
- 르 베아슈베 마레의 조명 장식 **314p**
- 베르시 빌라주의 조명 장식 **378p**
- 튈르리 정원의 크리스마스 마켓 **200p**
- 명품 브랜드 본점과 중심가 지점의 건물 장식들

파리 플라주 Paris Plages

7월 중순~8월 말

휴가를 가지 못하고 도시에 남은 시민을 위해 센강이 작은 바다로 탈바꿈한다. 강변은 모래사장으로 변신하며 곳곳에 파라솔과 임시 샤워장, 놀이 시설 등이 설치된다.

가을 : 9·10·11월

유럽 문화유산의 날
Journée Européennes du Patrimoine

9월 셋째 토·일요일(2026년 9월 12~13일)

파리를 포함한 전 유럽의 문화유산에서 다양한 이벤트가 열린다. 특히 많은 박물관과 미술관 등에 무료입장할 수 있으니 이때 여행한다면 기회를 놓치지 말자.

WEB journeesdupatrimoine.culture.gouv.fr

파리-도빌 랠리 Paris-Deauville Rally

10월 초 약 4일(2026년 일정 미정)

파리 샤이요 궁전의 트로카데로나 방돔 광장에서 노르망디의 도빌까지 자동차 퍼레이드가 펼쳐진다. 최신 스포츠카가 아닌 희귀한 클래식 카들이 경주에 나서는 클래식한 레이싱으로, 유럽의 낭만을 더하는 축제 중 하나다.

WEB www.clubdelauto.org

겨울 : 12·1·2월

크리스마스

11월 말~12월 말

크리스마스트리 점등식을 시작으로 파리 전체가 화려한 장식과 아름다운 빛으로 가득해져 흥겨움이 넘쳐난다. 튈르리 정원을 비롯해 파리 시내 곳곳의 광장과 정원에서 크고 작은 크리스마스 마켓이 열린다. 1570년부터 시작된 크리스마스 마켓의 원조 도시 스트라스부르를 방문해 보는 것도 좋다.

WEB www.noel.strasbourg.eu

메종 & 오브제 Maison & Objet

1월 말·9월 중순 각각 약 5일
(2026년 1월 15~19일, 9월 10~14일)

국제 디자인 박람회. 작은 문구류부터 가구까지, 기발한 디자인으로 무장한 전 세계 관련 업체들이 참가한다. 실생활에서 사용할 수 있는 소품뿐만 아니라 다양한 분야의 예술가와 컬래버레이션한 제품들이 박람회장을 가득 채운다.

WEB www.maison-objet.com

알아두면 무척 쓸모 있는

프랑스 역사 속 파리 건축 & 예술 기행

갈리아, 프랑크 왕국, 그리고 프랑스의 건국

ANTIQUITÉ ET MOYEN-ÂGE

BC 51년~AD 476년 로마 정복기	**BC 51년** 로마 카이사르(시저), 갈리아 정복 **375년** 게르만족, 대이동 시작 **395년** 로마제국, 동서로 분열 **476년** 서로마제국 멸망
481~751년 메로빙거 왕조 : 클로비스 1세~ 힐데리히 3세	**481년** 클로비스 1세, 16세에 아버지 힐데리히 1세에 이어 살리족(게르만족 일파)의 족장이 됨 **486년** 프랑크 왕국 건립 클로비스 1세는 프랑크족(살리족과 함께 라인강 중하류 동쪽 기슭에 거주하는 모든 게르만족 일파)을 통일하고 로마 군대가 장악하고 있던 갈리아(현 프랑스 땅)를 지배하기 시작했다. 또한 기독교로 개종하여 기독교와 로마 문화를 발전시켰으며 살리카 법전을 제정해 왕위 계승에 관한 법(여성의 왕권 승계 불가 등)의 초석을 다졌다. **511년** 클로비스 1세 사망 아들에게 재산을 분배하던 게르만족의 전통에 따라 영토를 4명의 아들이 나누어 각자 지배하기 시작하면서 메로빙거 왕조는 몰락의 길을 걷게 된다.
751~987년 카롤링거 왕조 : 피핀 3세(단신왕)~ 루이 5세	**771년** 카를 대제(샤를마뉴), 프랑크 왕국 통일 **8세기경** 바이킹(노르만족), 대이동 시작 **800년** 카를 대제, 신성로마제국 황제 즉위 **843년** 프랑크 왕국, 동·중·서로 분열(베르됭 조약) 경건왕 루트비히 1세가 3명의 아들에게 왕국을 분할, 상속시키는 법률을 만들어 그의 사후 프랑크 왕국은 세 왕국으로 나뉘었다. **870년** 메르센 조약 체결 동프랑크 왕국이 오늘날 독일로, 서프랑크 왕국이 오늘날 프랑스로, 중프랑크 왕국이 오늘날 이탈리아로 굳어지는 기원이 되었다.
987~1328년 카페 왕조 : 위그 카페~샤를 4세	**1095년** 십자군 전쟁 시작(~1291년) 서유럽 국가들이 성지 예루살렘을 탈환한다며 8차례에 걸쳐 감행한 중동 대원정 **1309년** 교황의 아비뇽 유수 시작(~1377년) 십자군 전쟁이 실패 이후 유럽의 왕들은 교황의 권위에 도전하기 시작한다. 필리프 4세가 자신의 심복을 교황으로 추대한 뒤 교황청을 프랑스로 옮겼다. 교황청이 로마로 복귀한 후에도 프랑스와 로마에 2명의 교황이 선출되는 등 교황의 권위는 더욱 약해졌다.

: WRITER'S PICK :

카이사르의 갈리아 원정
(BC 58~BC 51)

40대 초반에 집정관이 된 스타 정치인 카이사르(줄리어스 시저)는 정치 활동을 위한 자금이 필요했다. 스위스 지역에 살던 헬베티족이 게르만족을 피해 서쪽으로 이동하자 이를 막기 위해 추격에 나섰고, 내친김에 그들의 목적지였던 갈리아 정벌에 나서게 된다. 잘 훈련된 병사, 빠른 이동 속도, 뛰어난 전술로 지금의 프랑스 땅(갈리아) 대부분을 정복했고, 쿠데타를 위한 재원도 확보하게 되었다. 그리고 루비콘강을 건너 내전에서 승리한 카이사르는 BC 48년 삼두정치와 원로원을 제치고 독재자의 자리에 오른다.

로마 정복기의 파리

기원전 5세기경, 인도유럽어족에 속한 켈트족이 지금의 프랑스 지역에 정착했다. 로마인들은 이 지역을 갈리아 (Gallia)라 불렀고, 이는 오늘날 프랑스어로 골(Gaule)이라 한다. 기원전 1세기, 카이사르(시저)의 갈리아 원정으로 이 지역 대부분이 로마 영토로 편입됐다. 이후 로마 문화와 토착 문화가 융합된 갈로 로망(Gallo-Romains) 문화가 형성되었고, 라틴어는 점차 프랑스어로 발전했다.

BC 1세기경 역사서에 파리가 본격적으로 등장한 곳, 시테섬. 소설 및 뮤지컬로 제작된 <노트르담 드 파리>의 배경이 된 대성당과 영화 <퐁 뇌프의 연인>의 배경이 된 퐁 뇌프가 있다.

#HELLENISM

#헬레니즘 #화려함 #극적인 #아름다움

헬레니즘은 알렉산드로스 대왕(BC 356~323)
이후 펼쳐진 그리스 문화의 새로운 흐름이다.
화려하고 극적이며 세속적인 관능미를 띠고
완전히 벗은 여성 누드가 예술에 본격
등장했다. 루브르 박물관은 오래된 문헌과
상상력을 바탕으로 기원전의 예술을 정밀하게
복원해왔다. 덕분에 오늘날 파리에서도
헬레니즘 예술의 정수를 만날 수 있다.

<아프로디테/밀로의 비너스>

작자 미상, BC 200년경 **루브르 박물관**

비너스 상 중에서 가장 아름답다는 평을 받는 작품.
1820년 그리스의 작은 섬 밀로스에서 한 농부가 발견
했다. 가만히 들여다보고 있으면 생명력이 느껴질 만
큼 매끈하게 다듬어져 있다. 엉덩이 부분에 있는 가로
선을 중심으로 상체와 하체가 분리된 채 발견되었으
며, 떨어진 팔은 아들인 큐피드를 향해 있었던 것으로
추정된다.

<사모트라케의 니케>

작자 미상, BC 190년경 **루브르 박물관**

유명한 스포츠 브랜드가 연상되는 조각상. 승리의 여신 니케(영어식 발음은 나이키)가 뱃머리에 내려앉으려는 순간을 형상화했다. 활짝 펼친 날개와 바람에 휘날리는 옷자락을 생동감 있게 표현해 헬레니즘을 대표하는 조각상으로 꼽힌다. 발견될 당시부터 머리와 두 팔, 오른쪽 날개가 없었고, 지금 볼 수 있는 오른쪽 날개는 왼쪽 날개를 참고해 석고로 만들어 붙인 것이다.

#ROMAN ART

#로마 예술 #BC 5세기경부터 #AD 500년경까지

뛰어난 건축미와 다르게 로마의 조각은 그리스 조각들을 모사하고 그 주제들을 반복하는 데 그쳤으나, 사실적인 인물 묘사는 더 뛰어났다.

<아를의 비너스>

작자 미상, BC 1세기경 **루브르 박물관**

프랑스의 남부 지역 아를의 고대 로마 극장터에서 발견된 비너스 조각상. 하반신은 천으로 가리고 한쪽 팔을 뻗은 비너스의 모습을 형상화했다. 밀로의 비너스와 마찬가지로 팔이 사라진 채 발견되었는데, 비너스가 거울을 보며 머리를 빗고 있는 모습이라는 의견이 많았으나 왼손에 거울을 들고 오른손에는 트로이 전쟁의 원인 중 하나였던 '파리스의 심판'에서 승리를 상징하는 사과를 들고 있는 모습으로 복원됐다.

중세시대의 파리

4세기경 전성기를 지난 로마제국이 동서로 분열된 후 프랑스 땅은 서로마제국에 편입되었다. 481년 게르만족의 일파인 살리족의 클로비스 1세가 오늘날 프랑스와 독일 영토의 상당 부분을 통합하여 프랑크 왕국을 세우고, 수도를 파리로 정하면서 지금의 프랑스가 발전할 수 있는 기반이 마련되었다. 그로부터 약 300년 후 샤를마뉴가 서유럽을 통일하면서 프랑크 왕국은 최고 번성기를 누렸다.

9세기 중반에 이르러 프랑크 왕국이 분열되면서 가장 서쪽에 있던 서프랑크 왕국은 지금의 프랑스와 비슷한 영토를 차지하게 되었다. 하지만 서쪽의 바이킹, 동쪽의 헝가리인, 남쪽의 이슬람에게 시달리면서 왕권이 약화되고 지방 영주들의 각자도생이 횡행하던 중 세력을 키운 귀족 로베르 가문의 후손 위그 카페(Hugues Capet)가 영주와 주교들의 추천으로 서프랑크의 왕으로 추대되었다. 이후의 발루아와 부르봉 가문이 모두 위그 카페의 후손들로, 이들이 18세기 말 대혁명까지 약 800년간 프랑스를 다스렸다. 한편 십자군 전쟁(1095~1291년)을 전후로 아랍인들의 과학, 수학, 철학이 유럽에 전파되면서 기술의 발전이 급격하게 빨라져 고딕 양식 성당의 건축이 가능해졌다.

노트르담 대성당 종탑에서 내려다본 풍경

프랑스의 광개토대왕, 샤를마뉴(재위 768~814년)

클로비스 1세가 죽은 후 메로빙거 왕조는 유지되었으나 대를 이어가며 자식들에게 땅을 나눠주다 보니 왕권이 축소되고, 외세와의 충돌에서 밀리는 상황이 반복되었다. 7세기 말경 재상이던 피핀은 실권을 잡은 후 교황과의 거래를 통해 메로빙거 왕조의 힐데리크 3세를 몰아내고 스스로 왕위에 오르면서 카롤링거 왕조를 세웠다. 피핀의 아들인 카를 대제(Karl der Große, 독일어), 즉 샤를마뉴(Charlemagne, 프랑스어)는 수많은 전투를 치르고, 서유럽의 대부분을 통일했다. 그는 로마제국이 붕괴된 후 신성로마제국(서로마제국)의 황제라는 타이틀을 처음 사용한 왕이기도 하다.

샤를마뉴는 로마제국의 문화를 계승한다는 의미에서 고전문학, 복음문 운동을 벌여 유럽 전역에서 라틴 문화의 꽃을 피웠다. '카롤링거 르네상스'라고 불리는 이 문화운동은 세속에 묻힌 여러 수도원들이 문화와 교육의 중심지 역할을 수행하며 활발하게 이루어졌지만 막대한 양의 필사 작업 외엔 눈에 띄는 문화적 성과는 없었다. 또한 신성로마제국의 근거지는 현 독일의 아헨 지역이었기 때문에 파리에는 이 시기의 유적이 거의 없다.

샤를마뉴의 기마상. 나폴레옹이 황제 즉위식을 앞두고 노트르담 대성당 앞 광장에 세웠다.

#GOTHIC

#고딕 양식 #더 높게 #더 밝게

더 높고 더 밝게 성당을 건축하는 첫걸음이 된 획기적인
건축 양식으로, 12세기 중반 파리를 중심으로 하는
일드프랑스 지역에서 시작되었다. 초기에는 "고트족의
볼품없는 건축물"이라며 비아냥거리는 뜻의 '고딕'으로
불렸지만 노트르담 대성당의 완공과 동시에 전 유럽
건축에 영향을 끼쳤다.

노트르담 대성당 1163~1345년 시테섬 246p

'우리의 성모(Our Lady)'라는 뜻으로, 카페 왕조의 6대 왕 루이 7세가 파리를 프
랑스의 경제·문화 중심지로 부각시키기 위해 시테섬에 있던 교회를 허물고 1163
년부터 짓기 시작해 약 200년 뒤에 완공했다. '고딕의 보물'이라고도 불리는 노
트르담 대성당은 세계 최초로 건축에 적용한 성당 외부의 버팀벽(플라잉 버트레스,
Flying Buttress)과 괴물 모양의 낙숫물받이(가고일, Gargoyle), 성당 내부의 화려한
스테인드글라스 등 수많은 볼거리로 가득한 중세 고딕 건축의 걸작으로 꼽힌다.
초기 고딕 양식 성당의 특징인 네이브(중앙 통로) 양옆의 기둥 사이에 벽을 세우고
그 위에 작은 기둥들을 올리는 건축 체계를 그대로 유지하고 있다는 점도 특별하
다. 성당이 완공될 즈음엔 하중을 지지하기 위한 층이 사라지고 거대한 원형 장
미창이 등장했다. 노트르담 대성당은 보존을 위해 보수와 청소 작업을 꾸준히 지
속하고 있는데, 2019년 4월의 화재도 바로 이 보수공사 중에 발생한 것으로 추
정된다.

Point 1 — 서쪽 파사드 [성당 정면]
Façade Ouest

종탑

8개의 종이 있는 왼쪽 탑과 2개의 대형 종이 있는 오른쪽 탑이 완벽한 대칭을 이룬다. 오른쪽 탑에 있는 '에마뉘엘(Emmanuel)'은 무게 약 13만 톤, 지름 261cm로 종탑에 있는 10개의 종 중 제일 크고 무겁다. 종을 울릴 땐 항상 에마뉘엘을 먼저 친다고.

서쪽 장미창

지름 9.6m의 정면 장미창. 노트르담 대성당의 3개의 장미창 중 가장 작지만 1225년에 제일 먼저 제작되었다.

69m

천사와 성모 마리아

구원의 상징인 아기 예수를 안은 성모 마리아가 천사들에게 경배를 받고 있다. 왼쪽 멀리 있는 조각상은 인간의 원죄를 상징하는 아담, 오른쪽은 이브다.

왕의 회랑

예수가 태어나기 전에 있던 28명의 유대 왕 조각상. 프랑스 대혁명 당시 프랑스 왕들로 오해한 시민들이 모두 파괴한 것을 복원했다.

48m

남쪽 파사드
Façade Sud

가운데 탑은 원래 5개의 종이 있던 종탑이었으나, 19세기에 복원하면서 고딕 양식의 특징 중 하나인 첨탑으로 개축했다. 높이 96m의 첨탑 주위에는 4복음서의 상징과 12사도의 조각상이 있다. 첨탑은 안타깝게도 2019년 화재로 녹아버렸던 것을 복원한 것이다.

첨탑

버팀벽

지붕과 탑의 무게를 지탱하기 위해 건물 외벽에 아치형으로 덧붙인 장치. 이 덕분에 높은 첨두아치 건축이 가능해졌고 커다란 스테인드글라스를 설치해 빛으로 가득 찬 성당이 되었다. 고딕 양식의 큰 특징 중 하나로, 파리 노트르담 대성당의 것이 가장 아름답다고 알려졌다.

127m

북쪽 파사드
Façade Nord

노트르담 대성당의 장미창 3개 중 가장 화려한 장미창. 전쟁과 혁명의 불길 속에서도 다행히 파손이 적어 원형을 거의 유지하고 있다. <구약성서>에 등장하는 인물들이 아기 예수를 안은 성모 마리아의 주위를 둘러싸고 있다.

북쪽 장미창

인간 가고일

성당 건축 당시 인부들을 관리하던 악덕 감독을 찢어질 듯 입을 벌린 인간 가고일로 풍자했다. 수습생과 일반 인부들이 몰래 장식한 것으로 추측된다.

<노트르담 드 파리>의 등장인물들

프랑스 대혁명 당시 파괴된 노트르담 대성당은 빅토르 위고의 소설 <노트르담 드 파리>(1831)의 배경이 되면서 사람들의 관심을 받기 시작해 시민들이 모은 기금으로 복원되기 시작했다. 이때 위고에게 고마움을 전하기 위해 성당 외관 북쪽 측면 곳곳에 에스메랄다와 콰지모도 등 소설의 등장인물과 동물 조각을 추가했다.

생트샤펠 성당 1242~1248년 시테섬 252p

노트르담 대성당 건설에 참여한 13세기 건축가 피에르 드 몽트뢰유가
2층 구조로 건립한 프랑스 후기 고딕 양식의 성당이다. 1239년 카페 왕
조의 9대 왕 루이 9세가 콘스탄티노플 황제에게 구매한 예수의 가시 면
류관과 십자가 조각 등을 보관하기 위해 시테섬의 궁전 안에 지었다.
파리에서 가장 오래된 스테인드글라스가 있는 곳으로 유명한데, 색채
의 화려함은 말할 것도 없고 <성서> 속 1134개의 장면을 묘사한 이야
기 전개나 표현의 세밀함이 뛰어나 스테인드글라스 아름다움의 정수로
평가받는다. 햇빛이 들면 파랑(코발트), 빨강, 초록(구리), 보라(망간), 노
랑(안티몬) 5가지 색상으로 이루어진 스테인드글라스를
통해 만화경이 펼쳐진다.

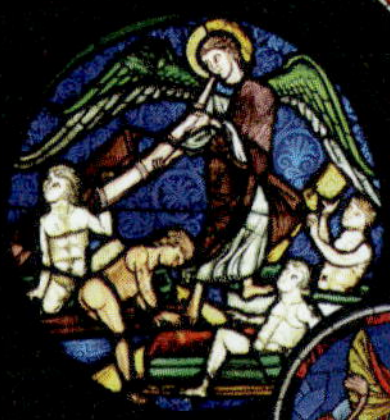

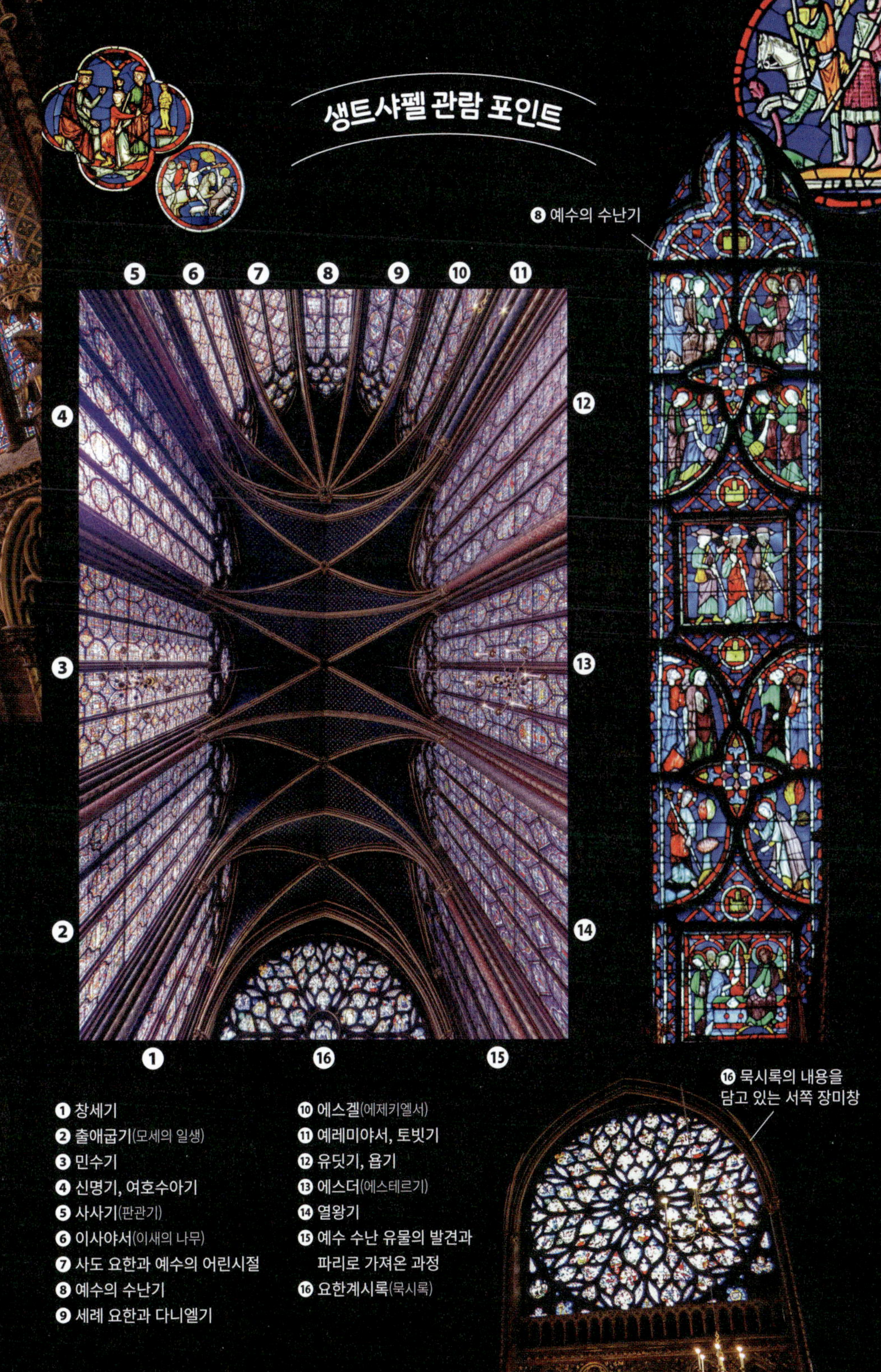

생트샤펠 관람 포인트

① 창세기
② 출애굽기(모세의 일생)
③ 민수기
④ 신명기, 여호수아기
⑤ 사사기(판관기)
⑥ 이사야서(이새의 나무)
⑦ 사도 요한과 예수의 어린시절
⑧ 예수의 수난기
⑨ 세례 요한과 다니엘기
⑩ 에스겔(에제키엘서)
⑪ 예레미야서, 토빗기
⑫ 유딧기, 욥기
⑬ 에스더(에스테르기)
⑭ 열왕기
⑮ 예수 수난 유물의 발견과
파리로 가져온 과정
⑯ 요한계시록(묵시록)

전제군주의 등장과 절대왕정

RENAISSANCE ET LUMIÈRES

1328~1589년 발루아 왕조 : 필리프 6세~ 앙리 3세	**1337년** 백년전쟁 시작(~1453년) 스코틀랜드 왕위, 프랑스 왕위 계승, 플랑드르(지금의 벨기에 지역) 지배권을 놓고 영국과 프랑스가 벌인 전쟁 **1347~1351년** 전 유럽, 흑사병 대유행 **1429년** 잔 다르크, 오를레앙 전투에서 영국군 격파 **1453년** 동로마제국 멸망(오스만 제국 확장) **1492년** 스페인의 이사벨라 여왕 부부, 이베리아 반도에서 이슬람 세력을 완전히 축출 콜럼버스, 이사벨라 여왕의 후원으로 바하마 제도 발견. 대항해 시대 본격 개막. **1517년** 독일의 루터, 독일 종교개혁 시작(95개조 반박문) **1534년** 프랑스의 카르티에, 캐나다 가스페 반도 상륙 **1536년** 칼뱅, 종교개혁 시작, <기독교 강요> 출간 **1562~1598년** 위그노전쟁 프랑스 가톨릭교(구교)와 개신교(위그노) 간의 종교전쟁. 프랑수아 1세가 시작한 개신교 탄압은 양측의 대립을 격화시켰고, 샤를 9세 때인 1562년에 바시에서 개신교도들이 학살당하면서 본격적인 전쟁이 시작되었다. 1572년에는 개신교도 3300명이 학살되기도 했다(성 바르톨로메오 축일의 학살).
1589~1792년 부르봉 왕조 : 앙리 4세~ 루이 16세	**1598년** 앙리 4세, 낭트칙령 공포 개신교도에게 종교의 자유를 허락하면서 위그노전쟁이 종식되었다. **1618~1648년** 30년 전쟁 가톨릭과 개신교의 갈등이 국가 단위로 확대되었다. 가톨릭 국가와 개신교 국가가 거의 쉬지 않고 전쟁을 치러 사망자 수가 무려 800만 명에 달했다. **1688년** 영국, 명예혁명 **1689년** 영국, 권리장전 **1733년** 볼테르, <철학서간> 출간 **1756~1763년** 7년 전쟁 오스트리아의 왕위 계승 전쟁 때 프로이센에 패했던 마리아 테레지아가 영토를 되찾기 위해 일으킨 전쟁. 유럽과 그들의 식민지까지 두 진영으로 나뉘어 싸워 '18세기의 세계대전'이라 불린다. 프랑스는 영국에 패하며 유럽과 캐나다, 인도에서의 지배권을 잃게 되었다. **1762년** 루소, <사회계약론> 출간 **1769년** 영국의 와트, 뉴커먼의 증기기관을 혁신적으로 개량 **1775~1783년** 미국, 독립전쟁 루이 16세는 영국을 견제하기 위해 미국 독립을 지원하다가 심각한 재정난에 빠진다. 이에 재정을 확충하고자 세금을 늘렸고, 이는 프랑스 대혁명의 불씨가 된다.

발루아 왕조 시대의 파리

1328년 카페 가문의 샤를 4세가 아들 없이 죽자 샤를 4세의 조카이자 영국 왕이었던 에드워드 3세는 자신에게 프랑스 왕위 자격이 있다고 주장했다. 그러나 샤를 4세의 고종사촌인 발루아 가문의 필리프 6세가 왕위에 오르면서, 영국이 지배하던 가스코뉴 지방을 둘러싼 분쟁이 격화되었다. 결국 에드워드 3세가 프랑스를 침공하면서 백년전쟁의 막이 올랐다.

전쟁이 끝난 뒤 영국은 프랑스 땅에서 완전히 물러났고, 양쪽 모두 왕권이 강화돼 전제군주가 등장하는 분위기가 형성되었다. 이 시기에 르네상스 사조가 프랑스로 전해지면서 루브르 궁전과 퐁텐블로성이 르네상스 양식으로 증축되었고, 루아르 계곡에는 아름다운 성보르성과 블루아성 등이 건축되었다. 발루아 왕조의 마지막 3명의 왕—프랑수아 2세, 샤를 9세, 앙리 3세는 모두 앙리 2세와 카트린 드 메디시스의 아들로, 선대 후사가 없어 형제가 왕위를 계승했다. 이후 앙리 3세는 자신의 여동생 마르그리트와 결혼한 앙리 4세에게 왕위를 물려주었다(후에 둘은 이혼함).

필리프 6세
재위 1328~1350년

장 2세
재위 1350~1364년

샤를 5세
재위 1364~1380년

프랑수아 1세
재위 1515~1547년

앙리 2세
재위 1547~1559년

프랑수아 2세
재위 1559~1560년

샤를 9세
재위 1560~1574년

앙리 3세
재위 1574~1589년

: WRITER'S PICK :

발루아 왕조의 여인들

■ **카트린 드 메디시스**(Catherine de Médicis, 1519~1589년)
피렌체의 메디치 가문 출생으로, 14세에 동갑내기 앙리 2세와 결혼하며 파리로 이주했다. 앙리 2세가 30세의 나이로 사망하자 15세로 왕위에 오른 프랑수아 2세의 섭정을 맡게 되었고, 이때부터 프랑스는 구교와 신교의 갈등에 본격적으로 휘말렸다. 신교도가 앙부아즈성에서 구교도를 습격하려다 정보가 새는 바람에 역습당해 1천 명 이상이 학살당하는 앙부아즈 음모 사건을 비롯해 바시 학살, 성 바르톨로뮤 축일의 학살 등을 겪으며 10명의 자녀 중 프랑수아 2세를 포함해 6명을 먼저 저세상으로 보내는 등 말 그대로 기구한 인생을 살았다.

■ **여왕 마고**(Reine Margot, 1553~1615년)
'여왕 마고'는 카트린 드 메디시스의 막내딸 마르그리트(Marguerite)의 애칭이다. 구교도였던 카트린은 신교와의 갈등을 완화하는 제스처로 당시 신교도의 거두인 스페인 접경 나바르 왕 부르봉의 아들 앙리(훗날 부르봉 왕조를 여는 앙리 4세)에게 마르그리트를 시집보낸다. 하지만 결혼식 후 축제기간 중에 성 바르톨로뮤 학살이 발생하면서 종교전쟁의 소용돌이에 휩싸이게 된다. 영화에서는 마르그리트가 학살 중에 우연히 만난 라 몰과 애틋한 사랑을 한 것처럼 그려졌지만 실제로는 여러 남자들과 자유롭게 사귀었다고 한다.

#RENAISSANCE #ARCHITECTURE

#르네상스 #건축 #조화로운 #아름다움 #균형미

14세기 이탈리아에서 시작돼 전 유럽으로 퍼진 르네상스는 로마의 부활을 외치던 사회 전반에 걸친 문예 부흥 운동이었다.
이 시대에 유행한 르네상스 건축 양식의 특징은 크게 3가지로 정리되는데, '로마', '이성', '규칙성'이다. 건축가들은 자극적
인 아름다움보다는 균형미, 간결함, 감정의 절제를 추구했으며, 수학적인 비례를 규칙으로 만들어 이를 엄격히 준수했다.
프랑스에서는 16세기 초 이탈리아 원정 때 이탈리아 르네상스 건축에 반한 프랑수아 1세가 그 문화를
전파하면서 '프랑스식 르네상스'라는 독특한 건축 양식이 형성되었다. 이 시기에 들어선 건물들은
정교하고 화려한 르네상스 양식과 고전적이고 장대한 고딕 양식이 혼재하는 양상을 띠며 급격한
변화를 겪었다.

루브르 궁전의 서쪽 별관 1546~1556년 **루브르 & 튈르리 204p**

규모나 소장품, 역사 등 모든 면에서 명실공히 세계 최고로 꼽히는 루브르 박물관은 한때 세계에서 가장 큰 궁전이었던
루브르 궁전을 그대로 사용하고 있다. 루브르 궁전은 12세기경 적의 침략을 막는 요새로 처음 지은 후 14세기 샤를 5세
때부터 왕실 궁전으로 사용하기 시작했다. 1528년 르네상스 예술에 심취한 프랑수아 1세는 건축가 피에르 레스코에게
명해 낡고 불편한 궁전을 헐고 웅장한 르네상스식 궁전을 새로 짓게 했다. 궁전은 그 후 여러 차례 개축과 증축을 거듭
했으나, 쉴리관의 안뜰에서 볼 수 있는 서쪽 별관(Aile Lescot)은 레스코가 지은 초기의 모습을 잘 간직하고 있다.

규칙적으로 배열한 창문, 리듬감 있게
배치한 창문 무늬, 포인트가 되는 코린
트식 기둥 등 르네상스 양식의 특징을
잘 간직한 서쪽 별관

프랑스식 르네상스의 가장
기념비적인 작품으로 평가
받는 루브르 궁전의 메인
계단 천장

©Simon Clancy

생테티엔뒤몽 성당 1494~1624년 　라탱 지구 259p

훈족의 침략과 전염병에서 파리를 구한 파리의 수호성인 성 주느비에브의 유해가 안치된 성당. 프랑크족을 통일하고 프랑크 왕국을 세운 클로비스 1세가 세운 성당을 15세기 말~17세기에 증축해 지금의 모습을 갖추었다. 건축 기간이 긴 만큼 로마네스크부터 고딕, 르네상스까지 다양한 건축양식이 공존하는 대표적인 '프랑스식 르네상스' 건물로 꼽힌다. 내부에는 1545년에 완성된 파리 유일의 루드 스크린(Rood Screen, 신도들이 있는 본당과 성직자들을 위한 성가대석을 분리하는 칸막이)이 있다. 루드 스크린은 중세 교회에서 어렵지 않게 발견되는 구조물이지만 파리에서는 모두 파괴되고 이곳만 남았다.

루드 스크린

생튀스타슈 성당 1532~1633년 　레 알 & 보부르 302p

고딕 양식에 르네상스 양식의 장식이 가미된 아름다운 성당이다. 내부 장식은 노트르담 대성당과 비슷하며, 장엄한 아치와 기둥, 원주 등에서 르네상스 양식의 화려함을 엿볼 수 있다. 노트르담 대성당, 생쉴피스 성당과 함께 프랑스 최대 규모의 오르간이 있는 곳으로도 유명하다.

#RENAISSANCE #ARTS

#르네상스 #예술 #문예부흥 #인본주의

르네상스 시대의 회화들은 인간을 개인적 시각에서 접근해 생생하게 묘사하고
원근법을 도입했으며, 그리스·로마 시대 유물이 보여주는 신체 비율을 적용해
이상적인 아름다움을 추구했다.

Photo by Federico Scarionati

<모나리자>

1503~1506년 **루브르 박물관**

여러 면에서 르네상스 회화의 기준을 정립한 중요한 작품이다. 보는 이의 감정에 따라 다르게 보인다는 모나리자의 미소가 유명하다.

다빈치 Leonardo da Vinci, 1452~1519년

다방면에 재능이 뛰어난 전형적인 '르네상스 인간'. 자연과 인체를 과학적 시각에서 냉철하게 바라보는 예술 세계를 펼쳤다.

: WRITER'S PICK :

<모나리자 La Joconde>가 프랑스에 있는 까닭은?

레오나르도 다빈치의 <모나리자>는 천재 과학자로 널리 알려진 다빈치의 미술적 재능을 보여주는 작품으로, 피렌체 상인 프란체스코 델 조콘다의 아내 리자 게라르디니의 초상화라는 의견이 가장 유력하다. <모나리자>는 그림을 그릴 당시부터 이미 유명했다. 반신상은 그 시대에 흔하지 않았으며, 특히 인물의 몸을 4분의 1 정도 비스듬하게 그린 장면도 흔치 않은 구도였기 때문이다. 모델이 당시 예법처럼 규정한 책에 나오는 양장과 여인들이 취해야 할 자세를 하고 있다. 다빈치는 의뢰받은 그림임에도 주인에게 <모나리자>를 주지 않고 평생 미완성인 채로 들고 다녔다고 한다.

1516년 64세이던 다빈치는 프랑수아 1세의 요청으로 프랑스로 이사하면서 <모나리자>를 가져갔고, 프랑수아 1세가 다빈치의 사후에 그의 제작물과 그림을 구입하면서 프랑스 국가 소유가 된 것으로 추정된다. 프랑수아 1세의 후원 아래 만년을 여유롭게 보낸 다빈치는 1519년 프랑수아 1세의 품 안에서 사망했다. 프랑스인은 이를 자랑스럽게 여기며, 그의 이름도 레오나르 드 방시(Léonard de Vinci)라 부른다.

<죽어가는 노예>

1515년 **루브르 박물관**

<천지창조>를 완성한 후에 제작한 대리석 조각. 인체의 표현과 인물의 표정, 주제의 조화가 아름다운 미켈란젤로의 걸작이다.

미켈란젤로 Michelangelo Buonarroti, 1475~1564년
작업 모습을 공개하지 않는 강직하고 격정적인 카리스마의 소유자. 조각에 대한 애착이 컸으며, 자세에 따라 다르게 나타나는 인체의 근육을 자유자재로 표현했다.

<성모와 아기 예수, 그리고 아기 세례요한>

1508년 **루브르 박물관**

성모화를 가장 아름답게 그리기로 이름난 라파엘로의 대표작. 자애로운 표정으로 성 요한과 아기 예수를 바라보고 있는 마리아가 조화로운 삼각 구도를 이룬다. 르네상스 시대의 전형을 따르는 다소곳한 성모상을 보여주는 작품이다.

라파엘로 Raffaello Sanzio, 1483~1520년
맹수조차도 그를 사랑한다고 할 정도로 온화한 성격을 지녔다. 다빈치와 미켈란젤로에게 배우고 응용함으로써 르네상스의 특징을 모두 집약했다.

<가나의 결혼식> 1563년 **루브르 박물관**

화려한 장식이 특징인 베로네세의 화풍이 잘 드러난 작품이다. 성당에서 주문한 성화였으나, 베로네세는 그림의 배경을 예수가 기적을 행한 갈릴리가 아니라 베네치아로 옮겨와 화려한 연회 모습을 그렸다. 130여 명의 등장인물 중 예수와 성모 마리아, 사도들을 제외한 나머지 사람은 티치아노, 틴토레토, 바사노 등의 화가를 비롯한 전 세계 유명인의 모습으로 그렸다는 점이 재미있다. 화면 맨 앞 가운데에 순결을 상징하는 흰색 옷을 입은 악사는 바로 베로네세가 자신을 모델로 그린 것. 가로 9m 94cm, 세로 6m 77cm로, 루브르에서 가장 큰 그림이다.

베로네세 Paolo Veronese, 1528~1588년
후기 르네상스 시대를 대표하는 화가. 티치아노, 틴토레토와 함께 베네치아파의 거장으로 손꼽힌다. 값비싼 옷감, 보석 등의 빛나는 색채를 탁월하게 묘사함으로써 색을 통해 그림의 전체 구도에 놀랄 만한 효과를 주는 방법을 개발해냈다. 종교화에 개, 구경꾼 등 풍속적인 요소를 포함해 이단 혐의를 받기도 했다.

부르봉 왕조 시대의 파리

구교와 신교가 대립했던 종교전쟁의 소용돌이 속에서 카트린 드 메디시스의 사위가 된 덕분에 프랑스 왕위를 계승한 앙리 4세부터 시작된 부르봉 왕조는 절대왕정을 이어가며 태양왕 루이 14세 때 가장 큰 번영을 누렸다. 당시 부르봉 왕조는 신대륙과 아프리카에서 확보한 자원을 이용해 동양과 활발하게 무역하면서 국가 재정이 풍족해졌지만 혁명으로 왕의 목이 잘리기까지는 100년도 걸리지 않았다.

앙리 4세
재위 1589~1610년
(왕비: 마고와 이혼 후 마리
드 메디시와 재혼)

루이 13세
재위 1610~1643년

루이 14세
재위 1643~1715년

루이 15세
재위 1715~1774년

루이 16세
재위 1774~1792년
(왕비 마리 앙투아네트)

루브르 궁전에 인접한 팔레 루아얄. 루이 13세의 재상 리슐리외의 사저였으나, 그가 죽은 후 왕실에 기증돼 이름이 '왕궁'이란 뜻의 팔레 루아얄로 바뀌었다. 루이 14세가 어린 시절에 살던 곳이기도 하다.

: **WRITER'S PICK** :

리슐리외 Richelieu
(1585~1642년)

추기경이라는 종교 직분보다는 루이 13세의 수석 재상(국무총리)의 역할로 프랑스에 큰 영향을 끼친 인물이다. 구교와 신교의 갈등이 유럽 전역을 휩쓸면서 발발한 30년 전쟁 당시 프랑스의 국력을 유지하는 데 성공했고, 오스트리아와 스페인에 걸쳐 세력을 과시하던 합스부르크를 견제하는 데 골몰했다. 그는 뒤마의 소설 <삼총사>에서 달타냥과 삼총사를 위협하는 못된 관료로 묘사되지만 실제로는 프랑스를 강한 중앙 집권 국가로 만든 명재상으로 꼽힌다.

#ÉCOLE DE FONTAINEBLEAU

#퐁텐블로파 #14~16세기 #퐁텐블로성 #이탈리아 작가

발루아 왕조 시대에 프랑수아 1세가 이탈리아에서 데려온 건축가와 예술가들은 퐁텐블로성을 증축하는 동안 회화와 조각 등을 다수 남겼고 프랑스 예술가들에게도 많은 영향을 주었다. 그러나 대부분의 그림에 정확한 작가의 이름이 없어 이탈리아의 영향을 받은 화풍을 보이는 작가들을 '퐁텐블로파'라고 부르며, 종교전쟁 이후 앙리 4세의 후원으로 작업한 작품의 작가들은 2차 퐁텐블로파라고 한다. 인체를 창백하고 신화적으로 묘사하며 여성의 관능미를 강조한 것이 특징이다.

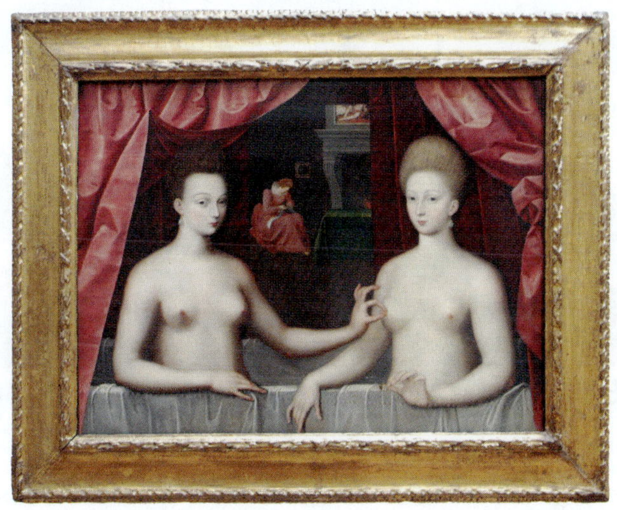

<가브리엘 데스트레와 그녀의 자매 비야르 공작 부인으로 추정되는 초상화> 작자 미상, 1594년 **루브르 박물관**

앙리 4세의 공식적인 정부(메트레상티트르)였던 가브리엘 데스트레(금발 여인)와 그녀의 동생이자 공작부인이었던 비야르(갈색 머리)를 그린 이 그림은 루브르 박물관에서 매우 인기 있는 작품 중 하나다. 당시 지방 귀족이던 앙리 4세는 마르그리트 공주와 정략결혼한 덕분에 프랑스 역사에서 가장 강력한 왕권을 갖게 되는 부르봉 왕조의 첫 번째 왕이 되었지만 결혼 생활은 순탄치 못했다. 그는 호색한으로 50명이 넘는 정부를 두었는데, 그중 그림 속 주인공인 가브리엘 데스트레(Gabrielle d'Estrées, 1571~1599년)를 가장 사랑했다고 한다.

프랑스에서는 여성의 가슴을 만져보는 것으로 임신 여부를 판단했는데, 반지를 들고 있는 것으로 보아 첫아이를 임신한 가브리엘이 왕에게 결혼을 조르기 위해 그린 것으로 보인다. 몇 년 후 가브리엘이 아들 둘과 딸 하나를 낳고 넷째를 임신한 상태에서 의문의 죽임을 당하자, 사람들은 이 그림에 데스트레의 죽음을 예언한 내용이 담겼다며 주목하기 시작했다. 그림 뒤에 걸린 남자의 하반신 그림은 그녀의 숨겨진 애인을, 하녀가 만들고 있는 옷과 아무것도 비치지 않는 거울은 분만 중에 발작으로 죽은 그녀를 의미한다는 것.

그녀의 죽음에 큰 충격을 받은 앙리 4세는 검은 옷을 입고 애도했는데, 왕이 검은 옷을 입은 것은 프랑스 역사상 전무후무한 일이었다고 한다. 그로부터 1년 뒤 앙리 4세는 마르그리트 왕비와 이혼하고 교황 2명을 배출한 피렌체 명문가의 딸 마리 드 메디시스와 재혼했다.

<사냥의 여신 디안>(1550년경), 루브르 박물관. 앙리 2세의 정부였던 디안 드 푸아티에를 이름이 같은 여신에 빗대어 그린 퐁텐블로파의 또 다른 걸작이다.

#BAROQUE #ARCHITECTURE

#바로크 #건축 #절대왕정 #과시 #웅장함 #역동성 #기념성

바로크라는 이름은 '찌그러진 진주'라는 의미의 포르투갈어 '바로코(Barocco)'에서 유래했다. 르네상스 양식의 차가운 이성에 반대해 일어난 바로크 양식은 거대한 규모와 역동성, 극적인 강렬함이 특징이다. 종교 개혁 이후 가톨릭 성직자들은 이러한 바로크 양식으로 성당을 더욱 화려하게 꾸며 기독교의 권위를 되찾고 신도의 신앙심을 고취하고자 했다. 이탈리아에서 꽃피운 바로크 건축은 프랑스로 건너와 프랑스 고전주의라 불리며 루이 13세, 루이 14세, 루이 15세의 절대왕정 시대를 풍미했다.

앵발리드의 돔 성당 1676~1706년 `에펠탑 & 앵발리드 178p`

앵발리드는 기독교 신구 교파 간 충돌로 시작된 30년 전쟁 중 다친 병사들과 노병들이 떼 지어 다니며 절도와 강도질로 생계를 유지하고 물의를 일으키자, 루이 14세가 그들이 품위를 지키며 여생을 보낼 수 있도록 1679년에 건설한 상이군경 회관이다. 작업장·성당·군대 등 자체적인 시스템을 갖춘 일종의 작은 도시로, 당시 4000여 명을 수용할 만큼 규모가 거대했다.

특히 멀리서도 금빛 돔이 눈에 띄는 돔 성당은 앵발리드의 백미다. 좌우상하의 길이가 같은 그리스형 십자가 모양과 황금색 둥근 지붕이 100m가량 우뚝 솟은 성당은 궁정 건축가 망사르가 바로크 양식으로 건설해 당시의 화려함과 루이 14세의 영화를 보여준다. 1715년부터 돔 지붕을 도금하기 시작했고, 1989년에 황금 12kg을 입혔다. 성당 지하에는 나폴레옹의 유해가 안치돼 있다.

층층이 쌓은 도리아·이오니아·코린트식 기둥들이 황금빛 돔 지붕과 어울려 바로크 양식의 진수를 선보인다.

뤽상부르 궁전은 전면 건물의 배후로 뻗은 2개의 날개와 코너의 파빌리온, 중앙 입구의 돔, 층고 확보를 위해 사용한 맨사드 지붕(프랑스 지붕)을 갖춘 초기 바로크 양식이다. 이는 곧 유행처럼 번져나가 프랑스 궁전 건축의 새로운 스타일이 되었다.

뤽상부르 궁전 1615~1645년 생제르맹데프레 275p

이탈리아 피렌체의 명문 귀족인 메디치 가문에서 프랑스로 시집와 앙리 4세의 두 번째 부인이 된 마리 드 메디시스(Marie de Medicis, 1573~1642년)는 남편이 가톨릭교도에게 암살당하자 어린 아들 루이 13세를 대신해 섭정을 시작했다. 권력을 쥔 그녀는 메디치 가문의 피티 궁전을 모방한 자신의 거처를 지었다. 하지만 7년 만에 아들과의 권력 암투에서 밀려 블루아성에 유배되었고, 여러 차례 반란을 일으키다 번번이 실패하여 결국 독일의 쾰른에서 사망했다. 그로부터 3년 후 완공된 궁전은 정원의 일부가 일반에게 공개돼 시민들의 산책 장소로 큰 인기를 누렸다. 궁전은 대대로 왕가와 귀족들이 소유하다 프랑스 혁명기에 의회로 바뀌었으며, 현재 프랑스 상원 의사당으로 사용되고 있다.

프랑스 학사원

1662~1688년 생제르맹데프레

문학, 과학, 예술, 윤리, 정치 등 5개 분야의 아카데미가 소속된 국립학술단체의 본부로, 궁전같이 화려하다. 이탈리아 출신이지만 프랑스로 귀화해 태양왕 루이 14세를 비호하며 죽을 때까지 막후 실권자로 군림한 마자랭 추기경(총리대신)의 재산을 건설 자금으로 사용했고, 바로크 건축 양식을 확립한 건축가로 평가받는 루이 르 보가 설계했다. 루브르 박물관에서 퐁 데자르(아르교)를 건너면 바로 닿는다.

#BAROQUE #ARTS

#바로크 #예술 #명암 대비 #화려함 #감성적 #극적

바로크 시대 회화는 르네상스 회화의 평온하고 밋밋한 묘사에 반대하고 극적인 동작과 명암의 대비를 이용해 감상자의 주의를 집중시켰다.

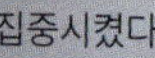

<자화상> 시리즈 `루브르 박물관`

루벤스와 더불어 17세기 유럽을 대표하는 화가라는 명성을 얻은 네덜란드의 렘브란트가 말년에 그린 자화상들이다. 그는 평생에 걸쳐 무려 100여 점에 달하는 자화상을 그렸는데, 모든 그림 속에는 존재의 본질을 캐묻는 듯한 분위기가 공통으로 나타난다.

렘브란트 Rembrandt Harmensz. van Rijn, 1606~1669년

렘브란트는 많은 부와 명성을 누렸으나, 1642년에 그린 <야경>을 고비로 점차 세간의 관심에서 멀어지면서 화가 자신의 내면을 관조하는 작품을 많이 남겼다. 극적 효과를 위해 배경을 어둡게 하고 주제에 집중함으로써 인간의 정신적인 깊이를 나타냈다. 비록 임종을 지켜보는 사람도 없이 세상을 떠났지만 많은 문하생을 배출하는 등 17세기 네덜란드 회화에 큰 영향을 끼쳤다.

<마리 드 메디시스 연작> 1622~1624년 `루브르 박물관`

앙리 4세의 사후에 마리 드 메디시스가 자신을 위해 새로 지은 뤽상부르 궁전 장식을 위해 루벤스에게 의뢰한 24점의 연작. 마리 드 메디시스의 일생을 묘사한 이 작품들은 단 2년 만에 완성한 것으로 알려졌다. 하지만 루벤스가 처음부터 끝까지 그린 것은 마리가 프랑스에 도착해 배에서 내리는 <마르세유에 상륙하는 여왕> 하나뿐이고, 대부분은 그의 도제들이 그린 뒤 마무리만 루벤스가 한 것으로 추측된다.

루벤스 Peter Paul Rubens, 1577~1640년

대담하고 드라마틱한, 바로크 회화의 거장. 23세의 나이에 당시 예술의 중심이었던 이탈리아로 떠나 바로크 회화의 기법을 습득했다. 이후 부모의 고향인 안트베르펜(벨기에)에 정착해 커다란 스튜디오에 수많은 조수를 두고 당시 가톨릭 진영에서 예술가들에게 의뢰한 그림들을 독식하다시피 했다. 화가이면서 외교관이자 사업가의 자질도 뛰어났던 그는 생전에 최고의 화가로서 명예를 누린 기업가형 예술가였다.

<루이 14세의 초상> 1701년 `루브르 박물관`

프랑스 왕실의 주요 인물들을 그린 공식 초상
화 중 가장 대표적인 작품. 프랑스 왕실 문장인
백합 무늬를 그려 넣은 대형 휘장과 붉은 벨벳,
금빛 대리석 바닥에서 느껴지는 '부자 왕'의 이
미지는 당시 가장 비싼 옷감 소재였던 흰색 담
비 털에서 절정을 이룬다. 루이 14세는 이 초
상화를 무척 마음에 들어 해 베르사유 궁전에
걸어 두기도 했다. 베르사유 궁전에도 똑같은
그림이 걸려있는데, 루브르에 있는 것이 진품
이고 베르사유의 것은 이야생트가 추가로 그
린 것이다.

리고 이야생트 Rigaud Hyacinthe, 1659~1743년

왕의 품위를 섬세하면서도 근엄하게 묘사함으로
써 절대 권력을 미학적으로 홍보했다는 평가를
받는 초상화의 달인. <루이 14세의 초상>을 그
린 다음 인기가 높아져 왕족과 귀족, 성직자 등
상류층의 주문이 쇄도했다.

<마를리의 말> 1745년 `루브르 박물관`

루이 15세가 마를리 궁전(베르사유 궁전에서 약 7km 떨어진 별궁)의 정원 장식
용으로 주문해 2년 만에 제작한 대리석 조각. 길들지 않은 말과 이를 굴복시
키려는 인간의 강력한 역동적 장면을 사실적으로 표현한 걸작이다. 신화
나 성서에서 테마를 취하지 않고 자연을 소재로 삼은 점도 당시로서는 혁
신적이었다. 1795년에 샹젤리제 입구의 콩코르드 광장으로 옮겼으나, 약
200년 후 원작이 손상될 것을 우려해 루브르 박물관으로 들여놓았다. 박
물관 지하 1층의 마를리 안뜰(Cour Marly)에서 볼 수 있다.

기욤 쿠스투 Guillaume Coustou, 1677~1746년

리옹 출신으로 프랑스 바로크 조각을 대표하는 거장. 아버지와 삼
촌 등 가족이 모두 조각가인 환경에서 자라 어려서부터 두각을
나타냈지만 아카데미의 규율에 질려 학업을 그만두고 로마에 머
물렀다. 생계가 어려워지자 다시 파리로 돌아와 동생과 함께 작
업하며 왕실 소속 조각가가 되었다. 그의 대표작들은 대부분 루
브르 박물관의 마를리 안뜰에서 볼 수 있다.

#ROCOCO #ARCHITECTURE

#로코코 #건축 #우미안락 #S자형 곡선 #이국적 #아늑함

바로크 건축에 뒤이어 나타난 로코코는 미술, 건축, 공예를 아우르며 한 시대를 풍미한 장식적인 양식이다. 17세기 절대군주였던 루이 14세와 귀족을 위하여 발전하기 시작해 18세기 루이 15세 시대에 정점을 찍었다. 섬세하고 우아한 곡선 장식이 특징이며, 주로 개인이 이용하는 사적인 공간을 아늑하고 아름답게 꾸미는 데 사용됐다.

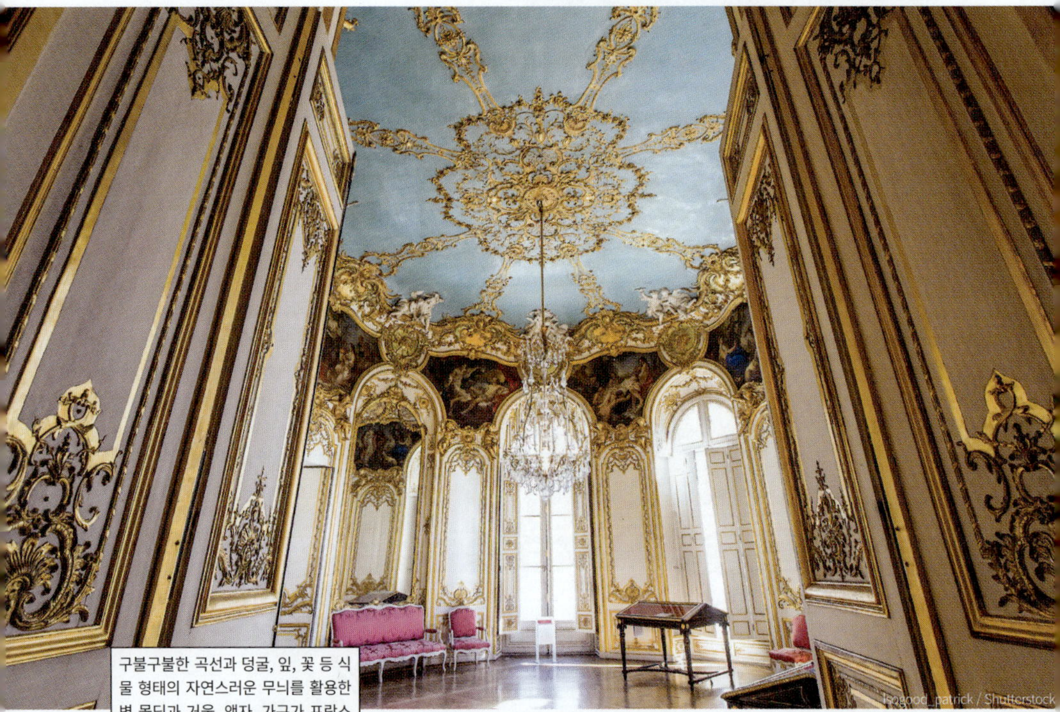

isogood_patrick / Shutterstock

구불구불한 곡선과 덩굴, 잎, 꽃 등 식물 형태의 자연스러운 무늬를 활용한 벽 몰딩과 거울, 액자, 가구가 프랑스 로코코의 특징을 잘 보여준다.

수비즈 저택-로앙 저택 1735~1740년(개축) 마레 지구 314p

프랑스 혁명 이후 국립 고문서 박물관으로 사용되고 있는 저택이다. 14세기 말 르네상스 양식으로 지은 건물을 16세기 당시 최고 권력자이자 가톨릭 세력의 거두였던 기즈 공이 사들여 요새화했으며, 18세기 초 로앙 가문의 수비즈(Soubise) 공이 로앙 저택(Hôtel de Rohan)을 증축하면서 완공됐다. 로앙 저택은 유려한 곡선의 황금 장식과 크리스털 샹들리에, 커다란 거울, 천장화로 이루어진 로코코 양식의 인테리어가 매우 아름다워 건축사에 중요한 건물로 평가받는다.

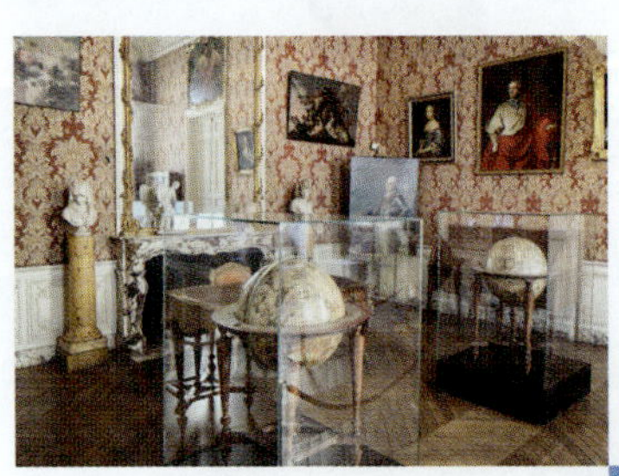

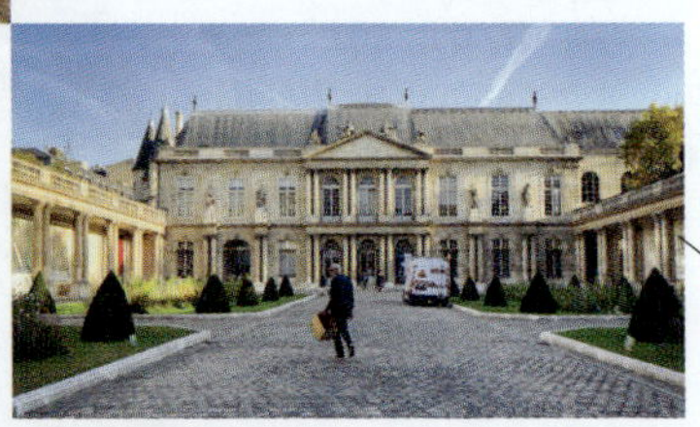

외관은 바로크 양식이다.

#ROCOCO #ARTS

#로코코 #회화 #우아함 #사랑스러움 #화사함

로코코 회화는 바로크 예술이 추구한 진지함과 직선을 배제하고, 예쁘고 즐거운 개인의 감성을 구현했다. 은은하고 화사한 파스텔 톤 색채와 마치 케이크에 크림을 바른 듯 부드럽게 움직이는 인물이 조화를 이룬다.

<질> 1719년 **루브르 박물관**

프랑스 로코코 양식의 문을 연 와토의 대표작. 너무 커서 줄줄 흘러내리는 우스꽝스러운 옷을 입은 어릿광대의 표정이 와토가 초기에 그린 로코코 양식의 그림들과는 달리 다소 우울하고 몽환적인 느낌이다.

와토 Antoine Watteau, 1684~1721년

왕립아카데미 정회원이자 궁중화가로 크게 성공했으나, 육체적으로 연약해 폐병을 앓다 37세에 생을 마감했다. 프랑스 상류사회에서 펼쳐지던 관능적인 매력의 풍속과 취미에 적합한 풍요로운 화풍을 구사했다.

<목욕하는 디안> 1742년 **루브르 박물관**

순결과 사냥의 여신 디안(아르테미스)과 그녀가 총애하는 님프 칼리스토를 그린 작품. 디안으로 변신한 제우스가 칼리스토를 속이고 관계를 가진 후 아무 일 없었다는 듯 행동하자, 칼리스토가 의심하는 에로틱한 상황을 '신화'라는 장치로 눈가림했다. 순수한 여신을 묘하게 성적이고 환상적인 느낌으로 표현한, 부셰의 대표작 중 하나다.

부셰의 가장 유명한 작품이자 로코코 양식을 대표하는 그림인 <마담 퐁파두르> (1756년), 뮌헨 알테 피나코테크 소장

부셰 François Boucher, 1703~1770년

고전적인 주제를 관능적이고 장식적으로 그려내 당시 궁정과 귀족, 서민에까지 폭넓은 사랑을 받은 로코코 예술의 대가. 18세기 프랑스인들이 탐닉한 '예쁜 것'을 구체화하고 '프랑스적인 것'의 가장 전형적인 이미지를 확립한 인물로 평가받는다.

프랑스 대혁명과 나폴레옹
RÉVOLUTION ET EMPIRE

1789~1792년 프랑스 대혁명과 국민의회	1789년 5월	삼부회 소집(베르사유)

1789~1792년

프랑스 대혁명과
국민의회

1789년 5월 삼부회 소집(베르사유)

삼부회는 성직자, 귀족, 평민의 세 신분 대표로 구성되는 회의로, 1302년 제정되었다. 1614년 이후 안 열리다가 루이 16세가 재정 위기를 타파하고자 새로운 세금을 발표하려 소집했다. 이에 반발한 평민 대표들은 귀족 특권 폐지와 평등 과세 등을 주장하며 평민 대표만으로 구성된 국민의회를 선포했다.

1789년 7월 파리 시민, 바스티유 감옥 습격(7월 14일)-프랑스 대혁명 발발

1789년 8월 국민의회, 봉건제 폐지 및 인권선언 선포

1790년 7월 성직자기본법 제정

제1신분이었던 성직자를 국가 공무원화하고 봉급 지급, 십일조 폐지, 교회 재산 국유화를 추진하면서 로마 가톨릭의 극심한 저항을 불러일으켰다.

1791년 6월 루이 16세, 오스트리아(신성로마제국)로 망명 시도 중 실패(바렌 사건)

1791년 9월 프랑스 최초의 성문헌법 제정-제헌의회 수립

1791년 10월 입헌군주제 채택

1792년 4월 프랑스 혁명 전쟁 시작(~1802년)

혁명의 불길이 번져오는 것을 두려워한 프로이센(독일)과 오스트리아가 프랑스를 상대로 벌인 전쟁. 초반에 밀리던 혁명군은 국민 총동원령을 발동해 그해 9월 발미 전투에서 전황을 뒤집었고, 이후 나폴레옹이 활약하면서 승리를 거두었다. 이때 마르세유 의용군이 부르던 노래 <라 마르세예즈>가 프랑스 국가(國歌)가 되었다.

1792~1804년

제1공화국 :
당통~나폴레옹

1792년 9월 군주제 공식 폐지, 공화국 선포-국민공회 수립

공화국 수립 이후 프랑스는 부르주아를 주축으로 한 지롱드당과 시민 계급이 주축이 된 자코뱅당으로 양분되었으나, 로베스피에르가 이끄는 자코뱅당이 권력을 잡았다.

1793년 1월 루이 16세 처형

1793년 6월 공포정치 실시

자코뱅당의 지도자 로베스피에르는 혁명 재판소와 공안위원회를 만들어 왕당파를 비롯한 반 혁명 세력은 물론 동지였던 극좌파와 온건파들까지 모두 단두대로 보내며 독재를 시작했다.

1793년 7월 지롱드당 지지자 샤를로트 코르데, 마라 암살

마라는 로베스피에르, 당통과 함께 자코뱅당의 3거두로 꼽히는 인물로, 자코뱅당에 반감을 품은 여성의 칼에 맞아 욕실에서 예기치 않은 죽음을 맞이했다. 그의 죽음은 신고전주의 화가 다비드의 그림 <마라의 죽음>으로 더욱 유명해졌다.

1793년 10월 마리 앙투아네트 처형

<마라의 죽음>(1800년), 루브르 박물관.
1793년에 다비드가 처음 그린 그림은
벨기에 왕립미술관에 있다.

루이 16세와 마리 앙투아네트의 장례 기념비.
왕실 무덤인 파리 북부의 생드니 대성당에 있다.

1794년 3월　공포정치를 반대하던 당통 처형

1794년 7월　국민공회, 로베스피에르 처형-공포정치 종식
공포정치에 반대한 중도파들이 쿠데타를 일으켜 로베스피에르를 몰아냈다. 프랑스 공화력 테르미도르 달에 일어나 '테르미도르 반동'이라고도 한다.

1795년　총재정부 수립(~1799)
의회에서 선출된 5명의 집정관이 행정부를 5년간 지휘하는 체제. 수입 자유화, 가격 통제 완화로 물가가 폭등하고 국채 가격이 폭락하면서 국가 재정이 궁핍해졌다.

1796년　나폴레옹, 이탈리아 원정
왕당파 반란 진압의 공을 인정받은 27세의 나폴레옹이 최고사령관으로 임명돼 북이탈리아에서 세력을 확대 중이던 오스트리아를 격파했다.

1798년　나폴레옹, 이집트 원정
날로 인기가 높아지는 나폴레옹을 견제하기 위해 집정관들은 나폴레옹을 이집트로 원정을 보냈다. 그해 프랑스 해군이 지중해에서 넬슨이 지휘하는 영국함대에 패하는 바람에 이집트에서 고립된 나폴레옹은 이집트를 탈출, 프랑스로 귀국했다.

1799년　나폴레옹, 쿠데타를 일으켜 총재정부 전복-통령정부 수립
프랑스 공화력 브뤼메르 달에 일어나 '브뤼메르 18일의 쿠데타'라고도 한다.

1803년　나폴레옹, 북아메리카의 프랑스령 루이지애나(현 미국 영토의 약 1/4)를 1500만 달러에 미국으로 매각

1804년　<나폴레옹 법전> 편찬
만민의 법 앞에의 평등, 국가의 세속성, 종교의 자유, 경제 활동의 자유 등 근대적인 가치관을 최초로 도입했다.

1804~1814년 **제1제정 시대 :** **나폴레옹 1세**	1804년 12월　나폴레옹, 국민투표로 황제 즉위 1805년 10월　트라팔가 해전, 넬슨의 영국해군이 프랑스·스페인 연합함대 격파 1805년 12월　아우스터리츠 전투 오스트리아·러시아 연합군을 격파한 나폴레옹 전투의 백미로, 나폴레옹은 대승을 기념하기 위해 파리 시내에 두 개의 개선문(카루젤과 에투알)을 건설했다. 이후 프랑스군은 전 유럽을 제압하고 전 세계에 위명을 떨쳤다. 1806년　나폴레옹, 신성로마제국 해체 1809년　나폴레옹, 조제핀과 이혼 1810년　나폴레옹, 오스트리아(합스부르크) 황녀 마리 루이즈와 재혼 1812년　러시아 원정 영국과의 교역을 금지하는 대륙봉쇄령을 위반한 러시아를 응징하기 위해 60만 대군을 이끌고 원정에 나선 나폴레옹은 러시아군에 대패하고 몰락의 길을 걷게 된다. 1813년　라이프치히 전투 나폴레옹이 러시아 원정에서 패하자 러시아, 오스트리아, 프로이센, 스웨덴, 영국, 스페인, 포르투갈이 6차 동맹을 결성해 싸움을 걸었고 라이프치히에서 60만 명이 맞붙는 대규모 전투를 벌였다. 나폴레옹은 패했고, 6차 동맹은 여세를 몰아 프랑스로 진격했다. 1814년　파리 함락, 나폴레옹 실각 후 엘바섬으로 추방

프랑스 대혁명 시대의 파리

1789년 가난한 생활과 계속되는 물가 상승으로 고통받던 파리 시민은 루이 16세에 대한 분노를 참지 못하고 바스티유 감옥을 습격하고 불을 질렀다. 그로부터 3년 후 공화국이 수립돼 프랑스는 유럽에서 처음으로 왕이 없는 나라가 되었다. 자유·평등·의리를 구현하기 위한 100년간의 돌이킬 수 없는 여정이 시작된 것이다.

#RÉVOLUTION FRANÇAISE
#TERREUR

#프랑스 대혁명 #공포정치 #테러 #독재

프랑스 대혁명은 인류 역사에 크고 긍정적인 영향을 미쳤지만 공포정치라는 끔찍한 비극을 낳았다. 공포정치는 혁명기에 로베스피에르를 중심으로 하는 자코뱅당이 권력을 유지하기 위해 폭력적인 수단으로 대중에게 공포감을 조성한 정치형태를 말한다. 이는 훗날 '테러(테러리즘)'의 어원이 되었다. 참고로 프랑스 대혁명의 정신인 자유·평등·박애의 '박애'라는 표현은 오역이며, '의리' 또는 '형제애'로 번역해야 혁명의 폭력성을 이해할 수 있다.

바스티유 광장 생마르탱 운하와 그 주변 339p

혁명을 주제로 그린 벽화로 가득한 바스티유 메트로역

1789년 7월 14일 프랑스 대혁명 당시 성난 민중의 표적이 되었던 바스티유 감옥. 볼테르나 디드로 같은 계몽사상가들이 수용됐던 정치범 수용소로 알려졌으나, 막상 감옥의 문을 열었을 때 죄수는 7명의 경범죄자뿐이었다. 그날 죄수들은 풀려났고, 32명의 스위스 근위병과 82명의 프랑스 수비대는 모두 사망했다. 다음 해 감옥이 철거되면서 그 자리에 바스티유 광장이 들어섰고, 1794년에 단두대가 설치돼 75명이 처형당했다. 1840년에는 52m 높이의 7월 혁명 기념탑이 우뚝 섰다. 쉴리교(Pont de Sully) 북단과 맞닿은 작은 공원, 앙리 갈리 광장(Square Henri Galli)에 바스티유 감옥의 일부 잔해가 남아 있다.

최고 법원 단지 시테섬 & 라탱 지구 253p

과거 로마의 지배를 받았을 때부터 도시의 중심지 역할을 해온
시테섬 내 대규모 단지다. 대혁명 이후 혁명 재판소로 바뀌어 수
많은 정치범을 재판했고, 몇 해 전까지도 최고 법원과 민·형사 재
판소로 쓰였다. 대혁명 후 권력을 잡은 급진적 혁명가 로베스피
에르는 혁명에 방해가 된다고 생각되는 사람들을 체포해 감금
했고 즉결 처형과 학살도 서슴지 않았다. 당시 이곳에서 재판
을 거쳐 단두대(기요틴)에 끌려가 죽거나 총살형, 익사형 등으
로 처형된 사람은 최소 2~10만 명에 달하며, 재판도 없이 처형
된 사람도 4만 명이나 되는 것으로 추정된다. 결국 로베스피에
르 자신도 독재로 기소돼 콩코르드 광장에서 이슬로 사라졌다.

콩시에르주리 시테섬 & 라탱 지구 253p

마리 앙투아네트, 당통, 지롱, 에베르, 로베스피에르를 비롯해 2700명 이상의 사람
들이 단두대에서 처형되기 전까지 투옥돼 있던 곳이다. 바로 옆 혁명 재판소에 출두
하여 사형선고를 받은 수감자들은 법원 단지 내의 5월의 안뜰(Cour du Mai)에서 수
레에 실려 다음 날 아침 해가 뜨기 전까지 신속하게 처형당했다. 고딕 양식의 탑 3개
와 홀들로 이루어진 아름다운 건물이지만 500년 넘게 감옥으로 사용되었다.

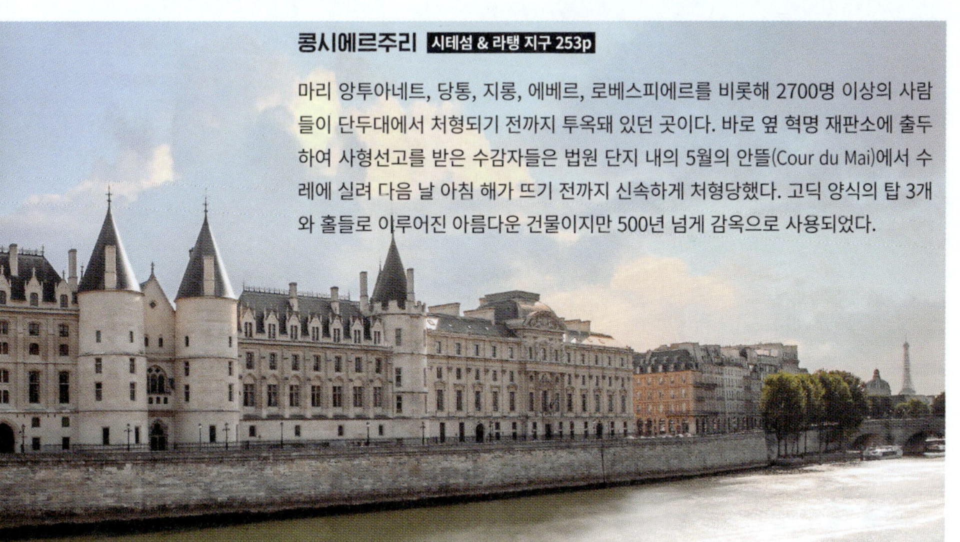

콩코르드 광장 루브르 & 튈르리 199p

샹젤리제 거리 동쪽 끝에 있는 광장. 유럽에서 가장 큰 광장이
자 프랑스인이 '세계에서 가장 아름다운 광장'으로 자부하는
곳이다. 1755년 루이 15세의 기마상을 설치하기 위해 20년에
걸쳐 조성돼 루이 15세 광장이라 불리다가 대혁명 후 1790년
에 혁명 광장으로 개칭했다. 루이 16세와 마리 앙투아네트, 로
베스피에르 등이 이곳에 놓인 단두대에서 처형된 것으로 유명
하다. 혁명 기간 동안 단두대에 끌려간 사람들 중 1100명 이상
이 이곳에서 처형당했다고. 광장 한편에는 루이 16세와 마리
앙투아네트가 처형당한 지점을 표시한 동판이 놓여 있다. 공포
정치가 종식되면서 1795년에 '화합(콩코르드)'이라는 뜻을 지
닌 현재의 이름으로 바뀌었다.

나폴레옹 시대의 파리

한니발 이후 처음으로 알프스산맥을 넘는 작전으로 오스트리아와 이탈리아를 평정한 나폴레옹은 1799년 그의 나이 30세에 총재정부를 무너뜨리고 제1통령(Consul, 로마 공화정 시대의 집정관을 일컫는 말)이 되었다. 1804년, 국민투표를 통해 99.8%라는 만장일치에 가까운 지지율로 황제가 된 그는 새로운 시대정신을 제시하며 국민들의 기대를 모았다. 그러나 그의 형제와 누이를 왕과 왕후로 만들고 자신도 합스부르크 가문의 일원이 되면서 프랑스 혁명의 불길을 꺼뜨리고 말았다. 16년간 이어진 나폴레옹의 전쟁으로 약 300만 명이 목숨을 잃었으나, 그가 이탈리아와 이집트 등에서 가져온 수많은 보물과 전리품은 프랑스가 세계 최고의 예술 중심지로 거듭나는 데 일조했다.

#ARC DE TRIOMPHE

#개선문 #로마시대 #승전 기념물 #아치

로마의 10대 황제 티투스(39~81년)는 로마인들의 환호를 받으며 아버지의 뒤를 이어 황제의 자리에 올라 로마를 정비하며 콜로세움까지 완성했다. 하지만 베수비오 화산 폭발과 로마 대화재로 큰 어려움을 겪었고 역병이 돌아 치세 2년 만에 세상을 떠나고 말았다. 그를 훌륭한 황제로 평가한 로마 시민들은 그의 사후 티투스 개선문을 로마 한복판에 세웠고, 18세기 이래 유럽 각국은 이를 모델 삼아 전쟁에서의 승전을 축하하는 개선문을 세웠다.

에투알 개선문 1806~1836년 **개선문 & 샹젤리제 187p**

로마의 티투스 개선문에 큰 감동을 한 나폴레옹이 이를 파리로 옮기려다가 실패하자, 그보다 더 크고 화려하게 지어 올리라는 명령을 내려 만든 개선문. 먼저 세워진 것은 카루젤 개선문이었으나, 크기가 작아 실망하고 지금의 개선문을 새로 짓기 시작했다. 하지만 나폴레옹은 그토록 원하던 완공을 보지 못하고 1821년에 숨을 거두었고, 대신 그의 장례 행렬이 이 문을 지나갔다. 1836년에 완성된 개선문은 높이 50m, 너비 45m로, 개선문 중에서는 세계에서 가장 큰 규모다. 외벽에는 나폴레옹의 공적을 형상화한 10개의 부조가 새겨져 있다.

Point 1 샹젤리제 거리 쪽의 조각 [앞면]
Ave. des Champs-Élysées

❶ **<젠마프 전투>** 1792년 12월 6일 벨기에의 젠마프에서 오스트리아군을 격파한 것을 기념하고 있다.

❷ **<아부키르의 전투>** 1798년 나일강 하구에서 영국군을 격파한 해상 전투를 기념하고 있다.

❸ **<마르소 장군의 장례식>** 마르소는 1795년 북이탈리아 원정에서 오스트리아군을 무찌른 장군이다. 이듬해 독일 서부 전쟁터에서 전사한 것을 추모하고 있다.

❹ **<꽃무늬 장식>** 개선문 내부는 화려한 꽃무늬로 장식돼 있다.

❺ **장군들의 이름** 600여 장군의 이름을 새겨놓았다. 밑줄을 그은 이름은 전쟁에서 목숨을 잃은 상군의 이름이다.

❻ **<1792년의 의용병 출진>** 일명 <라 마르세예즈>. 개선문의 부조 중 가장 유명한 것으로, 마르세유에서 지원한 의용병들이 출전하여 오스트리아, 프로이센군을 물리친 것을 기념하고 있다.

❼ **<1810년의 승리>** 나폴레옹이 승리의 여신에게 월계관을 받는 장면. 5차 대프랑스 동맹전 승리를 기념한 것이다.

Point 2 그랑드 아르메 거리 쪽의 조각 [뒷면]
Ave. de la Grande Arme

❽ **<아우스터리츠 전투>** 1805년 12월 2일, 아우스터리츠에서 나폴레옹이 이끄는 프랑스군이 러시아, 오스트리아 연합군을 크게 이긴 것을 기념한 조각. 나폴레옹의 전적 가운데 가장 빛나는 전투로 꼽는다.

❾ **<알렉산드리아 점령>** 1798년 이집트 원정에서 알렉산드리아를 점령한 것을 기념하고 있다.

❿ **<알코레 다리 도하>** 1798년 11월 북이탈리아의 알코레 다리에서 오스트리아군을 격파한 것을 기념하고 있다.

⓫ **<평화>** 군인의 칼은 칼집에 넣은 채 있고 어머니는 아이를 돌보는 등 평화로운 시대의 모습을 형상화했다.

⓬ **<전쟁>** <평화>와 대조적으로 군인은 칼을 들고 서 있고 사람들은 불안에 떨고 있다.

#NEOCLASSICISM

#신고전주의 #고대의 부활 #통일과 조화 #엄격함

신고전주의는 로코코의 지나치게 장식적이고 현학적인 기교에 대한 반발로 등장했다. 조화와 균형, 곡선보다 직선, 색보다 윤곽선을 중시하며 그리스·로마 예술의 재평가를 기초로 한 합리주의를 추구했다.

<나폴레옹 1세의 대관식> 1807년 **루브르 박물관**

<알프스산맥을 넘는 나폴레옹>(1801년), 베르사유 궁전. 1800년 5월 이탈리아를 침략하기 위해 6만 군대를 이끌고 알프스산맥을 넘는 나폴레옹의 모습을 그린 다비드의 대작이다.

궁정화가였던 자크 루이 다비드의 작품으로, 나폴레옹이 부인 조제핀에게 왕관을 씌워 주는 순간을 묘사했다. 당시에는 교황이 신을 대신해 황제에게 왕관을 씌웠지만 신이 되고자 한 나폴레옹은 스스로 왕관을 썼다. 작품 속 인물들을 실물 크기로 실제 인물과 똑같이 그린 것이 특징인데, 몇몇 인물은 나폴레옹의 비위를 맞추기 위해 일부러 왜곡했다. 예를 들면 강제로 참석해야 했던 교황 비오 7세를 황제에게 축복을 내리는 모습으로 그렸고, 몸이 아파 참석할 수 없던 추기경과 아들의 행동을 탐탁지 않게 생각해 참석하지 않은 나폴레옹의 어머니를 기쁨에 찬 표정 등으로 그려 넣은 것이다. 또한 오른쪽 뒷모습의 인물들을 관객과 동일 시점으로 그려 보는 이로 하여금 대관식에 직접 참석한 것 같은 착각이 들게 했다. 크지 않으면 아름다울 수 없다는 나폴레옹의 요구에 따라 길이 14m, 높이 8m가 넘는 대작으로 완성되었다.

다비드 Jacques-Louis David, 1748~1825년

로마 유학 시절에 폼페이의 고대 유물들을 목격하면서 고대 로마 예술에서와 같이 형식과 내용의 통일성과 명료성을 완벽에 가깝게 구현하고 인체를 마치 완벽한 이상을 담은 조각처럼 표현했다. 프랑스 혁명을 지지하다 나폴레옹의 황제 즉위 후 '화단의 황제'로 군림하며 예술적, 정치적으로 프랑스 화단에 영향력을 행사했으나, 나폴레옹이 실각한 후 추방돼 브뤼셀에서 생을 마감했다.

<큐피드와 프시케> 1793년 `루브르 박물관`

죽음의 잠에 깊이 빠진 프시케를 키스로 깨우는 큐피
드를 형상화했다. 남녀 간의 사랑을 단정하면서도 우
아하게 표현한 이 작품은 다양한 각도에서 감상할 수
있는 장치도 있고 여러 버전으로 제작되었는데, 로댕
을 비롯한 많은 후배 조각가가 한 작품을 똑같은 모
양으로 여러 점을 제작할 수 있는 기초가 되었다.

카노바 Antonio Canova, 1757~1822년

그리스·로마 조각이 지닌 고전미를 훌륭하게 재현한 이
탈리아 신고전주의의 거장. 일찍이 조각가 토레티의 공
방에서 실력을 발휘하다 로마에서 고대 그리스·로마
조각을 열심히 연구하고 모방했다. 1802년 나폴
레옹의 초청을 받아 그의 흉상을 만들었다.

<그랑 오달리스크> 1814년 `루브르 박물관`

신고전주의의 대표작이지만 퇴폐적이며 관능적인 여
성을 표현하기 위해 비현실적인 몸매의 여인을 그렸
다는 점에서는 낭만주의 성향을 띤다. 오달리스크는
터키 궁정에서 시중을 들던 여자 노예를 가리키는 말
인데, 이 그림 이후로 옷을 벗은 채 비스듬히 누운 여
인의 그림을 '오달리스크'라 하기 시작했다.

<샘> 1856년 `오르세 미술관`

이상적인 아름다움에 지나치게 집착
한 나머지 비현실적인 몸매와 자세를
취한 여인을 그린 앵그르의 또 다른
작품. 같은 전시실 안에 걸려 있는 다
른 신고전주의 화가들의 작품들도 현
실과 동떨어진 인체를 표현하고 있다.

앵그르 Jean Auguste Dominique Ingres, 1780~1867년

탁월한 데생력과 우아한 화풍을 보인 신고전주의 회화의 완성자. 다비드의 제자답게 주로 균형미와 탄탄한 비례미가
돋보이는 그림을 그렸지만 유독 여성의 나체만큼은 섹시함과 우아함을 강조하기 위해 신체 왜곡도 불사했다.

왕정 복고와 대변혁기

RÉVOLUTIONS DE PARIS

1814~1830년

부르봉 왕정 복고 :
루이 18세,
샤를 10세

1814년 루이 18세(루이 16세의 동생) 즉위

1815년 나폴레옹, 엘바섬을 탈출해 파리에서 황제 복위

1815년 워털루전쟁

영국-프로이센 연합군에 완패한 나폴레옹은 세인트 헬레나섬으로 추방돼 그곳에서 일생을 마쳤다.

1824년 샤를 10세(루이 18세의 동생) 즉위

1830년 7월 혁명(부르주아 혁명), 샤를 10세 추방

루이 18세를 이어 왕이 된 샤를 10세는 혁명으로 땅을 빼앗긴 귀족들에게 10억 프랑을 들여 토지를 반환하는 등 프랑스를 혁명 전으로 되돌리려 했다. 샤를 10세가 의회마저 해산하자 분노한 시민이 혁명을 일으켰다. 이후 프랑스 귀족은 공적 영역에서 완전히 퇴출당했다.

1830~1848년

오를레앙 왕조 :
루이 필리프 1세

1830년 루이 필리프(부르봉 왕가의 방계), 국왕 즉위

'시민 왕'을 자처한 루이 필리프의 취임과 함께 프랑스 최초의 입헌군주 체제가 탄생했다.

1832년 6월 봉기

왕정 자체를 혐오한 공화주의자들이 비밀 결사체와 연합한 봉기. 식량 부족과 경제 파탄, 전염병 창궐을 명분 삼아 일으켰으나 하루 만에 진압되었다. 이는 후에 빅토르 위고의 <레 미제라블> (1862년)의 배경이 되었다.

1848년 마르크스, 런던에서 <공산당 선언> 발표

1848년 2월 혁명

사회주의자들이 주축이 돼 일으킨 혁명. 루이 필리프가 런던으로 망명하면서 프랑스 왕정의 종지부를 찍고, 참정권이 성인 남성 전체로 확대되었다.

1848년 6월 항쟁

2월 혁명으로 치러진 선거에서 승리한 왕당파가 노동 조건을 악화시키자 파리에서 프롤레타리아가 봉기했다.

1848~1852년

제2공화국 :
루이 나폴레옹

1848년 8월 루이 나폴레옹(나폴레옹 1세의 조카이자 조세핀의 손자), 대통령 당선

1851년 루이 나폴레옹, 쿠데타

대통령 임기를 연장하기 위해 루이 나폴레옹이 12월 2일 친위 쿠데타를 일으켰다.

1852~1870년

제2제정 시대 :
나폴레옹 3세

1852년 루이 나폴레옹, 황제(나폴레옹 3세) 즉위

1853~1856년 크림전쟁

나폴레옹 이후 유럽 국가들끼리 처음 벌인 전쟁. 이 결과 프랑스는 러시아의 남하를 저지하고 인도차이나·중국에 진출했다.

1861~1865년 미국, 남북전쟁

1870년 프랑스-프로이센 전쟁(보불전쟁)

전쟁 개시 2개월 만에 나폴레옹 3세가 포로로 잡히면서 제2제정이 붕괴했다. 프랑스는 프로이센에 50만 프랑의 배상금을 주고, 베르사유 궁전에서 프로이센 국왕 빌헬름 1세의 독일 황제 대관식을 지켜봐야 했으며, 알자스-로렌 지방을 빼앗겼다.

왕정 복고와 산업혁명 시대의 파리

나폴레옹이 퇴위하자 프랑스에서는 루이 18세에서 샤를 10세로 이어지는 왕정 시대가 다시 열렸다. 루이 18세는 귀족과 성직자 등 프랑스 혁명 전 구체제(앙시앵 레짐, Ancien Régime)의 세력들을 다시 불러들이며 프랑스 대혁명의 성과를 물거품으로 만들었고, 생활 전반에 귀족풍 생활양식이 유행했다. 1830년 7월 혁명으로 샤를 10세가 추방되고 하원 의회에서 루이 필리프 1세를 왕으로 추대하며 프랑스 최초의 입헌군주제 체제가 등장했으나 그 또한 큰 반발로 인해 퇴위했다. 이후 프랑스에서는 보통선거를 통해 선출되며 임기를 가진 국가 원수라는 개념의 대통령제가 세계 최초로 실시되었다. 1848년 12월 나폴레옹의 조카인 루이 나폴레옹 보나파르트가 대통령(Président)에 당선되면서 제2공화정이 시작되었다.

파사주 `팔레 루아얄 & 오페라 224p, 225p / 레 알 & 보부르 304p`

19세기 산업화로 대량생산과 유통이 가능해지면서 몰려든 상품과 그로 인한 수요를 충족시키기 위해 파리의 도시 계획가들은 건물과 건물 사이에 쇼핑 아케이드, 파사주(Passage)를 고안했다. 아케이드의 진흙투성이 바닥에 모자이크 문양의 대리석을 깔고 세계 최초로 가스등을 설치해 시민들은 날씨나 야간에도 쾌적하게 쇼핑할 수 있었다. 1745년 8구에 첫선을 보인 파사주는 1820년대에 이르러 당시 신흥 부르주아의 '잇 플레이스'로 급부상했고, 루브르 궁전과 팔레 루아얄 주변으로 순식간에 뻗어나갔다. 1850년대에는 그 수가 무려 150개를 넘어서며 정점을 찍었다. 그러나 시간이 흘러 백화점이 그 자리를 빼앗자 차츰 빛을 잃어가던 중 1980년대 관광산업 부흥 정책에 힘입어 되살아났다. 현재 20여 개의 파사주가 레트로 감성에 이끌리는 여행자를 모으고 있다.

생라자르역 1837년 **MAP ❸-C**

파리 최초로 건설된 기차역. 파리에서 서쪽으로 19km 떨어진 생제르맹앙레(Saint-Germain-en-Laye, 태양왕 루이 14세가 태어난 곳)를 연결하기 위해 개통했다. 지금은 27개 승강장을 갖춘 파리에서 3번째로 붐비는 역으로, 루앙 등 프랑스 북서부 지역과 베르사유행 기차가 발착한다. 1877년 인상주의 화가 모네는 철골과 유리로 만든 이 역을 여러 점의 그림으로 남겼다.

르 봉 마르셰 1852년 **생제르맹데프레 277p**

에펠탑을 설계한 귀스타브 에펠이 엔지니어로 참여해 1869년에 증축한 5만여 ㎡(약 1만5000평)의 본관과 1923년에 본관 바로 옆에 아르데코 양식으로 지은 별관으로 이루어져 있다.

1838년 비도 형제가 설립한 잡화점에서 탄생한, 세계에서 가장 오래된 백화점이다. 1852년 잡화점 운영에 참여한 부시코 부부는 각양각색의 상품을 갖추고 정찰제와 박리다매라는 새로운 개념을 바탕으로 상품의 교환·환불, 시즌 세일, 카탈로그를 이용한 우편 주문 등 혁신적인 판매 시스템을 도입한 세계 최초의 현대식 백화점(Grand Magasin, 그랑 마가쟁)을 열었다. 이후 여성용 화장실 및 아내를 기다리는 남편들을 위한 독서실, 갤러리 등을 설치하고, 당대 트렌드를 반영한 광고 포스터를 찍거나 계절마다 대량의 카탈로그를 발행하는 등 지금도 사용되는 마케팅 전략을 선보이면서 근대 백화점의 롤모델을 제공했다. 1984년 LVMH 그룹이 인수하면서 오 봉 마르셰에서 르 봉 마르셰로 이름이 바뀌었다.

#ROMANTICISM

#낭만주의 #주관적 #감정적 #격렬함 #연출

계몽주의에 반대한 낭만주의는 고전적인 비율에서 벗어나 화가 자신의 주관과 감정을 그림에 표현했다.
고전주의에 정면으로 맞서는 격렬한 표현이나 무대 연출 같은 화면 구성이 특징이다.

<민중을 이끄는 자유의 여신>

1831년 루브르 박물관

1830년 파리에서 일어난 7월 혁명을 주제로 한 작품. 콜드플레이의 <비바 라 비다> 앨범 커버 아트로 대중에 더욱 알려졌다. 7월 혁명은 루이 18세의 복고 왕정 정치에 반발한 프랑스 시민이 혁명을 주도해 왕을 폐위시킨 사건이다. 화가는 '의지를 갖고 스스로 개척해 나가는 당시의 시민상'을 표현하기 위해 여신의 가슴을 의도적으로 노출했고, 여신을 돋보이게 하기 위해 어두운 색채로 배경을 그렸다. 다른 인물들은 당시 노동자부터 신흥 부르주아까지 모든 계층의 의상을 입었는데, 이는 7월 혁명이 전 국민의 지지를 받는 혁명이라는 의미를 담고 있다.

들라크루아 Eugène Delacroix, 1798~1863년
어린 시절부터 문학에 관심과 애정을 쏟았다. 작품 전반에 다비드가 확립한 아카데미적인 회화 전통을 허문 강렬한 터치와 과감한 색조가 돋보인다.

<메두사호의 뗏목> 1819년 루브르 박물관

1816년 세네갈 앞바다에서 일어난 메두사호 난파 사고를 다룬 작품. 제리코는 사고를 묘사하기 위해 생존자를 인터뷰하며 들은 충격적인 사실들로 작품 제작과 사회 고발에 대해 깊은 고민에 빠졌다고 한다. 침몰 당시 선장과 부선장은 150여 명의 노예와 하급 선원을 버려둔 채 구조선을 타고 도망쳐 버렸고, 배 위에서는 버려진 선원들이 작은 뗏목에 서로 오르려고 다른 이들을 바다로 밀어내는 참상이 벌어졌다. 두 번째 구조선이 올 때까지 버텨야 하는 선원들은 배고픔을 견디지 못해 인육까지 먹었고, 10여 명만 살아남았다. 어두운 색조와 방사선으로 흩어진 시체들, 죽은 아들의 시신을 안고 슬픔에 빠진 노인의 표정 등 구도, 색조, 서사적 내용 등이 어우러진 낭만주의 최고의 걸작으로 손꼽힌다.

제리코 Théodore Géricault, 1791~1824년
신고전주의를 버리고 일상적인 사건에서 극적인 요소를 한껏 끌어내 프랑스에 낭만주의를 꽃피웠다. 28세에 대작 <메두사호의 뗏목>을 남겼으나, 30대 초반에 낙마 사고로 세상을 떠났다.

나폴레옹 3세 시대의 파리

1848년 나폴레옹의 후광을 업고 프랑스 최초의 대통령에 당선된 루이 나폴레옹은 태도를 돌변해 억압 정치를 시작했다. 이어 1851년 12월 쿠데타로 의회를 해산하고 황제 자리에 올라 스스로를 나폴레옹 3세라 칭했다. 그의 통치 시기에는 미로 같던 도로망이 정비되고 600km에 달하는 하수도망과 상수도 시설, 가스등이 설치되었으며 시내 곳곳에 대규모 녹지가 조성되면서 파리는 유럽에서 가장 큰 현대적 수도로 변모해 갔다. 하지만 1870년 프로이센(독일의 전신)과 벌인 전쟁에서 완패하면서 베르사유 궁전에서 프로이센 왕 빌헬름 1세가 독일제국 탄생을 선포하는 치욕을 맛봤다.

샤를 드골 광장 **개선문 & 상젤리제 187p**

개선문을 중심으로 뻗은 길 모양이 마치 별과 같다 해서 '에투알 광장 (Place de l'Étoile)'이라 부르기도 한다. 이러한 모습은 1854년 오스만 남작이 주도한 도시 계획에 따라 원래 광장 주위로 나 있던 5개의 길을 12개로 늘리면서 만들어진 것. 도로를 늘린 이유가 도로의 직진성을 높여 데모하는 군중의 움직임을 쉽게 파악하고 효율적으로 진압하기 위함이었다고 하는데, 정작 나폴레옹 3세 치하 파리에서는 진압할 만한 봉기가 일어나지 않았다. 현재의 이름은 드골 대통령의 공적을 기리기 위해 붙여졌다. 콩코르드 광장에 이어 파리에서 두 번째로 큰 광장이다.

#LES TRANSFORMATIONS DE PARIS

#파리 대개조 #오스만 #불도저식 개발 #넓은 대로 #가로수

나폴레옹 3세는 오스만 남작을 파리 시장으로 임명하여 1853년부터 대규모 도시 정비 프로젝트를 추진했다. 오스만은 도시를 관통하는 대로(Boulevard)를 만들고, 가로축에 개선문과 콩코르드 광장, 루브르 궁전 같은 거대한 상징물을 배치했다. 재정비된 도로를 따라 건물들이 질서정연하게 들어섰고, 거미줄처럼 얽힌 뒷골목과 빈민 주거지, 소규모 영세 상인들은 시 외곽으로 밀려났다. 이로써 오늘날 우리가 로맨틱하다고 느끼는 파리의 모습이 갖춰졌다. 오스만의 파리 대개조는 그가 물러난 뒤에도 이어져 1870년에 마무리됐다.

샹젤리제 거리 개선문 & 샹젤리제 188p

개선문을 중심으로 뻗은 12개의 거리 중 가장 넓은 거리로, 너비 70m, 길이 1.9km에 이른다. 19세기 후반 거리 한쪽에 그랑 팔레와 프티 팔레를 짓는 바람에 만국 박람회의 중심에 놓이면서 명품 브랜드 점과 갤러리, 식당 등이 들어섰고, 이후 현재 모습을 갖추었다. 가로수길 양쪽으로 분위기 좋은 노천카페와 상점들이 즐비해 이국적인 정취가 물씬 풍긴다.

오스만 Georges-Eugène Haussmann, 1809~1891년

오늘날의 아름다운 파리를 만드는 데 가장 큰 공헌을 한 인물 중 하나다. 좁고 구불구불한 길 대신 일직선 대로를 확보하겠다는 그의 야망은 도시 미관을 완전히 바꾸었다. 한때 그를 전폭적으로 지지한 나폴레옹 3세의 권력이 약해지면서 계획이 잠시 중단되기도 했으나, 공사를 마친 20세기 초에 이르러 파리는 전 세계에서 가장 아름다운 도시로 칭송받게 되었다.

#ÉCOLE DE BARBIZON

#바르비종파 #풍경화 #농민들의 일상

풍경화를 그리는 화가들의 등장. 1830년경부터 퐁텐블로 숲과 가까운 전원마을
바르비종으로 모여들어 대자연과 농민을 주제로 그림을 그리던 화가들을 지칭한다.

<만종> 1857년 `오르세 미술관`

일과를 끝내고 기도하는 부부의 모습을 그린 작품. 그저 평화롭
게만 보이는 일련의 작품 속에는 사실주의나 현실 비판을 담은
메시지가 있다고 흔히 해석된다. 원래 감자 바구니에 죽은 아이
가 있었으며, 부부가 애도하는 모습이란 주장도 있다.

밀레 Jean-Francois Millet, 1814~1875년

잔잔하고 성실한 화가. 1849년부터 죽을 때까지 바르비종에서 살
며 오전에는 농사일을 하고 오후에는 그림을 그렸다. 숭고함과 목
가적인 분위기, 옅은 색채와 생략을 통한 단순한 묘사가 특징이다.

#REALISM

#사실주의 #천사를 #보여주면 #천사를 #그리겠다

낭만주의를 거부하고 고달픈 현실을 직시하면서 자기가 본 것만을 그려야 한다고 주장하며
회화적 기량과 사실의 정확한 재현을 중시했다.

<오르낭의 장례식> 1855년 `오르세 미술관`

관찰자의 시점에서 대상을 있는 그대로 묘사하는
데에 충실한 사실주의의 문을 연 작품. 오르세 미
술관에서 가장 큰 작품인데, 당시에는 역사나 종
교적 사실이 아닌 일상을 주제로 이렇게 큰 그림
을 그리는 것이 대단히 파격적인 일이었다.

쿠르베 Gustave Courbet, 1819~1877년

농부의 아들. 거칠고 다혈질이며 정치·사회 비판 활동에 적극적으로 참여했다. 작품에서 엄숙함과 절제된 분위기, 어두우면서도 선명한 색조가 두드러진다.

#MODERNISM

#모더니즘 #전통과 #규범에서 #회화를 #해방

기존의 모든 사조에 도전하는 '자세'에 가까운 사조. 날마다 새로워야 한다는
생각을 강박적으로 추구하며 실험과 혁신을 멈추지 않았다.

<풀밭 위의 점심 식사> 1863년 `오르세 미술관`

마네는 이 작품과 <올랭피아>로 사회적 논란을 야기함과 동시에 주목받기 시작
했다. 고전주의의 전통적 모티프를 변형하여 당시 알 만한 사람들은 다 아는 유
명인의 모습을 퇴폐적으로 그려내 주제와 표현방식 모두 비난받았다. 벌거벗은
여인의 새하얀 피부, 남자들이 입은 검은 옷, 짙푸른 녹음이 선명하게 대비되는
그림이 너무 사실적이었던 탓에 사람들은 그림 속의 민망한 누드 파티가 진짜로
있었던 일이라고 생각하며 매우 당황했다고 한다.

마네 Edouard Manet, 1832~1883년

사법관의 아들. 세련된 도시민의
모습을 주로 담아 모더니즘의 창
시자로 평가되며, 도시의 이면을
풍자한 그림들로 유명하다. 인상
주의의 아버지로 불린다.

<피리부는 소년>(1866년),
오르세 미술관

<올랭피아> 1863년 `오르세 미술관`

'올랭피아'란 뒤마의 소설 속 여주인공으로 등장한 성매매
여성의 이름으로, 그림 속 여성이 성매매 여성임을 암시한
다. 여신이 아닌 여성의 누드인 데다 당당한 모습의 성매매
여성을 모델로 했다는 점, 모델의 눈과 관객의 시선이 마주
치도록 의도했다는 점 때문에 1865년 살롱전에 출품 당시
온갖 혹평에 시달렸다.

벨 에포크와 현대 프랑스

BELLE ÉPOQUE ET TEMPS MODERNE

1870~1940년

제3공화국 :
티에르~르브룅

1870년　공화파의 공화정 선포(나폴레옹 3세는 영국으로 망명함)

1871년　파리 코뮌

보불전쟁의 굴욕적인 패배에 분노한 파리 시민이 봉기해 수립한 혁명 자치정부. 두 달간 파리를 장악했으나 정부군이 파상공세를 퍼부은 '피의 일주일'을 거치면서 코뮌은 무너졌고, 프랑스 대혁명이 끝장났다.

1875년　제3공화국 출발

의회와 정부 형태를 규정하는 헌법이 통과되고 양원제 의회가 확립되면서 프랑스 정치체제는 공화제로 정착되었다.

1889년　파리 만국 박람회 개최

1900년　파리 만국 박람회 & 제2회 하계 올림픽 개최, 메트로(지하철) 개통

1914~1918년　제1차 세계대전

1917년　러시아, 10월 혁명 발발(볼셰비키 혁명), 소비에트 유니온(소련)으로 국가명 변경

1929년　미국 주가 대폭락, 대공황 시작(제2차 세계대전으로 회복)

1936년　인민전선 형성

대공황으로 경제가 어려워지자 왕당파와 공화파가 결집했고, 좌파 세력이 공화파와 연합하여 선거에서 승리했다. 그 후 '프랑스의 뉴딜'을 추진하며 의욕을 불태웠으나 '전쟁 반대' 정도의 느슨한 외교 감각 때문에 이탈리아 파시스트에게도, 히틀러의 나치에게도 대비하지 못했다.

1937년　파리 엑스포 개최

1940~1944년

나치의 비시 정부

1944~1946년

드골의 임시정부

1939~1945년　제2차 세계대전

1940년　프랑스 항복, 비시 정부 수립

페탱 대통령과 보수 가톨릭당 집권

1944년　연합군, 노르망디 상륙-파리 해방

1945년　국제연합(UN) 성립

1946~1958년

제4공화국 :
오리올, 코티

1946년　인도차이나 전쟁(베트남 독립 전쟁) 시작

1949년　북대서양 조약 기구(NATO) 창설

1954년　인도차이나 독립, 알제리 독립 전쟁 시작

1956년　2차 중동전쟁

이집트가 수에즈 운하를 국유화하자 영국과 함께 운하 일부를 점령. 미국의 압박으로 철군

1958년~

제5공화국 :
드골~현재

1962년　알제리 독립

1968년　5월 혁명(68운동)

평화, 인권 등 진보적 가치가 사회의 주류로 자리매김했다.

1980년　바누아투 독립, 프랑스 식민제국 해체

1989년　독일, 베를린 장벽 붕괴

1994년　유럽 연합(EU)·세계무역기구(WTO) 출범

벨 에포크 시대의 파리

좋은 시대, 혹은 아름다운 시절이라는 뜻의 프랑스어 벨 에포크(Belle Époque)는 보불전쟁과 파리 코뮌 이후 정치적 격동기가 끝난 19세기 후반부터 제1차 세계대전이 발발하기 전까지를 이른다. 이 시기 파리는 문화·경제·기술·정치적 발전으로 번성하며 만국박람회를 개최했고, '세계 문화의 수도'라는 이미지가 자리 잡았다. 전 세계의 자유로운 영혼들이 모이는 안식처로 거듭나며 예술 또한 찬란하게 꽃피웠다. 모네와 르누아르를 비롯한 인상주의 화가들의 작품은 벨 에포크 시대의 풍요로운 삶을 고스란히 반영한다.

19세기 후반 인상주의 화가들이 머무른 곳으로 유명한 몽마르트르. 이 때문에 언덕 꼭대기의 테르트르 광장 여기저기에선 거리 화가들의 그림을 판매하고 있다.

#EXPOSITION UNIVERSELLE DE PARIS

#파리 만국 박람회 #제국주의 #철골 구조 #유리 지붕 #아르누보

1851년 런던에서 열린 수정궁 대박람회에서 영국이 보여준 기술력에 자극받은 프랑스 정부는 1855년부터 파리에서 만국 박람회를 열기 시작했다. 이후 약 10년에 한 번꼴로 박람회를 개최해 1937년까지 총 8차례 열었다. 첫 박람회에서는 런던의 수정궁에 견줄만한 산업 궁전을 세우고 일반 시민을 위한 상품을 전시했으며, 저렴한 가격을 강조하기 위해 당시로선 혁신적인 '가격표'를 도입했다. 1867년부터는 일본이 참가했고, 1878년에는 전화기와 축음기가 소개됐으며, 1889년에는 에펠탑이 설치되었다. 1900년 박람회에서는 메트로가 개통되고, 대한제국이 참가했다. 만국 박람회를 계기로 19세기 말 파리에서는 철제와 유리를 활용해 채광률을 높인 획기적인 건축물들이 등장했고, 꽃무늬와 자유로운 곡선이 특징인 아르누보(Art Nouveau, '새로운 미술'이란 뜻) 양식이 유행했다.

에펠탑 1887~1889년 | 에펠탑 & 앵발리드 165p

프랑스 대혁명 100주년과 파리 만국 박람회를 맞아 박람회 장소인 트로카데로와 샹 드 마르스의 중간에 세운 탑. 프랑스의 경제력과 기술력을 과시하기 위해 당시 최고의 철골 구조물 엔지니어였던 귀스타브 에펠에게 설계를 맡겨 완공했다. 초기에는 괴물이라는 비난을 받았지만 130년이 지난 지금까지 연간 700만 명 이상이 찾는 파리의 명물이 되었다. 81층짜리 빌딩과 비슷한 324m 높이로, 총 2만여 개의 전구와 1665개의 계단, 1만 8038조각의 철제, 250만 개의 리벳 등으로 이루어졌으며, 추정 무게만 해도 1만 톤이 넘는 것으로 전해진다. 지금도 철제들의 부식이나 녹을 방지하기 위해 7년에 한 번씩 도색을 하는데, 그때마다 60톤의 페인트가 소요된다.

에펠탑과 관련한 일화 한 가지. <여자의 일생>으로 유명한 프랑스 소설가 모파상은 에펠탑을 죽도록 싫어했는데, 탑을 안 보면서 식사할 수 있는 곳은 에펠탑 안밖에 없다며 에펠탑 안에 있는 레스토랑을 찾았다고 한다.

그랑 팔레 & 프티 팔레 1897~1900년
개선문 & 샹젤리제 192p

만국 박람회 장소로 사용하기 위해 알렉상드르 3세교와 함께 만든 건축물이다. 정면을 이오니아식 둥근 지붕으로 장식한 그랑 팔레는 둥근 기둥과 높이 43m의 유리 돔이 인상적인데, 아르누보 양식의 참신한 디자인이 당시로서는 혁신적이어서 화제가 됐다.

알렉상드르 3세교 1896~1900년 **개선문 & 샹젤리제 193p**

1900년 제2회 하계 올림픽과 함께 열린 파리 만국 박람회에 맞춰, 박람회장이 들어선 앵발리드와 그랑 팔레·프티 팔레를 잇기 위해 건설했다. 다리의 이름은 독일(프로이센)의 위협에 공동 대응하기 위해 1892년 프랑스와 동맹을 체결한 러시아 황제 알렉산더 3세를 기념해 붙였다. 황금빛 조각상과 아르누보 양식의 가로등으로 장식한 최신식 교각으로, 당시 가장 현대적인 건축 작품이었다.

오르세 미술관 1900년

루브르 박물관에 버금가는 인기를
누리는 미술관. 파리 만국 박람회를
앞두고 파리-오를레앙 철도 회사가
1900년에 건설한 철도역 겸 호텔을
개조하여 1986년에 개관했다. 천장
과 외벽, 플랫폼, 대합실 등은 옛 모
습 그대로다. 길이 175m, 폭 75m
에 달하며, 에펠탑을 지을 때보다 더
많은 철근이 사용됐다. 1848년부
터 1914년까지의 회화·조각·사진·공
예 등을 전시하고 있는데, 특히 마네,
모네, 드가, 르누아르, 반 고흐, 고갱
등 인상주의와 후기 인상주의 회화
1600여 점을 소장하고 있어 인상주
의 예술의 낙원으로 불린다.

아베스역 1900년 몽마르트르 363p

1900년, 파리에 메트로가 처음 개통되었을 때 아르누
보의 거장 엑토르 기마르는 약 5년간 총 141개의 역을
맡아서 출입구를 제작했다. 그중 당시의 아름다운 모습
이 온전히 남은 역은 몽마르트르에 있는 이곳과 메트로
2호선 포르트 도핀(Porte Dauphine)역 단 두 곳뿐이다.
아베스역 입구는 오텔 드 빌(Hôtel de Ville)역에 맨 처음
설치한 것을 1974년에 옮겨온 것이지만 원형 그대로의
모습을 간직하고 있다.

엑토르 기마르 Hector Guimar, 1867~1942년

19세기 말 유럽에서 유행한 아르누보 양식의 프랑스 대표
건축가. 파리 최초의 아르누보 양식의 건축물 카스텔 베
랑제(Castel Béranger) 아파트로 명성을 얻기 시작해, 파
리의 초기 메트로역 출입구 설계로 프랑스 아르누보 양식
을 선도했다. 철과 유리를 절묘하게 이용해 식물의 형태
를 연상케 하는 유연하고 유동적인 곡선을 건축물에 적
용, '기마르 양식'이라는 신조어를 유행시켰다.

갤러리 라파예트 오스만

1896년 **팔레 루아얄 & 오페라 222p**

파리에서 에펠탑 다음으로 많은 사람이 찾는 쇼핑 성지. 1893년 오페라 가르니에 근처의 라파예트 거리에 작은 잡화점을 연 테오필 바데르와 알퐁스 칸으로부터 시작됐다. 현재의 건물(본관)은 건축가 조르주 슈단과 그의 제자 페르디낭 샤누가 1912년에 지은 것으로, 색 유리로 장식한 43m 높이의 돔형 지붕(쿠폴)과 실내 발코니 등 아르누보 양식의 실내가 아름답기로 유명하다. 1932년에는 건축가 피에르 파투가 아르데코 양식으로 매장을 개조했고, 1951년에 유럽에서 가장 높은 에스컬레이터를 설치했으며, 2019년엔 3층에서 쿠폴 중앙까지 갈 수 있는 글라스워크를 설치하는 등 트렌드에 발맞춘 과감한 투자를 이어가며 프랑스 최대 백화점으로 존재감을 굳혔다.

사마리텐 백화점

1900년 **루브르 & 튈르리 213p**

벨 에포크 시대로 되돌아간 듯 화려함을 뽐내는 백화점. 1870년 루브르 박물관 근처의 퐁 뇌프 거리에 단출한 상점을 연 에르네스트 코냐크가 가게를 점차 확장해 1900년 설립했다. 1910년에는 건축가 프란츠 주르댕를 고용해 철제 골조를 활용한 아르누보 양식의 건축물을 새로 짓고, 1928년에는 앙리 소바주가 설계한 아르데코 건축물을 더하며 화려함의 극치를 달렸다. 2005년 안전상의 이유로 문을 닫았다가 이후 약 1조 원(7억 5000만 유로)을 들여 대대적인 리모델링을 마치고 2021년에 재개장했다. 리모델링을 통해 기존 아르누보 및 아르데코 건축물(프랑스 정부가 지정한 역사 기념물)의 모자이크, 에나멜, 유리 지붕, 연철 계단 및 난간은 물론, 아르누보의 명작으로 꼽히는 공작새 프레스코화의 색상과 화려함도 완벽하게 복구됐다.

#IMPRESSIONISM

#인상주의 #빛과 색 #순간적이고 #주관적인 #느낌

19세기 말에서 20세기 초까지 유행한 미술 사조. 사실적인 묘사에 반대하여 현실을 보이는 그대로 그렸으며,
색채와 빛을 이용해 작가의 마음이 꽂힌 한순간의 인상을 전달하고자 했다. 이러한 인상주의는
고전 미술처럼 주제가 어렵지 않고 현대 예술처럼 추상적이지도 않아서 현대인에게 가장 사랑받는 미술 사조로 꼽힌다.

<인상, 해돋이> 1872년
마르모탕 모네 미술관

인상주의의 탄생을 알린 작품. 1873년 모
네와 르누아르, 시슬리 등은 프랑스 예술
가 협회에서 주최하는 살롱전에 출품했다
거절당하자 이듬해 독자적으로 '앵데팡당
(Indépendants)'전을 열었다. 여기서 모네
의 이 작품을 본 어느 기자가 "이들은 모
두 인상주의자"라고 조롱한 것이 계기가
돼 '인상주의'라는 말이 생겨났다.

모네 Oscar-Claude Monet, 1840~1926년

가난한 젊은 시절을 견디며 직접 보고 느낀
체험을 중요시했다. 빛에 대해 강박에 가까
울 정도로 집착했고 밝은 원색의 나열과 보
색, 작은 반점을 즐겨 썼다.

<파리의 몽토르게이 거리, 1878년 6월 30일의 축제>
1878년 **오르세 미술관**

파리 코뮌을 잔인하게 진압하고 제3공화국을 수립한 보수 우익 정부는
화합의 시대를 열고자 1878년에 6월 30일을 '평화와 노동의 날'이라는
국경일로 정하고 축제를 열었다. 모네는 거리마다 대혁명 때 자유·평등·
의리의 상징으로 치켜들었던 삼색기가 나부끼는 즐거운 축제의 현장을
내려다보며, 당시의 활기찬 분위기를 표현했다.

<루앙 대성당> 연작
오르세 미술관

50여 점의 <루앙 대성당> 연작 중 6점이 오르세 미술관에
있다. 모네는 날씨와 햇빛에 따라 달라지는 성당의
모습을 그렸는데, 한 번에 여러 개의 캔버스를 준비
해 시간을 정해놓고 그림을 바꿔가며 그렸다고 한
다. 그림마다 날씨나 시간에 관한 부제가 달려 있다.

<14세의 어린 댄서> 1881년 [오르세 미술관]

드가가 시력을 잃어가는 시점에 만든 청동 조각품. 조각에 최초로 옷을 입히고 리본을 달아 논란을 일으켰다. 드가는 생생한 움직임을 표현하는 능력이 로댕보다 뛰어나다는 평가를 받았다.

드가 Edgar Degas, 1834~1917년

부유한 은행가의 아들로, 빈정거리기 좋아하는 차가운 성격의 소유자였다. 화사하고 우아한 묘사가 특징이며 초기에는 파스텔풍, 후기에는 상반된 색조의 번짐 효과를 강조했다.

드가의 대표작 중 하나인 <발레 수업>
(1874년), 오르세 미술관

<물랭 드 라 갈레트의 춤> 1876년 [오르세 미술관]

르누아르의 대표작. 몽마르트르의 카페에서 열리는 무도회를 그렸다. 흔들리는 빛의 효과와 흥겨운 사람들의 표정에서 인생이란 끝없는 휴일과 같다는 화가의 가치관을 엿볼 수 있다.

르누아르 Auguste Renoir, 1841~1919년

물감을 살 돈이 없을 정도로 가난했지만 언제나 낙천적이었다고 전해진다. 화사하고 따뜻한 분위기의 풍부한 색채와 짧은 붓질이 특징이며, 장밋빛 살결의 표현이 뛰어나다.

<목욕하는 긴 머리의 여인>
1895~1896년 [오랑주리 미술관]

인상주의에서 벗어나 르네상스와 고전주의 양식이 혼합된, 작가의 해석보다는 인물 자체의 묘사에 충실한 르누아르 말년의 그림이다.

#POST IMPRESSIONISM

#후기 인상주의 #자연의 #구조적인 질서 #인간의 #내면 세계

눈에 보이는 게 다가 아니라고 생각하고 개인의 감정을 대상에 투영해 표현했다.
객관적인 색 구현에 연연하지 않고 자유롭게 색을 선택했다.

<사과와 오렌지> 1900년 오르세 미술관

'사과 하나로 파리를 놀라게 하겠다'라고 말한 세잔의 대표작. 그는 대상의 본질을 파악하려면 대상이 움직이지 않아야 한다고 생각해 정물화에 몰두했다. 다만 각각의 특징이 가장 잘 보이는 각도에서 그렸기 때문에 사물의 시점이 통일되지 않았다.

세잔 Paul Cézanne, 1839~1906년

은행가의 아들로 태어나 법과대학을 중퇴하고 화가가 됐다. 원만하지 못하고 신경질적인 성격 때문에 외로운 삶을 살았다. 근대 회화와 정물화의 아버지라 불린다.

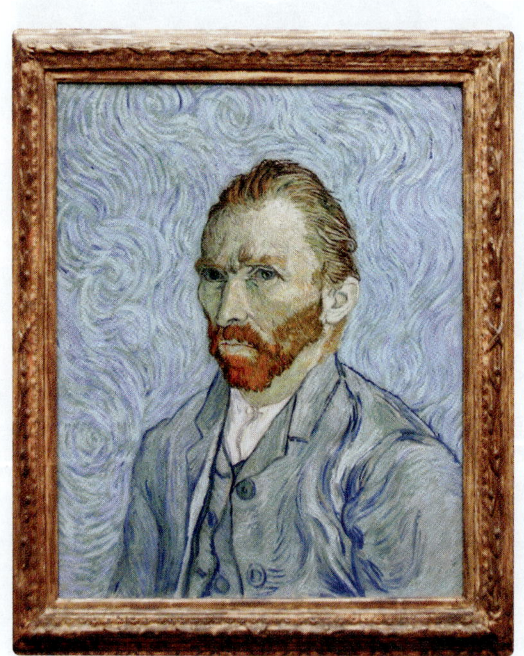

<예술가의 초상> 1889년 오르세 미술관

40여 점의 반 고흐 자화상 중 하나. 모델을 구할 돈이 없던 반 고흐는 거울에 비친 자신을 그리면서 새로운 기법과 색채를 실험했다. 배경에서 보이는 소용돌이는 그의 불타는 열정을 보는 듯 강렬한 느낌이다.

<오베르 쉬르 우아즈 성당>

1890년 오르세 미술관

아를에 머물던 중 일이 자신의 뜻대로 되지 않자 자기 귀를 자른 반 고흐는 생 레미의 정신병원을 거쳐 파리 북쪽의 오베르 쉬르 우아즈에 정착했다. 그림의 주제는 분명 성당이지만 그 아래 길을 보고 있자면 성당 안으로 결코 들어갈 수 없을 것 같아 불안해진다.

반 고흐 Vincent van Gogh, 1853~1890년

예술 세계를 인정받지 못해 평생 가난하게 살다 37세의 젊은 나이에 자살했다. 작품은 생생하면서도 대조적인 색채로 정열적인 느낌이 가득하다. 물감을 두껍게 발라 소용돌이치는 듯한 붓질이 특징이다.

<타히티의 여인들> 1891년 오르세 미술관

눈에 보이지 않는 모호한 주제를 작가의 주관으로 표현하는 상징주의는 고갱에 의해 시작됐다고 할 수 있다. 밝은 원색과 단순한 형태, 진한 윤곽선 등 고갱의 화풍이 잘 녹아 있으며, 새로운 문명과 전통이 충돌하는 부작용을 우울하게 표현했다.

고갱 Paul Gauguin, 1848~1903년

모험과 순수를 찾아 남태평양을 여행하다가 그곳에서 생을 마감했다. 작품은 이국적이고 신비로운 느낌이며, 밝은 원색을 즐겨 썼다.

<춤추는 잔 아브릴> 1892년 오르세 미술관

로트레크는 그의 전속 작업장이나 다름없던 몽마르트르의 물랭 루즈와 파리의 뒷골목에서 매춘부와 공연 예술가, 광대 등을 화폭에 담거나 극장 포스터를 많이 그렸다. 이 그림의 주인공인 잔 아브릴은 로트레크의 수많은 여인 중 그의 예술을 진정으로 이해한 여인이었다고 한다.

로트레크 Henri de Toulouse-Lautrec, 1864~1901

후기 인상주의의 마지막 풍운아. 귀족 가문에서 태어났으나, 부모의 근친혼 때문인지 어릴 적 다리의 성장이 멈춰버렸다. 성인이 된 그는 평생 사창가가 있는 몽마르트르 근처의 화실에 머물면서 그림과 화려한 공연, 음주에 탐닉했다.

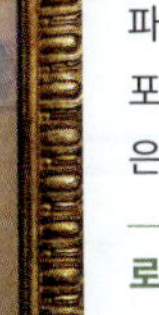

로트레크의 첫 번째 상업용 포스터
<물랭 루즈 : 라 굴뤼>(1891년)

<앙바사데르-아리스티드 브뤼앙>(1892년)

<디방 자포네>(1892~1893년)

<잔 아브릴>(1893년)

#OTHERS

#어느 화파에도 #종속되지 않은 #자유로운 화가

<결혼식> 1905년 `오랑주리 미술관`

엄격한 구도가 강조된 작품. 신부를 중심으로 전체 화면이 정확하게 'X'자로 대칭된다.

<쥐니에 아저씨의 마차>

1908년 `오랑주리 미술관`

루소가 실존 인물을 그린 예외적 작품. 모자를 쓴 사람이 루소 자신으로, 같은 장면을 찍은 사진도 유명하다. 인물들과 동물들의 위치가 견고해 보이는 로마네스크 양식의 특징을 보이며 전체 균형을 맞추고 있다.

루소 Henri Rousseau, 1844~1910년

세관원으로 일하며 취미로 그림을 그리기 시작해 환상과 문학을 넘나드는 상상력을 바탕으로 자신만의 화풍을 정립했다. 다양한 분야의 예술가가 영향을 받아 모더니즘 이후 모든 현대 예술의 아버지라 불린다.

<탁월한 후원가 폴 기욤> 1915년 `오랑주리 미술관`

모딜리아니의 천재성을 알아본 유일한 후원자 폴 기욤을 그린 초상화 몇 점 중 하나. 이 작품들에는 '탁월한 안목을 지닌 후원자(Novo Pilota)'라는 은유적 표현을 그림 안에 써넣었다.

모딜리아니 Amedeo Modigliani, 1884~1920년

이탈리아 태생으로, 살아생전 주목받지 못한 채 젊은 나이에 자살로 생을 마감했다는 점에서 반 고흐와 자주 비교된다. 과감하고 유려하게 흐르는 선으로 감각적이며 몽환적인 그림을 완성하며 자신만의 독특한 예술 세계를 펼쳤다.

<마드무아젤 샤넬의 초상>

1923년 `오랑주리 미술관`

코코 샤넬의 유일한 초상화. 샤넬의 의뢰로 그렸으나, 샤넬은 자신을 닮지 않았다며 그림 받기를 거부했다고 한다.

로랑생 Maris Laurencin, 1883~1956년

여성 특유의 섬세함과 관능적인 표정 묘사, 환상적인 색감의 작품을 많이 남겼다. 몽환적인 아름다움이 뛰어나 사교계 여성들의 초상화 주문도 끊이지 않았다.

#MODERN SCULPTURE

#근대 조각 #생명력 #감정 #정열 #견고함

아카데미풍의 이상화된 미의식을 거부하고 인간의 내적 진실과 감정을 표현, 인체를 다양한 시각에서 바라보았다.

<지옥의 문> 1928년(1880~1917년) 로댕 미술관

1880년, 프랑스 정부는 로댕에게 파리 장식미술 박물관에 달 대형 청동문을 주문했는데, 이것이 후에 <지옥의 문>이 되었다. 로댕은 단테의 <신곡>에 나오는 '지옥'을 주제 삼아 상당 부분 작업을 진척시켰으나, 장식미술 박물관의 위치가 루브르로 바뀌자 바쁘다는 이유로 손을 뗐다. 후에 로댕은 그 구상을 바탕으로 독립된 조각 작품을 만들어 냈는데, <생각하는 사람>과 <키스>가 바로 그것이다. <지옥의 문>을 위한 초기 석고 조각은 현재 오르세 미술관에 전시되었지만 현존하는 청동 <지옥의 문>은 모두 그의 사후에 주조된 것들이다. 거푸집을 이용한 청동 주조물은 12개까지 진품으로 인정된다.

로댕 Auguste Rodin, 1840~1917년

19세기의 가장 위대한 조각가. 미켈란젤로 다음으로 인체 표현에 뛰어난 조각가라고 평가받는다. 답습에 반기를 들고 인간의 내적 진실을 표현하며 서구 근대 조각의 시대를 열었다. 돌을 깎거나 새기기보다 찰흙과 밀랍으로 만든 후 석고와 청동으로 주조하는 기법을 사용해 작품을 만들었기 때문에 그의 작품에서는 이전의 조각에서는 느낄 수 없는 힘찬 운동감이 느껴진다.

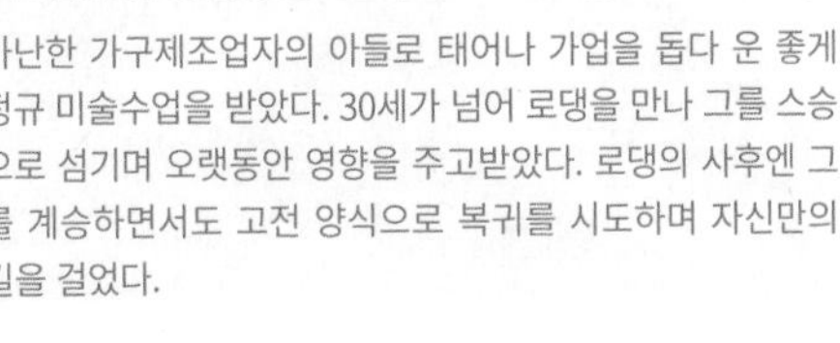

<활을 쏘는 헤라클레스> 1906~1909년 부르델 미술관

부르델이 추구한 고전적인 아름다움의 현대적 표현이 극명하게 드러난 작품. 활시위를 당긴 팔다리는 몸통과 직각으로 교차하고 커다란 활이 팽팽한 긴장감을 자아내는 모습을 통해 한 남자가 괴물에 대항해 싸워 승리하는 순간을 극적으로 표현했다. 이 작품 역시 청동 주조물로, 오르세 미술관에서도 볼 수 있다.

부르델 Emile-Antoine Bourdelle, 1861~1929년

가난한 가구제조업자의 아들로 태어나 가업을 돕다 운 좋게 정규 미술수업을 받았다. 30세가 넘어 로댕을 만나 그를 스승으로 섬기며 오랫동안 영향을 주고받았다. 로댕의 사후엔 그를 계승하면서도 고전 양식으로 복귀를 시도하며 자신만의 길을 걸었다.

아방가르드 시대의 파리

제1차 세계대전 이후, 무한한 진보를 믿었던 인간 이성에 대한 신뢰가 무너진 데 위기를 느낀 유럽 예술가들은 아방가르드(Avant-garde) 혹은 전위주의로 불리는 혁신을 통해 합리적인 세계관을 확립하고자 했다. 파리는 미술가, 음악가, 작가, 영화 제작자 등 모든 예술가들의 성지가 되어 전쟁의 충격을 극복하고 다시 예술의 중심지로서 위상을 굳히는 기회를 얻게 되었다. 피카소, 샤갈, 모딜리아니, 레제, 미로, 칸딘스키, 헤밍웨이, 스트라빈스키, 콕토 등 당대를 풍미한 예술가들은 몽마르트르 대신 좌안의 생제르맹데프레와 신흥 시가지였던 몽파르나스로 몰려들었다.

#ARCHITECTURE MODERNE

#현대 건축 #르 코르뷔지에 #필로티 #철근콘크리트

'인간을 위한 건축'을 주창하며 도시계획에서 과거의 모든 것을 지우는 설계 원리를 제시한 르 코르뷔지에의 주도하에 기하학적인 형태의 현대 건축물이 유행했다.

메종 라 로슈 1923년　볼로뉴 숲과 그 주변 389p

스위스 출신의 은행가이자 예술 컬렉터 라울 라 로슈를 위해 설계한 집. 규모는 작지만 르 코르뷔지에의 현대 건축 5원칙(필로티, 옥상정원, 개방형 수평공간, 수평창, 자유롭게 설계한 정면부)을 모두 갖춘, 건축 전공자들의 필수 방문 코스다.

르 코르뷔지에 Le Corbusier, 1887~1965년

현대 건축의 아버지라 불리는 스위스 출신 건축가. 요즘 많이 사용하는 철근콘크리트 공법을 적용해 세계 최초의 아파트를 건설하는 등 현대 건축 이론에 지대한 영향을 끼쳤다. 과거에는 벽이 건물 무게를 지탱했기 때문에 건물을 크고 튼튼하게 짓기 위해 벽이 두꺼워지는 만큼 집 안이 협소해지고 창문을 크게 낼 수 없었다면, 르 코르뷔지에는 철근콘크리트로 필로티 기둥을 세워 벽의 형태나 위치, 소재를 자유자재로 구성할 수 있었다. 특히 바닥과 기둥, 계단을 쌓아 올리는 그의 기본원칙을 통해 탄생한 아파트는 전 세계인의 주거 공간을 바꾸었다.

#CUBISM

#입체파 #입방체 #정육면체 #주지주의

선형 관점과 원근법을 탈피하고 다양한 각도에서 본 사물을 재구성해
3차원 현실을 전개도처럼 펼쳐서 보여주었다.

<한국에서의 학살> 1951년 [피카소 미술관]

6·25 전쟁을 소재로 그린 작품. 그림을 그릴 당시 피카소는 프랑스 공산당 당원이었다. 피카소가 스페인 내전을 배경으로 그린 <게르니카>(1937년)의 파급력을 잘 알고 있던 공산당은 한국전쟁을 소재로 한 '제2의 게르니카'를 그리게 함으로써 반미를 선전할 기회로 삼고자 이 그림을 주문했다. 하지만 피카소는 그림 속 어디에도 한국전쟁에 미군이 개입했다고 추정할 만한 단서를 남기지 않았다.

피카소 Pablo Picasso, 1881~1973년

스페인에서 태어나 미술 교사인 아버지의 영향으로 일찍이 그림을 그리기 시작했다. 많은 여성과의 관계를 창조력의 원천으로 삼았다. 대상을 있는 그대로 표현하는 기존 예술의 영역을 넘어 전혀 새로운 경지를 개척했다.

<두 마리 앵무새가 있는 구성>

1935~1939년 [국립 현대 미술관]

'현장에 진실이 있다'라는 생각을 표현하기 위해 실외에서 감상해야 할 만큼 거대한 그림을 그렸다(가로 480cm, 세로 400cm). 두 마리의 앵무새는 단지 관람자의 시선을 잡아두기 위한 장식이다.

레제 Fernand Léger, 1881~1955년

제1차 세계대전에 참전해 각종 무기와 비행기를 보며 기계의 매력에 푹 빠져 기계와 사람의 조화를 강조하며 사람은 로봇처럼, 무생물은 사람처럼 표현했다. 특히 대중에게 다가서는 좋은 방법은 벽화라고 생각해 거대한 크기의 작품과 벽화를 많이 남겼다.

#FAUVISM

#야수파 #강렬한 원색 #거친 형태 #주정주의

원색의 강렬한 대비를 통해 주제를 부각시키고 입체감 없이
평면감으로 승부했다.

<루마니아풍 블라우스> 1940년 국립 현대 미술관

야수파의 특징을 잘 드러내는 마티스의 대표작. 붉은 배경과 푸른 치마의
강렬한 대비에도 단순하게 처리한 모델과 블라우스가 돋보인다.

마티스 Henri Matisse, 1869~19543년

주관적이고 탐미적인 성격의 소유자. 관절염으로 그림을 그리기 힘들어지
자 병상에 누워 종이 오리기 작품을 제작할 정도로 예술에 대한 열정이 넘
쳤다.

#DADAISM

#다다이즘 #목마(木馬) #무의미함의 #의미

'예술품'과 '상품'의 경계를 파괴하고 무엇이든 예술의 재료가 될 수 있음을
표방하며 오브제가 등장했다.

<샘> 1917년(1964년) 국립 현대 미술관

뒤샹은 일반 오브제를 이용한 창작
품도 아닌, 기성품 그 자체도 예술
이 될 수 있느냐는 문제를 제기
한다. 이 작품은 50년이 지난
뒤에야 다시 주목받았으며, 예술이
다른 분야로 확장하는 데 크게 기여했다.

뒤샹 Marcel Duchamp,
1887~1968년

화상의 주문에 따라 붓질하는 고
단한 화가의 삶에 반기를 들고 난
해하고 기괴한 작품 활동을 펼쳤
다. 자전거 바퀴, 남성용 변기, 빗
등 다양한 소재를 활용해 '레디메
이드'란 새로운 개념을 창안했다.

#SURREALISM

#초현실주의 #무의식 #꿈의 세계

억압된 무의식과 꿈, 정신분석에서 출발, 기법보다는 내용을 중시했다.

<에펠탑의 신랑·신부> 1939년 국립 현대 미술관

마치 꿈을 꾸는 듯한 분위기로, 초현실주의 기법이 잘 나타난 작품이
다. 다만 개인의 이상을 표현하는 데에 그쳐 초현실주의의 본질에서 벗
어난 그림이라 평하는 이도 많다.

샤갈 Marc Chagall, 1887~1985년

러시아 출신으로 생의 대부분을 프랑스에서 보냈다. 첫눈에 반한 벨라와
의 행복한 결혼생활은 그의 작품 활동에 많은 영감을 주었다. 그는 생전에
루브르 박물관에서 전시회를 연 최초의 화가이기도 하다.

#ABSTRACTIONISM

#추상파 #뜨거운 추상 #주정적 표현 #차가운 추상 #기하학적 표현

대상의 묘사를 구체적인 사물이 아닌 조형적인 구성으로만 표현했다.

<빨강, 파랑과 하양의 구성 II>
1937년 국립 현대 미술관

회화의 본질인 선과 색만으로 그린 몬드리안의 대표작.

몬드리안 Pieter Cornelis Mondriaan, 1872~1944년

20세기 초에 대두한 야수파와 입체파 등을 자신만의 고유한 감각으로 재해석하며 화면의 조형적 아름다움을 추구한 네덜란드 출신의 화가다. 칸딘스키, 말레비치와 함께 현대 추상 예술의 선구자로 불린다.

<푸른 하늘> 1940년 국립 현대 미술관

자유로우면서도 조화롭게 움직이는 유기체를 표현한 작품. 칸딘스키의 추상 예술이 원숙해지는 시기의 특징을 보여준다.

칸딘스키 Vassily Kandinsky, 1866~1944년

러시아 출신으로, 순수 추상화를 탄생시키고 청기사파를 창시했다. 나치가 바우하우스를 폐쇄하자 파리로 와 눈에 보이지 않는 미시적 존재들의 다양성과 변화의 관찰에 중점을 둔 작품 활동을 펼쳤다.

<강> 1938년 마욜 미술관

오랫동안 마욜의 뮤즈이자 모델이었던 러시아 출신의 디나 비에르니를 모델로 조각한 작품. 예민한 감성이 깃든, 단순하고도 중량감 넘치는 여인 누드에 광선이 고루 퍼지는 표면처리로 정적이고 이상적인 고대 조각의 새로운 해석을 보여 준다.

마욜 Aristide Maillol, 1861~1944년

과로로 실명 위기를 겪고 40세에 화가에서 조각가로 변신했다. 부르델처럼 그리스 고전 조각의 영감을 중시하면서도 '회화는 자연의 재현이 아닌 평면'이라며 대담한 화면 구성을 추구한 나비파의 영향을 받아 단순하고 다듬어진 모양의 여인상을 일관되게 다루며 추상 조각의 기틀을 놓았다. 로댕, 부르델과 함께 근대 조각의 3대 거장으로 불린다.

아방가르드 시대로 떠나는
예술 & 인문학 기행

§ 철학가와 문학가를 매료시킨, 생제르맹데프레

19세기 후반 몽마르트르 시대가 저물자, 파리의 화가와 시인, 소설가들은 생제르맹데프레로 활동 무대를 옮겼다. 몽마르트르나 샹젤리제와 같은 화려함은 없지만 예술가들의 흔적이 곳곳에 남아있는 소박하고 예스러운 멋으로 파리지앵의 사랑을 듬뿍 받는 곳이다.

◆ 레 두 마고 Les Deux Magots

노벨상을 거부하여 더욱 유명해진 철학자 사르트르가 즐겨 찾던 카페. 그가 즐겨 앉던 테이블과 의자에는 그의 이름이 새겨져 있다. 사르트르 외에도 피카소, 레제, 생텍쥐페리, 카뮈, 헤밍웨이도 즐겨 찾던 곳이다. 1933년 '두 마고 상'이라는 문학상을 제정한 이래 매년 수상자를 선정해 수여하며 문학가를 지원하고 있다. 추천 메뉴는 두 마고 전통식 쇼콜라 쇼(Chocolat Chaud à l'ancienne, 11€). 달콤함이 몸 전체로 스며드는 듯하다. MAP ❻-D

GOOGLE MAPS 레뒤마고 파리
ADD 6 Pl. Saint-Germain-des-Prés, 75006
OPEN 07:30~01:00
WALK 생제르맹데프레 성당 정문 맞은편
WEB www.lesdeuxmagots.fr

◆ 카페 드 플로르 Café de Flore

카페 이름처럼 건물 외관을 꽃으로 장식했다. 20세기 초현실주의의 탄생과 함께 사르트르와 보부아르, 카뮈 등이 만나 토론을 벌이던 역사의 무대다. 너무 유명한 카페다 보니 늘 손님이 많아서 느긋함을 즐기기는 어렵다. 이곳의 추천 메뉴 역시 달콤하고 진한 초콜릿 맛이 환상적인 쇼콜라 쇼(Chocolat Spécial Flore, 10€)와 카푸치노(9.50€). 자세한 내용은 274p 참고. MAP ❻-D

GOOGLE MAPS 카페 드 플로르
ADD 172 Bd. Saint-Germain, 75006
OPEN 07:30~02:00
WALK 레 두 마고 옆 서점 맞은편에 있다.
WEB cafedeflore.fr

◆ 브라스리 리프 Brasserie Lipp

역사 기념물로 지정된 브라스리. 헤밍웨이가 <무기여 잘 있거라>를 탈고한 곳으로, 프루스트, 말로, 카뮈, 지드를 비롯해 프랑스의 정치인과 사업가가 즐겨 찾던 곳이다. 추천 메뉴는 진한 에스프레소 한 잔(5€)과 초콜릿 케이크(9€). 혀끝에서 어우러지는 단맛과 쓴맛의 조화가 인상적이다. 식사는 렌틸콩을 곁들인 돼지 족발 요리(Jarret de porc aux Lentilles, 24.50€)를 추천. 전체적으로 만족스러운 곳이지만 불친절한 직원이 가끔 있다. MAP ❻-D

GOOGLE MAPS 브라스리 리프
ADD 151 Bd. Saint-Germain, 75006
OPEN 09:00~02:00(식사 12:00~)
WALK 카페 드 플로르와 생제르맹 대로를 사이에 두고 마주 보고 있다.
WEB www.brasserielipp.fr

§ 예술가들의 아지트, 몽파르나스

메트로 4호선 바뱅(Vavin)역 주변에는 20세기 초에 전성기를 누린 레스토랑과 브라스리가 과거의 영광을 그대로 간직한 채 손님들을 맞고 있다. 명성과 가격에 비해 음식 맛이 조금 떨어지는 곳도 있지만 예술의 향기를 느끼며 가볍게 차나 와인을 한잔하기에는 더없이 좋다.

◆ 라 로통드 La Rotonde

20세기 초에 문을 연 브라스리. 가게 주인이 피카소나 모딜리아니, 마티스 등 당시 생활고에 시달리던 무명의 작가와 화가들에게 너그러워서 커피 한 잔 시켜놓고 몇 시간씩 앉아 있어도 쫓아내지 않았고 음식값 대신 화가들의 작품을 받아 주기도 했다. 덕분에 당시 카페 벽에는 후에 대단히 유명해진 화가들의 그림이 넘쳐났다. 지금은 모딜리아니의 그림들이 걸려 있다. 굴과 달팽이, 해산물 등 고급 요리 위주의 메뉴여서 음식 가격은 다소 센 편이다. **MAP ❾-A**

GOOGLE MAPS R8RH+WM 파리
ADD 105 Bd. du Montparnasse, 75006
OPEN 08:00~24:00
WEB larotonde-montparnasse.fr

◆ 르 셀렉트 Le Select

헤밍웨이의 소설에 등장한 뒤 문학가를 꿈꾸는 사람들의 사랑을 받는 곳. 차 한잔하며 느긋하게 쉬어 가기 좋다. **MAP ❾-A**

GOOGLE MAPS 르셀렉트 몽파르나스
ADD 99 Bd. du Montparnasse, 75006
OPEN 07:00~02:00(금·토요일 ~03:00)
WEB leselect-montparnasse.fr

◆ 라 쿠폴 La Coupole

피카소와 샤갈, 영화배우들이 사랑한 레스토랑. 연회장처럼 넓은 내부는 다양한 예술품과 예술가의 사진으로 가득하다. **MAP ❾-A**

GOOGLE MAPS 라쿠폴 몽파르나스
ADD 102 Bd. du Montparnasse, 75006
OPEN 08:30~24:00(일·월요일 ~23:00)
WEB www.lacoupole-paris.com

◆ 르 돔 Le Dôme

20세기 초 전성기의 모습을 잘 간직하고 있는 화려한 아르누보 스타일의 레스토랑. 당시 상류층에게 사랑받던 곳인 만큼 음식 가격은 비싼 편이다. 피겨 스타 김연아가 다녀간 곳으로도 유명하다. **MAP ❾-A**

GOOGLE MAPS 르돔 카페 몽파르나스
ADD 108 Bd. du Montparnasse, 75006
OPEN 12:00~14:30, 19:00~22:30
WEB www.restaurant-ledome.com

현대의 파리

제2차 세계대전에서 연합군이 승리한 뒤 샤를 드골 장군은 개선문으로 입성했다. 그로부터 약 50년 뒤, 프랑수아 미테랑 대통령은 전쟁에서의 승리를 상징하는 기존의 개선문이 아닌 인류애의 승리를 주제로 신개선문을 건설했다. 이렇게 파리는 중후한 옛 건물과 현대 건물이 자연스럽게 어우러지는 도시로 변모해, 오늘날 '가장 로맨틱한 여행지'로 손꼽히는 도시가 되었다.

#LA DÉFENSE

#라 데팡스 #신시가지 #신개선문 #첨단도시 #보행자 천국

높이 110m의 신개선문 '라 그랑 다르슈(La Grande Arche de la Défense)'가 상징인 유럽 최대의 복합 상업지구. 프랑스 정부는 파리가 포화상태에 달하자 1958년부터 지역 개발 공공사업단(EPAD)을 주축으로 약 800ha(여의도 면적의 약 2.8배)의 부지 위에 고층 빌딩을 건설하고 일대에 부도심을 형성하면서 이곳을 개발하기 시작했다. 그 뒤 약 50년에 걸쳐 수십 개의 개성 있는 빌딩들이 들어서 국내외 500여 기업의 사무실과 회의장, 이벤트 사업장, 견본시장 등으로 사용되고 있다. 개선문에서 불과 5km 거리의 우수한 접근성과 자동차·철도·전선들이 지하로 연결되고 지상은 모두 보행자 공간이라는 점도 이곳만의 특징이다. 라 데팡스는 '방어'라는 뜻으로, 1870년에 일어난 프랑스-프로이센 전쟁에서 파리가 함락되지 않은 것(함락되기 전에 미리 항복했다)을 기념해 만든 광장과 조각 <라 데팡스 드 파리>에서 이름을 따왔다.

세자르 발다치니의 <엄지>
(1965년)

라 데팡스 이름의 기원이 된
<라 데팡스 드 파리>(1883년)

알렉산더 콜더의 <붉은 거미>
(1976년)

라 데팡스의 주요 볼거리

라 데팡스는 조개껍데기를 엎어놓은 듯한 모양의 팔레 드 라 데팡스, 구불구불한 모양의 쾨르 데팡스, 파이프 오르간처럼 생긴 엘프 빌딩 등 어느 건물이나 디자인이 독특하다. 지상 곳곳에는 70여 점의 조각 작품을 설치해 야외 조각 전시장을 만들어 놓았다. 프랑스 최대 규모의 쇼핑센터 웨스트필드 레 카트르 탕(Westfield Les Quatre Temps)도 이곳에 있다.

GOOGLE MAPS 라데팡스
METRO 1 & **RER A** La Défense-Grande Arche 하차
BUS 오르세 미술관 또는 샹젤리제 거리에서 73번 탑승, La Défense 하차(일요일 운행 없음)
WEB www.ladefense.fr

#GRAND PROJETS

#그랑 프로제 #큰 계획 #프랑수아 미테랑 #국책 사업 #문화진흥

사회당 소속으로 1981년부터 1995년까지 장장 15년을 재임한 프랑수아 미테랑 대통령은 재임 동안 민영 방송사를 허가하고 국립극장의 예산을 독립 연극단에 나눠주는 등 문화 발전에 노력했다. 또한 파리에 현대 기념물을 제공하기 위한 대규모 건축 프로젝트, '그랑 프로제'를 추진해 루브르 박물관의 유리 피라미드, 라 데팡스의 신개선문, 라 빌레트, 프랑스 국립도서관, 오페라 바스티유를 새로 짓고 예산 초과를 감수하면서 피카소 미술관을 개관하는 등 문화 대국 프랑스의 꿈을 실천했다.

라 그랑 다르슈[신개선문] 1985~1989년 라 데팡스

라 데팡스에 오늘날의 명성을 가져다준 주인공. 프랑스 대혁명 200주년을 기념해 덴마크의 건축가 폰스프레켈센이 설계하고 1987년에 7월 혁명 100주년을 기념하는 성대한 군사 퍼레이드와 함께 개관했다. 가운데에 노트르담 대성당이 들어갈 정도로 거대한 구멍이 뚫린 개선문의 형태로, 루브르의 카루젤 개선문-에투알 광장의 개선문을 일직선으로 연결한 축의 연장선에 있다. 보기와는 달리 단순한 기념 건축물이 아니라 국제회의 시설이 들어와 있는 빌딩이다. 가운데 빈 부분에 쳐놓은 텐트는 구름을 이미지화한 것이고, 그 아래에 설치한 유리 칸막이들은 1차원부터 가상의 4차원까지 느끼도록 의도한 것이라고. 옥상 전망대는 안전 문제와 운영의 어려움 등으로 무기한 폐쇄되었다.

GOOGLE MAPS 파리 신개선문
ADD 1 Parvis de la Défense, 92800
METRO 1 & **RER A** La Défense-Grande Arche 1번 또는 8번 출구로 나오면 바로 보인다.
BUS 오르세 미술관 또는 샹젤리제 거리에서 73번 탑승, La Défense 하차 후 도보 7분(일요일 운행 없음)

아랍 세계 연구소 1981-1987년 `라탱 지구 259p`

빛의 장인이라 불리는 프랑스 건축가 장 누벨이 설계한 독특한 건물로, 아랍 국가들과 유럽 간의 교류를 위해 1987년에 설립했다. 외벽 창문마다 눈의 홍채 또는 카메라의 조리개와 비슷한 역할을 하는 2만7000여 개의 조리개판을 설치해 햇빛의 양에 따라 자동으로 열렸다 닫히게 설계한 것이 특징. 이슬람 성전의 기하학적인 타일 문양과 닮은 다양한 패턴과 그에 따라 생기는 그림자가 놓치기 아까울 정도로 아름답다.

라 빌레트 공원 1984-1987년 `19구 350p`

거대한 도축장과 육류도매시장이 있던 파리 시내 북동쪽에 조성한 파리 최대 규모의 종합복합공원. 1982년 공원 건축 설계 공모전에 당선된 스위스 출신 건축가 베르나르 추미의 응모작이 당선돼 설계에 들어갔다. 점·선·면의 체계로 공원 내부를 유기적으로 연결하는 3개의 잔디광장과 12개의 테마 정원, 플라네타륨, 영화관, 박물관 등이 어우러진 문화적인 총체 역할을 담당한다.

Photo by Fred Romero

오페라 바스티유 1984-1989년
`생마르탱 운하와 그 주변 339p`

1989년, 프랑스 대혁명 200주년을 기념하여 바스티유 감옥이 있던 자리에 문을 연 국립 오페라 극장이다. 고풍스러운 주변 분위기와 다르게 유리와 알루미늄 외벽에서 현대적인 느낌이 물씬 난다. 내부는 특권층을 위한 로열박스 없이 모든 관객이 평등하게 무대를 볼 수 있는 발코니 구조로 설계된 2700여 석의 좌석과 원형 무대, 도서관 등으로 이루어졌다. 우리나라의 정명훈이 초대 음악 감독으로 오케스트라를 이끌었던 곳이기도 하다.

루브르 박물관 유리 피라미드

1884~1989년 **루브르 & 튈르리 204p**

미테랑 대통령이 '궁전 전체를 미술관으로!'라는 기치를
내걸고 추진한 그랑 루브르(Grand Louvre) 프로젝트의
일환으로 중국계 미국인 건축가 이오 밍 페이에게 맡겨
1989년에 완성한 작품이다. 건설 당시 고전 건축물 앞에
미래 지향적인 디자인의 현대 건축물을 배치하는 것에 대
한 비난과 논쟁이 끊이지 않았지만 결과적으로 대성공을
거두며 파리의 새로운 랜드마크가 되었다. 유리 피라미드
는 우리가 자주 보는 박물관 입구의 큰 피라미드, 큰 피라
미드 주위를 감싼 3개의 작은 피라미드, 박물관 지하의 쇼
핑몰 카루젤 뒤 루브르(Carrousel du Louvre) 천장에 거꾸
로 배치돼 채광창 역할을 하는 역피라미드 총 5개로 이루
어져 있다.

프랑스 국립도서관

1989-1995년 **베르시 & 톨비악 381p**

이화여대 ECC(Ewha Campus Complex)를 설계
하고 2021 서울 도시건축비엔날레 총감독을 맡
은 프랑스의 세계적인 건축가 도미니크 페로가
유명해진 계기가 된 현대 건축물이다. 센강변 옆
복합용도지구 톨비악(Tolbiac)의 땅을 직사각형
으로 깊이 파서 바닥에 광장을 만들고 그 주위로
4권의 책을 펼쳐놓은 듯한 모양의 건물을 세운
기념비적인 건축물이다.

#MUSÉE D'ART MODERNE

#현대 미술관 #현대 박물관 #현대 건축물 #스타 건축가

파리의 기념비적인 현대 건축물들을 감상하려면 현대 미술관과 박물관을 방문해보자. 세계적인 찬사를 받은 건축가들의 기발한 아이디어로 만들어진 외관에 두 눈이 휘둥그레지고, 그 규모와 소장품 수준에 또 한번 놀라게 된다.

퐁피두 센터 1971-1977년 **레 알 & 보부르 304p**

제5공화국의 2대 대통령 조르주 퐁피두의 제창으로 설립한 종합 문화예술 센터다. 건물 내부에 있어야 할 파이프와 철골을 그대로 드러낸 파격적인 외관은 이탈리아의 유명 건축가 렌조 피아노와 영국의 리처드 로저스의 작품이다. 에펠탑과 마찬가지로 개관할 당시에는 흉물스럽다고 비난받았으나, 지금은 매년 300만 명 이상이 찾는 명소로 자리 잡아 21세기 문화 대국을 자처하는 프랑스 문화의 상징으로 사랑받고 있다. 4~5층에 세계적 현대 미술관이자 프랑스 3대 미술관으로 꼽히는 국립 현대 미술관이 있다. 2030년까지 보수 공사가 예정되어 있어 현재는 휴관 중이다.

까르띠에 현대 예술 재단
1994년 **루브르 & 튈르리 212p**

명품 브랜드 까르띠에가 신진 작가를 후원하기 위해 1984년에 설립한 예술 재단. 루브르 박물관과 팔레 루아얄 사이에 자리한 새 건물은 기존 건물을 설계했던 장 누벨이 다시 맡아 파리의 역사적 경관과 현대적 전시 공간을 조화롭게 결합했다. 대규모 전시실과 유연한 공간 구성으로 동시대 미술과 실험적인 프로젝트를 선보이는 데 초점을 맞췄다.

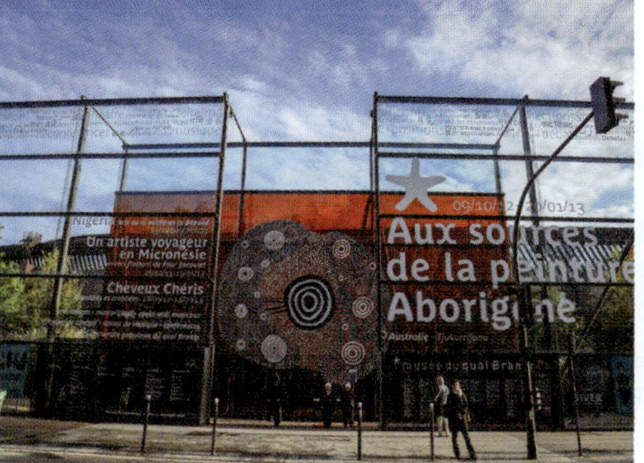

케 브랑리-자크 시라크 박물관
1999~2006년 **에펠탑 & 앵발리드 172p**

2006년 에펠탑이 바라보이는 센강 변에 지은 케 브랑리 박물관은 굽이치는 정원 조경 위에 떠 있는 듯한 모습이 인상적인 곳이다. 5층짜리 중앙 홀과 200m 길이의 나선형 경사로를 통해 전시실과 지붕의 테라스가 연결되는 특이한 구조는 장 누벨의 작품. 건물뿐만 아니라 높이 12m의 건물 외벽에 1만 5000그루의 식물이 자라고 있는 패트릭 블랑의 수직정원과 밀림처럼 우거진 정원도 볼만하다. 아시아·아프리카·오세아니아의 예술품을 전시한 국립 박물관으로 사용되고 있다.

장 누벨 Jean Nouvel, 1945년~

2008년 건축계의 노벨상이라 불리는 프리츠커상을 받은 프랑스 현대 건축의 대가. 1987년 파리 식물원 근처에 있는 아랍 세계 연구소를 완성하면서 명성을 얻었다. 명료하고 절제된 형태를 선호하며 정형화된 오브제를 거부하고 설계할 때마다 건축물의 환경, 스토리, 건축주의 의도 등을 고려해 디자인한다. 특히 빛의 반사와 배치를 이용해 한 줄기 빛을 예술의 경지로 승화시키는 절묘한 기술 덕분에 '빛의 장인'이라 불린다. 바르셀로나의 아그바 타워와 서울의 리움 미술관도 그의 손을 거쳤다.

루이비통 재단 2007~2014년 **불로뉴 숲과 그 주변 388p**

스페인 빌바오의 구겐하임 미술관을 설계한 세계적인 건축가 프랑크 게리의 작품. 파리시에서 토지를 무상으로 제공받아 2014년 파리 서쪽 불로뉴 숲 내 아클리마타시옹 정원(Jardin d'Acclimatation)에 모습을 드러낸 문화예술 공간이다. 돛단배 모양의 유리 외벽과 유선형 철골 등 디자인에 공을 들이면서 당초 예산보다 8배나 더 많은 약 7억 9천만 유로가 투입되었고, 그중 프랑스 정부가 6억 3백만 유로의 보조금을 지급한 것으로 전해진다.

시간과 비용을 아껴주는
파리 뮤지엄 패스 Paris Museum Pass

파리를 포함한 일드프랑스의 박물관과 성당 50여 곳을 무료로 입장할 수 있는 패스다. 루브르 박물관, 오르세 미술관, 개선문, 베르사유 궁전 등 주요 명소 대부분이 포함돼 경제적이며, 전용 입구를 이용할 수 있어 대기 시간을 줄일 수 있다. 단, 파리를 비롯한 프랑스의 많은 미술관과 박물관은 만 17세 이하에게 무료이며, 학생이나 예술 전공자에게는 신분증 제시 시 할인 또는 무료 입장이 가능하니 구매 전 방문할 장소의 규정을 확인하자.
패스는 포함된 명소, 관광 안내소, 프낙(Fnac, 책·음반·전자기기 등을 취급하는 멀티스토어), 국내 여행사에서 구매할 수 있다. 인터넷으로 구매할 경우 e-티켓을 스마트폰에 저장하거나 출력해 사용하면 된다. 자세한 내용은 공식 홈페이지 참고.

PRICE 2일권(48시간권) 85€, 4일권(96시간권) 105€, 6일권(144시간권) 125€/
구매한 날짜와 상관없이 처음 사용한 시간부터 연속으로 사용
WEB www.parismuseumpass.fr

¤ 뮤지엄 패스 이용 시 주의사항

■ 박물관 입장이 대부분 무료인 첫째 주 일요일은 피하자. 월요일은 오르세 미술관과 베르사유 궁전이, 화요일은 루브르 박물관이 휴관하니 일정을 짤 때 참고한다.

■ 실물 패스는 개시 전 뒷면에 개시 날짜(일, 월, 년도), 성(Nom), 이름(Prénom)을 적어야 한다. e-티켓은 스마트폰에 저장하거나 프린트해 보관한다.

■ 패스는 명소에 처음 입장하는 순간부터 자동 개시돼 유효 시간 동안 사용할 수 있다.

■ 패스 구매 후에는 환불이나 교환이 불가하며, 한 번 방문한 명소는 재입장할 수 없다.

■ 가이드 투어 등의 단체 관람 시 뮤지엄 패스 사용이 불가능한 경우가 많으니 투어로 방문한다면 해당 명소의 패스 사용 조건을 확인한다.

■ 루브르 박물관과 베르사유 궁전을 비롯한 일부 명소들은 시간당 입장 인원을 제한하므로 뮤지엄 패스 소지자도 입장 시각을 예약하고 가는 것이 좋다. 주말이나 성수기가 아니더라도 예약하지 않고 간다면 상당히 오랜 시간을 기다려야 할 수 있다.

- 각 명소의 홈페이지를 통해 예약할 수 있으며, 이때 대부분 0.50~2€의 수수료가 추가된다.

- 뮤지엄 패스 소지자의 경우 예약할 때 수수료가 없고, 홈페이지에서 무료입장 또는 패스 소지자를 체크한 후 예약한다.

- 이메일로 온 예약 확인증을 출력하거나 스마트폰에 저장한다. 입장 당일 예약자 전용 입구에서 예약 확인증과 뮤지엄 패스를 제시한다.

- 어린이나 학생 등 무료입장에 해당하는 경우에도 예약해야 하는 곳이 많으니 방문 예정인 박물관·미술관의 홈페이지를 꼼꼼히 확인한다.

- 예약 없이 간다면 일반 티켓 입장객과 같이 줄을 서서 들어가야 하는 경우가 많다. 예약을 못 했다면 오픈 시간 전에 일찍 가거나 야간 개장일 오후 늦게 들어가면 조금 수월하다.

: WRITER'S PICK :

파리 뮤지엄 패스
본전뽑기

2026년 1월부터 파리의 주요 미술관·박물관 및 명소의 입장료와 뮤지엄 패스 가격이 인상됐다. 일정이 짧고 방문할 명소가 많다면 패스 구매를 추천한다.

★ 패스 사용 추천 명소:
루브르 박물관, 베르사유 궁전, 오르세 미술관, 생트샤펠, 오랑주리 미술관, 개선문, 피카소 미술관, 팡테옹, 노트르담 대성당 종탑, 앵발리드, 퐁텐블로성, 샹티이성

루브르 박물관+베르사유 궁전 포함
• 2일권 ➡ 4개 이상 입장 시
• 4일권 ➡ 5개 이상 입장 시
• 5일권 ➡ 6개 이상 입장 시

- 베르사유 정원은 분수 쇼와 음악 분수가 있는 4월~11월 1일에는 뮤지엄 패스 소지자도 정원 입장권을 사야 한다. 11월 2일~3월에는 무료.

- 루브르 박물관, 오르세 미술관, 베르사유 궁전 등 유명 명소는 대부분 보안 검색대를 거쳐야 한다. 보안 검색은 생각보다 시간이 오래 걸리므로 여유를 두고 방문하는 것이 좋다.

¤ 뮤지엄 패스 명소 리스트

파리 시내 (2026년 1월 기준 33곳, 가나다순)

개선문 Arc de Triomphe	187p
건축·문화 유산 단지(샤이요 궁전) Cité de l'Architecture et du Patrimoine ★	176p
고고학 박물관(시테섬) Crypte Archéologique de l'Île de la Cité	-
군사 박물관 Musée de l'Armée, 군사 입체 모형 박물관 Musée des Plans-Reliefs, 나폴레옹의 묘 Tombeau de Napoléon 1er, 해방 훈장 박물관 Musée de l'Ordre de la Libération 등 앵발리드 유료 입장 구역	178p
귀스타브 모로 박물관 Musée Gustave Moreau	365p
국립 기메 동양 박물관 Musée National des Arts Asiatiques-Guimet	176p
노트르담 대성당 종탑 Tours de Notre-Dame de Paris ★	246p
니심 드 카몽도 박물관 Musée Nissim de Camondo ⚠	391p
로댕 미술관 Musée Rodin	178p
루브르 박물관 Musée du Louvre ★	204p
생트샤펠 Sainte-Chapelle ★	252p
속죄의 예배당 Chapelle Expiatoire	-
시네마테크 프랑세즈-멜리에 박물관 La Cinémathèque Française-Musée Méliès	379p
아랍 세계 연구소 Musée Institut du Monde Arabe	259p
오랑주리 미술관 Musée de l'Orangerie ★	201p
오르세 미술관 Musée d'Orsay ★	279p
오텔 드 라 마린 Hôtel de la Marine ★	199p
외젠 들라크루아 미술관 Musée Eugène Delacroix	274p
유대 역사박물관 Musée d'Art et d'Histoire du Judaïsme	-
이민 역사박물관 Musée de l'Histoire de l'Immigration	-
장식 예술 박물관 Musée des Arts Décoratifs	205p
장자크 에네 박물관 Musée Jean-Jacques Henner	-
케 브랑리-자크 시라크 박물관 Musée du Quai Branly-Jacques Chirac	172p
콩시에르주리 Conciergerie ★	253p
클뤼니 박물관 Musée de Cluny-Musée du Moyen Âge	256p
파리 과학산업박물관(라 빌레트) Cité des Sciences et de l'Industrie	351p
파리 국립 기술공예 박물관 Musée des Arts et Métiers	-
파리 필하모니-음악 박물관 Philharmonie de Paris-Musée de la Musique	351p
팡테옹 Panthéon	258p
퐁피두 센터-국립 현대 미술관 Centre Pompidou-Musée National d'Art Moderne ⚠	304p
피카소 미술관 Musée Picasso ★	315p

파리 근교 (2026년 1월 기준 21곳, 가나다순)

베르사유 궁전과 트리아농 Château de Versailles et Trianon ★	424p
퐁텐블로성 Château de Fontainebleau	448p
샹티이성 Château de Chantilly	454p
그 외 18곳	

* 명소는 변경될 수 있으므로 방문 전 확인한다.
* ★는 입장 시간 예약 필수 또는 권장, ⚠는 현재 공사 중으로 입장 불가

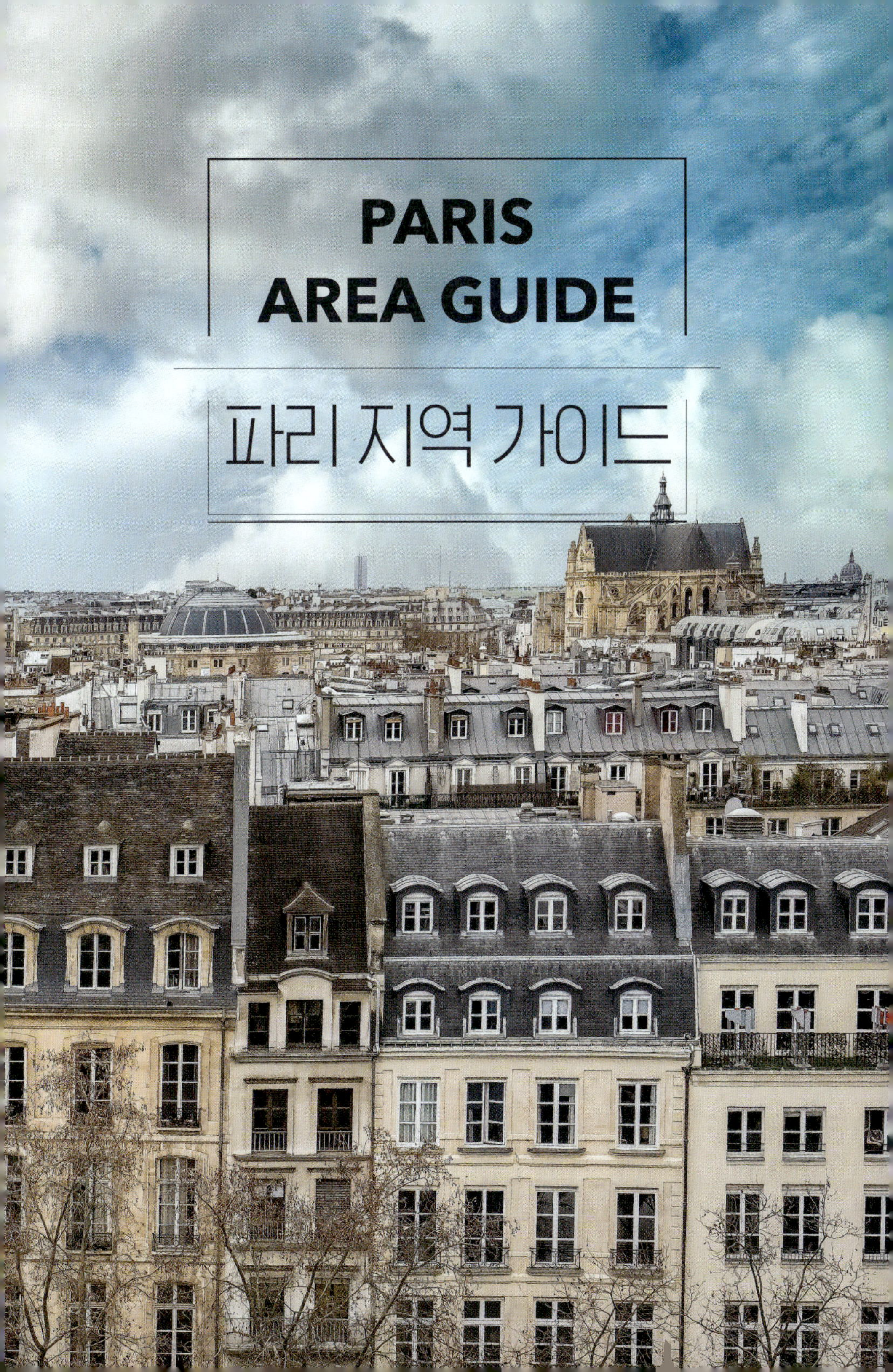

PARIS
AREA GUIDE
파리 지역 가이드

파리 구역별 MAP

르19일
18구
17구
몽마르트르
Montmartre
9구
10구
라 데팡스
생마르탱
운하와
그 주변
Canal
Saint-Martin
몽소 공원과 그 주변
Parc Monceau
개선문 & 샹젤리제
Arc de Triomphe &
Champs-Élysées
팔레 루아얄 & 오페라
Palais Royal &
Opéra Garnier
2구
레 알 & 보부르
Les Halles &
Beaubourg
불로뉴숲과 그 주변
Bois de Boulogne
8구
루브르 & 튈르리
Louvre & Tuileries
3구
마레 지구
Le Marais
16구
에펠탑 & 앵발리드
Tour Eiffel &
Invalides
생제르맹데프레
& 오르세
Saint-Germain-des-Prés
& Musée d'Orsay
1구
4구
시테섬 & 라탱 지구
Île de la Cité &
Quartier Latin
7구
6구
5구
베르시 & 톨비악
Bercy & Tolbiac
15구
몽파르나스
Montparnasse
14구
13구
몽수리 공원
프랑스 미니어처 마을

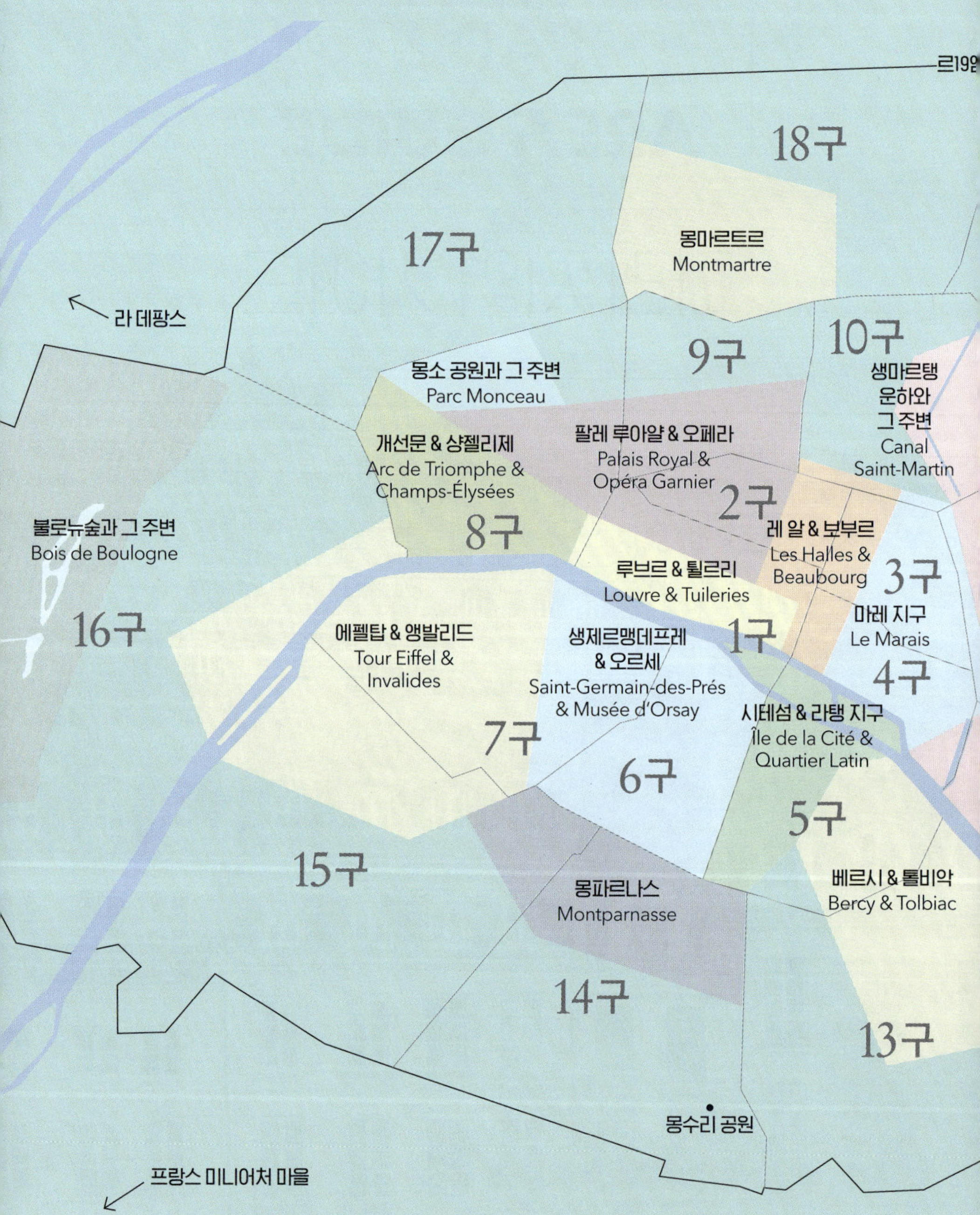

아스테릭스 공원

라 빌레트

19구

뷰트쇼몽 공원

벨빌 공원

20구

11구 페르라셰즈 묘지

생마르탱
운하와
그 주변
Canal
Saint-Martin

베르시 & 톨비악
Bercy & Tolbiac

12구

뱅센숲

디즈니랜드 파리 →

파리 추천 일정

파리에 도착한 다음날부터 파리 곳곳을 여행할 최적의 5일 코스를 제시한다. 여기에 가고 싶은 파리 근교 지역을 더해 본인의 여행 목적과 콘셉트에 맞게 응용해보자.

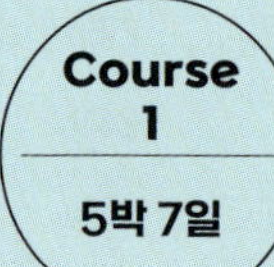

Course 1

5박 7일

기본에 충실! 꽉 찬 첫 파리 기본 코스

처음 파리 여행을 가는 사람들에게 추천하는 베이직 코스. 최대한 많은 곳을 다녀오려면 입장 대기 시간이 적은 평일을 공략하는 것이 좋다. 마지막 날 귀국 항공편 출발 시각이 늦다면 다섯째 날 베르사유에 다녀오고 넷째 날 그 밖의 근교 지역을 다녀오는 일정도 가능하다.

추천 패스 뮤지엄 패스 2일권(48시간권이므로 셋째 날 오르세 미술관까지 사용할 수 있다. 4일권 구매 시 넷째 날 베르사유 궁전까지 사용 가능!)

★는 온라인 예약 필수
☆는 온라인 예약 권장

Day 1

09:30 셰익스피어 앤 컴퍼니에서 노트르담 대성당을 바라보며 커피와 빵으로 아침 먹고 출발!
OPEN 카페 09:30
도보 5분

10:20 노트르담 대성당 앞에서 찰칵!
도보 5분

10:40 생트샤펠에서 아름다운 스테인드글라스 감상☆
도보 10분

11:30 사마리텐 백화점에서 파리지앵의 일상과 아르누보 & 아르데코 양식의 실내 구경하기
도보 15분

12:30 루브르와 오페라 사이 프렌치·아시안 맛집에서 점심 먹기

13:30 팔레 루아얄 산책하며 카페 키츠네에서 커피 한잔!

14:00 루브르 박물관에서 예술의 향기에 흠뻑 취하기☆
도보 5분

16:30 튈르리 정원에서 기분 좋은 휴식
도보 1분

17:00 오랑주리 미술관에서 클로드 모네의 <수련>에 흠뻑 취하기☆
도보 2분

18:00 프랑스인들이 가장 아름답다고 칭송하는 콩코르드 광장 둘러보기
M1 5분

18:30 개선문 전망대에 올라 야경 보며 하루 마무리
CLOSE 22:30

19:30 샹젤리제 거리 산책 & 샹젤리제 거리 주변 또는 숙소 근처에서 저녁 식사

Day 2

09:30 생마르탱 운하 산책 & 뒤팽 에 데지데의 에스카르고 피스타슈 쇼콜라로 아침 식사
OPEN 07:15
도보 20분

11:00 피카소 미술관에서 거장들의 작품 감상하기☆

12:30 마레 지구 골목 산책, 카페 & 식사 타임

14:30 카르나발레 박물관 또는 코냐크-제 박물관에서 벨 에포크 시대의 파리 사교계 엿보기
도보 15분

15:00 파리 시청사 앞에서 찰칵!
도보 15분

17:30 생퇴스타슈 성당, 웨스트필드 포럼 데 알 구경 후 저녁 식사

19:30 센강 북쪽 강변을 따라 알렉상드르 3세교까지 야경 투어!

추천 루트 퐁 뇌프 → 퐁 데자르 → 루브르 박물관 → 카루젤 개선문 → 튈르리 공원 → 콩코르드 광장 → 알렉상드르 3세교

주의! 너무 늦은 시간이나 혼자인 경우는 최대한 큰길을 따라 이동한다.

BUS 72번 10분 또는 도보 25분

21:00 매시 정각 5분간 2만 개의 전구로 반짝이는 에펠탑 조명 쇼 관람
CLOSE 23:00
주의! 에펠탑을 오른다면 예약 권장!☆

: WRITER'S PICK :

**파리의 월평균
일출·일몰 시각 및
평균 일조시간**

서머타임(3월 마지막 일요일~10월 마지막 일요일)이 실시되는 늦은 봄부터 초가을까지는
길어진 해를 이용해 더욱 많은 곳을 여유롭게 다닐 수 있다. 반대로 겨울철에는 해가 짧
아 오후 4시면 어둠이 내려앉기 시작하므로 시간 분배를 잘해야 한다.

월	일출	일몰	일조 시간	월	일출	일몰	일조 시간
1월	09:00경	17:20경	약 8시간 50분	7월	06:00경	21:50경	약 15시간 50분
2월	08:00경	18:10경	약 10시간 15분	8월	06:40경	21:00경	약 14시간 30분
3월	07:00경	19:00경	약 12시간	9월	07:30경	20:00경	약 12시간 40분
4월	07:00경	20:40경	약 13시간 45분	10월	08:10경	19:00경	약 11시간
5월	06:00경	21:30경	약 15시간 20분	11월	08:00경	17:10경	약 9시간 15분
6월	05:40경	22:00경	약 16시간 10분	12월	08:30경	17:00경	약 8시간 20분

Day 3

09:30 오르세 미술관에서 가슴 벅찬 인상파 그림들과
조우하기☆
OPEN 09:30
도보 15분

12:00 생제르맹데프레 성당 구경하고 근처에서 점심
먹기
M12 5분

14:00 마들렌 성당 구경하기
도보 10분

14:30 오페라 가르니에 앞에서 기념사진 남기기
옵션: 내부 관람 시 30분~1시간 소요
도보 5분

15:00 프렝탕 오스만 & 갤러리 라파예트 오스만
백화점에서 쇼핑도 하고 무료 전망대에도
오르고!
주의! 백화점에서 명품을 구매한 경우 숙소에 짐 맡긴
후 이동 필수!
옵션: 쇼핑에 관심이 없다면 백화점 대신 파사주 추천
M12 5분 + 도보 5분

17:00 파리 여행의 백미! 몽마르트르 언덕에 올라
사크레쾨르 대성당 & 예술가들의 흔적이 남아
있는 장소 방문 후 저녁 식사

Day 4

09:30 베르사유 도착 후 궁전 & 정원 관람하기★
OPEN 궁전 09:00/정원 08:00
RER C 35분~

16:00 방문 못 한 파리의 명소들을 돌아보거나
몽파르나스 타워 전망대 오르기
옵션: 라 발레 빌라주 아웃렛 10:00~20:00

21:00 바토무슈를 타고 센강을 한 바퀴 유람하며
환상적인 야경 감상
CLOSE 마지막 출발 성수기 22:30, 비수기 22:00

Day 5

10:00 라 발레 빌라주 또는 파리 시내 스톡, 백화점
등에서 쇼핑 후 숙소에서 짐 찾아서 공항으로
출발
OPEN 라 발레 빌라주 아웃렛 10:00~20:00

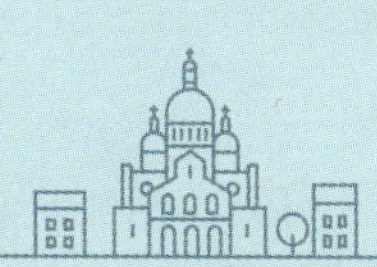

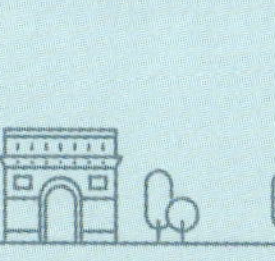

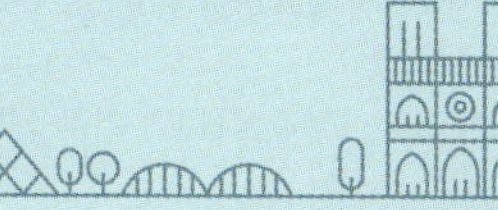

파리의 보석 같은 박물관과 미술관을 돌아보는
두근두근 예술 & 패션 코스

파리 3대 박물관과 미술관 이외에도 어느 하나 포기하기 힘든 인기 박물관과 미술관, 건축물을 더한 코스. 예술과 패션 전공자는 물론, 관광객에게도 뜨거운 파리의 명소들과 디올·루이비통·이브 생 로랑 등의 발자취를 볼 수 있는 컬렉션을 총망라했다. 에펠탑을 오를 예정이라면 예약하고 가는 것을 잊지 말자.

추천 패스 뮤지엄 패스 2일권(48시간권이므로 첫째 날 개선문에서 개시해 셋째 날 피카소 미술관까지 사용할 수 있다. 넷째 날은 뮤지엄 패스를 사용할 수 있는 곳이 없다.)

★는 온라인 예약 필수
☆는 온라인 예약 권장

Day 1

09:00 살롱 드 테 & 파티스리 카레트에서 아침 식사
OPEN 07:00

10:00 샤이요 궁전과 트로카데로 정원을 거쳐 이에나교를 건너며 에펠탑 찰칵!

이에나교 남단에서 도보 5분

10:30 케 브랑리-자크 시라크 박물관에서 현대 건축과 조경 탐닉

도보 7분

11:30 파리 시립 근현대 미술관에서 상설전과 특별전 관람

12:30 점심 식사

도보 5분

13:30 의상 박물관에서 전설적인 디자이너들의 전시 살펴보기

도보 5분

15:00 몽테뉴 거리에서 요즘 파리 패션 트렌드 스캔하기

15:30 디올 파리 30 몽테뉴의 갤러리에서 디올의 발자취 따라가기

도보 10분

16:30 프티 팔레 미술관 관람 & 안뜰 카페에서 티 타임

도보 4분

18:00 알렉상드르 3세교에서 강 건너 앵발리드의 금빛 돔을 바라보며 노을 감상하기

도보 25분 또는 도보 4분+**M1** 4분

18:30 개선문 전망대에 올라 야경 보며 하루 마무리
CLOSE 22:30

19:30 샹젤리제 거리 산책 & 샹젤리제 거리 주변 또는 숙소 근처에서 저녁 식사

Day 2

09:00 루브르 박물관에서 고전 예술의 향기에 흠뻑 취하기☆
OPEN 09:00

도보 7분

12:00 루브르와 오페라 사이 프렌치·아시안 맛집에서 점심 식사

도보 4분

13:30 럭셔리 쇼핑가 생토노레 거리 & 포부르 생토노레 거리 산책하며 커피 타임

도보 7분

14:30 오랑주리 미술관에서 클로드 모네의 <수련>에 흠뻑 취하기☆

도보 10분

16:00 오르세 미술관에서 가슴 벅찬 인상파 그림들과 조우하기☆
CLOSE 18:00(목요일 ~21:30)

도보 15분

18:30 생제르맹데프레에서 저녁 식사

BUS 63번 20분+도보 5분

21:00 매시 정각 5분간 2만 개의 전구로 반짝이는 에펠탑 조명 쇼 관람
주의! 에펠탑을 오른다면 예약 권장!☆

도보 15분

21:30 바토무슈 타고 센강을 한 바퀴 유람하며 환상적인 야경 감상
CLOSE 마지막 출발 성수기 22:30, 비수기 22:00

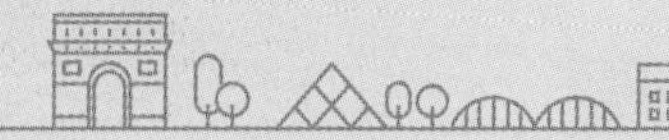

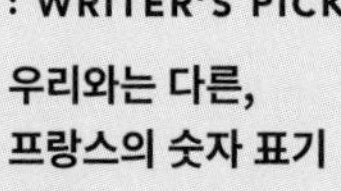

: WRITER'S PICK :

**우리와는 다른,
프랑스의 숫자 표기
4가지**

- **날짜:** 프랑스에서 날짜는 일-월-년 순으로 표기한다. 예를 들어 2026년 8월 15일이라면 15/08/2026라고 적는다. 월을 영어로 표기해 15/Aug/2026라고 적기도 한다.
- **주소 체계:** 파리는 18세기부터 도로명 주소 체계를 사용하고 있다. 모든 도로에 이름을 붙이고, 건물에는 센강에서 가까운 지점부터 왼쪽은 홀수, 오른쪽은 짝수로 번호를 매긴다.
- **건물 층수:** 프랑스는 건물의 지상층이 '0'부터 시작한다. 즉, 우리나라의 1층이 프랑스에서는 0층, 우리나라의 2층이 프랑스에서는 1층인 식이다. 0층은 Le rez-de-chaussée (RDC 또는 L'étage 0), 1층은 Le 1er(premier) étage, 2층은 Le 2eme(deuxième) étage 라고 표기한다.
- **숫자 단위 표시:** 프랑스에서는 천 자리 숫자 단위를 표시할 때 쉼표(,) 대신 마침표(.)를, 소수점을 표시할 때는 마침표(.) 대신 쉼표(,)를 사용한다. 예를 들어 1,000은 1.000, 13.5는 13,5로 적는다.

Day 3

09:30 마레 지구 카페에서 커피 타임

10:30 피카소 미술관에서 거장들의 작품 감상하기☆

12:30 마레 지구 골목 산책, 카페 & 식사 타임

14:30 카르나발레 박물관 또는 코냐크-제 박물관에서 벨 에포크 시대의 파리 사교계 엿보기

　도보 30분 또는 **M1** 5분+도보 5분

16:00 피노 컬렉션에서 프랑수아 피노의 예술가적 안목 확인하기★

　도보 10분

18:00 LV 드림에서 루이비통의 아카이브 전시 즐기기★

　도보 1분

19:00 사마리텐 백화점에서 아르누보 & 아르데코 양식의 실내 장식 감상하기
　CLOSE 20:00

　도보 1분

20:00 르 투 파리(슈발 블랑 파리 호텔) 또는 콩에서 가벼운 안주를 곁들여 칵테일 한잔

　*현대 예술에 애호가라면 LV 드림 대신 까르띠에 현대 예술 재단을 추천한다.
　두 곳을 모두 방문할 경우 카르나발레 박물관과 코냐크-제 박물관은 생략해야 무리 없는 일정이 된다.

Day 4

10:00 불로뉴숲 루이비통 재단에서 건축물 & 컬렉션 감상
　OPEN 10:00(시즌마다 다름)

　도보 30분

11:30 마르모탕 모네 미술관에서 황홀한 시간 보내기

　도보 22분+**M12** 18분

13:00 아베스역 주변 또는 피갈 지구에서 점심 식사

　도보 10분

14:00 몽마르트르 언덕에 올라 예술의 거리 산책

　M12 20분+도보 4분

16:00 부르델 미술관에서 현대 조각의 거장과 조우하기

　도보 5분

17:00 몽파르나스 묘지 산책
　(부르델 미술관 방문 시간에 따라 생략)
　CLOSE 17:30

　도보 15분

18:00 몽파르나스 타워에 올라 해 질 무렵 아름다운 파리의 야경 감상

　도보 4분

19:00 크레프리 드 조슬랭 또는 숙소 근처에서 저녁 식사

Day 5

09:30 방문 못 한 파리의 박물관과 미술관을 돌아보거나 쇼핑 후 공항으로 출발

**현지인처럼 느릿느릿
여유만만 & 힐링 코스**

복잡한 일상을 벗어나 잠시 숨을 고르고 싶어 파리를 방문했다면 오롯이 나를 위한 시간으로 채워 줄 장소들을 선택하자. 패스를 활용해 부지런히 다니기보다는 오래된 골목마다 자리한 카페와 사진 찍기 좋은 장소를 찾아다니는 힐링 코스!

☆는 온라인 예약 권장

Day 1

10:30 파리 시립 근현대 미술관 관람
OPEN 10:00

12:00 이에나 시장(수·토요일 07:30~14:30) 또는 마트 구경하며 먹거리 쇼핑
도보 20분

13:00 트로카데로 정원을 거쳐 이에나교를 건너며 에펠탑 찰칵!

13:20 샹 드 마르스에서 피크닉
도보 15분

14:30 비르아켐교에서 에펠탑을 배경으로 한껏 포즈를 취하고 찰칵!
도보 10분

15:00 카모앵 거리에서 에펠탑을 배경으로 시크한 분위기의 사진 남기기
도보 10분

15:30 케 브랑리-자크 시라크 박물관 내 카페에서 티 타임
도보 2분

16:30 유니베르시테 거리에서 에펠탑 인생샷 남기기
도보 22분

17:00 샹젤리제 거리 산책 & 라뒤레 또는 피에르 에르메에서 간식 타임
도보 7분

18:30 개선문 전망대에 올라 야경 보기
CLOSE 22:30
도보 20분 또는
BUS 92번 7분+도보 4분

20:00 바토무슈 타고 센강 유람
CLOSE 마지막 출발
성수기 22:30, 비수기 22:00

Day 2

09:30 셰익스피어 앤 컴퍼니에서 노트르담 대성당을 바라보며 커피와 빵으로 아침 먹고 출발
OPEN 카페 09:30

10:30 센강을 따라 늘어선 부키니스트 구경하며 산책하기
도보 10분

11:30 베르시용에서 아이스크림 사서 들고 생루이섬 곳곳 산책하기
도보 20분

13:00 앙팡 루즈 시장(화~토요일) 구경하며 노천 식당에서 점심 식사
도보 6분

14:00 피카소 미술관에서 거장들의 작품 감상하기☆
도보 7분

16:00 보주 광장과 프랑 부르주아 거리 구경 후 디저트 & 커피 타임
도보 7분

17:00 마레 지구 골목 구경하며 브로큰 암, ofr, 이봉 랑베르 등 편집숍 & 독립서점에서 쇼핑 후 저녁 식사
도보 30분 또는 **BUS** 96번 15분

21:00 라탱 지구의 카보 드 라 위셰트에서 재즈 라이브를 들으며 맥주 한잔!
CLOSE 02:30

Day 3

10:00 생제르맹데프레의 메종 플뤼레 파리에서 조용하게 에스프레소와 빵으로 하루를 시작!
OPEN 08:30

10:30 생제르맹데프레 구석구석 산책 & 라스파이 시장에서 꽃 구경하며 과일로 비타민 보충!
M4 3분+도보 2분 또는 도보 15분

12:00 외젠 들라크루아 미술관에서 아담한 정원과 아기자기한 전시실 감상하기(토·일요일은 10시 오픈)
도보 3분

13:00 르 를레 드 랑트르코트에서 스테이크로 점심 식사
도보 10분

14:00 뤽상부르 정원 산책 & 앙젤리나의 살롱 드 테에서 티 타임
도보 10분

16:00 자드킨 미술관에서 조용히 사색에 빠져들기
도보 20분 또는 **BUS** 83번 10분

17:30 생제르맹데프레의 그르넬 거리, 자코브 거리 구경하며 잡화 쇼핑
도보 5분

19:00 르 바 데프레에서 저녁 식사하며 칵테일 한잔!
CLOSE 23:00

Day 4

09:30 드리민 맨에서 커피 테이크아웃
OPEN 08:30
도보 10분

09:45 뒤팽 에 데지데에서 에스카르고
피스타슈 쇼콜라 테이크아웃
도보 2분

10:00 생마르탱 운하 따라 산책하며
빵과 커피로 아침 식사
도보 15분

11:00 레퓌블리크 광장 주변
라이프스타일 & 잡화숍 구경
도보 3분

12:30 생마르탱 운하 주변 파리 감성
핫플에서 점심 식사
도보 15분

14:00 아틀리에 데 뤼미에르에서
살아 움직이는 명화 감상
도보 8분

16:00 페르라셰즈 묘지 산책
M3 20분

18:30 오페라 가르니에와 팔레 루아얄
주변 파사주 산책하며 19세기
분위기 만끽하기
도보 5분

19:30 루브르와 오페라 사이 프렌치·
아시안 맛집에서 저녁 식사
도보 10분

21:00 바 헤밍웨이에서 칵테일
한잔하며 하루를 마무리!
CLOSE 00:30

Day 5

09:30 방문 못 한 파리의 명소들을
돌아보거나 쇼핑 후 공항으로 출발

+MORE+

아이와 함께
파리를 방문한다면?

짧은 일정에 여러 지역을 넣거나 복잡한 도심 속 쇼핑 스폿을 선택하기보다는 아이와 어른 둘 다 역사 공부도 하고 즐길 수 있는 명소를 골라보자. 유명 관광지는 비교적 덜 붐비는 평일에 방문하는 것이 포인트. 아래 일정은 초등학교 고학년 기준이며, 낯선 환경에 적응하는 시간이 필요한 영유아는 이보다 넉넉하게 일정을 잡길 권한다.

Day 1
오전 노트르담 대성당, 생트샤펠, 콩시에르주리
점심 식사 루브르와 오페라 사이 한인 식당 또는 일식당
오후 팔레 루아얄, 루브르 박물관(예약 권장), 튈르리 정원,
샹젤리제 거리, 개선문
저녁 식사 샹젤리제 거리 주변 또는 숙소 근처

Day 2
오전 & 점심 식사 몽마르트르
오후 앵발리드 또는 오르세 미술관 중 택1, 에펠탑 전망대 오르기
저녁 식사 에펠탑·트로카데로 주변
밤 바토무슈 탑승

Day 3
오전 베르사유 궁전(예약 필수)
점심 식사 베르사유 궁전·정원 내 식당 또는 도시락
오후 베르사유 정원, 몽파르나스 타워
저녁 식사 숙소 근처

Day 4
오전·오후 디즈니랜드 파리
tip. RER로 한 정거장 거리에 라 발레 빌라주 아웃렛(10:00~20:00)이 있다. 다음 날 귀국 비행기편 출발 시각이 이르다면 디즈니랜드 파리나 라 발레 빌라주 아웃렛 근처에서 1박한 후 공항으로 이동하는 것도 고려할 만 하다.
HOUR 셔틀버스 디즈니랜드 파리 → 샤를 드골 공항 약 1시간 소요, 06:30~18:30/1~2시간 간격 운행, 시즌에 따라 유동적
PRICE 24€(3~11세 11€)
WEB www.magicalshuttle.fr

Day 5
오전 숙소에 짐 맡기고 파리 식물원(자연사 박물관, 광물학 및 지질학 갤러리, 동물원 등) 관람
오후 숙소에서 짐 찾아서 공항으로 출발

파리 여행의 시작점
에펠탑 & 앵발리드

'인스타그램에 가장 많이 오른 유럽 명소 1위'에 당당히 이름을 올린 곳. 1889년 파리 만국 박람회장 입구로 세워진 에펠탑은 등장 이후 한 번도 '파리의 심볼' 타이틀을 놓치지 않았다. 파란 하늘을 배경으로 우뚝 솟은 에펠탑도 장관이지만 화려한 조명이 반짝이는 밤의 에펠탑도 결코 놓칠 수 없는 풍경! 그러니 1일 2 에펠탑은 선택이 아닌 필수다.

① 보고 또 봐도 예쁨
에펠탑 Tour Eiffel

프랑스 혁명 100주년을 맞는 1889년 파리 만국 박람회를 기념해 만들어져 지금까지 약 3억 명이 방문한 파리의 명물. 1930년 뉴욕의 크라이슬러 빌딩이 문을 열 때까지 세계에서 가장 높은 건축물이었다. 일몰 후 매시 정각 5분간 2만 개의 전구로 반짝이는 조명 쇼도 절대 놓쳐서는 안 되는 파리 최고 광경이다(조명 소등 시각은 23:45).

높이 324m, 총 3층으로 이루어진 에펠탑은 층마다 전망대가 있다. 가장 인기 있는 전망대는 제일 높은 곳에 있는 3층 전망대로 엘리베이터를 타야 올라갈 수 있는데, 막힌 곳이 없이 뚫린 360° 전망은 보기만 해도 기분이 좋아진다. **MAP ⑦-B**

GOOGLE MAPS 에펠탑 파리
ADD 5 Avenue Anatole France, 75007
OPEN 09:00~00:45(10월 중순~4월 중순 09:30~23:00)/날씨와 입장객 수에 따라 유동적/폐장 1시간 전까지 입장/ 예약 권장
PRICE 167p 참고, 3세 이하 무료(무료 티켓 발권 필수)
METRO 6 Bir-Hakeim 또는 **RER C** Champ de Mars-Tour Eiffel에서 각각 도보 12분
BUS 69·82·86번 Champ de Mars(1번 입구 방향) 하차 또는 30·42·82번 Tour Eiffel(1번 출구 방향) 하차
WEB www.toureiffel.paris

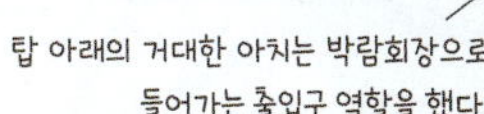
탑 아래의 거대한 아치는 박람회장으로 들어가는 출입구 역할을 했다.

구월 14일 혁명 기념일에는 화려한 불꽃놀이와 조명 쇼가 펼쳐진다.

276m 지점
116m 지점
57m 지점

3층 Sommet

2층 전망대보다 160m가 더 높아서 사방이 탁 트였다. 계단을 이용하거나 엘리베이터(리프트)를 타고 2층까지 간 다음 다른 엘리베이터로 갈아타고 올라가며, 강풍이 부는 날에는 출입이 통제된다. 에펠의 사무실을 재현해 두어 기념 사진 찍기도 좋고, 여유롭게 경치를 감상할 수 있는 샴페인 바(10:30~22:30, 1잔 20€~)와 기념품숍도 있다. 가장 높은 만큼 입장료는 제일 비싸다.

PRICE 0~3층 엘리베이터 36.70€(12~24세 18.40€, 4~11세 9.20€)/0~2층 계단+3층 엘리베이터 28€(12~24세 14€, 4~11세 7€)/3세 이하 무료(무료 티켓 발권 필수)

*0~2층 계단 티켓만 온라인 예매 후 현장에서 2~3층 구간의 엘리베이터 티켓을 별도 구매해도 된다. 다만 성수기에 3층까지 올라갈 예정이라면 모두 예매해 두는 것이 좋다.

2층 2ème étage

3층과는 또 다른 센강과 파리 시내 전망을 감상할 수 있다. 망원경은 3분에 2€. 미슐랭 1스타 레스토랑 르 쥘 베른(Le Jules Verne)과 가벼운 메뉴들로 구성된 뷔페식당, 피에르 에르메의 마카롱 바, 기념품 가게가 있다. 엘리베이터 대신 계단을 이용하면 좀 더 저렴하게 오를 수 있다.

PRICE 0~2층 엘리베이터 23.50€(12~24세 11.80€, 4~11세 6€)/0~2층 계단 14.80€(12~24세 7.40€, 4~11세 3.80€)/3세 이하 무료(무료 티켓 발권 필수)

1층 1er étage

일부 바닥을 유리로 만들어 마치 공중에 있는 듯한 아찔함을 느낄 수 있다. 에펠탑의 건축 자료와 일화, 유명인의 사진 등을 전시한 박물관과 영상 자료실, 뷔페 식당, 기념품 가게도 있다. 특히 에펠탑 내의 기념품 가게는 이곳이 제일 크고 상품도 다양하다. 엘리베이터를 타고 왔다면 2층에서 내려 계단으로 한 층 내려간다. 1층 전용 티켓은 따로 없고 0~2층 이상 티켓을 사서 올라가야 한다.

PRICE 2층과 공통

에펠탑, 예약하고 가세요!

❶ 에펠탑에선 테러의 위험 때문에 소지품 검사가 필수다. 에펠탑이 있는 정원의 샹 드 마르스 방향 양쪽 끝에 있는 입구에서 소지품 검사를 받고, 탑 아래에서 티켓 검사와 함께 다시 소지품 검사를 받아야 한다. 예약했더라도 검사 시간을 고려해 최소 30분 전에 도착하는 것이 좋다.

❷ 매표소는 에펠탑 다리 양쪽 아래에 있다. 예약자 전용 소지품 검사와 엘리베이터 입구를 따로 운영하므로 안내문(Visitors with Reservation)을 잘 보고 이동한다. 또한 청소년과 어린이 등 할인 요금으로 티켓을 구매·입장할 때 신분증 검사를 꼼꼼하게 하니 여권이나 학생증 등을 꼭 챙겨간다.

❸ 에펠탑은 뮤지엄 패스를 사용할 수 없고 시간당 입장 인원을 제한하므로 홈페이지에서 예매하고 가는 것이 좋다. 날짜, 인원수 등 필요 사항을 입력하고 2·3층 전망대 중 하나를 선택한 뒤 입장 시각을 지정하면 결제 화면으로 넘어간다. 예매 완료 후에는 e-티켓을 스마트폰에 저장하거나 출력해 입구에서 보여주자.

❹ 큰 가방이나 캐리어, 유리병 등이 있다면 입장할 수 없으니 짐은 가볍게 하고 가자.

❺ 어린이 입장료가 저렴해 초등학생 나이의 소매치기들이 주로 활동한다. 내부로 입장했더라도 소지품 보관에 각별히 주의한다.

❻ 출구는 탑의 북쪽, 이에나교 방향 양쪽 끝에 있다.

예약자 전용 입구

② 에펠탑 아래, 끝없는 푸르름
샹 드 마르스 Champ de Mars

에펠탑을 구경하러 온 여행자와 파리지앵의 피크닉 공간으로 사랑받는 길다란 공원. 길이 약 1.3km, 너비 120~140m에 면적이 축구장 35개를 합한 크기에 달한다. 1765년 '마르스(Mars, 전쟁의 신)의 들판(Champ)'이란 이름의 군사 훈련 장소로 쓰였다. 대혁명 당시 단두대가 설치되기도 했으며, 1867년 이후 5차례에 걸쳐 파리 만국박람회의 주무대로 사용되는 등 파리 근대사의 중요한 순간들이 이곳을 스쳐갔다. 유로축구선수권대회나 월드컵 결승전 때는 초대형 야외 스크린을 설치해 10만 명 가까운 시민이 이곳에서 대규모 응원전을 펼친다. **MAP ❼-D**

GOOGLE MAPS 마르스광장
METRO 6·8·10 La Motte-Picquet-Grenelle 또는 **8** École Militaire 또는 **RER C** Champ de Mars-Tour Eiffel 하차

③ 나폴레옹과 운명을 같이 했네
이에나교 Pont d'Iéna

왼쪽에는 에펠탑, 오른쪽에는 샤이요 궁전을 둔 센강의 다리. 1805년 아우스터리츠 전투에서 오스트리아·러시아 연합군을 격파한 나폴레옹이 건설을 명령해 그가 실각하기 직전인 1813년에 완공했다. 에펠탑 쪽 이에나교 바로 아래에는 유람선 바토뷔스와 바토 파리지앵의 선착장이 있다. **MAP ❼-B**

GOOGLE MAPS 이에나 다리

에펠탑에서 바라본 샤이요 궁전의 모습은 마치 새가
날아가기 직전에 날개를 활짝 펴고 있는 것처럼 아름답다.

④ 여기가 에펠탑 촬영 맛집
샤이요 궁전 Palais de Chaillot

센강을 사이에 두고 에펠탑을 정면으로 바라보고 서 있는 반원형
의 궁전. 1937년 파리 만국 박람회를 위해 지은 건물로, 에펠탑
에서 거리도 가까워 여행자들의 발길이 끊임없이 이어진다. 궁전
앞으로 넓게 펼쳐진 트로카데로 정원(Jardins du Trocadéro)에서
분수쇼도 볼 수 있고, 넓은 잔디밭이 있어 아이들이 뛰놀기에도
좋다. 여름이면 거대한 물줄기를 뿜어대는 분수대가 수영장으
로 변신해 더위를 식힐 수 있다. 정원 지하에는 1867년 개장한
작은 규모의 아쿠아리움(Aquarium de Paris)도 있다.
궁전 양쪽에 날개처럼 달린 곡선형의 건물들 중 오른쪽 건물은
조형 박물관, 건축 박물관, 전시장, 공연장 등이 포진해 있는 건
축·문화 유산 단지(Cité de l'Architecture et du Patrimoine)다.
왼쪽에는 가족 단위 여행자에게 인기가 있는 해양 박물관과 인
류사 박물관 등이 들어서 있다. **MAP ⑦-B**

GOOGLE MAPS 샤이요궁전 파리
ADD 1 Place du Trocadéro, 75016
OPEN 박물관에 따라 다름/ 일부 박물관 온라인 예약 필수
PRICE 9~12€(박물관에 따라 다름)/건축·문화 유산 단지 매주 첫째 일요
일 무료/일부 박물관 상설전 뮤지엄 패스
WALK 에펠탑에서 이에나교를 건너 바로
METRO 6·9 Trocadéro 1·6번 출구에서 바로
WEB 건축·문화 유산 단지 www.citedelarchitecture.fr

+MORE+

트로카데로 광장 Place du Trocadéro

샤이요 궁전 북쪽에 있는 반원형 광장. 광장 중앙에 포슈
원수의 기마상이 있다. 광장 정면에 샤이요 궁전이 있고,
궁전 사이로 에펠탑이 보여 포토 스폿으로 인기가 높다.

샤이요 궁전 내 전망 좋은 레스토랑들

에펠탑이 눈앞에 펼쳐지는 샤이요 궁전 내 레스토랑
의 테라스 석은 언제나 인기다. 다만 비싼 음식값에
비해 음식 맛이 만족스럽지 않은 데다 서비스가 부
족한 직원도 있어서 여행자들의 불만이 끊이지 않는
다. 에펠탑을 등지고 왼쪽 건물 0층에 위치한 카페
드 롬므(Café de l'Homme)는 식사 시간에 테라스 석
이용 시 코스 메뉴만 주문할 수 있고, 오른쪽 건물에
위치한 지라프(Girafe)는 해산물 중심의 요리를 37€
부터(플라 기준) 제공한다.

카페 드 롬므

Point 1 — 카모앵 거리
Avenue de Camoens

길이 115m의 고급 주택가. 사진을 찍었을 때 에펠탑이 가장 파리답게 나오는 곳으로 유명하다. 길 끝 계단 입구에 설치된 석조 난간에 걸터앉아 현지인처럼 무심하게 에펠탑을 바라보는 내 모습을 사진으로 남겨보자. 트로카데로 광장에서 도보 5분 소요.

GOOGLE MAPS V75P+VC 파리

Point 2 — 트로카데로 정원
Jardins du Trocadéro

샤이요 궁전 앞으로 펼쳐진 드넓은 정원. 정원의 가운데 축을 따라 길게 조성된 분수의 물줄기와 조형물 덕분에 그 시선의 끝에 가 닿는 에펠탑이 더욱 장대하고 시원스러워 보인다.

GOOGLE MAPS V76Q+MP 파리

해가 진 뒤에는 반짝이는 에펠탑을 배경으로 알록달록한 조명이 눈길을 사로잡는 회전목마가 멋진 인생샷을 책임진다. 단, 장기간 휴무인 경우도 있으니 이곳에 회전목마가 없다면 에펠탑 바로 앞 회전목마를 찰칵!

뉴욕 거리
Avenue de New York

에펠탑 건너편 강변을 따라 난 둑길. 추운 겨울날, 나뭇잎이 떨어진 앙상한 가로수 뒤로 보이는 에펠탑의 측면 실루엣도 그림이 된다. 특히 파리 시립 근현대 미술관 앞쪽에서 바라보는 구도가 예쁘기로 소문났다. 다만 겨울을 제외하고는 나무에 가려 에펠탑이 잘 보이지 않으니 나무 배경은 포기하고 센강에 가까운 쪽이나 아래의 산책로로 내려가자.

GOOGLE MAPS V77X+G8 파리

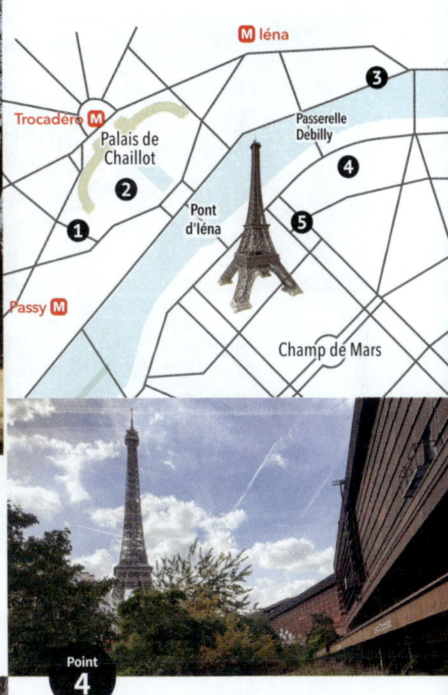

Point 4

케 브랑리-자크 시라크 박물관
Musée du Quai Branly-Jacques Chirac

옥상의 루프톱 바 레종브르(181p), 0층의 카페 자크(180p), 자연 그대로의 모습을 표현한 정원 등 박물관 곳곳을 누비며 다양한 각도에서 에펠탑을 구경하고 사진을 남길 수 있다. 사진 찍는 걸 좋아한다면 조금 기다려서라도 레종브르에서 시간을 보내길 권한다.

GOOGLE MAPS 케 브랑리

Point 5

유니베르시테 거리
Rue de l'Université

우리가 어딘가에서 본 멋진 에펠탑 사진은 대부분 이곳에서 촬영했다. 널찍한 거리를 따라 늘어선 18세기의 고풍스러운 건물들 사이에 나 홀로 우뚝 선 에펠탑은 그야말로 장관이다.

GOOGLE MAPS V75W+XM 파리

현대 건축의 거장 장 누벨이 설계한 멋진
건물과 녹음이 우거진 정원이 길이 220m,
높이 10m의 유리 벽으로 둘러싸여 있다.

⑤ 박물관이지만 산책하러 갑니다
케 브랑리–자크 시라크 박물관
Musée du Quai Branly–Jacques Chirac

아시아·아프리카·오세아니아의 문명과 역사를 총망라한 국립 박물관. 칸칸이 덧창이 움직이면서 빛을 조절하는 창문 구조와 뱀처럼 휘어지는 완만한 오르막 경사로, 원시 동굴을 연상시키는 전시장 등 건축물 자체가 주는 감동이 커서 세계사를 잘 모르더라도 즐거운 시간을 보낼 수 있다. '녹색 벽'이라 불리는 패트릭 블랑의 수직 정원과 조경가 질 클레망이 야생 그대로의 생태공원에 가깝게 가꾼 1.2ha(축구장의 약 1.7배 면적) 규모의 정원, 전망 좋은 루프톱 레스토랑도 또 하나의 전시 공간을 제공한다. 정원 및 카페와 레스토랑은 누구나 자유롭게 이용할 수 있다. MAP ❼-B

GOOGLE MAPS 케 브랑리
ADD 37 Quai Branly, 75007
OPEN 박물관 10:30~19:00(목요일 ~22:00)/폐장 1시간 전까지 입장/월요일·5월 1일·12월 25일 휴무 정원 09:15~19:30(목요일 ~22:15)/월요일 휴무
PRICE 14€~/17세 이하·매월 첫째 일요일 무료/ 뮤지엄 패스 /정원 무료/로댕 미술관 통합권 23€
WALK 에펠탑에서 도보 7분
RER C Pont de l'Alma에서 도보 5분
WEB www.quaibranly.fr

⑥ 백조들의 섬
시뉴섬 Île aux Cygnes

1827년 당시 목재 다리였던 그르넬교를 보호하기 위해 조성한 작은 인공 섬. 루이 14세 때 덴마크에서 보낸 백조 40마리를 이 섬에 풀어 놓은 데서 '백조들의 섬'이라는 뜻의 이름을 붙였다. 길이 약 850m, 너비 약 11m의 길쭉한 모양으로, 중앙에는 백조들의 작은 길(Allée des Cygnes)이란 예쁜 이름의 산책로가 닦여 있다. 산책로는 섬 양쪽 끝에 각각 걸쳐 있는 비르아켐교(Pont de Bir-Hakeim)와 그르넬교(Pont de Grenelle)를 통해 접근할 수 있는데, 산책로 입구와 다리 위에서 바라보는 에펠탑의 풍경이 멋져 촬영 명소로 꼽힌다. 그르넬교 쪽 산책로에는 뉴욕에 있는 <자유의 여신상>의 소형 복제품이 놓여 있다. MAP ❼-C

에펠탑에서 내려다본 시뉴섬

GOOGLE MAPS 파리자유의여신상
WALK 에펠탑에서 도보 10분
METRO 6 Passy 또는 Bir-Hakeim에서 도보 5분

시뉴섬 뷰포인트 3

비르아켐교 **Point 1**
Pont de Bir-Hakeim

이에나교 서쪽 첫 번째 다리다. 자동차와 사람이 다니는 하부교 중간 즈음에 센강을 향해 툭 튀어나온 테라스에서 <되살아나는 프랑스(La France Renaissante)> 동상과 에펠탑을 배경으로 한껏 포즈를 취해보자. 영화 <인셉션>에 등장한 다리로도 유명하다.

GOOGLE MAPS 비흐에껨 다리

에펠탑

다리와 연결되는 시뉴섬 산책로 입구

<되살아나는 프랑스>

비르아켐교에서 <인셉션>의 한 장면처럼 찰칵!

루엘교(Pont Rouelle). 시뉴섬 한가운데 걸쳐 있는 RER C선 전용 철교다.

<자유의 여신상> **Point 3**
Statue de la Liberté

뉴욕의 상징인 <자유의 여신상>은 프랑스가 미국의 독립 기념 100주년 축하 선물로 제작한 조각상이다. 프랑스의 조각가 바르톨디의 작품으로, 1878년에 머리만 만들어 파리 만국 박람회 때 전시한 후 모금을 통해 나머지를 완성해 미국으로 보냈다. 3년 뒤, 프랑스에 거주하는 미국인의 주도로 프랑스 대혁명 100주년을 기념하는 복제품을 만들어 이곳에 세웠다.

GOOGLE MAPS 파리자유의여신상

Point 2 그르넬교
Pont de Grenelle

시뉴섬 남쪽 끝에 걸쳐 있는 그르넬교는 <자유의 여신상>을 보러 오는 사람들로 늘 붐비는 곳이다. 시뉴섬 산책로의 입구가 있는 다리 중간지점에 서면 루엘교 위로 RER이 지나가고 강변을 따라 고층빌딩이 늘어선 현대적인 풍경을 사진으로 남길 수 있다.

GOOGLE MAPS 그흐넬르 다리

에펠탑도 보고, 쇼핑도 하고
보그르넬 Beaugrenelle

숙소가 에펠탑 근처라면 추천하는 대형 쇼핑몰. 패션과 화장품 브랜드가 모여 있는 본관 마그네틱관(Magnetic), 라파예트 백화점과 극장, 카페가 있는 파노라믹관(Panoramic), 아동용품과 잡화 매장, 패스트푸드점이 모여 있는 시티관(City) 등으로 나뉜다. 백화점처럼 합산해 세금 환급 혜택을 받을 수 있고, 중저가 브랜드가 많아 부담 없이 돌아보기 좋다. 세금 환급 안내는 마그네틱관의 0층 안내 데스크(Accueil)를 방문할 것. MAP ❼-C

GOOGLE MAPS 보그르넬 파리   **ADD** 12 Rue Linois, 75015
OPEN 10:00~20:00(레스토랑 ~24:00)/매장마다 조금씩 다름
WALK <자유의 여신상>에서 도보 5분/에펠탑에서 도보 20분
METRO 10 Charles Michels 1번 출구에서 도보 3분
WEB www.beaugrenelle-paris.com

구 실험 예술의 전당
팔레 드 도쿄 Palais de Tokyo

1937년 만국 박람회 때 지은 일본 전시관으로, 파리 시립 근현대 미술관과 건물의 한쪽씩 나누어 쓰고 있다. 사진, 설치, 영상, 패션 등 분야를 넘나드는 전시와 행사가 열리며, 레스토랑 무슈 블뢰(180p)를 비롯해 카페, 기념품숍, 클럽 등 다채로운 시설이 마련돼 있다. MAP ❼-B

GOOGLE MAPS 팔레드도쿄
ADD 13 Avenue du Président Wilson, 75116
OPEN 12:00~22:00(성수기 목요일 ~24:00/전시·상황에 따라 다름)/
화요일·1월 1일·5월 1일·12월 25일 휴무
PRICE 13€(학생·18~25세 9€)/전시에 따라 다름
WALK 샤이요 궁전에서 도보 10분
METRO 9 Iéna 1번 출구에서 도보 4분
WEB www.palaisdetokyo.com

전시 주제는 매번 바뀐다.

8 파리 부촌의 야외 시장은 어떤 모습?

이에나 시장(프레지덩 윌송 시장)
Marché Iéna(Marché Président Wilson)

평소에는 한산하기만 한 파리의 이름난 부촌인 16구. 수·토요일 아침
에는 이곳에 파리에서 가장 넓은 야외 시장이 들어선다. 빛깔 좋은 채
소와 과일, 고기, 생선, 치즈, 빵이 보기 좋게 식욕을 자극하고 화사한
꽃들이 분위기를 밝힌다. 그 외에도 옷과 그릇 등 다양한 품목을 만나
볼 수 있다. 부촌에 사는 로컬들이 많이 찾는 시장으로, 이른 아침 장
보러 나온 주부들의 옷차림이 예사롭지 않다. MAP ⑦-B

GOOGLE MAPS marche iena
ADD Avenue du Président Wilson, 75116
OPEN 수요일 07:00~13:00, 토요일 07:00~15:00
WALK 팔레 드 도쿄 바로 북쪽

9 다이애나 비를 추모하며

알마 광장 Place de l'Alma

파리 시립 근현대 미술관 동쪽에 위치한 광장으로, 알마교를 포
함해 8개의 길이 만나는 복잡한 교차로다. 광장 한쪽에는 시뉴
섬에 있는 파리의 <자유의 여신상> 불꽃을 복제한 황금색 <자
유의 불꽃>이 있다. 영국의 전 왕세자비 다이애나가 1997년 알
마교 밑의 터널에서 교통사고로 사망하자 그녀를 기리는 이들
이 이곳에 꽃과 메모를 꾸준히 헌정해 비공식 추모관이 됐다.
이후로 이 주변은 다이애나 광장(Pl. Diana)이라고도 불린다. 알
마 광장과 연결된 알마교 옆에는 유람선 바토무슈의 선착장이
있어 많은 사람이 오간다. MAP ⑦-B

GOOGLE MAPS 알마광장
METRO 9 Alma-Marceau 2번 출구에서 바로

Point 1

대형 작품들의 보고

파리 시립 근현대 미술관
Musée d'Art Moderne de la Ville de Paris

야수파와 입체파를 중심으로 20세기 미술품을 전시한다. 마티스의 대형 벽화 <춤>(1933년)과 라울 뒤피의 <전기의 요정>(1937년), 모딜리아니의 <푸른 눈의 여인>(1918년) 등 이 이곳의 대표작이다. 특별전으로 유명 작가의 작품도 종종 전시한다. MAP ❼-B

GOOGLE MAPS 파리시립현대 미술관
ADD 11 Avenue du Président Wilson, 75016
OPEN 10:00~18:00(특별전 목요일 ~21:30)/폐장 45분 전까지 입장/월요일·1월 1일·5월 1일·12월 25일 휴무
PRICE 상설전 무료, 특별전 7€~(18~26세 할인, 예술 전공 학생 무료)
WALK 팔레 드 도쿄 바로 옆 건물 **WEB** www.mam.paris.fr

Point 2

유럽이야? 아시아야?

국립 기메 동양 박물관
Musée National des Arts Asiatiques Guimet

동양 미술을 보려는 사람들에게는 환상적인 곳. 한국, 중국, 일본, 인도 등 온종일 관람해도 다 못 볼 정도의 아시아 컬렉션을 자랑한다. 4만5000여 점의 소장품 중 아시아 유물이 1만4500여 점에 달하며, 이중 4500여 점을 전시하고 있다. 특히 티베트·몽골 문화재와 불교 관련 유물 등이 꽤 볼만하다. 우리나라 유물은 신석기 시대부터 조선 시대까지 1000여 점 소장하고 있다. MAP ❼-B

GOOGLE MAPS 기메박물관
ADD 6 Place d'léna, 75016
OPEN 10:00~18:00/폐장 45분 전까지 입장/화요일·1월 1일·5월 1일·12월 25일 휴무
PRICE 상설전+특별전 15€/오디오 가이드 포함/예술 전공 학생·매월 첫째 일요일 무료 뮤지엄 패스
WALK 샤이요 궁전에서 도보 7분
METRO 9 léna 2번 출구에서 바로
WEB www.guimet.fr

Point 3

궁전 안 프랑스 건축 기행

건축·문화 유산 단지
Cité de l'Architecture et du Patrimoine

샤이요 궁전의 한쪽 건물을 차지하고 있는 세계 최대 규모의 건축 센터. 상설전시장은 프랑스 기념물 박물관(Musée des Monuments Français)이라고도 하며, 중세부터 현재까지 프랑스 건축물과 벽화 등을 3개의 갤러리(캐스트·회화, 스테인드글라스, 근현대 건축 모형 갤러리)에 나누어 전시한다. 특히 캐스트(실물 크기 주물 복제품) 갤러리는 7000여 점에 달하는 진귀한 전시품을 선보이며 프랑스 건축의 역사와 아름다움을 전한다. MAP ❼-B

GOOGLE MAPS 파리 건축 문화 유산 단지
ADD 1 Pl. du Trocadéro et du 11 Novembre, 75116
OPEN 11:00~19:00(목요일 ~21:00)/화요일·1월 1일·5월 1일·7월 14일·12월 25일 휴무 예약 권장
PRICE 상설전+특별전 13€~(18~25세 10€~)/일부 특별전은 요금 추가 또는 별도/매월 첫째 일요일 무료 뮤지엄 패스
WALK 에펠탑을 등지고 샤이요 궁전의 오른쪽 건물
WEB www.citedelarchitecture.fr

Point 4
20세기를 대표하는 패션 아이콘
이브 생 로랑 박물관
Musée Yves Saint Laurent Paris

이브 생 로랑이 실제 사용했던 아틀리에.
방금 전까지 그가 작업하다 잠시
자리를 비운 듯 생생하게 복원해 놓았다.
월 1회 진행하는 워크숍(프랑스어)을 신청하면
오트 쿠튀르 제작 과정을 볼 수 있다.

여성용 정장 바지와 가죽 재킷을 세상에 처음 선보이고 오트 쿠튀르 무대에서 최초로 흑인을 모델로 세우는 등 패션계의 새로운 역사를 쓴 디자이너로 평가받는 이브 생 로랑(1936~2008년). 그를 기리기 위해 그가 30년간 작업했던 공간을 개조해 2017년에 문을 열었다. 5000점 이상의 오트 쿠튀르 컬렉션과 1만5000개 이상의 액세서리, 3만5000여 점의 그림과 직물 제품 등 그가 남긴 주요 작품과 제작 과정을 볼 수 있다. 아쉽게도 현재 리뉴얼 공사 중으로, 2027년 가을 재오픈 예정이다. MAP ❼-B

GOOGLE MAPS 이브생로랑박물관 파리
ADD 5 Avenue Marceau, 75116
OPEN 2027년 9월 중순까지 공사로 휴관
WALK 알마 광장에서 도보 4분
METRO 9 Alma-Marceau 3번 출구에서 도보 2분
WEB www.museeyslparis.com

Point 5
프랑스 패션의 변천사
의상 박물관(팔레 갈리에라)
Musée de la Mode(Palais Galliera)

마리 앙투아네트와 조제핀 보나파르트의 드레스와 구두, 크리스챤 디오르·이브 생 로랑 등의 오트 쿠튀르 의상 등 18세기부터 현대까지 유행한 3만여 벌의 의상과 3만5000여 점의 액세서리, 약 8만5000장의 사진, 그래픽 아트 자료들을 보유한 세계적인 패션 박물관. 지하 전시관은 의상 박물관의 재정을 지원했던 샤넬을 기리며 갤러리 가브리엘 샤넬이라 이름 붙였다. 소장품의 아름다움에 걸맞게 저택도 화려해 볼거리가 풍부하며, 패션 잡지 보그 100주년 기념전, 가브리엘 샤넬 회고전 같은 특별전시회도 종종 열린다. MAP ❼-B

GOOGLE MAPS 팔레 갈리에라
ADD 10 Avenue Pierre 1er de Serbie, 75016
OPEN 10:00~18:00(목요일 ~21:00, 일부 공휴일 일찍 폐장)/
월요일·1월 1일·5월 1일·12월 25일·전시 교체 기간 휴무/
무료입장객 포함 예약 권장
PRICE 14€(18~26세·학생 12€, 예술·패션·건축 전공 학생 무료)/특별전 포함 시 3~5€ 추가/
전시에 따라 다름
WALK 샤이요 궁전에서 도보 7분
METRO 9 Iéna 2번 출구에서 도보 4분
WEB www.palaisgalliera.paris.fr

황금빛 거대한 돔 아래 잠든 나폴레옹 1세

앵발리드 Hôtel National des Invalides ⑩

17세기에 루이 14세의 명에 따라 상이 군인들의 재활을 위해 건설된 대규모 군사 복지 시설로, 돔 성당, 생루이 데 쟁발리드 성당, 군사 박물관, 안뜰 등으로 구성돼 있다. 황금빛 돔이 우뚝 선 돔 성당에는 나폴레옹을 비롯해 나폴리 국왕이었던 형 조제프, 네덜란드 국왕이었던 동생 루이 등 나폴레옹 일가와 그의 휘하에서 전적을 올린 장군들 등이 안치돼 있다. 석관 주변을 따라 새겨진 12개의 여신상과 바닥의 별 모양 모자이크는 황제의 주요한 승리를 상징하며, 나폴레옹이 직접 사용한 검과 군복 등 유품도 함께 전시돼 있다. **MAP ⑥-C**

GOOGLE MAPS 앵발리드
ADD 129 Rue de Grenelle, 75007
OPEN 10:00~18:00(매월 첫째 금요일 ~22:00)/폐장 30분 전까지 입장/1월 1일·5월 1일·12월 25일 휴무/보수 공사 등으로 일부 전시관 예고 없이 휴관할 수 있음
PRICE 통합권 17€(매월 첫째 금요일 야간개장 10€), 안뜰과 정원 무료/파리 비지트 소지자 12€/일부 특별전 진행 시 요금 추가/ 뮤지엄 패스
METRO 8 La Tour-Maubourg 2번 출구 또는 13 Varenne 하나뿐인 출구에서 도보 3~4분 또는 8·13 & RER C Invalides 1번 출구에서 도보 5분
WEB www.musee-armee.fr

⑪ 로댕의 조각을 맘껏 볼 수 있는 기회

로댕 미술관 Musée Rodin

19세기의 가장 위대한 조각가 로댕이 말년에 작업장으로 사용하던 집을 미술관으로 꾸며 1910년에 개관했다. 정문 바로 앞의 야외 전시장(장미정원)에는 로댕의 걸작인 <생각하는 사람>, <칼레의 시민>, <지옥의 문> 등이 있고, 미술관 내에는 평생 로댕의 곁을 지킨 마리 로즈 뵈레를 모델로 젊은 시절에 제작한 <꽃 장식 모자를 쓴 소녀>(1865년), <키스>(1898년), <다나이데>(1892년) 등 로댕의 대표작들이 있다. 또한 로댕이 수집한 반 고흐·르누아르·모네 등의 작품도 볼 수 있다. 미술관 뒤쪽에는 3만m²(약 9000평)에 이르는 넓은 정원과 조용한 산책로가 있다. **MAP ⑥-C**

GOOGLE MAPS 로댕미술관
ADD 79 Rue de Varenne, 75007
OPEN 10:00~18:30(정원 11월 중순~2월 17:00~18:00 마감)/폐장 45분 전까지 입장/월요일·1월 1일·5월 1일·12월 25일 휴무/ 예약 권장
PRICE 15€/특별전 진행 시 요금 추가/10~3월 매월 첫째 일요일 무료/오르세 미술관 통합권 25€(개시 후 3개월간 유효, 각각 1번씩만 입장 가능)/ 뮤지엄 패스
WALK 앵발리드 돔 성당에서 도보 8분
METRO 13 Varenne 하나뿐인 출구에서 도보 2분
WEB www.musee-rodin.fr

구석구석 앵발리드 탐방

앵발리드에는 15개의 안뜰이 있으며, 그중 중앙의 명예의 안뜰(Cour d'Honneur)은 군대가 행진하던 가장 큰 곳이다. 명예의 안뜰 양옆에 늘어선 건물들은 현재 군사 박물관(Musée de l'Armée)으로 일반인에게 공개하고 있다. 총 9개의 박물관과 전시관, 기념관으로 구성된 군사 박물관에서는 선사 시대부터 나폴레옹 시대를 거쳐 제2차 세계대전까지 전쟁의 발전 내력을 보여주는 각종 무기와 제복, 깃발, 그림 등을 나누어 전시하고 있다. 모두 둘러보려면 시간이 꽤 오래 걸리니 입구에서 안내도를 받고 동선을 잘 계획하자.

❶ **돔 성당** Église du Dôme(Dôme des Invalides, Tombeau de Napoléon Ier) : 프랑스 군인 영웅들을 위한 묘지이자 예배당.

❷ **명예의 안뜰** Cour d'Honneur : 양쪽 아케이드에 프랑스 육군의 전성기를 상징하는 대포 60기가 늘어서 있고, 그 양옆의 건물은 군사 박물관으로 사용되고 있다. 무료입장.

❸ **생루이 데 쟁발리드 성당** Cathédrale Saint-Louis des Invalides : 프랑스가 전쟁에서 이길 때마다 가지고 온 상대국의 깃발들이 걸려 있다. 무료입장.

❹ **옛 무기와 갑옷 전시관** Armes et Armures Anciennes : 13세기부터 17세기까지의 무기와 갑옷 등을 시대별로 나눠 전시한다.

❺ **루이 14세~나폴레옹 전시관** Louis XIV~Napoléon : 1643년부터 1870년까지 나폴레옹 1세를 비롯한 군인들의 군복, 장비, 무기, 및 엠블럼 등을 전시한다.

❻ **특별한 방** Cabinets Insolites : 군인과 역사에 관련된 다양한 피규어와 군대에서 사용하던 악기를 전시한다.

❼ **두 번의 세계대전 전시관** Les Deux Guerres Mondiales

❽ **샤를 드골 기념관** Historial Charles de Gaulle

❾ **임시 전시장** Salles d'Exposition Temporaire

❿ **3D 요새 모형 박물관** Musée des Plans-Reliefs : 1668~1875년에 구축한 프랑스 요새의 모형 100여 개를 전시한다.

⓫ **해방 훈장 박물관** Musée de L'Ordre de la Libération : 제2차 세계대전에서 프랑스의 해방에 기여한 인물·부대·도시의 활동과 유산을 소개한다.

❷ 명예의 안뜰

❹ 옛 무기와 갑옷 전시관

❸ 생루이 데 쟁발리드 성당

파리에서 숨은 낭만 찾기

낮에는 야외 테라스 석에 앉아 햇살 아래 눈부신 에펠탑을 조망하고, 밤에는 로맨틱한 야경과 조명 쇼까지!
음식 맛도 맛이지만 전망이 다 했다.

파리에서 가장 아름다운 테라스
무슈 블뢰 Monsieur Bleu

파리지앵을 닮은 차분하고 우아한 공간. 흘러가는 센강과 에펠탑이 어우러지는 야외 테라스 뷰는 파리 여행의 감성을 한층 충만하게 끌어 올린다. 예술계의 선두주자들이 모이는 팔레 드 도쿄에 입점한 레스토랑답게 감각적이고 세련된 분위기를 선보인다. 새벽 2시까지 영업하는 바가 있어 칵테일 한잔하며 파리의 밤을 만끽하기에도 좋은 곳. 제철 식자재를 활용해 프랑스 전통요리와 함께 동서양의 맛이 어우러진 퓨전 요리를 제공하며, 어떤 메뉴를 선택해도 무난하다. 주말에는 16:00까지 브런치를 제공하며, 키즈 메뉴도 있다. MAP ❼-B

GOOGLE MAPS 무슈블뢰 파리
ADD 20 Avenue de New York, 75116(팔레 드 도쿄 내)
OPEN 런치 12:00~15:00, 디너 & 바 18:30~23:00(여름철 연장 오픈),
브런치 토·일요일 12:00~16:00
MENU 앙트레 22€~, 플라 36~55€, 브런치 세트 25€~, 칵테일 18€~
WALK 샤이요 궁전에서 도보 10분
METRO 9 Iéna 1번 출구에서 도보 5분
WEB monsieurbleu-restaurant.com

레종브르가 만석일 때
카페 자크 Café Jacques

2019년, 프랑스의 요리 거장 알랭 뒤카스의 지휘 아래 케 브랑리-자크 시라크 박물관 0층에 문을 연 브런치 카페. 커다란 통유리 너머로 펼쳐지는 정원 뷰가 일품이며, 야외 테라스에서 에펠탑 전망을 즐기며 휴식하기에도 그만이다. 아침에는 가벼운 조식, 점심에는 가벼운 요리와 디저트를 코스로 즐길 수 있다. 자릿값에 이름값까지 끼어 있어 음식의 양은 적고 가격은 비싼 편이니 식사보다는 디저트나 커피를 맛보거나 여유로운 아침을 노려보자. MAP ❼-B

GOOGLE MAPS 카페 Jacques 케브랑리
ADD 27 Quai Branly, 75007
(케 브랑리-자크 시라크 박물관 내)
OPEN 11:00~19:00(여름철 목요일 ~21:00)/
월요일·1월 1일·5월 1일 휴무
MENU 커피 3€~, 조식·런치 세트 메뉴(앙트레
+플라 또는 플라+디저트) 29€~, 디저트 10€~
WALK 에펠탑에서 도보 7분

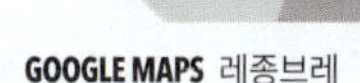

손에 잡힐 듯 가까운 에펠탑

레종브르 Les Ombres

독보적인 에펠탑 뷰를 지닌 레스토랑이다. 에펠탑 바로 옆의 케 브랑리-자크 시라크 박물관 옥상에 자리한 덕분에 햇살이 가득한 낮에도, 어둠이 내려앉은 밤에도 에펠탑을 눈앞에 두고 식사를 즐길 수 있는 것이 가장 큰 매력. 여름에는 테라스 석을 차지하기 위한 경쟁도 높아진다. 프랑스의 요리 거장 알랭 뒤카스의 제자가 3~8코스로 세트 메뉴를 제공한다. 레스토랑으로 올라가는 입구는 박물관 입구와는 별도로 있으며, 런치·디너 모두 예약 필수다. **MAP ⑦-B**

GOOGLE MAPS 레종브레
ADD 27 Quai Branly, 75007
OPEN 12:00~14:00, 19:00~22:00
MENU 세트 메뉴 런치 48~65€, 디너 98~144€
WALK 에펠탑에서 도보 7분
RER C Pont de l'Alma에서 도보 5분
WEB lesombres-restaurant.com

고기 러버들은 모이세요

로그르 L'Ogre

에펠탑에선 조금 멀지만 반짝반짝 빛나는 에펠탑이 또렷이 보이는 펍 스타일의 레스토랑이다. 본격적인 추천 식사(플라)는 소고기 스테이크! 치맛살(Bavette), 등심(Entrecôte), 우둔부위(Picanha), 안창살(Onglet) 등이 준비된다. 이 집의 맛을 제대로 느끼려면 오븐에 구운 소 다리뼈 골수 요리 로자 모엘(L'Os à Moelle), 푸아그라, 야채수프(Velouté) 등의 앙트레로 시작해 푸짐한 감자튀김과 샐러드가 곁들여 나오는 스테이크를 즐긴 후 디저트까지 주문해 칼로리 폭발의 시간을 가져보자. **MAP ⑦-C**

GOOGLE MAPS l'ogre
ADD 1 Avenue de Versailles, 75016
OPEN 12:00~14:00, 20:00~23:30/일·월요일 휴무
MENU 앙트레 11~20€, 스테이크 23~35€,
2인용(A Deux) 스테이크 89~130€, 와인 1병 35€~
WALK <자유의 여신상>이 있는 시뉴섬 남쪽 끝에서 그르넬교(Pont de Grenelle)를 건너 도보 2분. 라디오 프랑스 근처
WEB restaurantlogre.fr/ko
(예약 가능, 한국어 지원)

'아는 맛' 맛집

많은 사람이 모이는 만큼 수많은 음식점이 즐비한 에펠탑 & 트로카데로 광장 주변.
남녀노소 누구나 부담없이 합리적인 가격대로 즐길 수 있는 맛집에서 식사와 관광을 한 번에 잡아보자.

미디엄으로 주문한 두툼한
치즈 버거(17.50€~)

육즙이 팡팡! 줄 서서 먹는 수제 버거

슈바르츠 델리 Schwartz's Deli

빨간 체크무늬 식탁보와 널찍한 홀이 미국 느낌을 물씬 풍기는 수제버거 맛집. 손으로 일일이 찢은 훈제 양지머리를 푸짐하게 넣은 파스트라미 샌드위치도 인기다. 동유럽계 유대인들이 몬트리올과 뉴욕에서 히트시킨 유대인식 비프 파스트라미는 부드럽고 촉촉한 식감이 일품. 샌드위치를 주문하면 코울슬로·감자튀김·해시브라운 중 하나를 추가로 선택할 수 있어 말 그대로 배 터지는 식사를 할 수 있다. 디저트로는 진한 맛의 치즈케이크가 단연 으뜸. 마레 지구(16 Rue des Ecouffes, 75004)를 비롯해 파리 시내에 총 3곳의 매장이 있다. **MAP 7-A**

GOOGLE MAPS 슈바르츠델리 eylau 75016
ADD 7 Avenue d'Eylau, 75016
OPEN 12:00~15:00, 19:30~23:00
(토·일요일 12:00~17:00, 19:00~23:00)
MENU 버거 16€~, 파스트라미 샌드위치
21€~, 음료 5€~, 샐러드 11.50€~
WALK 샤이요 궁전에서 도보 4분
WEB www.schwartzsdeli.fr

아는 맛이 더 무섭다!

모쿠 레쿠뢰이 Mokus l'Écureuil

샤이요 궁전 바로 뒤에 있는 데도 합리적인 가격에 맛있는 식사를 할 수 있는 식당으로 여행자들에게 인정받은 이탈리안 레스토랑이다. 추천 메뉴는 화덕에서 갓 구운 마르게리타 피자. 진한 토마토 소스와 짭짤하면서도 쫀득한 치즈를 듬뿍 올렸다. 여기에 그릴에 구운 채소와 신선한 부라타 치즈나 부팔라 치즈 등을 얹은 각종 샐러드를 추가해도 별미다. 조금만 늦어도 기다려야 하니 오픈 전 미리 줄을 서거나 오후 2시 이후에 방문하자. 테이크아웃 가능. **MAP 7-B**

마르게리타 피자

카프레제 샐러드
(시즌에 따라 제공)

GOOGLE MAPS mokus ecureuil
ADD 116 Avenue Kléber, 75016
OPEN 11:30~23:00(토·일요일 ~23:30)
MENU 피자 13.50~19.50€, 샐러드 17.50~19.50€, 파스타 18.50~23€
WALK 샤이요 궁전에서 도보 2분
WEB www.restaurantmokus.fr

100년 역사의 고품격 살롱 드 테 & 파티스리
카레트 Carette

마카롱의 명가 라뒤레, 피에르 에르메와 자주 비교되는 곳. 각종 미디어의 맛집 평가에서 항상 파티스리 부문 상위권을 달리고 있을 정도로 만인이 인정하는 맛이다. 마카롱뿐 아니라 달달한 크림이 슈를 감싼 디저트 생토노레(Saint-Honoré)와 밀푀유, 에클레르도 추천!

여유가 있다면 고급스러운 도자기에 내오는 차를 곁들여 티타임을 가져보자. 식사를 대신할 수 있는 샌드위치와 양파수프, 베이커리류도 수준급이며, 양이 어마어마하게 많은 뒤 버거(Du Berger)도 추천 메뉴. 마레 지구(25 Pl. des Vosges, 75003)와 몽마르트르(7 Place du Tertre, 75018)에도 지점이 있다. **MAP ⑦-B**

바람이 쌀쌀할 때는
양파수프 추천!

GOOGLE MAPS Carette 75016
ADD 4 Pl. du Trocadéro et du 11 Novembre, 75016
OPEN 07:00~23:30(토·일요일 07:30~)
MENU 생토노레 10€(테이크 아웃 8€), 카푸치노 11€, 양파수프 15.50€
WALK 샤이요 궁전에서 도보 1분

생토노레

'떡튀순'으로 집 나간 입맛 찾기
동네 Dong Né

한국인뿐 아니라 프랑스인 남녀노소 모두 엄지손가락을 치켜세우는 분식점. 매콤한 떡볶이와 떡볶이의 단짝인 튀김이나 순대, 김밥 등이 낯선 음식에 지친 입맛에 활력을 불어넣어 준다. 우리나라처럼 여러 가지 메뉴를 다양하게 맛볼 수 있는 세트 메뉴(Formule)도 있고, 점심에는 저렴한 런치 세트도 제공한다. 직접 절인 무를 단무지 대신 사용하고, 김밥 속을 취향대로 골라 먹는 재미도 있다. 생각하지 못한 김밥 소스는 바로 쌈장! 날이 좋을 때는 김밥이나 양념통닭을 포장해서 샹 드 마르스로 소풍 가는 사람도 많다. 후식으로 팥빙수도 주문 가능. **MAP ⑦-D**

GOOGLE MAPS dongne paris
ADD 15 Rue Violet, 75015
OPEN 12:00~17:00, 18:00~22:00
MENU 떡볶이 15€, 김밥 12€, 평일 런치 세트 17€~
WALK 샹 드 마르스 중간의 분수에서 도보 15분
INSTAGRAM @dongne_paris

SOUVENIRS DE PARIS
SOUVENIRS
DE PARIS
SOUVENIRS
NICOLAS
I ♥ PARIS
BOULANGERIE

파리의 걷고 싶은 길 #1
Rue Cler
클레르 거리: 에펠탑과 앵발리드 사이,
온갖 소소하고 예쁜 것들이 모인 거리

파리 패션과 문화의 중심
개선문 & 샹젤리제

개선문이 있는 샤를 드골 광장 앞에서 루브르 박물관을 향해 일직선으로 뻗어있는 널찍한 도로가 바로 샹젤리제 거리다. 명품 브랜드뿐만 아니라 다양한 글로벌 브랜드와 영화관, 유명 카페와 레스토랑이 늘어선 파리 패션과 문화의 중심지인 샹젤리제 거리는 1.9km가량 이어지면서 유럽에서 가장 큰 광장인 콩코르드 광장과 만난다. 콩코르드 광장 북쪽으로는 마들렌 성당이, 센강 건너 남쪽으로는 프랑스 하원 의사당(부르봉 궁전)이, 동쪽으로는 튈르리 정원을 지나 루브르 박물관이 이어진다.

① 위풍당당! 파리의 얼굴
개선문 Arc de Triomphe

샤를 드골 광장(Place Charles de Gaulle, 구 에투알 광장)의 중앙에 서 있는 거대한 문. 파리에는 3개의 개선문이 있는데, 하나는 여기에 있는 에투알 개선문, 다른 하나는 루브르 궁전 서쪽에 자리 잡고 있는 카루젤 개선문, 세 번째는 라 데팡스에 새로 건축한 신개선문(라 그랑 다르슈)이다. 일반적으로 개선문이라고 하면 이곳 에투알 개선문을 말한다.

개선문은 그 자체로도 빼어나게 아름답지만 그 위에서 바라보는 전망 또한 볼만하다. 전망대까지는 284개의 계단을 올라가야 하며, 음식물 반입 및 삼각대 이용을 금지한다. 전망대 아래층에는 나폴레옹의 장례식, 무명용사의 매장 등 개선문에서 일어난 일에 관한 자료를 전시한 박물관이 있다. 입구는 개선문 안쪽에 있는데, 샹젤리제 거리에서 지하 도로를 통해 건너가면 된다. **MAP ②-D**

GOOGLE MAPS 에투알 개선문
ADD Place Charles de Gaulle, 75008
OPEN 10:00~23:00(전 시즌 화요일 11:00~/10~3월 ~22:30, 12월 24·31일 ~16:00, 7월 14일·11월 11일 오후에만 오픈)/ 폐장 45분 전까지 입장/날씨에 따라 유동적/1월 1일·5월 1일·12월 25일 휴무(행사에 따라 특별 개방하는 날도 있음)
PRICE 4~9월 22€(수요일 16€), 10~3월 16€/11~3월 첫째 일요일 무료/ 뮤지엄 패스
METRO 1·2·6 & **RER** A Charles de Gaulle-Étoile 2번 출구(Avenue de Friedland)에서 도보 1분
WEB www.paris-arc-de-triomphe.fr

② 샹젤리제 거리
●
콩코르드 광장

Pont de
la Concorde

전망대에서는 파리 시내가
한눈에 들어오고,
멀리 라 데팡스까지 볼 수 있다.

개선문 아래 가운데 바닥에 있는 무명용사의 묘.
제1차 세계대전 중 전사한 병사의 무덤으로,
비석에는 '1914~1918 조국을 위해 죽은
한 프랑스 병사가 이곳에 잠들다'라는 글귀가
새겨져 있고, 그 위로 '추억의 불길'이 타고 있다.

오~ 샹젤리제 ♪

② 샹젤리제 거리 Avenue des Champs-Élysées

개선문에서 콩코르드 광장까지 이르는 샹젤리제 거리는 이곳에 상점을 내는 것
만으로도 홍보 효과를 톡톡히 누릴 수 있을 만큼 전 세계인의 이목이 쏠리는 쇼
핑 거리다. 명품 브랜드와 합리적인 가격의 패션 브랜드, 액세서리, 자동차 쇼룸
등 볼거리가 다채롭다. 임대료가 비싸서 다른 곳보다 가격이 높게 형성돼 있음에
도 거리 분위기에 취해 쉽게 지갑을 열게 되는 곳이다. 특히 카페나 식당은 유명
세에 비해 비싸거나 맛없는 곳이 많다는 점 참고. 이 거리에서 콩코르드 광장을
향해 서면 광장의 오벨리스크를 볼 수 있다. **MAP ②-D & ⑥-A**

GOOGLE MAPS 샹젤리제
ADD Avenue des Champs-Élysées, 75008
METRO 1·2·6 & **RER A** Charles de Gaulle-Étoile부터 1·8·12 Concorde까지 모든 역에서
밖으로 나오면 샹젤리제 거리와 만나게 된다.

퍼블릭 드럭스토어
Publicis Drugstore

카페, 레스토랑, 영화관, 서점,
편집숍 등이 들어선 복합문화공
간. 24시간 문 여는 약국도 있으
며, 스타 셰프 조엘 로뷔숑의 레
스토랑 '라틀리에 드 조엘 로뷔
숑'도 이곳에 있다. **MAP ②-D**

GOOGLE MAPS 샹젤리제 133
OPEN 08:00~02:00(토·일요일·공휴
일 10:00~)/상점에 따라 다름
WEB publicisdrugstore.com

프랑스를 대표하는 명품

③ 루이비통 메종 샹젤리제
Louis Vuitton Maison Champs-Élysées

프랑스를 대표하는 브랜드인 루이비통의 본점. 규모가
커 루이비통의 전 라인을 볼 수 있다. 쾌적한 쇼핑 공간
을 위해 입장객 수를 조절하기 때문에 줄이 길게 늘어
서는 광경도 목격하게 된다. 불친절하다는 평도 끊이지
않는 곳이니 몽테뉴 거리나 르 봉 마르셰 백화점 등에
있는 매장을 먼저 들러볼 것을 추천한다. **MAP ②-D**

GOOGLE MAPS 샹젤리제 루이비통
ADD 101 Av. des Champs-Élysées,
75008
OPEN 10:00~20:00(일요일 11:00~, 일부
토요일 ~22:00)
METRO 1 George V 2번 출구에서 바로
WEB www.louisvuitton.fr

4 이강인 + PSG
PSG 플래그십 스토어 PSG Flagship Store

우리나라의 이강인 선수가 뛰는 프랑스의 프로 축구 구단, PSG(파리 생제르맹)의 공식 매장이다. 샹젤리제 거리에 있어 홈 경기장은 못가더라도 굿즈를 사고 싶은 이들에게 접근성이 좋다. 다만 그만큼 붐비는 게 단점. 마킹과 패치 서비스는 1층에서 제공한다. 매장 내에 작은 카페가 있어 잠시 쉬어가기에도 좋다. **MAP ❷-D**

GOOGLE MAPS psg 샹젤리제
ADD 92 Av. des Champs-Élysées, 75008
OPEN 10:00~20:00
(일요일·공휴일 11:00~ 19:00)
METRO 1 George V역에서 도보 1분
WEB store.psg.fr

파르크 데 프랑스

+ M O R E +

파르크 데 프랑스
Parc des Princes

PSG의 홈구장으로, 수용 인원은 약 4만8000명. 여행 중 경기 관람이 어렵다면 경기장 투어로 아쉬움을 달래보자. **MAP ❶**

GOOGLE MAPS parc des princes
ADD 24 Rue de Commandant Guilbaud, 75016
OPEN 경기장 투어 10:00~17:00/날짜는 유동적이므로 홈페이지 확인
PRICE 경기장 투어 25€~(3~12세 15€~)/현장 구매 시 2€ 추가
METRO 10 Porte d'Auteuil역에서 도보 10분/9 Porte de Saint-Cloud역에서 도보 12분
WEB stadiumtour.psg.fr/en

5 샹젤리제 거리의 새바람
갤러리 라파예트 샹젤리제 백화점
Galeries Lafayette Champs-Élysées

대기업 간판과 명품 브랜드점으로 가득한 샹젤리제 거리에 새바람을 불어넣은 곳. 2019년 샹젤리제 거리에 오픈한 갤러리 라파예트는 남성관, 여성관이라는 기존 콘셉트를 버리고 다양한 장르를 적절히 섞어 공간을 널찍하게 구성해 백화점이 하나의 거대한 편집숍처럼 보이게 했다. '샹젤리제의 오늘'을 즐기고 싶다면 이곳을 집중 공략해보자. 백화점 바로 뒤쪽 골목에는 대형 슈퍼마켓 모노프리가 있는데, 잡화와 식품관의 입구가 다르니 주의할 것. **MAP ❷-D**

GOOGLE MAPS 샹젤리제 60
ADD 60 Av. des Champs-Élysées, 75008
OPEN 10:00~21:00/일부 공휴일 휴무
METRO 1·9 Franklin D. Roosevelt 1번 출구에서 도보 1분
WEB galerieslafayette.com/m/magasin-champs-elysees

6 기술과 미학이 교차하는 러닝의 미래
온 플래그십 스토어
On Flagship Store Paris Champs–Élysées

샹젤리제에 상륙한 스위스 퍼포먼스 브랜드 온의 매머드급 매장. 단순히 신발을 고르는 곳을 넘어 기술과 경험을 결합한 공간으로 설계됐다. 매장 곳곳의 로봇 팔과 인터랙티브 디스플레이가 쇼핑 과정을 하나의 디지털 퍼포먼스로 바꾸고, 화려한 거리 풍경 속에서도 스위스 특유의 정제된 미학을 고수한다. 러닝화 구매와 도심 러닝의 즐거움을 동시에 충족하는 가장 트렌디한 해답이다. **MAP ❷-D**

GOOGLE MAPS on 샹젤리제
ADD 65–67 Av. des Champs–Élysées, 75008
OPEN 10:00~21:00(일요일·공휴일 11:00~20:00)
METRO 1 George V역에서 도보 4분
WEB www.on.com

몽테뉴 거리의 랜드마크, 호텔 플라자 아테네

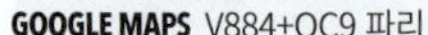

7 '패잘알'의 야외 박물관
몽테뉴 거리 Avenue Montaigne

샹젤리제 거리 중간 로터리에서 남서쪽으로 뻗은 몽테뉴 거리는 파리에서 가장 규모가 큰 명품 거리로, 파리뿐만 아니라 전 세계 패션계를 이끄는 곳이다. 샤넬, 루이비통, 디올, 구찌, 지방시, 프라다 등 고급 패션 브랜드 매장이 거리 양쪽에 경쟁적으로 늘어서 있어 거리를 걷는 것만으로도 지금의 패션 트렌드를 한눈에 알 수 있다. 쇼핑이 목적이 아니어도 가로수를 따라 산책하듯 걸으면서 구경하는 것만으로도 기분이 좋은 곳. **MAP ❸-C & ❼-B**

GOOGLE MAPS V884+QC9 파리
OPEN 대개 10:00~20:00(일부 상점 ~19:00)/일요일·공휴일에 휴무인 곳도 있음
WALK 샹젤리제 거리 중앙에 있는 로터리(Rdpt des Champs–Élysées)에서 알마교까지 이어진다.
METRO 1·9 Franklin D. Roosevelt~**9** Alma-Marceau 사이

⑧ 오트 쿠튀르의 성지
디올 파리 30 몽테뉴
Dior Paris 30 Montaigne

2022년 리뉴얼 오픈한 디올 파리 본점. 크리스챤 디올이 한눈에 반한 몽테뉴 거리 30번지 저택에 자리 잡고 있다. 약 1만m² 규모의 단지 안을 세계 최대 규모의 디올 부티크를 비롯해 레스토랑 & 파티스리, 박물관급 갤러리, 3개의 안뜰, 숙박용 스위트룸(La Suite Dior), 오트 쿠튀르와 주얼리 공방으로 채우면서 명품 세계의 독보적인 공간이란 찬사를 한 몸에 받고 있다. 75년에 달하는 디올의 발자취를 보여주는 갤러리 디올(La Galerie Dior)은 크리스챤 디올과 6명의 후계자의 오트 쿠튀르 작품, 오리지널 스케치, 액세서리, 향수 등을 13개의 테마로 나누어 연대순으로 보여준다. 크리스챤 디올의 사무실, 피팅 마네킹 룸 등도 옮겨와 갤러리 내에 그대로 보존하고 있다. 0층과 1층의 레스토랑 & 파티스리 무슈 디올(Monsieur Dior)에서는 거대한 열대 나무가 창문 높이까지 자라난 안뜰의 푸른 빛을 고스란히 식탁 위로 올려 클래식한 프랑스 요리와 티타임을 더욱 감미롭게 즐길 수 있는 분위기를 자아낸다. MAP ❼-B

GOOGLE MAPS 디올 30 몽테뉴
ADD 부티크 30 Avenue Montaigne, 75008
갤러리 11 Rue François 1er, 75008
레스토랑 32 Avenue Montaigne, 75008
OPEN 부티크 10:00~20:00(일요일 11:00~19:00, 1월 1일·5월 1일·12월 25일 휴무)/
갤러리 11:00~19:00(화요일·1월 1일·5월 1일·12월 25일·전시 교체 기간 휴무) 예약 권장 /
레스토랑 11:30~20:00(일요일 ~19:00)
PRICE 갤러리 16€(10~26세 12€, 9세 이하 무료)
WALK 샹젤리제 거리 중앙에 있는 로터리(Rdpt des Champs-Élysées) 또는 알마교에서 각각 도보 5분(몽테뉴 거리 중간 지점)
WEB www.dior.com
갤러리 www.galeriedior.com

영웅들의 작은 광장
클레망소 광장 Place Clemenceau

앵발리드에서 알렉상드르 3세교를 건너 북쪽으로 뻗은 윈스턴 처칠 거리와 샹젤리제 거리가 만나는 교차로에 있는 작은 광장. 제1차 세계대전을 승리로 이끌었던 클레망소 수상과 제2차 세계대전을 승리로 이끌었던 샤를 드골의 동상이 있다. 클레망소는 1차 세계대전 후 독일에 혹독한 배상금을 물려 '호랑이 수상'이라 불리기도 한 인물이다. 클로드 모네의 오랜 친구였으며, 백내장을 앓아 그림 그리기를 포기한 모네를 설득해 수술을 받도록 했다는 일화가 전해온다. MAP ❸-C

GOOGLE MAPS 끌레멍쏘 광장
ADD 1 Place Clemenceau, 75008
WALK 콩코르드 광장에서 도보 8분
METRO 1·13 Champs-Élysées-Clemenceau 1번 출구에서 바로

그랑 팔레 스케이장
©Le Grand Palais des Glaces

20세기를 연 새로운 궁전
그랑 팔레 Grand Palais

클레망소 광장에서 센강까지 거의 한 블록을 차지하는 그랑 팔레는 1900년 파리 만국 박람회를 위해 지은 거대한 건물이다. 유리로 된 둥근 천장이 유명하며, 밤에는 조명이 들어와 건물 지붕의 청동 조각이 아름다움을 발한다. 메인 홀은 2024 파리 올림픽 때 경기장으로 사용하기도 했다. 2025년 6월 다양한 체험 프로그램과 현대적인 시설을 갖추고 리뉴얼 오픈해 전시를 관람하지 않아도 들러볼만 하다. MAP ❻-A

GOOGLE MAPS 그랑팔레
ADD 3 Avenue du Général Eisenhower, 75008
OPEN 09:30~20:00(금요일 ~22:30, 12월 24·31일 ~18:00)/전시에 따라 다름/월요일·5월 1일·7월 14일·12월 25일 휴무
PRICE 무료/전시관 8~17€
WALK 클레망소 광장에서 도보 1분
WEB www.grandpalais.fr

+MORE+

그랑 팔레 글라스 Le Grand Palais des Glaces

겨울이면 그랑 팔레가 가로 30m, 세로 90m 규모의 거대한 실내 스케이트장으로 변신한다. 웅장한 유리 천장 아래 펼쳐진 빙판은 화려한 조명 쇼와 음악이 어우러져 파리의 겨울밤을 향유하는 축제의 장이 된다. 하키용 스케이트를 대여해주며, 어린이 전용 구역도 별도로 운영한다. 야간에는 대기 줄이 길어지니 홈페이지 예약이 필수다. 내부 음식물 반입은 금지된다.

OPEN 12월 중순~1월 초 10:00~13:00, 14:00~19:00, 20:00~01:00(12월 24·31일 ~18:00)
PRICE 오전 27€, 오후 32€, 야간 39€/12세 이하 오전·오후 12€, 야간 39€/스케이트 대여료 포함/짐 보관료 2€~(30x40x20cm 이하만 가능)
WEB legrandpalaisdesglaces.fr/en/

11 프티 팔레
정원이 예쁜 시립 박물관
Petit Palais

그랑 팔레와 마주 보고 있는 프티 팔레는 고대에서 현대에 이르기까지 방대한 컬렉션을 자랑하는 시립 박물관으로 사용되고 있다. 쿠르베의 초기작품을 비롯해 들라크루아, 모로 등 인상주의와 낭만주의, 사실주의 작가들의 작품을 다수 소장하고 있으며, 상설전은 무료. 궁전 한가운데 아름답게 가꾸어진 반원형의 안뜰에서 커피 한잔하며 잠시 쉬어가는 것도 좋다. MAP ⓖ-A

GOOGLE MAPS 프티 팔레
ADD Avenue Winston Churchill, 75008
OPEN 10:00~18:00(금·토요일 ~20:00)/
폐장 45분(특별전은 1시간~1시간 15분) 전까지
입장/월요일·1월 1일·5월 1일·7월 14일·12월
25일 휴무
PRICE 상설전 무료/일부 특별전 유료
WALK 그랑 팔레 정문 길 건너 바로
WEB www.petitpalais.paris.fr

12 알렉상드르 3세교
앵발리드가 저만치 보이네
Pont Alexandre III

다리 양 끝에 4개의 거대한 기둥과 그 위에 황금빛 조각상이 있고 난간을 따라 아르누보 양식의 가로등이 줄지어 서 있는 알렉상드르 3세교는 파리에서 가장 화려한 다리로 꼽힌다. 만국 박람회를 위해 개통된 다리답게 북쪽에 있는 조각상은 과학과 예술을, 남쪽에 있는 조각상은 상업과 산업·공업을 상징한다. 다리에서 바라보는 강 건너 앵발리드의 금빛 돔은 화려하면서도 장엄한 분위기를 연출해 여행자들의 시선을 집중시킨다. MAP ⓖ-A

GOOGLE MAPS 알렉상드르 3세 다리
WALK 그랑 팔레에서 도보 4분

오픈런을 부르는 '신상' 브랜드

샹젤리제 거리를 필두로 골목마다 명품숍으로 가득한 개선문 & 샹젤리제 지역.
이곳에서 한번 뜨면 전 세계로 퍼져나가는 건 시간 문제다. 그렇다 보니 파리로 첫 출격한 해외 브랜드도
가장 먼저 이 지역을 눈독 들인다. 요즘 가장 핫한 브랜드는 뭘까? 궁금하다면 샹젤리제로 가자.

1.5층에 있는 커다란
팝콘 기계도 명물이다.

MZ 세대가 가장 갖고 싶어 하는 브랜드

자크뮈스 Jacquemus

시몽 포르테 자크뮈스가 19살에 출범시킨 패션 브랜드.
패션 교육도 받지 않고 관련 지식이나 규칙에 대한 이해도 전무했지
만 SNS 마케팅을 통해 패션 피플과 젊은 세대의 관심을 등에 업고
주목받기 시작해 2022년 9월 명품가 몽테뉴 거리에 플래그십 스토
어를 오픈하며 신명품 시장의 선두 주자 입지를 굳건히 다졌다. 독
특한 컬러감과 미니멀한 디자인이 돋보이는 자크뮈스의 의류, 패션
잡화뿐만 아니라 매장 안의 흰색 벽면을 가득 채운 거울과 위트 넘
치는 오브제, 시즌 대표 아이템을 걸친 센스 있는 직원들을 보는 것
만으로도 무척 흥미롭다. 단, 입장 인원을 제한하므로 1시간 이상
줄을 서야 하는 날이 많다는 점 참고. **MAP ❸-C**

GOOGLE MAPS jacquemus 58
ADD 58 Avenue Montaigne, 75008
OPEN 10:00~19:30(일요일 12:00~19:00)/폐점 1시간 전까지 방문 권장
METRO 1·9 Franklin D. Roosevelt 3번 출구에서 도보 1분(구찌 옆)
WEB www.jacquemus.com

카페 사델즈

힙스터들의 단골 편집숍

키스 KITH

뉴욕에서 작은 스니커즈 편집매장으로 시작해 현재 뉴욕의 스트
리트 패션을 주도하는 브랜드로 성장한 키스가 파리에 진출했다.
아디다스, 디즈니, BMW 등 글로벌 브랜드와의 콜라보 상품을 사
기 위해 매장 앞에 긴 줄이 늘어서고, 브랜드 파워를 입증하는 각
종 한정판 제품들이 종종 화제에 오른다. 매장 한가운데 온실처
럼 꾸민 카페 사델즈(Sadelle's)가 있고, 창업자 로니 피그가 어렸
을 때 아이스크림과 시리얼을 못 먹어 속상했다며 만든 아이스
크림 & 시리얼 매장 트리츠(Treats)도 입점해 있다. **MAP ❷-D**

GOOGLE MAPS 키스 파리
ADD 49 Rue Pierre Charron, 75008
OPEN 10:00~20:00(카페 ~19:00)
MENU 샐러드 24€~, 샌드위치 18€~, 카푸치노 8€
WALK 갤러리 라파예트 샹젤리제 백화점에서 샹젤리제 거리 건너 피에
르 샤론 거리(Rue Pierre Charron)로 도보 3분
WEB eu.kith.com

이유 있는 유명함
여행자의 참새방앗간

샹젤리제 거리와 그 주변의 식당은 비싼 가격 대비 음식 맛이 아쉬운 편이라서 숨은 맛집보다는 오랫동안 검증된 인기 레스토랑과 카페로 사람들의 발걸음이 모인다. 전 세계 여행자들이 성지순례라도 하듯 파리에 오면 꼭 들르는 마카롱계의 양대 산맥, 라뒤레와 피에르 에르메도 샹젤리제 거리에 지점을 두고 있다.

마카롱의 고향 방문
라뒤레 Ladurée Paris Champs-Élysées

바삭한 가나슈 사이에 촉촉한 잼이나 크림을 바른 것이 파리식 마카롱. 지금으로부터 약 160년 전, 이를 처음 개발해 세계에서 제일 맛있는 마카롱 가게로 알려진 라뒤레의 샹젤리제 지점이다. 가장 인기 있는 마카롱은 피스타치오(Pistache)와 산딸기(Framboise) 맛. 먹고 간다면 음료 포함 25~30€ 정도 예상하자. MAP ❷-D

GOOGLE MAPS 파리 라뒤레
ADD 75 Avenue des Champs-Élysées, 75008
OPEN 08:00~21:30(레스토랑 ~22:00)
MENU 마카롱 1개 2.90€~
WALK 개선문에서 도보 10분
METRO 1 George V 2번 출구에서 도보 2분
WEB www.laduree.fr

: WRITER'S PICK :
라뒤레 부티크 정보

라뒤레는 파리 시내에 10여 개 매장을 두고 있다. 그중 마들렌 성당 근처에 있는 본점(16 Rue Royale, 75008)과 생제르맹데프레 성당 근처의 보나파르트 점(21 Rue Bonaparte, 75006)은 마카롱 열쇠고리 등 기념품을 다양하게 갖춰 여행자가 즐겨 찾는다. 그 외 루브르 박물관 지하 쇼핑몰과 프렝탕 백화점 등에도 입점해 있으며, 지점마다 가격이 조금씩 다르다.

예쁜데 달콤함, 이 조합 대찬성!

르 86 샹 록시땅 x 피에르 에르메
Le 86 Champs–L'Occitane x Pierre Hermé

라뒤레의 수석 파티시에였던 피에르 에르메가 설립해 라뒤레의 독주를 단숨에 따라잡은 마카롱 전문점 피에르 에르메와 프랑스 화장품 브랜드 록시땅이 의기투합해 샹젤리제 거리 86번지에 문을 연 콘셉트 스토어. 록시땅 뷰티 매장과 피에르 에르메 마카롱 부티크, 디저트 및 공정무역 커피를 제공하는 살롱 드 테로 이루어져 있다. 오랫동안 생제르맹데프레 본점에서만 만날 수 있었던 피에르 에르메의 간판 마카롱 이스파한 (Ispahan)도 이곳에서 맛볼 수 있다. **MAP ❷-D**

GOOGLE MAPS 86Champs
ADD 86 Av. des Champs–Élysées, 75008
OPEN 부티크 10:30~22:00(금·토요일 10:00~23:00, 일요일 10:00~), 살롱 드 테 10:30~22:30(금요일 10:00~23:00, 토요일 10:00~24:00, 일요일 10:00~)/일부 공휴일 휴무
WALK 라뒤레 샹젤리제점 바로 건너편
WEB 86champs.com

모로코 궁전을 옮겨온 화려한 커피 부티크

바샤 커피 Bacha coffee

유럽 최초 플래그십 매장이다. 모로코 궁전을 재현한 3층 규모의 화려한 공간에서 35개국 200여 종의 아라비카 원두를 고를 수 있으며, 모로코 특유의 색감이 담긴 커피 관련 제품을 쇼핑하기에도 좋다. 1층 테이크아웃 카운터에서 제공하는 휘핑크림과 원당 스틱을 곁들인 패키지는 인증샷 소품으로 인기가 높다. 여유로운 시간을 원한다면 100석 규모의 2~3층 티룸에서 페이스트리를 곁들여보자. 티룸은 평일 14:30까지만 구글 맵을 통해 예약할 수 있다. 긴 대기를 감수하더라도 화려한 궁전 분위기 속에서 즐기는 커피 한 잔은 샹젤리제다운 사치스러운 기분을 내기에 충분하다. **MAP ❸-C**

GOOGLE MAPS 바샤커피 샹젤리제
ADD 26 Av. des Champs–Élysées, 75008
OPEN 09:30~21:00
(카페 내에서 먹으려면 폐장 1시간 전까지 입장)
MENU 커피 테이크아웃 6.50€~, 카페: 커피 9.50€~, 애프터눈 커피 24€~
METRO ❶·❾ Franklin D. Roosevelt에서 도보 1분
WALK 클레망소 광장에서 도보 6분
WEB bachacoffee.com/eu/fr/

이탈리아 요리에 진심인 편
피콜리노 파리지 Piccolino Parigi

군더더기 없는 심플한 인테리어가 돋보이는
이탈리안 레스토랑이다. 신선한 풀 향기가
코끝을 자극하는 이탈리아산 올리브오일에
식전 빵을 곁들여 허기를 달랜 뒤, 정갈하게
차려내 플레이팅이 돋보이는 요리로 눈과
입이 모두 만족스럽다.
스파게티, 뇨키, 리소토, 피자 등 우리에게도
익숙한 메뉴가 프랑스로 건너와 특별한 요
리로 변신한 곳. 신선한 제철 재료를 사용하
기 때문에 메뉴가 수시로 바뀌며, 키즈 메뉴
도 준비돼 있다. **MAP ❷-D**

GOOGLE MAPS piccolino parigi
ADD 16 Rue Copernic, 75116
OPEN 12:00~14:30, 19:30~22:30
MENU 안티파스티 10€~, 파스타·리소토 15€~,
세콘디(주요리) 24€~
WALK 개선문에서 도보 8분/트로카데로 광장에
서 도보 10분
WEB piccolinoparigi.fr

어린이용
토마토 파스타(9€)

유리 지붕 아래에서 만나는 파리의 현재
르 그랑 카페 Le Grand Café

그랑 팔레 복원과 함께 공개한 대형 브라스리로,
전시실의 여운이 식탁까지 이어지는 감각적인 공
간이다. 조제프 디랑(Joseph Dirand)이 설계한
인테리어로 파리식 브라스리의 고전적 문법 위
에 현대적 감각을 더하고, 파리 소시에테(Paris
Société) 그룹이 운영을 맡아 파리 미식의 현주소
를 보여준다. 낮에는 유리 천장으로 들어오는 채
광 덕분에 화사한 오찬이 가능하고, 저녁에는 화
려한 조명 아래 칵테일을 즐기는 로컬들이 몰린
다. 패션계와 예술계 인사가 즐겨 찾는 만큼 예약
없이 입장하기 어렵다. **MAP ❷-D**

GOOGLE MAPS 그랑 팔레
ADD 1 Pl. Clemenceau, 75008
OPEN 런치 12:00~15:00, 카페 15:00~19:00,
바 18:30~02:00, 디너 19:00~23:00(목~토요일 ~23:30)
MENU 오르되브르 23€~, 플라 29~78€, 디저트 16€~
WALK 그랑 팔레 1층. 클레망소 광장에 가까이 있다.
WEB www.legrandcafe-paris.com

이걸 보려고 파리에 왔지
루브르 & 튈르리

콩코르드 광장과 카루젤 광장 사이의 널따란 프랑스식 정원, 튈르리 정원을 중심으로 그 서쪽 끝에 있는 오랑주리 미술관과 동쪽 끝에 있는 루브르 박물관은 파리 예술 여행의 하이라이트다. 이곳이 '인생 박물관'이 될지, 별다른 감흥을 느끼지 못한 그저 그런 곳이 될지는 어떤 동선을 따라가느냐에 달려있으니 가기 전에 관심 있는 작품 리스트를 작성하고 미리 계획을 세우도록 하자.

1 유럽에서 가장 큰 광장
콩코르드 광장
Place de la Concorde

동쪽은 튈르리 정원과 루브르 박물관, 서쪽은 샹젤리제 거리, 남쪽은 센강, 북쪽은 마들렌 성당으로 둘러싸여 있어 꼭 한 번은 들르게 되는 곳. 광장 중앙에는 나폴레옹이 이집트 룩소르에서 가져온 높이 23m의 거대한 오벨리스크와 각각 바다와 강을 상징하는 2개의 분수가 있고, 광장 네 모퉁이에는 프랑스 8개 도시(브레스트·루앙·리옹·마르세유·보르도·낭트·스트라스부르·릴레)를 상징하는 여인상이 있다. 샹젤리제 거리에서 광장으로 들어오는 입구 양쪽의 조각상은 베르사유 궁전 근처의 마를리 궁전에서 옮겨 온 마를리의 말(Chevaux de Marly) 한 쌍으로, 18세기 쿠스투의 작품을 복제한 것이다. 광장 한가운데에 서면 사방이 탁 트여 개선문은 물론 에펠탑까지 한눈에 들어온다. MAP ⑥-A

GOOGLE MAPS 콩코드광장
METRO 1·8·12 Concorde 하차

+MORE+

오텔 드 라 마린 Hôtel de la Marine

콩코르드 광장 북쪽에 있는 웅장한 신고전주의 양식의 건물이 4년간의 리모델링을 마치고 2021년 공개됐다. 콩코르드 광장을 만든 루이 15세가 보석, 가구, 태피스트리 등을 보관하기 위해 1774년 건립했고, 대혁명 이후 200년 넘게 해군 최고 사령부로 사용되던 곳. 보관소로 사용되던 루이 15세 당시 관리 소장의 사무실과 아파트를 실감나게 복원한 전시실을 오디오 가이드 투어로 돌아볼 수 있다. 인천공항 제2 터미널의 유리 지붕 설계에 참여했던 영국 건축가 휴 더튼이 디자인한 거대한 유리 지붕이 압권인 안뜰(무료)은 꼭 한번 들러보자. MAP ⑥-A

GOOGLE MAPS 오텔 드 라 마린
ADD 2 Place de la Concorde, 75008
OPEN 안뜰 08:00~24:00, 전시실 10:30~19:00(금요일 ~21:30)/폐장 45분 전까지 입장/1월 1일· 5월 1일· 12월 25일 휴무
PRICE 아파트+라운지+로지아 17€/알 타니 컬렉션+살롱+로지아 13€, 살롱+로지아 9€/11~3월 매월 첫째 일요일 일부 전시관 무료/ 뮤지엄 패스 소지자는 아파트 투어 무료(예약 필수)
WALK 콩코르드 광장에서 도보 1분
WEB hotel-de-la-marine.paris

시민 품에 안긴 왕실 정원

틸르리 정원은 1563년 앙리 2세의 왕비 카트린 드 메디시스가 이곳에 궁전(틸르리 궁전)과 이탈리아식 정원을 꾸미면서 만들어졌다. 그 후 베르사유 궁전의 정원을 설계한 루이 14세의 수석 정원사 르 노트르가 전형적인 프랑스식 정원으로 개조했고, 1667년 <신데렐라>의 작가 샤를 페로의 요청으로 왕실 정원으로는 유럽 최초로 시민에게 공개됐다. 루이 14세부터 나폴레옹 3세까지 프랑스 군주들이 거주한 틸르리 궁전은 정원 한쪽에서 루브르 궁전까지 이어져 있었으나 1871년 파리 코뮌 때 불에 타버렸고, 지금은 카루젤 광장과 틸르리 정원 사이에 테라스 정도만 남아 있다.

한여름의 싱그러움을 닮은

② 틸르리 정원 Jardin des Tuileries

콩코르드 광장에서 카루젤 개선문까지 센강 북쪽에 길게 늘어선 너비 325m, 길이 920m의 아름다운 프랑스식 정원이다. 무성한 마로니에와 플라타너스 사이로 곳곳에 조각상과 거대한 분수가 어우러져 파리 시민들의 휴식처로 사랑받고 있다. 매년 여름 틸르리 정원 축제 때면 활기 넘치는 테마파크로 변신해 회전목마, 관람차, 범퍼카, 트램펄린 등 60여 개 놀이기구가 설치되고, 크리스마스 시즌에는 대규모 크리스마스 마켓이 열린다. MAP ⑥-A

GOOGLE MAPS 뛸르히 가든   **ADD** Jardin des Tuileries, 75001
OPEN 07:00~21:00(6~8월 ~23:00, 10~3월 07:30~19:30)/틸르리 정원 축제(La Fête Foraine des Tuileries) 7월 초~8월 말 11:00~23:00(금·토·공휴일 전날 ~00:45)
WALK 콩코르드 광장에서 도보 1분
METRO 1 Tuileries 하나뿐인 출구에서 바로

오랑주리 미술관의 쌍둥이 갤러리

죄 드 폼 Jeu de Paume ③

틸르리 궁전에 있던 테니스장을 개조한 전시관. 주로 사진이나 현대 예술 관련 특별전이 열린다. 무료 전시회도 종종 열리니 시간 여유가 있다면 들러보자. MAP ⑥-A

GOOGLE MAPS 파리 주드폼
ADD 1 Place de la Concorde, 75008
OPEN 11:00~19:00(화요일 ~21:00)/폐장 30분 전까지 입장/월요일·1월 1일·5월 1일·7월 14일·12월 25일 휴무
PRICE 13€(학생·25세 이하 9.50€)/전시에 따라 다름
WALK 콩코르드 광장에서 도보 4분
WEB www.jeudepaume.org

④ 모네의 <수련>이 주는 벅찬 감동
오랑주리 미술관 Musée de l'Orangerie

튈르리 정원 내 오렌지 나무를 재배하던 온실, 오랑주리를 개조해 만든 미술관. 규모는 작지만 모네가 기증한 <수련> 연작을 비롯해 세잔·르누아르 등 인상주의 화가들의 그림이 많아 '제2의 오르세'라 불리기도 한다. 특히 자기 그림을 다른 사람의 그림과 같은 공간에 전시하지 말라는 모네의 요구에 따라 한 층 전체에 모네의 <수련> 연작 8점을 전시한 2개의 대형 전시실은 감동 그 자체다. 최근에는 호크니를 비롯한 현대 미술 특별전도 종종 진행하면서 더 새로운 미술관으로 변화를 꾀하고 있다. 작품에 관한 자세한 설명은 202~203p 참고. **MAP ⑤-A**

GOOGLE MAPS 오랑주리 미술관
ADD Jardin des Tuileries, 75001
OPEN 09:00~18:00(금요일 ~21:00, 상황에 따라 유동적)/ 폐장 45분 전까지 입장/화요일·5월 1일·7월 14일 오전·12월 25일 휴무 무료입장객 포함 예약 권장
PRICE 현장/온라인 11€/12.50€ (금요일 18:00 이후 8.50€/10€)/ 뮤지엄 패스 /오르세+오랑주리 통합권 20€(7일간 유효), 귀스타브 모로 미술관(8일 이내)·오페라 가르니에(15일 이내) 일반 티켓 소지자 8.50€/할인 및 통합권은 현장 구매만 가능/ 매월 첫째 일요일(예약 필수)·17세 이하 무료
WALK 콩코르드 광장에서 도보 4분
WEB www.musee-orangerie.fr

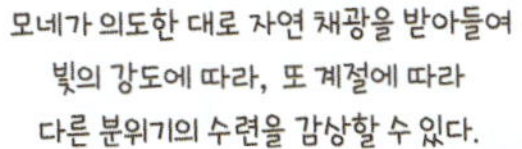

⑤ 파리 최초의 개선문
카루젤 개선문 Arc de Triomphe du Carrousel

튈르리 정원의 동쪽 끝에 있는 카루젤 광장 중앙에 나폴레옹이 세운 높이 14.60m, 너비 19.50m의 개선문. 화재로 소실된 튈르리 궁전이 있던 곳에 나폴레옹의 수많은 전승을 기념하기 위해 1808년에 세웠다. 처음에는 상단부에 나폴레옹이 베네치아의 산 마르코 대성당에서 가져온 4두 전차상(콰드리가)이 세워져 있었으나 나폴레옹이 몰락한 이후 베네치아로 반환됐고, 지금은 승리의 여신을 추가한 모사품이 그 자리를 대신하고 있다. 콩코르드 광장의 오벨리스크와 샤를 드골 광장의 개선문, 라 데팡스의 신개선문이 일직선상에 있는 기점이다. **MAP ⑤-B**

GOOGLE MAPS 카루젤 개선문
ADD Place du Carrousel, 75001
WALK 루브르 박물관 유리 피라미드에서 도보 2분

오랑주리 미술관 탐방

<수련> 연작은 모네가 1914년부터 1926년까지 그린 최후의 대작이다. 제1차 세계대전 직후인 1918년, 모네는 종전을 기념하며 자신의 그림을 국가에 기증했는데, 그중 정부의 지원을 받아 제작한 대형 작품을 포함한 총 19점의 <수련>이 오랑주리 미술관에 소장돼 있다. 특히 세로 2m, 가로의 합 91m에 달하는 대형 그림 8개를 각각 4개씩 전시하고 있는 1·2번 전시실이 하이라이트다.

한편, 20세기 초 파리의 가장 중요한 화상이자 예술가들의 후원가였던 폴 기욤(Paul Guillaume)을 기념하여 만든 지하 2층 전시실에는 르누아르, 모딜리아니 등의 작품들이 전시돼 있고, 특별전도 종종 열린다.

1번 전시실

<아침> <녹색 반사>

<석양> <구름>

2번 전시실

<버드나무가 있는 아침> <2그루의 버드나무> <버드나무가 있는 맑은 아침>

<나무들의 반사>

<수련 Les Nymphéas > 모네, 1914~1926년

<수련>이 있는 전시실은 타원형으로 설계해 모네가 사랑한 지베르니의 정원과 연못 풍경을 더욱 실감 나게 느끼게 한다. 1번 전시실은 아침부터 일몰까지 시간순으로 빛의 변화를 담아냈고, 2번 전시실은 맑은 날의 아침, 같은 빛을 받더라도 다양한 모습을 보여주는 버드나무와 수련을 담았다.

모네는 말년에 백내장을 앓으면서 사물의 본질보다는 빛을 받은 대상이 서로에게 영향을 주는 '빛의 반사'에 주목했다. 사물의 경계가 모호해지면서 찰나의 순간에도 자연은 같은 색과 형태를 유지하지 않고 다채롭게 변한다는 점을 깨달은 것. 한눈에 비친 세상을 한 폭에 담기 위해 캔버스의 크기는 점점 커졌다. 작가의 시선에 의존하는 인상주의가 무엇인지 관람자가 온몸으로 느끼도록 만든 것. 그것이 바로 오랑주리 미술관이 최고의 장소로 손꼽히는 이유다. 그림의 가로 길이는 600~1700cm로 작품마다 다르지만 세로는 200cm로 모두 같다.

6 루브르 박물관 Musée du Louvre

전시장의 총 면적이 7만3000m²(약 2만2000평)에 달하며 수장고의 미술품만도 무려 48만 여 점에 달하는 세계 최대 규모의 박물관이다. 매년 1천만 명에 육박하는 인파가 몰리는 세계 최고의 명소로, 극심한 혼잡을 줄이고 쾌적한 관람 환경을 조성하기 위해 현재는 1일 방문객 수를 3만 명으로 제한하고 있다. 12세기 경 요새로 지어진 건물을 16세기 초 '프랑스 르네상스의 아버지'로 불리는 프랑수아 1세가 르네상스 양식의 궁전으로 개축했으며, 17세기 후반 7개의 방에 갤러리를 꾸미고 레오나르도 다빈치의 <모나리자>와 프랑수아 1세 수집품 등을 전시한 특별전시관을 만들면서 현대 루브르 박물관의 토대를 마련했다. 이후 프랑스 대혁명이 발발할 무렵 이곳의 예술품들은 왕가만의 것이 아니므로 개방해야 한다는 시민의 요구가 거세져 1793년에 일부를 일반에게 공개했다. 프랑스 각 시대의 유명 건축가 가운데 루브르와 관계를 맺지 않은 사람은 없었다는데, 그중에서도 이오 밍 페이가 1989년에 완공한 나폴레옹 광장의 유리 피라미드는 루브르 역사상 가장 획기적인 작품으로 손꼽힌다. 작품에 관한 자세한 설명은 206~211p 참고. MAP ❻-B

GOOGLE MAPS 루브르박물관
ADD Musée du Louvre, 75001
OPEN 09:00~18:00(수·금요일 ~21:00)/ 폐장 1시간 전까지 입장/ 화요일·1월 1일·5월 1일·12월 25일 휴무/ 무료입장객 포함 예약 권장
PRICE 32€(개시 후 다음 날까지 들라크루아 미술관 무료)/17세 이하·7월 14일·9~6월 매월 첫째 금요일 18:00 이후 무료(예약 필수)/ 뮤지엄 패스 /일부 특별전 입장료 별도
METRO 1·7 Palais Royal-Musée du Louvre 하차, Musée du Louvre 방향으로 표지판을 따라가면 지하로 연결된다(통로는 08:30~20:30에만 개방).
WEB www.louvre.fr

*현장 판매 티켓은 예매 취소 표가 나왔을 때만 소량 남는다. 가능한 예매 후 방문하자.

블링블링! 볼수록 갖고 싶어
ㄱ 장식 예술 박물관
Musée des Arts Décoratifs

루브르 궁전에 속한 박물관으로, 16세기부터 현대에 이르는 장식 예술과 의상·섬유, 광고 등의 역사를 한눈에 볼 수 있는 곳이다. 작고 세밀한 공예품부터 의상, 가구, 장난감에 이르기까지 중세와 근·현대를 아우르는 방대한 양의 소장품이 전시실을 빽빽하게 채우고 있다. 패션을 주제로 열리는 다양한 특별전도 눈여겨보자. MAP ❻-B

GOOGLE MAPS 파리 장식미술관
ADD 107 Rue de Rivoli, 75001
OPEN 11:00~18:00(특별전 목요일 ~21:00)/ 폐장 45분 전까지 입장/월요일·1월 1일·5월 1일· 12월 25일 휴무/토·일요일 방문 시 예약 권장
PRICE 15€(오디오 가이드 포함)/ 뮤지엄 패스 / 일부 특별전 진행 시 요금 추가
WALK 루브르 박물관의 리슐리외관에서 길게 뻗은 건물. 입구는 건물 중간, 튈르리 정원과 리볼리 거리(Rue de Rivoli) 양쪽으로 있다.
WEB www.madparis.fr

루브르 박물관 관람 코스

루브르 박물관은 전시 작품을 꼼꼼히 감상하려면 일주일로도 부족할 만큼 방대한 컬렉션을 자랑한다. 7000여 점의 회화를 포함해 약 3만 5000점의 작품을 상설 전시하며, 한 작품당 10초씩만 할애해도 밤낮없이 꼬박 4일이 걸린다. 403개의 방을 잇는 15km의 복도를 모두 둘러보려면 2만 보 이상을 걸어야 하는 어마어마한 규모다. 짧은 일정에 모든 작품을 보려다간 금세 지칠 수 있으므로 보고 싶던 작품 위주로 효율적인 동선을 짜는 것이 관건이다. 전시는 드농(Denon), 리슐리외(Richelieu), 쉴리(Sully)관과 특별전시실로 나뉘어 운영되는데, 내부 구조가 복잡한 데다 내부 수리와 특별전, 작품 복원 등으로 전시 위치와 상황이 수시로 변경된다. 따라서 방문 전 홈페이지에서 전시 여부를 미리 확인하고, 지하 2층 나폴레옹 홀 안내 데스크에서 당일 공지사항을 체크하자. 최근 환경 보호를 위해 종이 지도를 줄이는 추세이므로, 비치된 지도가 없다면 박물관 무료 Wi-Fi를 이용해 구조도를 다운로드한다. 이 책이 안내하는 대표 작품을 중심으로 관람하면 약 3시간이 소요된다.

¤ 성공적인 관람을 위한 준비 사항

루브르 박물관은 워낙 방문자가 많아 뮤지엄 패스 소지자 등 무료입장인 경우에도 입장 시각을 지정해 예약·예매하는 것이 거의 필수다. 박물관 홈페이지에서 예약 완료 후 예약 확인증(e-티켓)을 프린트하거나 스마트폰에 저장해 입구에서 보여주면 된다. 입장 전 소지품 검사에 많은 시간이 걸리니 본인이 지정한 시각에서 30분 전 도착하고, 여러 개의 입구 중 줄이 제일 짧은 곳을 이용하자. 밖으로 한 번 나오면 당일이라도 다시 들어갈 수 없다는 점도 명심하자.

■ 루브르 박물관 입구

❶ **유리 피라미드** 메인 입구. 입구에 도착하면 소지품 검사를 받기 위한 줄을 서야 한다. e-티켓 소지자와 입장 시각을 예약한 뮤지엄 패스 소지자를 위한 줄이 따로 있어 비교적 빨리 입장할 수 있다. 소지품 검사를 받은 후 에스컬레이터를 타고 내려가면 나폴레옹 홀이 나온다. 티켓이 없는 사람은 나폴레옹 홀에서 입장권을 구매한다.

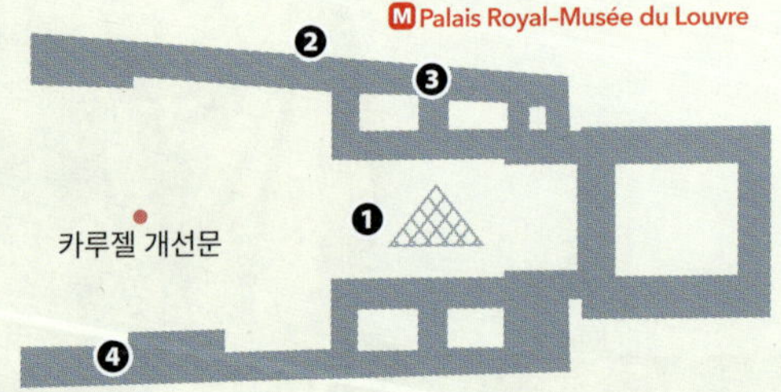

❷ **카루젤 뒤 루브르** Carrousel du Louvre 메트로 1·7 Palais Royal-Musée du Louvre역은 지하 쇼핑몰 카루젤 뒤 루브르를 통해 나폴레옹 홀과 연결돼 비가 오거나 추운날 편리하게 이용할 수 있다. 밖에서 들어간다면 리볼리 거리(Rue du Rivoli)에 있는 쇼핑몰 입구를 이용한다.

❸ **파사주 리슐리외** Passage Richelieu 리볼리 거리에서 유리 피라미드로 가는 파사주 중간에 있다.

❹ **포르트 데 리옹** Porte des Lions 센강 방향, 카루젤 개선문 남쪽에 있는 입구. 드농관의 아프리카·아시아·오세아니아·아메리카 전시실로 연결된다.

■ 오디오 가이드

닌텐도를 이용해 다양한 방식으로 박물관을 둘러볼 수 있도록 도움을 주는 오디오 가이드(6€, 한국어 지원)를 잘 활용하자. 약 700점의 작품 설명을 들을 수 있고, 자신의 현재 위치를 파악해 원하는 작품이 있는 곳까지 가는 방법과 소요 시간도 알려준다. 온라인으로 예매하거나 매표소, 자동판매기에서 오디오 가이드 대여권을 먼저 구매한 후 지하 2층 나폴레옹 홀, 지하 1층 각 전시관 입구 옆에 있는 오디오 가이드 대여 부스로 간다. 대여 시 신분증 지참 필수.

Hall Napoléon 지하 2층

지하 2층은 박물관의 상징처럼 여겨지는 유리 피라미드 아래 공간인 나폴레옹 홀(Hall Napoléon)이다. 안내 데스크, 매표소, 물품 보관소, 카페, 레스토랑 등 모든 시설이 이곳에 모여 있다. 어떤 방향의 출입구를 이용해도 이곳으로 오기 때문에 만남의 장소로 이용해도 좋다. 큰 짐은 전시관에 입장하기 전 무료 물품 보관소에 맡겨야 하는데, 박물관 안에는 소매치기가 많으니 작은 가방도 보관하는 것이 좋다.

티켓 자동 판매기

안내 데스크

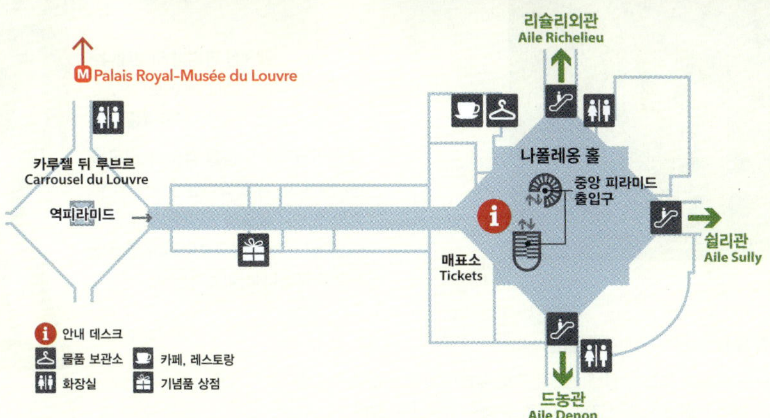

+ **MORE** +

루브르 박물관 지하 쇼핑몰, 카루젤 뒤 루브르 Carrousel du Louvre

1981년 미테랑 대통령이 그랑 루브르(Grand Louvre) 프로젝트를 발표하고 유리 피라미드 공사와 루브르 확장공사를 벌이던 중 지하에서 유물이 나오자 그곳에 거대한 지하 광장을 만들었다. 카루젤 개선문 아래에 있다고 해서 카루젤 뒤 루브르라 이름 붙였고, 한쪽에 쇼핑몰, 식당가 등 편의시설이 들어서면서 쇼핑의 명소로 자리 잡았다. 지하라고 하지만 천장에 거꾸로 매달아 놓은 역피라미드가 채광창 역할을 해 쾌적하게 쇼핑할 수 있다.

WEB www.carrouseldulouvre.com

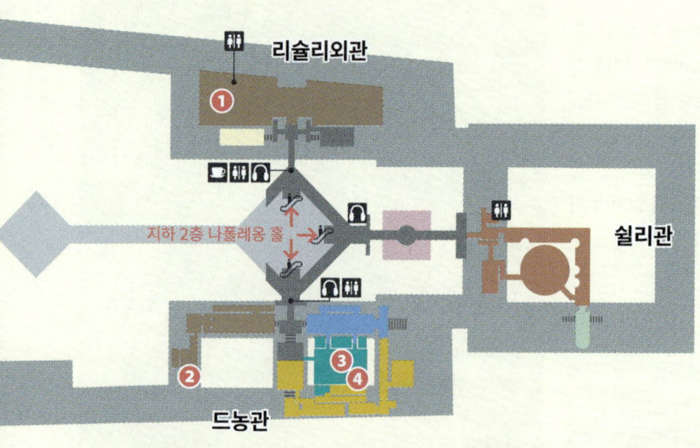

고대 오리엔트
Antiquités Orientales

고대 이집트
Antiquités Égyptiennes

고대 그리스·에트루리아·로마
Antiquités Grecques-Étrusques-Romaines

로마 제국 영향권의 지중해 오리엔탈 예술
Orient Méditerranéen dans l'Empire Romain

이슬람 예술
Arts de l'Islam

공예품
Objets d'Art

그래픽 예술
Arts Graphiques

조각
Sculptures

회화
Peintures

아프리카·아시아·오세아니아와 아메리카 예술
Arts d'Afrique·d'Asie·d'Oceanie et des Amériques

중세 루브르
Louvre Médiéval

❶ <마를리의 말>

쿠스투, 1745년　102번 방

❷ <성 마리아 막달레나>

그레고르 에르하르트,
1515~1520년　169번 방

긴 머리카락으로 몸을 감싼 채 허공을 응시하는 이 목조 조각상은 중세의 엄숙함과 르네상스의 우아함이 공존하는 걸작으로, 성녀의 신비로우면서도 고결한 아름다움을 보여준다.

❸ 이슬람 예술 Arts de l'Islam　185번 방

최신 설비를 이용한 지도와 안내 스크린으로 우리에게는 생소한 이슬람 문화를 소개한다. 화려하고 정교한 이슬람 문양의 공예품이 많다.

❹ <생루이의 세례반>

무하마드 이븐 알잔,
1320~1340년　186번 방

루이 13세와 나폴레옹 3세의 아들 등 여러 프랑스 왕과 그 가족이 세례를 받을 때 사용한 세례반(세례용 물을 담은 그릇). 황동을 베이스로 금과 은을 사용해 매우 정밀하게 장식을 새겨 넣어 지중해 주변 이슬람 지역의 문화 탐구에 많은 힌트를 제시해 온 작품이다. 조상들이 중세 내내 주적으로 간주했던 이슬람 문화권에서 만든 그릇으로 왕들이 세례를 받았다는 사실은 역사의 아이러니다.

Rez-de-Chaussée 0층

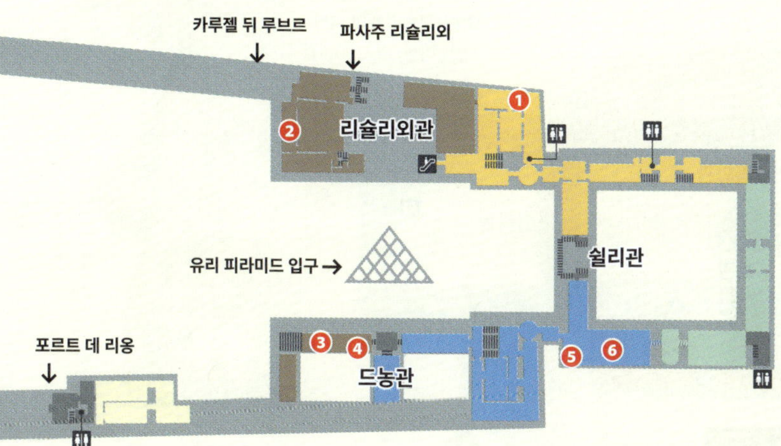

❶ 함무라비 법전 Stèle(Code de Hammurabi)
작자 미상, BC 1792~1750년경 227번 방

'눈에는 눈, 이에는 이'라는 보복주의 형벌로 유명한 법전. 고대 바빌로니아에서 만든 세계 최초의 성문 법전으로, 1901년 프랑스 탐험대에 의해 페르시아에서 발견됐다. 높이 2.25m의 돌기둥에 총 282조의 법률이 빼곡히 새겨져 있다.

❷ 필리프 포의 무덤 작자 미상, 1475~1500년(?) 210번 방

부르고뉴의 디종에 자리한 시토 수도원에 있던 필리프 포의 석관. 필리프 포는 백년 전쟁 중에 25년간 포로 생활을 한 샤를 도를레앙(샤를 7세의 사촌이자 뛰어난 중세 시인)의 석방에 큰 공을 세운 부르고뉴의 공작이다. 기사 복장을 하고 누워 있는 그를 옮기는 8인의 조각이 왕족의 무덤에 버금갈 정도로 화려하다.

❸ <죽어가는 노예>
미켈란젤로,
1515년 403번 방

❻ <아를의 비너스>
작자 미상,
BC 25년경
344번 방

❹ <큐피드와 프시케>
카노바, 1793년
403번 방

❺ <밀로의 비너스>
작자 미상,
BC 150~125년경
345번 방

1er Étage 1층

③ **<사모트라케의 니케>**
작자 미상, BC 190년경
`703번 방`

리슐리외관

쉴리관

드농관

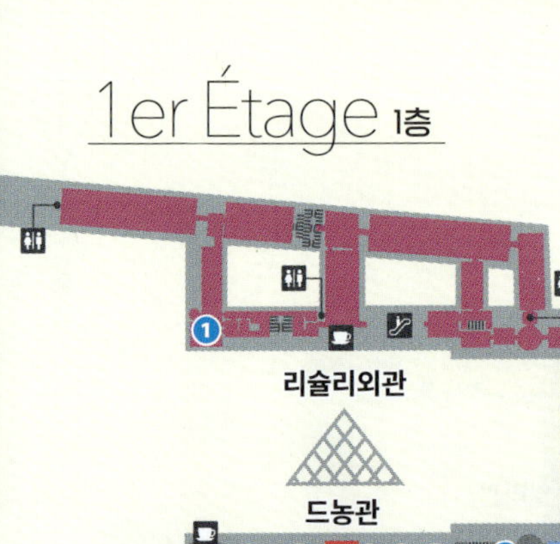

① **나폴레옹 3세 거처**
Appartements Napoléon III `535~548번 방`

프랑스의 마지막 황제 나폴레옹 3세가 생활하던 공간으로, 화려함의 극치를 이룬다.

② **<루이 14세의 초상>**
이아생트 리고, 1701년 `602번 방`

④ **<나폴레옹 1세의 대관식>**
다비드, 1807년 `702번 방`

⑤ **<마라의 죽음>**
다비드, 1800년 `702번 방`

⑥ **<그랑 오달리스크>**
앵그르, 1814년 `702번 방`

⑦ **<민중을 이끄는 자유의 여신>**
들라크루아, 1830년 `700번 방`

⑧ **<메두사호의 뗏목>**
제리코, 1819년 `700번 방`

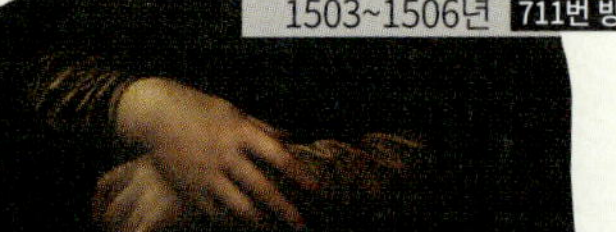

⑨ **<모나리자>** 다빈치,
1503~1506년 `711번 방`

⑩ **<가나의 결혼식>**
베로네세, 1563년 `711번 방`

⑪ **<성모와 아기 예수,
그리고 아기 세례요한>**
라파엘로, 1508년 `710번 방`

2e Étage 2층

❶ <자화상> 시리즈 렘브란트 844번 방

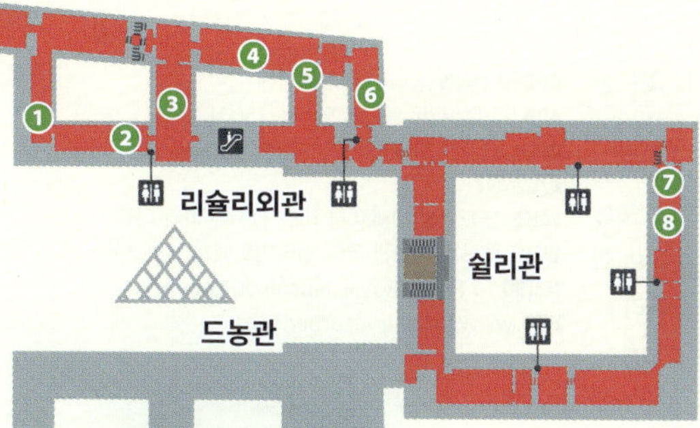

❸ <마리 드 메디시스> 시리즈 루벤스, 1622~1624년 801번 방

❷ <레이스를 찌는 여인>
베르메르 Johannes Jan Vermeer, 1670년 837번 방

묘한 공간감으로 신비로움이 느껴지는 작품. <진주 귀걸이를 한 소녀>로 유명한 네덜란드의 화가 베르메르의 작품이다. 사생활이 알려지지 않아 베일에 싸인 화가로, 그림마다 서명을 달리했고 남긴 작품도 많지 않다.

❹ <엉겅퀴를 들고 있는 예술가의 자화상>
뒤러 Albrecht Dürer, 1493년 809번 방

북유럽의 다빈치로 불리는 화가, 뒤러의 자화상이다. 윗부분에 "나의 일은 위에서 정한 대로 이루어질 것이다"라는 글귀가 적혀 있다. 부모에 의해 정략결혼을 하게 된 그는 작품 속에서 행복한 결혼을 상징하는 '예린지오'라는 풀을 들고 있지만 그리 행복해 보이지 않는 표정에서 그의 진심을 엿볼 수 있다.

*작품 보호·대여로 전시가 유동적이므로 방문 전 홈페이지 확인 필수

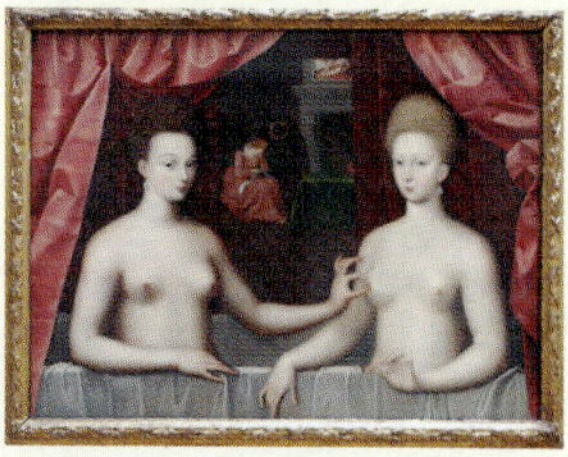

❺ <가브리엘 데스트레와 그녀의 자매 비야르 공작 부인으로 추정되는 초상화>
퐁텐블로파, 1594년 824번 방

❻ <사냥의 여신 디안>
퐁텐블로파, 1550년경 823번 방

❼ <질>
와토, 1719년 917번 방

❽ <목욕하는 디안>
부셰, 1742년 919번 방

⑧ 까르띠에 현대 예술 재단
Fondation Cartier pour l'Art Contemporain

까르띠에 현대 예술 재단이 몽파르나스를 떠나 루브르 맞은편 리볼리 거리(Rue de Rivoli)로 이전하며 존재감을 더욱 키웠다. 1855년 그랑 오텔 뒤 루브르(Grand Hôtel du Louvre)로 시작한 유서 깊은 건물에 현대미술을 결합해 과거와 현재를 잇는 독특한 미학을 보여준다. 장 누벨이 설계한 내부는 오스만 양식의 외관과 거대한 유리 파사드가 조화를 이루며, 전시 성격에 따라 높이가 조절되는 이동식 플랫폼이 시각적 재미를 더한다. 브랜드 상징인 레드 컬러를 활용한 비디오 룸과 리볼리 거리가 한눈에 내려다보이는 카페는 전시만큼이나 인상적이다. 루브르 박물관 바로 맞은편에 위치해 고전 예술 감상 후 파리의 최신 예술 감각을 충전하는 동선으로 활용하기 좋다. **MAP ⑨-B**

GOOGLE MAPS 퐁다시옹 카르티에
ADD 2 Place du Palais Royal, 75001
OPEN 11:00~20:00(화요일 ~22:00)/월요일 휴무
예약 권장
PRICE 15€(학생·29세 이하 10€)/전시에 따라 다름
WALK 루브르 박물관 유리 피라미드에서 도보 3분
METRO 1·7 Palais Royal-Musée du Louvre에서 바로
WEB www.fondationcartier.com

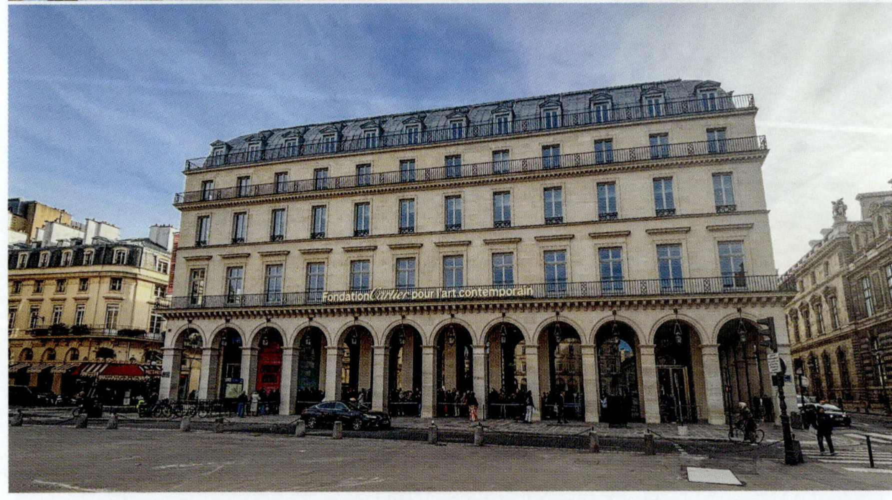

9 파리지앵의 미학을 담은 럭셔리 큐레이션
사마리텐 백화점 Samaritaine

150년 역사의 아르누보·아르데코 양식 본관과 현대적인 유리 외관의 리볼리관이 공존하는 백화점이다. 규모는 갤러리 라파예트 본관의 절반 수준이지만 사마리텐에서만 만날 수 있는 단독 입점 브랜드를 다수 배치해 차별화했다. 패션 부분은 층별로 품목을 나누는 일반적인 방식 대신 한 층에서 전신 스타일링이 가능하도록 구성한 점이 돋보인다. 지하 1층은 유럽 최대 규모의 뷰티 매장으로 꾸며져 있어 뷰티 마니아들의 필수 코스로 꼽힌다. **MAP ⑥-B**

GOOGLE MAPS 사마리텐 백화점
ADD 9 Rue de la Monnaie, 75001
OPEN 10:00~20:00
WALK 루브르 박물관 유리 피라미드에서 도보 13분/ 시테섬에서 북쪽으로 퐁 뇌프를 건너 바로
METRO 7 Pont Neuf 1번 출구에서 바로
WEB www.dfs.com/en/samaritaine

10 루이비통의 과거와 미래를 잇는 문화 공간
LV 드림 LV Dream

루이비통이 옛 가구 매장을 개조해 오픈한 복합 문화 공간이다. 바닥 타일부터 벽 장식까지 모든 요소에 브랜드의 정체성을 구현했다. 0층은 프랑크 게리, 슈프림 등 역대 협업 제품을 전시하는 아카이브 공간과 특별전 전용관으로 운영한다. 1층은 한정 굿즈와 소품을 파는 기프트숍과 세계적인 파티시에 막심 프레데릭의 카페, 초콜릿 숍이 자리한다. 브랜드의 역사적 소품부터 최신 라이프스타일 아이템까지 루이비통의 세계관을 한눈에 확인하기 좋다. 입장은 무료지만 전시는 물론 카페나 기프트숍, 초콜릿숍 중 한 곳을 예약해야 건물 입장이 가능하다. 기프트숍에서 100.01€ 이상 구매 시 세금 환급을 받을 수 있으나 카페와 초콜릿 숍은 대상에서 제외된다. **MAP ⑥-B**

GOOGLE MAPS lv dream
ADD 26 Quai de la Mégisserie, 75001
OPEN 11:00~20:00(전시·카페 ~19:00)/전시 월·화요일 휴무
WALK 사마리텐 백화점에서 도보 1분
WEB fr.louisvuitton.com/fra-fr/magasin/france/lv-dream

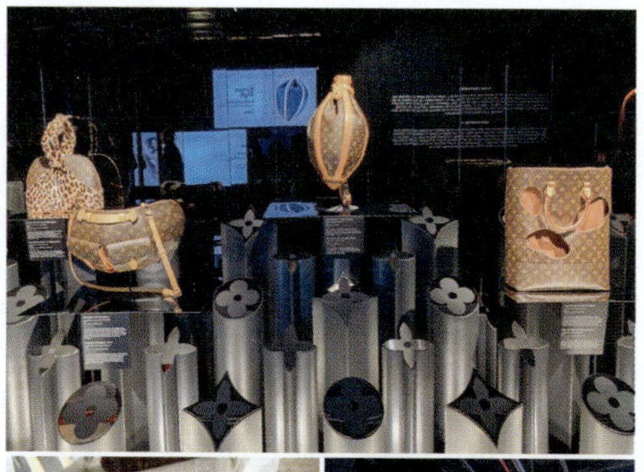

카페 & 바 & 살롱 드 테

루브르 박물관 관람을 마쳤다면 이제 도란도란 이야기 꽃을 피우며 여행의 쉼표를 찍어볼 시간이다.
누구라도 반해버릴 매혹적인 휴식 공간을 소개한다.

루브르 궁전 뷰 맛집

르 카페 마를리 Le Café Marly

루브르 박물관 안뜰에 자리한 카페. 유리 피라미드와 카루젤 개선문, 루브르 박물관 내 마를리 안뜰의 조각상이 보여 어느 테이블에 앉아도 운치 있는 전경을 즐길 수 있다. 식사 시간을 피해 찾으면 원하는 자리에 앉을 가능성이 높다. 다만 아름다운 전망에 비해 디저트나 음식 맛은 현저히 떨어지니 간단한 음료 정도만 주문하는 것이 좋다. 주문 실수와 계산 실수 등 직원의 서비스에 대한 불만이 끊이지 않는 곳이라는 점을 참고하자. MAP ⑥-B

GOOGLE MAPS 르카페마를리 루브르
ADD 93 Rue de Rivoli, 75001(루브르 박물관 내)
OPEN 08:00~02:00
MENU 칵테일 17€~, 맥주 9€~, 음료 8€~, 디저트 12€~
WALK 루브르 박물관 유리 피라미드 앞에서 카루젤 개선문을 바라보고 오른쪽에 있다.
WEB cafe-marly.com

칵테일 잔에 비친 시테섬

콩 Kong

미국 드라마 <섹스 앤 더 시티>에 등장하며 더욱 유명해진 레스토랑 겸 바. 음식 맛보다는 분위기 하나로 인기를 유지해온 곳으로, 20세기 최고의 디자이너라 불리는 필립 스탁이 인테리어를 맡았다. 오픈한지 20년이 넘은 지금까지도 파리지앵과 여행자들에게 트렌디한 명소로 사랑받고 있다. 들어서자마자 방문객을 맞이하는 건 유리돔으로 둘러싸인 아름다운 전경. 해 질 무렵 방문하면 은은한 불빛 아래 노을 진 센강을 바라보며 낭만적인 시간을 보낼 수 있다. 식사보다는 차나 칵테일 한잔 즐기는 것을 추천한다. 주 1~3회 유명 DJ를 초청해 클럽으로 변신한다. MAP ⑥-B

GOOGLE MAPS kong paris
ADD 1 Rue de Pont Neuf, 75001
OPEN 레스토랑 12:00~01:00(목~토요일 ~02:00),
브런치 일요일 11:45~16:00, 바 16:00~02:00
MENU 칵테일 18€~, 런치 세트 42€~,
앙트레 19~29€, 플라 35~64€, 디저트 15€~
WALK 루브르 박물관 유리 피라미드에서 도보
10분/사마리텐 백화점과 LV 드림 사이/시테섬
에서 북쪽으로 퐁 뇌프를 건너 도보 2분
METRO 7 Pont Neuf 1번 출구에서 도보 2분
WEB www.kong.fr

모든 것이 좋았다

르 투 파리 Le Tout-Paris

사마리텐 백화점의 새 주인이 된 LVMH가 오픈한 럭셔리 호텔 슈발 블랑 파리(Cheval Blanc Paris)의 루프톱 레스토랑 & 바. 에펠탑에서 노트르담 대성당을 아우르는 전경을 갖춘 7층 명당자리를 차지하고 있다. 1층에서 엘리베이터를 타면 순간 내부 벽면이 파리의 풍경으로 바뀌는 기발한 아이디어도 돋보인다. 전망이 인기를 끌어 올리는 데 한몫하는 곳이라 맑은 날에만 오픈하는 테라스석을 차지하기가 쉽지 않다. 테라스석에서는 음료만 주문할 수 있다. 성수기에는 예약 없이 방문하기 힘들다. 홈페이지에서 예약 가능. MAP ⑥-B

GOOGLE MAPS 슈발 블랑 파리
ADD 8 Quai du Louvre 75001
OPEN 07:00~01:00
MENU 앙트레 32€~, 플라 49€~, 음료 18€~
WALK 퐁네프 다리 북단에서 1분(사마리텐 백화점 건물의 센강 방향, 호텔 슈발 블랑 파리 7층)
WEB www.letoutparis.fr

파리의 맛이 궁금해?

앙젤리나(본점) Angelina

1903년 문을 열어 귀족과 부유층의 사교장으로 애용되던 곳. 여전히 고급스러운 자태를 뽐내며 손님들을 맞고 있다. 세계에서 가장 맛있다는 이 집의 몽블랑 케이크는 실로 엮은 듯한 모양의 부드러운 밤 크림 속에 생크림과 머랭이 숨어 있어 달콤함의 극치를 느낄 수 있다. 진정한 몽블랑 마니아라면 쇼콜라 쇼와 함께 먹어야 한다는데, 너무 달아서 머리가 아플 지경이니 첫 방문자라면 홍차가 무난하다. 루브르 박물관의 리슐리외관 1층과 뤽상부르 정원, 베르사유 궁전 등에 지점이 있다. MAP ⑥-A

GOOGLE MAPS 안젤리나 히볼리
ADD 226 Rue de Rivoli, 75001
OPEN 07:30~19:00(금요일 ~19:30, 토·일요일·공휴일 08:00~19:30)
MENU 몽블랑 8.20€~, 홍차 8€~, 쇼콜라 쇼 10.50€/
매장에서 먹을 경우 메뉴당 2~3€ 추가
WALK 콩코르드 광장에서 도보 7분/루브르 박물관 유리 피라미드에서 도보 10분
WEB www.angelina-paris.fr

밀푀유

쇼콜라 쇼

오리지널 몽블랑

파리 쇼핑의 메카
팔레 루아얄 & 오페라

루브르 박물관 북쪽, 팔레 루아얄에서 시작해 서쪽의 방돔 광장과 마들렌 광장, 엘리제 궁전, 북쪽의 오페라 가르니에까지 이르는 지역은 명품숍의 본점을 필두로 파리지앵의 사랑을 한 몸에 받는 로컬 브랜드들의 로드숍이 즐비한 쇼핑의 명소다. 예술 작품인 건축물과 광장, 150년 이상 붙박이로 서 있는 백화점과 200년 전 만들어진 파사주가 한 걸음만 내딛어도 장면 안에 들어오는 곳. 전통과 현대가 공존하는 파리의 모습이 가장 다이나믹하게 펼쳐지는 곳이다.

1 우아하고 아름다운 17세기 궁전
팔레 루아얄 Palais-Royal

1639년, 당시 재상이던 리슐리외가 자신의 저택으로 지은 궁전이다. 그가 죽고나서 '왕궁'이란 뜻의 팔레 루아얄로 이름이 바뀌었고, 대혁명 이후 당시 소유주가 건물 양쪽에 회랑을 꾸미고 저택을 나눠 상가로 임대하면서 시민 공간이 됐다. 현재 팔레 루아얄 건물에는 프랑스 최고 행정법원과 프랑스 헌법재판소 등이 입주해 있고, 회랑을 따라 헌책방, 골동품점 등의 상점과 카페가 들어서 있다. 안뜰(중정)에는 프랑스 현대 예술의 대표 주자 중 한 명으로 꼽히는 다니엘 뷔랑이 높낮이가 다른 흑백 줄무늬 원기둥 260개를 일정한 간격으로 설치한 작품 <두 개의 고원(Les Deux Plateau)>(1986년)이 있다. 그중 울타리를 쳐 놓은 기둥 위에 동전을 던져 올리면 다시 파리에 오게 된다는 속설이 전해진다. 정문은 루브르 박물관 방향에 있다. **MAP ⑥-B**

GOOGLE MAPS 팔레루아얄
ADD Place du Palais Royal, 75001
OPEN 08:30~22:30(10~3월 ~20:30)/시즌에 따라 조금씩 다름
PRICE 무료
WALK 루브르 박물관의 유리 피라미드에서 도보 5분
METRO 1·7 Palais-Royal–Musée du Louvre 5번 출구에서 도보 1분
WEB domaine-palais-royal.fr

+ **M O R E** +

코메디 프랑세즈 Comédie Française

프랑스 연극을 발전시키기 위해 부르고뉴 극장과 게네고 극장을 합병해 1680년에 설립 후 18세기 말에 팔레 루아얄 입구 쪽 지금의 건물에 들어섰다. 프랑스 고전극을 중심으로 해외 작품과 현대극도 간간이 상연한다. 극장이 있는 리슐리외 거리와 몰리에르 거리가 만나는 지점에는 코메디 프랑세즈의 창설을 지원한 극작가 몰리에르를 기념해 만든 몰리에르 분수가 있다. 17세기에 활동한 몰리에르는 <타르튀프>, <돈 후안>, <인간혐오자>, <수전노>의 4대 희극으로 유명하며, 그가 사용한 프랑스어의 아름다움 때문에 지금도 어학 공부를 위해 그의 작품을 보러 다니는 유학생이 많다. **MAP ⑥-B**

GOOGLE MAPS 코메디 프랑세즈
ADD 1 Place Colette, 75001
WALK 팔레 루아얄 정문 왼쪽
WEB comedie-francaise.fr

몰리에르 분수
(Fontaine de Moliere)

생토노레 거리 & 포부르 생토노레 거리
Rue du Saint-Honoré & Rue du Faubourg Saint-Honoré

팔레 루아얄 정문 앞의 콜레트 광장(Place Colette)에서 시작해 서쪽으로 길게 이어지는 생토노레 거리와 포부르 생토노레 거리는 세계적으로 내로라하는 명품 브랜드 매장과 편집숍이 늘어선 쇼핑 거리다. 하나같이 다른 지역보다 큰 규모를 자랑하는 단독 로드숍인데다 브랜드마다 인테리어 콘셉트도 명확해 쇼윈도만 구경해도 시간 가는 줄 모르게 된다. 명품숍은 주로 방돔 광장과 프랑스 대통령 관저인 엘리제 궁전 사이에 모여 있다. **MAP ⑥-A·B**

GOOGLE MAPS hermes faubourg
OPEN 10:00~19:00(일부 상점 ~20:00)/일요일·공휴일에 쉬는 곳도 있다.
WALK 팔레 루아얄 정문을 등지고 오른쪽, 대각선 길 건너 하겐다즈가 있는 거리다.

방돔 광장 Place Vendôme

리츠 파리와 같은 최고급 호텔과 디올·루이비통·샤넬 등 명품숍, 보석상 등 고풍스러운 건물들이 둘러싸고 있는 팔각형의 아름다운 광장이다. 앙리 4세의 정부였던 가브리엘 데스트레의 큰아들 방돔 공이 살던 왕실 소유 부지를 건축가 망사르와 보프랑, 경제학자 존 로 등이 개발을 추진하여 18세기 중반에 지금의 모습을 갖췄다. 광장 12번지는 쇼팽이 숨을 거둔 곳으로도 유명하다.

광장 중앙에는 나폴레옹이 아우스터리츠 전투에서 이긴 기념으로 로마의 트라야누스 기둥을 본떠 세운 높이 44m의 방돔 기념비가 있다. 처음에는 기념비 꼭대기에 나폴레옹 동상이 있었는데, 파리 코뮌 당시 떼어내 퐁 뇌프에 있는 앙리 4세 동상을 제작하는 데 사용했고, 지금 있는 것은 나폴레옹 3세 동상이다. **MAP ⑥-A**

GOOGLE MAPS 방돔광장
ADD Place Vendôme, 75001
WALK 팔레 루아얄에서 도보 10분

: WRITER'S PICK :

호텔 리츠 파리
Hôtel Ritz Paris

1898년 스위스 출신의 호텔업자 세자르 리츠가 세운 럭셔리 호텔. 쇼팽, 헤밍웨이, 찰리 채플린 등 많은 명사가 이곳에 머물렀는데, 영국의 전 왕세자비 다이애나와 애인 도디 알 파예드가 교통사고로 숨지기 전 마지막 저녁식사를 한 장소로 알려졌다. 리츠 파리의 현재 소유주가 도디의 아버지다. 1900년대 탈코르셋에 앞장선 코코 샤넬은 제2차 세계대전 중 리츠 파리로 이주해 1971년 87세의 나이로 별세할 때까지 이곳에 머물렀다. 샤넬이 발코니에서 방돔 광장을 바라보다가 영감을 얻어 향수 '샤넬 N° 5'의 병마개를 디자인했다는 건 유명한 일화다. 리츠 파리는 샤넬을 기리며 그녀가 머물던 방에 '코코 샤넬 스위트룸'이란 이름을 붙였다.

④ 그리스 신전을 빼닮은 아름다움
마들렌 성당
L'Église de La Madeleine

콩코르드 광장에서 센강을 등지고 서면 보이는 높이 20m, 52개의 열주를 가진 그리스 신전 모양의 성당이다. 루이 15세 때 착공했다가 중단되었고, 후에 프랑스군의 업적을 기리기 위해 나폴레옹이 1806년 공사를 재개했으나 나폴레옹이 몰락하는 바람에 또다시 중단됐다가 루이 필리프 1세가 통치하던 1842년에 완공했다. 정면 입구 윗부분(페디먼트)에 앙리 르메르의 <최후의 심판>이라는 거대한 부조 작품이 있는데, 저녁이 되면 부조를 향해 조명이 불을 밝힌 모습이 무척 아름답다. 성당 안으로 들어서면 잔잔히 흐르는 음악과 촛불이 어우러져 마음이 차분해진다. 예배당 중앙에 있는 카를로 마르체티의 <마리아 막달레나의 승천상>을 비롯해 볼거리도 많고 무료 음악회도 종종 열리니 시간이 허락되는 여행자는 꼭 들어가보자. MAP ❸-C

GOOGLE MAPS 마들렌성당
ADD Place de la Madeleine, 75008
OPEN 09:30~19:00/미사 진행 시 일부 접근 제한
PRICE 무료
WALK 방돔 광장에서 도보 7분
METRO 8·12·14 Madeleine에서 도보 1분
WEB www.eglise-lamadeleine.com

⑤ 비밀스런 대통령 궁
엘리제 궁전 Le Palais de L'Élysée

1718년에 완공해 루이 15세의 애첩 퐁파두르와 나폴레옹의 왕비 조제핀이 살던 곳. 화려한 실내 장식과 예술품을 다수 보유하고 있어 프랑스의 숨은 보물 창고로도 알려졌다. 현재 프랑스 대통령 관저로 사용 중이며, 평소에는 들어갈 수 없지만 특별전이나 행사 진행 시 일부를 개방한다.

MAP ❸-C

GOOGLE MAPS 엘리제궁전
ADD 55 Rue du Faubourg Saint-Honoré, 75008
WALK 마들렌 성당에서 도보 8분

6 오페라 가르니에 Palais Garnier

<오페라의 유령>의 배경이 된 곳

아폴로 동상 양쪽으로 '시'와 '조화'를 상징하는 2개의 금빛 조각이 건물 꼭대기에 세워진, 우안 상업지역의 랜드마크다. 나폴레옹 3세가 건설을 명령하고 샤를 가르니에가 설계해 짓기 시작했으나, 왕이 죽은 후 1875년에 완공돼 나폴레옹 3세 전용 로열 박스와 출입구는 주인을 잃은 채 개관했다. 좌석 수는 2200여 개, 무대 등장인물은 한 번에 450명까지 가능해 규모 면에서 당시 세계 최대였지만 명성과 달리 음향 시설이 취약해 오페라보다 발레 공연이 더 많이 열렸고, 1989년 오페라 바스티유가 문을 연 이후로 오페라는 거의 공연하지 않았다. 뮤지컬로도 만들어진 가스통 르루의 소설 <오페라의 유령>의 배경이 된 극장으로도 유명하다. **MAP ❸-D**

GOOGLE MAPS 오페라가르니에
ADD 8 Rue Scribe, 75009
OPEN 10:00~17:00(7월 중순~9월 초 ~18:00)/공연에 따라 유동적, 폐장 45분 전까지 입장/1월 1일·5월 1일·12월 25일·공연 준비 기간 휴무/ 예약 권장
PRICE 내부 관람 15€(12~25세·8일 이내 오르세 미술관 티켓 소지자 10€)/ 특별전 진행 시 요금 추가
WALK 마들렌 성당에서 도보 8분
METRO 3·7·8 Opéra 1·3번 출구로 나와 길을 건넌다.
WEB www.operadeparis.fr

: WRITER'S PICK :

오페라 가르니에 건물 투어

오페라 가르니에는 발레를 보지 않더라도 내부를 관람할 수 있다. 천장에 늘어뜨린 약 6t의 화려한 샹들리에와 샤갈의 천장화 <꿈의 꽃다발>, 벽화, 조각품으로 꾸민 내부는 둘러보는 것만으로도 색다른 기분을 느낄 수 있다. 하이라이트는 베르사유의 '거울의 방'처럼 황금빛 벽과 샹들리에에, 폴 자크 에메 보드리의 그림들로 장식한 그랑 푸아예(Le Grand Foyer). 귀족들이 공연 전이나 휴식 시간에 친교를 나누던 곳으로, 후기 바로크 양식의 걸작으로 꼽힌다. 여인이 계단을 오를 때 드레스 자락이 예쁘게 펴질 수 있도록 곡선 형태로 디자인한 중앙 계단과 파리 시내 전경이 한눈에 들어오는 발코니, 드가의 스케치와 과거 극장에서 활동한 발레리나의 슈트, 토슈즈 등을 전시한 박물관도 인상적이다.

그랑 푸아예

샤갈의 천장화
<꿈의 꽃다발>

중앙 계단

 칙! 칙! 나만의 향 고르기
프라고나르 향수 박물관 Musée du Parfum–Fragonard

프랑스 향수 산업의 메카인 프랑스 남부 지방 그라스(Grasse)의 대표 향수 브랜드, 프라고나르의 장인정신이 깃든 조향 비법과 제조 과정, 전 세계 향수의 역사에 대해 살펴볼 수 있는 곳. 조향사의 안내에 따라 향수를 직접 시향하고 향수 사용법 등을 배울 수 있다. 투어가 끝난 뒤 숍에서 향수와 캔들, 비누 등을 구매할 수 있는데, 가격대도 다양하고 포장도 감각적이라 지인에게 선물할 아이템을 고르기 좋다. MAP ❸-D

GOOGLE MAPS V8CJ+H4 파리　**ADD** 9 Rue Scribe, 75009
OPEN 09:00~18:00(일요일 ~17:00)/5월 1일·일부 공휴일 휴무/폐장 1시간 전까지 입장/
박물관에 도착하면 카운터에 견학 의사를 전하고 투어 가이드를 기다린다.
PRICE 무료(영어 또는 프랑스어 가이드 투어로 진행되며, 약 30분 소요)
WALK 오페라 가르니에에서 도보 2분
WEB musee-parfum-paris.fragonard.com

+ M O R E +

불러디 메리는 원래 어떤 맛?
해리스 뉴욕 바 Harry's New York Bar

1915년에 프렌치75, 1920년에 불러디 메리, 1931년에 사이드카, 1960년에 블루 라군을 탄생시킨 칵테일 업계의 노장. 맨해튼에 있던 바의 인테리어를 해체하여 이곳으로 옮겨와 1911년에 문을 열었다. 카뮈, 사르트르, 헤밍웨이, 피츠제럴드, 코코 샤넬, 험프리 보가트, 다프트 펑크 등의 유명인들이 이곳을 다녀갔다고. 문을 연 당시 모습을 그대로 간직하고 있으며, 무려 400가지나 되는 칵테일을 즐길 수 있다. MAP ❸-D

GOOGLE MAPS 해리스 뉴욕 바 파리　**ADD** 5 Rue Daunou, 75002　**OPEN** 12:00~02:00(일요일 17:00~01:00)　**MENU** 칵테일 15~19€(22:00부터는 피아노 연주비 2€ 추가)　**WALK** 오페라 가르니에 또는 방돔 광장에서 각각 도보 4분　**WEB** harrysbar.fr

통통 튀는 트렌드를 잡아라!
⑧ 프렝탕 오스만 Printemps Haussmann

명품은 물론 프랑스 신진 디자이너 브랜드를 다수 입점시켜 신선한 감각을 갖춘 백화점이다. 여성관(Femme)과 뷰티·아동관(Beauté Maison Enfant) 및 남성·식품관(Homme-Du Goût) 3개 건물로 구성된다. 여성관 7층 전체를 차지하는 시티엠 시엘(7ème Ciel)은 중고 명품과 빈티지 아이템을 전문으로 다루는 감각적인 공간이며 야외 테라스에서 파리 시내 전경을 한눈에 담을 수 있다. 남성·식품관 9층 옥상의 레스토랑 페뤼슈(Perruche)는 에펠탑을 조망하며 식사하기 좋아 예약이 필수다. 세금 환급은 여성관과 남성·식품관 지하 1층 안내 데스크에서 처리 가능하다. **MAP ❸-D**

GOOGLE MAPS 쁘렝탕백화점 파리
ADD 64 Boulevard Haussmann, 75009(본관)
OPEN 10:00~20:00(일요일 11:00~)/시즌에 따라 유동적/
1월 1일·5월 1일·12월 25일 휴무
WALK 갤러리 라파예트 남성관 맞은편/오페라 가르니에에서 도보 3분
METRO 3·9 Havre-Caumartin 또는 **RER E** Havre-Caumartin에서 바로
WEB www.printemps.com

갤러리 라파예트보다 40년 앞선 1865년에 문을 열어 1881년 화재 후 재건한 본관은 유서 깊은 백화점답게 건물 안팎이 모두 아르누보 양식으로 화려하다.

동형 지붕 아래 크리스마스트리가 세워지는 시즌에는 사진을 찍으려는 인파로 가득한 'SNS 성지'가 된다.

파리 쇼핑의 심장이자 화려한 아르누보의 정점
⑨ 갤러리 라파예트 오스만
Galeries Lafayette Paris Haussmann

120년 넘게 프랑스를 대표해온 쇼핑 성지. 본관(Coupole)과 남성관(Homme) 및 메종 & 식품관(Maison & Gourmet) 3개 건물로 나뉜다. 본관 0층에는 한국어 안내 데스크와 세금 환급 센터가 있어 편리하다. 3층 글라스워크는 화려한 돔 천장을 감상하는 명당이나 예약이 필수다. 쇼핑은 메종 & 식품관이 핵심이다. 5층 젤리캣(Jellycat) 매장에서는 오직 이곳에서만 구할 수 있는 바게트나 크루아상을 든 파리 한정판 인형을 판매한다. 지하 1층 식품관은 백화점 자체 브랜드(Selection Galeries Lafayette)의 트러플 오일 세트와 초콜릿 장인 장폴 에뱅의 라파예트 한정 박스 등 차별화된 미식 아이템을 갖췄다. 쇼핑 후에는 본관 8층 옥상 전망대에서 파리 전경을 무료로 즐길 수 있다. 해질 무렵 올라가는 것을 추천. **MAP ❸-D**

GOOGLE MAPS 라파예트백화점
ADD 40 Boulevard Haussmann, 75009(본관)
OPEN 본관·남성관 10:00~20:30(일요일 11:00~20:00),
식품관 09:30~21:30(일요일 11:00~20:00)/시즌에 따라 유동적/
1월 1일·5월 1일·12월 25일 휴무
METRO 7·9 Chaussée d'Antin-La Fayette에서 바로
WEB haussmann.galerieslafayette.com

갤러리 라파예트 vs 프렝탕 오스만

루프톱 테라스 전격 비교

오스만 대로의 양대 백화점 옥상에 마련된 야외 테라스만큼은 여행 중 잠시 휴식하기에 제격이다.
그 어떤 방해도 없이 오페라 가르니에와 에펠탑에 몽파르나스 타워까지 바라볼 수 있는 독보적인
자리에 위치해 이곳에 오르면 180° 파노라마 뷰로 파리 시내를 한눈에 내려다볼 수 있다.
특히 해 질 무렵 에펠탑 방향이 붉게 달아오르는 모습이 장관이다.

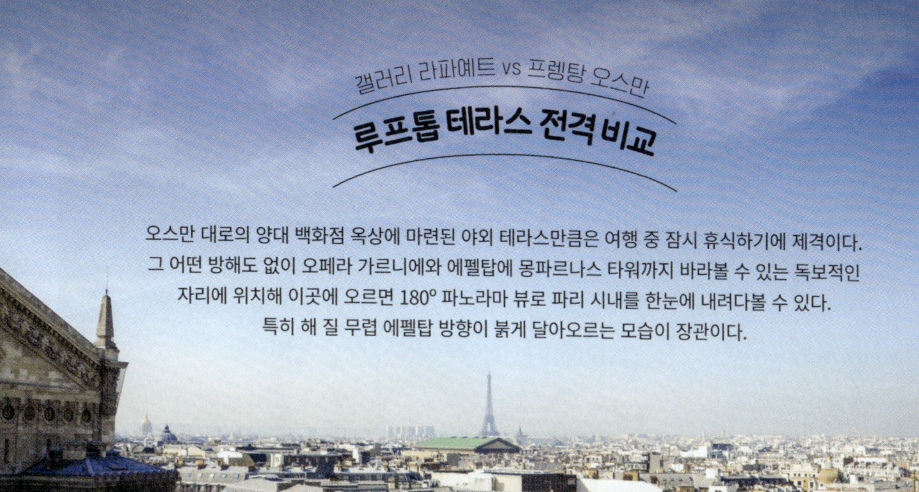

Point 1 갤러리 라파예트 본관 8층 무료 전망대

도심에서 파리 전망을 무료로 볼 수 있는 가장 실속 있는 장소다. 테라스 한켠의 바에서 천천히 음료를 마시며 잠시 휴식하거나 간단한 식사도 할 수 있다. 시즌에 따라 기간 한정 레스토랑도 오픈한다.

OPEN 10:00~19:30(일요일·공휴일 11:00~)/바 10:00~01:00

Point 2 프렝탕 백화점 남성·식품관 9층 페뤼슈
Perruche

오른쪽으로 에펠탑, 왼쪽으로 오페라 가르니에가 넓게 펼쳐진 멋진 뷰를 자랑하는 레스토랑 & 바. 야외 테이블도 있고 손님이 많아도 빨리 나가라며 눈치 주지 않는 분위기라서 느긋하게 전망을 감상할 수 있다. 레스토랑 오픈 전 오후 시간에는 바만 이용할 수 있는데, 술을 병 단위로 주문하면 레스토랑 자리에 앉을 수 있다. 레스토랑은 예약 권장.

OPEN 12:00~15:00, 19:00~02:00(토·일요일 12:30~16:00, 19:00~/L.O. 23:00)
WEB perruche.paris

+ M O R E +

미식가의 안식처, 프렝탕 오스만

미식가라면 프랑스 구르메의 모든 것을 보여주는 남성·식품관 7·8층에 주목! 7층에서는 푸아그라, 캐비어, 트뤼프 등 고급 식자재부터 꿀, 잼, 초콜릿, 와인 등의 구르메까지, 8층에서는 채소와 과일 등을 판매하는 마켓 플레이스와 프랑스 전역에서 찾아낸 명물 레스토랑, 치즈·와인숍을 만날 수 있다.

10 햇빛 쏟아지는 파사주 걷기의 즐거움
파사주 주프루아 Passage Jouffroy

파리 최초로 천장 전체를 금속과 유리로 지은 파사주. 파리의 파사주 중 가장 인기 높은 곳으로, 파사주 데 파노라마와 연결해 1845년에 지어졌다. 길이 약 140m, 너비 약 4m의 아케이드 안에는 밀랍 인형 전시관인 그레뱅 박물관(Musée Grévin), 영화 전문 서점 시네도크(Cinédoc), 쇼팽이 즐겨 찾아 그의 이름을 딴 오텔 쇼팽(Hôtel Chopin), 옛날 장난감 가게 팽 데피스(Pain d'Épices) 등이 들어서 있다. 파사주 주프루아를 통과하면 골동품점, 헌책방, 중고 카메라점이 몰려 있는 파사주 베르도(Passage Verdeau)로 연결된다. MAP **3**-D

GOOGLE MAPS V8CR+PQ 파리
ADD 10 Bd Montmartre(남쪽 입구)~9 Rue de la Grange-Batelière(북쪽 입구)
OPEN 07:00~21:30/상황에 따라 유동적, 그레뱅 박물관 10:00~18:00(토·일요일·공휴일·방학 기간 09:30~19:00)/시즌에 따라 유동적/폐장 1시간 전까지 입장
PRICE 그레뱅 박물관 21€(5~18세 16€)/3일 전 온라인 예약 기준/다양한 할인 티켓이 있으니 홈페이지 확인
WALK 오페라 가르니에에서 도보 12분
METRO 8·9 Richelieu Drouot에서 도보 2분
WEB grevin-paris.com(그레뱅 박물관)

그레뱅 박물관

파사주 베르도

⑪ 19세기의 향수를 부르는 파사주
파사주 데 파노라마
Passage des Panoramas

1799년 파리에서 두 번째로 조성된 파사주이자 1817년 최초로 가스등을 밝힌 곳. 다른 파사주와 연결되는 통로가 많아 미로같이 복잡한 구조가 탐험심을 자극한다. 이상야릇한 인형과 키치한 엽서, 각종 오브제와 인테리어 소품 등을 파는 개성 만점의 가게가 많으며 와인숍과 바도 여럿 있다. 내추럴 와인을 비롯해 유기농 채소 등 엄선한 재료로 만든 요리가 맛있기로 입소문이 자자한 이탈리안 비스트로 라신(Racines)도 추천할 만하다. 파사주 주프루아와 몽마르트르 대로를 사이에 두고 마주보고 있다. **MAP ❸-D**

GOOGLE MAPS 파사주 데 파노라마
ADD 10 Rue Saint-Marc(남쪽 입구)~11 Boulevard Montmartre(북쪽 입구)
OPEN 06:30~24:00/상황에 따라 유동적
WALK 팔레 루아얄에서 도보 8분/오페라 가르니에에서 도보 12분
METRO 8·9 Richelieu Drouot 2번 출구에서 도보 2분

팔레 루아얄 갈 땐 꼭 들르기로 약속!
갤러리 비비엔 Galerie Vivienne

1823년에 오픈한 갤러리 비비엔은 지금 봐도 감탄할 만큼 아름다운 공간이다. 길이 176m, 너비 3m의 아케이드 안에는 파사주의 초기 인테리어 소재인 모자이크 타일 바닥과 구리 램프, 고풍스러운 시계, 석상들이 잘 보존돼 있다. 패션 디자이너 장 폴 고티에 1호점과 와인 판매 업계의 원로 르그랑(067p)이 입점해 있으며, 살롱 드 테, 중고 서점, 장난감 가게, 인테리어 소품점 등도 볼거리다. 나란히 있는 갤러리 콜베르(Galerie Colbert)에 그대로 남아 있는 유리 돔 또한 놓치지 말자. **MAP ❻-B**

GOOGLE MAPS 갤러리 비비엔느
ADD 4 Rue des Petits-Champs(남쪽 입구), 6 Rue Vivienne(서쪽 입구), 5-7 Rue de la Banque(동쪽 입구)
OPEN 08:30~20:00
WALK 팔레 루아얄 북쪽 끝에서 도보 1분
METRO 3 Bourse 2번 출구에서 도보 4분
WEB www.galerie-vivienne.com

파리 쇼핑 마스터 리스트

팔레 루아얄에서 엘리제 궁전에 이르는 2km 거리 안에는 세계적인 명품 브랜드가 모두 모였다.
여기에 더해 오스만 대로의 백화점들과 골목 안 감각적인 편집숍, 부티크들도 이에 질세라 매력을 발산한다.

골목 구석구석 명품숍

팔레 루아얄과 오페라 가르니에 주변

귀여운 여우 로고가 시그니처

메종 키츠네 (본점) Maison Kitsuné

일본계 패션 디자이너 마사야 구로키와 프랑스의 레코드 숍 주인 길다 로액이
만들어낸 프랑스 라이프스타일 브랜드. 유니크한 패턴을 적용해 매일 입어도
질리지 않으면서도 트렌디한 디자인으로 전 세계에 두터운 마니아층을 형성하
고 있다. 유명 브랜드와의 컬래버레이션을 통해 한정판 상품을 종종 선보인다.

MAP ❻-B

GOOGLE MAPS V88P+HX 파리
ADD 52 Rue de Richelieu, 75001
OPEN 10:00~19:00/일요일·
일부 공휴일 휴무
WALK 팔레 루아얄에서 도보 3분
WEB www.kitsune.fr

너무나 사랑스런 플랫 슈즈

레페토 (본점) Repetto

사랑스러운 플랫 슈즈의 대명사. 오드리 헵번이 영화 <퍼니 페이스>
에서 이곳에서 만든 빨간색 레페토 플랫 슈즈를 신고 나와 전 세계에
플랫 슈즈 열풍을 일으켰다. 오페라 가르니에에서 공연하는 무용수들
을 위한 신발과 의상을 만들던 로즈 레페토의 부티크에서 시작해 지
금은 패션 피플들의 우아하고 사랑스러운 스타일을 완성해주는 세계
적인 브랜드로 성장했다. **MAP ❸-D**

GOOGLE MAPS 레페토 파리
ADD 22 Rue de la Paix, 75002
OPEN 10:00~19:00(일요일 11:00~18:00)/
일부 공휴일 휴무
WALK 오페라 가르니에에서 도보 3분
WEB www.repetto.fr

루브르 옆으로 점프한 메르시의 새로운 감각
메르시 #2 Merci #2

마레의 아이콘 메르시가 16년 만에 2호점을 열었다. 입구에 들어서면 발아래 지하 공간부터 0층과 1층을 과감하게 터버린 복층 구조가 시원한 개방감을 선사한다. 패션부터 주방용품까지 감각적인 아이템을 폭넓게 갖췄다. 벽면의 빨간 피아트는 브랜드의 정체성을 위트 있게 보여주며, 헬로키티 같은 시즌별 협업과 한정 상품으로 신선함을 더한다. 루브르 박물관과 오페라 가르니에 사이에 있어 관광 사이에 들르기 좋은 도심 쇼핑 거점으로 손색없다. MAP ⑥-B

GOOGLE MAPS 메르시2호
ADD 19 Rue de Richelieu, 75001
OPEN 10:30~19:30(목~일요일 10:00~20:00)/일부 공휴일 휴무
WALK 팔레 루아얄 입구에서 도보 4분
WEB merci-merci.com

팔레 루아얄부터 마들렌 성당까지
생토노레 거리와 그 주변

따끈따끈 신상이 왔어요
샤넬(본점) Chanel

명품 브랜드 샤넬의 본점. 핸드백은 물론 구두와 의류까지 다양한 라인을 선보이며, 우리나라에 수입되지 않은 신상품이 많아 샤넬 마니아의 사랑을 듬뿍 받고 있다. MAP ❸-C

본점에서만 제공하는 하얀색 쇼핑백과 박스

GOOGLE MAPS 파리 샤넬 본점
ADD 31 Rue Cambon, 75001
OPEN 10:00~19:00(일요일 11:00~)/ 일부 공휴일 휴무
WALK 방돔 광장에서 도보 4분
WEB www.chanel.com

파리에서 만나는 뉴욕 감성
더 로우 The Row

올슨 자매의 패션 브랜드 더 로우의 파리 1호 로드숍. 여유로운 공간과 감각적인 가구가 조화를 이루며, 매장 내 작은 카페에서 커피를 즐기며 컬렉션을 감상할 수 있다. 쾌적한 쇼핑을 위해 입장 인원을 제한하고 있으니 방문 전 홈페이지를 통해 미리 예약하고 가는 것이 좋다. MAP ⑥-A

GOOGLE MAPS the row paris
ADD 1 Rue du Mont Thabor, 75001
OPEN 11:00~19:00/일요일 휴무
WALK 팔레 루아얄에서 도보 10분
METRO 1 Tuileries 도보 3분
WEB www.therow.com

뽀얀 우윳빛 앤티크 도자기

아스티에 드 빌라트
Astier de Villatte

프랑스 바스티유 장인들이 반죽부터 유약 작업까지 전 과정을 수작업으로 완성하는 명품 도자기 브랜드. 가격대는 다소 높지만 우리나라보다 저렴하게 구매할 수 있다. 다양한 디자이너와 협업해 컬렉션마다 독창적인 디자인을 선보이는 것이 이들의 가장 큰 매력이다. **MAP ⑤-B**

GOOGLE MAPS 아스티에드빌라트 파리
ADD 173 Rue Saint-Honoré, 75001
OPEN 11:00~19:00/일요일 유동적 휴무
WALK 팔레 루아얄에서 도보 4분
WEB astierdevillatte.com

셀럽들이 애정하는 여행 가방

메종 고야드(본점)
Maison Goyard

1853년 프랑수아 고야드가 귀족을 위해 만든 여행 가방으로 시작한 브랜드. 170년이 넘은 지금도 수많은 셀럽의 여행길에 동반자로 선택받고 있다. 특유의 패턴과 가볍고 실용적인 소재가 특징이며, 패턴 속에 새겨진 글씨는 창업 당시부터 지금까지 같은 자리를 지키고 있는 생토노레 본점의 주소를 의미한다. **MAP ⑤-A**

GOOGLE MAPS V88H+HG 파리
ADD 233 Rue Saint-Honoré, 75001
OPEN 10:00~19:00/일요일·공휴일 휴무
WALK 방돔 광장에서 도보 2분
WEB goyard.com

패션피플들의 선택

발렌시아가(플래그십 스토어)
Balenciaga

프랑스에 본거지를 둔 세계적인 패션 브랜드 발렌시아가의 패션 아이템을 총망라한 매장. 전통적인 발렌시아가만의 디자인을 비롯해 유니크한 스타일까지 우리나라보다 저렴한 가격에 만나볼 수 있다. 스테디셀러 가방과 독특한 디자인의 슈즈와 모자가 인기다. **MAP ⑤-B**

GOOGLE MAPS 발렌시아가 75001
ADD 336 Rue Saint-Honoré, 75001
OPEN 10:00~19:30(일요일 11:00~19:00)
WALK 방돔 광장에서 도보 2분
WEB balenciaga.com

+MORE+

명품 쇼핑 노하우

파리 매장은 국내 미출시 제품이나 한정 상품 등 희소성 있는 쇼핑에 유리하다. 다만 품절이 잦으므로 원하는 모델의 정보를 미리 파악해 오픈 시각에 맞춰 방문하는 것이 좋다. 정확한 제품 번호나 사진을 준비해 직원에게 제시하면 더욱 효율적인 쇼핑이 가능하다. 브랜드와 지점, 상황에 따라 입장 방법이 다르니 줄 서기 전 직원에게 확인한다.

❶ 매장 방문 에티켓
차림새는 최대한 깔끔하게 유지한다. 복장이 추레하면 직원의 응대가 소홀해질 수 있다. 다른 손님을 응대 중인 직원을 부르는 행동은 결례다. 계산을 마친 직원 옆에서 대기하거나 인상이 좋은 직원을 찾아 문의한다.

❷ 오픈 런과 재고 문의
방문은 개점 시각에 맞춘다. 대기 시간을 줄이고 원하는 물건을 선점할 확률이 높다. 찾는 모델이 없다면 타 매장의 재고 확인을 요청한다. 대부분 온라인 시스템으로 실시간 재고 파악이 가능하다.

❸ 꼼꼼하게 챙기는 서비스 포장과 세금 환급
개별 쇼핑백, 비 오는 날 레인 커버 등은 미리 요청해야 제공한다. 세금 환급은 한 상점에서 3일 이내 100.01€ 이상 구매 시 12~20% 부가가치세를 환급한다. 백화점은 일부 품목을 제외하고 합산 가능하다. 082p 참고.

❹ 브랜드별 입장 예약과 웨이팅 시스템
에르메스 본점에서 가죽제품을 구매하려면 예약 신청 후 당첨 확인 메일을 받아야 한다. 루이비통 본점은 구매 대기줄에서 셀러 배정을 받아야 한다(온라인 예약 가능). 샤넬 본점과 고야드는 당일 현장 예약만 받는다.

디스플레이부터가 예술
랑방(본점) Lanvin

잔 랑방이 만든 명품 브랜드. 패션계의 거장 칼라거펠트가 '위대한 디자이너'라고 칭송한 바 있는 랑방은 20세기 초 아르누보 양식을 대표하는 아름다운 옷을 선보이며 유명해졌다. 매달 바뀌는 매장 디스플레이도 감각적이다. **MAP ❸-C**

GOOGLE MAPS 랑방 75008
ADD 22 Rue du Faubourg Saint-Honoré, 75008
OPEN 10:30~19:00/일요일·일부 공휴일 휴무
WALK 마들렌 성당에서 도보 2분
WEB www.lanvin.com/fr/

모든 명품의 여왕
에르메스(본점) Hermès

명품 중에서도 명품으로 꼽히는 프랑스 패션 브랜드. '돈 주고도 못 산다'고 알려진 버킨백은 장인이 하나하나 수제로 만들어 일주일에 1~2개만 제작되며, 1000만~3000만원 정도에 팔린다. 경매에 부치면 1억원을 호가하기도 한다고. 인테리어 소품과 테이블웨어 등도 선보인다. **MAP ❸-C**

GOOGLE MAPS 에르메스 24 FBG
ADD 24 Rue du Faubourg Saint-Honoré, 75008
OPEN 10:30~18:30/일요일·일부 공휴일 휴무
WALK 마들렌 성당에서 도보 3분
WEB www.hermes.com, 상담 예약 hermesfaubourg.com

하이힐의 혁명가
로저 비비에(본점) Roger Vivier

스틸레토 힐로 단숨에 전 세계 하이힐의 판도를 바꾼 로저 비비에의 본점이자, 백화점을 제외한 파리 유일의 단독 매장이다. 혁신적인 뒤꿈치 디자인으로 패션계의 중심에 우뚝 섰으며, 구두 앞코의 네모난 버클은 로저 비비에의 심벌이 됐다. **MAP ❸-C**

GOOGLE MAPS 로저 비비에 FBG
ADD 29 Rue du Faubourg Saint-Honoré, 75008
OPEN 11:00~19:00/일부 공휴일 휴무
WALK 마들렌 성당에서 도보 4분
WEB www.rogervivier.com

요즘 파리, 요즘 카페

이름 좀 있다 하는 스페셜티 커피부터 커피에 진심인 패션 브랜드까지.
요즘 파리에서 제일 잘 나가는 카페 탐험에 나서볼까.

아늑한 공간에서 즐기는 스페셜티 커피

텔레스코프 Télescope

깔끔하고 아기자기한 인테리어로 아늑한 분위기를 풍기는 카페. 조용하고 차분한 공간이라 마음 편안히 머물다 갈 수 있다. 고급 원두로 내린 스페셜티 커피로 입맛 까다로운 파리지앵의 마음을 사로잡은 곳이기도 하다. 커피 고유의 맛과 향을 제대로 느낄 수 있는 에스프레소도 좋지만 부담스럽다면 크림을 넣어 부드러운 맛을 내는 카페 크렘을 추천한다. MAP ⑥-B

GOOGLE MAPS 텔레스코프 카페 파리
ADD 5 Rue Villedo, 75001
OPEN 08:30~16:00/토·일요일 휴무
MENU 커피 3.50€~, 디저트 3.20€~
WALK 팔레 루아얄에서 도보 3분
INSTAGRAM @telescopecafe

커피에 진심인 두 형제

카페 뉘앙스 Café Nuances

1920년대부터 걸려 있던 오래된 간판과 유리문, 유리 천장, 바닥 타일 등 20세기 초 유행한 아르데코 스타일의 디자인을 현대적인 감각으로 재해석한 인테리어가 돋보이는 스페셜티 커피전문점. 순수한 열정만으로 커피 세계에 뛰어든 샤를 & 라파엘 형제가 수백 번의 테스트를 거쳐 선정한 5가지 원두를 최적의 배합 비율로 블렌딩하여 특별한 커피 맛을 완성하고 있다. 망고 향이 살짝 도는 풍부한 맛이 일품인 메테오리트(Météorite, 운석) 원두가 커피 애호가를 방돔 광장 주변으로 불러들이는 중. 생제르맹데프레(22 Rue du Vieux Colombier)에 지점이 있다. MAP ⑥-B

'Beurre(버터), Laiterie(우유), Œuf(달걀)'라 쓰인 빈티지한 느낌의 간판이 묘한 분위기와 매력을 뿜어낸다.

GOOGLE MAPS 카페 뉘앙스 75001
ADD 25 Rue Danielle Casanova, 75001
OPEN 08:00~19:00(토·일요일 09:00~)
MENU 에스프레소 3€, 플랫 화이트 5.50€
WALK 방돔 광장에서 도보 2분

프랑스풍으로 탄생한 말차 카페
맛차 소셜 클럽 Matcha Social Club

오페라와 루브르 사이, 아시아 식당 골목에 자리 잡은 말차 전문 카페. 한쪽 벽면을 '맛차(MATCHA)'라고 적힌 초록색 상자로 가득 채운 인테리어가 인상적이다. 초록색 컵과 대비되는 핑크색 빨대도 시선 강타. 말차라테, 말차 아이스크림 등 다양한 말차 음료와 디저트가 있는데, 프랑스인의 입맛에 초점을 맞춰서인지 약간 묽다고 느낄 수 있다. 말차 음료 외에 유자(yuzu) 레모네이드도 추천. 티셔츠, 에코백 등 오리지널 굿즈도 판매한다. **MAP ⑥-B**

GOOGLE MAPS 맛차소셜클럽 75001
ADD 39 Rue des Petits Champs, 75001
OPEN 09:00~20:30(토·일요일 10:00~)
MENU 말차라테 5.50€, 유자 레모네이드 4.80€, 말차 아이스크림 4.90€
WALK 팔레 루아얄 후문에서 도보 3분
METRO 7·14 Pyramides 1번 출구에서 도보 5분
INSTAGRAM @matchasocialclub

파사주 속 아르누보 무드를 즐기는 시간
누아르 Noir

맛과 분위기로 파리지앵을 사로잡은 로컬 커피 브랜드 체인이다. 파리 내 20여 곳의 지점 중 9구 갤러리 리셰(Galerie Richer) 매장이 가장 가장 매력적인 공간으로 손꼽힌다. 19세기 파사주를 리모델링한 높은 천장과 아치형 창문, 화려한 타일 바닥이 아르누보 시절의 분위기를 자아낸다. 산미를 자제한 고소한 차콜 커피가 인기며 커피에 곁들이기 좋은 쿠키와 마들렌의 퀄리티도 수준급이다. 갤러리 사이로 들어오는 자연광을 만끽할 수 있는 오전 시간대 방문을 추천. 신용카드 결제만 가능하다. **MAP ③-D**

GOOGLE MAPS noir richer
ADD 33 Rue Richer, 75009
OPEN 08:00~12:00(토·일요일 09:00~), 12:30~18:00
MENU 에스프레소 3.10€, 카페라테 6€, 파티스리 3.60€~
WALK 그래뱅 박물관에서 도보 5분
METRO 8·9 Grands Boulevards 도보 8분/7 Cadet 도보 3분
WEB www.noirbarista.com

카페 키츠네
(팔레 루아얄 점)
Café Kitsuné

유니크한 스타일을 추구하며 전 세계 두터운 팬 층을 보유한 메종 키츠네가 운영하는 카페. 머그잔과 컵 받침, 스푼, 접시, 빨대까지 모두 메종 키츠네에서 디자인한 제품을 사용해 독특한 감각이 묻어난다. 에코백과 티셔츠 등의 굿즈도 인기 만점. 팔레 루아얄 정원이 내다보이는 회랑 안에 있어 자리가 없을 땐 테이크아웃 해서 정원 벤치에 자리 잡고 느긋한 한때를 보내기 좋다. 튈르리 점(208 Rue de Rivoli, 75001)은 카페 바로 옆에 메종 키츠네를 운영하며, 팔레 루아얄 정문 근처 (2 Place André Malraux, 75001)와 마레 지구(30 Rue du Vertbois, 75003) 등에도 지점이 있다. **MAP ⑥-B**

GOOGLE MAPS 카페키츠네 팔레 루아얄
ADD 51 Galerie de Montpensier, 75001
OPEN 09:30~19:00
MENU 플랫 화이트 5.50€, 라테 6€,
파티스리 4€~
WALK 팔레 루아얄 정문으로 들어서 왼쪽 회랑을 따라 도보 4분
WEB maisonkitsune.com

커피 애호가들의 단골 카페
카페 베를레
Café Verlet

1880년에 문을 연, 현존하는 파리 최고의 커피 로스터리. 루브르 박물관 근처의 시끌벅적한 거리에 있지만 문을 열고 들어서면 조용하고 고풍스러운 분위기에 차분하게 가라앉는 느낌이다. 커피 맛이 훌륭한 것은 물론이고, 쇼콜라 쇼도 진한 맛이 일품. 원두는 드립용, 에스프레소용 등 원하는 대로 갈아주는데, 가장 비싼 커피로 유명한 인도네시아산 코피 루왁과 자메이카 블루 마운틴은 250g에 65~80€ 선이다. MAP ⑥-B

GOOGLE MAPS cafe verlet
ADD 256 Rue Saint Honoré, 75001
OPEN 10:00~19:00/
일요일·8월 중 약 4주간 휴무
MENU 커피 4.50€~, 쇼콜라 쇼 9.50€~
WALK 팔레 루아얄 입구에서 도보 4분/루브르 박물관 유리 피라미드에서 도보 6분

테이크아웃도 가능!

파리에서 만나는 하노이의 빈티지 감성
콩 카페
CỘNG CÀPHÊ

베트남과 한국에서 큰 사랑을 받은 콩 카페가 파리에 입성했다. 현지의 빈티지한 감성을 그대로 재현한 공간에서 이색적인 휴식을 선사한다. 시그니처 메뉴인 코코넛 커피류는 에스프레소 일색인 파리에서 단연 돋보이는 존재감을 자랑하며, 특히 아이스 커피 맛이 뛰어나 더운 여름에 여행자와 현지 젊은 층 사이에서 인기가 높다. 반미나 샐러드 같은 식사류도 알차게 갖춰 가벼운 점심 식사를 해결하기에도 적당하다. MAP ❸-D

GOOGLE MAPS cong caphe 파리
ADD 18 Rue Volney, 75001
OPEN 08:00~20:30/일부 공휴일 휴무
MENU 커피 5€~, 맛차 6€~, 반미 7€~
WALK 오페라 가르니에에서 도보 4분
WEB congcaphe.fr

아이스 코코넛 커피(Café Blanc Coco) 8€

파리의 식료품점, 에피스리

마들렌 성당과 오페라 가르니에 주변에는 오래된 식료품점인 에피스리(Épicerie)가 가득하다.
예스러운 느낌이 물씬 풍기는 식료품점을 구경하며, 귀국 기념품으로 가져가고픈 파리의 맛을 골라보자.

프랑스를 대표하는 고메 브랜드

포숑 Fauchon

1886년 마들렌 성당 근처에 문을 열어 지금까지 인기를 누리고 있는 고급 디저트 & 식료품 전문점. 프랑스를 대표하는 다양한 전통 홍차와 꿀 향·장미 향·과일 향 차가 어우러진 티포투(Tea for Two), 수확시기까지 깐깐하게 계산해 만드는 잼 등은 맛도 좋지만 포장도 고급스러워 선물로도 인기가 높다. 아페리티프부터 디저트까지 판매하는 부티크와 레스토랑(Le Grand Café Fauchon) 등으로 나뉘어 운영하며, 바로 옆에 차와 디저트를 취급하는 티 & 인퓨전도 있다. MAP ❸-C

GOOGLE MAPS 포숑 마들렌
ADD 11 Place de la Madeleine, 75008
OPEN 레스토랑 07:00~22:30/
부티크·티 & 인퓨전 10:30~14:00, 15:00~18:30/
부티크·티 & 인퓨전 일요일 휴무
WALK 마들렌 성당 정문을 바라보고 성당의 왼쪽 측면 길 건너
WEB www.fauchon.com

+ MORE +

생토노레 & 포부르 생토노레 거리 주변에 본점을 둔 디저트의 제왕들

■ **라뒤레 Ladurée**
160년 전통의 프랑스 최고 마카롱 브랜드.
ADD 16 Rue Royale, 75008
WALK 마들렌 광장에서 도보 1분

■ **달로와요 Dalloyau**
1802년 창업한 오페라 케이크의 발상지.
ADD 101 Rue du Faubourg Saint-Honoré, 75008
WALK 엘리제 궁전에서 도보 6분

■ **장폴 에뱅 Jean-Paul Hévin**
초콜릿과 제과 분야의 명장.
ADD 231 Rue Saint-Honoré, 75001
WALK 방돔 광장에서 도보 2분

■ **라 메종 뒤 쇼콜라 La Maison du Chocolat**
수제 초콜릿의 절대 강자.
ADD 225 Rue du Faubourg Saint-Honoré, 75008
WALK 개선문에서 도보 8분

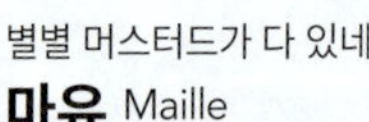

별별 머스터드가 다 있네

마유 Maille

1747년 창립자 마유의 이름을 따 개업한 머스터드 전문점. 사과, 산딸기, 풍접초 꽃봉오리 등 30여 종에 이르는 다채로운 맛과 향, 색상의 머스터드와 식초가 앙증맞은 용기에 담겨 미식가를 유혹한다. 신선한 머스터드를 즉석에서 용기에 담아 구매할 수도 있다. MAP ❸-C

GOOGLE MAPS Maille 마들렌
ADD 6 Place de la Madeleine, 75008
OPEN 10:00~19:00/일요일·1월 1일·5월 1일·7월 14일·12월 25일 휴무
WALK 마들렌 성당 정문에서 도보 1분
WEB www.maille.com

꿀 한 병에 6.90~21.70€

120년 전통 파리 꿀의 정수
라 메종 뒤 미엘 La Maison du Miel

1898년 창업해 1905년부터 자리를 지켜온 꿀 전문점이다. 파리 시내 공원에서 채취하는 희귀 꿀(Miel de Paris)을 포함해 전 세계 50여 종의 꿀을 선보인다. 꿀을 활용한 식초, 머스터드, 캔디부터 화장품과 비누까지 다채로운 제품군을 갖춰 선물 쇼핑에 최적이다. 창업 당시의 꿀도 여전히 판매하며 시식 코너를 운영해 직접 맛을 보고 고를 수 있다. MAP ❸-C

GOOGLE MAPS V8CG+JH 파리
ADD 24 Rue Vignon, 75009
OPEN 09:30~19:00/일요일 휴무
WALK 마들렌 성당 뒤쪽으로 도보 3분
WEB maisondumiel.fr

25g 용량의 미니 틴 케이스를 선보여 명차 브랜드 쿠스미 티의 대중화에 성공했다.

다채로운 풍미의 컬러풀 티 하우스
쿠스미 티 Kusmi Tea

1867년 러시아에서 시작해 파리에서 꽃을 피운 유서 깊은 티 브랜드다. 화사한 색감의 양철 캔이 벽면을 가득 채운 매장 구성이 인상적이다. 시그니처인 라벨 임페리알(Label Impérial)과 상트페테르부르크(St. Petersburg)를 비롯해 현대적인 감각의 디톡스 라인이 가장 인기다. 다양한 향과 효능을 갖춘 제품이 많으니 취향에 맞는 틴 케이스를 골라보자. MAP ❸-D & ❻-B

GOOGLE MAPS 쿠스미티 오페라　**ADD** 33 Av. de l'Opéra, 75002
OPEN 09:30~19:30(일요일 10:00~19:00)
WALK 방돔 광장 또는 오페라 가르니에에서 각각 도보 5분
WEB www.kusmitea.com

+ M O R E +

여행자의 1일 1와인을 책임지는
라 뉴 케이브 La New Cave

주로 중저가 와인을 취급하는 와인숍. 여행 기념품으로 삼을 와인이나 여행 중 숙소에서 마실 와인을 사기에 좋다. 특히 친절한 주인이 알기 쉽게 설명해줘 와인 초심자도 어렵지 않게 와인을 고를 수 있다. 여행용 캐리어에 넣을 수 있도록 에어캡(0.50€/병)에 싸주는 세심한 서비스도 맘에 드는 곳. MAP ❸-C

GOOGLE MAPS la new cave
ADD 33 Boulevard Malesherbes, 75008
OPEN 11:00~19:00(금요일 ~19:30)/일요일 휴무
WALK 마들렌 성당에서 도보 5분
WEB www.lanewcave.fr

다채로운 프랑스 맛

내공 가득한 솜씨로 동네 단골들과 여행자를 끊임없이 끌어모으는 식당 열전.

프랑스 요리의 정석
르 루아 뒤 포토푀
Le Roi du Pot au Feu

'프랑스 요리의 기본'이라 여겨지는 포토푀(Pot-au-Feu)를 전문으로 선보이는 곳. 소고기와 양배추, 양파, 셀러리, 무 등을 푹 끓여내 우리나라의 갈비탕과 비슷한 맛을 내며, 특별한 향신료를 첨가하지 않아 재료 고유의 맛이 잘 살아있다. 뜨끈한 국물이 생각나는 추운 날 에너지를 보충하기에 제격. 제대로 즐기려면 연골을 빵에 발라 먹어보자. 국물을 더 먹고 싶으면 수프(Bol de Bouillon)를 따로 주문한다. **MAP ❸-C**

GOOGLE MAPS V8CG+VM 파리
ADD 34 Rue Vignon, 75009
TEL 01 47 42 37 10
OPEN 12:00~22:00/일·월요일·공휴일 휴무(월요일 유동적 오픈)
MENU 포토푀 26€, 앙트레 6€~, 수프 6€
WALK 마들렌 성당에서 도보 4분

기대하세요, 햄버거 장인의 맛

빅 페르낭
Big Fernand

맛있는 프랑스 빵과 식자재를 무기로 햄버거의 본고장인 미국에 지점을 낸 고수의 가게. 스스로를 햄버거 장인으로 여기는 직원들의 자부심이 대단하다. 매일 굽는 신선한 빵과 찰기가 생길 정도로 다진 패티에다 비밀 소스를 얹어 차별화된 맛을 낸다. 빵과 패티, 소스를 모두 선택할 수 있어 입맛에 따라 무궁무진하게 다양한 햄버거를 즐길 수 있다. 시즌 한정 햄버거도 추천. 마레 지구를 비롯해 파리 시내에 5개의 지점이 있다. MAP ❻-B

GOOGLE MAPS 빅페르낭 75001
ADD 40 Place du Marché Saint-Honoré, 75001
OPEN 11:00~23:00
MENU 세트 메뉴 18.90€~, 빅 페르낭 15€
WALK 방돔 광장에서 도보 5분
WEB www.bigfernand.com

실패하지 않는 조합! 베스트셀러인 르 빅 페르낭(Le Big Fernand)과 도톰한 감자튀김

체코 출신 알폰스 무하의 그림과 포스터 등으로 클래식한 멋을 살린 화려한 아르누보 양식의 인테리어

영화의 역사가 시작된 곳

르 그랑 카페 카퓌신
Le Grand Café Capucines

1895년 뤼미에르 형제가 처음으로 영화를 상영하면서 영화인들의 성지가 된 카페 겸 레스토랑. 매일 들여오는 싱싱한 해산물로 유명한데, 특히 해산물 모둠(Plateaux Fruits de Mer)은 비싼 가격만큼 비주얼과 맛을 보장한다. 에스프레소는 더블 샷이 기본이며, 따뜻한 음료를 주문하면 피낭시에와 머랭 쿠키가 함께 나와 가격 대비 만족도가 높다. MAP ❸-D

GOOGLE MAPS 르그랑카페 카퓌신 75009
ADD 4 Boulevard des Capucines, 75009
TEL 01 43 12 19 00
OPEN 07:00~01:00
MENU 앙트레 8.50€~, 플라 19.50€~, 해산물 모둠 49~179€/2인, 음료 4.50€~
WALK 오페라 가르니에에서 도보 1분
WEB www.legrandcafe.com

고급 프렌치 레스토랑 & 바

가격은 비싸지만 충분히 납득이 갈 만한 맛과 근사한 분위기를 느낄 수 있는 최고급 레스토랑,
오래된 것에 대한 사랑이 지극한 파리지앵에게 세월의 흔적이 고스란히 새겨진 바와 티룸 방문이야말로
파리여행의 잊지 못할 한 페이지가 된다.

아르누보 장식에 취하는 마들렌의 밤
루카스 카르통 Lucas Carton

19세기부터 마들렌 광장에서 파리 고전 미식의 품격을 지켜온 레스토랑이다. 한때 미슐랭 3스타를 기록하며 하이엔드 다이닝의 상징으로 군림했고, 2025년 미슐랭 1스타를 획득하며 존재감을 증명했다. 음식 평가는 다소 엇갈리기도 하지만, 와인 리스트의 압도적인 깊이와 정교한 구성은 와인 애호가를 이곳을 고집하는 이유다. 실내를 가득 채운 아르누보 양식의 우아한 목제 장식과 스테인드글라스는 식사 시간을 한 편의 예술 감상처럼 만든다. 화려한 정찬이 부담스럽다면, 위층 프티 루카스(Petit Lucas)를 추천한다. 마들렌 성당이 내려다보이는 창가에서 비교적 가벼운 구성으로 특유의 고전적인 아우라를 누릴 수 있다. **MAP ❸-C**

GOOGLE MAPS 루카스 카르통
ADD 9 pl. de la Madeleine, 75008
OPEN 12:00~13:30, 19:30~21:30/일·월요일 휴무
MENU 앙트레 60€~, 플라 75~105€, 디저트 30€~,
4코스 125€, 5코스 155€, 7코스 210€, 와인 16€~/1잔
WALK 마들렌 성당 정문 도보 1분
METRO 8·12·14 Madeleine에서 도보 2분
WEB lucascarton.com

미슐랭 별 셋의 세계로 초대합니다

에피큐어 Epicure

맛과 분위기, 서비스 무엇 하나 빠질 것이 없어 미슐랭 별 3개를 받았다. 명품 쇼핑 거리로 유명한 포부르 생토노레 거리의 호텔 르 브리스톨(Le Bristol) 안에 있는 레스토랑으로, 우아한 인테리어와 멋스러운 플레이팅을 겸비해 프랑스 미식을 제대로 경험할 수 있다. 앙트레부터 디저트까지 제대로 된 미식을 즐기려면 셰프 아르노 파예(Arnaud Faye)가 제안하는 코스 요리를 추천. 먹는 방법이 궁금할 땐 담당 서버에게 물어보면 된다. 여성은 심플한 정장, 남성은 재킷과 타이를 기본으로 갖춰야 하며, 타이가 없다면 레스토랑 입구에서 빌릴 수 있다. 예약 필수. **MAP ❸-C**

GOOGLE MAPS 호텔 르브리스톨
ADD 112 Rue du Faubourg Saint-Honoré, 75008
TEL 01 53 43 43 40
OPEN 12:00~13:30, 19:30~21:30/일·월요일 휴무
MENU 앙트레 110€~, 플라 110~180€,
디저트 46€~, 6코스 360€, 8코스 490€
WALK 엘리제 궁전에서 도보 3분
METRO 9·13 Miromesnil에서 도보 4분
WEB oetkercollection.com/hotels/le-bristol-paris/

바 헤밍웨이 Bar Hemingway

칵테일 애호가인 헤밍웨이가 제2차 세계대전 중 종군기자 신분으로 파리에 머물며 자주 방문했던 호텔 리츠 파리의 바. 1979년부터 '바 헤밍웨이'로 이름을 바꾸고 잡지 표지 사진과 구형 타자기, 신분증 등 헤밍웨이 흔적으로 실내를 꾸몄다. 나무패널을 덧댄 벽과 가죽 소파, 깊은 가죽 의자 같은 인위적인 설정이 자칫 관광지 같은 느낌을 주지만 고객들에게 가게 로고가 새겨진 몽당연필을 무료로 주거나 여성이 칵테일을 주문하면 장미꽃 한 송이를 제공하는 것으로 기대감을 높인다. 두 번이나 '세계 최고의 바텐더 헤드'로 선정된 이곳의 수석 바텐더 콜린 필드가 추천하는 칵테일은 세렌디피티(Serendipity). **MAP ❸-D**

GOOGLE MAPS 헤밍웨이바 파리
ADD 15 Place Vendôme, 75001
OPEN 17:00~24:00
MENU 칵테일 39€~
WALK 방동 광장의 기념비를 정면으로 바라보고 왼쪽에 보이는 호텔 리츠 파리에 있다.
WEB ritzparis.com

'헤밍웨이 스타'라는 이름의 신문형식을 갖춘 메뉴판에는 20개 이상의 칵테일 리스트와 배경 스토리가 적혀 있다. 10€를 내면 기념으로 가져갈 수 있다.

홍차에 적신 마들렌 조각

살롱 프루스트 Salon Proust

리츠 파리의 단골이었던 <잃어버린 시간을 찾아서>의 작가, 마르셀 프루스트의 이름을 딴 호텔 라운지 바. 귀족 저택의 서재 같은 분위기의 기품 있는 공간에서 3단 트레이에 빵과 케이크, 타르트 등이 곁들여지는 프렌치 티타임을 만끽할 수 있다. 프루스트가 홍차에 적신 마들렌 과자를 먹으며 잃어버린 시간을 떠올렸던 것처럼. **MAP ❸-D**

GOOGLE MAPS salon proust
ADD·WALK·WEB 바 헤밍웨이와 동일
OPEN 프렌치 티타임 13:00~19:00
(입장 및 주문 ~16:45, 샴페인 바 18:00~)
MENU 프렌치 티 105€~

아시안 맛집

루브르와 오페라 사이 지역은 일식당, 중식당, 한식당 등 아시아 음식점이 많아서 현지의 한국인과 우리나라 여행자들이 즐겨 찾는다. 뜨끈한 국물이 생각나거나 느끼한 서양 음식에 질렸을 때 이곳에서 기분을 전환해보자.

내 입맛에 착 붙는 우동 육수

사누키야
Sanukiya

파리 현지인과 일본 여행자들의 입소문만으로 인기 급부 상한 우동 맛집. 한국 교민과 여행자들을 위한 반가운 한 글 메뉴판도 등장했다. 추천 메뉴는 진하고 깊은 국물 맛 과 푸짐한 건더기로 승부하는 덴푸라우동(새우튀김 우동) 과 니쿠우동(소고기 우동). 특히 11:30~18:00에만 제공하 는 런치 세트는 가성비 좋기로 유명하다. 원하는 우동에 6€를 추가하면 프라이드치킨과 달걀말이, 닭고기 우엉밥 이 함께 나오고, 여기에 3~4€를 더 추가하면 음료까지 더 해 정말 배부른 한 끼를 먹을 수 있다. MAP ❻-B

GOOGLE MAPS 사누키야
ADD 9 Rue d'Argenteuil, 75001
OPEN 11:30~22:00(매월 둘째 화요일 17:00~)/일부 공휴일 휴무
MENU 덴푸라우동 19€, 니쿠우동 16€
WALK 팔레 루아얄에서 도보 5분

파리지앵도 줄 서서 먹는 우동 맛집

우동 비스트로 쿠니토라야
Udon Bistro Kunitoraya

일식당이 유독 많은 팔레 루아얄 근처에서도 최고의 일식 집으로 꼽히는 곳. 감칠맛 나는 가쓰오부시 국물에 탱글 탱글한 면발이 어우러진 일본 본토 우동을 맛볼 수 있다. 현지의 맛을 한껏 살린 깔끔한 맛의 우동과 바싹하게 튀 긴 튀김류가 특히 호평을 받는다. 쫄깃한 면발의 우동은 어떤 메뉴든 다 맛있지만 바삭한 새우튀김을 얹은 덴푸라 우동 맛이 기가 막히다. 단, 가격에 비해 양이 적은 편이 다. MAP ❻-B

GOOGLE MAPS 우동 쿠니토라야 파리
ADD 41 Rue de Richelieu, 75001
OPEN 12:00~14:30(토요일 ~16:00), 19:00~22:00
(일요일 12:00~16:00)
MENU 덴푸라우동 26€, 치킨 가라아게(Tori Karaage) 18€,
반숙달걀(Œuf Demi Dur) 5€
WALK 팔레 루아얄에서 도보 2분
WEB udon-bistro.com

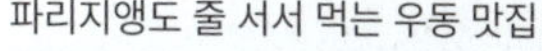

아키 Aki

덮밥류와 우동, 메밀 등 익숙한 일식 메뉴를 저렴하게 선보여 큰 기대나 부담 없이 만족할만한 식사를 맛볼 수 있는 곳. 특히 오픈 키친에서 만드는 오코노미야키로 유명한 집이다. 김치를 넣어 매콤함을 더한 김치 오코노미야키도 있다. 맞은편에 있는 불랑제리 아키에서는 쇼트 케이크와 멜론 빵 같은 일본식 베이커리와 도시락, 샐러드를 판매하며, 북쪽으로 5분 거리에 덮밥과 카레, 샌드위치 전문점 아키 카페도 있어 메뉴 선택의 폭이 넓다. MAP ⑤-B

GOOGLE MAPS 아키 파리
ADD 11bis Rue Sainte-Anne, 75001(본점)
OPEN 11:30~22:45(금·토요일 ~23:00)/일요일 휴무
MENU 오코노미야키 14.20€~, 덮밥 14.70€~, 판메밀(자루소바) 13€~
WALK 팔레 루아얄에서 도보 5분
WEB www.akiparis.fr

오사카에서 먹던 츠케멘 맛 그대로

비스트로 라멘 류키신(용기신)
Bistro Ramen Ryukishin Paris(龍旗信)

'진짜 일본 라멘 맛'이라는 당찬 구호로 오사카, 도쿄, 런던, 밀라노, 발렌시아에 이어 파리에 문을 연 라멘집이다. 오리고기와 닭고기 육수를 베이스로 시오(소금) 라멘, 츠케멘(소바처럼 국물에 찍어 먹는 라멘), 매운 라멘 등 다양한 라멘을 선보인다. 그중 크리미한 국물이 매력적인 츠케멘은 꼭 먹어봐야 하는 메뉴. 덴푸라(튀김), 고기, 잘게 썬 양파, 파, 김이 먹음직스럽게 올라가 있다. MAP ⑤-B

GOOGLE MAPS ramen ryukishin 59
ADD 59 Rue de Richelieu, 75002
OPEN 11:45~14:30, 18:45~22:00
(토요일 11:45~16:30, 17:30~22:00, 일요일 12:00~15:00, 18:45~21:00)/월요일·일부 공휴일 휴무
MENU 라멘 20.60€~, 츠케멘 23.80€~
WALK 팔레 루아얄에서 도보 3분
WEB www.ryukishin.fr

중독성 높은
새우 팟타이

하노이 스타일 포보

월~금요일 해피아워에는
모든 칵테일을 6.90€에 즐길 수 있다.

각종 재료가 듬뿍 든
스프링롤

프렌치 감성 베트남 음식점
하노이 카페 Hanoï Cà Phê

365일 여행자와 현지 직장인이 뒤엉킨 오페라 가르니에 근처에 프렌치 감성으로 문을 연 베트남 레스토랑이다. 대로변 테라스와 0층, 지하에 150석 규모로 자리 잡고 DJ의 음악을 곁들여 다음날 새벽까지 문을 여는 활기 가득한 곳. 쌀국수의 종류는 매운 비빔 쌀국수 보분(Bò Bún) 4가지, 진한 국물의 소고기 쌀국수 팟오포(Pot-ò-Phô), 볶음 쌀국수 팟타이(Pad Thaï)가 있다. 팟타이는 닭고기(Poulet), 새우(Crevettes), 비건, 조개관자(Noix de St Jacques) 중에 선택! 재철 재료를 사용하므로 시즌에 따라 메뉴는 살짝 달라진다. 쌀국수만으로는 양이 살짝 부족하다면 스프링롤(튀긴 Nems 또는 월남쌈 Rouleaux de Printemps)을 추가하자. 베르시 빌라주와 라 데팡스의 웨스트필드 레 카트르 탕(Les Quatre Temps) 쇼핑센터에 지점이 있다. **MAP ❸-D**

GOOGLE MAPS 하노이카페 파리
ADD 30 Boulevard des Italiens, 75009
OPEN 12:00~00:30(금·토요일 ~01:00)
MENU 스프링롤 8.90€~, 보분 16.90€~, 팟오포 18.90€~, 팟타이 16.90€~, 칵테일 11€~
WALK 오페라 가르니에에서 도보 5분
WEB hanoi-caphe.com

+ M O R E +

오페라 주변의 한국 식품점

■ **에이스 마트** ACE Mart
주인과 직원이 대부분 한국인이라 편하게 쇼핑할 수 있는 슈퍼마켓. 가까이에 오페라 지점(43 Rue Saint-Augustin)과 조리 음식도 파는 정육점 도야지(Boucherie, 58 Rue Sainte-Anne)가 있고, 루브르 박물관 근처에도 지점(3 Rue du Louvre)이 있다. 톨비악 점(134 Rue de Tolbiac)과 에펠탑 근처에 하이마트(71 bis Rue St Charles)를 운영한다. 온라인 주문 가능. **MAP ❸-D**

GOOGLE MAPS ace mart 63
ADD 63 Rue Sainte-Anne, 75002
OPEN 10:00~21:00/ 일부 공휴일 휴무
WEB acemartmall.com

■ **K-마트** K-Mart
한국에서 공수한 콩나물과 두부, 아이스크림까지 만날 수 있는 큰 슈퍼마켓. 넓은 공간에 한·중·일 음식 재료가 깔끔하게 정리돼 있다. 신라면은 한국과 가격 차이가 크지 않고, 즉석에서 조리한 반찬류와 주먹밥도 있다. 이곳에서 장을 보는 프랑스인도 많다. 샹젤리제 거리 근처(9 Rue du Colisee)에 더 큰 규모의 지점이, 에펠탑 근처의 쇼핑몰 보그르넬(174p) 등 파리에 총 5개의 지점이 있다. 온라인 주문 가능. **MAP ❻-B**

GOOGLE MAPS kmart 오페라
ADD 8 Rue Sainte-Anne, 75001
OPEN 10:00~21:00/ 일부 공휴일 휴무
WEB shop.k-mart.fr

파리의 구시가
시테섬 & 라탱 지구

센강 위에 유유히 떠 있는 조각배 모양의 섬 시테섬(Île de la Cité)은 파리의 시발점이자 모든 도로의 거리를 측정하는 기준점이다. 14세기에 거대한 규모로 완공된 노트르담 대성당에서는 잔다르크의 명예회복 심판이 열렸고, 나폴레옹과 조세핀의 대관식을 비롯해 수많은 왕의 대관식과 귀족의 결혼식이 치러졌다.

시테섬 남쪽으로는 대학이 밀집해 있는 라탱 지구(Quartier Latin, 카르티에 라탱)가 젊은 열기를 더한다. 라탱 지구는 '라틴어 구역'이란 뜻으로, 중세에 소르본 대학 학생과 교수들이 라틴어로 대화하며 공부한 것에서 붙여진 이름이다. 대학가 주변으로는 주머니가 가벼운 학생들을 상대로 한 먹자골목이 형성돼 있으며, 소르본 대학에서 생미셸 광장까지는 서점 및 소소한 생활용품 상점도 많이 들어서 있다.

① 파리의 시작, 프랑스의 심장
시테섬 Île de la Cité

여의도 옆 밤섬과 비슷한 크기의 작은 섬으로, BC 1세기경 시테섬에 거주하고 있던 파리시(Parisii) 부족이 이 지역에 진출한 로마 카이사르의 군대에 맞서 싸우면서 역사서에 본격적으로 등장했다. '파리'라는 명칭도 이 부족의 이름에서 유래한 것으로 전해진다.

5세기 말, 프랑크 왕국을 통일하고 메로빙거 왕조 시대를 연 프랑스 최초의 왕 클로비스 1세(Clovis I, 재위 488~511년)는 섬이라는 지리적 특성을 살려 요새 겸 궁전(현 콩시에르주리)을 건축했다. 이 궁전은 섬의 3분의 1을 차지할 정도로 꾸준히 확장됐고, 오늘날까지 최고 법원, 성당, 박물관 등으로 사용되고 있다. 1358년 샤를 5세가 루브르 궁전으로 옮기기 전까지 프랑스 왕실이 있었으니 시테섬은 그야말로 프랑스 역사의 중심이라 할 수 있다. **MAP ⑥-D**

GOOGLE MAPS 시테섬
METRO 4 Cité 하나뿐인 출구로 나와 뒤로 돌아서면 오른쪽이 최고 법원 단지, 왼쪽이 노트르담 대성당 방향이다.
RER B·C Saint-Michel–Notre-Dame에서 Notre-Dame 방향으로 나오면 바로 보이는 프티교(Petit-Pont)를 건너 도보 1분

+MORE+

엘리자베스 2세 여왕 꽃시장 Marché aux fleurs Reine-Elizabeth-II

200년 역사를 간직한 일명 '시테섬 꽃시장'. 2014년 영국 여왕의 프랑스 방문을 기념해 개칭했다. 형형색색의 꽃, 정원이나 집에 잘 어울릴 장식품, 목각·양철 인형, 다양한 원예용품이 발길을 잡으며 센강 주변까지 이어진다. 일요일에는 새시장이 열린다. **MAP ⑥-D**

GOOGLE MAPS V84X+52 파리
ADD Place Louis Lépine, 75004   **OPEN** 08:00~19:00/상점에 따라 다름
WALK 노트르담 대성당 정문에서 도보 4분/최고 법원 단지 정문에서 도보 2분
METRO 4 Cité 하나뿐인 출구에서 바로

노트르담 대성당 포토 포인트!

정면의 장미창을 중심으로 완벽한 대칭을 이루는 외관은 사면이 각기 다른 매력을 보여준다. 화려한 버팀벽이 돋보이는 동쪽 외관은 요한 23세 광장(Square Jean XXIII)이나 아르슈베셰교(Pont de l'Archevêché)에서 감상하기 좋다. 성당과 시테섬, 센강이 어우러진 전체 풍경을 담으려면 투르넬교(Pont de la Tournelle)가 최적의 포인트다. 투르넬교 남쪽에는 파리의 수호성인인 생트주느비에브(Sainte-Geneviève) 조각상이 세워져 있다.

가장 완벽한 고딕 양식의 대성당

노트르담 대성당 Cathédrale Notre-Dame de Paris

850년이 넘도록 파리의 정신적 지주로 사랑받아온, 세계에서 가장 유명한 성당. 1163년부터 짓기 시작해 1345년 완공 이후 유럽 내 수많은 성당 건축과 예술에 영감을 주었고, 18세기에 앵발리드의 돔 성당이 건축되기 전까지 파리에서 제일 높은 건축물이었다. '노트르담의 꼽추'로 널리 알려진 빅토르 위고의 소설 <노트르담 드 파리>(1831년)의 배경이 된 곳.

성당 내부는 첨두아치 모양의 높은 천장과 다채로운 스테인드글라스로 장식돼 있고, 8000여 개의 파이프와 5개의 키보드로 이루어진 대형 오르간은 파리 최대 크기를 자랑한다. 종탑에서 내려다보는 센강과 파리 시내 전망 또한 무척 아름답기로 유명하다. 하지만 안타깝게도 2019년 4월 15일에 발생한 화재로 지붕 구조물과 고딕 양식을 대표하는 첨탑이 심하게 훼손되고 내부가 손상되어 복원 공사 중이며, 2027년까지 마무리할 계획이다.

입장 시각은 홈페이지에서 예약할 수 있다(신청일 기준 2일 후까지만 가능). 예약 없이 방문해도 입장은 가능하지만 오래 기다릴 수 있다. 424개의 계단을 올라야 하는 종탑은 시간 지정 예약 및 예매 필수. MAP ⑥-D

GOOGLE MAPS 노트르담 대성당
ADD Place du Parvis Notre-Dame, 75004
OPEN 성당 07:50~19:00(목요일 ~22:00, 토·일요일 08:15~19:30)/폐장 30분 전까지 입장/지하 보물관 09:30~18:00(목요일 ~21:00, 일요일 13:00~17:30)/
종탑 09:00~23:00(10~3월 ~17:30)/날씨에 따라 유동적 오픈/폐장 1시간 전까지 입장/1월 1일·5월 1일·12월 25일 휴무 **종탑 예매 및 무료 입장 예약 필수**
PRICE 성당 무료/지하 보물관 12€(11세 이하·학생 6€)/종탑 16€ **종탑 뮤지엄 패스**
METRO 4 Cité 하나뿐인 출구에서 도보 4분
WEB www.notredamedeparis.fr
종탑 예약 tours-notre-dame-de-paris.fr/en/

과거와 현재의 조우
노트르담 대성당 탐방

노트르담 대성당은 성당 외벽에 버팀벽(Flying Buttress)을 세계 최초로 적용한 중세 고딕 건축의 대표작으로, 괴물 형상의 낙숫물받이(가고일), 내부의 화려한 스테인드글라스 등 다양한 디테일이 돋보인다. 화재 복구 후 5년 만에 공개된 내부는 오랜 시간을 기억하는 이들에게는 놀라울 만큼 현대적인 분위기를 풍긴다. 켜켜이 쌓인 시간의 흔적이 환하게 정돈된 모습에 아쉬움을 표하는 이도 있지만 처음 이 성당이 완공되었을 당시 사람들이 느꼈던 경이로운 모습이 지금과 비슷했을 것이라는 의견도 적지 않다. 과거와 현재가 교차하는 이 특별한 순간, 노트르담 대성당은 다시 미래를 향해 나아가고 있다.

*노트르담 대성당 정면 상부와 남쪽·북쪽 파사드, 종탑에 관한 설명은 094~095p 참고

: **WRITER'S PICK** :

노트르담 대성당의 복원은 종치기가 있었기에 가능했다!

노트르담 대성당은 건립 이후 오랜 세월에 걸쳐 지속적인 보수와 복원 작업을 거쳐왔다. 정면 중앙의 <최후 심판의 문>을 포함한 조각군 역시 예외는 아니었다. 1771년, 팡테옹을 설계한 건축가 수플로가 보수 작업을 맡았지만 오히려 대부분의 조각을 훼손하는 결과를 낳았고, 프랑스 혁명기에는 양쪽 벽과 정면의 조각 상당수가 파괴되었다. 이에 따라 1845년부터 본격적인 복원 사업이 시작되었고, 특히 정면부는 당시 종치기였던 질베르가 소장하고 있던 원본 도안 덕분에 원형에 가깝게 되살릴 수 있었다고 전해진다.

프랑스의 거리 측정 기준이 되는 표식, 푸앙 제로(Point Zéro)가 노트르담 대성당 정문 앞 광장 바닥에 새겨져 있다. 1924년에 처음 설치됐고, 가운데 팔각형의 황동판을 한 번 밟으면 1년 안에 다시 파리에 오게 된다는 얘기가 전해진다.

Façade Ouest 서쪽 파사드 (정면)

노트르담 대성당의 정면. 오른쪽 성 안나의 문으로 들어가 왼쪽 성모 마리아의 문으로 나오게 된다. 가톨릭 희년을 비롯해 특별한 날에는 최후 심판의 문을 열어 두기도 한다. 종탑에 오르는 입구는 정면을 바라보고 왼쪽 측면에 있다.

❶ 성모 마리아의 문 성모 마리아의 일생을 표현한 3단 부조로, 위에는 하늘로 오르는 장면이 조각돼 있다.

❷ 최후 심판의 문 특별한 날에만 열리는 문이다. 문 위에는 죽은 자들이 깨어나 심판을 받고 천국과 지옥으로 가는 장면이 조각돼 있다. 양옆에는 12사도 조각상이 있고, 그 아래에는 미덕을 상징하는 여인들이 든 방패에 선(善)을 상징하는 동물이 새겨져 있다. 맨 아래 줄에는 악덕한 사람들의 행위가 묘사돼 있다.

❸ 성 안나의 문 예수 탄생의 기원을 주제로 한 조각으로 장식한 문으로, 성모 마리아와 요한의 결혼식, 수태고지, 아기 예수를 안은 마리아의 장면이 조각돼 있다. 문 양쪽에는 솔로몬 왕, 다윗 왕, 성 베드로, 사도 바울 등의 조각상이 있다. 안나는 성모 마리아의 어머니 이름이다.

❹ 생테티엔 기독교 최초의 순교자 생테티엔(Saint-Étienne)의 조각상. 우리나라 명칭은 스테판 혹은 스데반이다.

❺ 생드니 3세기 중반 몽마르트르에서 참수당한 생드니(Saint-Denis)가 자신의 잘린 목을 들고 11km 떨어진 카톨라퀴(Catolacus)까지 걸어갔다고 전해진다. 이 마을은 후에 생드니로 불리게 되었고, 그가 쓰러진 자리에 생드니 대성당이 세워졌다. 생드니는 프랑스의 수호성인이 되었으며, 그의 조각상은 노트르담 대성당 곳곳에서 볼 수 있다.

❻ 기독교 성당과 ❼ 유대교 성전 기독교 성당을 의인화한 에글리즈(Église)는 성배와 승리의 깃발을 들고 당당히 서 있는 모습이다. 반면 예수를 인정하지 않은 유대교 시너고그(Synagogue)는 눈을 가린 뱀과 함께 표현되며, 손에 든 부러진 창은 왕권의 상실을 상징한다.

❽ 최후 심판의 문 양 옆의 부조 윗줄에는 미덕을 갖춘 여인들이 들고 있는 방패에 선(善)을 상징하는 동물이 새겨져 있고, 아랫줄에는 악덕한 사람들의 행위가 묘사돼 있다. 이러한 조각과 그림은 글을 모르는 사람들에게 기독교 교리를 전달하기 위한 시각적인 '큰 책' 역할을 했으며, 아래에서 위로, 왼쪽에서 오른쪽으로 읽도록 구성되었다. 당시 실제 책은 '작은 책'이라 불렸으며 매우 비쌌기 때문에 고위 성직자나 일부 귀족만이 소유할 수 있었다.

Intérieur 대성당내부

노트르담 대성당은 일요일마다 미사를 진행하며, 일반 관람객도 참여할 수 있다. 미사 중에는 양쪽 측면 통로를 이용해 조용히 관람한다. 복장은 비교적 자유롭지만 노출이 심한 옷차림은 스태프에 의해 입장이 제한될 수 있다. 내부 관람은 네이브 오른쪽 통로에서 시작해 제단 뒤를 지나 왼쪽 통로로 돌아보는 동선이 효율적이다. 현재 복원 공사 중이라 일부 구역은 통행이 제한되며, 이 기간 동안 전시 중인 일부 작품은 공사 완료 후 철거될 예정이므로 이 시기를 활용해 감상해두는 것이 좋다.

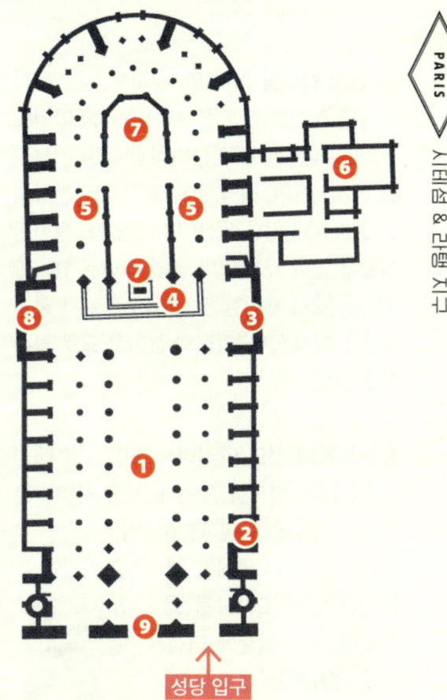

① 네이브 '네이브(Nave, 프랑스어로 Nef)'는 성당 중앙의 넓은 홀이며, '범선(Navis)'이라는 라틴어에서 유래했다. 대성당에 들어서면 거대한 기둥 위로 높게 솟은 아치들 사이로 쏟아지는 스테인드글라스의 빛에 압도된다. 복원 작업으로 기둥은 말끔히 정리됐고 조명도 새로 설치돼 내부는 더욱 밝고 깨끗한 인상을 준다.

② '위대한 5월' 시리즈 17세기 파리 금세공 조합이 노트르담 대성당에 봉헌한 '위대한 5월' 시리즈 가운데 13점이 네이브와 양측 벽에 전시돼 있다. 이 중 주목할 작품은 샤를 르브룅의 <생테티엔의 순교>(1651년)다. 르브룅은 루이 14세가 "프랑스 역사상 가장 위대한 예술가"라 극찬한 화가이자 장식가로, 베르사유 궁전의 '거울의 방', 루브르 궁선의 '아폴론의 방' 천장화를 제작한 인물이다.

마티스, <폴리네시아의 하늘과 바다>

❸ **남쪽 장미창** 예수와 12사도, 성인들의 모습을 주제로 한 지름 13.1m의 스테인드글라스. 맞은편 북쪽 장미창과 동일한 크기로 설계됐으며, 성당 건축 초기부터 반복적으로 파손돼 일부 색상이 바뀌었다. 온전한 자료가 남아 있지 않아 몇몇 패널은 18~19세기에 새로 제작한 것. 2019년 화재 당시에 손상되지 않아 '기적의 장미창'으로 불리기도 한다.

❹ **<파리의 성모 마리아>** 노트르담 대성당 내 37개 성모상 가운데 가장 사랑받는 조각상. 프랑스 혁명 때 원본이 파괴돼 14세기 생테냥 예배당에 있던 조각상을 옮겨왔다. 이름 덕분에 대성당을 대표하는 성모상으로 여겨진다.

❺ **본당 칸막이** 본당과 방문자 통로를 구분하는 두꺼운 칸막이로, 14세기 초에 제작됐다. 수도자들이 조용히 기도에 집중할 수 있도록 설치한 구조물이다. 남쪽(오른쪽) 면에는 예수의 부활 이후 행적을, 북쪽(왼쪽) 면에는 탄생부터 십자가형까지의 장면을 섬세한 조각으로 표현하고 있다.

❸

❺ 북쪽 본당 칸막이 부분

❺ 남쪽 본당 칸막이 부분

❺ 남쪽 본당 칸막이

❻ 보물실(12€) 생트샤펠에서 옮긴 성물과 노트르담 주교들의 의상·행사용품을 전시한다. 가시면류관 옛 보관함, 십자가 조각, 예수를 찌른 창의 날, 헝겊 조각 등이 포함된다.

*가시면류관은 부활절 전 성 금요일 미사 때와 매월 첫째 금요일 15:00~17:00에 무료 공개된다.

❼ 중앙 제단 중앙 강대상 뒤 주제단에 니콜라 쿠스투의 <피에타>가 있다. 양옆엔 루이 13세(오른쪽), 루이 14세(왼쪽)의 조각상이 있다. 아들을 얻은 루이 13세는 제단을 개축하겠다고 했으나, 약속은 루이 14세가 이행했다. 제단 양 옆의 성가대석 목조 조각 114개 중 36개는 프랑스 혁명 때 소실됐다.

❽ 북쪽 장미창 3개의 장미창 중 가장 화려하다. 전쟁과 혁명에도 원형을 유지했지만 2019년 화재로 손상돼 복원했다. <구약성서> 인물들이 아기 예수를 안은 성모 마리아를 둘러싸고 있다.

❾ 대형 오르간 파리 최대 규모의 오르간으로, 8000여 개의 파이프와 5개의 키보드로 구성돼 있다. 웅장하고 아름다운 음색으로 유명하며, 생쉴피스 성당과 함께 연주자들이 가장 영예롭게 여기는 무대다. 두 곳 모두 연주회가 열릴 때 방문하면 특별한 경험이 될 것이다.

❻ 1862년에 제작된 가시면류관 보관함

1896년에 제작된 보관함에 들어있는 가시면류관

❼ 주제단

프랑스 디자이너 기욤 바르데가 제작한 중앙 강대상. 겉에서 보면 원형이지만 위에서 내려다보면 사각형으로 보이는 독특한 형태다. 바르데는 화재로 소실된 세례반과 가구, 미사 용품까지 직접 디자인하고 제작해 대성당 전체의 조화를 이끌어냈다

 신비한 스테인드글라스 사전

생트샤펠 Sainte-Chapelle

1248년, 신앙심이 깊었던 루이 9세가 동로마 황제에게 산 예수의 가시 면류관과 십자가 조각, 예수를 찌른 창의 날, 로마 병사들이 포도주를 적셔 예수에게 주었다는 헝겊 조각 등을 보관하기 위해 건립한 성당이다. <성서> 속 1134개의 장면을 묘사하고 있는 스테인드 글라스가 기둥과 천장, 회중석의 벽 부분을 제외하고 성당 2층 전체를 장식하고 있는데, 그 규모와 색채가 상상 이상으로 크고 화려해 입이 떡 벌어진다. 소지품 검사에 시간이 꽤 걸리니 일정에 여유를 갖고 방문하자.

MAP ⑥-D

GOOGLE MAPS 생트샤펠
ADD 8 Boulevard du Palais, 75001
OPEN 09:00~19:00(10~3월 ~17:00)/
폐장 30분 전까지 입장/
1월 1일·5월 1일·12월 25일 휴무/
무료입장 포함 예약 권장
PRICE 22€/콩시에르주리 통합권 30€(파리 비지트 소지자 26€)/
11~3월 매월 첫째 일요일 무료/ 뮤지엄 패스
WALK 노트르담 대성당에서 도보 5분, 최고 법원 단지 정문을 바라보고 왼쪽에 입구가 있다.
METRO 4 Cité 하나뿐인 출구에서 도보 1분
WEB www.sainte-chapelle.fr

벽과 기둥에는 왕가의 문장이나 기하학적 문양을 섬세하게 장식해 극적 효과를 더했다.

가시면류관 모양의 첨탑을 천사가 수호하는 모습으로 디자인한 생트 샤펠의 지붕

③ 프랑스 최고의 사법 기관
최고 법원 단지
Palais de Justice

시테섬 서쪽에 있는 최고 법원 단지는 생트샤펠과 콩시에르주리를 포함한 거대한 단지다. 시테섬의 3분의 1을 차지할 만큼 크고 웅장한 규모로, 과거 로마의 지배를 받았을 때부터 도시의 중심지 역할을 해왔다. 프랑스 대혁명 때 혁명 재판소로 사용된 이후 최근까지도 최고 재판소와 민·형사 재판소로 쓰였지만 현재는 항소법원(한국의 고등법원과 비슷한 역할)만 남아 있다. 내부 관람도 가능한데, 출입이 금지된 곳이 많아 실제로 볼 수 있는 곳은 많지 않다. 정문을 바라보고 건물 오른쪽 끝으로 가면 14세기에 완공한 파리 최초의 시계탑(Tour de l'Horloge du Palais de la Cité)을 볼 수 있다. **MAP ⑥-D**

GOOGLE MAPS 팔레 드 쥐스티스
ADD 10 Boulevard du Palais, 75001
OPEN 09:00~17:00/토·일요일·일부 공휴일 휴무
PRICE 무료
WALK 노트르담 대성당에서 도보 5분
METRO 4 Cité 하나뿐인 출구에서 도보 1분

본관 건물에 프랑스 대혁명 정신인 '자유, 평등, 의리'가 새겨져 있다.

파리 최초의 시계탑

⑤ 프랑스 공포정치의 상징
콩시에르주리 Conciergerie

프랑스 최초의 왕 클로비스 1세가 6세기 초에 지은 프랑스 최초의 왕궁으로, 원래 이름은 시테 궁전(Palais de la Cité)이었다. 10~14세기 카페 왕조의 왕들은 이곳을 새 궁전(Nouveau Palais)이라 불렀고, 14세기 중반 발루아 왕조의 샤를 5세가 왕실 거주지를 루브르 궁전으로 옮기고 이곳에 궁전 운영을 감독하는 고위 관료(Concierge)의 집무실과 파리 최초의 감옥을 설치하면서 콩시에르주리란 이름을 얻었다. 지금은 프랑스 혁명을 기리는 국립 역사 기념관으로 사용되고 있다. 내부에는 단두대의 이슬로 사라지기 전까지 투옥돼 있던 마리 앙투아네트의 독방을 비롯해 혁명 기간 동안 죄수를 담당한 교도관실, 처형에 사용된 단두대의 칼날 등을 재현·전시해놓았다. **MAP ⑥-D**

GOOGLE MAPS 콩시에르주리
ADD 2 Boulevard du Palais, 75001
OPEN 09:30~18:00/폐장 30분 전까지 입장/1월 1일·5월 1일·12월 25일 휴무/ 예약 권장
PRICE 13€/생트샤펠 통합권 30€(파리 비지트 소지자 26€)/1~3·11월 매월 첫째 일요일 무료/ 뮤지엄 패스
WALK 최고 법원 단지 정문을 바라보고 오른쪽에 입구가 있다.
WEB www.paris-conciergerie.fr

⑥ 17세기판 '그들이 사는 세상'
생루이섬 Île Saint-Louis

시테섬과 생루이교로 연결된 생루이섬은 프랑스 왕 중에 유일하게 성인으로 시성된 루이 9세의 이름을 붙인 섬으로, 불로뉴숲 근처 16구에 형성된 파시(Passy) 지구와 함께 파리 최고급 주택지로 꼽힌다. 생루이 앙 릴 성당(Église Saint-Louis en l'Île)을 비롯해 지금까지 잘 보존된 건물이 많아 차분하고 조용한 분위기를 자아낸다. 이 중 베르사유 궁전의 설계에 참여한 르 보가 지은 로죙관(Hôtel de Lauzun, 17 Quai d'Anjou)과 랑베르관(Hôtel Lambert, 2 Rue Saint-Louis en l'Île)은 꼭 보아야 할 곳. 섬 내에는 인테리어 소품 상점과 예쁜 카페가 많아 시테섬만큼이나 많은 사람이 찾는다. **MAP ⑤-C**

GOOGLE MAPS 생루이섬
WALK 노트르담 대성당 뒤쪽, 요한 23세 광장에서 생루이교(Pont Saint-Louis)를 건너면 생루이섬이다.
METRO 7 Pont Marie 2번 출구에서 마리교(Pont Marie)를 건넌다. 전체 도보 2분

⑦ 파리 고등교육과 학생 혁명의 중심
생미셸 광장 Place Saint-Michel

광장 주변으로 7개의 대학이 모여 있는 생미셸 광장은 우리나라 서울의 대학로와 비슷한 곳이다. 저렴한 먹자골목과 서점, 카페, 영화관, 클럽도 가까이에 있고, 광장은 물론 골목마다 거리 예술가들의 공연이 이어져 늘 젊음의 활기가 넘친다. 파리 생제르맹 FC의 축구 경기가 있는 날이면 광장을 사이에 두고 열광적인 거리 응원이 펼쳐지기도 하며, 다양한 시위와 가두행진이 심심치 않게 열린다. 광장에는 제2차 세계대전 때 전사한 학생들의 이름을 새긴 기념비와 대천사 미셸(미카엘)이 악마를 밟고 선 조각상이 있는 분수가 있다. **MAP ⑥-D**

GOOGLE MAPS 생미셸광장
ADD Place Saint-Michel, 75006
METRO 4 & **RER B·C** Saint-Michel-Notre-Dame 하차

부키니스트 Bouquinistes

센강을 따라 늘어선 초록색의 중고서적 가판대. 현재 약 240곳이 강변 여기저기에 흩어져 있다. 지금은 책보다 고지도, 옛날 잡지, 포스터, 그림엽서, LP 음반 등을 더 많이 취급하는데, 그 역사가 400년을 훌쩍 넘는다. 헤밍웨이, 피츠제럴드, 릴케 같은 작가들도 이 길을 거닐며 책을 사곤 했다고. 특히 이곳은 파는 측과 사는 측이 가격 협상을 하며 거래를 성사시키는 경우가 많아 구경하는 재미를 준다.

⑧ 이제는 전설이 돼버린 서점
셰익스피어 앤 컴퍼니 Shakespeare & Company

센강과 함께 노트르담 대성당이 코앞에 내다보이는 곳. 영화 <비포 선셋> <미드나잇 인 파리> 등 영화의 배경으로도 등장해 이제는 관광 명소가 돼버린 영미 문학 전문 서점이다. 파리에 영미 문학을 꽃피운 상징적인 곳으로, 무명 시절의 헤밍웨이를 물심양면으로 지원해주는 등 미국과 영국 등에서 온 가난한 작가들에게 보금자리가 돼주며 문학가들의 사교장 역할을 했다. 여행자들은 기념품으로 에코백을 구매하고 병설 카페에서 커피 한잔할 목적으로 이곳을 찾곤 한다. 점심 무렵부터는 여행자가 많아지지만 오전에는 코앞에 내다보이는 노트르담 대성당을 감상하며 느긋한 티 타임을 즐길 수 있다.

MAP ⑥-D

GOOGLE MAPS 셰익스피어앤컴퍼니
ADD 37 Rue de la Bûcherie, 75005
OPEN 서점 10:00~20:00(일요일 12:00~19:00),
카페 09:00~19:00/일부 공휴일 휴무
MENU 커피 3€~, 에코백 16€~
WALK 노트르담 대성당에서 두블교(Pont au Double) 건너 도보 2분/
생미셸 광장에서 도보 3분
WEB shakespeareandcompany.com

르네 비비아니 광장 Square René Viviani

여행자로 붐비는 라탱 지구와 노트르담 대성당 인근에서 잠시 조용하게 쉬어갈 수 있는 곳. 파리에서 가장 오래된 나무(아카시아)가 있는 곳으로도 유명하다. 광장 중앙에는 이 마을에 살다가 나치에 의해 아우슈비츠로 끌려간 유대계 아이들 100여 명에 대한 조의를 담아 기둥에서 흘러내리는 눈물을 형상화한 조형물이 설치돼 있다. 셰익스피어 앤 컴퍼니 바로 옆에 있으니 함께 들러보자. **MAP ⓖ-D**

GOOGLE MAPS V82X+V2 파리
ADD 25 Quai de Montebello, 75005
OPEN 08:00~17:00(토·일요일 09:00~)
WALK 노트르담 대성당에서 두블교 건너 바로

10 내 맘을 끌어당기는 중세 예술

클뤼니 박물관 Musée de Cluny

3세기 때 지은 욕장이 있던 자리에 건설한 중세 클뤼니 수도원장의 거처를 1843년부터 중세시대 박물관(Musée National du Moyen Âge)으로 사용하고 있다. 규모는 그리 크지 않지만 고대 로마의 욕장터와 노트르담 대성당·생트 샤펠의 진품 조각상 및 스테인드글라스, 금세공품, 중세 가구 등이 많아 중세 예술의 보고라 불린다. 가장 주목할 것은 총 6장의 태피스트리로 된 <여인과 유니콘>이다. 15세기 말 브뤼셀에서 제작한 것으로 추정되며 유럽의 태피스트리 중 가장 뛰어나고 아름답다는 평가를 받는다. **MAP ⓖ-D**

GOOGLE MAPS 클뤼니 박물관
ADD 6 Place Paul Painlevé, 75005(입구 28 Rue du Sommerard)
OPEN 09:30~18:15(매월 첫째·셋째 목요일 ~21:00)/폐장 45분 전까지 입장/
월요일·1월 1일·5월 1일·12월 25일 휴무
PRICE 12€(18~25세·목요일 18:15 이후 10€)/
매월 첫째 일요일 무료/ 뮤지엄 패스
WALK 생미셸 광장에서 도보 6분
WEB www.musee-moyenage.fr

나란히 걸린 다섯 작품은 왼쪽부터 미각, 청각, 시각, 후각, 촉각의 오감을 상징한다. 등장하는 여인들은 모두 우울한 표정을 짓고 있으며, 이들과 마주한 여섯 번째 작품 속 여인은 환히 웃으며 순수한 사랑과 자유로운 선택의 기쁨을 표현한다.

11 소르본 대학 Université Paris-Sorbonne

프랑스 최고(最高)의 명문대

가난한 신학생을 위해 헌신하던 로베르 드 소르본 신부가 1253년에 설립했다. 이후 파리 대학, 파리 제4대학 등으로 명칭이 바뀌었다가 2018년에 본래 이름인 소르본 대학을 되찾았다. 빅토르 위고, 베이컨, 퀴리 부인, 들뢰즈, 고다르 등 세계적인 인물을 배출한 프랑스 최고의 대학으로, 현재는 인문학, 과학·공학, 의학 등 3개 단과대학으로 구성돼 있다. 일반 입장은 제한되며, 공연이나 특별전이 열릴 때 내부를 볼 수 있다. 유동적으로 운영하는 가이드 투어(7~15€)도 있으니 홈페이지를 참고하자.

MAP ⑥-D

GOOGLE MAPS 소르본 대학교
ADD Place de la Sorbonne, 75005
PRICE 가이드 투어(유동적으로 진행)
7~15€
WALK 팡테옹 또는 뤽상부르 정원에서
각각 도보 5분
METRO 10 Cluny La Sorbonne 2번 출구
에서 도보 5분
WEB www.sorbonne-universite.fr

+MORE+

파리의 대형 서점, 지베르 조제프 Gibert Joseph

지하 1층, 지상 6층 건물 2개가 빼곡히 책으로 가득 찬 책의 전당. 새 책과 헌책이 공존하는 프랑스의 대표 서점이다. 교사이던 지베르 조제프가 1886년에 처음 문을 연 서점이 크게 성공한 뒤 그의 아들들이 이어받아 지베르 조제프와 지베르로 나누어 운영하고 있다. 파란색 차양이 상징인 지베르 조제프는 클뤼니 박물관 주변에 5개 매장이 있으며, 문구류나 음반도 같이 취급하며 다양한 콘셉트 스토어를 새로 오픈했다. 지베르는 생미셸 노트르담 역 근처에 있다. 노란색 스티커나 오카시옹(Occasion) 표시가 붙은 것은 중고 서적으로 가격이 저렴하니 꼼꼼히 살펴보고 고르자. **MAP ⑥-D**

GOOGLE MAPS V82V+62 파리
ADD 26 Bd. Saint-Michel, 75006(지베르 조제프)
OPEN 10:00~19:30(지점마다 다름)/일요일 휴무
WALK 지베르 조제프: 클뤼니 박물관에서 생미셸 대로 방향으로 나오면 길 건너 바로 보인다./지베르: 생미셸 광장에서 센강을 바라보고 대로 오른쪽에 있다.
WEB www.gibert.com

⑫ 팡테옹 Panthéon

천연두에 걸린 루이 15세가 병이 나은 것을 감사하며 파리의 수호성인 성 주느비에브를 모시기 위해 세운 곳이다. 로마의 판테온을 모델로 1758년에 착공해 약 30년 만에 완공했으나 완공을 한 해 앞두고 프랑스 대혁명이 발발해 '모든 신을 섬기는 신전'이라는 뜻의 '팡테옹'으로 이름을 바꾸고 '위대한 프랑스인'이라는 칭호를 받을 만한 사람을 신분에 상관없이 안치했다. 1791년 열린 삼부회에서 제3 신분 대표로 활약한 혁명가 미라보를 시작으로 빅토르 위고, 퀴리 부인 등 170여 명의 프랑스의 위인이 지하 묘실에 묻혀 있다. 내부는 프랑스 혁명을 주제로 한 조각과 벽화로 장식돼 있고, 폭 84m의 돔 아래에는 물리학자 푸코(Léon Foucault)가 지구의 자전 운동을 증명한 실험을 기념하는 '푸코의 진자'를 재현해놓았다. **MAP ❻-D**

GOOGLE MAPS 팡테옹
ADD Place du Panthéon, 75005
OPEN 10:00~18:30(10~3월 ~18:00, 매월 첫째 월요일 12:00~)/폐장 45분 전까지 입장/1월 1일·5월 1일·12월 25일·행사일 휴무/예약 권장
PRICE 4~9월 16€(수요일 13€), 10~3월 13€/11~3월 매월 첫째 일요일 무료/뮤지엄 패스/오디오 가이드 4€(한국어 제공)
WALK 소르본 대학 앞 소르본 광장에서 도보 5분
RER B Luxembourg 2번 출구에서 도보 5분
WEB www.paris-pantheon.fr

푸코의 진자

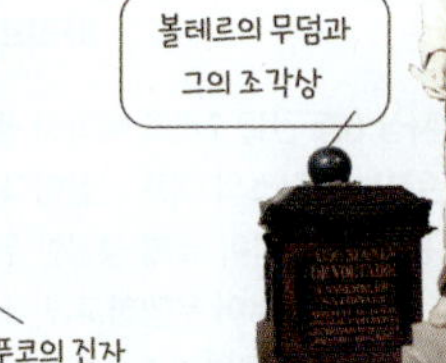

: WRITER'S PICK :

팡테옹의 돔 파노라마

팡테옹의 돔에서 바라보는 파리 시내 전경은 아름답기로 소문나 있다. 4~10월 10:15~16:30에 45분~2시간 간격으로 약 50명씩 가이드 동반으로 입장할 수 있으며, 요금은 4€. 매표소에 입장을 신청한 후 예약 시간에 맞춰서 모이면 된다. 단, 날씨나 상황에 따라 변동이 잦아 어지간해서는 오르기 쉽지 않다. 돔까지 계단 수는 무려 206개!

루드 스크린

프랑스 최초의 왕 클로비스 1세가 묻은
파리의 수호성인 성 주느비에브의 석관

⑬ 한 편의 아름다운 영화 같아라
생테티엔뒤몽 성당 Église Saint-Étienne-du-Mont

6세기부터 자리한 작은 성당으로, 팡테옹 근처에 있다. 15~17세기에 증축해 현재까지 이르고 있으며, 파리에서 유일하게 남아 있는 루드 스크린(101p)과 거대한 발코니 오르간, 아름다운 스테인드글라스가 유명하다. 성당 앞 계단과 옆길은 영화 <미드나잇 인 파리>에서 극 중 주인공 길이 시간을 초월하는 자동차를 기다린 장소로 알려졌다. 파스칼, 라신, 마라 등이 이곳에 잠들어 있다. **MAP ❻-D**

GOOGLE MAPS 파리 생 에티엔뒤몽
ADD Place Sainte-Geneviève, 75005
OPEN 08:00~19:30(월요일 14:30~, 수요일 ~22:00
방학 기간 중의 수요일 ~19:30, 토·일요일 ~20:00)/
방학 기간 월요일 휴무/미사·행사 진행 시 입장 제한
PRICE 무료
WALK 팡테옹 정문을 바라보고 왼쪽 뒤로 도보 1분
WEB www.saintetiennedumont.fr

파리에서 손꼽히는 현대 건축물
아랍 세계 연구소 Institut du Monde Arabe

2만7000여 개의 조리개판으로 빛의 양을 조절하는 아라베스크 문양의 독특한 창문 구조가 돋보이는 파리의 대표적인 현대 건축물. 아랍 국가들과 유럽 간의 교류를 위해 설립한 기관으로 박물관과 연구실, 체험 교실 등을 운영하고 있다. 9층에 있는 전망대는 무료로 입장할 수 있으니 꼭 올라가 보자. 생루이섬에서 쉴리교(Pont de Sully)를 건너면 바로 닿을 수 있다. **MAP ❺-C**

GOOGLE MAPS 아랍세계연구소
ADD 1 Rue des Fossés Saint-Bernard, 75005
OPEN 10:00~18:00(전시관 토·일요일·공휴일 ~19:00)/
폐장 45분 전까지 입장/월요일 휴무
PRICE 전시관 10€/ 뮤지엄 패스 /일부 특별전 진행 시 요금 추가
WALK 팡테옹에서 도보 12분/르네 비비아니 광장에서 도보 10분
METRO 7·10 Jussieu 또는 **10** Cardinal Lemoine에서 도보 7분
WEB www.imarabe.org

내부에서 본 창문

네임드 카페 & 디저트숍

밥은 몰라도 커피와 디저트는 절대 포기 못 하는 사람들 모여라!
커피 맛 좋기로 유명한 카페와 꼭 가봐야 할 인기 디저트 맛집들을 소개한다.

슈크림 마니아가 아니어도 반할

오데트 Odette

프랑스의 대표 디저트 마카롱을 제치고 젊은 파리지앵의 입맛을 사로잡은 슈 전문점. 베레모를 쓴 것 같은 깜찍한 모양의 슈는 크림에 따라 9가지 종류가 있는데, 그중 초콜릿·피스타치오·커피 맛이 가장 인기 있다. 여기에 진한 쇼콜라 쇼를 곁들이면 완벽한 디저트 타임! 르네 비비아니 광장과 1160년에 건축한 생쥘리앵르포브르 성당(Église Saint-Julien-le-Pauvre), 그리고 멀리 노트르담 대성당까지 보이는 이 카페에서 쉬노라면 파리의 골목들이 특별하게 느껴진다. 오페라 가르니에 근처와 레 알 지역에도 지점이 있다. MAP ⑤-D

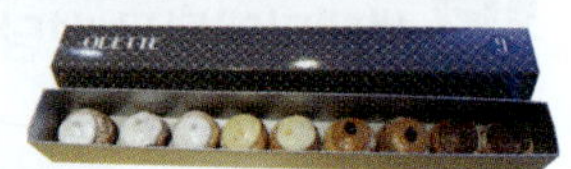

GOOGLE MAPS 오데트
ADD 77 Rue Galande, 75005
OPEN 10:00~19:45
MENU 슈 2.50€~(6개 세트 14.90€~),
커피 3.30€~
WALK 르네 비비아니 광장에서 도보 1분/
노트르담 대성당에서 도보4분
WEB www.odette-paris.com

오후 3시쯤 되면 재료가 떨어져
동나기 일쑤니 서둘러 가자.

바삭한 크루아상을 맛보면 기분이 좋거든요

라 메종 디사벨 La Maison d'Isabelle

2018년 파리 최고의 크루아상! 오직 이 상 하나로 빵돌이, 빵순이들을 매일 줄 세우는 불랑제리 & 파티스리다. 이 집의 크루아상은 '바삭하다'는 단어가 무엇을 의미하는지 정확히 알려준다. 유기농 밀가루와 AOC(프랑스 원산지 관리) 인증 버터에 파티셰의 노련한 솜씨가 더해져 겉은 바삭하고 속은 쫄깃하면서 쉽게 부서지지 않는 명품 크루아상이 완성된다. 세상 맛있지만 가격은 단돈 1.30€! MAP ⑤-D

GOOGLE MAPS 라메종 디사벨 BSG
ADD 47ter Bd Saint-Germain, 75005
OPEN 06:00~20:00(일요일 ~18:00)/월요일·7월 말~8월 중순 휴무
MENU 크루아상 1.40€~
WALK 르네 비비아니 광장에서 도보 4분/생테티엔뒤몽 성당에서 도보 5분

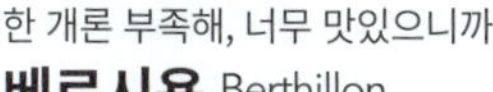

한 개론 부족해, 너무 맛있으니까
베르시용 Berthillon

1954년에 문을 연 '검증된' 아이스크림 가게. 파리에서 생루이섬에 간다고 하면 "베르시용 가는 거야?"라고 물을 정도로 유명한 집이다. 언제 가도 길게 줄을 서야 하는데, 가격 대비 양이 매우 적다는 것이 흠이라면 흠이다. 메뉴는 모두 제철 과일을 이용해 만들며 우유와 크림을 넣은 글라스(Glace)와 우유의 양을 최소화하고 직접 만든 시럽을 넣은 소르베(Sorbet, 셔벗)로 나뉜다. 인기 메뉴는 시원하고 상큼한 딸기(Fraise)와 레몬(Citron) 맛. 실내에 앉아 먹으면 메뉴당 1.50~2€가 추가된다. **MAP ⑤-C**

GOOGLE MAPS 파리 베르티용
ADD 29-31 Rue Saint-Louis en l'Île, 75004(생루이섬)
OPEN 10:00~20:00/월·화요일·7월 말~8월 중 약 3~4주 휴무
MENU 스쿱에 따라 4€·7€·9€, 생크림 1€~
WALK 노트르담 대성당 뒤쪽 생루이교 건너 도보 5분
WEB www.berthillon.fr

시원 달콤 상큼한 '장미 젤라토'
아모리노 Amorino

베르시용의 아성을 위협하는 이탈리아식 젤라토 전문점. 2002년 이탈리아에서 온 두 젊은이가 창업한 곳으로, 메뉴에 이탈리아어가 먼저 표기돼 있을 정도로 본토의 맛이라는 자부심이 높다. 추천 메뉴는 신선한 재료의 맛이 그대로 느껴지는 요구르트(Yogurt)와 딸기(Fragola) 맛. 튈르리 정원, 루브르 박물관 등 파리에만 30여 개 지점이 있다. 지점에 따라 살롱 드 테를 운영하거나 키오스크로 주문 후 원하는 맛을 직원에게 얘기한다. **MAP ⑤-C**

GOOGLE MAPS V924+R8 파리
ADD 47 Rue Saint-Louis en l'Île, 75004(생루이섬)
OPEN 12:00~23:50(토·일요일 11:30~)/지점마다 다름
MENU 컵 크기에 따라 4.50€·5.50€·6.60€
(콘 선택 시 각각 0.30€ 추가)
WALK 노트르담 대성당 뒤쪽 생루이교 건너 도보 4분
WEB www.amorino.com

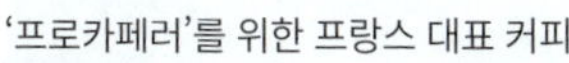

'프로카페러'를 위한 프랑스 대표 커피
말롱고 Malongo

1934년 니스에서 창업한 원두커피 메이커 말롱고의 직영 카페. 전시장을 방불케 할 정도로 방대한 커피 관련 용품도 판매하고 있어 구경하는 재미가 쏠쏠하다. 다른 카페에 비해 커피의 양이 많고 컵 사이즈를 선택할 수 있다는 것도 장점. 다양한 블렌딩으로 실험적인 맛을 선보이는 바리스타 추천 커피(L'Offre du Barista)를 비롯해 여러 가지 커피와 차, 디저트를 즐길 수 있다. 공정 무역으로 들여와 카페에서 직접 로스팅한 원두(6.30€~/250g)는 용량과 가격대가 다양해 선물용으로 좋다. **MAP ⑥-D**

GOOGLE MAPS 말롱고 파리
ADD 50 Rue Saint-André des Arts, 75006(라탱 지구)
OPEN 08:00~19:00(일요일 08:30~)/일부 공휴일 휴무
MENU 커피 2.90€~, 차 4.90€~
WALK 생미셸 광장에서 도보 3분
WEB www.malongo.com

때맞춰 만나는
여행자를 위한 음식점

볼 건 많고 시간은 촉박한 시테섬과 라탱 지구.
여행자의 허기를 빠르게 달래줄 요기 거리와 인생샷을 건질 수 있는 음식점을 찾는 재미가 쏠쏠하다.

오 비유 파리 다르콜
Au Vieux Paris d'Arcole

SNS에서 #시테섬을 검색해보자. 여러 번 눈에 띄는 이미지는 아마 이곳일 테다. 봄과 여름이면 보라색 등나무꽃이 주렁주렁 매달리고, 민트색 간판과 500년 전에 지은 석조 건물이 매력적이다. 18세기에 문을 연 유서 깊은 와인 바로, 맛보다는 오랜 역사와 빈티지한 분위기에 더 후한 점수를 매기는 곳이니 푸아그라나 달팽이 요리 같은 앙트레 메뉴를 안주 삼아 와인 한 잔 기울이거나 샐러드나 양파 수프로 간단히 요기하는 것이 좋다. MAP ❻-D

GOOGLE MAPS vieux arcole
ADD 24 Rue Chanoinesse, 75004
OPEN 12:00~14:30, 18:00~21:45(토요일 ~22:00)
MENU 앙트레 12~33€, 플라 23~44€, 디저트 10~13€
WALK 노트르담 대성당 정문을 바라보고 왼쪽 골목으로 도보 2분
WEB restaurantauvieuxparis.fr

영화관에서 즐기는 오감 만족 다이닝

아티카 Atica

1951년 문을 연 영화관을 개조한 특별한 식당. 예술과 식문화를 결합한 신선한 경험을 제공한다. 6개월마다 테마가 바뀌는 메뉴는 프랑스와 스페인 바스크 지역의 식재료를 사용해 전통의 맛을 현대적으로 재해석한 것이 특징이다. 사방을 둘러싼 스크린에서 음식의 테마가 된 지역 영상이 흘러나오고 인테리어 소품이나 전시품도 그 지역 아티스트의 작품으로 꾸며지는 등 시각적 연출과 미식이 어우러져 여행을 떠난 듯한 몰입감을 선사한다. 예약 필수. MAP ⑥-D

GOOGLE MAPS 아티카 75005
ADD 8 Rue Frédéric Sauton, 75005
OPEN 18:30, 23:30/일~화요일 휴무
MENU 7코스 135€(시즌에 따라 다름), 와인+테이스팅 메뉴 200€~
WALK 노트르담 대성당에서 두블교를 건너 도보 4분
METRO 7·14 Pyramides에서 도보 5분
WEB aticaparis.com

한국식 불고기버거로 즐겨보자

시소 버거 Shiso Burger

노트르담 대성당과 센강에서 가까우면서 혼자 가도 눈치 보이지 않고, 맛도 좋고, 불닭버거와 회오리 감자튀김, 찹쌀떡, 김치까지 갖춘 아시아 스타일의 퓨전 버거집. 불고기 버거와 고구마튀김은 우리나라에서 먹던 맛과 싱크로율 100%에 가깝다. 테이크아웃해서 센강변을 전망 좋은 카페 삼아 먹는 것도 좋다. 퐁피두 센터 근처에 지점(15 Rue du Grenier-Saint-Lazare, 75003)이 있다. MAP ⑥-D

GOOGLE MAPS 시소버거 QSM 75005
ADD 21 Quai Saint-Michel, 75005
OPEN 11:30~22:30(금·토요일 ~23:30, 일요일 12:00~)
MENU 버거 11.50€~, 회오리감자(Twisted Potatoes) 6€, 고구마튀김(Sweet Potatoes) 8€
WALK 생미셸 광장에서 도보 1분
WEB www.shisoburger.fr

유서 깊은 고급 레스토랑

300~400년 전부터 프랑스 미식의 역사를 써온 센강변의 레스토랑들.
그 때 그 시절 파리 상류층의 식사 세계로 초대한다.

귀족의 삶이란 이런 것

라페루즈 Lapérouse

과거 미슐랭 3스타를 받았던 전통 있는 레스토랑. 1766년 창업 당시에는 귀족과 부르주아의 사교 모임 장소였고, 19세기에는 문학가와 예술가들이 토론을 벌이던 유서 깊은 곳이다. 루이 14세의 저택이었던 만큼 당시 귀족들의 생활상을 그대로 보여주는 우아한 분위기기 속에서 최소 3시간은 이어지는 근사한 만찬을 즐길 수 있다. 남녀 커플이 방문하면 남자에게 주는 메뉴판에만 가격이 적혀 있는, 과거 부르주아식 매너도 체험할 수 있다. 격식을 갖춘 정장 차림과 프랑스식 테이블 매너 숙지는 필수. 모든 메뉴가 평균 이상의 맛을 보장한다. 1인당 예산은 100€ 내외. 일행끼리 조용히 식사할 수 있는 개별 룸은 1인당 50€ 이상의 추가 비용이 있다. **MAP ⑥-D**

GOOGLE MAPS laperouse 75006
ADD 51 Quai des Grands Augustins, 75006
TEL 01 43 26 68 04
OPEN 19:00~02:00/일부 공휴일 휴무
MENU 앙트레 29~117€, 플라 44~105€
WALK 시테섬에서 남쪽으로 퐁 뇌프를 건너 왼쪽으로 도보 2분/
생미셸 광장에서 도보 3분
METRO 4 & **RER B·C** Saint-Michel−Notre-Dame에서 도보 4분
WEB www.laperouse-paris.fr

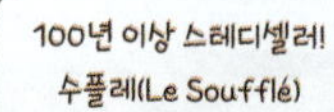

파리 최고령 레스토랑
라 투르 다르장 La Tour d'Argent

16~17세기 왕과 귀족들의 사교장이었던 저택에 들어선, 파리에서 가장 오래된 레스토랑. 무려 1582년부터 기나긴 역사와 전통을 이어왔다. 한때 미슐랭 별 3개를 받기도 했으나, 미슐랭의 평가 기준 중 하나인 '새로운 메뉴 개발'이 없어 지금은 별 1개를 유지하고 있다. 정중한 서버의 안내에 따라 홀에 들어서면 고급스러운 분위기와 어우러진 시원한 통유리 전망에 감탄이 절로 나온다. 노트르담 대성당과 센강이 펼쳐지는 풍경을 제대로 즐기고 싶다면 디너보다 런치 타임에 방문할 것. 대표 메뉴인 오리(Caneton/Canard) 요리를 주문하면 지금까지 판매한 오리 숫자가 새겨진 귀여운 엽서를 함께 건네준다(지금은 100만을 훌쩍 넘었다). 봄~가을에는 7층 옥상에도 식당을 운영해 멋진 전망과 함께 식사할 수 있다 (예약 필수). 생루이섬에서 남쪽(좌안)으로 투르넬교(Pont de la Tournelle) 건너 바로 왼쪽에 있다. MAP ❺-C

GOOGLE MAPS R9X3+WX 파리
ADD 15 Quai de la Tournelle, 75005
TEL 01 43 54 23 31
OPEN 12:00~14:00, 19:00~21:00/ 일·월요일 휴무
MENU 오리 요리 135€~(코스 195€), 앙트레 97€~, 플라 135€~, 런치 4코스 175€~, 디너 코스 390€~
WALK 생루이섬에서 남쪽으로 투르넬교를 건너 바로/아랍 세계 연구소에서 도보 3분
WEB tourdargent.com

라탱 지구의 밤

밤이 되면 파리는 낮과는 전혀 다른 모습의 놀이터로 변신한다.
파리지앵처럼 시크하게 술 한 잔 앞에 놓고 수다 떨고 싶을 때 제일 먼저 달려가야 할 주점과 재즈 클럽을 찾아가 보자.

재즈에 퐁당 빠진 밤
카보 드 라 위셰트 Caveau de la Huchette

영화 <라라랜드>의 주인공 미아와 세바스찬이 파리로 타임워프 해 한바탕 춤을 췄던 재즈 클럽. 16세기에 지어져 기사단원들과 혁명 지도자들의 비밀 모임 장소로 쓰인 지하 창고에 1949년 문을 열었다. 반세기 넘는 세월 동안 클로드 볼링 같은 프랑스 재즈 연주자와 라이오넬 햄튼, 카운트 베이시, 아트 블래키 같은 전설적인 미국 재즈 거장들이 무대에 서면서 파리 재즈의 성지가 됐다. 비틀스가 무명시절에 공연했던 리버풀의 케이번 클럽이 이곳의 인테리어를 따라 했을 정도. 지하 공연장의 규모는 작지만 무대 앞 공간에서 재즈를 온몸으로 느끼기에 제격이다. 예약은 받지 않으며 음료 주문은 0층에서 직접한다. MAP ❻-D

GOOGLE MAPS caveau huchette
ADD 5 Rue de la Huchette, 75005
OPEN 21:00~02:00(금·토요일 및 공휴일 전날 ~04:00)/일부 공휴일 휴무
PRICE 입장료 14€(금·토요일 및 공휴일 전날 16€, 24세 이하 학생 10€), 맥주 7€~
WALK 생미셸 광장에서 도보 3분/르네 비비아니 광장에서 도보 2분
WEB www.caveaudelahuchette.fr

파리에선 타파스도 푸짐하지
수리 타파스 프랑세즈
SOURIRE Tapas Françaises

스페인의 '한 입 거리' 안주 타파스가 프랑스로 오면서 '한 접시'로 푸짐해졌다. 그래도 여전히 타파스라 양이 살짝 부족하니 여럿이 방문해서 다양한 메뉴를 주문해 맛보는 것이 효율적이다. 와인은 잔보다 병째 주문하는 분위기다. 특별하진 않지만 완성도 높은 음식과 친절한 직원들 덕분에 평일 저녁에도 예약 없이 방문하기 어렵다. 예약에 실패했다면 바 카운터나 야외 테이블을 이용하는 것이 대안이다.
MAP ❻-D

GOOGLE MAPS sourire galande
ADD 27 Rue Galande, 75005
OPEN 19:00~22:30(브런치 토·일요일 12:00~14:30)
MENU 타파스 8~20€, 와인 1잔 6€~
WALK 르네 비비아니 광장에서 도보 2분
WEB www.sourire-restaurant.com

천장에 달린 메뉴판에 침이 꼴깍~

라방 콩투아 드 라 메르/테르
L'Avant Comptoir de la Mer/Terre

천장에 대롱대롱 매달아 놓은 메뉴 사진들을 보고 편리하게 주문할 수 있는 개성 있는 인테리어가 독특한 타파스 바. 테이블 없이 기다란 바에 걸터앉거나 서서 먹는 형태라 간단한 안주와 함께 와인 한 잔을 걸치기 좋다. 프랑스판 마스터셰프에 심사위원으로 출연한 스타 셰프 이브 캉드보르드가 운영해 맛의 실패 확률이 적은 것도 장점. 메르는 주로 굴, 연어, 대구 등을 사용한 해산물 요리를 만날 수 있고, 바로 옆에 자리한 테르는 피키요 고추와 푸아그라, 하몽 등 채소와 고기를 주로 사용한 요리를 선보인다. 바쁜 시간에는 직원의 불친절한 서비스에 종종 불만이 제기되기도 한다. **MAP ⑥-D**

GOOGLE MAPS avant comptoir mer
ADD 3 Carrefour de l'Odéon, 75006
OPEN 12:00~23:00/일부 공휴일 휴무
MENU 타파스 6~22€, 와인 1잔 3.50€~
WALK 생미셸 광장에서 도보 6분/
생제르맹데프레 성당 정문에서 도보 8분
METRO 4·10 Odéon 2번 출구에서 도보 1분
WEB camdeborde.com

라방 콩투아 드 라 메르   라방 콩투아 드 라 테르

오리 콩피

오자 모엘

문 닫기 전에 가야 할 곳

레 피포 Les Pipos

1847년에 오픈한 뒷골목 선술집 스타일의 식당. 옆 테이블과 경계가 불분명한 좁은 가게라 다소 불편하지만 제2차 세계대전 직후의 인테리어를 그대로 유지하고 있는 레트로한 분위기가 매력 있다. 영화 <미드나잇 인 파리>에 등장하면서 여행자들에게 유명해졌지만 오 자 모엘(Os à moelle), 오리 콩피(Confit de Canard) 같은 전통적인 프랑스 비스트로 요리를 맛볼 수 있어 오래전부터 현지인들로 늘 붐비던 곳이다. 건물 소유주가 가게 문을 닫으려 하자, 단골들이 앞장서 파리 시장과 문화부 장관, 유네스코에까지 진정서를 내 막았다고 한다. 해피 아워(16:00~20:00)에는 주류가 조금 할인된다. **MAP ⑥-D**

GOOGLE MAPS les pipos
ADD 2 Rue de l'École Polytechnique, 75005
OPEN 09:00~01:00/일요일 휴무
MENU 앙트레 7€~, 플라 18€~,
와인 1잔 6€~
WALK 생테티엔뒤몽 성당에서 도보 1분

로컬들의 단골 상점

대학생부터 관광객까지 다양한 사람들이 모이는 라탱 지구.
모두가 대형 백화점과 명품숍을 찾아가기 바쁠 때, 슬쩍 현지인지들의 쇼핑 스폿을 방문해보자.

프랑스 대표 니치 향수 브랜드

딥티크 Diptyque

인테리어 소품 상점에서 향초 시리즈를
만들어 팔던 것을 시작으로 세계적인 향
수 브랜드로 자리매김했다. 자연에서 받은 영감을 토
대로 향을 담아내, 남들과 다른 향을 원하는 젊은 층
에게 특히 사랑받고 있다. 파리 시내에 7개 매장이 있
으며, 본점은 생제르맹데프레 거리에 있다. MAP ❻-D

GOOGLE MAPS 딥티크 BSG 생제르맹
ADD 34 Bd. Saint-Germain, 75005
OPEN 10:00~19:00/일요일·일부 공휴일 휴무
WALK 생미셸 광장에서 도보 10분/노트르담 대성당 뒤쪽에
서 도보 5분
METRO 10 Maubert-Mutualité에서 도보 4분
WEB www.diptyqueparis.com

덴마크의 다이소

노말 Normal

물가 비싼 유럽에서 가성비 뛰어난 생활용품 숍으로 살림의 달
인이 사랑해 마지않는 공간. 잡화, 화장품, 식품, 장난감, 심지
어 각종 소스까지 다양한 품목을 1€부터 업어올 수 있다. 아이
들이 좋아하는 캐릭터의 문구류와 간식도 판매한다. 몽파르나
스역, 생라자르역, 몽마르트르에도 매장이 있다. MAP ❻-D

GOOGLE MAPS normal 75005
ADD 5 Bd. Saint-Michel, 75005
OPEN 08:30~20:30(토요일 10:00~)/일요일·일부 공휴일 휴무
WALK 생미셸 광장에서 도보 2분
WEB normal.fr

파리의 걷고 싶은 길 #2

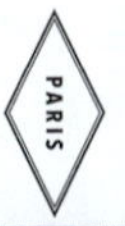

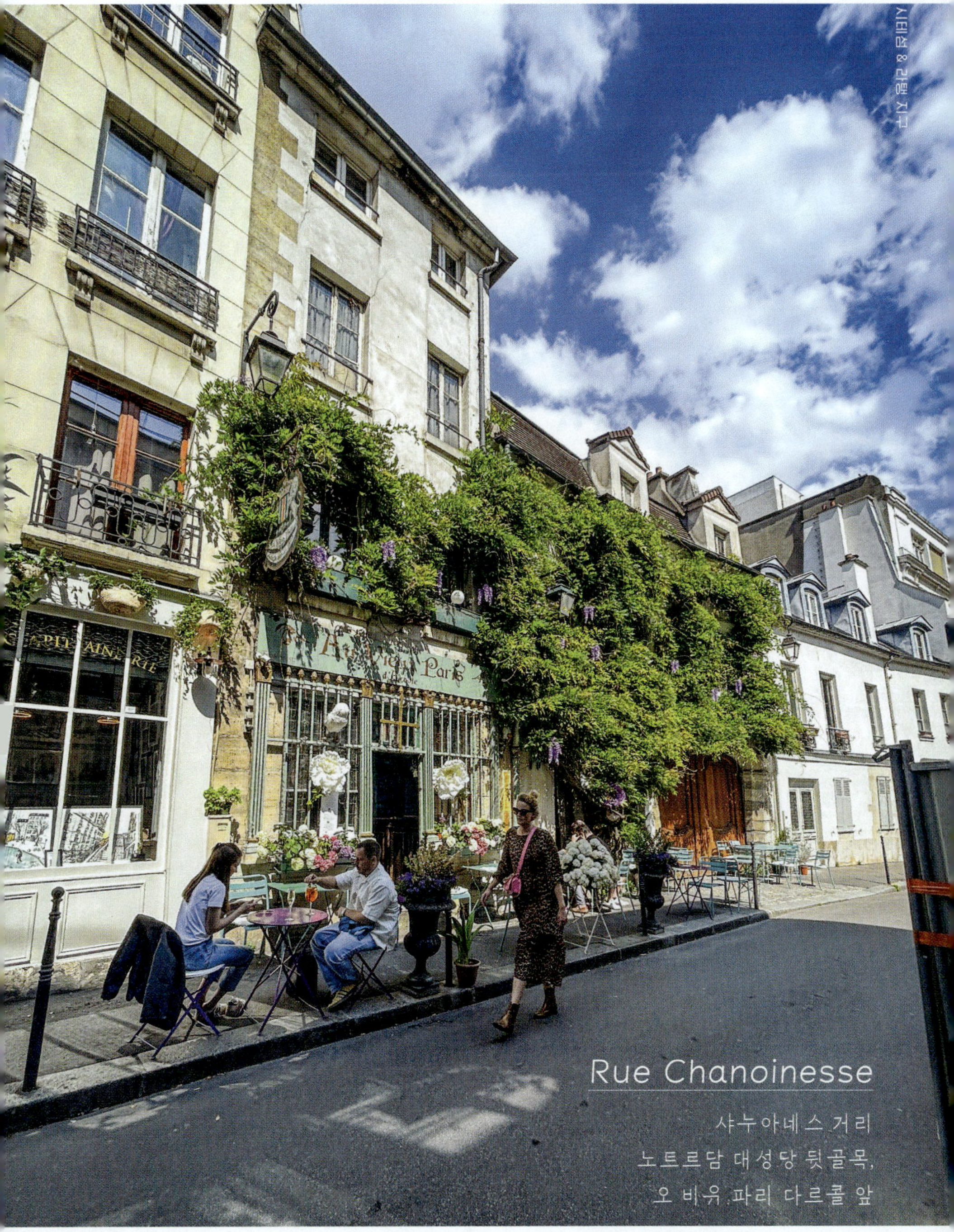

Rue Chanoinesse

샤누아네스 거리
노트르담 대성당 뒷골목,
오 비유 파리 다르콜 앞

Rue Saint-Julien le Pauvre
생쥘리앵르포브르 거리
노트르담 대성당, 르네 비비아니 광장,
생쥘리앵르포브르 성당

5ᵉᵐᵉ ARR
RUE
SAINT JUL
LE PAUV

파리의 지성
생제르맹데프레 & 오르세

파리에서 가장 오래된 성당의 이름을 딴 생제르맹데프레 지역은 가장 파리다운 모습을 간직하고 있는 곳이다. 세월의 흔적이 스민 오래된 건물과 낭만적인 카페들이 줄지어 늘어서고, 멋지게 차려입은 파리지앵이 자유롭게 활보하는 곳. 19세기 후반 몽마르트르 시대가 저물기 시작하며 많은 화가와 시인, 소설가가 생제르맹데프레에 모여 토론을 즐겼는데, 지금도 그때의 모습을 간직하고 있는 카페와 레스토랑이 남아있다. 소박하고 예스러운 멋을 지닌 이곳에서 카페나 골목을 산책하며 시간을 거슬러 올라가는 것도 파리를 여행하는 멋진 방법의 하나다.

MAP legend

파리에 현존하는 성당 중 가장 오래된 곳

① 생제르맹데프레 성당

Abbaye de Saint-Germain-des-Prés

542년 클로비스 1세의 아들이 스페인에서 가지고 온 성물을 보관하기 위해 558년에 건립했다. 이후 여러 차례의 화재로 몇 번 복구됐다가 1822년 현재의 모습을 완성했다. 11~12세기에 지은 로마네스크 양식의 종각과 내부가 현재까지 남아 있는데, 원래 있던 3개의 종탑 중 2개는 1794년 보관 중이던 화약 재료가 폭발하는 바람에 불타고 1개만 남았다.

성당 안에는 17세기 프랑스의 합리주의 철학자 데카르트를 비롯해 성인과 왕, 위인들의 묘와 기념비가 있다. 데카르트는 스웨덴 크리스티나 여왕의 개인교사로 초청돼 스톡홀름에 갔다 1년 만에 병이 들어 그곳에서 사망했다. 그의 시신은 목이 잘려 몸은 이곳에 묻히고 머리는 스톡홀름에 묻혔는데, 지금은 몰래 가져온 머리와 함께 몸 전체가 이곳에 묻혀 있다. 성당을 끼고 라바예 거리(Rue de l'Abbaye)로 돌아가면 피카소가 그의 친구였던 시인 기욤 아폴리네르(1880~1918년)를 위해 만든 조각상 <아폴리네르에 대한 경의>를 볼 수 있다. MAP ⑥-D

GOOGLE MAPS 생제르맹데프레 성당
ADD 3 Place Saint-Germain-des-Prés, 75006
OPEN 07:30~20:00(토요일 08:30~, 일·월요일 09:30~)/
미사 진행 시 일부 입장 제한
PRICE 무료
METRO 4 Saint-Germain-des-Prés에서 바로

중앙 제단 오른쪽, 생브누아 예배당 기념 명판. 가운데가 데카르트 기념 명판이다.

성당 옆 작은 공원에 있는 피카소의 작품,
<아폴리네르에 대한 경의>

GOOGLE MAPS 카페 드 플로르
ADD 172 Boulevard Saint-Germain, 75006
OPEN 07:30~02:00
MENU 쇼콜라 쇼 10€~, 커피 5€~
WALK 생제르맹데프레 성당에서 도보 2분

② 파리 지성의 상징
카페 드 플로르 Café de Flore

1887년 문을 연 이래 130년이 넘는 세월 동안 파리를 대표해온 카페. 바로 옆에 자리 잡은 레 두 마고(Les Deux Magots, 144p)와 함께 파리 카페의 양대산맥으로 불린다. 한때 보부아르와 사르트르가 연애를 즐기던 장소이자 피카소, 브라크, 카뮈와 같은 당대 최고의 예술가와 지성인, 프랑스 전 대통령 프랑수아 미테랑을 비롯한 정치인들이 열띤 토론을 벌인 토론의 장이기도 했다. 이제는 전 세계에서 이곳을 찾는 이가 너무 많아 카페라기보다는 관광 명소에 가깝다. MAP ⑥-D

③ 낭만주의 화가의 로맨틱한 저택
외젠 들라크루아 미술관
Musée National Eugène Delacroix

보들레르가 "르네상스의 마지막, 그리고 현대 회화의 첫 거장"이라 칭한 19세기 낭만주의 화가 들라크루아(1798~1863년)의 작업실 겸 생가를 미술관으로 개조한 곳이다. 그의 대표작 <민중을 이끄는 자유의 여신>은 1998년까지 100프랑 지폐에 실렸을 정도로 프랑스인들에게 많은 사랑을 받고 있다. 1857년, 들라크루아는 생쉴피스 성당의 벽화를 완성하기 위해 이곳으로 이주해 생을 마감할 때까지 매우 만족하며 머물렀던 것으로 전해진다. 화가의 자화상과 스케치, 판화 등과 그가 사용했던 화구들도 함께 전시하고 있으며, 들라크루아가 직접 가꾼 안뜰도 구경할 수 있다. MAP ⑥-D

GOOGLE MAPS 들라크루아 기념관
ADD 6 Rue de Furstenberg, 75006
OPEN 12:00~17:30(토·일요일 10:00~)/폐장 30분 전까지 입장/화요일·1월 1일·5월 1일·12월 25일 휴무
PRICE 9€/루브르 박물관 티켓 소지자(개시 후 다음 날까지)·매월 첫째 일요일·7월 14일 무료/ 뮤지엄 패스
WALK 생제르맹데프레 성당 정문에서 도보 3분
WEB www.musee-delacroix.fr

공사 비용이 부족해 2개의 종루가 높이와
디자인이 다르게 완성됐다는 후문이 있다.

정원 북쪽에 자리한 뤽상부르 궁전은 프랑스 상원 의사당으로
사용되고 있어 특별전시가 있을 때에만 내부를 공개한다.

④

파리에서 노트르담 다음으로 큰 성당

생쉴피스 성당
Église Saint-Sulpice

6세기 때 농민들을 위해 세운 성당을 17~
19세기에 증축한 생쉴피스 성당은 내부
길이 113m, 너비 58m의 거대한 성당이
다. 내부에는 1849~1861년 들라크루아
가 그린 프레스코화와 1862년에 복구한
프랑스에서 가장 큰 파이프 오르간(노트르
담의 오르간과 공동 1위), 소설 <다빈치 코
드>에 등장한 '로즈 라인'이 있어 여행자
들의 발길을 끈다. 빅토르 위고가 결혼식
을 올린 곳이기도 하다. MAP ❻-D

GOOGLE MAPS 생쉴피스 성당
ADD 2 Rue Palatine, 75006
OPEN 08:00~19:45/미사 진행 시 일부 입장 제한
PRICE 무료
WALK 생제르맹데프레 성당 정문에서 도보 5분
METRO 4 Saint-Sulpice 1번 출구에서 도보 3분

⑤

파리에서 가장 크고 아름다운 정원

뤽상부르 정원과 궁전 Jardin & Palais du Luxembourg

23만m²(약 7만 평)의 방대한 부지 위에 조성한 뤽상부르 정원은 온 가
족이 함께 즐길 수 있는 아름답고 흥미로운 공간이다. 나무 그늘로 덮
여 있는 산책로를 따라 한가로이 산책할 수 있고, 곳곳에 많은 벤치가
놓여 있어 담소를 나누며 쉬어가기에도 좋다. 정원 안에는 무려 106개
나 되는 석상이 있다. 그중 로댕의 스승이었던 쥘 달루의 <들라크루아
흉상>과 부르델의 <베토벤 흉상>은 놓치지 말 것. 궁전의 주인이었던
앙리 4세의 부인 마리 드 메디시스의 고향인 이탈리아의 석굴 양식을
본떠 만든 메디시스 분수도 여행자들
의 발길이 이어지는 명소다. 궁전 서
쪽에는 온실을 개조한 뤽상부르 미술
관과 몽블랑 케이크로 유명한 앙젤리
나의 살롱 드 테가 있다. MAP ❻-D

메디시스 분수(Fontaine Médicis)

GOOGLE MAPS 뤽상부르 공원
ADD Jardin du Luxembourg, 75006
OPEN 계절·날씨에 따라 일출 후 개장(07:30~
08:15), 일몰 전 폐장(16:30~21:45)
WALK 생쉴피스 성당에서 도보 3분
RER B Luxembourg 1번 출구에서 바로

: WRITER'S PICK :

나폴레옹이 어린이들에게 바친 정원

뤽상부르 정원은 남편(앙리 4세)이 죽자 9세의 아들 루이 13세를 왕위에 올
리고 섭정이 된 마리 드 메디시스가 자신이 어릴 때 살던 피렌체의 피티 궁
전을 모방해 지은 뤽상부르 궁전에 딸린 정원이다. 왕실 정원 건축가 자크
부와소가 이탈리아식 정원으로 맨 처음 설계한 것을 1635년에 당시 최고의
조경가 르 노트르가 다시 손을 대 프랑스식 정원으로 바꾸었다. 이후 나폴레
옹이 아이들을 위한 놀이터로 개조해 놀이기구, 인형극 무대 등을 설치하면
서 파리 시민이 가장 사랑하고 많이 찾는 공원이 됐다.

프랑스 큐비즘을 대표하는 조각가
자드킨 미술관 Musée Zadkine

뤽상부르 정원 가까이에 프랑스 전위 조각 선구자인 오십 자드킨(Ossip Zadkine, 1890~1967년)의 미술관이 있다. 피카소가 큐비즘의 평면을 지배했다면 자드킨은 입체로 해석해 한층 더 다양한 큐비즘을 보여준 작가라 할 수 있다. 러시아 출신으로 주로 프랑스에서 활동했으며, 그가 살던 집과 아틀리에를 개조해 박물관으로 공개하고 있다. 몽파르나스에서도 걸어갈 수 있는 거리다. MAP ❾-B

GOOGLE MAPS 자드킨 미술관
ADD 100bis Rue d'Assas, 75006
OPEN 10:00~18:00/월요일·1월 1일·5월 1일·12월 25일·일부 공휴일·전시 준비 기간 휴무
PRICE 상설전 무료/특별전 진행 시 유료
WALK 뤽상부르 정원과 남쪽의 가스통 모네르빌 시민공원(Esplanade Gaston Monnerville)이 만나는 지점에서 도보 5분
WEB www.zadkine.paris.fr

비싼 값 하는 그 이름, 유기농
라스파이 시장 Marché Raspail

파리지앵의 식탁에서 흔히 볼 수 있는 채소와 과일, 생선, 고기, 치즈 등 각종 식자재를 유기농으로 만나볼 수 있는 곳. 유기농인 만큼 가격은 재래시장답지 않게 비싼 편이다. 생제르맹데프레 남쪽, 메트로 12호선 렌역 2번 출구 바로 앞에서부터 시장이 펼쳐져 초행길인 여행자도 쉽게 찾아갈 수 있다. MAP ❻-C

GOOGLE MAPS R8XH+H2 파리
ADD 58-78 Boulevard Raspail, 75006
OPEN 화·금요일 07:00~14:30(일요일은 유동적 오픈)
WALK 뤽상부르 정원 또는 르 봉 마르셰에서 각각 도보 7분
METRO 12 Renne에서 바로

유서 깊은 5성 호텔에서 맛보는 커피 한 잔
호텔 루테티아 Hôtel Lutetia

1910년 오 봉 마르셰(지금의 르 봉 마르셰) 백화점 소유주가 백화점에 쇼핑 온 고객을 더 머무르게 하기 위해 지은 유서 깊은 호텔이다. 19세기 초에 유행한 아르누보의 우아한 실루엣과 아르데코의 세련된 디테일 등 당시 최신의 기술과 디자인이 결합된 역사적인 건물로, 4년간의 리모델링을 거쳐 2019년 5성급 럭셔리 호텔로 재개장했다. 프랑스의 5성급 호텔 중에서도 최고급 호텔들에 부여하는 '팔라스 등급'을 받은 곳으로, 프랑스 내 31개의 팔라스 등급 호텔 중 좌안에서는 유일하게 이곳이 이름을 올렸다. 하룻밤 숙박료가 100만 원을 훌쩍 넘지만 호텔 0층의 티 하우스에서는 비교적 저렴한 비용으로 사치를 누릴 수 있다.

커피 9€~, 티 12€~. MAP ❻-C

GOOGLE MAPS hotellutetia
ADD 43 Bd Raspail, 75006
OPEN 티 하우스 생제르맹 09:00~22:00(토·일요일 10:00~)/시즌에 따라 유동적
WALK 생쉴피스 성당에서 도보 8분/르 봉 마르셰 백화점에서 도보 2분
WEB www.hotellutetia.com

'루테티아'는 고대 로마시대에 사용된 '파리'의 라틴어명이다.

식품관, 라 그랑드 에피스리

시즌에 따라 달라지는 중앙 장식도 찰칵!

8 르 봉 마르셰 Le Bon Marché

현존하는 세계에서 가장 오래된 백화점

1852년 백화점 형태로 전환하여 여러 상품을 갖추고 정찰제와 교환·환불 시스템을 선보인 세계 최초의 현대식 백화점이자 고급 백화점의 대명사. 세월의 흔적이 엿보이는 고풍스러운 외관과 달리 늘 새롭게 단장하는 내부는 포토 스폿으로 인기일 정도로 쾌적한 환경을 유지한다. 로컬들이 주로 찾는 곳은 1923년에 설립한 별관 0층에 있는 1000평 규모의 식료품관 라 그랑드 에피스리(La Grande Epicerie)다. 트뤼프 오일이나 최상품 소금 등 고급 식자재와 향신료, 와인 등을 갖춰 가격은 비싼 편이지만 그런 만큼 맛과 품질은 보장한다. 라 타블(La Table, 별관 1층)이나 로즈 베이커리(Rose Bakery, 본관 2층) 등의 레스토랑도 분위기 좋기로 유명하다. 세금 환급 데스크가 있는 본관 3층에는 영유아부터 중학생까지 유·아동복 매장이 널찍하고 쾌적하게 자리 잡고 있다. **MAP ⑥-C**

GOOGLE MAPS 르봉 마르셰
ADD 24 Rue de Sèvres, 75007
OPEN 10:00~19:45(일요일 11:00~)/ 일부 공휴일 휴무
METRO 10·12 Sèvres–Babylone 2번 출구에서 길 건너 바로
WEB www.lebonmarche.com

+MORE+

생제르맹데프레의 쇼핑 거리

■ 그르넬 거리 Rue de Grenelle

에펠탑에서 시작해 앵발리드를 지나 생제르맹데프레 지구를 잇는 거리. 주로 생제르맹데프레 지역에 셀린, 마르지엘라, 프라다, 폴 스미스 등 고급 패션 브랜드가 들어서 있다. 다른 거리보다 여행자가 많지 않고 한적한 편이라서 느긋하게 걸으며 쇼핑할 수 있다.

WALK 생제르맹데프레 성당 정문에서 도보 5분

■ 자코브 거리 Rue Jacob

생제르맹데프레 성당 북쪽에 있는 들라크루아 미술관 옆 길이다. 이자벨 마랑, 제롬 드레이퓌스, 부티크 벨로즈 등 인기 패션숍과 벤시몽 매장, 현지인이 즐겨 찾는 베이커리 체인 폴(Paul) 등 좁은 골목 가득 볼거리와 먹거리로 가득하다. 구석구석 천천히 골목을 구경하며 시간 보내기 좋다.

WALK 생제르맹데프레 성당 정문에서 도보 2분

9 맛집 옆에 또 맛집!
보파사주 Beaupassage

2018년, 프랑스의 유명 건축가와 조경 예술가가 파리 7구의 오래된 동네를 단장해 탄생시킨 근사한 다이닝 스폿이다. 수도원 건축 양식부터 20세기 현대 건축까지 시크한 감각과 고전적인 아름다움이 어우러진 거리에 마카롱으로 유명한 피에르 에르메의 파티스리를 비롯해 미슐랭 3스타·2스타 셰프들의 베린(Verrine, 유리컵에 담긴 디저트) 숍·비스트로·와인 바·레스토랑·불랑제리와 와인 셀러, 치즈 장인의 치즈 가게 등이 한자리에 모였다. 이곳에 문을 연 모든 곳이 맛집이라고 해도 부족함이 없을 정도. 생제르맹데프레 중심가에서는 살짝 벗어났지만 지역 주민 사이에서는 나름 인기 스타라 오픈 시간 전부터 줄이 생긴다. MAP ❻-C

GOOGLE MAPS beaupassage
ADD 53-57 Rue de Grenelle, 75007
OPEN 07:00~24:00/가게마다 다름
WALK 르 봉 마르셰 백화점에서 도보 5분/
오르세 미술관에서 도보 10분
INSTAGRAM @beaupassageparis

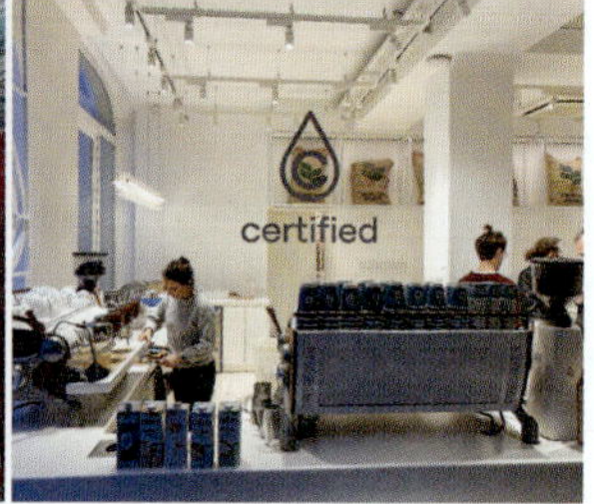

마욜의 작업실

근대 조각의 3대 거장
마욜 미술관 Musée Maillol

로댕과 부르델 이후 프랑스의 조각계를 이끈 아리스티드 마욜(1861~1944년)의 작품을 전시하는 미술관이다. 마욜이 생애의 마지막 10년간 크게 의존한 그의 뮤즈이자 모델이었던 디나 비에르니가 마욜의 작품들을 정리하여 1995년에 개관했다. 앙드레 지드가 '조각의 부활'이라고 찬미한 마욜의 대표작 <지중해>와 프랑스 나비파·세잔·드가·로댕의 작품 등 비에르니가 수집한 미술품도 볼 수 있다. <지중해>의 여러 버전은 오르세 미술관에서도 만날 수 있다. 0층에서는 다양한 분야의 특별전도 활발히 열린다. MAP ❻-C

GOOGLE MAPS 마욜 미술관
ADD 59-61 Rue de Grenelle, 75007
OPEN 10:30~18:30(수요일 ~22:00)/
일부 공휴일 휴무 예약 권장
PRICE 16.90€(6~25세 12.90€)/
/특별전에 따라 유동적
WALK 보파사주 북쪽 입구를 바라보고 오른쪽으로 도보 1분
WEB www.museemaillol.com

11 인상주의 작품의 보고
오르세 미술관 Musée d'Orsay

'오르세냐, 루브르냐' 그것이 문제인 '미알못'에게 두말 않고 추천하는 미술관이다. 이름값만 보자면 루브르 박물관에 뒤지지만 광고나 일상 곳곳에서 쉽게 접할 수 있는 친숙한 작품이 많아서 방문 후의 만족도는 오히려 더 높다. 모네·르누아르·반 고흐 등 인상주의 화가들의 작품이 주를 이루는데, 인상주의 자체가 소소한 일상과 풍경을 담고 있어 역사나 종교에 대한 지식이 필요한 이전 시대의 작품들보다 더 쉽게 다가온다. 오르세 미술관은 1900년 파리 만국 박람회 때 기차역으로 지었던 건물을 미술관으로 개조해 만들었기 때문에 구조가 독특하다. 철도가 있던 0층의 중앙부에는 조각상이 전시돼 있고, 바닥부터 유리 지붕까지 막힘이 없어 날씨와 시간대에 따라 분위기가 달라진다는 점도 매력이다. **MAP ⑥-A**

GOOGLE MAPS 오르세미술관
ADD 1 Rue de la Légion d'Honneur, 75007
OPEN 09:30~18:00(목요일 ~21:45)/폐장 1시간 전까지 입장/
월요일·5월 1일·12월 25일 휴무 `예약 권장, 매월 첫째 일요일 예약 필수`
PRICE 현장/온라인 14/16€(목요일 18:00 이후 10/12€)/
17세 이하·30세 이하 예술·건축·의상 관련 전공 학생·매월 첫째 일요일 무료/
오랑주리 미술관 통합권 20€(7일 이내), 로댕 미술관 통합권 25€(3개월 이내), 귀스타브 모로 미술관(8일 이내)·오페라 가르니에(14일 이내) 일반 티켓 소지자 11€/타 미술·박물관 통합권과 할인권은 현장 구매만 가능, 상황에 따라 판매는 유동적/ `뮤지엄 패스`
WALK 튈르리 정원에서 센강을 건너 도보 2분/보파사주에서 도보 10분
RER C Musée d'Orsay에서 바로
WEB www.musee-orsay.fr

12 안녕이라는 말을 어떻게 할까
메종 세르주 갱스부르
Maison Historique de Serge Gainsbourg

'버킨 백'의 주인공 제인 버킨의 남편이었던 세르주 갱스부르(Serge Gainsbourg)의 생가. 한국인이 그를 기억할 만한 건 그가 작사하고 프랑수아즈 아르디가 부른 '코멍 트 디하듀(Comment Te Dire Adieu)' 정도지만 프랑스인들에게 그는 1960~70년대를 풍미한 시대의 아이콘이자 대중음악의 상징이었다. 그가 죽을 때까지 살던 집 그대로의 모습으로 2023년 오픈한 이곳에서 불꽃같이 살았던 보헤미안의 감각을 느껴보자. **MAP ⑥-C**

GOOGLE MAPS 메종 갱스부르
ADD 5bis Rue de Verneuil, 75007(티켓 구매 14 Rue de Verneuil)
OPEN 집·박물관·서점 09:30~21:00(수·금요일 ~22:30, 일요일 ~20:00, 집은 예약 시간 엄수), 카페 & 바 10:00~02:00(화·수요일 ~24:00, 일요일 ~20:00)/
월요일·1월 1일·5월 1일·12월 25일 휴무/ `집·박물관 예약 필수`
PRICE 집+박물관 29€(7~25세 16€), 박물관 12€(7~25세 6€)
WALK 오르세 미술관에서 도보 10분/생제르맹데프레 성당에서 도보 8분
WEB www.maisongainsbourg.fr

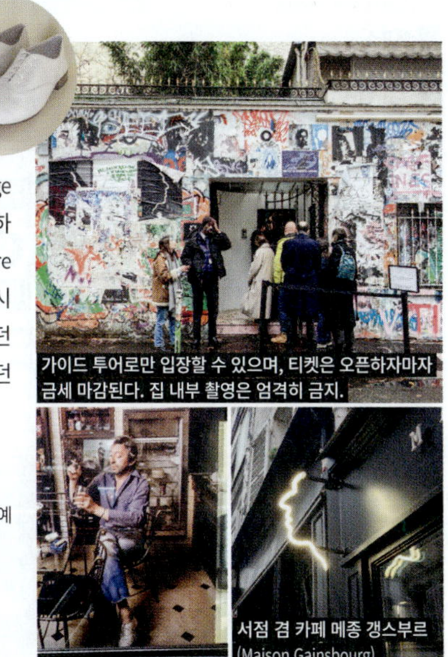

가이드 투어로만 입장할 수 있으며, 티켓은 오픈하자마자 금세 마감된다. 집 내부 촬영은 엄격히 금지.

서점 겸 카페 메종 갱스부르
(Maison Gainsbourg)

오르세 미술관 탐방

오르세 미술관은 지하 2층과 지상 6층 규모로, 주요 전시관은 0·2·5층에 있고 나머지는 난간이나 건물 일부에 마련돼 있다.
입구로 들어가 0층 오른쪽부터 감상하기 시작해 다 둘러본 뒤 에스컬레이터를 타고 5층으로 올라가
인상주의, 후기 인상주의 작품을 감상하고 차례로 내려오면서 관람하는 게 효율적이다.
입구의 안내 데스크에 한국어 안내도가 마련돼 있으니 꼭 챙겨 가자. 예상 소요 시간은 3~4시간.

¤ 오르세 미술관 관람 팁

❶ 티켓 구매는 입구 A, 뮤지엄 패스 소지자는 입구 C로 들어간다.

❷ 오르세 미술관 일반 티켓 소지 시 오페라 가르니에와 귀스타브 모로 미술관 티켓을 할인받을 수 있다.

❸ 오르세 미술관은 유지·보수에 필요한 자금을 해결하기 위한 작품 대여가 빈번하기 때문에 보고 싶은 작품이 없을 수 있다.

❹ 예술 서적을 비롯해 우편엽서, 포스터, 기념품 등을 판매하는 미술관 숍은 기념품과 수준 높은 선물을 살 수 있는 최상의 장소다. 미술관 관람을 마치고 나오면서 천천히 둘러보자.

5층 테라스에서 바라본
센강 건너편의
튈르리 정원과 루브르 박물관

Niveau 0 0층

ℹ️ 인포메이션 데스크
🏧 매표소
🎧 오디오 가이드 대여부스
🛎 물품 보관소
🎁 기념품 숍
🍴 레스토랑, 카페
🪜 계단
🛗 에스컬레이터
🚻 화장실

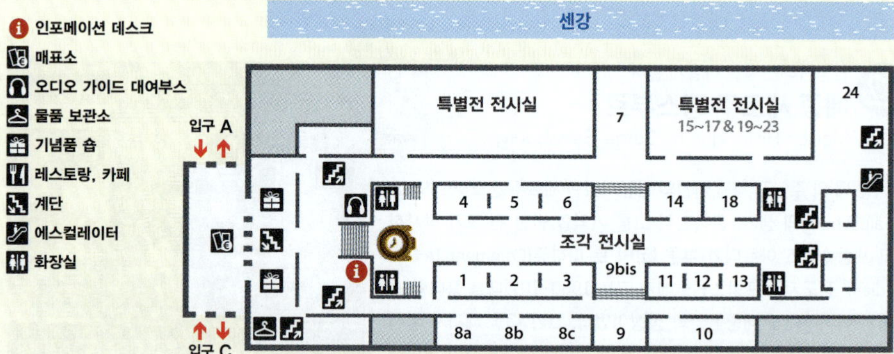

티켓 구매자 입구 A

뮤지엄 패스 소지자 입구 C

0층 전경

<만종>

밀레, 1857년 4번 방

<이삭 줍는 여인들>

밀레, 1857년 4번 방

<샘>

앵그르, 1856년 1번 방

<피리부는 소년>

마네, 1866년 14번 방

<오르낭의 장례식>과 <화가의 아틀리에>는
등장인물들의 실제 키와 체격이 동일한 크기로
그려진 작품으로도 유명하다.

<오르낭의 장례식>, 쿠르베, 1855년 7번 방

<화가의 아틀리에>, 쿠르베, 1855년 7번 방

Niveau 2 2층

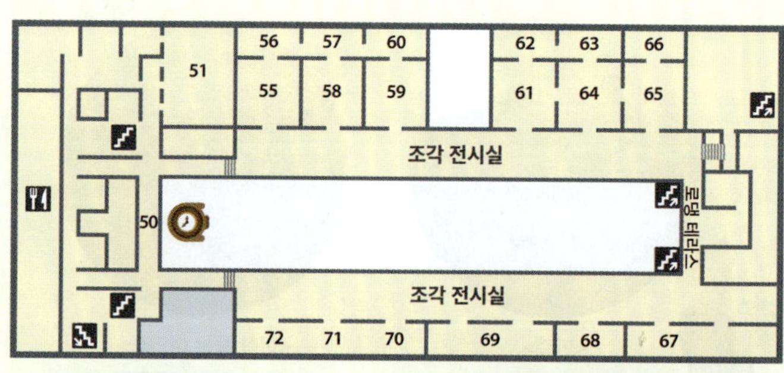

<북극곰>, 폼폰, 1923~1933년
조각 전시실(위쪽)

<지옥의 문>, 로댕, 1880~1917년
로댕 테라스

<뱀을 부리는 여인>, 루소, 1907년
대여·특별전으로 위치 이동이 잦음

Niveau 5 5층

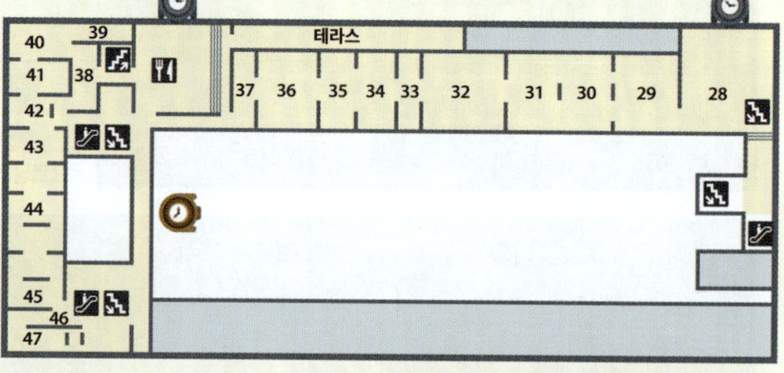

: WRITER'S PICK :

미술관 내 레스토랑

미술관 안에는 2개의 레스토랑이 있다. 그중 5층에 위치한 카페 캉파나(Café Campana)는 오르세 미술관의 상징인 대형 시계 바로 옆에 있어 특별한 공간감을 선사한다. 음료뿐 아니라 식사도 할 수 있으며, 목요일 해피아워(17:00~19:00)에는 와인을 3€~에 제공한다. 식사는 2층 레스토랑(Restaurant du Musée d'Orsay)을 추천. 시내 고급 레스토랑에 버금가는 근사한 분위기 속에서 2코스 세트 메뉴(앙트레+플라 또는 플라+디저트)를 27€~에 즐길 수 있다.

카페 캉파나

<올랭피아>
마네, 1863년 14번 방

<풀밭 위의 점심 식사>
마네, 1863년 29번 방

<물랭 드 라 갈레트의 무도회>
르누아르, 1876년 30번 방

<피아노 치는 소녀>
르누아르, 1892년 대여 중

<루앙 대성당 연작>
모네, 1892~1893년 34번 방

<서랍이 열린 정물>
세잔, 1877년 67번 방

<오베르쉬르우아즈 성당>
반 고흐, 1890년 36번 방

<예술가의 초상>
반 고흐, 1889년 36번 방

<타히티의 여인들>
고갱, 1891년 43번 방

<춤추는 잔 아브릴>
로트레크, 1892년 68번 방

<14세의 어린 댄서>
드가, 1881년 32번 방

#생제르맹데프레 #쇼핑

한편에는 세계에서 가장 오래된 백화점이 있고 다른 한편은 대학가 라탱 지구와 맞닿아 있는 생제르맹데프레.
주택가와 명품숍, 젊은 취향의 부티크, 스트리트 패션이 경계 없이 어우러져 다양한 볼거리를 선사하는 이곳에서
독특한 콘셉트와 개성으로 이목을 끄는 가게들을 골라 가보자.

우아한 패키지와 꽃 향기에 취하다

불리 1803 Buly 1803

우아한 꽃향기와 고급스러운 패키지가 시그니처인 프랑스의 대표 화장품 브랜드. 조향사 장 뱅상 불리가 꽃향기가 나는 화장품을 만들어 19세기 유럽 귀족들의 큰 호응을 얻으며 유명해졌다. 페이스 크림과 핸드크림으로 유명하지만 최근 향수와 바디 오일로도 주목받고 있다. 매장에서 제품을 구매하면 필기체로 이름을 적어줘 특별한 이를 위한 유니크한 선물로도 제격이다. MAP ⑥-B

GOOGLE MAPS 불리 75006
ADD 6 Rue Bonaparte, 75006
OPEN 11:00~19:00/일요일 유동적 휴무,
일부 공휴일 휴무
WALK 생제르맹데프레 성당 정문에서 도보 4분
WEB buly1803.com

사랑스러운 개성을 뽐내고 싶을 땐

부티크 벨로즈
Boutique Bellerose

유럽에서 사랑받는 벨기에의 패션 브랜드. 우리나라에는 '벨레로즈'라고 알려져 있다. 활동성을 강조한 캐주얼 의류가 주를 이루며 가벼운 소재를 이용한 독창적인 디자인을 선보인다. 자연스러우면서도 러블리한 스타일의 원피스, 스커트, 셔츠가 인기 상품. 아기자기한 액세서리도 많다. 마레 지구를 비롯해 파리 시내에 6개의 지점이 있다. MAP ⑥-D

GOOGLE MAPS bellerose jacob
ADD 3 Rue Jacob, 75006
OPEN 10:30~19:30(일요일 13:00~19:00)/7~8월 중 약 4주간 휴무
WALK 생제르맹데프레 성당 정문에서 도보 4분
WEB www.bellerose.com

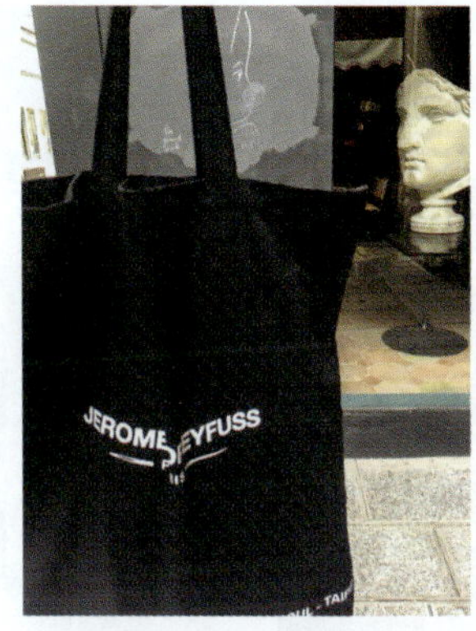

파리지앵의 실용 만점 잇템

제롬 드레퓌스
Jérôme Dreyfuss

심플한 디자인에 훌륭한 소재가 더해져 프랑스인이 사랑하는 가방 브랜드가 탄생했다. 세계적인 디자이너 이자벨 마랑의 남편 제롬 드레퓌스가 만든 브랜드로, 파리 시내를 돌아다니다 보면 이 가방을 든 파리지앵을 심심치 않게 목격할 수 있다. 세월이 지나 손때묻은 자연스러운 착용감이 더 매력적으로 느껴지는 편안한 디자인이 특징. 파우치, 지갑, 구두도 다양하게 갖췄다. 파리 시내에 7개의 지점이 있다. MAP ⑥-D

GOOGLE MAPS 드레퓌스 jacob
ADD 4 Rue Jacob, 75006
OPEN 11:00~19:00/일요일 휴무
WALK 부티크 벨로즈 맞은편
WEB jerome-dreyfuss.com

영국의 봉푸앙

카라멜
Caramel

노팅힐에 본점을 둔 영국의 프리미엄 아동복 브랜드다. 유행에 민감하지 않은 클래식한 디자인과 사랑스러운 분위기로 두터운 마니아 층을 형성하고 있으며, 영국 패브릭 브랜드인 리버티의 고급 원단을 직접 디자인해 만든 희소성 높은 의류와 영국 감성을 세련되게 담은 제품들로 인기가 많다. MAP ⑥-D

GOOGLE MAPS 카라멜 75006
ADD 4 Rue de Tournon, 75006
OPEN 11:00~19:00/일·월요일 휴무
WALK 생쉴피스 성당 정문에서 도보 4분
WEB www.caramel-shop.co.uk

북바인더스 디자인 Bookbinders Design

파리에서도 비교적 고가의 문구류로 취급받는 스웨덴 전통 고급 문구 브랜드. 수작업으로 꼼꼼히 만든 무산성 천커버의 노트와 바인더로 큰 인기를 끌고 있다. 매장 안에 정갈하게 진열된 컬러풀한 노트와 바인더들은 색깔별로 하나씩 쓸어 담고 싶은 소장욕을 마구 불러일으킨다. 실내장식 효과까지 덤으로 주는 사진 앨범도 강추 아이템.
MAP ❻-C

GOOGLE MAPS 북바인더스 75007
ADD 130 Rue du Bac, 75007
OPEN 10:00~19:00(월요일 11:00~)/일요일·공휴일 휴무
WALK 르 봉 마르셰 백화점 본관 후문과 콘란 숍이 있는 사거리 코너/자라 홈 대각선 맞은편
METRO 10·12 Sèvres-Babylone 2번 출구에서 도보 3분
WEB bookbindersdesign.fr

260년 역사를 지닌 니치 향수

크리드 Creed

다양한 향을 조향해 소량만 만들어내는 니치(Niche) 향수의 최고봉. 1760년 영국 왕실 의상을 만들던 런던의 부티크에서 '하우스 오브 크리드'라는 향수를 선보인 이래 유럽 전역의 왕실과 귀족의 사랑을 받았다. 비싼 원료를 사용하며, 재료 특유의 향이 강하지 않아 편안한 느낌을 주는 것이 특징. 샹젤리제 거리 근처(38 Avenue Pierre 1er de Serbie, 75008)와 갤러리 라파예트 오스만에도 매장이 있다. **MAP ❻-C**

GOOGLE MAPS creed 75007
ADD 74 Rue des Saints-Pères, 75007
OPEN 11:00~19:00/일요일·공휴일 휴무
WALK 르 봉 마르셰 백화점에서 도보 5분/생쉴피스 성당에서 도보 6분
METRO 10·12 Sèvres-Babylone 1번 출구에서 도보 3분
WEB www.creedfragrance.fr

그렇게 맛있다며?
#생제르맹데프레 #디저트맛집

예쁜 거리를 산책하다 우연히 발견한 부티크에서 취향 저격 아이템을 득템! 마무리는 당 충전이다.
식지 않는 파리 디저트의 인기. 그 중심은 생제르맹데프레다.

마카롱의 새로운 지평을 열다
피에르 에르메(본점) Pierre Hermé(Bonaparte)

기존의 틀을 벗어난 독창적인 디저트를 선보이며 파티스리
계의 피카소라 불리는 피에르 에르메의 본점이다. 이곳의
마카롱은 바삭한 식감과 대담한 풍미의 조합으로 독보적인
개성을 자랑한다. 고소함과 바삭함이 조화를 이루는 밀푀유
나 에클레어 등 페이스트리류의 완성도 역시 뛰어나다. 여
름 시즌에는 납작한 마카롱 사이에 차가운 아이스크림이나
소르베를 넣은 미스 글라글라(Miss Gla'Gla)가 독보적인 인
기를 누린다. 파리 시내에 20여 개의 지점이 있다. MAP ⑥-D

GOOGLE MAPS 피에르에르메 bonaparte
ADD 72 Rue Bonaparte, 75006
OPEN 11:00~20:00(금·토요일 10:00~,
일요일 10:00~19:00)/일부 공휴일 휴무
MENU 마카롱 1개 2.90€~, 박스 세트 8개입 25€~
WALK 생쉴피스 성당을 등지고 분수 오른쪽 길 건너 골목 안/
생제르맹데프레 성당 정문에서 도보 4분
WEB www.pierreherme.com

박스에 담으면 포장비(4~20€)가 추가된다.

한국인 제빵사가 구워낸 파리 최고의 플랑
밀레앙 Mille & Un

2023년 파리 플랑 대회 1위, 2025년 크루아상 대회 3위
를 차지한 서용상 제빵사의 불랑제리다. 대표 메뉴인 플
랑(Flan)은 바닐라 향 가득한 커스터드 크림과 바삭한 페
이스트리가 완벽한 조화를 이룬다. 오미자나 흑임자를
활용한 한국적 변주와 꽈배기, 팥빵 등 친숙한 메뉴도 함
께 선보인다. 현지인과 여행자 모두에게 인정받은 실력
파 맛집으로 늘 활기가 넘친다. MAP ⑥-D

GOOGLE MAPS 밀레앙
ADD 32 Rue Saint-Placide, 75006
OPEN 07:30~19:30/일요일 휴무
MENU 플랑 5.60€~, 샌드위치 5€~, 빙수 11€~, 커피 3€~
WALK 르 봉 마르셰 백화점에서 도보 3분
METRO 4 Saint-Placide 2번 출구에서 도보 3분
INSTAGRAM @mille_et_1

콩투아 레 두 마고
Comptoirs les Deux Magots

레 두 마고가 창업 140주년을 맞이해 본점에서 도보 5분 거리에 문을 연 분점. 4~5개 남짓한 테이블과 바 석을 갖춘 아늑한 공간에서 샌드위치나 샐러드 등 간단한 식사와 디저트를 즐길 수 있다. 커피 주문 시 제공되는 초콜릿을 비롯해 커피잔과 와인잔, 식탁보, 에코백 등 각종 굿즈는 별도 구매 가능. 음료는 일회용 컵에 담아준다. 내부에 화장실이 없다는 게 아쉽다. **MAP ⑥-D**

GOOGLE MAPS V83Q+G7 파리
ADD 2 Rue de Buci, 75006
OPEN 10:30~20:00
MENU 샌드위치 8.50€~, 커피 5€~
METRO 4·10 Odéon에서 도보 3분
WEB comptoirs-lesdeuxmagots.fr

마리 앙투아네트가 선택한 초콜릿

드보브 에 갈레 Debauve & Gallais

루이 16세의 왕실 약제사이자 초콜릿 장인이었던 쉴피스 드보브가 1800년에 창업한 초콜릿 전문점. 그는 마리 앙투아네트가 약이 써서 먹기 싫다고 불평하자 사탕수수와 약을 버무린 금화 모양의 피스톨(Pistoles)을 처방해 환심을 샀다. 그 후 나폴레옹을 거쳐 루이 필리프에 이르기까지 프랑스 왕실의 공식 초콜릿 납품업체로 인정받아 부르봉 왕가의 백합 문양을 심볼로 사용하고 있다. 지금도 19세기의 전통 제조법을 고수하며 장인들이 수작업으로 생산하고 있으며, 카카오 함량이 높아 묵직하고 깊은 맛을 내는 것이 특징이다. 프랑스에 매장은 이곳과 파사주 데 파노라마 근처(33 Rue Vivienne) 지점 하나뿐이지만 우리나라를 비롯해 세계 여러 나라에 지점을 두고 있다. **MAP ⑥-D**

GOOGLE MAPS 드보브 에 갈레
ADD 30 Rue des Saints-Pères, 75007
OPEN 10:00~19:00(토요일 10:30~19:30)/
일요일·일부 공휴일 휴무
MENU 초콜릿 1개 2.50€~, 피스톨 30피스 박스 32€~
WALK 생제르맹데프레 성당 정문에서 도보 5분
WEB debauve-et-gallais.com

둥글고 납작한 동전 모양의 피스톨과 여러 가지 재료로 속을 채워 만드는 봉봉, 바 형태의 태블릿이 대표 상품이다.

겨울 한정 마롱 글라세

1유로의 행복

라 파리지엔느 La Parisienne(Madame 점)

2016년 파리 최고의 바게트 경연대회에서 우승하며 단숨에 주목받은 불랑제리(2024년에는 3위). 이 대회에서 우승하면 엘리제 궁전에 1년간 빵을 납품하게 돼 '프랑스 대통령이 매일 먹던 빵'이라는 말을 평생 듣게 된다. 우승한 빵은 '트라디시옹(Tradition)'이라고 불리는 전통 바게트로, 일반 바게트와 달리 밀가루, 물, 소금, 이스트만으로 만든다. 그 외 타르트와 파이 등 디저트도 반응이 매우 좋다. 파리 시내에 총 7개 매장이 있다. **MAP ⑥-D**

GOOGLE MAPS R8XJ+7H 파리
ADD 48 Rue Madame, 75006
OPEN 07:00~20:00/수요일·일부 공휴일 휴무
MENU 트라디시옹 바게트 1.30€~, 바게트 샌드위치 5.50€~
WALK 뤽상부르 정원에서 도보 2분/생쉴피스 성당에서 도보 6분
WEB boulangerielaparisienne.com

프랑스 빵의 살아있는 전설

푸알란(본점) Poilâne

90년 넘는 세월 동안 밀가루와 누룩 그리고 게랑드 천연 소금만을 사용하는 나무 화덕 공법을 계승한다. 화려한 모양보다 본질에 집중한 이곳은 살바도르 달리가 단골로 찾던 곳으로도 유명하다. 시그니처인 미슈(Miche) 빵은 쫀득한 질감과 씹을수록 깊어지는 고소한 풍미가 매력적이다. 마레지구와 에펠탑 근처 등 파리 시내에 5개 지점을 운영 중이다. **MAP ⑥-C**

GOOGLE MAPS poilane 75006
ADD 8 Rue du Cherche-Midi, 75006
OPEN 07:15~20:00/일요일·일부 공휴일 휴무
MENU 미슈 빵 0.70€~/100g
WALK 생제르맹데프레 성당에서 도보 6분
WEB www.poilane.com

미슈빵. 원하는 만큼 썰어서 판매한다.

기념품으로 인기가 많은
퓌니시옹(punitions)
비스킷.

눈으로 먹는 비주얼 갑 #인싸디저트

프루티니 Fruttini

과일 모양의 소르베로 주목받고 있는 아이스크림 전문점. 레몬, 아보카도, 용과, 파인애플, 서양배 등 알록달록 새콤상큼한 과일 모양 소르베 20여 종을 쇼케이스에서 골라 먹는 재미가 있다. 상큼한 셔벗 스타일의 소르베는 식사 후 입가심하기에도 좋다. **MAP ⑥-C**

GOOGLE MAPS 프루티니 75006
ADD 24 Rue Saint-Placide, 75006
OPEN 10:30~19:30(토요일 ~20:00)/일부 공휴일 휴무
MENU 소르베 6~39€
WALK 르 봉 마르셰 백화점 뒤쪽으로 도보 2분
WEB www.fruttini.com

애플망고
소르베

프랑스 카페 문화의 혁신

쿠튐 카페(본점) Coutume Café

최근 파리의 카페 문화는 젊고 재능 있는 바리스타들이 주도하고 있는데, 그 선봉에 있는 곳이 쿠튐 카페다. 쿠튐은 커피 재배지, 재배 방법, 수확까지 모든 공정을 직접 보고 최고 품질의 원두를 사용하는 것으로 유명하며, 정기적으로 로스팅 대회를 열어 실력 있는 바리스타들을 양성하기도 한다. 2011년 문을 열어 파리 7구에서 가장 맛 좋은 커피를 내리는 카페로 이름을 날리다가 지금은 파리 유명 호텔과 카페, 미슐랭 레스토랑에 원두를 납품하고 있다. 브런치도 수준급. 라탱 지구(Institute 점), 라파예트 백화점, 동역 근처 등 파리 시내에 6개 지점이 있다. **MAP ⑤-C**

GOOGLE MAPS Coutume 75007
ADD 47 Rue de Babylone, 75007
OPEN 08:30~17:30(토·일요일 09:00~18:00)/
일부 공휴일 휴무
MENU 카푸치노 5€, 아이스 라테 6€
WALK 르 봉 마르셰 백화점에서 도보 5분
WEB coutumecafe.com

맛차 라테

제철 과일과 샹티이 크림을 올린
팬케이크

생제르맹데프레를 닮은 카페

생 펄 Saint Pearl

'예쁜 카페'라는 수식어가 잘 어울리는 작은 카페. 커다란 창문 너머로 성 블라디미르 대성당이 보이는 클래식한 분위기에 헤링본 마루와 원목 테이블, 흰색 벽 등이 감각적으로 어우러진 사랑스러운 공간이다. 추천 메뉴는 제철 과일과 샹티이 크림을 올린 팬케이크와 맛차 라테, 그리고 맛차 케이크. 이 외에도 비건 수프, 샐러드, 글루텐 프리 당근 케이크, 샌드위치, 토스트, 버블티 등 메뉴가 다양해 구경하기도, 음식을 골라 먹기도 좋다. **MAP ⑤-D**

GOOGLE MAPS saint pearl 75007
ADD 38 Rue des Saints-Pères, 75007
OPEN 08:00~19:00(토·일요일 10:00~18:00)
MENU 라테·맛차 라테 5.50€, 팬케이크 14.50€~,
서울 토스트 15.50€
WALK 생제르맹데프레 성당 정문에서 도보 4분
INSTAGRAM @saint_pearl

2층에서 내려다본 1층 모습도 그림이 된다.

커피 맛만큼 분위기도 중요하다면

메종 플르레 파리 Maison Fleuret Paris

의학·약학으로 유명한 파리 시테 대학의 생제르맹데프레 캠퍼스 바로 옆에서 도서관같이 아늑하고 조용한 분위기로 존재감을 발휘하는 카페. 문예·비평 잡지 <라 누벨 르뷔 프랑세즈(NRF)>로 벽면을 가득 채우고 클래식 음악이 흐르는 아날로그적 감성 가득한 공간은 마치 영화 속 한 장면처럼 느껴지기도 한다. 대학교 앞이지만 노트북 사용을 금지하므로 안락한 분위기에서 여유롭게 시간을 보내는 데는 이만한 곳이 없다. 베이킹 클래스를 운영할 정도로 쿠키와 케이크 맛도 결코 빠지지 않는다. MAP ⑥-D

GOOGLE MAPS V84J+58 파리
ADD 30 Rue des Saints-Pères, 75006
OPEN 09:00~18:30(일요일 09:30~)/
월·화요일·공휴일(유동적) 휴무
MENU 커피 3€~, 아이스·라테 5.50€~, 쿠키·케이크 5€~
WALK 생제르맹데프레 성당 정문에서 도보 5분(드보브 에 갈레 바로 오른쪽)
INSTAGRAM @maisonfleuretparis

#생제르맹데프레 #맛집

먹는 거에 진심인 파리 사람들. 그들이 선택한 한 끼.

파리에서 가장 맛있는 포카치아 샌드위치

코시 Così

화덕에서 따끈따끈하게 구워낸 포카치아(Focaccia)가 싱싱한 채소와 햄, 치즈를 만나 맛있는 샌드위치로 둔갑하는 곳. 디저트와 음료를 포함한 세트 메뉴는 한 끼 식사로 든든하다. 소고기와 토마토, 양파를 함께 구운 소고기 샌드위치(Perfide Albion)가 인기며, 직접 재료를 선택하는 샐러드(Everything But)도 만족도가 높다. 주문은 입구에서 받으며 느긋한 식사를 즐길 수 있는 2층 테이블 추천. MAP ❻-D

GOOGLE MAPS cosi 75006
ADD 54 Rue de Seine, 75006 **OPEN** 12:00~23:00/일부 공휴일 휴무
MENU 샌드위치 8€~, 샐러드 10€~, 세트 메뉴 12.50~16€
WALK 생제르맹 성당 정문에서 도보 4분

분위기 좋기로 소문난 생제르맹데프레 본점

살짝 매콤한 겨자 드레싱을 얹은 샐러드와 빵은 세트에 포함된다.

50년 이상 고집해온 단 한 가지 메뉴

르 를레 드 랑트르코트 Le Relais de L'Entrecôte

50년이 넘는 세월 동안 오직 스테이크(Entrecôte Steak, 갈빗살 스테이크) 한 가지 메뉴만 고집해온 뚝심 있는 식당. 딱 먹기 좋을 만큼 익힌 뒤 식지 않게 두 번에 걸쳐 내오는 스테이크와 비법을 절대 공개하지 않는 비밀 소스가 인기 비결이다. 요리는 스테이크와 샐러드, 빵, 감자튀김이 포함된 세트 메뉴 하나뿐이라 직원은 음료와 디저트만 주문받는다. 주말과 성수기에는 오픈 전에 미리 가야 제 시간에 식사할 수 있다. 샹젤리제와 몽파르나스에도 지점이 있다. MAP ❻-D

GOOGLE MAPS V83M+R4 파리
ADD 20 Rue Saint-Benoît, 75006
OPEN 12:00~14:30(토·일요일·공휴일 ~15:00), 18:30~23:00
MENU 스테이크 29€, 와인 1잔 6.50€~, 디저트 5.50€~
WALK 생제르맹데프레 성당 정문에서 도보 1분(카페 드 플로르 골목 안쪽)
WEB www.relaisentrecote.fr

피시앤칩스를 맛있게 먹는 방법
메르시 보파사주 Mersea Beaupassage

미슐랭 2스타 셰프 올리비에 벨랭(Olivier Bellin)이 보파
사주에 오픈한 레스토랑 체인. 지속 가능한 어업을 지지
하는 해산물 전문 식당으로 영·미식 스트리트 푸드를 창
의적으로 재해석한 요리를 선보인다. 시그니처 메뉴는
신선한 명태에 콘플레이크와 빵가루를 섞은 튀김 옷을
입혀 겉은 바삭하고 속은 보드라운 피시앤칩스. 오징어
먹물로 반죽한 빵에 바삭하게 튀긴 명태 패티를 넣은 블
랙 버거 역시 추천 메뉴. 둘 다 짭짤한 감자튀김이 곁들
여지며, 케첩, 타르타르 등 4가지 소스 중 한 가지를 선택
할 수 있다. 다양한 스위트와 자연 발효 빵으로 만든 샌
드위치와 샐러드를 판매하는 테이크아웃 코너도 있다.
MAP ❻-C

GOOGLE MAPS mersea 75007
ADD 53-57 Rue de Grenelle, 75007
OPEN 12:00~15:00, 17:30~22:30(토요일 11:30~22:30, 일요일
11:30~16:00)/월요일은 런치만 가능/일부 공휴일 휴무
MENU 피시앤칩스 19€, 블랙 버거 19€
WALK 르 봉 마르셰 백화점에서 도보 5분(보파사주 내)
WEB merseaparis.com

런치의 여왕
셍크 마르스 Cinq-Mars

오르세 미술관 근처에서 맛, 가격, 서비스 삼박자를 모두
갖춘 인기 레스토랑. 점심시간에 세트 메뉴를 22~28€에
제공하는 오늘의 요리가 인근 직장인은 물론 여행자들에
게 환영받는다. 플라는 대개 생선 요리와 소 또는 돼지고
기 요리 2가지가 준비되며, 앙트레의 양도 넉넉해 든든하
고 만족스러운 한 끼를 먹을 수 있다. 식사 시간에는 홈페
이지에서 예약하고 가는 게 안전하다. MAP ❻-A

GOOGLE MAPS cinq-mars
ADD 51 Rue de Verneuil, 75007
OPEN 12:00~14:30, 19:30~22:30/일부 공휴일 휴무
MENU 앙트레 8.50~19.50€, 플라 15~56€, 디저트 12~15€
WALK 오르세 미술관 입구에서 도보 3분
WEB site-cinq-mars.webflow.io

르 바 데프레 Le Bar des Prés

프랑스 요리 예능 프로그램에서 인기를 얻은 오너 셰프 시릴 리냑(Cyril Lignac)이 운영하는 퓨전 레스토랑 겸 바. 스타 셰프의 명성에 미슐랭 별 1개가 더해져 늘 손님들로 가득하다. 프랑스식과 일식을 조합한 퓨전 요리가 메인으로, 여럿이 나눠 먹을 수 있는 메뉴도 많다. 하지만 가격대비 양이 적은 편이라 배불리 먹고 싶다면 여러 개를 주문해야 한다는 점이 아쉽다. 식사 대신 칵테일이나 와인과 함께 안주를 곁들일 수 있는 바 석도 마련돼 있다. 전화 예약 권장. **MAP ❻-D**

GOOGLE MAPS bar des pres
ADD 25 Rue du Dragon, 75006
TEL 01 43 25 87 67
OPEN 12:00~14:30, 19:00~23:00/일부 공휴일 휴무
MENU 초밥(Sushi) 1개 8€~, 회(Sashimi) 3조각 22€~, 요리(À Partager) 20€~, 칵테일 12€~
WALK 생제르맹데프레 성당 정문에서 도보 4분
WEB www.bardespres.com

마르셀 Marcel

브레이크 타임이 없어 여행자에게 특히 반가운 레스토랑. 식사 때를 놓쳤다면 고민하지 말고 가보자. 푸짐한 양과 깔끔한 플레이트, 친절한 서비스로 든든한 한 끼를 기분 좋게 먹을 수 있다. 추천 메뉴는 달달함의 끝판왕인 프렌치토스트와 푸짐한 양으로 배를 채워주는 콥샐러드. 단, 평일 점심과 주말 브런치 타임에는 대기 줄이 길어지니 시간에 여유를 두고 방문하자. **MAP ❻-C**

GOOGLE MAPS marcel babylone
ADD 15 Rue de Babylone, 75007
OPEN 10:00~22:00(일요일 ~18:30)/ 일부 공휴일 휴무
MENU 팬케이크 13€, 당근 케이크 9€, 프렌치토스트 14€, 콥샐러드 20€
WALK 르 봉 마르셰 백화점에서 도보 1분
WEB restaurantmarcel.fr

브르타뉴에 가지 않고 브르타뉴 크레페 맛보기
크레프리

파리의 트렌디세터들과 외국인이 즐겨 찾는 생제르맹데프레에서도
크페페의 고향 브르타뉴 정통의 맛을 고집하는 곳들.

갈레트의 단짝, 시드르

쉬페르 콩플레트

시드르에 재운 양파와 수제 소시지가 든 크레페(Artisanal Gourmet Sausage)

<피가로>가 선정한 파리 최고 크레프리
리틀 브레즈 Little Breizh

전통의 맛은 물론 인테리어까지 브르타뉴에 있는 크레프리를 똑 떼어다 옮겨 놓은 곳. 대표적인 식사용 메뉴는 햄, 달걀, 치즈, 베이컨 등을 넣어 든든한 쉬페르 콩플레트(Super Complète). 유기농 밀가루와 메밀로 만든 바삭한 갈레트가 어우러져 고소하고 짭짤하며 부드러운 맛의 삼중주를 느낄 수 있다. 공간이 협소해 대기가 잦으므로 오픈 시간 전 미리 가서 대기하는 것이 좋다. **MAP ⑥-D**

GOOGLE MAPS V83Q+75 파리
ADD 11 Rue Grégoire de Tours, 75006
OPEN 11:30~14:30, 18:30~22:30/일·월요일·7~8월 중 2~3주간 휴무
MENU 세트 메뉴 14.90€~, 식사용 크레페 9.90€~, 시드르 5€~
WALK 생제르맹데프레 성당 정문에서 도보 5분

브르타뉴의 신선한 굴과 갈레트
갈레트 카페 Galette Café

브르타뉴의 캉칼(Cancale)에서 공수한 굴(Huîtres)과 갈레트를 함께 즐기는 크레프리다. 굴을 주문하면 바삭하게 구운 메밀 갈레트를 곁들여 낸다. 굴은 식사보다 전채나 안주에 적당하며, 든든한 한 끼를 원한다면 식사용 갈레트(Complète)를 추가하자. 굴 수급 상황에 따라 조기 품절될 수 있으니 굴을 먹으려면 점심 시간대에 방문을 권장한다. **MAP ⑥-D**

GOOGLE MAPS V84J+HM 파리
ADD 2 Rue de l'Université, 75007
OPEN 12:00~22:00(월 ~15:30, 토·일요일 ~16:30)
MENU 식사용 크레페 12.50€~, 굴 9.50€~/3개
WALK 생제르맹데프레 성당 정문에서 도보 5분
WEB www.galettecafe.fr

단맛이 강해 크레페와 궁합이 잘 맞는 브레즈 콜라(Breizh Cola)

시드르 4€~

: WRITER'S PICK :
식사용 크레페 & 간식용 크레페

우리나라에서는 크레페를 주로 디저트로 여기지만 프랑스에서는 식사용으로 다양하게 발전했다. 식사용 크레페는 기본형인 레 클라시크(Les Classiques), 달걀과 햄을 넣은 레 콩플레트(Les Complètes), 독특한 재료를 활용한 레 스페시알리테(Les Spécialités)로 나뉜다. 디저트용 크레페는 주로 르 쉬크르(Le Sucre) 카테고리에 속한다. 전문점(크레프리)에서 만나는 가장 흔한 크레페는 메밀로 만들어 겉은 바삭하고 속은 부드러운 갈레트(Galette)나 사라쟁(Sarrasin). 메밀 알레르기가 있으면 갈레트 크레페는 피하는 게 좋다. 일반 식당이나 길거리에서는 밀가루로 만든 부드러운 식감의 크레페가 주로 판매된다.

#생제르맹데프레 #와인 & 칵테일 바

파리 좀 아는 사람들의 아지트, 생제르맹데프레에서 찾은 인기 폭발 와인 바.
종종 웨이팅도 감내해야 하지만 흥겨운 분위기에서 현지인처럼 부담 없이 마시고 싶다면 살펴볼 것.

맛조개

파리의 혼술 탑픽

프레디스 Freddy's

좁다란 골목을 따라 카페와 술집이 늘어선 먹자골목, 센 거리(Rue de Seine)에서 직장인들이 퇴근 후 한잔하러 들르는 곳. 타파스 바 형태의 주점이라 저렴한 가격에 흥겨운 분위기가 더해져 색다른 파리지앵의 모습을 볼 있다. 실패 없는 메뉴는 호박 튀김(Beignets de Courgette)과 맛조개(Couteaux). 다만 접시당 양이 매우 적고 칠판에 그날그날 메뉴를 필기체로 적어놓고 있어 눈치가 꽤 필요하다. 저녁에는 발 디딜 틈 없이 붐비는데, 명당자리는 입구 바로 옆 자리다. 직원이 자주 입구를 쳐다보기 때문에 주문하기도 편하고, 덜 붐비고, 거리를 오가는 사람을 구경하며 혼술하기도 좋다. MAP ⑥-D

GOOGLE MAPS 프레디스 파리
ADD 54 Rue de Seine, 75006
OPEN 12:30~24:00(토·일요일 12:00~)/
유동적 브레이크 타임 있음, 일부 공휴일 휴무
MENU 타파스 한 접시당 7~14€, 와인 1잔 6.50€~
WALK 생쉴피스 성당 정문에서 도보 4분/
들라크루아 미술관에서 도보 2분

무화과를 곁들인
오리 가슴살 구이

스트라치아텔라
디 부팔라

모둠 햄

유제품 판매점
(La Cremerie)이었던 이전
가게 이름과 간판을 그대로
사용하고 있다.

2호점, 라 그랑드 크레므리

동네 사랑방 같은 와인 바

라 크레므리 La Crèmerie

편안하고 세련된 분위기와 부담 없는 안주로 여행자에게는 높았던 와인 바의 문턱을 낮춘 곳이다. 다량의 내추럴 와인과 유기농 와인을 보유하고 있으며, 직원에게 추천을 부탁하면 친절하게 도와준다. 추천 안주는 스트라치아텔라 디 부팔라(Stracciatella di Bufala). 크리미한 치즈가 절인 버섯, 절인 파, 올리브 오일에 절인 토마토, 엔다이브, 견과류와 어우러져 와인과 찰떡궁합을 이룬다. 여럿이 나눠 먹기 좋은 안주로는 빵이 함께 나오는 햄·치즈 모둠을(Assortiment de Charcuteries & de Fromages) 추천. 생제르맹데프레 성당 근처에 조금 더 큰 규모의 2호점 라 그랑드 크레므리(La Grande Crèmerie)가 있다. MAP ⑥-D

GOOGLE MAPS V82Q+M4 파리 / 2호점 V83Q+94 파리
ADD 9 Rue des Quatre Vents, 75006 /
2호점 8 Rue Grégoire de Tours, 75006
OPEN 18:30~22:30/일부 공휴일 휴무,
2호점 17:30~24:00/일부 공휴일 휴무
MENU 안주류 12€~, 와인 1잔 6.50€~
WALK 생쉴피스 성당 뒤쪽에서 도보 2분 /
2호점 생제르맹데프레 성당 정문에서 도보 5분
WEB restaurantlacremerie.com(1호점)
lagrandecremerie-paris.fr(2호점)

건물 전체가 복합 문화 공간인 칵테일 바

크라방 CRAVAN

센강 서쪽, 비교적 한적한 16구에서 운영하던 칵테일 바가 인기를 끌자 번화가로 진출해 오픈한 2호점. 칵테일 바와 도서관, 작업실, 영화관을 한 울타리 안에 조합한 복합 시설로, 자유로운 분위기 속에서 칵테일을 즐길 수 있다. 파리의 멋쟁이들과 함께 맛있는 칵테일을 즐기고 싶은 여행자에게 강추! MAP ⑥-D

GOOGLE MAPS cravan 75006
ADD 165 Bd Saint-Germain, 75006
OPEN 12:00~01:00/
일·월요일·일부 공휴일 휴무
MENU 칵테일 12€~, 안주류 7€~
METRO 4 Saint-Germain Germain-des-Prés
에서 도보 3분
WEB cravanparis.com

Cour du Commerce - Saint - Andre

코메르스생탕드레 거리: 오데옹역 2번 출구~르 프로코프(Le Procope) 후문
여행, 그 다음의 여행

Rue Férou

페루 거리: 생쉴피스 성당~뤽상부르 정원의 뤽상부르 미술관 사이
랭보의 시 〈취한 배(Le Bateau Ivre)〉의 벽

변화와 역동의 거리
레 알 & 보부르

1969년 프랑스 대통령에 취임한 조르주 퐁피두는 파리의 대표적 빈민가였던 레 알(Les Halles)과 보부르(Beaubourg) 재개발을 추진했다. 그 결과 보부르에 세워진 퐁피두 센터는 개관 이후 1억5천만 명 이상이 방문한 파리의 명물이 되었고, 재래시장이 있던 레 알은 현대식 대형 쇼핑센터 웨스트필드 포럼 데 알과 젊음이 넘치는 거리로 탈바꿈했다. 레 알 북쪽 메트로 에티엔 마르셀(Étienne Marcel)역 주변에는 디자이너 부티크와 편집숍, 오래된 빵집, 수준 높은 식당과 디저트숍이 모여 있어 언제나 현지인과 여행자들로 활기가 넘친다.

① 파리의 기이한 지하도시
웨스트필드 포럼 데 알 Westfield Forum des Halles

중세부터 파리에서 제일 큰 중앙시장이 있던 자리에 들어선 대규모 복합 쇼핑센터 포럼 데 알이 2018년 새단장을 거쳐 깔끔하고 모던한 디자인으로 재개관했다. 지상 1층 지하 4층 규모의 독특한 역피라미드 모양 건물은 지하 4층까지 햇빛이 들어오며, 거대한 잎 모양의 캐노피 지붕이 넓은 야외공간을 뒤덮고 있다. 내부에는 세포라, 키코, H&M 홈, 대형 슈퍼마켓 등 130여 개의 상점과 20여 개의 식당과 카페, 30개가 넘는 상영관을 갖춘 영화관 등을 갖췄다. RER과 메트로 4개 노선이 교차하는 교통의 요지이며, 근처의 이노상 분수와 함께 만남의 장소로 인기가 높아 늘 많은 사람으로 북적인다. 세금 환급은 쇼핑센터 전체 합산이 안 되므로 상점별로 따로 서류를 받아야 한다. 소매치기가 극성인 곳이니 소지품 간수에 특히 신경 쓰자. MAP ⑥-B

1550년 완공한 르네상스 양식의 이노상 분수(Fontaine des Innocents). 파리에서 가장 오래된 분수다.

GOOGLE MAPS 웨스트필드 포럼데알
ADD 101 Rue Berger, 75001
OPEN 10:00~20:30(일요일 11:00~19:30)/상점마다 다름
WALK 팔레 루아얄에서 도보 10분/시테섬에서 북쪽으로 퐁 뇌프를 건너 도보 8분
METRO 4 Les Halles 또는 **RER A·B·D** Châtelet–Les Halles에서 지하로 연결
WEB westfield.com/france/forumdes halles

+MORE+

파리 재즈의 현주소, 르 뒥 데 롱바르 Le Duc des Lombards

파리의 재즈 클럽 랭킹에서 항상 상위권을 차지하는 곳이다. 데이빗 샌본, 다이안 슈어 등의 스타가 거쳐 갔고, 밥티스트 트로티뇽, 올리비에 테밈 같은 젊은 재즈 뮤지션을 지속적으로 발굴하고 출연시키는 플랫폼 역할을 하며 늘 에너지 넘치고 트렌디한 재즈를 선보인다. 하루에 두 번 19:30, 22:00에 1시간 15분씩 공연이 있다(입장은 공연 30분 전부터). 금요일과 토요일 밤 11시 이후에는 즉흥 연주인 잼 세션(무료)이 벌어지니 재즈 팬이라면 놓치지 말자. 종류는 많지 않지만 단품 요리와 칵테일도 최상급이다. MAP ⑥-B

GOOGLE MAPS duc lombards
ADD 42 Rue des Lombards, 75001
OPEN 19:00, 21:30/일요일·8월 중 약 2주간 휴무
PRICE 29~41€

MENU 맥주 6€~, 와인 7€~/1잔
WALK 포럼 데알 남쪽 이노상 분수에서 도보 2분/퐁피두 센터에서 도보 5분
WEB ducdeslombards.com

베를리오즈의 <테 데움>이 초연된 곳

② 생튀스타슈 성당
Église Saint-Eustache

레 알 중앙시장 바로 옆에 17세기에 세워진 성당. 1789년 대혁명과 1871년 파리 코뮌 당시에 화염에 휩싸였던 탓에 성당 내부는 매우 소박한 모습이다. 노트르담 대성당, 생쉴피스 성당과 함께 프랑스에서 가장 큰 규모의 오르간이 있는 곳이기도 한데, 이왕이면 8000개의 파이프로 구성된 오르간의 압도적인 소리를 들어볼 수 있는 일요일 오후에 방문해보자. 오르간이 주역이 되어 900여 명의 오케스트라 및 합창단과 협연하는 베를리오즈의 대곡 <테 데움(Te Deum)>이 여기서 초연되었다. 루이 14세의 재상이었던 콜베르와 모차르트 어머니인 안나 마리아 모차르트의 시신이 안치된 곳이기도 하다. **MAP ⑥-B**

GOOGLE MAPS 생뙤스타슈 성당
ADD 2 Impasse Saint-Eustache, 75001
OPEN 09:30~19:00(토·일요일 09:00~)/오르간 연주 일요일 오후(무료, 보통 17:00 시작, 정확한 시간은 홈페이지 참고)/미사·행사 진행 시 일부 입장 제한
PRICE 무료
WALK 웨스트필드 포럼 데 알에서 도보 1분
WEB saint-eustache.org

생튀스타슈 성당 옆에 자리한 앙리 드 밀러의 <경청(Écoute)> (1986년)

+MORE+

파리의 방산시장

생튀스타슈 성당 주변에는 주방용품과 조리기구, 제과·제빵용품, 일회용 포장 재료 등을 중점적으로 취급하는 상점가가 형성돼 있어 '파리의 방산시장'이라 불린다. 1820년 창업한 으 드일르랑(E. Dehillerin)은 저렴한 냅킨부터 고급 주방 가구까지 다양한 제품을 한자리에서 만날 수 있는 대표 매장이다. 규모는 작지만 비교적 최근에 문을 열어 깔끔한 아 시몽(a. Simon)과 1814년 창업한 모라(Mora)도 요리에 관심 있는 여행자라면 한 번쯤 발 도장을 찍고 가는 곳이다. 영업 시간은 대개 저녁 6~7시까지이며, 일요일과 공휴일에는 문을 닫는다.

ADD 으 드일르랑 18-20 Rue Coquillière, 75001
아 시몽 48 Rue Montmartre, 75002
모라 13 Rue Montmartre, 75001
WALK 생튀스타슈 성당 정문에서 도보 2~3분

3 안도 타다오가 재탄생시킨 현대 미술의 성지
증권거래소-피노 컬렉션
Bourse de Commerce-Pinault Collection

18세기 곡물 거래소이자 증권거래소였던 건물을 현대 미술관으로 개조한 곳이다. 구찌, 생 로랑, 발렌시아가 등 메가 브랜드를 보유한 케링 그룹의 설립자이자 세계 최대 경매사 크리스티(Christi's)의 소유주인 프랑수아 피노의 컬렉션을 5000여 점을 순환 전시한다. 일본 건축가 안도 타다오가 설계한 지름 29m의 원통형 콘크리트 구조물이 고전적인 유리 돔 천장과 대비를 이루며 압도적인 공간감을 선사한다. 중앙 홀인 로통드(Rotonde)를 중심으로 층별 전시실을 따라 걷다 보면 과거와 현대가 공존하는 파리의 미학을 발견하게 된다. 3층 레스토랑 라 알 오 그랭(308p)에서 바라보는 돔 내부와 파리 시내 전경도 놓칠 수 없는 포인트다. 무료 입장을 포함해 공식 홈페이지를 통해 시간대별 티켓을 미리 예매해야 한다.

MAP ⑥-B

GOOGLE MAPS 피노 컬렉션 파리
ADD 2 Rue de Viarmes, 75001
OPEN 11:00~19:00(금요일·매월 첫째 토요일 ~21:00)/
화요일·5월 1일 휴무 `예약 필수`
PRICE 15€(학생·18~26세 10€)/
매월 첫째 토요일 17:00 이후 무료(예약 필수)
WALK 생퇴스타슈 성당 정문에서 도보 2분
WEB pinaultcollection.com/fr/boursedecommerce

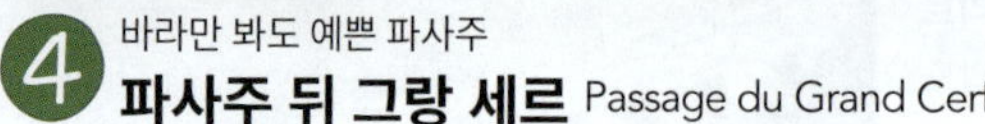

④ 바라만 봐도 예쁜 파사주
파사주 뒤 그랑 세르 Passage du Grand Cerf

현재 파리에 남아 있는 파사주 중 가장 아름답기로 정평이 난 곳. 복잡한 관광지에서 살짝 떨어져 있어 명성에 비해 사람이 많이 붐비지 않는다. 지은 지 200년 가까이 된 건물이라고는 믿기지 않을 정도로 스타일리시한 모습과 주철 소재의 장식물이 눈을 즐겁게 한다. 인테리어용품점과 빈티지 안경점, 와인숍 등이 눈여겨볼 만하다. **MAP ⑥-B**

GOOGLE MAPS 파사주 grand cerf
ADD 10 Rue Dussoubs(서쪽 입구)~145 Rue Saint-Denis(동쪽 입구)
OPEN 08:30~20:00/일요일 휴무
WALK 생튀스타슈 성당 정문에서 도보 6분

스트라빈스키 분수

⑤ 프랑스의 '문화 공장'
퐁피두 센터 Centre Pompidou

건물 내부에 있어야 할 철근 골조와 전기·수도 파이프, 에스컬레이터, 엘리베이터가 모두 건물 밖으로 드러난 특이한 구조의 복합 문화 공간. 지상 7층 규모로, 4·5층이 국립 현대 미술관 상설전시관으로, 6층(갤러리 1·2)과 1층(갤러리 3·4)이 특별전시관으로 사용된다. 그 외에 공연장, 영화관, 도서관, 서점 등이 들어서 있다. 조각과 분수로 꾸며놓은 5층 테라스, 파리 시내가 한눈에 내려다보이는 6층의 레스토랑 조르주(Georges)는 놓치면 아쉬운 스폿. 건물 앞 광장과 스트라빈스키 분수(Fontaine Stravinsky)가 있는 광장에서는 거리의 예술가들이 눈길을 끈다.
2030년 완공을 목표로 보수 공사 중이며, 소장품은 파리 그랑팔레를 비롯해 전 세계 순회 전시를 통해 공개된다. 아울러 2026년 6월에는 서울 여의도 63빌딩 별관에 퐁피두 센터 분관이 들어설 예정이다. **MAP ⑤-A**

GOOGLE MAPS 퐁피두센터
ADD Place Georges-Pompidou, 75004
WALK 웨스트필드 포럼 데 알 또는 파리 시청사에서 각각 도보 5분
METRO 11 Rambuteau 하차 후 바로
WEB www.centrepompidou.fr

6 파리 중심부의 불가사의한 보물

생자크 탑
Tour Saint Jacques

샤틀레역 인근 작은 공원에 홀로 서 있는 16세기 고딕 양식의 종탑이다. 원래 생자크 드 라 부슈리 성당 (Saint-Jacques-de-la-Boucherie)의 일부였으나 프랑스 혁명 당시 성당은 파괴되고 탑만 남았다. 이곳은 예수의 제자 야고보의 유해가 묻혀 있다고 알려진 스페인 산티아고데콤포스텔라로 향하는 산티아고 순례길의 파리 기점으로 역사적 의미가 깊다. 탑 하단에는 기압 실험을 위해 이곳을 이용했던 과학자 파스칼의 조각상이 서 있어 눈길을 끈다. 화려한 스테인드글라스와 정교한 조각은 파리 시내에서도 손꼽히는 미학적 가치를 지닌다. 매년 6월에서 10월 사이 주말에만 예약제로 입장이 가능하며 300여 개의 계단을 오르면 파리 전경이 파노라마로 펼쳐진다. **MAP ⑥-B**

GOOGLE MAPS saint jacques tower
ADD Square de la Tour Saint-Jacques, 75004
WALK 퐁피두 센터서 도보 5분/
파리 시청사에서 도보 5분

포토존으로 유명한
니콜라 플라멜 거리
(Rue Nicolas Flamel)

에티엔 마르셀 Étienne Marcel

파리발 디자이너 부티크와 편집숍, 빈티지숍이 유행에 민감한 젊은 층을 끌어모으는 핫 스폿.
1847년 문을 연 까르띠에 최초의 아틀리에(29 Rue Montorgueil), 파리에서 제일 오래된 빵집도
이 동네를 한층 유니크하게 만들어주는 주역이다. 매주 목요일과 일요일에 생튀스타슈 성당 옆에 서는 시장도
놓칠 수 없는 볼거리. 유명 빈티지 편집숍 에스파스 킬리워치(Espace Kiliwatch)에 대한 정보는 069p를 참고하자.

몽마르트르 거리를 대표하는 편집숍

58m.

감각적인 컬렉션을 선보이는 편집숍. 에티엔 마르셀 지역의 메인 쇼핑 스
트리트인 몽마르트르 거리에 앞다투어 들어선 여러 로드숍을 대표하는
가게로 손꼽힌다. 주로 신발, 가방, 파우치 등 잡화류를 판매하며, 레페토,
아페쎄 등 프랑스 브랜드를 중심으로 한 심플한 디자인의 제품들이 주류
를 이룬다. 그 외에도 꼼 데 가르송, 랑방, 마틴 마르지엘라 등 다양한 브
랜드에서 엄선한 실용적인 아이템을 만나볼 수 있다. **MAP ⑥-B**

GOOGLE MAPS 58m 75002
ADD 58 Rue Montmartre, 75002
OPEN 10:00~19:00(토요일 ~19:30)/
일요일·일부 공휴일 휴무
WALK 생튀스타슈 성당 정문에서 도보 3분
WEB 58m.fr

향수 덕후를 위한 편집숍

노즈 Nose

향수 강국 파리의 저력을 보여주는 향수 전문 편집숍. 향수 박물관을 방불케
하는 규모와 디스플레이가 감탄을 자아낸다. 파리에서도 손꼽히는 유명한 브
랜드부터 우리나라에 잘 알려지지 않은 독특하고 개성 있는 향수까지 다양하
게 갖추고 있다. 그 외 비누나 향초, 뷰티 제품도 다양하니 시간을 갖고 천천
히 둘러보자. **MAP ⑥-B**

GOOGLE MAPS nose 75002
ADD 20 Rue Bachaumont, 75002
OPEN 11:00~19:30/일요일·일부 공휴일 휴무
WALK 생튀스타슈 성당 정문에서 도보 5분
WEB noseparis.com

소리 없이 강한 맛

#레 알 #보부르 #맛집

쇼퍼와 미술 애호가, 대학생, 여행자들로 항상 붐비는 레 알과 보부르.
파리에서 가장 오래되고 큰 재래시장이 있던 곳인 만큼 저렴한 가격과 맛으로 승부하는 숨은 고수들도 많다.

미트볼 소고기 수프

파리를 홀린 최고의 쌀국수
송흥 Song Heng

파리의 쌀국수 명가 포 14(384p)를 제치고 파리에서 가장 맛있는 쌀국수집으로 등극한 곳. 아시안뿐 아니라 현지인의 극찬으로 워낙 유명해져 전 세계 여행자들이 줄을 서서 기다리는 맛집이 되었다. 다른 쌀국수집보다 도톰한 면과 저렴한 가격도 인기 비결. 마레 지구와 레 알·보부르 사이에 있어 오다가다 들르기에도 좋은 위치다. 메뉴는 국물이 있는 '포'와 비빔국수인 '보분' 2가지뿐이지만 진한 육수 맛에 중독된 사람들은 그 맛을 잊지 못하고 다시 찾는다. 테이블도 몇 개 되지 않는 작은 식당이라 합석은 기본. 현금 결제만 가능하다. **MAP ⑤-A**

GOOGLE MAPS 송흥 파리
ADD 3 Rue Volta, 75003
OPEN 11:15~16:00/일요일·여름철 바캉스 기간 휴무
MENU 미트볼 소고기 수프(Soupe au Bœuf avec Boulettes) 12~13€, 스프링롤(Nems) 1개 1€
WALK 퐁피두 센터에서 도보 10분/마레 지구의 국립 고문서 박물관에서 도보 12분
METRO 3·11 Arts et Métier 2번 출구에서 도보 1분

2가지 맛을 고를 수 있는 스몰 사이즈 + 피스타치오 가루

한 스쿱의 행복
글라스 바시르 Glace Bachir

퐁피두 센터 주변의 대세 스위츠로 떠오른 레바논 아이스크림. 피스타치오 가루를 뿌리고 휘핑크림을 얹은 중동식 우유 아이스크림. 터키식 아이스크림인 돈두르마처럼 쫄깃한 맛이다. 1936년 레바논의 소도시 비크파야의 한 가정집에서 바시르 형제가 시작했고, 2016년에 파리에 문을 열었다. 100% 유기농 재료를 사용해 지금도 그때 레시피대로 만들고 있다. 로즈, 레몬, 초콜릿, 피스타치오, 딸기 등 다양한 맛 중에서 인기 No.1은 향긋한 맛이 일품인 로즈. 몽마르트르에도 지점(7 Rue Tardieu)이 있다.
MAP ⑤-A

GOOGLE MAPS bachir 마레
ADD 58 Rue Rambuteau, 75003
OPEN 12:30~22:30/일부 공휴일 휴무
MENU 스몰(Petit) 5€, 미디움(Moyen) 7€, 라지(Grand) 10€/컵 또는 콘 선택, 피스타치오 가루 추가 3.50€, 휘핑 크림 무료
WALK 퐁피두 센터에서 도보 1분(퐁피두 센터 앞 광장 근처)
WEB bachir.fr

스토러 Stohrer

1730년에 오픈해 관광 명소처럼 유명해진 불랑제리. 대표 상품은 럼에 절인 작은 스펀지케이크인 바바 오럼(Baba au Rhum)으로, 영국 여왕도 맛봤다고 알려졌다. 단, 알코올에 약한 사람에겐 에클레르나, 생토노레, 타르트 종류를 추천. 요리도 맛이 좋기로 유명하며, 다양한 케이터링 서비스도 제공한다. 내부에 먹을 수 있는 공간이 없으니 몽토르게유 거리를 산책할 때 잠시 들러 테이크아웃해 가자. 여름에는 아이스크림도 판매한다. 클레르 거리(35 Rue Cler)와 몽마르트르(23 Rue Lepic)를 비롯해 파리에 7개의 지점이 있다. **MAP ⑤-B**

GOOGLE MAPS stohrer 75002
ADD 51 Rue Montorgueil, 75002
OPEN 08:00~20:00/
일부 공휴일 단축 운영 또는 휴무
MENU 바바 오 럼 6.10€~, 타르트 6.70€~,
에클레르 5.60€~, 생토노레 7.50€
WALK 생튀스타슈 성당 정문에서 도보 5분
WEB www.stohrer.fr

라 알 오 그랭 Restaurant La Halle aux Grains

피노 컬렉션(303p) 3층에 들어선 레스토랑. 최초에는 곡물 창고로 지어졌던 건물이라는 점에 착안해 곡물을 재료로 한 다양하고 창의적인 음식을 선보인다. 세계적인 건축가 안도 타다오가 리모델링한 건축물 안에서 작품을 보면서 먹는 식사는 상상 이상의 만족감을 준다. 런치와 디너는 예약 필수. **MAP ⑤-B**

GOOGLE MAPS 피노 컬렉션 파리
ADD 2 Rue de Viarmes, 75001
OPEN 런치 12:00~15:00, 카페 15:00~18:00, 디너 19:30~24:00(L.O. 21:30)/
화요일은 디너만 가능, 일부 공휴일 휴무
PRICE 3코스 런치 57€, 6코스 디너 98€~, 앙트레 23€~, 플라 37€~
WALK 생튀스타슈 성당 정문에서 도보 2분
WEB halleauxgrains.bras.fr

<해리 포터> 팬들의 성지
오베르주 니콜라 플라멜
Auberge Nicolas Flamel

무려 1407년에 지어진, 파리에서 가장 오래된 집을 개조한 레스토랑. <해리 포터> 시리즈의 덤블도어 교장의 친구로 나온 마법사 플라멜의 실제 모델인 14세기 연금술사 니콜라스 플라멜이 지은 곳으로, 당시 모습이 최대한 보존돼 있다. 원래 합리적인 가격대의 레스토랑이었는데, 2021년 주방장을 교체한 후 독창적인 파인 다이닝으로 미슐랭 1스타를 받으면서 음식값이 많이 올랐다. 디너는 예약 필수. MAP ⑤-A

GOOGLE MAPS 니콜라 플라멜 식당
ADD 51 Rue de Montmorency, 75003
OPEN 12:00~13:30, 19:30~21:30/
일·월요일·7~8월 중 약 1~2주간 휴무
MENU 런치 세트 48€~, 세트 메뉴 78€~
WALK 퐁피두 센터에서 도보 5분
WEB auberge.nicolas-flamel.fr

오자 모엘

진짜 고기를 맛보고 싶다면 여기 !
클로버 그릴
Clover Grill

르 그랑(Le Grand)으로 유명한 미슐랭 2스타 셰프 장 프랑수아 피에주(Jean-François Piège)가 운영하는 8개의 레스토랑 중 스테이크에 힘을 준 곳. 매장 가운데에 설치된 냉장고의 유리문을 통해 그날의 신선한 고기를 직접 보고 선택한 후 부위별로 맛볼 수 있다. 고기에 여러가지 소스와 감자튀김이 곁들여 나온다. 전채로는 오븐에 구운 소 다리뼈 골수 요리 오자 모엘(Os à Moelle, 18€)을 추천. 고기의 종류나 부위에 따라 가격이 다르다. MAP ⑤-A

GOOGLE MAPS 클로버그릴 75001
ADD 6 Rue Bailleul, 75001
OPEN 12:00~15:00, 19:00~23:00/
화·수요일은 디너만 가능/월요일 휴무
PRICE 스테이크 36~75€, 뼈있는 스테이크 22~36€/100g
METRO 1 Louvre Rivoli에서 도보 2분
WEB jeanfrançoispiege.com/clover-grill

파리의 걷고 싶은 길
#4

Rue Montorgueil

몽토르게유 거리:
에티엔 마르셀 거리(Rue Étienne Marcel)~스토러(Stohrer)
불랑제리 구경하고, 먹고 마시는 사이 거리는 풍경이 되어간다.

311

파리 골목 문화 탐험
마레 지구

마레 지구(Le Marais)에 가야 할 이유는 셀 수 없이 많다. 마레 지구는 파리에서 가장 아름다운 곳이자, 파리 예술과 패션 트렌드를 이끄는 문화 심장부이며, 태생적 다문화 지역이다. 17세기 초 귀족을 시작으로 수공업자와 노동자, 신흥 부르주아와 유대인들이 차례로 모여들어 터전을 이뤘으며, 퐁피두 센터와 활기 넘치는 게이 문화가 합류해 '마레 지구=문화 발신지'란 공식을 정착시켰다. 현재는 골목마다 늘어선 고급 상점과 젊은 크리에이터들이 바통을 이어받아 파리의 유행을 견인하고 있다. '파리의 오늘'을 즐기고 싶다면 그냥 지나쳐서는 안 될 곳이다.

1 문화와 낭만이 담긴 시청사
파리 시청사 Hôtel de Ville de Paris

17세기 르네상스 양식의 아름다운 건물이 여행자의 시선을 잡아끄는 곳.
건물 정면의 대형 시계 밑에는 '자유, 평등, 의리'라는 글자가 새겨져 있고
건물 곳곳에 박힌 예술가, 과학자, 정치가, 기업가 등 파리를 빛낸 유명인들
의 조각상이 화려함을 더한다. 샤를 드골이 제2차 세계대전 막바지에 파리
에 입성해 '파리 수복'을 부르짖은 장소이자, 로베르 두아노의 사진 <시청
앞에서의 키스>의 배경지라는 것도 시청사를 이야기할 때 빠지지 않고 등
장하는 단골 소재다. 내부는 특별전 기간이나 비정기적으로 공지하는 가이
드 투어를 예약한 사람만 무료로 돌아볼 수 있다. 겨울철에는 시청사 앞에
스케이트장이 개장하며, 스케이트 대여료만 내면 이용할 수 있다. 동쪽으로
인접해 있는 성당은 생제르베 성당(Église Saint-Gervais)으로, 16세기에 만
든 파리에서 가장 오래된 오르간이 있다. **MAP ❺-C**

궁전 못지않은 화려한 내부.
무료 가이드 투어로 돌아볼 수 있다.

GOOGLE MAPS 파리시청
ADD Place de l'Hôtel de Ville, 75004
OPEN 가이드 투어는 홈페이지에 공지,
특별전 오픈 시간은 전시에 따라 다름/
토·일요일·공휴일 휴무
PRICE 가이트 투어 무료/특별전 대부분 무료,
전시에 따라 다름/스케이트 대여료 5€ 정도
WALK 생자크 탑에서 도보 3분
METRO 1·11 Hôtel de Ville 5번 출구에서 바로
WEB www.paris.fr/l-hotel-de-ville

: WRITER'S PICK :

파리의 역사를 품은 시청사

파리 시청사는 14세기부터 공사(公舍)로 사용된 유서 깊은 곳이
다. 1533년, 프랑수아 1세가 유럽의 기독교 국가 중 가장 큰 도
시인 파리의 위용을 드높일 시청사를 짓기 위해 이탈리아 건축가
를 임명해 르네상스 양식으로 짓기 시작했으며, 루이 13세 때인
1628년 완공된 뒤 시정의 중심이 되어왔다. 파리 코뮌 때 화재로
소실되었으나 곧 재건돼 지금의 모습이 됐다.

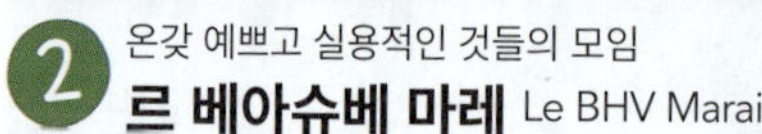

② 온갖 예쁘고 실용적인 것들의 모임
르 베아슈베 마레 Le BHV Marais

파리 시청사 바로 옆에 있는 백화점. 디자인 강국답게 지갑을 열게 만드는 예쁜 문구류와 취미생활 용품, 주방용품이 가득해 커피용 설탕 하나를 사더라도 마치 디자인 소품을 고르듯 신중해지는 곳이다. 특히 지하 1층의 DIY 코너는 집 한 채를 뚝딱 지을 수 있을 정도로 웬만한 제품은 다 갖추고 있으니 인테리어에 관심이 많다면 필히 들를 것. 다른 백화점과 달리 화장실이 무료다! MAP ⑤-A

GOOGLE MAPS bhv marais
ADD 52 Rue de Rivoli, 75004
OPEN 10:00~20:00(일요일 11:00~19:00)/
일부 공휴일 휴무
WALK 파리 시청사에서 도보 1분(바로 북쪽)/
퐁피두 센터에서 도보 6분
METRO 1·11 Hôtel de Ville 5번 출구에서 길 건너편
WEB www.bhv.fr

셀럽들의 파티 궁전
국립 고문서 박물관
Musée des Archives Nationales

③

수비즈 저택(Hôtel de Soubise)이라 알려진 화려한 궁전. 루이 14세 시대 건축가 피에르 알렉시스 드라메르가 건물을 증축했고, 로코코 양식이 최고의 전성기를 맞이한 루이 15세 시대에 로코코 양식을 태동시킨 제르맹 보프랑이 실내 장식을 맡았다. 귀족들과 문인들의 토론장이자 음악가들의 연주회장으로 사용된 왕자의 살롱(Salon du Prince)과 공주의 살롱(Salon de la Princesse)은 부드럽고 우아한 곡선미가 두드러진 로코코 양식의 진수를 보여준다. 정원은 잔디와 토피어리, 계절마다 바뀌는 다양한 꽃과 나무가 어우러져 잠시 쉬어가기에 좋다. MAP ⑤-A

GOOGLE MAPS 파리 역사 국립문서관
ADD 60 Rue des Francs Bourgeois, 75003
OPEN 10:00~17:30(토·일요일 14:00~)/화요일·공휴일 휴무
PRICE 정원·박물관 무료, 특별전 진행 시 유료/가이드 투어 수비즈 저택 8€, 로앙 저택 무료(로앙 저택은 가이드 투어로만 입장 가능, 공사 진척도에 따라 유료 전환) 가이드 투어 예약 필수
WALK 파리 시청사에서 도보 8분/피카소 박물관에서 도보 7분
WEB www.archives-nationales.culture.gouv.fr

대부호가 기증한 저택 박물관
코냐크-제 박물관 Musée Cognacq-Jay

사마리텐 백화점의 창립자였던 에르네스트 코냐크와 그의 부인 제가 국가에 기증한 예술품이 전시된 박물관. 건물 또한 부부가 살던 저택을 기증한 것이다. 렘브란트, 부셰, 프라고나르 등 바로크와 로코코 회화 대가들의 작품이 주요 볼거리며, 16세기 분위기를 간직한 도농 저택(Hôtel Donon)과 18세기 조각·금속공예품·장신구들도 아름다워 눈길이 간다. MAP ⑤-A

GOOGLE MAPS 꼬냑제이 박물관　**ADD** 8 Rue Elzevir, 75003
OPEN 10:00~18:00/월요일·공휴일 휴무
PRICE 무료/일부 특별전 유료
WALK 국립 고문서 박물관에서 도보 5분
WEB www.museecognacqjay.paris.fr

<자화상>

<셀레스탱>

<아비뇽의 처녀들을 위한 습작>

⑤ 전 세계에서 피카소 작품 수론 여기가 제일!
피카소 미술관 Musée Picasso

피카소의 유족들이 막대한 상속세 대신 프랑스 정부에 물납한 다수의 피카소 작품이 전시된 미술관. 17세기에 지어진 역사적 건축물 살레 저택(Hôtel Salé)을 보수해 1985년 개관했다. 조각·회화·판화·데생 등 5000여 점의 방대한 컬렉션을 자랑하며, 피카소가 수집한 세잔·드가·마티스·르누아르·브라크 등의 작품도 있다. 단, 전시품은 정기적으로 교체되므로 보고 싶던 작품이 없을 수도 있다. 눈여겨볼 작품은 청색 시대의 걸작 <자화상>(1901년)과 <셀레스탱>(1904년), 20세기 미술의 출발점을 연 <아비뇽의 처녀들을 위한 습작>(1907년) 시리즈. 작품은 연대순으로 전시돼 피카소 예술 세계를 깊이 이해할 수 있다. 입장권과 오디오 가이드는 사전 예매하는 사람이 많아 조기에 매진되는 경우가 많으므로 방문 날짜와 시간을 홈페이지에서 미리 지정해 일찍 예매하는 것이 좋다. MAP ⑤-A

GOOGLE MAPS 파리 피카소박물관
ADD 5 Rue de Thorigny, 75003
OPEN 09:30~18:00/폐장 45분 전까지 입장/월요일·1월 1일·5월 1일·12월 25일 휴무/ 예약 권장
PRICE 16€/일부 전시장 비공개 시 할인, 특별전 진행 시 요금 추가/매월 첫째 일요일·17세 이하 무료/오디오 가이드 5€/ 뮤지엄 패스
WALK 코냐크-제 박물관에서 도보 3분
METRO 11 Rambuteau 4번 출구에서 도보 10분 또는 1 Saint-Paul 하나뿐인 출구에서 도보 8분
WEB museepicassoparis.fr

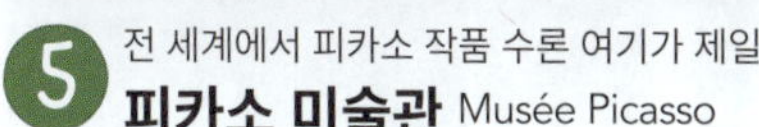

마레 지구 북쪽, 앙팡 루즈 시장
Marché des Enfants Rouges

다양한 식료품점과 꽃 가게가 볼거리인 마레
지구의 시장. 아케이드 시장 안에서 이탈리아,
모로코, 일본 등 세계 각지 음식을 파는 식당
들도 인기다. 그중에서도 앙팡 루즈 시장의 꽃
이라 불리는 샌드위치 가게 셰 잘랭 미암 미암
(Chez Alain Miam Miam, 09:00~16:00/월·화요일
휴무/상황에 따라 유동적)을 놓치지 말자. 늘 긴
줄이 늘어선 곳으로, 할아버지가 만들어 주는
화려한 비주얼의 푸짐한 샌드위치를 맛볼 수
있다. 인기가 많아지자 근처에 2호점(26 Rue
Charlot, 09:00~17:00/월요일 휴무)을 오픈했디.
바로 옆에 작고 예쁜 공원(Square du Temple-
Elie Wiesel)이 있어 간식거리를 사 들고 쉬어가
기 좋다. **MAP ⑤-A**

GOOGLE MAPS 앙팡루즈시장
ADD 39 Rue de Bretagne, 75003
OPEN 08:30~20:30(목요일 ~21:30, 일요일 ~17:00)
/가게마다 다름/월요일 휴무
WALK 피카소 미술관에서 도보 6분
METRO 8 Filles du Calvaire 또는 Saint-Sébastien
-Froissart에서 도보 7분

프랑수아 제리크의
《레카미에 부인의 초상》(1805년)

파리의 역사를 엿보다

카르나발레 박물관 Musée Carnavalet

선사 시대부터 20세기까지 파리 역사를 소개하는 국립박물관.
1880년 문을 연 후 최근 5년간의 리모델링을 거쳐 2021년 재
개관했다. 17세기 귀족이자 파리 사교계를 재미있게 묘사한
《서간집》의 저자로 유명한 세비녜 부인이 살던 카르나발레 저
택과 그 뒤쪽에 자리한 펠르티에 저택(Hôtel Le Peletier)에 그
림, 사진, 조각, 가구, 도자기, 장신구, 모형, 동전, 소품, 간판
등을 시대별로 나누어 전시하고 있다. 전시품의 양이 방대하
므로 관심 있는 시대를 정해 놓고 집중적으로 돌아보는 방법
을 추천한다. **MAP ⑤-A**

GOOGLE MAPS 카르나발레 박물관
ADD 23 Rue de Sévigné, 75003
OPEN 10:00~18:00/폐장 45분 전까지 입장/
월요일·1월 1일·5월 1일· 12월 25일 휴무
PRICE 무료/일부 특별전 유료
WALK 피카소 미술관에서 도보 5분/코냐크-제 박물관에서 도보 3분
METRO 1 Saint-Paul 하나뿐인 출구에서 도보 5분
WEB carnavalet.paris.fr

파리 시민에게 '도시 생활의 로망'을 심어준 장소

보주 광장 Place des Vosges

파리에서 가장 오래된 광장으로, 근대 도시 파리의 시작점으로 꼽힌다. 1605년 앙리 4세가 계획해 왕의 광장(Place Royale)이라 명명했으며, 이후 루이 13세의 광장으로 불리며 왕정 시대 내내 사교와 문화의 중심지 역할을 했다.

광장은 한 면에 9채씩, 총 36채의 오텔(Hôtel)이 대칭을 이루며 둘러싸고 있어 독특한 건축미를 자랑한다. 남북 중앙에는 루이 13세와 왕비의 저택이 자리했고, 리슐리외 재상과 극작가 몰리에르 등 보주 광장의 아름다움에 매혹된 유명 인사들이 이곳으로 이주하면서 마레 지역은 파리 최고의 부촌으로 성장했다. 광장 중앙의 루이 13세 기마상을 뒤로하고 화랑과 상점이 늘어선 아케이드를 지나면 부티크가 즐비한 프랑 부르주아 거리(Rue des Francs Bourgeois)가 이어진다. **MAP ⑤-C**

GOOGLE MAPS 파리 보주 광장
ADD Place des Vosges, 75004
WALK 카르나발레 박물관에서 도보 3분/피카소 미술관에서 도보 8분/
파리 시청사에서 도보 15분
METRO 1 Saint-Paul 하나뿐인 출구에서 도보 8분

날씨가 좋은 날에는 점심을 먹거나 햇살을 만끽하는 사람들로 넘쳐난다.

루이 13세 기마상

<빅토르 위고, 영웅의 흉상>,
로댕, 1902~1908년

빅토르 위고가 생의 마지막을 보낸 침대와
책상 등을 그대로 가져와 재현했다.

⑧ <레미제라블>의 탄생지
빅토르 위고의 집 Maison de Victor Hugo

1831년 <노트르담 드 파리>로 대가의 반열에 오른 빅토르 위고가 1832년
부터 1848년까지 살던 집을 박물관으로 만든 곳. 보주 광장 건물 중 가장
크고 아름다운 로앙 게메네 저택(Hôtel Rohan Guéménée) 안에 있다.
<레미제라블> 집필을 시작한 곳으로도 유명하며, 빅토르 위고가 머무르
던 방과 <노트르담 드 파리> 2쇄본, 펜으로 그린 500여 점의 드로잉, 그가
사용한 물건들을 볼 수 있다. 입장료 무료라 더 반가운 곳. **MAP ⑤-C**

GOOGLE MAPS 빅토르 위고 저택
ADD 6 Place des Vosges, 75004
OPEN 10:00~18:00/월요일·일부 공휴일 휴무
WALK 보주 광장에서 루이 13세 기마상을 등
지고 왼쪽 대각선 모퉁이 건물
PRICE 무료/일부 특별전 유료/
*2026년 4월 26일까지 상설전+특별전 유료
입장만 가능, 11€(18~26세 9€), 17세 이하·미
술사·고고학 전공 학생 무료
WEB maisonsvictorhugo.paris.fr

⑨ 공작의 대저택
베튄쉴리 저택 Hôtel de Béthune-Sully

앙리 4세 때 국무장관에 임명되어 30년 넘게 종교전쟁을 치르면서 위
기에 처한 국가의 부흥에 힘쓰며 막강한 권력과 부를 쌓은 베튄쉴리 공
작이 1624~1630년에 지은 저택. 프랑스 후기 르네상스 양식의 건물
로, 그리스 신화를 모티브로 조각한 아름다운 부조가 유명하다. 내부는
훼손을 염려해 예약제 소규모 가이드 투어로만 공개한다. **MAP ⑤-C**

GOOGLE MAPS V937+QF 파리
ADD 62 Rue Saint-Antoine, 75004
OPEN 안뜰 09:00~19:00(서점 13:00~)/서점 월요일·공휴일 휴무
PRICE 정원 무료, 내부 가이드 투어 13€(예약 필수)
WALK 보주 광장에서 빅토르 위고의 집 정문을 바라보고
오른쪽 끝에 있는 통로로 나가면 바로 연결
(정원 문은 불규칙적으로 오픈)
WEB www.hotel-de-sully.fr

힙순이들 모여라!
#마레 #독립서점

서점이라기보다는 빈티지 편집숍에 가까운 마레의 독립서점들. 보물 찾기하듯 득템을 노리는 여행자들과
파리 감성을 담고 싶은 인스타그래머들의 발길이 끊이지 않는다.

아티스트들의 아지트
Ofr. 서점, 갤러리 Ofr. Librairie, Galerie

'Open Free Ready', 즉 모든 것에 열린 공간이라는
뜻의 예술 전문 서점. 남다른 감성으로 큐레이팅한 사
진, 건축, 디자인, 패션, 여행 서적 등 빽빽하게 놓인
서적을 만나볼 수 있다. 서점뿐 아니라 출판사 운영도
겸하며, 서점 안쪽에는 작은 진시회를 여는 갤러리 공
간을 마련해 두었다. 이곳의 시그니처 에코백은 다양
한 색상과 사이즈로 제작되어 현지인은 물론 우리나
라 여행자들에게도 인기다. 서울 서촌에도 지점이 있
다. MAP ⑤-A

GOOGLE MAPS ofr 파리
ADD 20 Rue Dupetit-Thouars, 75003
OPEN 10:00~20:00/일부 공휴일 휴무
WALK 피카소 미술관에서 도보 12분/
레퓌블리크 광장(Place de la République)에서 도보 4분
METRO 3 Temple에서 도보 1분

갤러리와 서점 사이 어디쯤
이봉 랑베르 Yvon Lambert

문 하나 사이를 두고 펼쳐지는 조용한 세상. 가게 안
으로 들어가자마자, 로컬들이 왜 이곳에 푹 빠져있는
지 단번에 알 수 있는 서점 겸 갤러리다. 쾌적하고 깔
끔한 인테리어를 가득 채우고 있는 건 예술 관련 서
적. 사진과 미술 등 분야가 다양하고 양도 방대하지만
센스 있는 디스플레이 덕에 한 권 두 권 들춰보는 재
미가 상당하다. 게다가 일 년 내내 파리 아티스트들의
전시가 펼쳐지는 갤러리 역할도 톡톡히 하고 있다고.
MAP ⑤-A

GOOGLE MAPS 이봉 랑베르
ADD 14 Rue des Filles du Calvaire, 75003
OPEN 10:00~19:00(일요일 14:00~)/월요일·일부 공휴일 휴무
WALK 피카소 미술관에서 도보 6분/레퓌블리크 광장(Place
de la République)에서 도보 6분
METRO 8 Filles du Calvaire 1번 출구에서 도보 1분

#마레 #편집숍 #패션

특별히 무언가를 사지 않아도 좋다. 마레 지구 여행의 백미는 구석구석 숍들을 탐닉하는 것.
파리 최고 디렉터들이 큐레이팅한 아이템들이 패션 피플을 열광케 한다.

쇼핑하고 커피 한잔!

메르시 Merci

봉푸앙을 창립한 코앙 부부가 선보인 대형 편집숍으로, A.P.C., 이자벨 마랑
등 프랑스 대표 브랜드와 신진 디자이너 작품을 폭넓게 다룬다. 시즌마다 새
롭게 꾸며지는 감각적인 디스플레이와 인테리어·주방용품, 가구 등 라이프스
타일 전반을 아우르는 독특한 아이템들이 가득하다. 수익금 일부는 자선기금
으로 쓰이는 '착한 상점'으로 알려졌지만 가격대는 다소 높다. 방문객들은 벽
면 가득한 책장과 아늑한 분위기의 0층 중고책 카페(Le Used Book Café)와
메르시x누아르 카페(Le Café Merci x Noir)에서 더 큰 만족을 느끼기도 한다.
다양한 브랜드와 셰프가 참여한 팝업 전시장 라 시베트(La Civette, 113번지)
와 메르시만의 감성을 담은 르 피에다테르(Le Pied-à-Terre, 109번지)도 함께
둘러볼 만하다. 2025년 3월에는 팔레 루아얄 근처에 2호점(227p)도 열었다.

MAP ❺-A

GOOGLE MAPS 메르시 파리   **ADD** 111 Blvd. Beaumarchais, 75003
OPEN 10:30~19:30(목~토요일 ~20:00)   **WALK** 피카소 미술관에서 도보 6분
METRO 8 Saint-Sébastien-Froissart 1번 출구에서 도보 1분
WEB merci-merci.com

+ M O R E +

리빙 & 라이프스타일
편집숍

■ **앙프랑트** Empreintes
프랑스 공예예술가 협회가 운영하
는 고급 편집숍. 장신구, 식기, 가
구, 조명 등 프랑스 공방에서 제작
한 100% 수공예 창작품을 구매할
수 있다. **MAP ❺-A**

GOOGLE MAPS empreintes
ADD 5 Rue de Picardie, 75003
OPEN 11:00~13:00, 14:00~19:00/
일·월요일·일부 공휴일 휴무
WALK 피카소 미술관에서 도보 7분
WEB empreintes-paris.com

■ **플뢰** Fleux
감각적인 파리지앵의 집을 그대로
옮겨온 라이프스타일 편집숍이다.
이웃한 4개의 매장에서 가구와 조
명은 물론 위트 있는 아이디어 소품
까지 방대한 카테고리를 선보인다.
MAP ❺-A

GOOGLE MAPS Fleux
ADD 39/40/43/52 Rue Sainte-
Croix de la Bretonnerie, 75004
OPEN 10:45~20:30/일부 공휴일 휴무
WALK 르 베아슈베 마레에서 도보 3분
WEB www.fleux.com

메르시의 상징, 피아트 친퀘첸토.
자동차는 종종 바뀐다.

아방가르드와 스트리트 패션 사이, 그 어디쯤
도버 스트리트 마켓 파리 Dover Street Market Paris

북유럽 감성 한 스푼
아르켓 Arket

꼼데가르송의 설립자 가와쿠보 레이가 운영하는 럭셔리 편집숍. 리틀 마켓과 카페 등으로 파리에 슬며시 들어와 파리지앵에게 눈도장을 찍은 후 마레 지구에 자리한 17세기 쿨랑주 저택(Hôtel de Coulanges)에 화려하게 들어섰다. 지상 3층, 지하 1층 규모에 150여 개 브랜드가 입점해 있고, 미래지향적인 인테리어와 인터랙티브 아트, 상품 디스플레이가 현대 미술 전시장에 온 듯한 느낌을 준다. 꼼데가르송을 비롯해 스투시, 하이엔드 브랜드의 한정판, 명품 팝업 스토어, 신진 디자이너의 실험적인 의상 등을 구경하다 보면 1~2시간은 쉽게 지난다. 0층 안뜰에 자리한 로즈 베이커리 카페는 쇼핑 중 고즈넉하게 휴식을 취하기에 최적의 장소다. 지하와 안뜰에서는 수시로 실험적인 전시가 열리니 패션에 관심이 없더라도 공간 그 자체가 주는 압도적인 에너지를 경험해 볼 가치가 충분하다. **MAP ⑤-A**

스웨덴 H&M 그룹의 프리미엄 브랜드 아르켓의 플래그십 스토어다. 북유럽 전통인 단순함과 기능성을 바탕으로 의류부터 생활용품, 에코백, 컵 등 유행을 타지 않는 지속 가능한 디자인을 선보인다. 1층 카페에서는 간단한 메뉴를 즐길 수 있으며, 색연필과 어린이용 하이체어가 마련돼 있어 아이와 함께 방문하기 좋다. 서울 여의도와 신사동에도 매장이 있다. **MAP ⑤-A**

GOOGLE MAPS 도버스트리트마켓 파리
ADD 35~37 Rue des Francs Bourgeois, 75004
OPEN 11:00~19:00(일요일 12:00~)/일부 공휴일 휴무
WALK 카르나발레 박물관에서 도보 3분/보주 광장에서 도보 5분
METRO 1 Saint-Paul 하나뿐인 출구에서 도보 5분
WEB doverstreetmarketparis.com

GOOGLE MAPS arket paris
ADD 13 Rue des Archives 75004
OPEN 10:00~20:00(일요일 11:00~19:00) /일부 공휴일 휴무
WALK 파리 시청사에서 도보 5분
WEB arket.com

더.더.더. 트렌디한 오늘
브로큰 암 The Broken Arm

패션 관련 온라인 매거진을 운영하던 세 친구가 뜻을 모아 연 하이엔드 편집
숍. 프라다, 자크뮈스 같은 브랜드의 런웨이 피스는 물론 가장 핫한 신진 디자
이너의 한정판 아이템을 독점적으로 선보인다. 대중적인 기념품보다는 파리
의 최신 패션 흐름을 직접 목격하고 싶은 여행자에게 최적의 장소다. 패션 책
과 미술 재료도 갖춰 의류뿐 아니라 다양한 분야에서 파리 트렌드를 이끄는
공간임을 보여준다. 파리지앵이 사랑하는 카페 드리민 맨(345p)의 지점이 매
장 한 켠에 입점해 쇼핑과 휴식을 동시에 즐길 수 있다. MAP ⑤-A

GOOGLE MAPS 브로큰암 파리
ADD 12 Rue Perrée, 75003
OPEN 11:00~19:00/일·월요일·일부 공휴일 휴무
WALK 피카소 미술관에서 도보 10분/앙팡 루즈 시장에서 도보 3분
METRO 3 Temple 하나뿐인 출구에서 도보 4분
WEB www.the-broken-arm.com

마레의 공기를 바꾸는 파격적인 오브제 쇼룸
젠틀몬스터 Gentle Monster Paris Marais

마레 지구 한복판에 젠틀몬스터의 유럽 첫 플래그십 스토어가 상륙했다. 단순
한 안경 매장을 넘어 패션과 아트, 테크가 결합한 실험적 체험 무대로, 상업 공
간에 대한 고정관념을 깨며 파리지앵을 매료시켰다. 17세기풍의 고전적 파사
드와 내부의 초현실적 오브제가 빚어내는 시각적 충돌은 한 편의 전위 예술
작품을 방불케 한다. 작품처럼 전시된 제품을 자유롭게 써볼 수 있으며, 한국
브랜드 특유의 세밀한 피팅과 상담 서비스도 제공한다. MAP ⑤-A

GOOGLE MAPS 젠틀몬스터 파리
ADD 132 Rue Vielle du Temple, 75003
OPEN 10:30~19:30/일부 공휴일 휴무
WALK 피카소 미술관에서 도보 5분/
메르시에서 도보 4분
WEB gentlemonster.com

'달달구리' 마니아에게 추천하는
달콤한 공간

디저트에 남다른 애정을 지닌 사람은 눈여겨 볼 것!
너무나 예쁘고 맛있어 보여서 결정 장애를 부르는 디저트 맛집들.

한 개 맛보고 한 개 더!
팽 드 쉬크르 Pain de Sucre(Pâtisserie)

가게 이름을 번역하면 '설탕 빵'. 상큼한 과일 타르트가 유명한 곳으로, 바삭한 시트지에 새콤한 과일과 달콤한 크림의 조화가 뛰어나다. 이 중 아몬드 파이 위에 산딸기를 올린 '유혹(Tentation)'이 단연코 인기. 가게 앞에 먹고 갈 수 있는 야외 테이블 석이 있다. MAP ⑤-A

GOOGLE MAPS V964+68 파리
ADD 14 Rue Rambuteau, 75004
OPEN 10:00~20:00/화·수요일·일부 공휴일 휴무, 7~8월 중 2~4주 휴무
MENU 타르트 8€~
WALK 국립 고문서 박물관에서 도보 2분
WEB patisseriepaindesucre.com

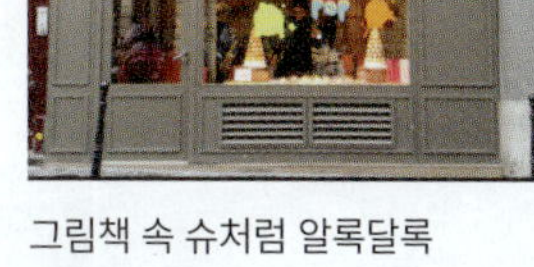

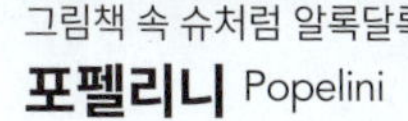

도심 속 비밀의 정원
봉탕 라 파티스리
Bontemps La Pâtisserie

웬만한 맛으로는 명함조차 내밀지 못할 쟁쟁한 디저트숍들이 모여 있는 마레에서 조용한 돌풍을 일으킨 파티스리다. 동화 같은 분위기의 가게 안에는 프랄린 크림을 곁들인 쇼트브레드 쿠키와 유기농 제철 과일로 산뜻함을 살린 타르트, 케이크 등이 보기 좋게 진열돼 있다. 간판 상품은 바삭한 사블레 쿠키로 만든 프티 케이크. 단, 안에서 먹으면 가격이 2~3배 비싸진다는 것은 알아두자. MAP ⑤-A

GOOGLE MAPS V976+H7 파리
ADD 57 Rue de Bretagne, 75003
OPEN 11:00~14:30, 15:00~19:00(토요일 10:30~19:00, 일요일 10:30~14:00, 14:30~17:30), 레스토랑 12:15~18:30(일요일 11:45~18:00)/월·화요일 휴무
MENU 파티스리 5€~(레스토랑에서 주문 시 14€~)
WALK 피카소 미술관에서 도보 8분
WEB bontemps.paris

그림책 속 슈처럼 알록달록
포펠리니 Popelini

색색의 초콜릿을 베레모처럼 머리에 얹은 귀여운 프티 슈 가게. 피스타치오, 초콜릿, 커피, 솔트 버터 캐러멜, 시트론 등 다양한 맛과 모양의 슈가 선택 장애를 불러온다. 생제르맹데프레(47 Rue du Cherche-Midi), 몽마르트르 아래 피갈 지구(44 Rue des Martyrs) 등 파리 시내에 5개의 지점이 있다. MAP ⑤-A

GOOGLE MAPS 포펠리니 75003
ADD 29 Rue Debelleyme, 75003
OPEN 11:00~19:30(토요일 10:00~, 일요일 10:00~18:00)/일부 공휴일 휴무
MENU 슈 1개 3€~
WALK 피카소 미술관에서 도보 6분
WEB www.popelini.com

골목+카페+바

'파리 한 달 살기'를 하며 하나씩 도장 깨고 싶은 카페로 넘쳐나는 마레 지구.
대부분의 가게가 문을 닫는 일요일에도 이곳의 카페들은 활짝 열려 있다.

파리의 감성이란 이런 것

붓 카페 Boot Café

파리만의 감성이 녹아든 작고 사랑스러운 카페. 하늘색의 빛바랜 입구는 마치 프랑스 영화의 한 장면 속으로 통하는 비밀의 문인 듯 무심코 지나가던 발길조차 사로잡는다. 테이블이 달랑 3개뿐이어서 자리 잡기가 하늘의 별 따기인데도, 잠시나마 이곳에 머물고 싶어하는 이들의 발길이 끊이지 않는다. 간판에는 한때 이곳이 구둣방이었음을 알리는 코르도네리(Cordonnerie)란 단어가 그대로 남아있다. 서울 서촌과 연남동에 지점이 있다. **MAP ⑤-A**

GOOGLE MAPS 부트카페 파리
ADD 19 Rue du Pont aux Choux, 75003
OPEN 09:00~16:30(목요일 10:00~, 금·토요일 10:00~17:30, 일요일 10:00~17:00)/유동적 휴무
MENU 커피 3.50~7€, 쿠키·케이크 2.50€~
WALK 피카소 미술관에서 도보 5분/
메르시에서 도보 2분
METRO 8 Saint-Sébastien Froissart 1번 출구에서
도보 2분

파리의 7대 카페 중 하나라죠

라 카페오테크 La Caféothèque

오로지 커피 맛 하나로 인정받은 카페. 문을 열고 들어서면 향긋한 커피 로스팅 향과 함께 푸릇푸릇한 식물이 어우러진 빈티지 인테리어가 눈에 들어온다. 벽면을 가득 채운 전 세계의 원두는 직접 수입해 선별하고 로스팅한 것으로, 커피에 대한 애정과 열정이 돋보이는 곳이다. 에스프레소는 물론 다른 카페에서는 쉽게 볼 수 없는 리스트레토(Ristretto)도 준비돼 있어 '진짜 전문점' 느낌이 가득! **MAP ⑤-C**

GOOGLE MAPS 라카페오테크 파리
ADD 52 Rue de l'Hôtel de Ville, 75004
OPEN 09:00~19:00(일요일 09:30~)/일부 공휴일 휴무
MENU 커피 2.50~8€, 파티스리 3€~
WALK 파리 시청사에서 도보 5분
WEB lacafeotheque.com

와인 마시기 좋은 지하 동굴
디비노 Divvino

영어에 능통한 직원이 맞이하는 곳. 메뉴판에는 잔 기준 가격만 적혀 있지만 추가 금액을 지불하고 병 단위로 주문할 수도 있다. 와인 취향을 넓히고 싶다면 테이스팅 메뉴 중에 투르 드 프랑스(Tour de France)를 주문해보자. 프랑스 지도가 그려진 종이 위에 4가지 프랑스 와인이 제공되어 와인 생산 지역의 특성도 알 수 있다. **MAP ⑤-A**

GOOGLE MAPS divvino marais
ADD 16 Rue Elzevir, 75003
OPEN 12:00~22:00/일부 공휴일 휴무
PRICE 와인 1잔 6€~, 치즈 플레이트 18€, 투르 드 프랑스 40~65€
WALK 피카소 미술관에서 도보 1분/보주광장에서 도보 8분
METRO 8 Chemin-Vert에서 도보 7분
WEB divvino.com

탁 트인 유리창으로 내다보는 마레 뒷골목

세종 Season

마레의 북적거리는 골목을 살짝 벗어나 한숨 돌리며 쉬어 가기 제격인 곳. 신선하고 건강한 재료로 만든 빵, 부리토, 그래놀라, 생과일주스 등 가벼운 요깃거리와 음료를 맛보고 나면 여행 에너지가 가득 채워진다. 일부 메뉴는 비건과 글루텐 프리로 선택할 수 있고, 디너에는 주문할 수 있는 메뉴가 줄어든다. 마레의 풍경이 내다보이는 커다란 유리창으로 햇볕이 쏟아져 들어오는 개방적인 분위기여서 테이블은 언제나 친구들과 수다를 떠는 유쾌한 파리지앵으로 붐빈다. 식사 때를 피한 오후에 방문하면 달달한 디저트와 음료를 즐기며 좀 더 여유를 부려볼 수 있다. 생 마르탱 운하 근처(67 Rue Saint Sabin)에도 지점이 있다. MAP ⑤-A

GOOGLE MAPS season marais
ADD 1 Rue Charles-François Dupuis, 75003
OPEN 08:30~19:00/유동적 폐점, 일부 공휴일 휴무
MENU 아보카도와 연어 토스트 17€, 샐러드 15€~, 팬케이크 8~15.50€, 커피 2.50~6.50€
WALK 피카소 미술관에서 도보 10분
METRO 3 Temple 역에서 도보 5분
WEB www.season-paris.com

프랑스 차의 명가
마리아주 프레르 Mariage Frères

루이 14세 시절부터 인도와 페르시아 등에 대한 독점 무역권을 얻어 크게 성공한 마리아주 가문이 처음 문을 연 찻집이다. 본점에는 살롱 드 테도 있어 티 타임을 즐기기 좋은데, 이왕이면 티로 만든 디저트를 곁들여 더욱 깊은 향을 느껴보자. 대표 티는 세련된 꽃향기를 머금은 달콤한 가향차 마르코 폴로와 누구의 입맛에나 잘 맞는 얼그레이. 상점은 백화점을 비롯해 파리 시내에 10여 곳이 있으며, 마들렌 광장, 클레르 거리 등 4곳의 살롱 드 테가 있다. 본점에서는 홍차 테이크아웃도 가능하다. MAP 본점 ⑤-A

GOOGLE MAPS V954+3J 파리
ADD 30 Rue du Bourg Tibourg, 75004
OPEN 10:30~19:30
(레스토랑 & 살롱 드 테 12:00~19:00)
MENU 판매용 차 얼그레이 9~57€/100g, 마르코 폴로 11~95€/100g, 테이크아웃 홍차 6€~, 살롱 드 테 홍차 11€~, 애프터눈 티 36€~
WALK 파리 시청사에서 도보 5분/ 르 베아슈베 마레에서 도보 3분
WEB mariagefreres.com

동절기에 가끔 선보이는 샥슈카(Shakshuka). 달걀과 돼지고기, 토마토로 만든 매콤한 요리로 우리 입맛에 잘 맞는다.

슬로푸드의 재해석
유기농 & 비건 푸드

맛은 물론이고 건강까지 챙기고 싶다면 이곳을 주목!
'또 유기농이야' 싶지만 마레는 뭔가 다르다.

베지테리언이라면
반드시 체크해야
할 카페!

내 몸도 아끼고, 지구도 살리고
와일드 앤 더 문 샬롯 Wild & the Moon Charlot

파리지앵의 최대 관심사 중 하나인 유기농 먹거리와 채식에 관해서라면 이곳을 따라
올 곳이 없다. 진정한 음식이란 맛은 기본이고 우리의 몸과 지구 환경에도 좋은 영향
을 끼쳐야 한다고 믿는 파리지앵들이 엄지손가락을 치켜드는 곳. 과일과 채소를 비
가열 방식으로 착즙해 영양소 손실을 막은 콜드 프레스 주스와 스무디, 인근에서 생
산한 유기농 제철 샐러드와 글루텐 프리 페이스트리로 맛도 건강도 톡톡히 챙겨보자.
식료품점과 테이크 아웃 전문점을 비롯해 파리 시내에 9개의 지점이 있다. MAP ⑤-A

GOOGLE MAPS V977+96 파리
ADD 55 Rue Charlot, 75003
OPEN 08:00~21:00(토·일요일 09:00~)
MENU 수퍼볼 12.90€~, 샐러드 9.90€~, 페이스트리 2.80€~,
플라 12.90€~
WALK 피카소 미술관에서 도보 6분/
앙팡 루즈 시장에서 도보 1분
WEB wildandthemoon.com

라 메종 플리송 La Maison Plisson

파리지앵의 식탁에 올라갈 신선한 유기농 채소와 가공식품, 와인 등을 판매하는 식료품점이자 레스토랑이다. 생산지에서 마트로 이어지는 모든 과정을 꼼꼼히 검토한 유기농 제품을 판매하며, 이렇게 공수한 재료로 직접 음식을 만들어 선보인다. 고급 식자재를 주로 취급해 가격대가 만만치 않지만 건강을 생각하는 이들과 선물로 식료품을 구매하려는 이들이 즐겨 찾는다. 음식 맛은 평범한 편이므로 마트 구경 후 카페에서 커피와 디저트를 즐기는 것을 추천한다. **MAP ⑤-A**

GOOGLE MAPS 메종 플리송 파리
ADD 93 Boulevard Beaumarchais, 75003
OPEN 10:00~21:00(토요일 09:00~, 일요일 09:00~20:00/레스토랑 마지막 주문 15:00)/1월 1일·5월 1일·12월 25일 휴무
MENU 커피 2.90€~, 주스 5.50€~, 페이스트리 5.50€~
WALK 보주 광장 또는 피카소 미술관에서 각각 도보 6분/메르시에서 도보 2분
WEB lamaisonplisson.com

팔라펠 스페셜
(10€)

라스 뒤 팔라펠 L'as Du Fallafel

1979년 문을 연 이래 전 세계 파리 가이드북에 빠지지 않고 소개되는 팔라펠 전문점이다. 팔라펠을 즐겨 먹는 유대인이 많이 거주하는 마레 지구에서 가장 긴 줄이 늘어서는 식당. '중동식 타코'라고도 불리는 피타(Pitta) 샌드위치는 병아리콩과 누에콩을 갈아 만든 완자 튀김 팔라펠을 얇고 넓적하게 구운 밀가루 반죽에 싸서 각종 채소와 소스를 곁들인 것이다. 고기류가 든 샌드위치도 있지만 채소만 들어간 팔라펠 스페셜이 베스트셀러! 고소한 완자 튀김에 구운 채소와 요구르트 소스가 어우러져 은근히 든든하다. 안에서 먹으면 메뉴당 2~3€ 더 비싸다. **MAP ⑤-A**

GOOGLE MAPS 라스뒤팔라펠
ADD 34 Rue des Rosiers, 75004
OPEN 11:00~24:00(금요일 ~17:00)/토요일 휴무, 일요일은 유동적
MENU 팔라펠 10€~
WALK 보주 광장에서 도보 7분/카르나발레 박물관에서 도보 4분

팔라펠 볼만 따로
판매도 한다.
(10개 6€)

오직 맛으로 고른
#마레 #맛집

맛있어서 울고 싶은 마레 맛집들. 마레 북쪽의 앙팡 루즈 시장에도
그냥 지나치기 아쉬운 맛집들이 오밀조밀 모여 있다.

송아지 갈빗살 스테이크

감동이야, 이 맛과 친절함
셰 마드무아젤 Chez Mademoiselle

파리의 식당들 중 보기 드물게 유쾌하고 친절한 서비스가 돋
보이는 곳. '주목받는 파리의 젊은 요리사' 리스트에 이름을 올
린 셰프가 만든 요리답게 맛도 훌륭하다. 재료의 신선함을 중
요히 여겨 매장에 대형 냉장고를 두지 않고 당일 구입한 재료
만 사용한다. 자존심을 걸고 만든다는 스테이크들은 특제 소
스와 풍부한 육즙이 잘 어우러진다. 굽기 정도는 선택할 수 없
지만 셰프가 알아서 최적의 상태로 구워준다. 두툼한 생선살
과 채소의 조합이 환상적인 생선 스테이크도 추천. MAP ❺-C

GOOGLE MAPS V935+QX 파리
ADD 16 Rue Charlemagne, 75004
OPEN 12:00~15:00(토·일요일 ~16:00), 19:00~23:00/
일부 공휴일 휴무
MENU 앙트레 11~24€, 플라 23~46€, 디저트 11€~
WALK 보주 광장에서 도보 7분
METRO 1 Saint-Paul 하나뿐인 출구에서 도보 2분
WEB chezmademoiselleparis.fr

저렴하게 체험하는 프랑스 미식
카페 데 뮈제 Café des Musées

고급 레스토랑은 아니지만 <미슐랭 가이드>의 추천 레스토랑
에 이름을 올린 후 예약 없이는 찾기 힘든 곳이 되었다. 대표 메
뉴는 소고기를 와인과 육수에 넣고 오븐에서 5시간 푹 익혀 만
든 뵈프 부르기뇽(Bœuf Bourguignon). 소스가 느끼하지 않아
우리 입맛에도 잘 맞고 사이드 메뉴도 푸짐하다. 앙트레로는 에
스카르고(Champignons de Paris Farcis aux Escargots)를 추천.
허브 버터로 구운 양송이버섯과 달팽이의 고소한 향이 식욕을
돋운다. 제철 재료를 사용하므로 시즌에 따라 메뉴가 자주 바뀐
다. MAP ❺-A

GOOGLE MAPS V957+6P 파리 **ADD** 49 Rue de Turenne, 75004
OPEN 12:00~14:30, 19:00~22:30(금~일요일 12:00~16:00, 19:00~23:00)
MENU 런치 세트 26€~(여름 성수기에는 제공 안 하는 날이 많음),
앙트레 10~22€, 플라 26~38€, 에스카르고 15€, 뵈프 부르기뇽 26€
WALK 피카소 미술관에서 도보 4분
WEB www.lecafedesmusees.fr

양송이버섯 위에 올린
에스카르고

육류 요리는 부드럽고
감칠맛이 난다.

살살 녹으며 달착지근한 맛이 뛰어난 오리와 바나나구이

관자 요리

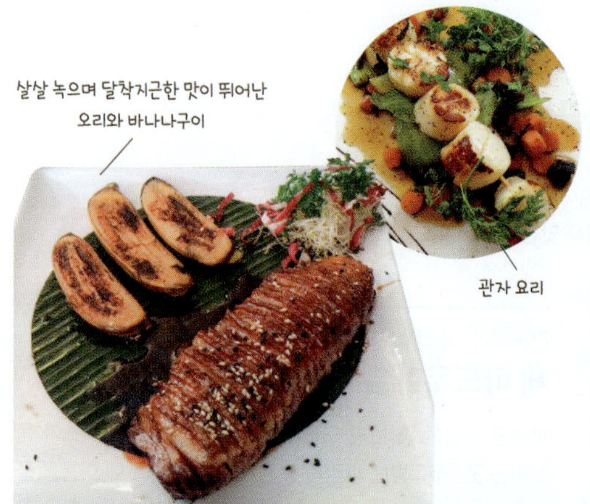

쉿! 미식가들의 단골집이랍니다

르 프티 마르셰 Le Petit Marché

파리지앵들이 아끼는 그들만의 아지트. 마레 지구의 얼굴인 보주 광장 북쪽 골목에 있으며, 오픈 시간에 맞춰 가도 1시간 넘게 기다려야 하는 경우가 종종 있으니 예약을 권한다. 추천 메뉴인 참치 밀푀유(Millefeuille de Thon)는 프랑스에서 흔치 않은 간장 소스를 사용해 우리 입맛에도 잘 맞는다. 겹겹이 쌓은 참치와 바삭하고 담백한 과자의 조화도 일품. 오리와 바나나구이(Magret de Canard Caramélisé aux Bananes Figues)는 달지 않은 캐러멜 소스가 부드러운 오리고기를 감싸 달콤한 포만감을 선사한다. 방문했을 때 관자(St Jacques) 요리가 있다면 주문해보자. 관자의 신선함과 쫄깃함이 뛰어나 단골들이 이 집의 최고 메뉴로 꼽는다. MAP ⑤-A

GOOGLE MAPS V948+WC 파리
ADD 9 Rue de Béarn, 75003
OPEN 12:00~15:30(토·일요일 ~16:00), 19:00~23:30
*2026년 4월 초까지 건물 보수 공사로 임시 휴업
MENU 앙트레 12€~, 플라 18~30€, 참치 밀푀유 24€, 오리와 바나나구이 24€
WALK 보주 광장에서 루이 13세 기마상 뒤쪽으로 난 길로 도보 2분
WEB www.lepetitmarche.eu

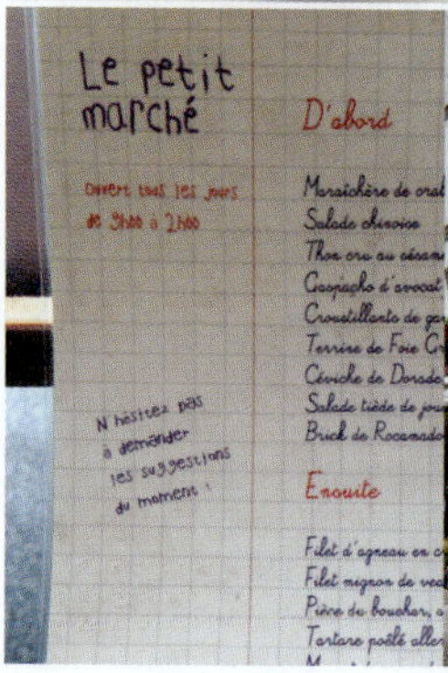

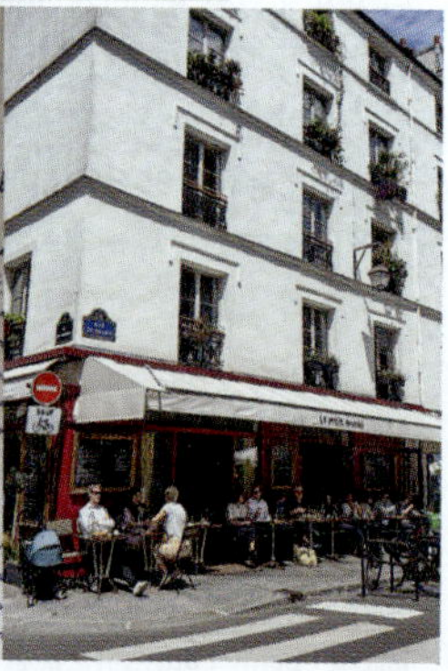

파리 가정식 국천재

레부양테 L'Ébouillanté

담백하고 무난한 프랑스 가정식을 제공하는 작은 카페 겸 레스토랑. 시테섬과 마레 지구 사이, 아름다운 중세 느낌의 골목에서 존재감을 드러내고 있다. 프랑스 시골집에 초대된 듯한 아늑한 분위기 속에서 편안한 식사 시간을 즐길 수 있는 곳. 메뉴는 제철 재료를 사용해 자주 바뀌는데, 플라에 생선이나 오믈렛이 나오는 날은 재료가 떨어져 일찍 마감할 정도로 인기다. 종종 생선 요리에 빵 대신 밥이 나오는 것도 반가운 점. 수프(Potage)는 곱빼기로도 주문할 수 있다. 번잡한 분위기에서 벗어나 느긋하게 식사할 수 있는 곳을 찾는다면 여기도 체크해두자. MAP ⑤-C

GOOGLE MAPS V934+X3W 파리
ADD 6 Rue des Barres, 75004
OPEN 12:00~22:00(겨울철 ~19:00, 상황에 따라 유동적)/월요일 휴무
MENU 런치 세트 16~18€, 앙트레 7~14€, 플라 14~20€, 커피 3€~
WALK 파리 시청사에서 도보 5분

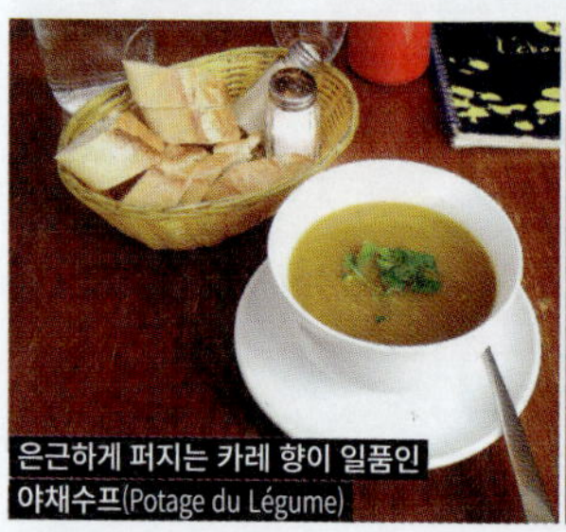

은근하게 퍼지는 카레 향이 일품인 **야채수프**(Potage du Légume)

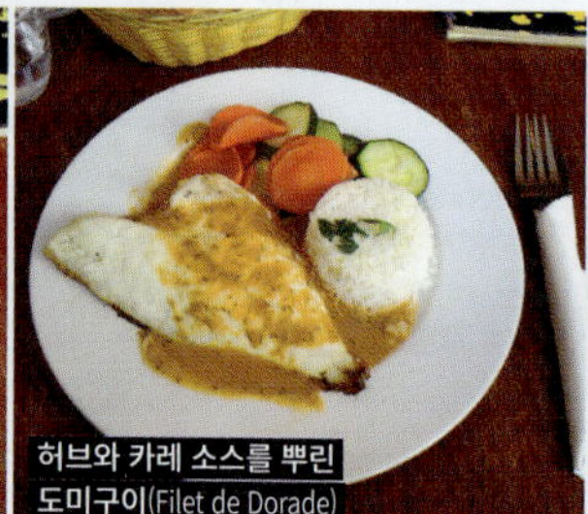

허브와 카레 소스를 뿌린 **도미구이**(Filet de Dorade)

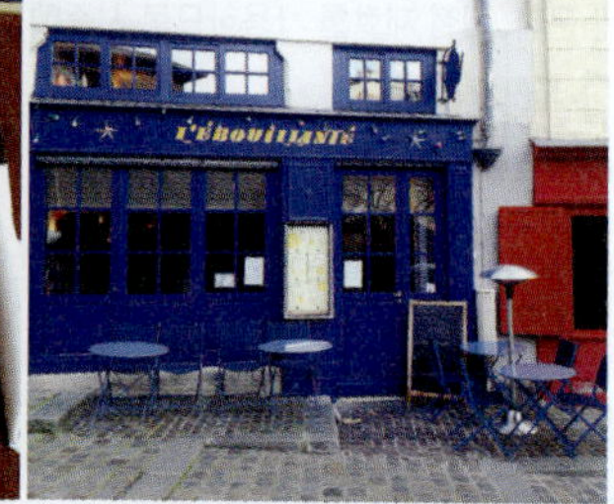

파리에 왔으면 크레페를 먹어야죠

브레즈 카페 Breizh Café

브르타뉴식 정통 크레페로 도쿄에서 대성공을 거두자 창업자의 고향인 브르타뉴에 2호점을, 파리에 3호점을 낸 독특한 이력의 크레프리. 식사 시간에는 예약하지 않으면 한참 기다려야 하니 일찍 가는 것이 좋다. 우리나라 여행자들에게는 버섯, 치즈, 달걀, 햄이 들어간 짭짤한 브르타뉴(Bretagne/Bretonne)가 인기. 셰프가 추천하는 크레페 컹켈레즈(Cancalaise)는 훈제 청어, 청어알, 달걀 등이 들어가 입안에서 톡톡 터지는 청어알이 독특한 풍미를 전한다. 디저트용으로는 진한 단맛의 캐러멜 시럽을 뿌린 크레페류 추천. 크레페의 단짝인 사과주, 시드르(Cidres) 컬렉션도 훌륭하다. 몽마르트르(93 Rue des Martyrs)를 비롯해 파리에 10여 개의 지점이 있다. **MAP ⑤-A**

GOOGLE MAPS 브레즈 카페 75003
ADD 109 Rue Vieille du Temple, 75003
OPEN 09:00~23:00/일부 공휴일 휴무
MENU 갈레트(식사용) 12.80~24.50€,
크레페(디저트용) 6.20~14.80€, 시드르 14.80€~/1병
WALK 피카소 미술관에서 도보 2분
WEB www.breizhcafe.com

식사용으로 인기 만점, 브르타뉴

캐러멜 시럽 맛이 일품인 디저트, 반테즈(Vannetaise)

'먹부림'을 부르는 프리미엄 마켓

이탈리 Eataly

서울 여의도와 성남 판교에도 지점을 내어 우리와 한층 가까워진 이탈리의 파리 1호점. '더 잘 먹고 더 잘 살자'는 모토로 이탈리아에서 시작한 신개념 복합 음식문화 공간으로, 이탈리아식 레스토랑과 식료품 마켓을 겸하고 있어 현지인과 여행자 모두 즐겨 찾는 핫플레이스다. 이탈리아에서 생산한 제철 식자재를 판매하며, 특히 와인이나 치즈, 햄, 주방 도구에 관심이 많다면 방문할 만하다. 1층엔 커피와 디저트를 골라 먹을 수 있는 카페 3개가 입점해 있고, 레스토랑은 2층, 이탈리아산 와인은 지하에서 만날 수 있다. **MAP ⑤-A**

GOOGLE MAPS eataly paris
ADD 37 Rue Sainte-Croix de la Bretonnerie, 75004
OPEN 10:00~22:30(금·토요일 ~23:00)/식당에 따라 다름/일부 공휴일 휴무
WALK 파리 시청사에서 도보 5분
WEB eataly.fr

나의 프랑스식 아메리칸 수제 버거

블렌드 햄버거
Blend Hamburger(Beaumarchais)

햄버거도 프랑스 요리사의 손을 거치면 이렇게 달라질 수 있다. 파리 제일의 정육점에서 받아온 질 좋은 고기로 묵직한 패티를 만들어내 그야말로 최고의 맛을 내는 곳. 직접 만들어 사용하는 케첩과 마요네즈는 자극적이지 않으면서도 고소한 맛이다. 마레 지점을 비롯해 6호점까지 문을 열었으며, 인기가 워낙 높아 주말이나 식사 때는 사람이 몰리니 시간에 여유를 두고 가자. **MAP ❺-A**

GOOGLE MAPS 블렌드 햄버거 75003
ADD 1 Boulevard des Filles du Calvaire, 75003
OPEN 11:30~22:30(월·화요일 11:30~15:00, 18:30~22:00)
MENU 햄버거 12.50€~, 사이드 메뉴 4.50€~
(월~금요일 11:30~15:00 햄버거+사이드+음료 19.90€~)
WALK 피카소 미술관에서 도보 7분/메르시에서 도보 1분
METRO 8 Saint-Sébastien Froissart에서 바로
WEB blendhamburger.com

입맛 소생시켜줄 일본식 카레

퐁토슈
Pontochoux

일본식 카레로 현지인의 입맛을 사로잡은 카레 전문점. 따끈하고 고소한 쌀밥 냄새와 매콤한 카레 향이 코끝을 자극한다. 작은 규모에 복작복작한 분위기지만 친절한 스태프의 응대에 기분이 좋아지는 곳. 노란 맥주 박스를 쌓아 만든 야외 테이블은 SNS에도 자주 등장하는 이곳의 시그니처다. 가격은 합리적인 편이지만 성인 남자에겐 그리 넉넉한 양이 아니니 곱빼기(XL Size)를 추천. **MAP ❺-A**

GOOGLE MAPS pontochoux
ADD 18 R. du Pont aux Choux, 75003
OPEN 11:30~18:30(테이크아웃 ~19:00)/
월요일·일부 공휴일 휴무
MENU 카레 14.80€(곱빼기 17.80€), 밥 추가 3.50€,
반숙 달걀 3€
WALK 피카소 미술관에서 도보 6분/메르시에서 도보 2분

파리지앵의 이상한 나라 속으로

르 루아르 당 라 테이에르

Le Loir dans La Théière

'찻주전자 안의 들쥐'라는 이름의 카페. <이상한 나라의 앨리스>를 모티브로 한 알록달록한 벽화와 옛 포스터, 복고풍 액자들로 가득한 내부에 들어서면 '이상한 나라'에 빠져버린 앨리스가 된 기분이 든다. 데코레이션은 안중에 없는 듯한 투박하고 큼직한 케이크와 타르트는 유기농 과일과 채소로 만든 것으로, 단맛이 적어 식사 대용으로 좋다. 대표 메뉴는 당근 케이크(Gâteau Carotte)와 머랭을 입힌 레몬 타르트(Citron Meringue). 다만 오후 3시 전에 케이크를 주문하려면 오믈렛이나 오늘의 수프 등 식사 메뉴를 필수로 주문해야 하니 차와 디저트만 먹는다면 늦은 시간에 방문하는 것이 좋다. **MAP ⑤-C**

GOOGLE MAPS V946+FC 파리
ADD 3 Rue des Rosiers, 75004
OPEN 09:00~19:30/일부 공휴일 휴무
MENU 파티스리 9€~, 차 7€~, 커피 3€~,
식사용 타르트 12.50€~
WALK 보주 광장에서 도보 5분
WEB leloirdanslatheiere.com

SABON
MONKEY BUSINESS GALLERY
MBG
GALLERY

파리의 걷고 싶은 길 #5

Rue des Rosiers

로지에르 거리: 라스 뒤 팔라펠(L'as Du Fallafel) 앞
스치는 풍경, 내 것으로 만들기

로컬들의 비밀 산책로
생마르탱 운하와 그 주변

마레 지구를 한 바퀴 둘러봤다면 생마르탱 운하까지 여행의 범위를 넓혀보자. 마레 북동쪽, 프레데릭 르메트르 광장(Square Frédérick-Lemaître)에서 바타이유 드 스탈린 그라드 광장(Place de la Bataille de Stalingrad)까지 2.5km가량 이어지는 생마르탱 운하는 관광객들에게 점령당한 센강 대신 현지인들이 선택하는 나들이 코스다. 최근 운하 주변으로는 작고 맛있는 카페와 레스토랑이 속속 문을 열고 있어 더욱 활기차며, 소문을 듣고 온 외국인 여행자도 늘어나는 추세다.

바스티유 광장 바로 남쪽에서 센강까지 형성된 바생 드 라르제날(Bassin de l'Arsenal)도 생마르탱 운하의 일부다. 하지만 파리에서 생마르탱 운하라고 하면 대개 카페와 상점이 늘어선 북쪽 구간을 말한다. 요트 정박장으로 주로 이용되는 바생 드 라르제날 주변도 풍경이 좋으니 북쪽까지 갈 시간 여유가 없다면 이곳을 잠시 둘러보는 것도 좋다.

1 이 물길은 정말 '싱그럽운하'
생마르탱 운하 Canal Saint-Martin

나폴레옹이 파리 시민들에게 안전하고 깨끗한 식수를 공급하기 위해 바스티유 광장 북쪽에 조성한 길이 4.5km의 운하. 영화 <아멜리에>에서 아멜리에가 물수제비를 뜨던 개천이 바로 이곳이다. 잔잔한 물결 위론 유람선이 떠다니고, 플라타너스와 밤나무가 늘어선 둑길과 고풍스러운 다리 풍경에 저절로 힐링이 되는 휴식처. 단, 밤이면 운하 주변이 노숙자들의 천국으로 변해버리니 낮에 방문하는 것이 좋다. MAP ❹-C

GOOGLE MAPS V998+WH 파리
WALK 바스티유 광장에서 프레데릭르메트르 광장까지 도보 25분
METRO 3·5·8·9·11 République 4번 출구에서 도보 3분 또는 11 Goncourt 2번 출구에서 도보 4분 또는 2·5·7bis Jaurès 1번 출구에서 도보 1분
WEB www.canauxrama.com(유람선 카노라마), www.pariscanal.com(파리 카날)

유람선은 선개교와 지하 터널 등을 지나며 센강에서는 느끼지 못한 파리의 또 다른 낭만을 선사한다.

② 헛둘헛둘, 아침 일찍 가야 먹을 수 있는 빵
뒤팽 에 데지데 Du Pain et des Idées

1875년 처음 문을 연 뒤 150년이 다 되도록 변함없는 인기를 얻고 있는 생 마르탱 운하의 터줏대감 불랑제리. 2002년 새 주인을 맞아 재오픈했지만 가게 고유의 맛을 내기 위해 사워도우를 사용하고 손으로만 반죽하는 전통 방식을 그대로 유지하고 있다. 평일 아침 일찍부터 점심때까지만 문을 여는데, 오픈과 동시에 줄이 길게 늘어서니 서둘러 찾아가야 한다.

시그니처 빵은 피스타치오 커스터드 크림에 다크 초콜릿 칩이 박혀 있는 달팽이 모양의 데니쉬, 에스카르고 쇼콜라 피스타슈(Escargot Chocolat Pistache)! 바게트 대신 이 집에서만 파는 큰 사각 모양의 팽 데자미(Pain des Amis)와 신선한 사과를 그대로 넣어 만든 사과 쇼송(Chausson à la Pomme Fraîche)도 꼭 맛봐야 한다. 여러 미디어에서 수여한 '올해의 빵집' 타이틀은 빵 맛을 살짝 거들 뿐! **MAP ❹-C**

GOOGLE MAPS 뒤팽 에 데지데
ADD 34 Rue Yves Toudic, 75010
OPEN 07:15~19:30/토·일요일·12월 마지막 주·7월 말~8월 말 약 4주간 휴무
MENU 에스카르고 쇼콜라 피스타슈 5.50€, 사과 쇼송 4.30€
WALK 생마르탱 운하의 투르낭교(Pont Tournant)에서 도보 4분
METRO 5 Jacques Bonsergent 1번 출구에서 도보 3분
WEB dupainetdesidees.com

③ 프랑스 공화국을 상징하는 대규모 광장
레퓌블리크 광장(공화국 광장)
Place de la République

생기 넘치는 젊음으로 가득찬 광장. 메트로 5개 노선이 교차하는 교통의 요지다. 광장 주변으로 트렌디한 패션·스포츠 브랜드점과 잡화점, 카페, 비스트로가 즐비해 파리의 젊은이들을 밤낮으로 불러 모은다. 광장 중앙에는 프랑스 공화국의 상징인 마리안의 청동상과 자유·평등·의리를 상징하는 3개의 석상, 프랑스 공화국의 역사를 기록한 12개의 청동 부조로 장식한 공화국 기념비(Le Monument à la République)가 있다. 광장 남쪽은 마레 지구와 맞닿아 있으며, 기념비 앞으로 쭉 뻗은 길은 패션 스트리트로 유명한 에티엔 마르셀까지 이어진다. **MAP ❹-C & ❺-A**

GOOGLE MAPS Place Republique
WALK 생마르탱 운하 남쪽의 프레데릭르메트르 광장에서 도보 3분
METRO 3·5·8·9·11 République 하차

4 디지털 아트라는 놀라운 신세계
아틀리에 데 뤼미에르 Atelier des Lumières

최근 여행자들 사이에서 가장 핫하게 떠오른 신 명소. 반 고흐, 클림트, 샤갈 등 유명 예술가의 작품을 조명과 대형 영상, 감미로운 사운드로 선보이는 색다른 형태의 전시관으로, 작품이 마치 살아 움직이듯 벽면을 가득 채우며 관람객의 눈과 귀를 사로잡는다. 프랑스 남부의 요새 마을 레 보드프로방스(Les Baux-de-Provence)에서 선보인 빛의 채석장(Carrières de Lumières)이 인기를 얻자 파리 11구의 주물공장을 개조해 2018년 문을 열었다. 페르라셰즈 묘지(349p)와 가깝다. MAP ❺-B

GOOGLE MAPS 아틀리에 데 뤼미에르
ADD 38 Rue Saint-Maur, 75011
OPEN 10:00~18:00(금·토요일 ~21:00)/7월 초~8월 연장 오픈/ 폐장 1시간 전까지 입장
PRICE 18€, 학생·12~25세 15€, 3~11세 10€/현장 구매 시 1~2€ 추가/ 전시에 따라 조금씩 다름 예약 권장
WALK 프레데릭르메트르 광장 또는 바스티유 광장에서 각각 도보 20분/ 페르 라셰즈의 감베타 거리 쪽 입구에서 도보 12분
METRO 3 Rue Saint-Maur 2번 출구에서 도보 5분
WEB atelier-lumieres.com

5 1789년 7월 14일을 기념하며
바스티유 광장 Place de la Bastille

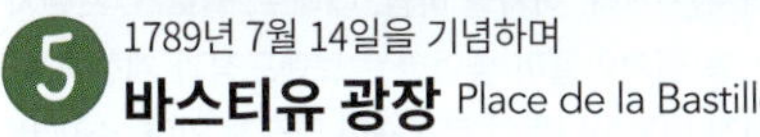

1789년 7월 프랑스 대혁명이 시작된 곳. 4·11·12구의 경계에 걸쳐 있으며, 광장 한가운데에는 1830년 7월 혁명을 기념해 세운 50m 높이의 7월의 탑(Colonne de Juillet)이 우뚝 솟아 있다. 탑 밑에는 1830년 7월 혁명과 1848년 혁명 때 희생된 사람들의 유해가 묻혀 있고 청동 기둥에 그 이름들이 새겨져 있다. 묘지는 기념관으로 단장돼 프랑스어 가이드 투어로만 들어갈 수 있으며, 탑 위로는 올라갈 수 없다. 광장 부근에는 프랑스 대혁명 200주년을 기념해 1989년에 완공한 오페라 바스티유(Opéra de la Bastille)가 있다. MAP ❺-C

GOOGLE MAPS 바스티유광장
ADD Place de la Bastille, 75011
OPEN 가이드 투어 토·일요일 14:30·16:30 (1회에 18명 한정)/ 예약 필수
PRICE 13€(7~17세 6€)
WALK 보주 광장에서 도보 5분/생루이섬에서 북쪽으로 쉴리교 건너 도보 8분
METRO 1·5·8 Bastille 하차
WEB colonne-de-juillet.fr(투어 신청) www.operadeparis.fr(오페라 바스티유)

6 목표는 길거리 먹방!
바스티유 시장 Marché Bastille

우리나라의 재래시장과 비슷한 분위기 속에서 파리지앵의 일상을 들여다볼 수 있는 곳. 인테리어 소품이나 골동품보다는 싱싱한 과일과 채소, 해산물, 직접 만든 빵과 음식을 주로 팔아 저렴하고 푸짐하게 배를 채울 수 있다. 토요일 10:00~19:00에는 바스티유 창작 시장(Marché de la Création Paris-Bastille)이라 불리는 예술 시장이 들어서, 아마추어 예술가들의 야외 전시장으로 변신한다. 예술 작품과 공예품, 액세서리에 관심이 많다면 시간 맞춰 들러보자. MAP **5**-C

GOOGLE MAPS V97C+W4 파리
ADD Boulevard Richard Lenoir, 75011
OPEN 목·일요일 08:30~14:30
WALK 바스티유 광장에서 도보 3분
METRO 5 Bréguet-Sabin에서 5·9 Oberkampf 근처까지 늘어선다.

7 두 얼굴의 저수지
바생 드 라르제날 Bassin de l'Arsenal

생마르탱 운하의 일부로, 센강의 케 드 라 라페(Quai de la Rapée)와 바스티유 광장 사이에 형성돼 있다. 19세기까지 이곳에 있던 무기고(L'Arsenal)에서 이름이 유래했고, 무기고의 전신인 바스티유 요새 주변의 해자를 채우려는 목적으로 센강에서 물을 끌어오던 도랑을 개조해 만들었다. 평소에는 요트가 떠다니는 평화로운 휴식공간이지만 여름에는 파리 플라주(029p)의 메인 장소로 이용되어 아침부터 튜브를 끼고 수영하는 아이들과 모래사장에서 일광욕하는 어른들로 북적인다. 라르제날 항(Port de l'Arsenal)이라고도 부른다. MAP **5**-C

GOOGLE MAPS port arsenal garden
WALK 바스티유 광장 바로 남쪽

8 당신이 미처 몰랐던 파리
샤론 거리 Rue de Charonne

파리 11구, 바스티유 광장 부근에서 동쪽으로 1km 정도 이어지는 거리. 이자벨 마랑, 레페토, 벨로즈, 프렌치 트로터 등 현지인들이 좋아하는 브랜드점과 개성이 뛰어난 신진 디자이너들의 로드숍이 밀집해 있다. 수제 버거 맛집 블렌드 햄버거를 비롯한 젊은 취향의 카페와 레스토랑이 많으니 식사나 커피를 즐기며 천천히 둘러보면 좋은 곳이다. MAP **5**-D

GOOGLE MAPS V92G+GF 파리
METRO 8 Ledru-Rollin 4번 출구에서 바로

9

<비포 선셋>의 주인공이 돼볼까?

르네뒤몽 녹색 산책로
Coulée Verte René-Dumont

버려진 철로를 재생해 만든 길이 약 4.7km의 산책로. 1969년 부터 운행이 중지된 고가 철도를 방치하다가 1993년에 가로수를 심으면서 산책로로 탈바꿈했고, 영화 <비포 선셋>에 등장하면서 유명해졌다. 2km가량의 철도 상부는 산책로 및 정원으로 꾸며져 녹음이 우거지는 계절에 찾으면 연둣빛 잔디와 짙은 녹색의 벤치가 마음을 설레게 한다. 걷다 보면 꽃과 나무가 늘어선 길 중간중간 잘린 건물 틈을 통과하는 구간과 발아래가 내려다보이는 쇠 그물이 깔린 구간 등이 나타나 산책이 재밌어진다. 철도 아래 아치 모양 공간엔 아트 갤러리, 가구·공예 공방, 카페 등이 들어서 있다. 산책로는 오페라 바스티유 뒤쪽에서 시작해 뱅센숲 입구까지 이어진다. **MAP ❺-C**

GOOGLE MAPS 쿨레 베르트 산책길
ADD 1 Coulée Verte René-Dumont, 75012
OPEN 07:00~21:30(겨울철 ~17:30, 전 시즌 토·일요일 08:00~)/ 일부 공휴일 휴무
WALK 바스티유 광장에서 도보 5분/파리 리옹역에서 도보 5분
METRO 8 Ledru-Rollin 3번 출구에서 도보 5분

처음에는 프롬나드 플랑테(Promenade Plantée, 가로수길)라는 평범한 이름으로 불리다가 프랑스 환경 운동의 선구자 르네뒤몽을 기념해 이름을 바꾸었다.

파리에서 가장 럭셔리한 기차역

리옹역 Gare de Lyon

프로방스·코트 다쥐르·부르고뉴 등의 프랑스 지방을 비롯해 알프스 근교의 스키장과 스위스·이탈리아로 향하는 휴양객을 실어나르는 철도역이다. 1849년에 개통했고 1900년 만국 박람회에 맞춰 대규모 확장 공사를 벌여 대형 프레스코로 장식한 럭셔리한 기차역으로 변모했다. 역 안에는 1901년에 문을 열고 영화 <니키타>의 배경이 된 레스토랑 르 트랑 블뢰(Le Train Bleu)가 들어와 있다. 가격 대비 만족할 수준의 맛은 아니지만 분위기가 좋아 인기가 많은 편. 식사를 하지 않고 음료나 디저트만 먹어도 괜찮은 곳이다. 입장할 때 식사 주문 여부를 물어보며, 음료만 마신다고 말하면 테이블이 낮아 편안한 자리로 안내해준다. 기차역 0층의 Hall 1, A~N 플랫폼 맞은편에 있다. **MAP ❿-B**

GOOGLE MAPS 파리 리옹역
ADD Place Louis Armand, 75012
OPEN 르 트랑 블뢰 07:30~22:30/식사 11:15~14:30, 19:00~22:30
WALK 르네뒤몽 녹색 산책로 입구 또는와 바생 드 라르제날 센강 쪽 시작 지점에서 각각 도보 10분
METRO 1·14 또는 **RER A·D** Gare de Lyon 하차
WEB www.le-train-bleu.com

10

높이 67m, 가로·세로 각각 8.5m의 대형 시계탑이 상징이다.

궁전같이 화려한 레스토랑, 르 트랑 블뢰

라이프스타일 & 잡화숍

오후의 티 타임에 어울릴 퀄리티 높은 식기류와 인테리어 잡화를 구경하며
파리지앵의 일상 속으로 한 발짝 더 다가가는 시간.

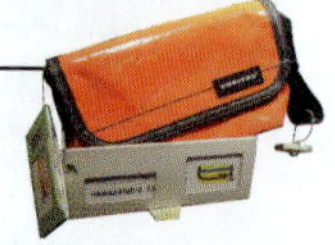

실속이 꽉 찬 디자인 전문 서점

아르타자르 Artazart

생마르탱 운하를 산책한다면 눈길을 사로잡는 빨간 간판을 놓치지 말자. 예술과 디자인 문구에 관심이 많은 이들에게는 보물 창고와도 같은 디자인 전문 서점이다. 톡톡 튀는 디자인 서적은 분야별로 잘 정리돼 있어 찾아보기 쉽고, 구하기 힘든 책도 많이 취급해 디자인 관련 업계 유명인도 종종 찾는다. 다양한 디자인 문구류와 판화를 비롯한 작은 현대 회화들도 고급 기념품으로 손색이 없다. 각종 전시와 사인회, 토론회 등도 열리는 등 예술가들의 아지트와 같은 곳. MAP ④-C

GOOGLE MAPS artazart
ADD 83 Quai de Valmy, 75010
OPEN 10:30~19:30(일요일·공휴일 11:00~)/1월 1일·12월 25일 휴무
WALK 생마르탱 운하의 투르낭 드 라 그랑주 오 벨교(Pont Tournant de la Grange aux Belles) 바로 서쪽
METRO 5 Jacques Bonsergent 1번 출구에서 도보 5분
WEB www.artazart.com

인테리어 마니아의 놀이터

보르고 델레 토발리에 Borgo delle Tovaglie

1996년 이탈리아 북부의 볼로냐에서 홈 패브릭 제조 회사로 출발한 세계적인 리빙 브랜드, 보르고 델레 토발리에가 운영하는 캐주얼 럭셔리 콘셉트의 토탈 리빙 편집숍이다. 고급진 원단의 패브릭 제품과 트렌디하고 실용적인 디자인의 식기, 홈퍼니싱, 빈티지 제품 등이 너른 매장 안이 비좁게 느껴질 정도로 야무지게 진열돼 있다. 집 꾸미기에 관심 있는 지인들이 입을 모아 추천하는 곳으로, 인테리어 마니아라면 그냥 지나치기 섭섭하다. 한쪽에는 이탈리안 음식을 즐길 수 있는 캐주얼 레스토랑도 있다. MAP ⑤-A

GOOGLE MAPS 보르고 델레 토발리에 파리
ADD 4 Rue du Grand Prieuré, 75011
OPEN 숍 10:30~16:00(토요일 11:00~18:00)/일요일 휴무/유동적 오픈,
식당 12:15~14:30(토·일요일 ~15:00), 19:30~22:30/일요일 디너 휴무
WALK 프레데릭르메트르 광장에서 도보 7분
METRO 5·9 Oberkampf 1번 출구에서 도보 1분
WEB www.borgodelletovaglie.com

블링블링 금빛의 향연
파사주 도레 Passage Doré

반짝이는 액세서리와 아기자기한 유럽풍 잡화로 눈 둘 곳 없이 화려한 공방 겸 편집숍이다. 벽면을 가득 채운 전시대에는 세상에 하나뿐인 목걸이, 반지, 팔찌 같은 액세서리를 비롯한 각종 문구류와 인테리어 소품이 진열돼 있다. 소중한 추억을 담아 갈 나를 위한 선물을 찾는다면 추천하는 곳. **MAP ④-C**

GOOGLE MAPS V996+RM 파리
ADD 6 Rue du Château d'Eau, 75010
OPEN 11:00~19:00/일·월요일 휴무
WALK 레퓌블리크 광장에서 도보 3분
METRO 5 Jacques Bonsergent 2번 출구에서 도보 2분
WEB passagedore.com

가구 전문점, 스위트 라 트레소르리

환경을 고려한 실용주의 주방용품
라 트레소르리 La Trésorerie

친환경 소재로 만든 주방용품으로 빼곡한 편집숍이다. 북유럽을 중심으로 한 유럽산 제품 중에서도 나무와 같은 천연 자연 소재로 만든 제품과 재활용 가능한 제품 위주로 셀렉트했다. 침구류, 인테리어 소품, 수공예 액세서리 등 다양한 품목을 취급하나, 주방용품이 주를 이룬다. 바로 맞은편에 가구만 취급하는 매장(Suite la Trésorerie)도 운영한다. **MAP ④-C**

GOOGLE MAPS V996+RC 파리
ADD 11 Rue du Château d'Eau, 75010
OPEN 11:00~19:00/
일·월요일·일부 공휴일 휴무
WALK 파사주 도레 건너편
WEB latresorerie.fr

#생마르탱 #파리감성핫플

맛있는 빵 한 조각과 커피 한 잔이 주는 행복. 생마르탱에서 다시 쓰는 여행의 기록.

팔방미인 바리스타의 공간
텐 벨스 Ten Belles

2012년 생마르탱 운하 주변에 문을 열자마자 <피가로>가 꼽은 파리 5대 카페 중 하나로 선정된 곳. 카페 텔레스코프(230p)와 함께 파리의 젊은 바리스타들을 끈끈하게 잇는 카페로, 라테 아트나 드립 커피 등 트렌드를 이끈다. 커피뿐 아니라 간단한 음식들도 퀄리티가 좋아 식사 시간에는 더욱 북적이며, 커피 케이크와 큼직한 쿠키 등 디저트류도 반응이 좋다. 2022년 옆 매장까지 확장 오픈해 조금 더 여유롭게 쉬어갈 수 있다. 생제르맹데프레 지점(53 Rue du Cherche-Midi)과 바스티유 광장 근처의 베이커리 텐 벨스 브레드(17-19 Rue Breguet)도 인기몰이 중이다. **MAP ④-C**

GOOGLE MAPS 텐 벨스 75010
ADD 10 Rue de la Grange aux Belles, 75010
OPEN 08:30~16:30(토·일요일 09:00~17:30)
MENU 커피 3€~, 샌드위치 4.50€~, 쿠키 3€~
WALK 생마르탱 운하 중간 즈음, 투르낭 드 라 그랑주 오 벨교(Pont Tournant de la Grange aux Belles) 동쪽
METRO 5 Jacques Bonsergent 1번 출구에서 도보 5분
WEB www.tenbelles.com

명품 셰프의 명품 커피
르 카페 알랭 뒤카스 Le Café Alain Ducasse

스타 셰프 알랭 뒤카스가 자신의 장인 정신을 커피에 투영해 론칭한 스페셜티 커피 브랜드다. 엄선한 산지의 소규모 농장과 직접 거래하여 들여온 최고급 원두를 파리 현지에서 직접 로스팅해 선보인다. 셰프의 철학이 담긴 싱글 오리진 필터 커피는 물론, 선물용으로 좋은 원두와 네스프레소 호환 캡슐까지 갖췄다. 커피를 주문하면 곁들여 내는 작은 마들렌이나 초콜릿 한 조각에서 뒤카스만의 섬세한 미식 가이드를 경험할 수 있다. 파리 시내에 20여 곳의 지점이 있다.

MAP ⑤-C

GOOGLE MAPS V94C+4V 파리
ADD 12 Rue Saint-Sabin, 75011
OPEN 09:00~19:00(일요일 11:00~18:00)/7~8월 중 약 4주간 휴무
MENU 원두 7€~/125g, 커피 3€~
WALK 바스티유 광장에서 도보 4분
WEB lecafe-alainducasse.com

처음 맛보는 삭슈카

카페 메리쿠르 Café Méricourt

토마토와 고추에 퐁당 빠진 달걀의 모습이 지옥 불에 빠진 것과 같다고 하여 영어로 에그 인 헬(Egg in Hell)이라 하는 북아프리카식 달걀 요리, 샥슈카(Chakchouka)가 맛있기로 소문난 브런치 레스토랑이다. 토마토 샥슈카도 일품이지만 볶은 시금치 위에 페타 치즈와 반숙 달걀을 올리고 잣과 고수잎으로 반전 매력을 보여주는 초록색 삭슈카, 그린 에그 앤 페타(Green Eggs & Feta)도 별미다. 리코타 치즈를 올리고 제철 과일과 호박씨, 건포도, 메이플 시럽을 사용해 새콤달콤하게 즐기는 팬케이크(Pancakes Sucré au Fruits)도 추천 메뉴. 주말에는 홈페이지에서 예약하고 가는 게 좋고, 평일에도 인기 메뉴는 조기 품절될 수 있으니 서둘러 가자. **MAP ⑤-B**

GOOGLE MAPS 카페 메리쿠르 75011 파리
ADD 22 Rue de la Folie Méricourt, 75011
OPEN 08:30~16:00(토·일요일 09:30~17:00)/
L.O.는 폐장 1시간 30분 전까지/일부 공휴일 휴무
MENU 샥슈카 13.50€~, 그린 에그 앤 페타 14.50€~
WALK 프레데릭르메트르 광장에서 도보 12분
METRO 9 Saint-Ambroise 1번 출구에서 도보 2분
WEB www.cafemericourt.com

숨은 고수의 커피를 맛보자

드리민 맨 Dreamin' Man

붓 카페(324p)의 커피 맛을 책임지던 바리스타 스기야마가 창업한 카페. 오픈 소식을 들은 파리지앵들이 멀리서도 찾아올 정도로 오베르캄프 일대에서 인기가 높다. 1960~70년대 노래가 흘러나오는 작은 카페는 아날로그 감성을 물씬 풍기는데, 가게 이름도 록 뮤지션 닐 영의 노래 제목에서 따 온 것이라고. 출출할 땐 스기야마의 부인 유이가 직접 구운 스콘과 케이크를 곁들여 보자. 마레 지구의 편집 숍 브로큰 암(322p)에 지점이 있다. **MAP ⑤-A**

GOOGLE MAPS 드리민 맨 75011
ADD 140 Rue Amelot, 75011
OPEN 08:30~16:00/일요일 휴무
MENU 에스프레소 3€, 호지차 라테 5.50€, 아이스라테 6€, 페이스트리 5€~
WALK 레퓌블리크 광장에서 3분

#생마르탱 #현지인맛집

관광객은 눈치채기 어렵다. 현지인이 즐겨 찾는 변방의 맛집들.

'진짜' 이탈리아 본토의 맛

오베르 맘마 Ober Mamma

이탈리아 셰프들이 이탈리아 식자재로 요리하는 빅 맘마 계열의 정통 이탈리안 레스토랑. 파리지앵의 미각을 사로잡은 이탈리안 음식을 맛 보려는 사람들로 긴 줄이 늘어선다. 재료를 아끼지 않고 듬뿍 올린 부 라타 치즈가 녹아내리는 피자(Regina Burrata), 감미로운 송로버섯 향 이 후각을 자극하는 트뤼프 파스타(La Famuese Pate a la Truffe) 등이 인기 메뉴다(메뉴는 매달 바뀐다). 화덕에서 쉼 없이 구워내는 피자와 지 글지글 익어가는 요리가 음식에 대한 기대치를 한껏 높인다. MAP **5**-A

GOOGLE MAPS 오베르 맘마 파리
ADD 107 Bd. Richard-Lenoir, 75011
OPEN 12:00~14:30(토·일요일 ~15:30),
18:45~22:45(목~일요일 18:30~23:00)
MENU 안티파스티 8~12€, 제1요리 8~24€,
피자 12.50~19.50€, 제2요리 15~24€
WALK 프레데릭르메트르 광장에서 도보 7분
METRO **5·9** Oberkampf 4번 출구에서 도보
2분
WEB bigmammagroup.com

생마르냉 운하 옆, 검증된 맛집

홀리벨리 Holybelly

마레 지구의 예쁜 산책로와 생마르탱 운하를 거닐던 이들이 약속이나 한 듯 모여드는 사랑스러운 카페. 맛있는 커피와 음식, 캐주얼한 분위기가 매력적인 곳이다. 팬케이크나 해시브라운 등 미국풍 브런치 메뉴가 호평을 받으며, 유기농 제철 재료로 만든 기발한 메뉴도 많아 언제가도 새로운 기분이다. 다양한 아이스 음료와 맥주, 칵테일을 선보이며, 직원들이 영어에 능숙해 다국적 손님들이 즐겨 찾는다. 휴무일과 휴가 기간이 유동적이므로 홈페이지에서 미리 쉬는 날을 확인한 후 방문하는 것이 안전하다. **MAP ❹-C**

GOOGLE MAPS 홀리벨리 파리
ADD 5 Rue Lucien Sampaix, 75010
OPEN 09:00~17:00/L.O.는 16:00/일부 공휴일 휴무
MENU 커피 2.50~5€, 팬케이크 10.50~15.50€
METRO 5 Jacques Bonsergent 2번 출구에서 도보 2분
WEB www.holybellycafe.com

인기 No. 1 팬케이크,
세이버리 스탁
(Savoury Stack),
15.50€

세강, 에펠탑, 노트르담을 한눈에 담기

보니 BONNIE

럭셔리 호텔 SO/ 파리 최상층에 자리한 레스토랑 겸 바다. 파리의 주요 명소가 한눈에 들어오는 압도적인 전망을 자랑한다. 70여 개의 미식 공간을 운영하는 파리 소사이어티가 프렌치 베이스의 세련된 컨템포러리 요리를 선보이며, 거울을 활용한 미래지향적 인테리어가 창밖 풍경과 어우러져 신비로운 분위기를 자아낸다. 식사는 물론 바에서 칵테일 한잔과 함께 노을이나 야경을 즐기기에도 최적화돼 있다. 레스토랑은 예약이 필수이며, 장소의 격에 맞춰 스마트 캐주얼 이상의 드레스 코드를 갖추는 것이 좋다. 바는 예약 없이 방문 가능. **MAP ❺-C**

GOOGLE MAPS 보니 75004
ADD 10 Rue Agrippa d'Aubigné, 75004
OPEN 12:00~15:00, 19:00~23:00(목~토요일 ~01:30)/
바 16:00~02:00
MENU 앙트레 16~55€, 플라 34~69€, 2인용(À partager) 플라 110€~, 칵테일 20€~
WALK 바스티유 광장에서 도보 10분
METRO 7 Sully-Morland 1번 출구에서 도보 2분
WEB www.bonnie-restaurant.com

여유 한 모금
19구 & 20구 산책

파리의 20개 구(Arrondissement) 가운데 맨 마지막 구인 19구와 20구는 산책 나온 주민들과 뛰노는 아이들의 활기로 가득 찬, 공원과 산책로의 보고다. 복잡한 관광지를 벗어나 햇살 아래 여유롭게 힐링하고 싶을 때 더할 나위 없는 지역. 단, 타 지역보다 낙후돼 있어 우범지역으로 손꼽히는 곳이니 밤보다는 낮에 방문하고, 늦은 시간에는 택시를 이용하는 것이 좋다.

여긴 몰랐을걸? 파리 전망 끝판왕

벨빌 공원 Parc de Belleville

벨빌 언덕에 자리한 공원. 채석장을 단장해 만들었다. 공원 내 해발 108m의 제일 높은 곳에는 파리 시내를 한눈에 볼 수 있는 테라스가 있다. 시내에서 비교적 가까우면서도 언덕 앞으로 시야를 가리는 높은 건물이 없는 절묘한 위치 덕에 파리 전경의 종합판을 이곳에서 볼 수 있다.

공원이 있는 벨빌 지역은 '아름다운 마을'이라는 뜻의 이름과는 달리 예전부터 중국계·아랍계 이민자들이 주로 모여 사는 서민 지역이었다. 그러나 1980년대 후반부터 가난한 예술가들이 모여 들어와 임대료가 저렴한 빈 창고나 사무실을 작업실로 사용하면서 분위기가 많이 바뀌었고 여행자들의 발길도 제법 늘었다. 최근에는 젊고 실력 있는 셰프들이 문 연 개성 넘치는 레스토랑과 바가 마을에 활기를 불어넣는 중. 단, 여전히 밤에는 통행을 삼가는 것이 좋다. MAP ❹-D

GOOGLE MAPS V9CM+CV 파리
ADD 47 Rue des Couronnes, 75020
OPEN 07:00~21:00(토·일요일 08:00~)/ 시즌에 따라 유동적
METRO 2 Couronnes 하나뿐인 출구에서 도보 4분

©Carl Campbell

여성들의 립스틱 자국이 가득한
오스카 와일드의 묘

구석에 있어도 많은 사람이 찾는
짐 모리슨의 묘

파리에서 제일 유명한 묘지

페르라셰즈 묘지 Cimetière du Père-Lachaise

파리 3대 묘지(페르라셰즈, 몽마르트르, 몽파르나스) 중 제일 넓고 아름다운 묘지. 44만m²(약 13만 평)의 넓은 부지를 가득 메운 7만5천 기 이상의 무덤을 보기 위해 매년 300만 명 이상이 찾아오는 파리의 관광 명소다. 쇼팽, 발자크, 오스카 와일드, 몰리에르, 아폴리네르, 비제, 마리아 칼라스, 오귀스트 콩트, 이사도라 덩컨, 막스 에른스트, 에디트 피아프, 마리아 칼라스, 들라크루아, 로시니, 쇠라, 모딜리아니, 짐 모리슨, 이브 몽탕 등 많은 유명인이 이곳에 잠들어 있다. 그중 가장 많은 방문객이 찾는 무덤은 쇼팽, 오스카 와일드, 짐 모리슨의 묘다. 1960년내 밴드 <도어즈>의 리더이자 히피들의 정신적 지주였던 짐 모리슨의 무덤 주변은 방문객들이 와서 자주 술을 마시자 철망으로 막기도 했다. 우리에게 공동묘지는 으스스한 이미지지만 파리지앵에게는 편안히 들러 데이트와 산책을 즐기는 공간이다. MAP ⑤-B

GOOGLE MAPS 페르라셰즈묘지
ADD 16 Rue du Repos, 75020
OPEN 08:00~18:00(토요일 08:30~, 일요일·공휴일 09:00~/11월 초~3월 중순 ~17:30)/폐장 30분 전까지 입장
METRO 2 Philippe Auguste 1번 출구에서 도보 3분 또는
2·3 Père Lachaise에서 도보 1분(보조 입구 이용)

파리의 묘지는 어떻게 관광 명소가 되었을까?

프랑스 대혁명 이전 파리 시내에는 200여 개 집단묘지가 있었지만 1780년대 포화 상태가 심각한 사회 문제로 대두됐다. 대혁명 후 사망자가 급증하며 매장지가 부족해지고, 묘지를 관리하는 교구와 유족 사이 갈등이 커졌다. 당시 통령이던 나폴레옹은 출신과 종교에 상관없이 모두 묻힐 권리가 있다고 선언하며 체계적 묘지 공급에 나섰다. 그리고 1804년, 민가와 멀리 떨어진 파리 동북쪽 언덕에 세계 최초의 정원식 공원묘지인 페르라셰즈가 개장했다.

파리시는 페르라셰즈가 시내 중심에서 멀고 낙후한 지역에 있다는 약점을 보완하고자, 개장 초 우화 작가 라퐁텐과 극작가 몰리에르 등 유명인의 묘를 이장해 홍보했다. 무덤 수는 1815년 2000기에서 1830년 3만 3000기로 급증했다. 이후 발자크 작품 속 등장인물들이 모두 페르라셰즈에 묻히며 인지도가 상승했고, 1849년 쇼팽, 1850년 발자크 등 유명인들이 안장됐다. 페르라셰즈의 인기에 힘입어 몽마르트르와 몽파르나스 묘지 역시 유명 인사와 부유한 외국인들이 묻히며 오늘날 인기 관광 명소로 자리매김했다.

완벽히 정리된 프랑스식 정원이 아닌 좀 더 야생적이고 자연 그대로의 아름다움이 강하게 느껴지는 곳이라 편안한 기분을 느낄 수 있다.

채석장이 파리지앵의 힐링 스폿으로

뷰트쇼몽 공원 Parc des Buttes-Chaumont

나폴레옹 3세 통치 마지막 해, 채석장을 깎아 산과 호수, 섬, 동굴, 폭포, 산책로를 만든 파리의 대표 힐링 명소. 아이들과 함께 산책 나온 동네 주민과 벤치에 앉아 피크닉을 즐기는 파리지앵의 모습이 목가적인 풍경을 자아내는 현지인들의 시크릿 플레이스다. 규모가 24만7000m²(서울 올림픽 공원의 약 1.7배)에 달하며, 회전목마와 꼭두각시 인형 쇼 등 어린이를 위한 즐길 거리도 많다.

공원 중앙에 뾰족한 산 모양으로 만든 인공 섬 꼭대기에는 로마 근교에 위치한 휴양도시 티볼리의 베스타 사원을 본떠 만든 작은 신전(Temple de la Sibylle)이 있다. 신전 아래 전망대에 서면 몽마르트르 언덕이나 에펠탑에서 바라본 것과는 또 다른 파리 시내 전경이 펼쳐져 감동적이다. 공원까지는 생마르탱 운하의 북쪽 끝 지점(메트로 Jaurès 역 부근)에서 일직선으로 뻗어 있는 스크레탕 거리(Ave. Secrétan)를 따라 산책 겸 10여 분 걸어가는 코스를 추천한다. 다른 곳과 마찬가지로 낮에 방문하는 것이 좋다. MAP ❹-B

GOOGLE MAPS 뷰뜨 쇼몽 공원
ADD 1 Rue Botzaris, 75019
WALK 생마르탱 운하 북쪽 끝에서 도보 10분
METRO 7bis Buttes Chaumont 또는 Botzaris 하차

교외와 도심을 잇는 대공원

라 빌레트 La Villette

파리 시내 북동쪽, 19구에 옛 시립 도축장을 재생해 만든 21세기식 도시공원. 상설전시장, 플라네타륨, 영화관 등 볼거리와 즐길 거리가 많다. 이벤트를 통해 사람들이 교류할 수 있는 공간이라는 콘셉트를 전면에 내세우는 곳이라 페스티벌 시즌에는 공원 전체가 각기 다른 이벤트로 가득 찬다. 대표적인 이벤트는 매년 7월 중순~8월 중순 밤(21:30 또는 22:30)에 공원 잔디밭에서 열리는 야외 영화 축제(Cinéma en Plein Air). 이때에는 프랑스를 포함한 각국의 최신작뿐 아니라 컬트 영화, 독립 영화들이 무료로 상영된다(간이 의자, 담요, 간단한 음식 반입 가능). MAP ❶

GOOGLE MAPS 라 빌레트공원
ADD 211 Avenue Jean Jaurès, 75019
OPEN 공원 06:00~01:00, 정원 10:00~20:00/일부 정원은 요일·시즌에 따라 유동적, 예약 필수인 정원도 있음
PRICE 공원 무료/시설에 따라 유료
METRO 7 Porte de la Villette 또는 **5** Porte de Pantin 하차
WEB lavillette.com

라 빌레트 관람 포인트 3

Point 1

라 빌레트의 랜드마크
제오드 Géode

거울처럼 매끈한 삼각형의 스테인레스 스틸 판 6433개를 이어 붙여 만든 지름 36m의 거대한 구(球)형 건물이다. 내부는 아이맥스 영화관으로 사용된다. 세계 최대(지름 26m) 반구형 스크린을 통해 상영되는 영화는 보는 이를 감탄케 한다.

GOOGLE MAPS V9VQ+RF 파리
OPEN 10:00~19:00/영화에 따라 다름
PRICE 15€~(25세 이하 12€~)/영화에 따라 다름
WEB www.lageode.fr
예매 www.pathe.fr(검색창에 geode 검색)

Point 2

유럽 최대 규모의 과학 박물관
파리 과학산업박물관 Cité des Sciences et de l'Industrie

제오드와 육교로 연결되는 박물관으로 로봇, 뇌, 유전자, 교통, 에너지 등 18개의 테마로 나뉜 현대과학 관련 전시물을 선보인다. 상설전시실과 특별전시실, 극장, 플라네타륨, 잠수함, 도서관, 2~7세와 5~12세를 위한 특별전시 공간인 시테 데 장팡(La Cité des Enfants) 등으로 이루어져 있다. 시테 데 장팡과 플라네타륨을 제외하고 모두 하나의 티켓으로 이용할 수 있다. 축구장 면적의 5배에 달하는 지상 3층, 지하 2층으로 이루어진 건물은 과학의 도시 파리를 상징하는 대표적 건축물로 꼽힌다.

GOOGLE MAPS 파리 과학산업박물관
OPEN 09:15~18:00(일요일 ~19:00)/시설마다 조금씩 다름/
월요일·1월 1일·12월 25일 휴무/ 온라인 예약 권장
PRICE 15€(6~24세 12€, 2~5세 4€)/ 뮤지엄 패스
WEB cite-sciences.fr

©Musée de la Musique

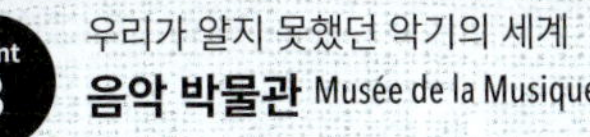

Point 3

우리가 알지 못했던 악기의 세계
음악 박물관 Musée de la Musique

음악의 전당(Cité de la Musique) 단지 안에 파리 관현악단의 공연장, 필하모니 드 파리(Philharmonie de Paris)와 함께 들어와 있는 박물관이다. 17·18·19·20세기의 세계 음악으로 나뉜 4개 층의 전시 공간에서 쇼팽이 사용하던 피아노에서 프랑크 자파가 사용한 신서사이저에 이르는 천여 개의 서양 악기와 악보, 연주용 소품들을 전시하고 있다. 건축계의 노벨상으로 불리는 프리츠커 상을 수상한 장 누벨이 디자인에 참여한 현대식 필하모니 드 파리 건물도 볼거리인데, 많은 부분이 애초 건축가의 설계와 다르게 지어져 논란을 빚었다.

GOOGLE MAPS 음악 박물관 파리
ADD 221 Avenue Jean Jaurès 75019(라 빌레트 남쪽)
OPEN 12:00~18:00(토·일요일 10:00~, 12월 24·31일 ~17:00)/월요일·1월 1일·3월 30일·9월 30일·12월 25일 휴무
PRICE 상설전 10€(26·27세 8€, 25세 이하 무료/매표소에서 무료입장권 수령)/ 뮤지엄 패스 /특별전은 별도
METRO 5 Porte de Pantin에서 도보 2분
WEB philharmoniedeparis.fr

샤넬의 비밀 공방 도시

르19엠 Le 19M

파리 북동쪽 오베르빌리에 경계에 자리한 르19엠은 샤넬이 전통 공예 기술을 보존하고 계승하기 위해 설립한 대형 복합 아틀리에다. 이름의 숫자 19는 건물이 위치한 19구와 가브리엘 샤넬의 생일을 뜻하며, 알파벳 M은 기술(Métiers d'art), 손(Mains), 패션(Mode)의 의미를 담아 샤넬의 철학을 상징한다. 건축가 루디 리치오티(Rudy Ricciotti)가 설계한 거미줄 형태의 흰색 콘크리트 외벽은 섬유 조직을 형상화한 듯 신비롭고 강렬한 첫인상을 남긴다. 내부에는 자수 공방 르사주(Lesage), 깃털·조화 장식의 르마리에(Lemarié), 모자 공방 메종 미셸(Maison Michel) 등 패션 역사를 대변하는 11개 공방이 모여 오트 쿠튀르의 정수를 빚는다.

일반 여행자에게는 보안이 엄격한 공방 내부 대신 개방형 문화 공간인 라 갈레리 뒤 19엠(La Galerie du 19M)이 열려 있다. 장인들의 작업을 엿볼 수 있는 기획 전시와 일반인도 참여할 수 있는 워크숍이 수시로 열려 럭셔리 브랜드의 이면을 친숙하게 경험하기 좋다. 2024년에는 건물 인근의 버려진 철도 용지를 4200㎡ 규모의 녹지로 탈바꿈시킨 생태 정원 라 파르셀(La Parcelle)을 새롭게 조성했다. 도심 외곽이라 접근성은 다소 떨어지지만, 조경이 아름다운 중정과 세련된 카페, 라 파르셀까지 함께 둘러보면 파리의 현대적인 예술 에너지를 체감할 수 있다. 전시 관람과 워크숍은 공식 홈페이지 사전 예약이 필수이므로 방문 전 일정을 확인해야 한다.

MAP ❶

GOOGLE MAPS le19m
ADD 2 Pl Skanderbeg, 75019
OPEN 라 갈레리 뒤 19엠 11:00~18:30/전시에 따라 다름/전시 준비 기간 휴무 예약 필수
라 파르셀 08:30~18:00(토·일요일 11:00~)/시설마다 다름/겨울철 휴무
PRICE 무료~전시·시설에 따라 유료
METRO 12 Front Populaire 하차 후 도보 15분 또는 239번 버스(Rosa Parks행) 탑승, Parc du Millénaire 하차/
12 Aimé Césaire 하차 후 도보 20분 또는 35번 버스(Gare du Nord행) 탑승, Parc du Millénaire 하차
RER E Rosa Parks 하차 후 도보 11분
BUS 35·45·239번 Parc du Millénaire 하차/
54번 Porte d'Aubervilliers 하차
TRAM 3b Porte d'Aubervilliers 하차 후 도보 8분
WEB www.le19m.com

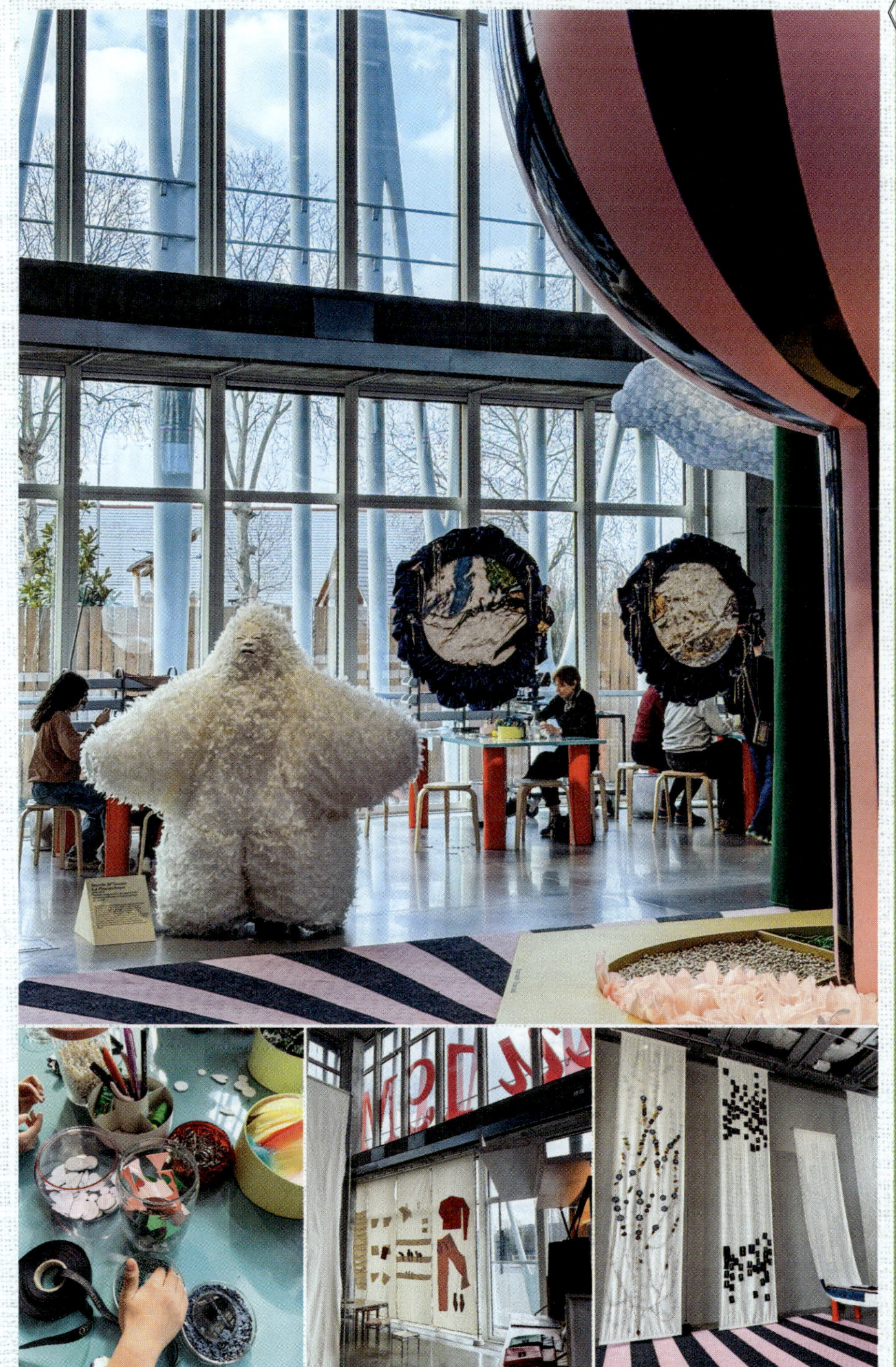

파리의 걷고 싶은 길 #6

Rue Crémieux

크레미유 거리: 베르시 거리(Rue de Bercy)~리옹 거리(Rue de Lyon)
그곳에서 온 엽서 한 장

12e ARRt
RUE
DE BERCY
12e ARRt
RUE
CRÉMIEUX

파리 최고의 낭만

몽마르트르

센강과 함께 파리의 낭만을 책임져 온 몽마르트르. 파리 시내에서 가장 높은 곳에 있어 전망을 감상하기에도 좋지만 수많은 거리 화가와 유서 깊은 카페들이 만들어내는 예술적인 향취야말로 전 세계 관광객이 이곳을 찾는 가장 큰 이유다. 파란 하늘과 대비돼 더욱 하얗게 빛나는 사크레쾨르 대성당, 언덕 위로 오르는 계단 사이사이로 바라보이는 파리 시내 전망을 만끽하며 예술의 거리 몽마르트르에서의 낭만을 즐겨보자.

몽마르트르를 편하게 산책하는 법

❶ 메트로 타고 몽마르트르 가기

메트로 2호선 앙베르(Anvers)역에서 내려 출구로 나와 오른쪽 길을 건너 언덕 위로 2분 정도 걸으면 몽마르트르 언덕 입구인 생피에르 광장(Place Saint-Pierre)이 나온다. 또는 메트로 12호선을 타고 아베스(Abbesses)역에서 내려 CA 은행과 우체국(La Poste) 사이로 5분 정도 걸으면 생피에르 광장에 도착한다. 앙베르역과 아베스역은 출구가 하나뿐이라 길 찾기가 어렵지 않다. 참고로, 아베스역에서 지상으로 올라올 때는 계단 대신 엘리베이터를 이용하자. 계단을 선택하면 멋진 벽화를 볼 수 있지만 무려 200개의 계단을 올라야 한다.

아베스역 계단

❷ 몽마르트르 언덕 위로 올라가기

몽마르트르 언덕까지는 다양한 방법으로 오를 수 있지만 가장 추천하는 방법은 생피에르 광장에서 도보로 올라가는 것이다. 237개의 계단 중간중간 전망대가 있어 파리라는 도시가 다양한 이야깃거리로 가득한 한 편의 소설처럼 다가온다. 대중교통편은 생피에르 광장과 사크레쾨르 대성당을 연결하는 케이블카 퓌니퀼레르(Funiculaire)와 테르트르 광장과 포도밭 등 골목 구석구석을 다니는 미니버스 몽마르트로뷔스(Montmartrobus)가 있다. 둘 다 시내 교통권으로 탑승할 수 있다.

퓌니퀼레르

❸ 꼬마 기차

시간이 부족한 여행자라면 몽마르트르 주요 명소를 빠르게 둘러볼 수 있는 꼬마 기차(Petit Train)를 이용하는 것도 좋다. 상행과 하행을 다른 루트로 돌아 몽마르트 전체를 한 바퀴 돌 수 있다. 메트로 2호선 블랑슈(Blanche)역 근처 물랭 루즈 앞에서 출발하는 꼬마 기차는 몽마르트르의 주요 골목을 지나 사크레쾨르 대성당 인근 테르트르 광장까지 운행한다. 소요 시간은 약 45분이며, 프랑스어와 영어로 간단한 안내 방송이 제공된다.

OPEN 10:00~19:30(10~1월 ~17:0, 2·3월 ~17:30)/30분~1시간 간격 운행/
1월 수요일 휴무/날씨에 따라 유동적
PRICE 12€(11세 이하 5€)
WEB promotrain.fr

꼬마 기차

사크레쾨르 대성당
Basilique du Sacré-Cœur

몽마르트르 정상에 세운 로만 비잔틴 양식의 성당. 프로 이센과 벌인 보불전쟁과 파리 코뮌 내전으로 사망한 이들의 넋을 위로하고 사회 통합을 이루고자 파리 시민의 자발적인 성금으로 지었다. 1873년에 짓기 시작해 46년 만인 1919년에 완공하기까지 많은 우여곡절을 겪었는데, 처음에는 독특한 설계 디자인 때문에 많은 반대에 부딪혔지만 지금은 파리를 대표하는 건축물 중 하나가 되었다.

성당 중앙에는 높이 83m, 너비 50m인 거대한 돔이 있는데, 이 돔에서 파리 시가지를 한눈에 조망할 수 있다. 성당 입구 맨 위에는 예수 조각상이, 양옆에는 루이 9세와 잔 다르크 기마상이 보좌하고 있고, 성당 안은 천장 모자이크와 화려한 장식으로 가득하다. 건물 뒤쪽 종각에는 18t의 커다란 종이 달려 있다. 지하 묘실에는 성당 건축에 큰 공헌을 한 알렉상드르 르장티의 심장이 보관돼 있으며, 여기서부터 돔 전망대까지 300여 개의 계단으로 이어져 있다.

MAP ❸-B

GOOGLE MAPS 사크레쾨르
ADD 35 Rue du Chevalier de la Barre, 75018
OPEN 성당 06:30~22:30/미사 진행 시 일부 입장 제한, 돔 10:15~17:30(시즌과 날씨에 따라 유동적)/돔은 폐장 30분 전까지 입장, 상황에 따라 휴무 및 입장 제한이 자주 있음
PRICE 성당 무료, 돔 8€(15세 이하 5€)
WALK 몽마르트르 언덕 아래 생피에르 광장에서 도보 5분
WEB www.sacre-coeur-montmartre.com

가라앉는 집 Sinking House

최근 SNS를 뜨겁게 달구고 있는 사진이 있으니 바로 사크레쾨르 대성당 동쪽의 라마르크 거리(Rue Lamarck)에 있는 랑볼(L'Envol) 호텔이다. 대성당 바로 앞 계단에서 오른쪽으로 가면 건물이 언덕 아래로 가라앉는 것처럼 보이는 재미있는 사진을 찍을 수 있다.

② 무명 예술가의 야외 갤러리
테르트르 광장 Place du Tertre

사크레쾨르 대성당 서쪽의 풍물 광장. 바닥이 바둑판 무늬로 된 작은 광장으로, 관광객을 상대로 그림을 그려주는 화가들을 많이 볼 수 있다. 19세기 후반에는 도심지 개발에 밀려난 가난한 화가들의 전당이 돼 유명 화가를 배출해낸 메카였지만 지금은 캐리커처를 그리는 화가들의 집합소가 됐다. 그래도 예술적인 자부심은 꽤 강한 곳이라 파리시에 정식으로 등록되지 않은 화가는 작업 공간조차 잡을 수 없다고. 그림 가격은 흥정하기 나름이지만 초상화가 20~50€ 정도다. 주위에 예스러운 카페나 레스토랑이 많다. **MAP ③-B**

GOOGLE MAPS 테르트르 광장
ADD Place du Tertre, 75018
WALK 사크레쾨르 대성당 정문을 바라보고 왼쪽 길로 들어서 도보 3분

③ 꿈 꾸는 듯 무의식에 자리 잡은 공간
달리 파리 Dalí Paris

스페인 출신으로 프랑스에서 활동한 천재 예술가 살바도르 달리(Salvador Dalí, 1904~1989년)의 회화와 조각, 오브제 300점 이상을 전시하고 있다. 관내의 독특한 분위기가 달리의 작품 세계를 한껏 느끼게 하는 곳. 전 세계에 그의 전시관과 박물관이 10여 개 있지만 이곳의 접근성이 제일 좋아 팬들의 발걸음이 끊이지 않는다. 테르트르 광장 근처에 있다.

MAP ③-B

GOOGLE MAPS 에스파스 달리
ADD 11 Rue Poulbot, 75018
OPEN 10:00~18:00/일부 공휴일 휴무

PRICE 16€(8~25세 11~13€)
WALK 테르트르 광장에서 도보 2분
WEB www.daliparis.com

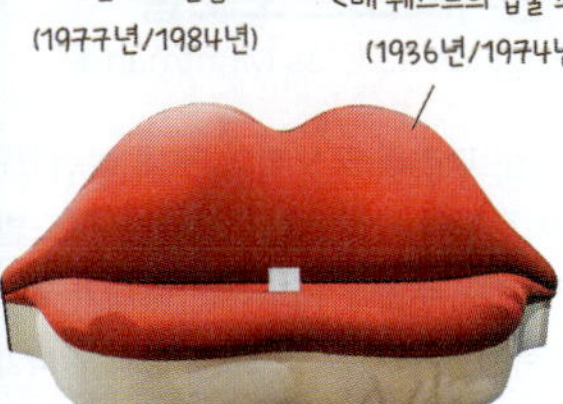

④ 예술에 둘러싸여 한 박자 쉬어가요
몽마르트르 박물관 Musée de Montmartre

몽마르트르의 역사를 기록해 놓은 자료와 함께 로트레크와 모딜리
아니, 위트릴로, 수잔 발라동 등의 작품을 만나볼 수 있는 박물관.
한때 수잔 발라동과 르누아르, 에밀 베르나르 등이 작업실로 사용
하던 건물에 들어서 있으며, 아름다운 정원에서 몽마르트르의 전경
을 바라보기에도 좋다. 박물관 근처 6번지 건물은 프랑스의 음악가
에릭 사티가 살던 곳이다. MAP ❸-B

GOOGLE MAPS 몽마르트르 박물관
ADD 12 Rue Cortot, 75018
OPEN 10:00~18:00/폐장 45분 전까지 입장/일부 공휴일 휴무
PRICE 16€(18~25세 10.50€, 10~17세 9€, 9세 이하 무료)/정원만 입장 6€
WALK 테르트르 광장 또는 달리 파리에서 각각 도보 3분
WEB museedemontmartre.fr

⑤ 오늘은 화보 찍기 좋은 날
라 메종 로즈 La Maison Rose

세탁부의 사생아로 태어나 갖가지 궂은일을 겪으며 르누아르, 로
트레크, 드가의 모델이자 연인이 된 수잔 발라동(Suzanne Valadon,
1865~1938년)이 아들 모리스 위트릴로(몽마르트르의 풍경화가)와 살
던 집. 그녀는 후에 남성을 누드모델로 세운 최초의 여성 화가가 되
어 미술사에도 이름을 남겼다. 현재 식당이 된 이곳은 집 앞에서 바
라본 몽마르트르 풍경이 아름다워 사진 명소로 거듭났다. MAP ❸-B

GOOGLE MAPS 라 메종 로즈
ADD 2 Rue de l'Abreuvoir, 75018
OPEN 런치 12:00~14:30, 카페 15:30~17:30, 디너 18:00~22:30
/L.O.는 21:45/월·화요일 휴무
WALK 몽마르트르 박물관에서 도보 1분
WEB www.lamaisonrose-montmartre.com/en/

⑥ 포도밭, 네가 왜 여기서 나와?
몽마르트르 포도밭
Vignes du Clos Montmartre

사라져가는 파리의 포도밭이 못내 아쉬웠던 1930년대 예술가들
이 파리시로부터 분양받은 땅에 가꾼 포도밭. 매년 10월 첫째 주에
4~5일간 포도 수확을 기념하는 축제가 열리며, 이 기간 동안 100
개가 넘는 관련 업체와 약 50만 명의 인파가 모여 행진과 투어, 불
꽃놀이를 펼친다. 거창한 축제에 비해 포도 수확량은 너무 적어 술
을 만들기에는 어렵다고. MAP ❸-B

GOOGLE MAPS V8QR+83 파리
ADD Rue des Saules, 75018
WALK 라 메종 로즈에서 도보 1분

구 '재빠른 토끼'라는 재미난 이름의 라이브 바

오 라팽 아질 Au Lapin Agile

몽마르트르 포도밭 옆에 있는 오래된 술집으로, 피카소, 마티스 등이 술잔을 나누며 예술을 논하던 곳이다. 낡은 나무 의자와 탁자, 거무스름한 벽 등이 옛날 분위기 그대로여서 와인 한잔 기울이는 풍취를 갖는 것도 여행의 즐거움이다. 포도밭 근처에 가면 냄비 위에서 춤을 추는 토끼가 그려진 간판이 있는 집을 찾아보자. **MAP ❸-B**

GOOGLE MAPS 오 라팽 아질
ADD 22 Rue des Saules, 75018
OPEN 21:00~01:00/월·수·일요일 휴무
PRICE 40€~(25세 이하 학생 25€~)/음료 1잔 포함, 추가 음료 3€~ /현금만 가능
WALK 몽마르트르 포도밭 바로 아래/라 메종 로즈에서 도보 1분
WEB au-lapin-agile.com

19세기 춤신춤왕들의 무도회장

물랭 드 라 갈레트
Moulin de la Galette

오르세 미술관에 전시된 르누아르의 <물랭 드 라 갈레트의 무도회>의 배경으로 유명한 곳. 1622년에 지어진 풍차가 있는 방앗간을 1830년에 식당으로 개조하며 춤출 수 있는 공간을 만들어 예술가와 한량들의 열렬한 사랑을 받았다. 지금은 레스토랑으로 영업 중이며, 가격은 2코스 메뉴가 35€, 3코스 45€ 정도. 음식 맛은 가격 대비 괜찮은 편이다. **MAP ❸-B**

GOOGLE MAPS 물랭 드 라갈레트
ADD 83 Rue Lepic, 75018
OPEN 08:00~01:00/상황에 따라 유동적/ 일부 공휴일 휴무
WALK 테르트르 광장 또는 라 메종 로즈에서 각각 도보 4분
WEB moulindelagaletteparis.com

몽마르트르 예술가들의 아지트

■ **세탁선** Bateau-Lavoir

피카소가 <아비뇽의 처녀들>(1907년)을 그려 큐비즘을 탄생시킨 장소로 유명하다. 그밖에 모딜리아니, 아폴리네르, 마티스, 브라크, 드랭, 콕토 등 많은 예술가가 이곳에 머물렀다. 1970년 화재로 소실된 후 일반 주택이 들어서 내부에 입장할 수는 없다. 건물 밖에 이곳에 살던 예술가들의 사진과 짤막한 설명이 붙어 있다.

GOOGLE MAPS V8PQ+C3 파리
ADD 13 Pl. Emile Goudeau, 75018
WALK 물랭 드 라 갈레트에서 도보 2분

■ **달리다의 집** Maison de Dalida

알랭 들롱과 함께 부른 듀엣곡 '파롤레, 파롤레(Paroles, Paroles)'로 널리 알려진 영화배우 겸 가수 달리다가 살던 집. 전 세계인의 사랑을 받았지만 연인과 매니저 등 주변인의 잇따른 자살에 힘겨워하다 그녀 역시 이곳에서 스스로 세상을 등지고 몽마르트르 묘지에 잠들었다.

GOOGLE MAPS V8PP+QR 파리
ADD 11bis Rue d'Orchampt, 75018
WALK 물랭 드 라 갈레트에서 도보 1분

■ **반 고흐의 집** Maison Vincent Van Gogh

반 고흐가 1886년부터 2년간 머무른 곳. 현재 일반 사무실과 주택으로 사용돼 내부에는 들어갈 수 없고, 외벽에 붙은 작은 석판만이 그가 살던 곳임을 알려준다.

GOOGLE MAPS V8PM+JH 파리
ADD 54 Rue Lepic, 75018
WALK 몽마르트르 묘지에서 도보 3분/아베스 광장에서 도보 5분

■ **마르셀 에메 광장** Place Marcel Aymé

마르셀 에메의 소설 <벽을 통과하는 남자>(1943년)의 주인공을 조각상으로 만나볼 수 있는 작은 광장. 소설 속 배경인 몽마르트르의 복잡한 골목의 벽을 자유자재로 통과하던 주인공이 벽을 뚫고 걸어 나오는 듯한 모습으로 박제돼 있다.

GOOGLE MAPS V8QQ+26 파리
ADD Place Marcel Aymé, 75018
WALK 물랭 드 라 갈레트에서 도보 1분

⑨ 파리에서 제일 유명한 메트로역
아베스역 Abbesses

메트로 12호선을 타고 아베스역에 내려 엘리베이터를 타고 밖으로 나오면 작은 회전목마가 있는 아베스 광장(Place des Abbesses)이 나타난다. 파리의 옛 모습을 그대로 간직하고 있는 몽마르트르에서도 가장 몽마르트르답다는 평을 받는 이곳은 20세기 초를 풍미한 아르누보의 거장 건축가 엑토르 기마르가 디자인한 날렵한 디자인의 메트로역 입구로 유명하다. 입구에 'METROPOLITAIN'이라고 적은 현판 글씨와 아르누보 양식의 특징인 유리와 철제구조물이 유기적으로 얽힌 모습이 매력적이다. **MAP ❸-B**

GOOGLE MAPS 아베스역
WALK 사크레쾨르 대성당이 있는 언덕 아래 생피에르 광장에서 도보 5분/물랭 드 라 갈레트에서 도보 7분
METRO 12 Abbesses 하차

전 세계 언어의 구조를 공부하며 애쓴 작가의 노력이 담겨 있다.

⑩ 일명 '사랑해 공원'
즈항 릭튀 공원 Square Jehan Rictus

아베스역 바로 북쪽에 자리한 작은 공원 안에 <사랑해 벽(Mur des Je t'Aime)>이 있다. 511개의 푸른 타일에 전 세계 300여 개의 언어와 사투리로 1000여 개의 '사랑한다'라는 말을 적어 넣은 이 벽은 프레데리크 바롱과 클레르 키트의 합작품. 두 사람은 상처받은 마음을 사랑으로 치유하자는 취지로 이 벽을 만들었다고 한다. 한국어는 '사랑해', '나 너 사랑해', '나는 당신을 사랑합니다'라고 3군데에 적혀있으니 잘 찾아보자. **MAP ❸-B**

GOOGLE MAPS 사랑해 벽 파리
OPEN 08:00~21:00(토·일요일·공휴일 09:00~, 9월 ~20:00, 10월~4월 중순에는 17:30~18:30경 폐장)
WALK 아베스 광장 바로 북쪽

11 붉은 풍차와 캉캉으로 물든 밤
물랭 루즈 Moulin Rouge

몽마르트르 아래에 있는 빨간 풍차, 물랭 루즈는 1889년 문을 연 이래 몽마르트르를 대표하는 카바레로 성업했다. 캉캉을 추는 무희들의 화려함에 많은 예술가가 매료되었는데, 특히 이곳에서 살다시피 한 로트레크가 풍경과 무희를 소재로 그린 그림은 몽마르트르의 기념품에도 자주 등장한다. 현재는 외관을 장식하고 있는 붉은 풍차만 그대로 남아있고, 인테리어와 쇼 내용 등 나머지는 모두 바뀌었다. 바로 앞에서 테르트르 광장행 꼬마 기차가 출발한다. **MAP ❸-B**

GOOGLE MAPS 물랭 루주
ADD 82 Boulevard de Clichy, 75018
OPEN 21:00(디너 예약 시 18:45 입장), 23:00
PRICE 21:00 음료·디너에 따라 138~455€, 23:00 쇼+음료 98€~
WALK 아베스 광장에서 도보 7분
METRO 2 Blanche 하나뿐인 출구에서 도보 1분
WEB www.moulinrouge.fr

12 예술가를 위한 영혼의 안식처
몽마르트르 묘지 Cimetière de Montmartre

1825년 몽마르트르 언덕 기슭에 조성한 묘지. 페르 라셰즈와 몽파르나스에 이어 파리에서 3번째로 넓은 묘지로, 수많은 문인, 화가, 음악가가 잠들어 있다. 19~20세기를 빛낸 예술가의 무덤이 유난히 많은데, 작곡가 베를리오즈, 낭만파 시인 하이네, 인상주의 화가 드가, 상징주의 화가 귀스타브 모로, 프랑스로 망명한 러시아 발레리노 니진스키, 물리학자 푸코, <적과 흑>의 저자 스탕달, 패션 디자이너 피에르 가르뎅 등 각계각층의 유명인들이 영면하고 있다. **MAP ❸-B**

GOOGLE MAPS 몽마르트르 묘지
ADD Cimetière de Montmartre, 75018
OPEN 08:00~18:00(토요일 08:30~, 일요일·공휴일 09:00~, 11월 초~3월 중순 ~17:30)/ 폐장 30분 전까지 입장
WALK 물랭 루즈에서 도보 4분
METRO 2 Blanche에서 도보 5분

입구가 도로 아래에 있으니 표지판을 따라 내려간다.

니진스키의 묘

팬이 놓아둔 작은 돌이 없다면 지나치기 쉬운 드가의 묘

13 낭만을 전시합니다
낭만주의 박물관 Musée de la Vie Romantique

네덜란드 태생의 낭만주의 화가 아리 셰퍼(Ary Scheffer, 1795~1858년)의 작업실이었던 곳. 그의 초대로 이곳에 자주 드나들었던 들라크루아, 쇼팽, 조르주 상드 등이 남긴 생활의 흔적과 작품을 전시한 박물관으로 사용되고 있다. 작은 건물 2개 중 하나는 상설전시관으로, 예쁜 보석함, 조르주 상드의 초상화, 쇼팽의 왼손 석고상 등을 볼 수 있다. 나머지 하나는 특별전시관으로 운영된다. 파리지앵에게는 박물관보다 정원의 살롱 드 테, 로즈 베이커리가 더 사랑받는다. **MAP ❸-B**

GOOGLE MAPS 파리 낭만주의 박물관
ADD 16 Rue Chaptal, 75009
OPEN 10:00~18:00/월요일·1월 1일·5월 1일·12월 25일 휴무
*보수 공사 중, 2026년 상반기 재개관 예정
PRICE 무료/특별전에 따라 유료
WALK 물랭 루즈에서 도보 5분
METRO 2·12 Pigalle에서 도보 5분
WEB museevieromantique.paris.fr

추운 겨울이나 비 오는 날에는 온실 속에 자리한 로즈 베이커리에서 낭만적인 오후의 티를 즐기고, 꽃향기 가득한 봄과 여름에는 정원을 거닐어 보자.

14 귀스타브 모로의 모는 것
귀스타브 모로 미술관
Musée National Gustave Moreau

마티스의 스승이던 귀스타브 모로(1826~1898년)가 8000여 점에 달하는 자신의 작품 전부를 나라에 기증해 그가 살던 저택에 문을 연 미술관이다. 모로는 그리스·로마 신화와 성서의 내용을 소재로 한 신비로운 분위기의 작품을 많이 남겼다. <주피터와 세멜레(Jupiter et Sémélé)> 시리즈와 <유령(L'Apparition)> 등의 대표작을 비롯해 그가 사용한 이젤, 붓, 가구 등 모든 것이 예전 모습 그대로 남아 있다. 피갈 지구 남쪽 9구에 있다. **MAP ❸-D**

GOOGLE MAPS 귀스타브모로 빅물관
ADD 14 Rue de la Rochefoucauld, 75009
OPEN 10:00~18:00/15분 전부터 폐장/화요일·1월 1일·5월 1일·12월 25일 휴무
PRICE 8€(72시간 내 장자크 에네 국립박물관 포함)/매월 첫째 일요일 무료/ **뮤지엄 패스** /같은 날 루브르 박물관 일반 티켓 구매 시 무료/일반 티켓 구매 시 15일 내 기메 박물관, 오르세 박물관, 오페라 가르니에 할인(위 박물관의 일반 입장권 구매 후 8일 이내 방문 시 할인)
WALK 낭만주의 박물관에서 도보 5분
METRO 12 Trinité-d'Estienne d'Orves 1번 출구에서 도보 4분
WEB www.musee-moreau.fr

피갈

파리 9구(오페라 구역)와 18구(몽마르트르) 사이에 위치한 지역으로, 과거 클럽과 카바레가 즐비한 홍등가였으나 최근 몇 년 사이 파리의 트렌디한 동네로 부상했다. 특히 물랭 루즈가 있는 클리시 대로(Boulevard de Clichy) 남쪽 '사우스 피갈'은 '부르주아–보헤미안(bourgeois-bohemian)'의 줄임말인 보보(bobo) 스타일을 추구하는 세련된 부티크가 많다. 오래된 주택을 개조한 감각적인 카페와 레스토랑도 여행자들을 끌어들이는 매력 중 하나다. 가장 가까운 메트로역은 2·12호선 피갈(Pigalle)역이다.

파리에 상륙한 뉴요커의 브런치

부베트 Buvette Paris

뉴욕의 브런치 핫 플레이스로 유명한 부베트의 파리 지점. 뉴욕 매장의 분위기를 그대로 옮겨 온 듯한 인테리어와 메뉴를 선보인다. 부베트의 대표 비주얼 메뉴인 그래놀라 요거트와 와플 혹은 샌드위치에 갓 짠 신선한 오렌지 주스를 곁들여 브런치를 즐겨보자. 맛있는 디저트와 커피가 있는 티타임도 추천. 서울에도 매장이 있다. **MAP ❸-B**

GOOGLE MAPS 부베트 파리
ADD 28 Rue Henry Monnier, 75009
OPEN 09:00~23:00(금요일 ~24:00, 토요일 10:00~24:00, 일요일 10:00~)
MENU 샌드위치 14€~, 샐러드 18€~, 브런치 토스트 16€~, 주스 6€~
WALK 생피에르 광장에서 도보 10분/아베스 광장에서 도보 6분
WEB ilovebuvette.com

테이블이 작은 편이라 여럿이 찾을 경우 옹기종기 모여 앉아야 한다.

착한 레시피로 구워낸 빵과 요리

로즈 베이커리 Rose Bakery

유기농 채소를 사용한 친환경 레시피를 선보이는 로즈 베이커리의 파리 1호점이다. 벌꿀을 넣은 수제 브리오슈, 고소한 크럼블과 스콘 등 추천 메뉴가 끝이 없다. 평일에는 파티스리 중심의 티룸으로 운영하며, 주말에는 에그 베네딕트나 키슈 등의 브런치 메뉴를 비정기적으로 선보인다. 바로 옆 테이크아웃 전문점에는 다양한 요리가 준비돼 있다. 파리 시내에 있는 8개의 매장 중 낭만주의 박물관과 르 봉 마르셰 백화점에 있는 티룸이 분위기와 만족도가 가장 높다는 것 참고. **MAP ❸-B**

GOOGLE MAPS V8HR+Q2 파리
ADD 46 Rue des Martyrs, 75009
OPEN 티룸 15:00~18:00, 테이크아웃 09:30~19:00/일부 공휴일 휴무
MENU 커피 3€~, 파티스리 3.50€~
WALK 생피에르 광장에서 도보 10분/아베스 광장에서 도보 7분
WEB www.rosebakery.fr

오후의 티타임에는 재료 본연의 맛을 잘 살려낸 빵과 케이크류를 곁들여보자.

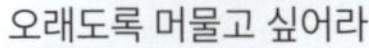

오래도록 머물고 싶어라

KB 카페숍
KB CaféShop

테이블마다 뭔가에 몰두한 청년들로 가득해 학구적인 느낌을 풍기는 로스터리 카페. 북적이는 소음에서 잠시 벗어나 오롯이 혼자 있고 싶을 때 시간을 보내기 좋은 곳이다. 시드니에서 커피를 배워 온 오너의 대표 메뉴는 플랫 화이트. 디저트와 간단한 식사류도 준비돼 있다. 카운터에서 주문하고 번호표를 받는 시스템이니 자리에서 무작정 기다리지 말고 카운터로 향하자. KB는 호주의 물총새 쿠카버라(Kookaburra)를 줄인 말이다. **MAP ❸-B**

GOOGLE MAPS KB 카페숍 파리
ADD 53 Avenue Trudaine, 75009
OPEN 07:45~18:30(토·일요일·공휴일 09:00~)/일부 공휴일 휴무
MENU 커피 3€~, 파티스리 5€~
WALK 생피에르 광장에서 도보 7분/아베스 광장에서 도보 6분
WEB kbcoffeeroasters.com

작은 식물원에서 보내는 티타임

레스토랑 아모르
Restaurant Amour

사방을 둘러싼 푸른 식물과 더불어 여유를 만끽할 수 있는 곳. 한낮이라면 눈부신 햇살 아래 티타임을, 저녁에는 은은한 촛불 사이에서 낭만적인 분위기를 즐기며 비밀스러운 시간을 보내보자. 호텔 아모르에서 운영하는 레스토랑으로, 음식 맛은 평범한 편이지만 분위기가 좋기로 소문난 곳. 주말엔 손님이 많아 조금 소란스러워진다. 조용히 즐기고 싶다면 평일에 방문하자. **MAP ❸-B**

GOOGLE MAPS V8HQ+VQ 파리
ADD 8 Rue de Navarin, 75009
OPEN 08:00~11:30, 12:00~23:30
(토·일요일 브런치 12:00~16:30)
MENU 커피 3€~, 파티스리 5€~,
앙트레 9€~, 플라 19€~, 브런치 22€~
WALK 생피에르 광장에서 도보 10분/아베스 광장에서 도보 8분
WEB amour.hotelamourparis.fr

관광지 옆 맛집

언덕길들이 이어지는 몽마르트르를 활보하려면 배를 두둑이 채울 필요가 있다.
관광지와 가까우면서 기본 이상의 맛을 보장하는 맛집들을 찾아보자.

오리 가슴살 구이(Magret de Canard Au Miel, 19.80€)

사우스웨스트 샐러드
(Salade du Sud-Ouest)

영화 <아멜리에>의 무대가 된 가성비 맛집

르 를레 가스콩 Le Relais Gascon

아베스 광장 근처에 있는 작은 식당. 밤낮없이 관광객으로 넘쳐나는 번화가에 있고 영화에도 등장한 유명한 곳으로, 양이 많고 맛도 좋아 '가성비 갑' 식당이다. 저녁이면 저렴한 가격에 흥겨운 분위기가 더해져 맥주를 마시면서 푸짐한 요리를 즐기는 현지인과 여행자들로 북새통을 이룬다. 한국어 메뉴판도 준비돼 있다. 추천 메뉴는 푸짐한 볼 샐러드. 그중 양상추와 토마토, 마늘·허브로 양념한 감자튀김, 오리 모래집, 베이컨 큐브가 양푼만 한 그릇에 가득 담겨 나오는 사우스웨스트 샐러드가 이 집의 명물이다. 몽마르트르 묘지 근처에 2호점(13 Rue Joseph de Maistre)이 있다. **MAP ❸-B**

GOOGLE MAPS V8MQ+JM 파리
ADD 6 Rue des Abbesses, 75018
OPEN 11:00~24:00/일부 공휴일 휴무
MENU 사우스웨스트 샐러드 16.90€,
평일 런치 세트 22.50€~, 앙트레 8€~, 플라 18€~
WALK 아베스 광장에서 도보 1분
WEB www.lerelaisgascon.fr

전통적인 식사용 크레페,
샹페트르(Champêtre)

단맛 챌린지!
구운 사과 디저트,
폼므레이
(Pommeraie)

몽마르트르 최고의 크레페 맛집
크레프리 브로셀리앙드
Crêperie Brocéliande

브르타뉴식 크레페의 진수를 보여주는 곳. 메밀가루와 흑밀가루로 만든 짭조름한 갈레트는 바삭하고 고소하면서도 속 재료와 잘 어우러진다. 식사를 하려면 달걀이나 햄, 치즈 등이 들어간 것이 무난한 선택. 사과주 시드르와 크레페, 디저트로 구성된 세트 메뉴를 제공한다. 술을 못 마신다면 시드르 대신 사과 주스를 선택하자. 점심보다 저녁에 크레페 메뉴가 다양해지고, 같은 메뉴라도 런치와 디너 가격이 다르다는 점을 알아두자. **MAP ❸-B**

GOOGLE MAPS V8MR+QF 파리
ADD 15 Rue des Trois Frères, 75018
OPEN 12:00~15:00(토·일요일 ~16:00),
19:00~22:30(토요일 18:00~23:00, 일요일 18:00~22:00)/
월요일·화요일 런치·7~8월 중 2~3주간 휴무
MENU 세트 메뉴 15.80€~(디너 19€~), 디저트용 크레페 3.90~9.50€,
식사용 갈레트 8~16€, 시드르 4.20€~
WALK 생피에르 광장에서 도보 2분/아베스 광장에서 도보 3분
WEB creperiebroceliande.shop

눈에 띌 때 쟁여야 할 간식
팽 팽 Pain Pain

2012년 파리 최고의 바게트, 2020년 파리 최고의 갈레트 상에 빛나는 내공 깊은 불랑제리. 바게트는 물론이고 상을 받은 아몬드 갈레트(Galette des Rois), 크루아상, 마카롱, 밀푀유, 에클레어 등 어떤 걸 골라도 상상 이상의 맛이다. 포장지와 쇼핑백도 고급스러워 한 손에 바게트를 들고 몽마르트르 언덕을 거닐며 파리 여행 온 기분을 한껏 낼 수 있다. **MAP ❸-B**

GOOGLE MAPS painpain 파리
ADD 88 Rue des Martyrs, 75018
OPEN 07:30~19:30/월요일·공휴일 휴무(공휴일이 수요일인 경우 월~수요일 휴무)/크리스마스 시즌·연말연시 연휴 시즌 휴무
MENU 바게트 1.50€~, 바게트 샌드위치 5.55€~, 타르트 4.70€~
WALK 아베스 광장에서 도보 2분/생피에르 광장에서 도보 5분
WEB www.pain-pain.fr

바게트 트라디시옹

Rue de l'Abreuvoir

라브르부아 거리: 라 메종 로즈(La Maison Rose) 앞 길
이번 여행 인생샷은 이곳에서!

Rue Saint - Rustique

생뤼스티크 거리 : 테르트르 광장 북쪽
16세기 좁은 골목 풍경

몽파르나스

파리에서 흔치 않은 현대적인 거리. 파리의 하늘을 향해 우뚝 솟은 몽파르나스 타워를 중심으로 널따란 도로가 시원스레 펼쳐진다. 앙드레 지드, 헤밍웨이, 마티스, 모딜리아니 등 20세기 초 예술가들이 즐겨 찾던 지역으로, 여전히 많은 카페와 레스토랑에서 그들의 흔적을 엿볼 수 있다. 남쪽 몽파르나스 묘지에는 수많은 예술가와 유명인이 잠들어 있다.

① 파리의 1등 야경이 내 발아래
몽파르나스 타워 Tour Montparnasse

파리의 스카이라인을 과감하게 뚫고 솟은, 파리 시내 유일의 고층빌딩이다. 에펠탑 다음으로 파리에서 가장 높은 209m 높이의 59층짜리 건물로, 1973년 몽파르나스역 앞에 세웠다. 빌딩 꼭대기에는 에펠탑을 비롯한 파리 시내가 한눈에 보이는 전망대가 있다. 초고속 엘리베이터를 타고 56층 실내 전망대에 내린 다음 계단을 이용해 59층 옥상으로 올라간다.

56층 실내 전망대에는 가상현실 체험 코너와 기념품숍 등이 있고 옥상에 마련된 실외 전망대는 탁 트인 파리의 멋진 야경을 찍을 수 있는 포토 포인트다. 날씨가 좋은 한낮에는 라 데팡스의 신도시까지 조망할 수 있다. 수요일과 일요일에 11세 이하 동반 아동 무료 행사를 종종 진행하니 홈페이지 확인 후 일정을 세워보자. MAP ⑨-A

GOOGLE MAPS 몽파르나스 타워
ADD 33 Avenue du Maine, 75015
OPEN 09:30~23:30(10~3월 ~22:30, 10~3월 금·토요일·공휴일 ~23:00)/
폐장 30분 전까지 입장/옥상 전망대는 날씨에 따라 유동적
PRICE 19~25€(12~17세 13.50~20€, 4~11세 9.50~12€)/
낮+밤 2회 입장권 32~39€/시즌과 요일, 시간대에 따라 다름/온라인 예매 시 할인
METRO 4·6·12·13 Montparnasse-Bienvenüe와 연결. 주말과 공휴일 등 통로가 닫혀 있을 때는 밖으로 나오면 건물이 보인다.
WEB tourmontparnasse56.com

약 38초 만에 56층에 오른다.

<활을 쏘는 헤라클레스>
(1909년)

② 거장의 숨결이 느껴지는 조각상
부르델 미술관 Musée Bourdelle

로댕과 함께 현대 조각의 거장이라 불리는 부르델(1861~1929년)이 1922년부터 몽파르나스에 정착해 죽을 때까지 살던 집을 개조한 미술관이다. 절제된 균형미 속에서 남성적인 박력을 드러내는 그의 조각상은 보는 이를 사로잡는 강한 흡인력이 있다. 부르델의 이름을 세상에 알리는 계기가 된 작품 <활을 쏘는 헤라클레스>와 <베토벤> 연작을 비롯해 조각과 스케치 등이 마당까지 가득 메우고 있다.

MAP ⑨-A

GOOGLE MAPS 파리 부르델 미술관
ADD 18 Rue Antoine Bourdelle, 75015
OPEN 10:00~18:00/폐장 30분 전까지 입장/
월요일·공휴일 휴무
PRICE 상설전 무료, 특별전은 전시에 따라 유료
WALK 몽파르나스 타워에서 도보 6분
METRO 12 Falguière에서 도보 4분 또는
12 Falguière에서 도보 4분
WEB bourdelle.paris.fr

③ 유럽풍 레트로 감성 지수 100%
우편 박물관
Musée de la Poste

18세기 이후 프랑스 우체국 역사를 집약한 박물관이다. 프랑스 대통령 선출 때마다 발행하는 마리안(Marianne) 우표 시리즈가 대표적이며, 우체통, 우체부 제복과 자전거 등 레트로 감성이 돋보인다. 우편 역사와 통신 변천을 체험할 수 있는 전시와 어린이 체험 공간도 마련돼 있다. **MAP ⑨-A**

GOOGLE MAPS 파리 우편박물관
ADD 34 Boulevard de Vaugirard, 75015
OPEN 11:00~18:00/폐장 45분 전까지 입장/
화요일 휴무
PRICE 9~12€/특별전에 따라 유동적/
25세 이하 무료
WALK 몽파르나스 타워에서 도보 5분
WEB museedelaposte.fr

④ 파리 예술가들의 안식처
몽파르나스 묘지 Cimetière du Montparnasse

페르 라셰즈 묘지 다음으로 큰 묘지로, 사르트르, 보부아르, 보들레르, 생상, 모파상, 브랑쿠시, 갱스부르, 자드킨, 가르니에 등 수많은 유명인이 잠들어 있다. 1824년에 조성되었고 비교적 밝은 분위기라 산책하기 좋다. '계약 결혼'으로 세인의 관심을 끈 사르트르와 보부아르는 함께 묻혀 있으며, <악의 꽃>의 시인 보들레르의 묘비에는 여성들의 립스틱 자국이 도장처럼 찍혀 있다. 널따란 묘지 한가운데 고단한 영혼들을 위로하듯이 두 팔 벌려 서 있는 청동 천사가 잔잔한 여운을 남긴다.

MAP ⑨-A

GOOGLE MAPS 몽파르나스묘지
ADD 3 Boulevard Edouard Quinet 75014
OPEN 08:00~18:00(토요일 08:30~, 일요일·공휴일 09:00~, 11월 중순~3월 중순 17:30)/ 폐장 30분 전까지 입장
WALK 몽파르나스 타워에서 도보 5분/뤽상부르 정원에서 도보 15분
METRO 6 Edgar Quinet에서 도보 3분 또는 4·6 Raspail 1번 출구에서 도보 1분

워낙 넓어 헤매기 십상이다. 입구 안내소에서 팸플릿을 받거나 유명인의 무덤 위치가 표시된 표지판을 잘 살펴보고 다니자.

모파상의 묘

보들레르의 묘

프랑스 국민가수, 갱스부르의 묘

레 카타콩브
Les Catacombes

레 알(Les Halles) 지구에서 1000년 넘게 사용되던 이노상 공동묘지가 포화 상태에 이르고 악취를 풍기자 버려져 있던 채석장 지하에 유골을 이전해 만든 묘지. 1786년부터 1788년까지 3번에 걸쳐 이노상 묘지와 다른 공동묘지의 수많은 유골과 시체를 파내 이곳으로 옮겼고, 현재 약 600만 구의 유골이 그대로 노출된 채 안장돼 있다.

2002년에 박물관으로 문을 열면서 전 세계에서 몰려드는 여행자의 손꼽히는 방문지로 자리 잡았다. 300km에 이르는 거대한 지하터널 중 약 1.7km 구간을 한 번에 200명씩 들어가 구경할 수 있는데, 문 열기 전부터 긴 줄이 늘어서기 시작해 1시간 이상 기다리는 것이 보통일 정도로 인기가 많다. 예상 소요 시간은 약 1시간. 14세 이하 어린이는 성인과 동반해야 입장할 수 있다. **MAP ❾-D**

GOOGLE MAPS 파리 지하납골당
ADD 1 Avenue du Colonel Henri Rol-Tanguy, 75014
OPEN 09:45~20:30/
폐장 1시간 전까지 입장/
월요일·1월 1일·5월 1일·12월 25일 휴무/
온라인 예약 권장
*보수 공사로 임시 휴업 중, 2026년 상반기 재오픈 예정
PRICE 31€(18~26세 25€, 5~17세 12€)/
오디오 가이드 포함(18세 이상)
WALK 몽파르나스 묘지 남쪽 출구에서 도보 8분
METRO 4·6 & **RER** B Denfert-Rochereau 1번 출구에서 도보 1분
WEB catacombes.paris.fr

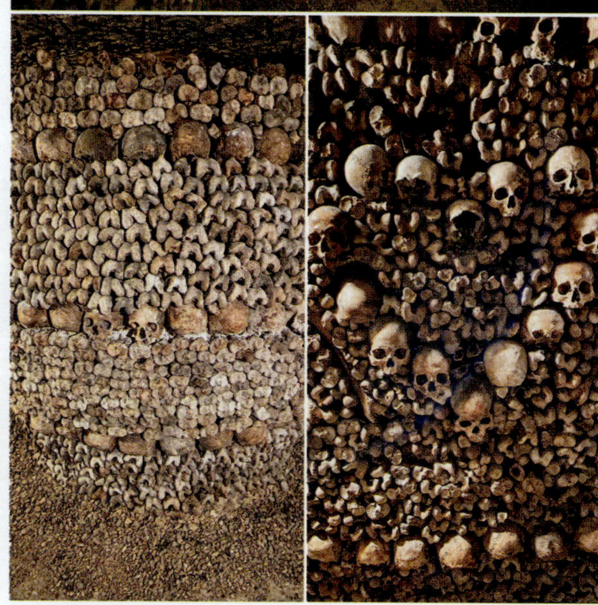

똑부러진 맛집 고르기

#몽파르나스 #주전부리 #맛집

소문난 곳에는 이유가 있다.
오랫동안 파리지앵과 여행자들이 즐겨 찾은 맛집과 잠시 쉬어갈 수 있는 카페를 소개한다.

몽파르나스를 평정한 크레프리

라 크레프리 드 조슬랭
La Crêperie de Josselin

유독 크레프리가 많은 몽파르나스 지역에서도 독보적인 인기를 누리는 곳. 짭조름한 맛과 강한 버터 향으로 입맛을 홀린다. 식사용 크레페의 간판 조슬랭(Josselin)은 치즈와 달걀, 햄, 버섯이 부드럽게 어우러진다. 크레페 위에 베이컨과 달걀 프라이가 올라간 마레셰르(Maraîchère)도 인기다. 실내를 원목으로 꾸며 전원 분위기가 물씬 나며, 직원들도 친절해 기분 좋게 식사할 수 있다. 현금만 결제 가능. 바로 근처에 자매점인 르 프티 조슬랭(le Petit Josselin)이 있으니 덜 붐비는 곳으로 가자. MAP ❾-A

GOOGLE MAPS R8RG+M5 파리
ADD 67 Rue du Montparnasse, 75015
OPEN 11:30~23:00(화요일 17:30~, 일요일 ~22:30, 유동적 중간 휴식)/월요일·일부 공휴일·7~8월 중 3~4주간 휴무
MENU 조슬랭 13.90€, 마레셰르 13.90€, 시드르 6.60€~
WALK 몽파르나스 타워에서 도보 4분
METRO 6 Edgar Quinet 하나뿐인 출구에서 도보 1분

떨칠 수 없는 크루아상의 유혹

데 갸토 에 뒤 팽
Des Gâteaux et du Pain

한번 맛보면 다른 크루아상은 절대 못 먹는다는 마성의 크루아상으로 유명하다. 피에르 에르메와 라뒤레에서 파티시에로 일하며 실력을 인정받은 클레르 다몽의 파티스리로, 군더더기 없이 깔끔한 모양에 맛도 뛰어난 빵과 케이크를 선보인다. 여러 매체에서 파리 최고로 손꼽힌 크루아상은 '겉바속촉'의 완벽한 조화를 이룬다. 생제르맹데프레에도 지점(89 Rue du Bac)이 있다. MAP 본점 ❾-A

GOOGLE MAPS R8R7+FV 파리
ADD 63 Boulevard Pasteur, 75015
OPEN 09:00~19:30(일요일 ~18:00)/화요일·일부 공휴일 휴무
MENU 타르트 7€~, 크루아상 1.80€~
METRO 6·12 Pasteur 1번 출구에서 도보 3분
WEB desgateauxetdupain.com

아틀리에에서 티 타임

르 로디아
Café le Rhodia

조각가 부르델의 딸이 살던 공간을 그녀의 남편이 개조하여 오픈한 카페. 조각 거장의 미술관 내 카페인데다 아르데코 장식가였던 남편이 디자인한 만큼 의자나 테이블 또한 섬세한 조각같은 느낌을 자아낸다. 카페의 큰 창을 통해 부르델 미술관의 뒤뜰이 보이고, 테라스에서는 앞쪽 정원을 내다볼 수 있다. 식사 메뉴도 준비돼 있다. MAP ❾-A

GOOGLE MAPS 파리 부르델 미술관
ADD 18 Rue Antoine Bourdelle, 75015
OPEN 10:00~17:30(주말 브런치 11:30~16:00)/월요일·일부 공휴일 휴무
PRICE 커피 2.50€~, 파티스리 5€~
WALK 몽파르나스 타워에서 도보 6분/부르델 미술관 내에 있다.
WEB lerhodia-bourdelle.fr

새롭게 주목해야 할
베르시 & 톨비악

센강을 사이에 두고 마주 보고 있는 베르시(Bercy)와 톨비악(Tolbiac)은 폐선된 철로와 함께 오랫동안 방치돼 있던 창고 밀집 지역이었으나 1980년대부터 재개발사업을 추진하면서 문화적 명소로 대변신했다. 1995년에 프랑스 국립도서관을 완공하고 1997년에 베르시 공원, 2001년에 베르시 빌라주가 개장하면서 주목받기 시작했다. 어느덧 유럽 도시재생의 아이콘이 된 베르시와 톨비악. 라 데팡스처럼 현대 건축물만 있는 게 아니라 옛 분위기는 지키고 멋은 살려냈기에 클래식한 분위기도 감도는 이 지역은 약간의 이동만 감수한다면 누구라도 기꺼이 찾아가 볼 만한 곳이다. 두 지역은 파리의 네 번째 보행자 다리인 시몬 드 보부아르 인도교(Passerelle Simone de Beauvoir)로 연결된다.

① 와인 창고에서 푸른 휴식 공간으로
베르시 공원 Parc de Bercy

루이 14세 시절부터 와인을 보관하던 창고 단지로 쓰였으나 와인 저장 기술이
발달하며 산지에서 바로 병에 담아 판매하게 되자 오랜 기간 버려졌다가 공원
으로 조성되었다. 일부 남아있는 철도 레일이 공원에 정취를 더하며, 동쪽 끝에
는 올망졸망한 마을 형태의 상점가 베르시 빌라주가 있다. **MAP ⑩-B**

GOOGLE MAPS 베르시공원
ADD 128 Quai de Bercy, 75012
OPEN 24시간/구역에 따라 일출 후 오픈,
일몰 후 폐장
METRO 6·14 Bercy 6번 출구에서 도보 2분

② 고전 영화 팬들의 성지
시네마테크 프랑세즈-멜리에 박물관 Cinémathèque Française–Musée Méliè

영화 컬렉터 앙리 랑글루아가 프랑스 정부의 지원을 받아
1936년에 설립한 고전 영화 전문 상영관. 제2차 세계대전 중
나치에 의해 사라질 뻔한 영화들을 가까스로 보존하고 있는
세계 최고 수준의 영화 자료관으로 평가받는다. 세계의 영화
학도들과 명장들이 이곳에서 상영되는 영화를 보며 꿈을 키
웠고, 1950~60년대에 장 뤽 고다르, 클로드 샤브롤, 프랑수
아 트뤼포 등 프랑스 감독들이 주도한 유럽의 필름 누아르
'누벨바그'의 근원으로 꼽힌다. 입구부터 남다른 건물은 프랑
크 게리가 설계했다. **MAP ⑩-B**

GOOGLE MAPS 시네마테크 프랑세즈 **ADD** 51 Rue de Bercy, 75012
OPEN 12:00~19:00(토·일요일 11:00~20:00)/상영관·전시관마다 다름/
화요일·공휴일 휴무
PRICE 박물관(영화 관람료 포함) 10€(18~25세 7.50€, 17세 이하 5€)/
뮤지엄 패스 /필름 도서관 3.50€/특별전은 전시에 따라 다름
METRO 6·14 Bercy 6번 출구에서 도보 3분
WEB www.cinematheque.fr

③ 평일 밤과 일요일을 알차게 보낼 수 있는 곳
베르시 빌라주 Bercy Village

마치 동화 속 작은 마을처럼 앙증맞고 평화로운 공간. 프랑스 전역에서 모인 와인을 보관하던 옛 창고를 개조해 꾸민 쇼핑 단지다. 와인을 나르던 기차 철로가 그대로 남아 있는 돌바닥 양옆으로는 한때 와인으로 채워졌던 창고형 건물들이 각각 레스토랑과 각종 숍으로 재탄생해 손님들을 맞는다. 쇼핑을 목적으로 찾는 사람보다는 늦은 시간까지 영업하는 레스토랑과 와인 바에서 밤을 즐기려는 청춘들이 대부분인 곳으로, 베르시 공원이나 리옹역, 베르시역 근처에 숙소를 정한 여행자라면 들러보자. **MAP ⑩-D**

GOOGLE MAPS bercy village
ADD Cour Saint-Emilion, 75012(베르시 공원 동쪽 끝)
OPEN 10:00~02:00(상점 ~20:00)/일부 상점 일요일 휴무
WALK 시네마테크 프랑세즈에서 도보 7분
METRO 14 Cour Saint-Émilion에서 바로
WEB www.bercyvillage.com

와인을 보관하던 오크 통의 뚜껑을 활용한 지도 안내판

④ 벨 에포크로 타임슬립
놀이공원 박물관
Les Pavillons de Bercy-Musée des Arts Forains

신기한 볼거리와 함께 잠시 벨 에포크로 시간 여행을 떠날 수 있는 곳. 화려한 샹들리에로 장식한 천장과 코끼리 모양의 열기구, 피아노를 치는 유니콘 등 19~20세기 초 놀이기구와 게임기를 보고 있으면 마치 100년 전의 다른 세상에 와 있는 느낌이 든다. 넷플릭스 드라마 <에밀리 파리에 가다>와 영화 <미드나잇 인 파리>에도 등장했다. 연말 시즌 약 일주일과 이벤트 진행일 외에는 홈페이지에서 예약 후 가이드와 동반해서만 입장이 가능하며, 돌아보는데 1시간 30분 정도 소요된다. **MAP ⑩-D**

GOOGLE MAPS 놀이공원 박물관
ADD 53 Avenue des Terroirs de France, 75012
OPEN 홈페이지에 공지되는 날짜에만 방문 가능/ 온라인 예약 필수
PRICE 21€(12~17세 19€~, 4~11세 14€)/ 시즌에 따라 유동적
WALK 베르시 빌라주 동쪽에서 도보 2분
WEB arts-forains.com

15세기 루이 11세가 창설한 왕실 도서관이 시초
프랑스 국립도서관 Bibliothèque Nationale de France(BNF)

1988년 프랑스 대혁명 200주년 기념사업의 하나로 짓기 시작해 1995년
에 완공한 파리의 대표적인 현대 건축물. 중정을 둘러싼 직사각형 모양의
부지 모서리에 90°로 펼친 책 모양의 건물 4개로 이루어져 있다. 프랑수아
미테랑 도서관(Bibliothèque François-Mitterrand)이라고도 부르며, 2011년
에 대여 형식으로 우리나라에 반환된 외규장각 서적과 세계에서 가장 오
래된 금속활자본인 <직지심체요절(직지심경)>(1377년) 등 1500만 권 이상
의 장서를 보관하고 있다. 마치 숲처럼 조성한 지하 정원이나 센강변의 나
무 계단에 앉아 커피 한잔하며 쉬어가기 좋다. MAP ⑩-D

GOOGLE MAPS 프랑스 국립도서관　**ADD** Quai François Mauriac, 75706
OPEN 09:00~20:00(월요일 14:00~, 일요일 13:00~19:00)/공휴일 휴무
*월요일은 여행자 방문이 제한될 수 있음
PRICE 1일권 5€(17:00 이후·성인을 동반한 15세 이하 무료)
WALK 베르시 공원에서 시몬 드 보부아르 인도교 건너 바로
METRO 14 & **RER C** Bibliothèque François-Mitterrand 2번 출구에서 도보 5분
WEB bnf.fr

 파리에서 가장 큰 옥상이 있는
패션과 디자인 시티
Cité de la Mode et du Design(Docks en Seine)

2010년, 센강변에 오랫동안 버려졌던 100년 넘은 창고를 인수해 디자인
거점으로 탈바꿈한 곳. 패션, 디자인, 창작 연구 및 교육 기관인 프랑스 패
션 학교(IFM; Institut Français de la Mode)를 비롯해 만화·애니메이션·비
디오게임 관련 예술 전시회가 열리는 아르 뤼디크 박물관(Art Ludique-Le
Musée), 패션쇼 등 이벤트 공간, 카페, 레스토랑, 센강 산책로, 루프톱 테
라스 등을 갖춘 거대한 복합문화시설이다. 프랑스 건축가 제이콥+맥팔레
인의 작품으로, 파리에서 가장 주목할 만한 현대 건축물 중 하나로 평가받
는다. MAP ⑩-A

GOOGLE MAPS 패션과 디자인 시티 파리　**ADD** 34 Quai d'Austerlitz, 75013
WALK 프랑스 국립도서관에서 도보 10분
METRO 5·10 & **RER C** Gare d'Austerlitz에서 도보 5분

파리에서 가장 유명한 옥상, 카페 오즈 루프톱 Café Oz Rooftop

낮에는 센강을 바라보는 훌륭한 전
망 장소가 되어 주는 패션과 디자
인 시티의 옥상. 밤이 되면 DJ와 함
께 흥겨운 나이트라이프를 즐길 수
있는 바로 변신해 다음 날 아침까
지 시끌벅적한 댄스파티가 벌어진
다. 겨울에는 테라스에 히터가 설
치돼 일 년 내내 왁자지껄한 곳. 평
일 17:00~20:00는 맥주 500cc를
6.50€~, 칵테일을 8€~에 제공하는
해피아워다.

OPEN 17:00~05:00(월요일 ~02:00, 화
요일 ~03:00, 수요일 ~04:00)/겨울철 월·
화요일 휴무/시즌에 따라 유동적

파리 식물원 Jardin des Plantes

23만5000m²(약 7만 평) 면적에 6천여 종의 각종 식물이 식재돼 있는 거대한 단지다. 17세기 초, 루이 13세가 왕족의 건강을 위해 약용식물을 재배하고 연구할 목적으로 설립했고, 대혁명 후 1793년에 정식 식물원으로 거듭났다. 세계 곳곳에서 공수한 희귀 식물을 볼 수 있는 정원과 온실, 진화 박물관, 동물원, 해부학 박물관 등으로 구성돼 있다. 꼭 들려야 할 곳은 수백 년 넘은 나무가 줄지어 서 있는 산책로와 세계 곳곳에서 공수한 희귀 식물을 볼 수 있는 대형 온실(Les Grandes Serres), 알프스나 히말라야 등 고산지대에서 가져온 2000종 이상의 식물을 재배하는 알팽 정원(Jardin Alpin). 공룡을 비롯한 다양한 동식물의 모형과 화석은 물론 직접 참여하고 만져볼 수 있는 진화 박물관(Grande Galerie de l'Évolution)은 가족 단위 여행자에게 인기다. **MAP ⑩-A**

GOOGLE MAPS 파리식물원
ADD 57 Rue Cuvier, 75005
OPEN 07:30~20:00(10월 08:00~18:30, 11~2월 08:00~17:30)
/구역에 따라 다름/행사·날씨에 따라 유동적/
대형 온실·진화 박물관 10:00~18:00/폐장 45분 전까지 입장/
진화 박물관 화요일·1월 1일·5월 1일·12월 25일 휴무,
알팽 정원 11월 중순~2월 휴무
PRICE 식물원 무료, 일부 전시실 유료(대형 온실 9€, 3~25세 7€/
진화 박물관 13€~, 3~25세 10€~/특별전 진행 시 요금 추가)
WALK 패션과 디자인 시티에서 도보 10분/
팡테옹에서 도보 10분/생루이섬에서 쉴리교 건너 도보 5분
METRO 5·10 & **RER** C Gare d'Austerlitz에서 도보 1분
WEB jardindesplantesdeparis.fr

대형 온실

진화 박물관

프랑스 진화학의 아버지라 불리는 뷔퐁 (Georges-Louis Leclerc de Buffon)

⑧ 프랑스의 보은
파리 그랑드 모스케
Grande Mosquée de Paris

제1차 세계대전 중 프랑스군에 가담해 싸우고 전사한 이슬람교도에 대한 감사의 뜻으로 1926년에 파리시가 세운 이슬람 사원. 스페인에서 발전한 무데하르 스타일로 조성한 푸른색 모자이크 벽과 기둥, 건물 내 정원인 파티오와 작은 분수들이 소박하지만 아름다운 자태를 은근히 뽐낸다. 일반인의 출입은 자유로우나, 기도실은 예배 중에 입장할 수 없다. 건물 뒤쪽에 이슬람식 디저트와 민트 티를 맛볼 수 있는 살롱 드 테가 있다. **MAP ⑩-A**

GOOGLE MAPS 파리 그랜드모스크
ADD 2bis Place du Puits de l'Ermite, 75005 (파리 식물원 서쪽)
OPEN 09:00~18:00(행사에 따라 유동적)/ 금요일·이슬람 휴일 휴무
PRICE 5€(학생 3€)
WALK 파리 식물원의 진화 박물관 맞은편
METRO 7 Place Monge 1번 출구에서 도보 4분
WEB www.mosqueedeparis.net

이슬람식 민트 티

+ M O R E +

더 넓고, 더 쾌적해진 이케아
이케아 파리 이탈리 2 IKEA Paris Italie Deux

파리 시내 한복판인 마들렌 광장에 진출했던 이케아가 비좁은 공간 대비 높은 임대료로 고전하다가 2024년 9월 파리 남부에 자리한 복합 문화 센터 이탈리 두(Italie Deux)로 이전했다. 기존보다 훨씬 넓어진 공간에서 이케아가 제안하는 다양한 생활 패턴과 소품을 돌아보자. 가끔 선보이는 파리 한정 상품도 만날 수 있다. 이탈리 2는 5·6·7호선이 만나는 이탈리 광장(Place d'italie)에 접해 있으며 자라, 카르푸, 맥도날드, 유니클로 등 다수의 브랜드 매장들이 입점했다. 쇼핑하기에는 편리하지만 아쉽게도 면세 카운터는 없고 면세 여부는 매장에 따라 다르다.
MAP ⑩-A

GOOGLE MAPS Italie 2
ADD 30 Av. d'Italie, 75013
OPEN 10:00~20:00(일요일 11:00~19:00)
METRO 5·6·7 Place d'Italie에서 도보 3분
WEB ikea.com/fr/fr/stores/paris-italie-deux

#13구 #쌀국수맛집

파리의 차이타나운으로 불리는 파리 13구, 톨비악에는 중국음식점도 많지만 베트남 음식점이 유난히 많다.
19세기 후반부터 70여 년간 프랑스의 통치를 받은 베트남 이민자들의 고달픈 삶의 애환을 담아낸
파리의 쌀국수는 우리나라에서 먹는 것보다 훨씬 깊고 진한 맛이 난다. 고수를 싫어한다면 쌀국수를 시킬 때
"상 실랑트호, 실 부 플레(Sans Cilantro, s'il vous plaît)!"라고 말하자.

파리에서 가장 유명한 베트남 쌀국수

포 14 Pho 14

키아누 리브스를 비롯해 유명인들의 방문이 이어져 전
세계 여행자들이 꼭 들르는 맛집이 되었다. 정식 이름은
포반꾸온(Phở Bánh Cuốn)이지만 편하게 포 14로 불린
다. 재료를 아낌없이 넣고 오랜 시간 우려 만든 진한 육수
와 탱탱한 면발은 쌀국수의 새로운 기준을 세우기에 충
분하다. 가장 인기 있는 메뉴는 완자와 천엽, 소고기 등이
들어간 포 뵈프 스페셜(Phở Bœuf Spécial)과 베트남식 튀
김만두 짜조(Chả Giò). 메뉴판에 영어 설명과 함께 사진,
번호가 적혀 있어 주문하기 쉽다. 팔레 루아얄 근처와 퐁
피두 센터 근처에도 지점이 있다. **MAP ⑩-C**

GOOGLE MAPS pho 14 129
ADD 129 Avenue de Choisy, 75013
OPEN 09:00~23:00/지점에 따라 다름/일부 공휴일 휴무
MENU 쌀국수 12.20€~, 포 뵈프 스페셜 12.50€~, 짜조 8.90€/
본점 기준, 지점에 따라 가격이 다름
METRO 7 Tolbiac 3번 출구에서 도보 3분
WEB pho14paris.fr

쌀국수보다 더 인기 많은 공짜 소고기

르 콕 Le Kok

포 14의 대기 줄이 너무 길어 엄두가 나지 않는다면 대
안으로 괜찮은 곳. 고기를 좋아한다면 오히려 포 14보다
더 만족스러운 식사를 할 수도 있다. 쌀국수를 주문할 때
"라 비앙드, 실 부 플레(La viande, s'il vous plaît)!"라고
말하면 뼈째 넣어 국물을 우려내고 남은 뼈와 소고기 한
접시를 공짜로 내주는 인심 좋은 가게이기 때문. 메뉴 중
에서는 기본 쌀국수에 추가 재료가 들어간 수프 통키누
아즈 스페셜(Soupe Tonkinoise Spéciale)이 인기다. 큰 사
이즈(Grande)도 있지만 고기를 같이 먹는다면 보통 사이
즈(Petite)로도 충분하다. 결제는 현금만 가능. **MAP ⑩-C**

GOOGLE MAPS le kok 129
ADD 129bis Avenue de Choisy, 75013
OPEN 11:00~23:00/월요일·일부 공휴일 휴무
MENU 쌀국수 11.50€~, 쌀국수 스페셜 12.50€~
WALK 포 14를 바라보고 오른쪽에 있다.

a zéro 3
n Pellegrino 3
inute 6 / citronnade 7
au choix 6
ns gluten
Prix nets en Euros

개선문 서쪽의 매머드급 공원
불로뉴숲과 그 주변

파리 서쪽에 위치한 불로뉴숲(Bois de Boulogne)은 845ha(여의도 면적의 약 3배)에 달하는 광대한 삼림공원이다. 원래 왕실 소유의 사냥터였던 곳을 나폴레옹 3세가 시민들을 위한 공원으로 재조성한 곳으로, "세계 최고의 도시숲을 만들라"는 황제의 지시에 따라 엄청 공을 들여 만들었다고 한다. 센강이 굽이쳐 흐르는 사이에 푸른 숲과 호수, 꽃 등이 아름답게 어우러져 있어 인상주의 화가들의 작품에도 자주 등장했다. 불로뉴숲 동쪽에 자리한 16구의 고급주택가를 산책하며 색다른 기분을 느껴보는 것도 기분 좋은 경험이다.

①

파리 시내 최대 규모의 도시 공원

불로뉴숲 Bois de Boulogne

불로뉴숲에는 2개의 큰 인공 연못이 조성돼 있고 연못 주변에 조깅 코스와 자전거전용도로가 잘 정비돼 있어 주말이면 현지인들로 붐빈다. 테니스 그랜드슬램 중 하나인 프랑스오픈이 열리는 롤랑가로 경기장(Stade Roland Garros), 세익스페어의 작품 속에 나오는 프레 카틀랑 정원(Jardin Shakespeare), 루이비통 재단, 작은 동물원, 놀이공원, 경마장 등 볼거리와 즐길 거리도 가득하다. 봄이면 1200종 1만 그루의 장미가 만발하는 영국식 정원, 바가텔 장미 정원(Parc Bagatelle-la Roseraie) 또한 큰 볼거리다. 여행자는 앵페리외 호수(Lac Inférieur)나 루이비통 재단을 중심으로 돌아보거나 자전거를 빌려서 다니는 것이 효율적이다. 야간에는 위험하므로 해가 지기 전에 떠날 것. 에투알 개선문에서 서쪽으로 일직선으로 난 포슈 거리(Avenue Foch)를 따라 20분 정도 걸으면 공원 입구에 닿는다. **MAP ①**

GOOGLE MAPS 불로뉴숲
METRO 1 Porte Maillot, **2** Porte Dauphine, **10** Porte d'Auteuilp 또는 **RER C** Neuilly-Porte Maillot 하차

+ MORE +

서울공원 Jardin du Sèoul

루이비통 재단이 있는 아클리마타시옹 정원(Jardin d'Acclimatation) 중앙의 연못 주변에 널따랗게 자리 잡고 있는 서울공원은 파리시와 서울시의 자매결연 10주년을 기념해 2002년에 문을 열었다. 건축에 필요한 모든 자재와 조경용 돌, 나무까지 모든 것을 한국에서 조달해 완성했다. 정문인 피세문, 육각 정자 죽우정, 담양에 온 듯한 느낌의 대숲과 솟대, 경복궁 자경전과 소쇄원, 경주 동궁, 월지 등을 본떠 만든 각종 건축물과 조형물들이 한국의 정서와 아름다움을 담고 있어 감회가 새롭다.

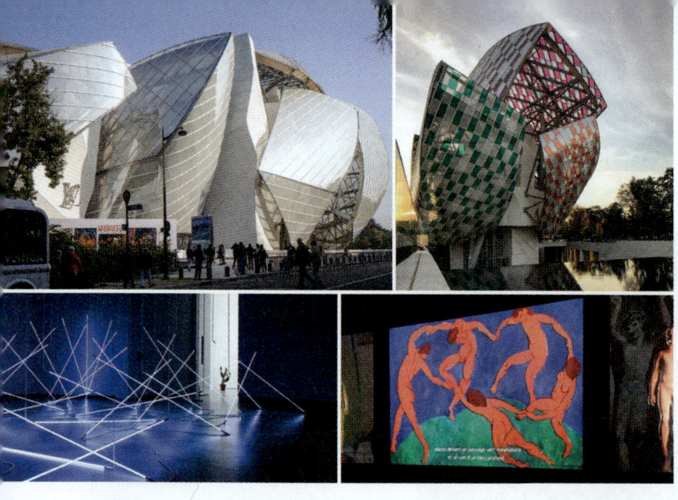

21세기 파리의 새로운 명물

② 루이비통 재단 Fondation Louis Vuitton

1854년 여행용 트렁크를 만들며 시작된 루이비통이 그동안 수집한 방대한
미술품 컬렉션을 바탕으로 2014년 개관한 현대 예술의 전당. 루이비통의 소
장품 전시 외에 기획전과 콘서트, 퍼포먼스 등을 선보이며 연간 100만 명이
넘는 관람객을 동원하고 있다. 배 모양의 아름다운 건물은 스페인 빌바오의
구겐하임 미술관과 LA의 월트디즈니 콘서트홀을 설계한 캐나다 출신 미국
건축가 프랑크 게리의 작품. **MAP ❶**

GOOGLE MAPS 파리 루이비통재단　**ADD** 8 Avenue du Mahatma Gandhi, 75116
OPEN 11:00~20:00(금요일 ~21:00, 토요일 10:00~)/전시에 따라 다름/
화요일·일부 공휴일·전시 준비 기간 휴무
PRICE 16€(25세 이하 10€, 17세 이하 5€)/일부 특별전 요금 별도/전시가 없는 날은 할인
METRO 1 Les Sablons 2·3번 출구에서 도보 12분
WEB www.fondationlouisvuitton.fr

불로뉴숲 북쪽에 자리한 루이
비통 재단까지는 개선문 동
쪽 프리틀랑 거리(Avenue de
Friedland)에서 20분 간격으로
운행하는 셔틀버스를 타면 약
10분 만에 닿는다. 요금은 편도
1€, 왕복 2€. 단, 루이비통 재단
홈페이지에서 입장권을 예매한
사람만 이용할 수 있다. 입장권
을 예약할 때 셔틀버스도 함께
예약할 수 있으며, 왕복 티켓만
가능하다. 현장에서는 카드로
만 결제할 수 있다.

셔틀버스 정류장
GOOGLE MAPS V7FW+JR 파리
METRO 1·2·6 & **RER A** Charles de
Gaulle–Étoile 2번 출구 이용

보트를 타고 가는 레스토랑

③ 르 샬레 데 질 Le Chalet des Îles

넓디넓은 불로뉴숲 안에서도 섬 안에 있어 보트를 타고 가야 하는 레스토
랑. 20세기 초에 마르셀 프루스트나 에밀 졸라 등이 단골로 드나들며 문학
카페로 사랑받은 곳이다. 찾아가기는 어렵지만 푸른 나무와 색색깔의 꽃이
가득한 주변과 잔잔한 호수를 바라보며 말 그대로 '힐링'을 할 수 있는 곳.
아이들을 위한 런치 세트도 제공해 가족 단위 손님이 많이 찾는다. 일단 불
로뉴숲으로 들어가 식당 이름이나 'Lac Inférieur' 표지판을 따라 호숫가
선착장을 찾아간 뒤 뱃사공에게 르 샬레 데질에 간다고 하면 태워다 준다
(2€/나비고 1주일권 이상 소지자·11세 이하 아동 동반시 무료). **MAP ❶**

GOOGLE MAPS V776+93 파리
ADD 14 Chemin de Ceinture du Lac Inférieur, 75016
OPEN 12:00~14:30, 19:30~22:30, 일요일 브런치 12:00~16:00/
겨울철은 단축 운영/월·화요일·일부 공휴일 휴무
MENU 앙트레 16€~, 플라 25€~, 런치 세트 31€~, 일요일 브런치 75€~
WALK 불로뉴숲으로 들어서 도보 약 20~30분 후 배에 탑승
WEB chalet-des-iles.com

<인상, 해돋이>

④ 최초의 '인상주의' 그림을 소장한 곳
마르모탕 모네 미술관
Musée Marmottan Monet

인상주의의 탄생을 알린 모네의 <인상, 해돋이>(1872년)와 <수련> 연작 등을 소장하고 있는, 오르세 미술관과 오랑주리 미술관에 버금가는 인상주의 전문 미술관. 쥘 마르모탕과 그의 아들이 기증한 예술품으로 가득한 저택에는 지하부터 2층까지 빼곡히 들어찬 모네와 고갱, 르누아르, 피사로 등의 그림을 비롯해 중세 서적 사본과 고급 앤티크 등 볼거리가 많다. MAP ❶

GOOGLE MAPS 마르모탕모네미술관
ADD 2 Rue Louis-Boilly, 75016
OPEN 10:00~18:00(목요일 ~21:00)/폐장 1시간 전까지 입장/월요일·1월 1일·5월 1일·12월 25일 휴무
PRICE 14€(24세 이하 학생·7~17세 9€)/지베르니 모네의 집 통합권 27€(24세 이하 학생·7~17세 16€)
METRO 9 La Muette에서 도보 10분
BUS 32번 Porte de Passy 하차 후 도보 3분(시내로 갈 때는 박물관 입구 맞은편에서 탑승)
WEB www.marmottan.fr

⑤ 단순함의 미학
메종 라 로슈 Maison La Roche

현대 건축의 아버지라 불리는 르 코르뷔지에(1887~ 1965년)가 1923년에 설계한 파리 16구의 저택. 집과 갤러리를 잇는 브리지와 가파른 슬로프, 큰 창문이 달린 복도, 옥상 정원, 식당, 거실 등이 잘 보존돼 있다. 라 로슈가 수집한 그림과 르 코르뷔지에의 회화 작품, 그가 디자인 한 의자와 테이블 등도 볼 수 있다. 현재 르 코르뷔지에 재단이 운영하는 박물관으로 사용되고 있으며, 관람객이 많지 않아 미니멀한 르 코르뷔지에식 공간의 미학을 제대로 느껴볼 수 있다. MAP ❶

GOOGLE MAPS 빌라 라호슈
ADD 10 Square du Dr Blanche, 75016
OPEN 10:00~18:00/일·월요일·공휴일·7월 27일~8월 17일·12월 22일~1월 5일 휴무
PRICE 10€(학생 5€, 13세 이하 무료)
WALK 마르모탕 모네 미술관에서 도보 15분
METRO 9 Jasmin 역 1번 출구에서 도보 6분
WEB fondationlecorbusier.fr

구석구석 세계의 건축물 찾기
몽소 공원과 그 주변

역사가 깊은 몽소 공원(Parc Monceau)은 의외의 귀여움과 재미를 품은 숨은 보석 같은 장소다. 18세기 유행한 영국식 정원에 피라미드, 풍차, 중국식 요새, 그리스 신전까지 작은 미니어처 건축물이 곳곳에 숨어 있어 산책하며 탐험하는 재미가 쏠쏠하다. 프리메이슨 비밀 코드가 숨겨졌다는 루이필리프 도를레앙 공의 손길도 궁금증을 더한다. 오래된 회전목마에 올라 파리 감성 가득한 사진을 남기고, 주변의 멋진 박물관도 가볍게 둘러보자. MAP ❶

GOOGLE MAPS 몽쏘공원
ADD 35 Boulevard de Courcelles, 75008
OPEN 07:00~20:00(5~8월 ~22:00, 9월 ~21:00)
WALK 개선문에서 도보 15분
METRO 2 Monceau에서 바로

MAP legend

❶ 명소　　● 식당 & 카페　　● 상점
Ⓜ ⓇⒺⓇ 메트로, RER　　● 표지물

서양의 시선으로 바라보는 동양의 예술

세르누쉬 박물관 Musée Cernuschi

몽소 공원을 산책하다가 들르면 좋은 동양미술 전문
미술관. 이탈리아에서 정치 활동을 하다가 프랑스로
망명한 앙리 세르누쉬가 중국, 일본, 인도네시아 등을
여행하며 수집한 예술품 5천여 점을 기반으로 설립했
다. 우리에게는 <군상(群像)> 연작으로 유명한 이응노
화백의 작품이 많이 남아있어 특별한 곳. 1960년대 이
곳에서 동양미술학교를 운영했던 이응노 화백은 동베
를린 간첩단 조작 사건(1967년) 당시 누명을 쓰고 옥살
이를 한 뒤 1983년에 프랑스로 망명했다. **MAP ❶**

GOOGLE MAPS 세르누쉬 박물관
ADD 7 Avenue Vélasquez, 75008
OPEN 10:00~18:00/월요일·1월 1일·5월 1일·12월 25일 휴무
PRICE 상설전 무료, 일부 특별전 유료
WALK 몽소 공원 동쪽 출구에서 도보 1분
METRO 2 Monceau 하나뿐인 출구에서 도보 4분
WEB www.cernuschi.paris.fr

<구성>(1974년), 이응노

비극이 서린 화려한 저택

❷ 니심 드 카몽도 박물관

Musée Nissim de Camondo

가난한 예술가를 후원하고 자선사업에도 힘쓴 부유한 유대인 무이즈 드
카몽도가 베르사유의 프티 트리아농을 본떠 지은 저택. 제1차 세계대전
에서 아들을 잃은 후 엄청난 양의 예술품을 파리의 주요 박물관에 기증
한 그의 유언에 따라 이 저택은 아들의 이름을 딴 박물관으로 사용되고
있다. 그의 유족들은 제2차 세계대전 당시 모두 아우슈비츠에서 생을 마
감했다고 전해진다. **MAP ❶**

GOOGLE MAPS 파리 니심드카몽도
ADD 63 Rue de Monceau, 75008
OPEN 2027년 초까지 복원 공사로 휴무
WALK 몽소 공원 남쪽 출구에서 도보 4분
METRO 2 Monceau 하나뿐인 출구에서 도보 8분
WEB madparis.fr

③ 프랑스에서 가장 아름다운 개인 소장품관
자크마르 앙드레 박물관 Musée Jacquemart André

19세기 파리의 은행가이자 컬렉터였던 에두아르 앙드레와 그의 부인 넬리 자크마르가 기증한 자신들이 살던 대저택을 그대로 전시관으로 바꿔 공개하고 있는 박물관. 집주인 부부가 전 유럽과 중동을 여행하며 수집한 화려한 공예품과 가구, 실내장식을 비롯해 이탈리아 르네상스 회화의 수작들, 그리고 프라고나르, 부셰, 나티에 등 18세기 프랑스 화가들의 작품을 볼 수 있다. 실제 다이닝룸이었던 공간은 현재 카페로 꾸며져 일요일에는 브런치(11:00~14:30), 월~토요일 점심에는 가벼운 식사, 오후에는 케이크와 차 한잔을 즐기기 위해 찾는 은밀한 장소로 입소문이 자자하다. **MAP ❸-C**

GOOGLE MAPS 파리 자크마르앙드레
ADD 158 Boulevard Haussmann, 75008
OPEN 10:00~18:00(금요일 ~22:00, 토·일요일 ~19:00)/
폐장 30분 전까지 입장/유동적 휴무 및 단축 운영, 방문 전 홈페이지 확인
PRICE 15€(학생·19~25세 13€, 7~18세 9€)/오디오 가이드 포함/특별전 포함 시 3~5€ 추가
WALK 몽소 공원 남쪽 출구에서 도보 9분/개선문에서 도보 15분
METRO 9·13 Miromesnil에서 도보 7분
WEB www.musee-jacquemart-andre.com

장 마르크 나티에,
〈마틸드 드 카니시, 당탱 후작〉
(1783년)

함께 들러보면 좋은 파리의 공원들

■ 뱅센숲 Bois de Vincennes

면적이 여의도의 3.5배에 달하는, 파리에서 제일 규모가 큰 녹지다. 중세에는 왕실 사냥터로 쓰였으나 파리를 재정비하면서 영국식 공원으로 꾸며 1866년에 개장했다. 주요 볼거리는 서쪽 끝의 도메닐 호수(Lac Daumesnil) 주변이나 북쪽에 있는 미님 호수(Lac des Minimes)와 꽃의 공원(Parc Flora)에 모여 있다. 7~8월에 꽃의 공원에서 열리는 파리 재즈 페스티벌 기간에는 입장료(1일권 5€ 정도)가 아깝지 않을 정도로 훌륭한 공연을 즐길 수 있다. 중세 성채의 웅장한 느낌을 잘 간직하고 있는 뱅센성(Château de Vincennes)이 공원 북쪽에 있다. MAP ❶

GOOGLE MAPS 뱅센숲 **PRICE** 뱅센성 13€/ 뮤지엄 패스
METRO 8 Charenton-Écoles & Liberté·Porte Dorée,
METRO 1 Bérault & Saint-Mandé-Tourelle & Château-de-Vincennes, **RER A** Vincennes & Fontenay-sous-Bois & Nogent-sur-Marne & Joinville-le-Pont 하차

도메닐 호수
뱅센성

■ 몽수리 공원 Parc Montsouris

나폴레옹 3세가 불로뉴숲(서쪽), 뱅센숲(동쪽), 뷰트쇼몽(북쪽) 공원과 함께 1875년에 파리 남쪽에 조성한 시민 공원. 향긋한 풀내음이 기분 좋게 반기는 아늑한 공원 내에는 커다란 호수와 영국의 그리니치 천문대가 본초 자오선으로 정해지기 이전까지 파리의 자오선 기준이 되었던 돌기둥이 있다. MAP ❶

GOOGLE MAPS 몽수히 공원
ADD 2 Rue Gazan, 75014
RER B Cité Universitaire 하차

■ 앙드레 시트로앵 공원 Parc André Citroën

센강 남서쪽 끝에 조성된 현지인들의 산책 명소. 공원에는 두둥실 하늘에 올라 파리 시내를 한눈에 내려다볼 수 있는 높이 32m, 지름 22m의 거대한 열기구 발롱 드 파리(Ballon de Paris Generali)가 있다. 열기구에서는 센강 위를 수놓은 아름다운 다리는 물론 날씨가 좋으면 멀리 몽마르트르 언덕도 선명하게 눈에 들어온다. 안전을 위해 지상과 밧줄로 연결된 채 20분 간격으로 이륙하며, 한 번에 30명을 싣고 150m 정도 높이까지 올라간다. 날씨가 좋으면 에펠탑(324m)과 거의 비슷한 300m 높이까지 올라간다고. 시뉴섬의 그르넬교에서 센강변을 따라 도보 15분 거리다. MAP ❶

GOOGLE MAPS 엉드헤 씨뜨호엥 공원
ADD Parc André-Citroën, 75015
OPEN 공원 08:00~21:30(4·9월 ~20:30, 3·10월 ~19:30, 11~2월 ~17:45),
발롱 드 파리 09:00~17:00 (여름철은 연장 오픈)/시즌과 날씨에 따라 유동적
PRICE 발롱 드 파리 20€ (3~11세 15€)
METRO 10 Javel-André Citroën 또는 **RER C** Javel에서 도보 10분
WEB ballondeparis.com

밀레니엄을 기념하여 1999년 등장한 도심형 어트랙션, 발롱 드 파리

일탈로 맛보는 이색 여행
테마파크

어린아이를 둔 가족과 '해맑은 나'를 주제로 예쁜 사진 찍기
좋아하는 사람이라면 테마파크가 필수 코스다.
단, 놀이 시설 위주의 테마파크는 평일에 방문해야
관광의 질이 높아진다는 것을 명심하자.

유럽에 하나밖에 없는 디즈니랜드
디즈니랜드 파리 Disneyland Paris

파리에서 동쪽으로 약 32km, RER로 약 45분 거리에 1992년 오픈한 디즈니랜드 파리가 있다. 크게 디즈니랜드 파크, 월트 디즈니 스튜디오 파크, 디즈니랜드 골프장으로 구성된다. 파크 안에는 호텔도 있어 며칠 동안 숙박하며 방대한 규모의 놀이공원을 구석구석 즐길 수 있다. 디즈니랜드 파크는 미키 마우스, 백설 공주, 피터 팬 등 전통적인 디즈니 캐릭터를 테마로 꾸몄다. <잠자는 숲속의 공주>의 성과 화려한 퍼레이드가 이곳의 하이라이트. 스튜디오 파크는 <카> <토이 스토리> <겨울 왕국> 등 애니메이션 속 캐릭터와 영화를 콘셉트로 한 공간이다.

전 세계 6개 디즈니랜드 중 두 번째로 작은 규모지만 유럽 특유의 고풍스러운 조경과 분위기로 독특한 매력을 뽐낸다. 방문 전 프낙(Fnac)이나 공식 홈페이지에서 최소 5~10일 전 예매하면 더욱 저렴하다. 식당은 붐비고 비싸니 도시락과 음료를 챙기는 게 현명하며, 전용 앱을 미리 설치하면 더욱 편리하게 즐길 수 있다.

GOOGLE MAPS 디즈니랜드파리
ADD Disneyland Paris, 77777
OPEN 스튜디오 파크 09:30~21:00, 디즈니랜드 파크 09:30~23:00/
성수기 기준, 요일·시즌에 따라 유동적
PRICE 파크 1곳 50~104€(11세 이하 46~97€),
하루에 파크 2곳 79~139€(11세 이하 75~132€),
2일 이상 파크 2곳 139~368€(11세 이하 132~340€)/
날짜 지정 예매 기준, 요일·시즌에 따라 유동적
RER A Marne-la-Vallée-Chessy 하차
WEB www.disneylandparis.fr

기원전 50년, 프랑스에서는…

아스테릭스 공원 Parc Astérix

시저의 로마 군대에 맞서 싸우는 골족의 이야기를 코믹하게 그린 프랑스의 대표 만화 <아스테릭스>를 모티브로 만든 테마파크다. 공원은 골족, 로마제국, 고대 그리스, 바이킹, 이집트를 테마로 한 5개의 구역과 식당 및 기념품 숍이 늘어선 '옛 길'로 이루어져 있다. 곳곳에 만화에 나왔던 캐릭터나 소품이 설치돼 있어 마치 만화 속으로 들어간 느낌마저 든다. 40여 개의 어트랙션 중 높이 30m, 길이 1230m의 목재 롤러코스터 제우스의 번개(Tonnerre de Zeus)가 가장 유명하며, 급류타기(Le Grand Splotch), 회전접시(Discobelix)도 인기다. 돌고래 쇼를 비롯해 어트랙션을 즐기는 중간에 쉬면서 즐길 수 있는 쇼도 마련돼 있다.

©Martin Lewison

GOOGLE MAPS 아스테릭스 파크
ADD 60128 Plailly
OPEN 10:00~18:00(여름철 ~22:00)/요일·시즌에 따라 유동적
PRICE 56€~(3~11세 53€~)/날짜 지정 예매 기준, 요일·시즌에 따라 유동적/2세 이하 무료/주차 1일 20€
ACCESS 파리 중심부에서 자동차로 약 1시간 소요(약 48km)/샤를 드골 국제공항에서 셔틀버스 이용(11€)/블라블라 버스, 플릭스 버스 등에서 셔틀 운행(4.99€~)/자세한 안내는 홈페이지 참고
WEB www.parcasterix.fr

하루 만에 프랑스 일주하기

프랑스 미니어처 마을 France Miniature

파리의 에펠탑, 개선문을 비롯해 베르사유 궁전, 아비뇽의 교황청, 아를의 원형경기장 등 프랑스의 관광 명소 100여 개를 30분의 1로 축소한 모형을 펼쳐 놓은 테마파크. 미니어처라고 하면 아주 작은 공간이라고 생각하기 쉬운데, 축구장 2개를 합쳐놓은 만만치 않은 면적이라 프랑스가 이렇게 넓은가 싶은 생각이 들 정도도. 프랑스 국토 모양을 닮은 트랙에서 시속 4km로 달리는 전기차, 8m 높이의 화산에 오르는 등산 코스 등 어린이용 어트랙션도 있다.

GOOGLE MAPS QXG7+J7 엘랑쿠르
ADD Boulevard André Malraux, 78990 Élancourt
OPEN 10:00~17:00(토·일요일 ~18:00, 7월 중순~8월 ~19:00)/시즌과 날씨에 따라 유동적/9~10월 월·화·금요일·11~4월 휴무
PRICE 29€(4~11세 23€)/1일 전까지 온라인에서 날짜 지정 예매 시 1€ 할인/주차 5€
TRAIN 몽파르나스 역에서 라 베리에르(La Verrière)행 기차를 타고 약 45분 후 라 베리에르역에서 내린다. 역 앞에서 5120·5122·5125번 버스를 타고 약 15분 후 프랑스 미니어처(France Miniature) 정류장 하차
WEB www.franceminiature.fr

©Frédéric BISSON

BUS
Hôtel de Ville
69
Champ de Mars
72
Port de Saint Cloud

PARIS
TRANSPORTATION

파리 교통 가이드

우리나라 & 유럽에서 파리 가기

인천 국제공항에서 파리 샤를 드골 국제공항까지 대한항공, 에어프랑스, 아시아나항공, 티웨이항공이 직항 노선을 운항한다. 소요 시간은 약 14시간 30분~15시간이다. 유럽 내 다른 도시에서 출발하는 단거리 항공편은 샤를 드 골 국제공항과 파리 남부의 오를리 공항으로 취항한다. 저가항공(LCC)은 출발 3~4개월 전 예약하면 기차보다 저렴할 때가 많다. 다만 수하물 요금이 별도 부과되니 주의해야 하며 보베 공항은 시내 접근성이 매우 떨어진다.

샤를 드골 국제공항 Aéroport Charles de Gaulle(CDG)

공항이 위치한 도시 이름을 따 '루아시(Roissy) 공항'이라 불리며 파리의 주요 관문 역할을 한다. 3개의 터미널이 있으며, 이 중 2터미널은 A부터 G까지 7개 구역으로 세분돼 총 9개 터미널로 구성된다. 항공사별로 사용하는 터미널이 다르므로 출발 또는 도착 터미널을 사전에 확인한다.

샤를 드골 국제공항
WEB www.parisaeroport.fr

■ 입국 심사

비행기에서 내려 'Sortie(출구)'나 'Bagages(수하물)'라고 적힌 표지판을 따라 가면 입국 심사장이 나온다. EES 시행으로 우리나라 여행자는 전자여권 입국 심사 키오스크에서 여권을 스캔하고 얼굴과 지문 정보를 등록해야 한다. 시스템 등록으로 입국 기록을 관리하므로 이제 여권에 입국 도장을 날인하지 않는다. 셰겐 협약 가입 도시를 경유해 파리로 들어올 때는 처음 도착한 도시에서 입국 심사를 받는다. 이 경우 파리에서는 별도 심사 없이 입국장을 통과한다. 2026년 말 이후 방문할 예정이라면 ETIAS 신청 여부를 반드시 확인한다.

■ 수하물 찾고 세관 통과

입국 심사 후 수하물 찾는 곳에서 짐을 찾은 뒤 신고할 물품이 없으면 'Nothing to Declare'라고 쓰인 세관 검사대를 통과해 밖으로 나간다.

• 주요 항공사별 이용 터미널

대한항공(KE) 2E	이지젯(EZY) 2D
루프트한자(LH) 1	카타르항공(QR) 1
부엘링(VLG) 3	캐세이패시픽항공(CX) 2A
싱가포르항공(SIA) 1	타이항공(TG) 1
아시아나항공(OZ) 1	터키항공(TK) 1
에미레이트항공(EK) 2C	티웨이항공(TW) 1(스케줄별 상이)
에어프랑스(AF, 인천발) 2E	핀에어(AY) 2B
에티하드항공(EY) 1	KLM네덜란드항공(KL) 2F
오스트리아항공(AG) 1	LOT폴란드항공(LO) 2D

*가나다순, 공항과 항공사 사정에 따라 변동 가능성이 높으니 e-티켓을 재확인한다.
*2E 터미널은 탑승동 간 이동 시간이 소요되니 출발편 이용 시 여유 있게 도착할 것.

샤를 드골 국제공항 구조도

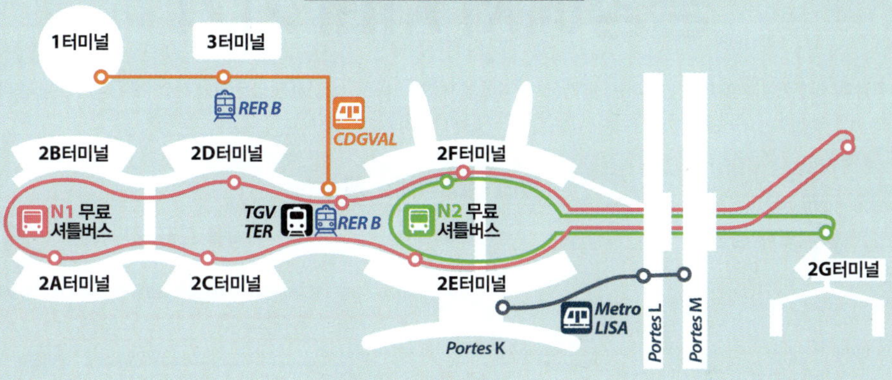

: WRITER'S PICK :
공항에서 알아두면 편리한 프랑스어

한국어	프랑스어	영어	한국어	프랑스어	영어
출구	Sortie	Exit	입국 심사	Contrôle des Passports	Immigration
도착	Arrivées	Arrivals	EU 외 국가	Non EU (Tous Passeports)	Non EU Nationality
출발	Départs	Departures	세관	Douane	Customs
수하물 찾는 곳	Bagages	Baggage	환승 터미널	Correspondance Terminal	Flight Connections
수하물 보관소	Consigne	Left Luggage			
셔틀버스	Navette	Shuttle	수하물 분실·파손 신고 센터	Réclamation Bagages/ Litiges Bagages	Baggage Enquiries/ Baggage Reclaim
기차역	Gare	Station			
세금 환급	Détaxe	Tax Refund	탑승	Embarquement	Boarding

오를리 공항 Aéroport Paris-Orly(ORY)

터미널 4개로 이루어진 규모가 작은 공항으로, 파리 시내 중심에서 남쪽으로 약 15km 떨어진 4존에 있다. 1·2·3 터미널은 연결돼 있어 걸어서 이동할 수 있다. 4터미널은 3터미널과 도보 5분 정도 거리에 있다. 무료 공항 셔틀버스도 운행하며, 터미널 간 이동 시 시내까지 운행하는 메트로 오를리발(Orlyval)을 무료 이용할 수 있다.

오를리 공항

WEB parisaeroport.fr/orly

보베 공항 Aéroport Paris Beauvais(BVA)

라이언에어를 비롯한 저가항공이 주로 이용하는 작은 공항. 파리에서 북쪽으로 약 75km 떨어진 오드프랑스 (Hauts-de-France) 지역에 있다.

보베 공항

WEB aeroportparisbeauvais.com

: WRITER'S PICK :
프랑스 입국 시 면세 범위

담배 200개비, 엽궐련(시가) 50개비

주류 2L(22° 초과 1L), 와인 4L, 맥주 16L

식품 육류나 유제품 제외 1kg 이하

통화 1만€ 미만(현금·여행자수표·주식·채권 포함, 신용카드 제외)

기타 EU 외 국가에서 면세로 구매한 물품은 총액 430€까지(항공과 배로 입국하지 않은 경우는 300€까지)

*EU 회원국 외 국가 거주자 기준

공항에서 시내 가기

공항과 시내 중심을 한 번에 연결하는 공항버스를 비롯해 저렴하고 교통 체증 걱정 없는 교외 전철 RER, 심야 도착 승객을 위한 심야버스, 택시 등 다양한 교통수단으로 파리 시내까지 이동할 수 있다.

파리 시내 액세스 맵

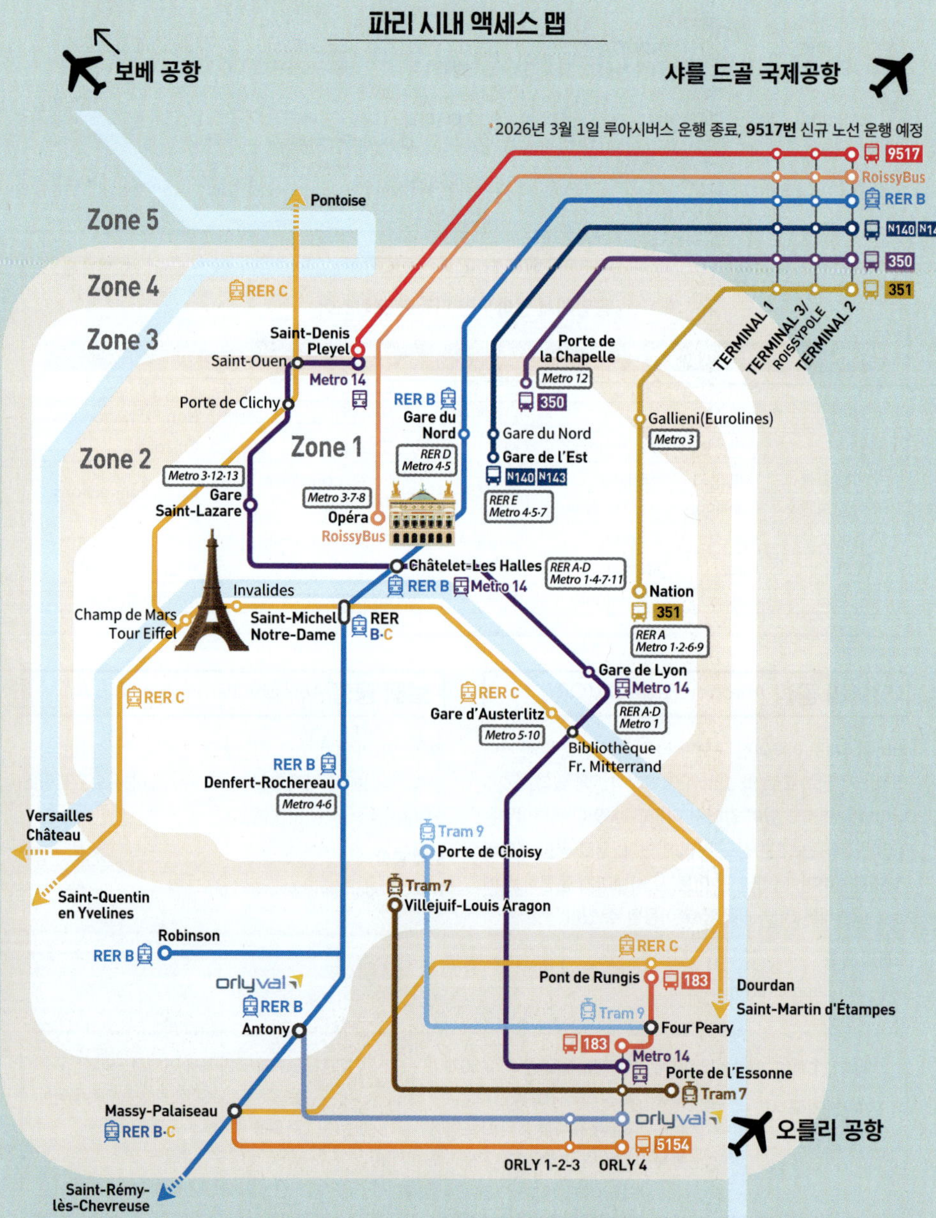

샤를 드골 국제공항에서 시내 가기

파리의 대중교통은 1회용 종이 승차권이 없어, 공항 RER 역이나 버스 정류장의 매표소 및 자동판매기에서 교통카드를 구매한 후 원하는 티켓을 충전해 사용해야 한다. 파리 교통 앱(IDF Mobilités, Bonjour RATP)을 이용하면 발급비는 없지만 충전 가능한 티켓 종류나 설치 조건에 제약이 있다.

가장 일반적인 교통카드는 나비고 이지(Navigo Easy)로, 현장에서 발급 시 카드 발급비는 2€(환불 불가, 양도 가능)이며, 여기에 공항 전용 1회권 또는 기간권(파리 비지트)을 충전해 사용한다. 1일권은 공항 교통편에 이용할 수 없으니 주의한다.

주간권, 월간권 등을 충전할 수 있는 나비고 데쿠베르트(Navigo Découverte)는 여행 일정에 따라 나비고 이지보다 경제적일 수 있지만 2026년 1월 현재 공항에서는 판매하지 않는다. 카드 발급비는 5€(환불·양도 불가). 승차권에 대한 자세한 내용은 406p 참고.

WEB www.ratp.fr | www.parisaeroport.fr

나비고 이지 카드

- 각 교통수단에 명시된 '1회권 요금'은 모두 나비고 이지에 충전할 수 있는 티켓과 요금이다.

- 파리 비지트는 공항 교통편이 포함되지만 가격 대비 혜택이 적어 추천하지 않는다.

- 나비고 데쿠베르트는 시내 유인 매표소에서만 구매할 수 있다. 이미 갖고 있다면 공항에서 충전은 가능하다. 공항 교통편을 이용하려면 1-5존 주간권·월간권을 충전해야 한다.

- 모든 교통카드는 1인 1카드 사용이 원칙이며, 1회권과 파리 비지트는 4~9세 어린이는 반값, 3세 이하는 무료.

- 시내 도착 후 숙소까지 메트로 또는 RER을 이용해 이동 가능.

- 교통 체증에 따라 소요 시간이 다르다는 것이 가장 큰 단점.

■ 공항버스-루아시버스 RoissyBus : 2026년 2월 28일까지 운행 예정

파리 시내까지 가는 가장 간단한 방법. 시내 중심에 있는 오페라 가르니에까지 한 번에 간다. 컨택리스 신용·체크카드를 사용할 수 있는 유일한 교통수단이다.

소요 시간	60분~
1회권 요금	Billet RoissyBus 14€(4~9세 7€)
사용 가능한 교통카드	나비고 이지, 나비고 데쿠베르트, 비자/마스터 컨택리스 카드(성인 요금 적용)
운행 시간	공항 → 시내: 06:00~00:30, 15~20분 간격 시내 → 공항: 05:15~00:30, 15~30분 간격
하차 후 연결 교통편	메트로 3·7·8호선 Opéra역, RER A선 Auber역

■ 9517번 버스 : 2026년 3월 1일 신규 운행 예정

샤를 드골 공항과 메트로 14호선 북쪽 종점인 생드니 플레옐(Saint-Denis Pleyel)역을 연결한다. 정확한 운행 루트와 요금, 운행 정보 등은 현재 미정으로, 2월 말 홈페이지 공지사항 참고.

소요 시간	50분~
1회권 요금	14€ 내외/변동 가능
사용 가능한 교통카드	나비고 이지, 나비고 데쿠베르트
운행 시간	05:30~00:40(토·일요일 01:30 전후)/변동 가능
하차 후 연결 교통편	메트로 14호선 Saint-Denis—Pleyel역

*메트로 13호선 Carrefour Pleyel역과 RER D선 Stade de France Saint-Denis역은 각각 도보 10분 거리

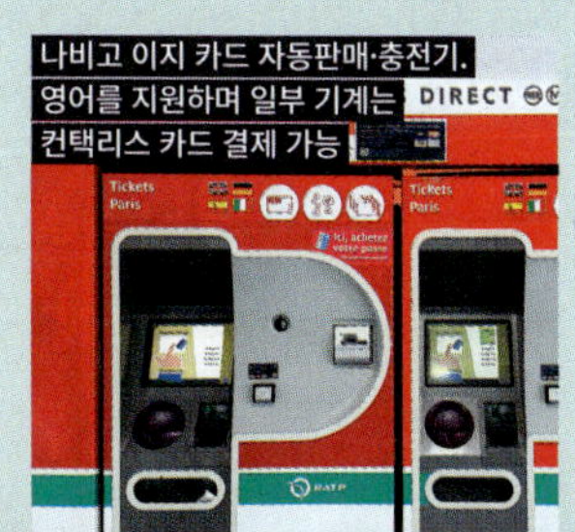

나비고 이지 카드 자동판매·충전기. 영어를 지원하며 일부 기계는 컨택리스 카드 결제 가능

■ 교외 전철 RER B

파리 시내와 근교를 연결하는 5개 RER 노선 중 하나. 개찰 후 출구 밖으로 나가지 않으면 개찰 시각부터 최종 하차 시각까지 2시간 이내에 메트로로 무료 환승할 수 있다.

소요 시간	북역 30분~, 생미셸-노트르담역 36분~
1회권 요금	One Way from/to Airport 14€(4~9세 7€) (프랑스어: Ticket Paris Région < > Aéroports)
사용 가능한 교통카드	나비고 이지, 나비고 데쿠베르트
운행 시간	04:50~23:50, 6~15분 간격/공항 기준
하차 후 연결 교통편	메트로 4·5호선 Gare du Nord역, 메트로 4·6호선 Denfert-Rochereau역, RER C선 Saint-Michel-Notre-Dame역, RER D선 Gare du Nord역 등

Aéroport Charles de Gaulle 2·TGV 역
역에 설치된 나비고 이지 카드 자동판매·충전기
RER 개찰기. 파란색 리더기에 카드나 스마트폰을 태그한다.
RER은 타고 내릴 때 문에 설치된 버튼을 힘껏 눌러야 문이 열린다.

■ 심야버스-녹틸리앙 Noctilien

자정 이후에는 심야버스가 북역(Gare du Nord)을 거쳐 동역(Gare de l'Est)까지 운행한다. 공항으로 갈 때는 루아시폴(Roissypole)행 노선을 타면 된다.

소요 시간	북역 60분~, 동역 65분~
1회권 요금	Ticket Bus-Tram 2.05€(4~9세 1.05€) /현금 승차 불가
사용 가능한 교통카드	나비고 이지, 나비고 데쿠베르트
운행 시간	N140번 공항 → 동역 01:00~04:00(1시간 간격) 　　　　동역 → 공항 01:00·02:00·03:00·03:40 N143번 공항 → 동역 00:02~04:32(30분 간격) 　　　　동역 → 공항 00:55~05:08(30분 간격)
하차 후 연결 교통편	다른 녹틸리앙 노선 또는 택시

 티켓 하나로 시내 메트로도 이용할 수 있어서 편리하다.

 차내에 소매치기가 많다는 게 치명적인 단점.

열차에 따라 중간에 정차하지 않고 지나치는 역이 있으므로 탑승 전 목적지 역에 정차하는지 모니터를 보고 확인한다. RER은 공사를 자주 하고 파업 또한 종종 일어난다. 교통상황을 미리 파악한 후 이동할 것. 컨택리스 카드 사용 불가.

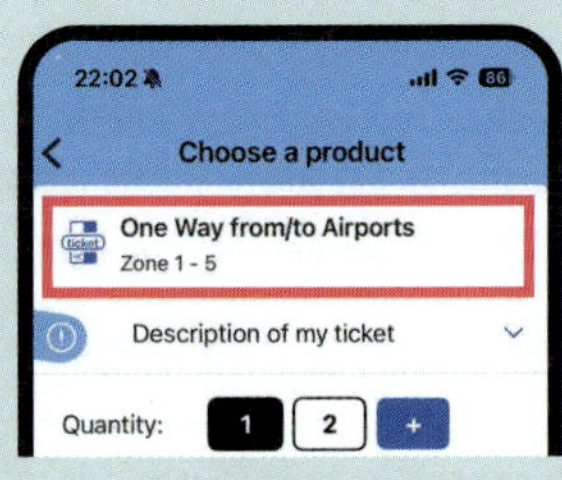

> : WRITER'S PICK :
>
> ### 각 터미널에서 RER 역 가기
>
> - **3터미널** Aéroport Charles de Gaulle 1·3 역까지 도보 4분
> - **2터미널** 무료 셔틀버스 N1번을 타고 'La Gare SNCF'에서 내린 후 Aéroport Charles de Gaulle 2·TGV 역 이용
> - **1터미널** CDGVAL을 타고 3터미널에서 내린 후 이용

 택시보다 훨씬 저렴하다.

북역과 동역 주변은 치안이 좋지 않다. 소지품 보관에 특히 더 신경을 써야 하고, 혼자라면 추천하지 않는다.

버스나 트램 탑승 후 카드와 스마트폰 모두 보라색 리더기에 태그한다.

■ 시내버스 Bus

350번 버스는 파리 북쪽의 메트로 포르트 드 라 샤펠(Porte de la Chapelle) 역까지 간다. 하차 지점에서 도보 3분 거리의 정류장에서 38번 버스로 갈아타면 마레 지구와 시테섬을 거쳐 파리 남쪽의 메트로 포르트 도를레앙(Porte d'Orléans)역까지 이동할 수 있다.

351번은 메트로 갈리에니(Gallieni)역 인근 유로라인 버스터미널을 경유해 메트로·RER 나시옹(Nation)역까지 운행한다. 두 노선 모두 1시간 30분 이내에 다른 버스로 환승 가능하다.

소요 시간	350번 약 1시간, 351번 약 1시간 20분/종점 기준
1회권 요금	Ticket Bus-Tram 2.05€(4~9세 1.05€)/ 메트로·RER 등으로 환승 시 Ticket Metro-Train-RER 2.55€(4~9세 1.30€) 추가
사용 가능한 교통카드	나비고 이지, 나비고 데쿠베르트
운행 시간	05:40~22:30, 30~40분 간격/3터미널 기준
하차 후 연결 교통편	350번 메트로 12호선 Porte de la Chapelle역, 버스 38번 351번 메트로 3호선 Gallieni역 & 유로라인 버스 터미널, 메트로 1·2·6·9호선 & RER A선 Nation역

공항에서 시내까지 가장 저렴하게 이용할 수 있는 방법!

시간이 오래 걸리고 짐칸이 없어서 불편하다.

: WRITER'S PICK :
터미널별 버스 정류장

- **1터미널** 8번 출구 앞
- **2터미널** RER·TGV 역 밖(걸어가거나 셔틀버스 N1번을 타고 'La Gare SNCF'에서 하차, 2G에서는 N2번을 타고 2F에서 하차)/시내버스는 2A~2C 터미널 밖에서도 정차한다.
- **3터미널** 출구 앞

*도착층 기준 / 심야·시내 버스 공통

■ 택시 Taxi

공항에서 시내 1존까지 정액제로 운영하며, 최대 5명까지 탑승할 수 있다(5명째 인원은 요금 추가). 홈페이지와 모바일 앱에서 예약할 수 있으며, 결제까지 되는 회사도 있다.

공인 택시는 하얀색 표시등에 'TAXI PARISIEN'이라고 쓰여있다.

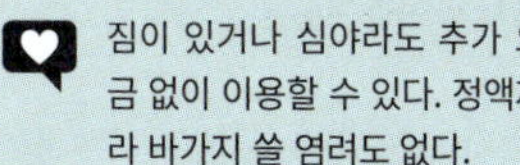

소요 시간	오페라 가르니에 40분~
요금	센강 북쪽(우안, Rive droite) 56€, 센강 남쪽(좌안, Rive gauche) 65€ 5번째 인원 추가 5.50€
운행 시간	24시간
예약 및 문의	Alpha Taxi 01 45 85 85 85, www.alphataxis.fr Taxis G7 01 47 39 47 39, www.g7.fr

짐이 있거나 심야라도 추가 요금 없이 이용할 수 있다. 정액제라 바가지 쓸 염려도 없다.

신용카드를 받지 않는 택시가 많으니 타기 전 확인한다. 교통체증이 심할 땐 시내까지 1시간 이상 소요된다.

: WRITER'S PICK :
자동차로 공항에서 파리 이동 시 주의하세요!

택시나 렌터카, 우버 등으로 공항에서 파리 시내로 이동하는 루트는 우범지대으로 악명이 높은 지역을 지나야 한다. 차의 유리를 깨고 물건을 훔쳐 오토바이로 도주하는 강도가 많다. 크로스백도 칼로 줄을 끊어서 훔칠 정도다. 깨진 유리에 다치는 경우도 있으니 더 주의해야 한다. 작은 가방도 트렁크에 넣고, 휴대폰도 되도록 사용하지 말아야 한다. 특히 출퇴근 시간과 해가 진 후에는 각별히 주의한다.

+ MORE +
파리 시내에서 샤를 드골 국제공항 갈 때

루아시버스는 내린 곳에서 탑승한다. 시내버스와 RER B선은 공항행인지 확인한 후 이용한다. 단, 버스는 교통 체증이 심하며, RER은 공사 중인 경우가 많으니 시간의 여유를 갖고 이동한다. 공항에서 세금을 환급받으려면 적어도 비행기 출발 시각 3~4시간 전에는 공항에 도착하는 것이 좋다.

오를리 공항에서 시내 가기

파리 남쪽으로 약 13km 떨어진 오를리공항은 메트로, RER, 트램, 버스 등 다양한 교통편으로 파리 시내와 연결된다. 단, RER은 공사로 인해 운행이 중단되는 경우가 많으므로 출발 전 파리 교통 앱(IDF Mobilités, Bonjour RATP)이나 홈페이지에서 운행 상황을 반드시 확인하자. 공항에서 시내로 갈 때 필요한 승차권과 교통카드는 샤를 드골 공항과 같다. 승차권에 대한 자세한 내용은 406p 참고.

택시는 정액제로 운행하며, 주·야간 요금은 동일하다. 파리 시내 1존 기준, 센강 북쪽(우안·Rive droite)은 €45, 센강 남쪽(좌안·Rive gauche)은 €36이다. 5번째 승객부터는 €5.50가 추가된다.

WEB www.ratp.fr | www.parisaeroport.fr

■ 메트로 14호선 Metro

오를리 공항과 파리 북쪽 생드니 플레옐(Saint-Denis Pleyel)역을 연결한다.
공사·파업으로 운행이 중단될 수 있으니 이용 전 확인한다.

나비고 이지 카드 자동판매·충전기

메트로 14호선 오를리 공항역

소요 시간	리옹역 약 23분, 마들렌역 약 30분
1회권 요금	One Way from/to Airport(프랑스어: Ticket Paris Région < > Aéroports) 14€(4~9세 7€)
사용 가능한 교통카드	나비고 이지, 나비고 데쿠베르트
운행 시간	05:30~24:00(토·일요일 01:00 전후), 2~5분 간격
하차 후 연결 교통편	메트로 14호선 각 역과 연결되는 교통편

■ 오를리발 Orlyval

모노레일 방식의 경전철로, 앙토니(Antony)역에서 하차 후 RER B선으로 갈아타고 파리 북역까지 갈 수 있다. 1회권 구매 시 출구 밖으로 나가지 않는다면 개시 후 2시간 이내에 파리 시내 모든 RER이나 메트로와 무료 환승도 가능하다. 1·2·3 터미널은 1터미널 도착층에 있는 오를리 1-2-3역을, 4터미널은 출발층 옆의 연결 통로를 따라 가면 나오는 오를리 4역을 이용한다.

소요 시간	앙토니역 약 8분, 북역까지 총 40~50분
1회권 요금	One Way from/to Airport 14€ (4~9세 7€)/공항 내 구간은 무료
사용 가능한 교통카드	나비고 이지
운행 시간	06:00~23:35, 5~7분 간격
하차 후 연결 교통편	RER B선 Antony역
홈페이지	www.orlyval.com

■ 트램 Tram + 메트로 Metro

7번 트램이 메트로 7호선 남쪽 종점 빌쥐프루이 아라공(Villejuif-Louis Aragon)역까지 운행한다. 트램 승차장까지는 4터미널 출구로 나와 무료 셔틀버스를 타고 1정거장 뒤 내리거나 5분 정도 걸어간다. 1·2·3터미널은 2터미널 출구로 나와 무료 셔틀버스를 타고 2정거장 뒤 내리면 승차장이 나온다.

소요 시간	약 45분
1회권 요금	Ticket Bus-Tram 2.05€(4~9세 1.05€), 메트로로 갈아탈 경우 Ticket Métro-Train-RER 2.55€(4~9세 1.05€) 추가
사용 가능한 교통카드	나비고 이지, 나비고 데쿠베르트
운행 시간	05:30~00:30, 8~15분 간격
하차 후 연결 교통편	메트로 7호선 Villejuif-Louis Aragon역

■ 시내버스 Bus + RER C

4터미널 출구 앞에서 183번 버스를 타고 RER C선 슈아지 르루아(Choisy-le-Roi RER)역까지 간다. RER C선은 중간에 노선이 나뉘므로 목적지에 정차하는 열차인지 확인 후 탑승하자.

소요 시간	버스 35분~, RER 환승 후 생미셸 노트르담역까지 30분~
1회권 요금	Ticket Bus-Tram 2.05€(4~9세 1.05€), RER로 갈아탈 경우 Ticket Métro-Train-RER 2.55€(4~9세 1.30€) 추가
사용 가능한 교통카드	나비고 이지, 나비고 데쿠베르트
운행 시간	05:00~00:30, 10~15분 간격
하차 후 연결 교통편	RER C선 Choisy-le-Roi역

■ 시내버스 Bus + 트램 Tram

183번 버스를 타고 가스통 비앵(Orly–Gaston Viens)에서 내려 도보 2분 거리의 오를리-가스통 비앵(Orly–Gaston Viens)역에서 9번 트램으로 갈아타고 종점인 메트로 7호선 포르트 드 슈아지(Porte de Choisy)역에서 하차한다. 버스에서 트램으로 갈아탈 경우 1시간 30분 이내 최종 하차하면 환승은 무료다.

소요 시간	버스 25분~, 트램 환승 후 포르트 드 슈아지역까지 30분~
1회권 요금	Ticket Bus-Tram 2.05€(4~9세 1.05€), 메트로로 갈아탈 경우 Ticket Métro-Train-RER 2.55€(4~9세 1.30€) 추가
사용 가능한 교통카드	나비고 이지, 나비고 데쿠베르트
운행 시간	183번 버스 05:00~00:30, 10~15분 간격
하차 후 연결 교통편	메트로 7호선 Porte de Choisy역

심야버스
녹틸리앙 Noctilien

N22번이 1존의 노트르담 대성당을 거쳐 샤틀레(Châtelet)까지 간다. 소요 시간은 약 1시간. N31·N131·N139번은 1존의 리옹역까지 간다. N31번은 4터미널에만 정차하며, 리옹역까지 약 1시간 소요. N131·N139번은 약 1시간 40분 소요된다.

PRICE 2.05€(4~9세 1.05€), 나비고 데쿠베르트, 파리 비지트/3세 이하 무료
OPEN 31번 기준 00:55~04:00/30분~1시간 간격
METRO N22번: 4 Les Halles, 1·4·7·11·13 Châtelet N31·N131·N139번: 1·14 Paris Gare de Lyon
RER N22번: A·B·D Châtelet-Les Halles, N31·N131·N139번: A·D Paris Gare de Lyon
WEB www.ratp.fr

보베 공항에서 시내 가기

4개 노선의 직행 셔틀버스가 운행한다. 노선과 요일, 상황에 따라 운행 시간이 자주 변동되니 홈페이지를 자주 체크한다. 셔틀버스를 놓치면 택시밖에 없는데, 요금이 시내에서 140~180€로 무척 비싸니 버스를 놓치지 않도록 주의하자.

WEB aeroportparisbeauvais.com

■ 셔틀버스 Navette(Aérobus)

1번 포트 마요행, 2번 생드니 대학행, 4번 라 빌레트행, 5번 디즈니랜드행(비정기 운행)의 4개 노선이 운행한다. 2터미널 앞에 정류장이 있으며, 1터미널에서 내린 경우 출구로 나와 오른쪽으로 조금만 가면 정류장이 바로 나온다. 버스는 운행이 불규칙적이므로 홈페이지 확인 후 이용한다. 포트 마요역을 오가는 1번을 제외하고 온라인 예매 필수!

소요 시간	포트 마요역 약 1시간 30분~
1회권 요금	1·2·4번 편도 17.90€, 5번 편도 20.90€/온라인 예매 필수, 1번 현장 구매 시 18€
운행 시간	노선과 요일, 비행기 스케줄 등에 따라 다름
하차 후 연결 교통편	1번 포트 마요 M 1, RER C·E, T 3b / 2번 생드니 대학 M 13, T 1 / 4번 라 빌레트 M 7, RER E, T 3b / 5번 디즈니랜드 RER A
버스 예매	www.aerobus.fr

파리의 시내 교통

파리의 대중교통은 파리교통공사 RATP가 운영하는 버스·메트로·트램·RER A선과 B선, 프랑스 전국 철도공사 SNCF가 운영하는 근교기차와 RER C~E선으로 이루어져 있다. 그중 여행자가 가장 많이 이용하는 교통수단은 우리나라 지하철과 같은 메트로다. 공항버스(루아시버스)를 제외하고 파리에서 컨택리스 카드를 사용할 수 있는 교통편은 없다.

*다음 정보는 2026년 1월 기준이며, 현지 상황이 유동적이므로 파리 도착 후 다시 확인하고 이용하자.

요금 체계

파리는 일드프랑스(Île-de-France) 지역과 함께 1~5존(Zone)으로 나뉘지만 2025년 1월부터 1회권을 비롯한 대부분의 교통권이 전 존 통합 방식으로 바뀌어 이동이 더 편리해졌다. 기간이나 교통편에 따라 다양한 종류의 승차권이 있으므로 일정에 맞는 교통권을 선택해 충전하자.

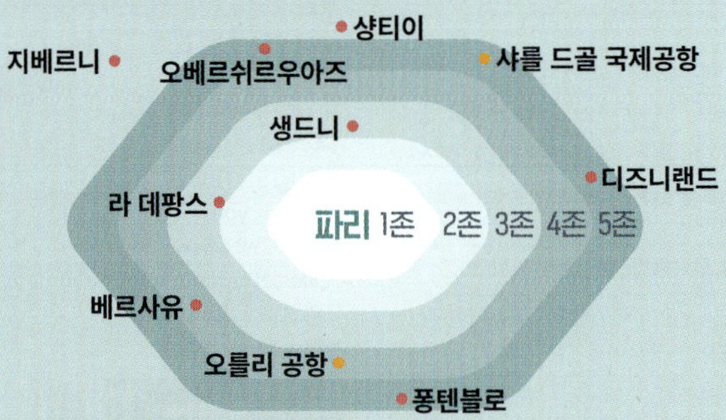

파리 시내 대중교통 정보

RATP
WEB www.ratp.fr
www.bonjour-ratp.fr

IDF Mobilités
WEB www.iledefrance-mobilites.fr

SNCF
WEB www.transilien.com
www.sncf.com

승차권의 종류

파리의 승차권은 종류가 매우 다양하므로 공항 이용 여부나 사용 기간, 포함된 혜택 등을 꼼꼼히 따져 선택해야 한다. 종이 티켓 판매는 종료했고, 6월 이후로는 사용도 금지해 교통카드 구매가 필수다. 여행 일정이 3일 이내라면 나비고 이지 카드를 구매해 1회권을 충전해 사용하는 것이 가장 경제적이다. 4일 이상 일정이거나 공항을 오갈 계획이라면 나비고 데쿠베르트를 추천한다. 1인 1카드가 필수로 4~9세도 카드를 구매해 충전한다.

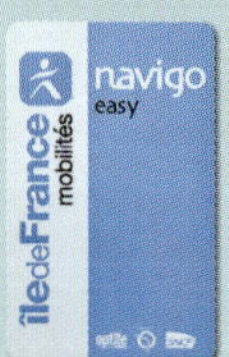

■ 나비고 이지 Navigo Easy

다양한 1회권과 정기권을 충전해 사용할 수 있는 교통카드다. 우리나라 티머니와 달리 금액이 아닌 승차권 종류를 선택해 충전하며, 한 장에 승차권 4종류까지 동시에 담을 수 있다. 카드 발급비는 2€이며, 환불은 불가능하지만 타인에게 양도할 수 있다. 메트로와 RER 역의 매표소, 자동판매기, 지정 판매처에서 구매할 수 있다. 1회권과 파리 비지트는 4~9세 어린이는 반값이며, 3세 이하는 무료다.

■ 나비고 데쿠베르트 Navigo Découverte

주간권·월간권 등을 충전해 오를리발을 제외한 일드프랑스 지역 내 모든 대중교통을 무제한 이용할 수 있는 카드다. 주간권은 충전 시기에 따라 사용 기간이 다르므로 주의해야 한다. 요일일부터 목요일 사이 충전 시 해당 주 월요일부터 일요일까지, 금요일부터 일요일 사이 충전 시 다음 주 월요일부터 일요일까지 이용 가능하다. 월간권은 전월 20일부터 해당 월 19일까지 충전해 월말까지 사용한다. 카드 발급비는 5€이며 환불과 양도가 불가하고, 사진 부착이 필수이므로 미리 준비해 간다.

■ 승차권 종류 및 요금

구분	나비고 이지	나비고 데쿠베르트	앱
발급 비용	2€, 환불 불가, 타인에게 양도 가능	5€, 환불·타인에게 양도 불가	없음
구매 & 충전	자동판매기, 매표소, 지정 판매처에서 구매 후 자동판매기에서 충전 *'Passes Navigo', 'Passe Navigo Easy', 'Ici achetez votre passe'라고 써 있는 자동판매기에서 구매	시내 매표소, 지정 판매처에서 구매 후 자동판매기에서 충전 *일부 구매처에서는 구매와 충전, 사진 부착 등을 동시에 해 준다. *2026년 1월 현재 공항 판매 중단	스마트폰 앱 스토어 IDF Mobilités Bonjour RATP
충전 가능 승차권 & 주의 사항	- 10세 이상 성인 요금, 4~9세 할인(일부) - 구매한 티켓의 교통편에서만 이용 가능 - 1회권은 각 티켓당 9~20매까지 충전 가능 • 버스-트램 1회권 Ticket Bus-Tram 2.05€, 1.05€ (급행 트램 T 11, T 12, T 13은 이용 불가) • 메트로-기차-RER 1회권 Ticket Métro-Train-RER 2.55€, 1.30€ (급행 트램 T 11, T 12, T 13 이용 가능) • 루아시버스 1회권 Billet RoissyBus 14€, 7€ • 공항 전철 전용 1회권 (샤를 드골·오를리 공항 공통) Ticket Paris Région < > Aéroports 14€, 7€ • 나비고 1일권 Forfait Navigo Jour 12.30€ (4~9세 요금 없음, 공항 교통편은 이용 불가) • 기타 특별 1일권(음악 축제, 기후 등) 4€~ (4~9세 요금 없음, 당일만 판매) • 파리 비지트 Forfait Paris Visite 1/2/3/5일권 30.60€/45.40€/63.80€/78€ (4~9세 약 50% 할인, 모든 공항 교통편 이용 가능, 일부 관광 명소·상점·음식점에서 할인 혜택)	- 아동 할인 요금 없음 - 오를리발을 제외한 공항 교통편 포함 일드프랑스 내의 모든 대중 교통편 이용 가능 - 한 번에 1종류만 충전 가능 • 나비고 1일권 12.30€(공항 교통편 불가) • 나비고 주간권 Forfait Navigo Semaine 32.40€(1~5존) • 나비고 월간권 Forfait Navigo Mois 90.80€(1~5존) *카드 사용 전 증명사진 부착 필수 *카드 속지에 여권과 동일한 성과 이름(Nom et Prénom)을 적는다. *속지의 구멍 난 부분을 카드 뒷면의 번호가 보이도록 겹쳐서 플라스틱 케이스에 넣는다.	- 모든 티켓 - 1회권은 각 티켓당 20매까지 충전 가능 *앱과 스마트폰에 따라 구매 방법이 조금씩 다르다. 자세한 이용 방법은 409p 참고 *소매치기가 극성이니 휴대폰 스트랩 등으로 도난을 방지한다.
유효 기간	발급 후 10년	발급 후 10년	없음
추천 여행자	파리에 3~4일 정도 머물면서 많이 걷고 싶은 사람	같은 주 안에 4일 이상 머물면서 대중교통을 주로 이용하고 공항에서 아웃할 예정인 사람	다양한 앱 사용에 능숙한 사람

: WRITER'S PICK :

파리의 시내 교통 승차권 이모저모

• 나비고 이지나 스마트폰 앱 이용 시 티켓이 충전돼 있지 않으면 메트로·RER 탑승 불가
• 시내버스는 현금 승차가 중단됐다.
• 스마트폰 앱은 편리하나 오류가 자주 발생해 시간과 스트레스가 늘어날 수 있다. 단기 여행자는 교통카드를 구매해 사용하는 편이 안전하다.
• 휴대폰 SMS 티켓은 구매 완료 문자를 받아야 하므로 프랑스 유심 또는 이심 후불 요금제에 가입한 여행자만 사용할 수 있다.
• 일드프랑스 일부 지역에서 버스 탑승 시 컨택리스 신용·체크카드 결제 시범 운영 중이다. 다만 요금이 2.55€에 다른 버스로 무료 환승도 안 된다. 파리 시내버스 도입은 미정.

승차권 충전 방법

승차권 충전은 자동판매기, 'ratp' 표시가 있는 담배 가게 타바(Tabac) 등에서 할 수 있다. 자동판매기는 프랑스어로 '방트 (Vente)'라고 부르며, 주로 메트로·RER 역과 버스 종점 및 회차 지점, 트램 플랫폼에 설치돼 있다. 지폐를 받는 기계는 드물고 대부분 동전과 신용카드만 사용할 수 있다. 자동판매기가 없거나 고장 난 곳도 있으니 나비고 이지를 쓴다면 일정에 필요한 만큼 미리 충전해 둔다. 비상 상황에 대비해 스마트폰 앱을 미리 설치해 두는 것도 좋다.

충전 방법은 자동판매기의 종류에 따라 조금씩 다르지만 이용 방법은 거의 같으며, 영어 지원 화면으로 쉽게 이용할 수 있다.

WEB www.ratp.fr   www.iledefrance-mobilites.fr

이 표시가 있다면 컨택리스 카드 사용 가능!

■ 자동판매기 Métro

- 'Passes Navigo', 'Passe Navigo Easy', 'Tickets et Navigo' 등이라고 쓰여 있는 자동판매기에서 나비고 이지 카드를 구매·충전할 수 있다.

- 'Rechargement'만 쓰여 있는 자동판매기에서는 충전 만 가능하다.

- 나비고 이지·데쿠베르트 카드가 있는 경우 거치대에 카드를 올려 놓으면 충전 가능 화면으로 바로 넘어간다.

- 대부분 자동판매기에서 컨택리스 신용·체크카드를 사용할 수 있다. 비밀 번호 6자리를 누르라는 화면이 나오면 비밀 번호 4자리 뒤에 '00'을 입력한다.

- 화면은 자동판매기에 따라 조금씩 다르지만 이용 방법은 거의 비슷하다.

❶ 나비고 이지 카드 구매와 충전을 할 수 있는 자동판매기. 동전과 지폐, 신용카드, 컨택리스 신용·체크 카드 모두 사용할 수 있는 자동판매기다.

❷ 나비고 이지·데쿠베르트 카드에 충전만 할 수 있는 자동판매기. 신용카드만 사용할 수 있다.

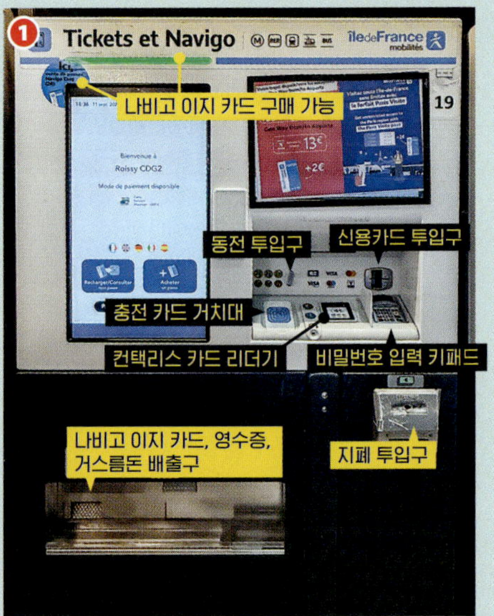

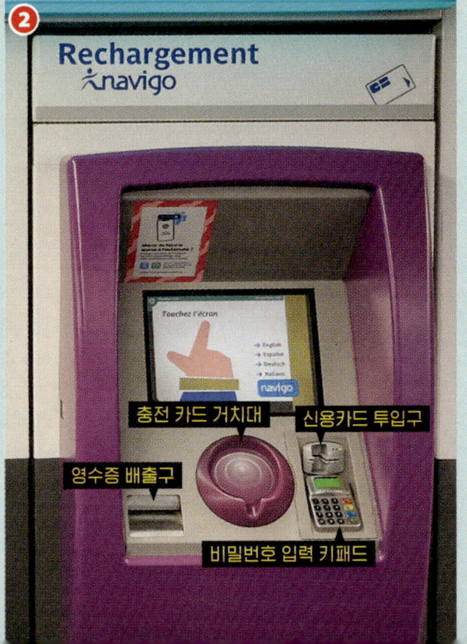

영어 화면으로 전환 후 'Perchase a card'를 선택하면 나비고 이지 카드 구매와 원하는 승차권을 충전할 수 있다.

■ 스마트폰 앱

IDF 모빌리테(IDF Mobilités)와 봉주르 RATP(Bonjour RATP) 앱은 실시간 교통 상황 제공과 길찾기, 교통수단 추천 기능을 갖췄다. 실물 카드 없이 스마트폰 터치만으로도 교통편을 이용할 수 있어 카드 발급비를 절약할 수 있다. 실물 카드에 승차권 충전도 앱에서 지원한다. 다만 오류가 잦고 소매치기가 많은 파리에서 스마트폰을 꺼내 사용하는 것은 위험하니 앱을 이용할 계획이라면 휴대폰 스트랩 등을 준비해 가자.

*아래는 아이폰 사용자가 봉주르 RATP에서 메트로-기차-RER 티켓을 구매하는 방법이다.

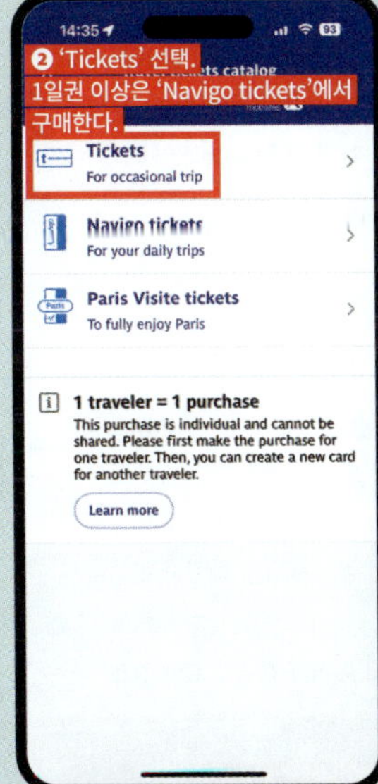

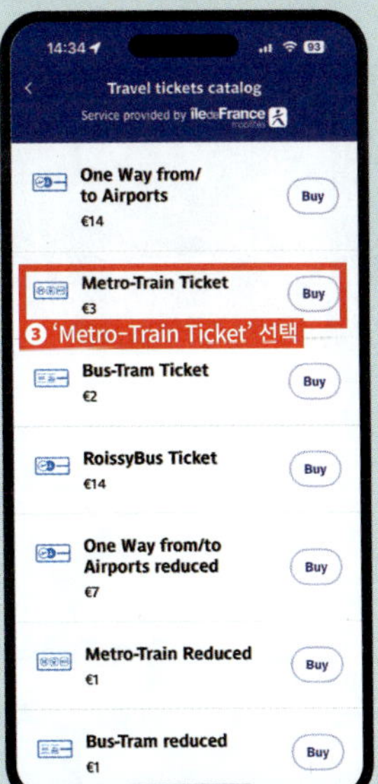

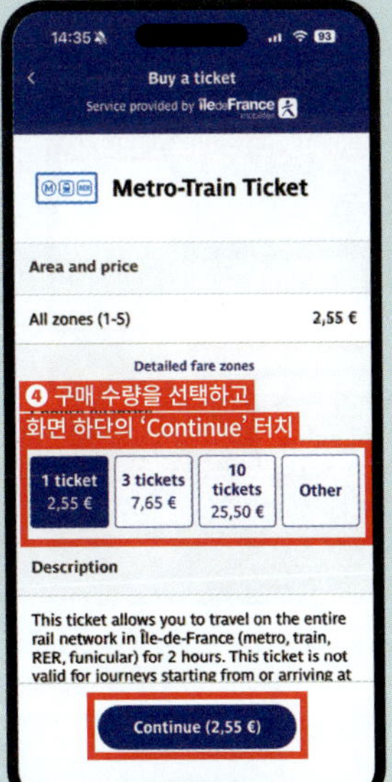

나비고 주간·월간권을 구매하려면 IDF 모빌리테 앱에 회원가입을 해야 한다. 한국 휴대폰도 인증 문자 수신이 가능하지만 교통권은 파리 도착 후 구매해야 오류가 적다. 주간·월간권은 구매 당일부터 유효기간이 시작되므로 파리 도착 전 구매하지 않도록 주의하자.

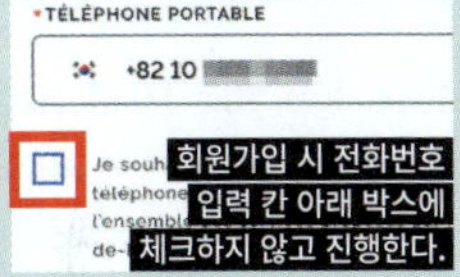

아이폰 사용자는 애플 지갑에 파리 교통권을 추가해 사용할 수 있으며, 앱보다 오류가 적은 편이다. 애플 워치도 이용 가능.

안드로이드폰 사용자는 NFC를 활성화하고 'Tickets sans contact' 앱을 추가로 설치해 사용한다. 단, 오류가 잦은 편이므로 유의할 것.

IDF 모빌리테 앱에서 나비고 주간·월간권 외의 티켓을 구매한다면 로그인 단계에서 'SKIP THIS STEP'을 선택해 진행해도 구매할 수 있다.

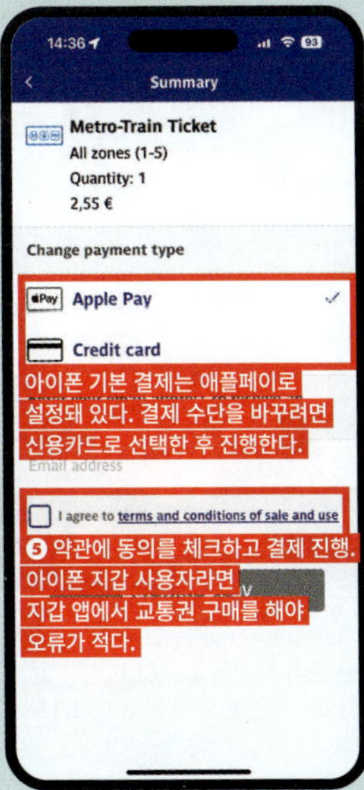

파리의 대표 교통수단은 메트로로, 시내 전역과 주요 관광지를 편리하게 연결한다. 역 입구에는 'M'이나 'Metro' 표시가 있어 쉽게 찾을 수 있다. 출퇴근 시간이나 늦은 시간대를 피하면 버스도 좋은 이동 수단이다. 숙소 근처 버스 노선을 미리 파악하면 파리의 풍경을 감상하며 이동할 수 있다. 지하철은 티켓 없이 출구로 나갈 수 있어 무임승차 유혹이 크지만 객차 안과 역 출구 근처에서 경찰과 검표원이 수시로 티켓을 검사하니 주의해야 한다. 검표 시 유효한 티켓이 없으면 50€ 이상의 벌금이 부과된다.

■ 메트로 Métro

1~14, 3bis, 7bis까지 총 16개 노선이 1~3존을 운행하며, 2026년 내 15호선이, 2030년까지 16~18호선이 개통될 예정이다. 안내 방송이 없는 차량이 많고, 하나의 플랫폼에 여러 노선이 정차하는 역도 있다. 전광판에 표시된 노선 번호와 열차의 종착역 등을 확인 후 탑승한다.

OPEN 05:30~00:30(토·일요일 ~01:30)/2~10분 간격(노선과 역에 따라 조금씩 다름)
PRICE 2.55€/기타 통합권

■ 교외 전철 RER

A~E의 5개 노선이 일드프랑스의 1~5존을 오간다. 하나의 플랫폼에 여러 노선이 정차하는 역도 있고 급행과 완행, 차량수가 적은 것(Trains Courts)도 있으니 전광판을 꼭 확인하고 탑승한다. 공사와 파업으로 운행이 중단되는 날도 많다. 이용 전 홈페이지와 앱에서 공지사항을 확인하자.

OPEN 05:00~01:00/5~20분 간격(노선과 출발역에 따라 조금씩 다름)
PRICE 2.55€~/기타 통합권/일드프랑스를 넘어서 승·하차 할 경우 요금 추가

 1회권은 메트로와 RER 공용으로, 메트로-기차-RER 티켓(Ticket Métro-Train-RER)을 구매한다. 개찰 후 2시간 유효, 1~5존 사용 가능. 출구 밖으로 나가지 않는다면 2시간 내 메트로/RER과 환승도 가능하다. 버스/트램으로 환승은 불가능.

 RER은 역에서 나갈 때와 메트로와 환승할 때 티켓을 다시 태그해야 하는 역도 있다.

 RER은 1존에 정차하는 역이 많지 않아 A선의 리옹역~오페라~개선문, C선의 오스테를리츠역~노트르담 대성당~오르세 박물관 구간은 다른 교통수단보다 빨리 이동할 수 있다.

 RER B선은 공항을 오가기 때문에 여행자를 노리는 소매치기가 많다. 대형 캐리어까지 훔쳐가는 일도 있으니 각별히 주의한다.

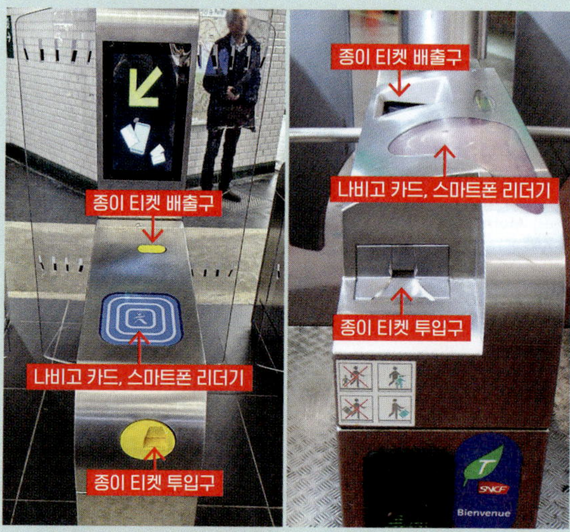

*기존의 종이 티켓은 2026년 6월까지 사용할 수 있다. 새로 구매할 수는 없지만 종이 티켓이 있으면 버리지 말고 사용하면 된다. 투입구에 넣은 후 다시 나오는 티켓을 잊지 말고 챙겨가자. 유효 시간은 개찰 후 1시간 30분.

메트로 & RER을 이용할 때 알아두면 좋은 팁

❷ 열차를 타고 내릴 때 버튼을 누르거나 손잡이를 올린다.

❶ 모든 존의 요금이 같다?

2025년부터 대부분 교통권은 1~5존 통합 요금으로 운영해 메트로·RER·기차 모두 1~5존 내에서 같은 티켓(Ticket Métro-Train-RER)을 사용한다. 단, 공항 이동 시에는 공항 전용 티켓(프랑스어: Ticket Paris Région < > Aéroports , 영어: One Way from/to Airport)을 별도로 구매해야 한다.

❷ 열차가 도착하면 문이 저절로 열린다?

1·14호선을 제외한 대부분 메트로와 RER 차량 문은 자동으로 열리지 않는다. 문 옆 버튼을 누르거나 손잡이를 올려서 직접 열어야 한다.

❸ 들어오는 열차를 무조건 타면 낭패!

RER은 모든 역에 정차하지 않고 몇 개 역을 건너뛰는 급행열차가 많다. 플랫폼 도착 후 전광판과 모니터를 먼저 확인해 정차 역을 반드시 확인해야 한다. 전광판이나 모니터에서 불이 꺼진 역은 정차하지 않고 통과한다는 뜻. C선은 1존부터, A·B·D·E선은 2존부터 행선지가 달라 노선 종점으로 구분한다는 것도 알아두자.

❹ 어제 탄 지하철이 오늘도 운행할까?

노조 파업이나 철도 공사로 열차 운행이 중단될 수 있으므로 파리 교통 앱으로 운행 상황을 수시로 확인해야 한다. 공사 시 대체 셔틀버스가 운영되기도 한다. 대중교통이 멈추면 택시 이용이 어려울 수 있어 우버, 볼트 등 차량 공유 서비스나 한인 픽업 서비스도 알아두는 게 좋다. 시내에서는 공유자전거 1일권을 구매해 이용하는 것도 대안이 될 수 있다.

❺ 소매치기 조심, 또 조심!

소매치기는 개찰기, 계단, 에스컬레이터, 차량 탑승 시, 출입문 주변에 많다. 가방은 몸 앞에 두고 차량 안쪽으로 들어가고, 스마트폰 사용도 주의한다. 검표원 사칭 사기가 있으니 ratp 유니폼 착용 여부와 영수증이 출력되는 카드 단말기를 갖고 있는지 확인하자.

메트로 역에는 대부분 스크린도어가 설치돼 있지 않다. 혼잡할 때는 플랫폼 벽 쪽에 붙어 대기하며 소매치기를 주의하자.

RER. 2층 차량도 운행한다.

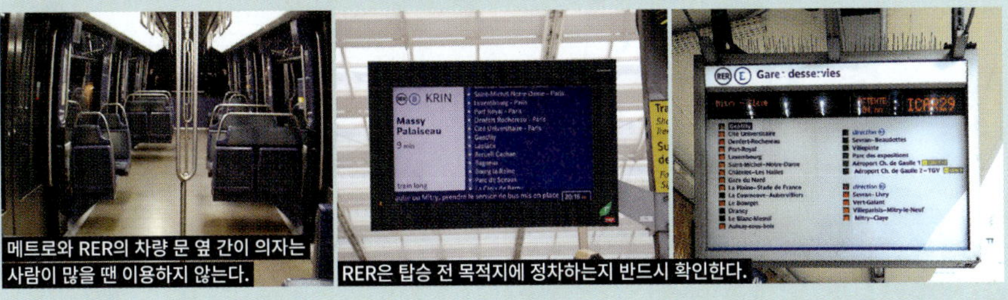

메트로와 RER의 차량 문 옆 간이 의자는 사람이 많을 땐 이용하지 않는다.

RER은 탑승 전 목적지에 정차하는지 반드시 확인한다.

■ 버스 Bus

일정에 여유가 있다면 파리의 풍경과 골목을 생생하게 감상할 수 있는 버스를 가장 추천한다. '파리 관광버스'로 유명한 24번과 72번 버스는 센강을 따라 주요 관광지를 연결해 여행자들에게 인기가 많다. 메트로나 RER 역과 비교적 떨어진 팡테옹에는 84번(일요일 운행 없음), 89번 버스가 바로 앞까지 간다.

1회권은 버스-트램 전용 티켓을 구매해 탑승하며, 개시 후 1시간 30분 내에 다른 버스나 트램으로 환승할 수 있다. 단, 하차 후 같은 번호의 버스·트램을 타거나 반대 방향으로의 환승은 불가. 현금 탑승은 불가능하니 미리 카드나 앱에 충전하고 탑승하자.

OPEN 06:00~23:00/5~20분 간격
(노선에 따라 다름)

*일부 노선은 토·일요일·공휴일에 단축 운행하거나 운행하지 않으며, 막차 시간이 21:00 전후인 것도 있다.

버스가 가까이 오면 손을 들어 탄다는 신호를 보내야 정차한다. 탑승은 앞문으로 하고, 버스에 타자마자 운전석 옆 리더기에 카드나 스마트폰을 터치한다.
내릴 때는 빨간색 버튼을 눌러 운전석 옆 전광판에 'Arrêt Demande'라는 불이 들어와야 정차하며, 뒷문으로 내린다. 버튼을 눌러야 문이 열리는 버스도 있다.
2량 차량은 가운데문과 뒷문으로도 타고 내릴 수 있으며, 일부 차량은 탈 때와 내릴 때 모두 버튼을 눌러야 문이 열린다.

차내에서 안내 방송은 하지만 속도가 빨라서 알아듣기 어렵다. 전광판이 없거나 고장인 경우도 많으므로 구글맵으로 실시간 내 위치를 확인하며 이동하는 것이 확실하다.

카드와 스마트폰은
리더기에 터치한다.

종이 티켓은 아래쪽 투입구에 넣는다.

■ 녹틸리앙 & 발라뷔스 Noctilien & Balabus

새벽 00:30 이후부터 운행하는 심야버스 녹틸리앙은 노선 번호 앞에 'N'이 붙으며, 요금은 일반 버스와 같다.

발라뷔스는 여름철 일요일과 공휴일에 시내 동쪽의 리옹역과 서쪽의 라 데팡스 사이를 운행하며, 노선은 숫자 대신 'Bb'로 표시한다. 센강을 따라 운행하다 샹젤리제 거리의 개선문에서 3존 라 데팡스의 그랑다르슈(신개선문)로 향한다. 1회권으로 왕복 환승이 불가하므로 새 티켓을 사용한다.

■ 트램 Tram

트램은 총 15개 노선으로 구성되며 주로 외곽 지역을 운행해 여행자가 이용할 일은 많지 않다. 한 번쯤 경험해보고 싶다면 뱅센 숲과 방브 벼룩시장 구간을 운행하는 3a번 트램을 추천한다. 탑승 시에는 버스-트램 전용 티켓을 구매해 리더기에 터치해야 하며, 버스와 트램 간 환승은 티켓 개시 후 1시간 30분 이내에 가능하다. 3~4존을 지나는 11·12·13번 급행 트램은 메트로-기차-RFR 티켓으로만 이용할 수 있다. 트램 문은 탑승 전이나 하차 시 문에 있는 버튼을 눌러야 열린다.

■ 택시 Taxi

'Taxis' 표지판이 있는 승차장을 이용한다. 호텔 데스크에 요청하거나 인터넷이나 스마트폰 앱으로도 예약할 수 있다. 요금은 서울보다 1.5배 정도 비싸다. 교통 체증이 심해 가까운 거리도 10~15€는 예상해야 한다.

거리에 따른 미터기 요금제로 운행하지만 교통 체증이 심해 저속 주행 시에는 시간당 요금을 분 단위로 계산한다. 전화로 택시를 부를 경우 4€, 시간 예약 콜은 7€가 추가되며, 택시가 출발하는 지점에서부터 미터기를 켜고 온다. 가까운 거리라도 미터기 요금과 관계없이 최소 요금 8€를 내야 한다.

+ 택시 요금(G7 기준, 택시 회사에 따라 조금씩 다름/기본 요금은 최대 4.48€)

구분	A(흰색 등)	B(빨간색 등)	C(파란색 등)
시간대	월~토요일 10:00~17:00	월~토요일 17:00~다음 날 10:00, 일요일 07:00~24:00, 공휴일 24시간	일요일 00:00~07:00
기본 요금	4.10~4.48€	4.10~4.48€	4.10~4.48€
1km당 요금	1.27€	1.64€	1.74€
1시간당 요금	41.06€	51.79€	42.52€
추가 요금	일반 택시의 5명째 탑승자 5.50€ 큰 짐 1개는 무료, 2개째부터 개당 2€ (공항 정액제일 경우 짐 추가 무료)		

*2~5존에서는 평일 07:00~19:00에 B 요금, 그 외 시간대는 요일에 상관없이 C 요금 적용

'TAXI'에 불이 들어온 것이 빈 택시이며, 아래쪽 알파벳에 해당 요금대의 등이 켜진다.

 1회권은 물론 파리 비지트, 나비고 등 모든 교통 티켓과 카드를 이용할 수 있다.

OPEN 녹틸리앙: 00:30~05:30/30분~2시간 간격,
발라뷔스: 4~9월의 일요일·공휴일 12:00~20:00(당일 상황에 따라 운행하지 않는 날도 많다.)

 트램은 차량 내에서 검표가 자주 이루어지므로 리더기에 교통카드를 반드시 터치하자.

 버스·트램 전용 티켓으로는 메트로나 RER로 환승할 수 없다.

OPEN 05:30~00:30/5~25분 간격(노선에 따라 조금씩 다름)

 신용카드 결제는 오류가 잦고 복제 위험도 있어 홈페이지에서 미리 예약해 결제하거나 현금으로 지불하는 편이 안전하다.

TEL 01 45 85 85 85(Alpha Taxi),
01 41 27 66 99(Taxis G7)
WEB www.alphataxis.fr(Alpha Taxi),
www.g7.fr(Taxis G7)

: WRITER'S PICK :

**우버 Uber·볼트 Bolt
인기 지역, 파리**

우버와 볼트는 지하철이나 버스 이용이 어렵거나 여럿이 함께 움직일 때 유용한 교통수단이다. 앱을 설치하고 신용카드를 등록하면 바로 사용할 수 있으며, 요금은 택시보다 저렴한 경우도 많다. 목적지만 입력하면 예상 요금을 미리 확인할 수 있고, 별도 의사소통 없이 이용할 수 있어 편리하다. 한국에서 미리 앱을 설치해 두자.

하루 만에 끝내는 파리 여행

시티 투어 버스

파리의 대표 명소를 운행하는 2층 오픈 톱 버스다. 요금은 다른 도시보다 비싼 편이지만
파리에 1~2일 머물면서 빠르게 돌아보려면 이용할 만하다.
원하는 명소에 내려서 둘러본 후 다음 버스를 타고 이동할 수도 있고, 한 번에 종점까지 가도 된다.
대표적인 시티 투어 버스로는 투트 버스와 빅 버스 파리가 있다. 티켓은 버스 기사나 시내 사무실에서
구매할 수 있는데, 홈페이지에서 종종 할인 행사를 진행하니 예약하고 가는 것도 좋다.

¤ 투트 버스 TOOT Bus

투어가 다양해 인기가 많고 브데트 파리(Vedettes de Paris)나 샴페인 등을 포함
한 통합 할인 티켓도 판매한다. 나이트 투어(Paris by Night)는 탑승 후 내리지 않
고 약 2시간 동안 파리의 주요 명소를 돌아본다. 시즌에 따라 노선을 추가하거
나 변경하는 경우가 많으니 이용 전 확인한다.

TIME 09:30~18:30(11~3월 ~17:00, 1번 출발 시간 기준)/15~30분 간격,
나이트 투어 21:00(11~3월 18:00)/시즌에 따라 다름
PRICE 1일권(24시간권) 48€, 2일권(48시간권) 54€, 3일권(72시간권) 59€/브데트 파리
포함 1일권 62€~/나이트 투어 35€/온라인 예매 시 할인, 4~12세는 약 45% 할인
WEB www.tootbus.com

¤ 빅 버스 파리 Big Bus Paris

한국어 오디오 가이드를 제공하며, 다양한 나이트 투어 노선도 운행한다. 바토
파리지앵(Bateaux Parisiens)을 포함한 통합 할인 티켓도 판매한다. 시즌에 따라
노선을 추가하거나 변경하는 경우가 종종 있으니 이용 전 확인한다.

TIME 09:45~17:30(1번 출발 시간 기준)/10~20분 간격/요일과 시즌에 따라 유동적
PRICE 1일권(24시간권) 49€, 2일권(48시간권) 79€/바토 파리지앵 포함 1일권 65€/
온라인 예매 시 할인, 4~12세는 약 45% 할인
WEB www.bigbustours.com

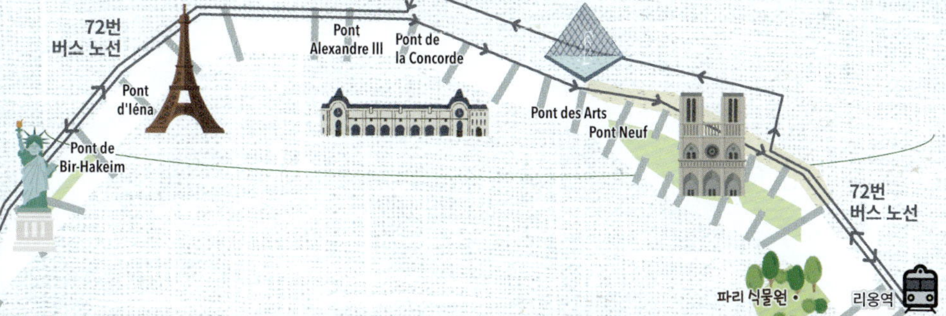

+MORE+

알뜰 여행자를 위한 꿀팁!
72번 시내버스

센강을 따라 파리의 풍경을 감상할 수 있는 시내버스가 있다. 바로 센강 서쪽의 미라보교에서 동쪽의 리옹역까지 센강 북쪽을 따라 달리는 72번 버스! 에펠탑에서 이에나교를 건너 오른쪽 정류장에서 버스를 타면 40분만에 종점인 리옹역에 닿는다. 반대 방향은 콩코르드 광장~시테섬 구간에서 강변을 벗어나 달리므로 추천하지 않는다. 1일권 이상의 통합권이 있다면 얼마든지 중간에 내렸다 다시 탈 수 있지만 1회권인 버스-트램 티켓으로 탑승했다면 버스를 탈 때마다 새 버스-트램 티켓을 사용해야 한다.

TIME 06:00~01:27/8~22분 간격/요일과 시즌에 따라 유동적
PRICE 2.05€, 기타 통합권
ROUTE 주요 정류장: Pont Mirabeau(미라보교), Pont de Bir-Hakeim(비르아켐교), Pont d'Iena(에펠탑 건너편), Pont Royal(오르세 미술관 건너편), Pont Neuf-Quai du Louvre (시테섬 북쪽 건너편), Gare de Lyon(리옹역) 등

PARIS
SUBURBS GUIDE

파리 근교 가이드

프랑스의 지역 구분

프랑스는 의외로 자연의 혜택을 듬뿍 받은 농업국이다. 국토의 4분의 1을 차지하는 산지를 제외한 나머지는 녹음 짙은 전원지대로, 루아르강·센강·가론강·론강 등 수량 풍부한 4대 강을 지녔다. 또한 지중해, 대서양, 알프스 산맥 등 산과 바다에 면한 지리적 특성 덕에 각 지역마다 독특한 지방색을 띠는 매력적인 땅이다. 프랑스의 행정구역에는 가장 큰 단위로 우리나라의 '도'에 해당하는 '레지옹(Région)'이 있다.

❶ 일드프랑스 Île-de-France

파리를 중심으로 반경 150km 이내 지역. 우리나라의 수도권과 같은 개념의 지역이다. 예부터 왕이나 귀족의 사냥터였던 전원지대로, 루이 14세는 이 지역에 베르사유 궁전을 세웠다.

❷ 오드프랑스 Hauts-de-France

프랑스의 최북단. 영국 해협을 사이에 두고 영국과 가장 가까워 유로스타가 지나는 지역이기도 하다. 로댕의 <칼레의 시민>의 배경인 칼레가 자리한 지역이다.

❶ 일드프랑스의 대표 관광지, 베르사유 궁전

❸ 그랑데스트 Grand Est

프랑스 북동부로, 보주산맥 동쪽의 알자스, 서쪽의 로렌과 샹파뉴를 아우르는 지역. 보불 전쟁 때 독일에 약탈당했다가 제1차 세계대전 후 되찾은 사연이 있는 지역이다. 알자스는 프랑스에서 손꼽는 와인 산지이며, 로렌 서쪽에는 샴페인의 본산지인 샹파뉴가 있다.

❹ 부르고뉴-프랑슈콩테 Bourgogne-Franche-Comté

파리 남쪽, 루아르 동쪽의 산악지대로, 14~15세기 부르고뉴 공의 영토로 번성했던 역사가 있는 곳. 콩테 치즈가 바로 이곳의 특산물이며, 중심 도시인 디종의 남쪽으로는 유명한 와인 산지가 이어진다.

❺ 오베르뉴-론알프 Auvergne-Rhône-Alpes

프랑스 중남부와 스위스와 국경을 접한 동남쪽 지역. 중남부의 오베르뉴는 개발이 늦은 대신 자연조건이 좋아 각종 레포츠를 즐길 수 있다. 론알프는 먹을거리의 도시 리옹과 와인 산지 보졸레가 유명하며, 샤모니·그르노블 등 알프스 지방은 아름다운 경관으로 알려져 있다.

❻ 프로방스-알프-코트다쥐르 Provence-Alpes-Côte d'Azur

론강이 흐르는 전원지대인 프로방스와 지중해와 면한 코트다쥐르가 있는 지역이다. 1년 내내 온화한 기후와 아름다운 경치를 지닌 축복받은 땅으로, 마르세유, 아비뇽, 니스, 칸 등의 도시가 있다. 나폴레옹 전쟁 이후 영국인들에 의해 개발된 코트다쥐르 지역은 귀족과 부호들의 리조트는 물론 작은 해변 마을까지도 휴양지로 인기 있다.

❼ 코르스 Corse

지중해에 떠 있는 섬으로, 우리에겐 영어식 이름인 코르시카로 잘 알려졌다. 나폴레옹의 고향이며, 자연이 아름다운 휴양지다.

❽ 옥시타니 Occitanie

스페인 국경과 인접한 프랑스 남단 지역. 서부에는 피레네 산맥이, 동부에는 지중해에 면한 평야가 있어 목축과 와인 산업 등이 골고루 발전했다. 카르카손, 미디운하 등 유적이 많은 곳이기도 하다.

❾ 누벨 아키텐 Nouvelle Aquitaine

대서양과 맞닿은 프랑스 남서부 지역으로, 프랑스에서 가장 큰 면적을 차지한다. 세계적으로 유명한 와인 산지 보르도와 항구 도시 라 로셸이 대표적인 도시다.

❿ 상트르-발드루아르 Centre-Val de Loire

루아르강이 흐르는 일드프랑스 남부에서 프랑스 중부까지의 지역. 강 연안 전원지대에 중세의 성들이 즐비하게 서 있어 프랑스의 정원으로 불리다

⓫ 페이드라루아르 Pays de la Loire

루아르강이 흘러 대서양과 만나는 프랑스 서부 지역. '낭트 칙령'을 선포한 낭트가 주도이며, 화이트 와인 산지로 유명하다.

⓬ 브르타뉴 Bretagne

대서양 쪽으로 튀어나온 반도 지역으로, 위로는 영국 해협이 있다. 갈레트와 질 좋은 버터, 맛 좋은 굴의 산지이다. 해적의 도시 생말로가 관광지로 유명하다.

⓭ 노르망디 Normandie

북서부의 영국 해협 연안 일대. 특히 노르망디는 경관이 아름다워 세잔이나 모네 등의 화가들이 즐겨 찾던 곳이다. 바다 위에 솟은 수도원 몽생미셸이 있어 여행자도 많이 방문하는 지역이다.

❷ '북쪽의 루브르'라고 불리는 샹티이 성

⓭ 바다 위의 수도원, 몽생미셸

파리의 기차역

파리에는 7개의 기차역이 있다. 출발지와 도착지에 따라 다른 역을 이용하므로 예매할 때 역 이름을 반드시 확인해야 한다. 각 기차역은 메트로, RER 등으로 연결돼 있다. 플랫폼 입구는 메트로와 마찬가지로 개찰기와 유리문으로 막혀 있으며, 티켓의 QR코드나 바코드를 리더기에 스캔한 후 통과한다. 모바일·PDF 티켓과 달리 일반 종이 티켓은 탑승 전에 플랫폼 내 승차권 개찰기에 넣어 탑승 날짜와 시간을 각인해야 할 수도 있으니 역무원에게 문의하자. 역 화장실은 유료로, 동전이나 컨택리스 결제, 신용카드, 애플페이 등 다양한 방식으로 결제 가능하다. 베르시역을 제외한 모든 역에서는 나비고 카드를 소지하면 화장실을 무료로 이용할 수 있다.

북역 Gare du Nord

파리뿐 아니라 프랑스에서 이용자가 가장 많은 역으로 늘 분주하다. 런던, 브뤼셀, 암스테르담, 쾰른 등 프랑스 북쪽의 주요 도시와 연결되는 국제선 기차 대부분이 정차한다. 파리 근교의 오베르쉬르우아즈와 샹티이 등으로 갈 때도 북역을 이용한다. 관광 안내소는 0층 8번 플랫폼 앞에 있으며, 코인 로커(Consignes)는 지하 1층에 있다. MAP ❹-A

METRO 4·5 & **RER** B·D Gare du Nord 하차

생라자르역 Gare Saint-Lazare

파리에 처음 생긴 기차역으로, 인상파 화가 모네가 이 역을 주제로 여러 점의 그림을 그린 것으로 유명하다. 베르사유, 베르농(지베르니행), 루앙, 캉 등으로 향하는 IC·TER 북선이 정차한다. 규모가 작아 수하물 보관소나 코인 로커는 없다. MAP ❸-C

METRO 3·12·13·14 Saint-Lazare 또는 9 Saint-Augustin 하차
RER E Haussmann–Saint-Lazare 하차

모네가 즐겨 그린 생라자르역 내부

몽파르나스역 Gare Montparnasse

파리 기차역 중 가장 현대적인 역. 메트로 출구에서 역까지 연결 통로가 있지만 노선에 따라 거리가 멀고 역 규모도 커서 여유 있게 도착하는 것이 좋다. 몽생미셸행 버스로 갈아탈 수 있는 렌과 퐁토르송, 돌드브르타뉴 외에 베르사유, 투르, 보르도 등으로 가는 TGV 서북·서남선이 정차한다. 메인 플랫폼은 2층에 있다. MAP ❾-A

METRO 4·6·12·13 Montparnasse Bienvenüe 하차

동역 Gare de l'Est

스위스와 독일을 오갈 때 주로 이용하며, 북역과는 메트로로 1정거장 거리다. 스위스 동부 방면, 오스트리아, 룩셈부르크, 독일 등으로 향하는 국제선과 랭스, 스트라스부르, 콜마르, 샹파뉴 등 TGV 동선이 정차한다. **MAP ❹-C**

METRO 4·5·7 Gare de l'Est 하차

리옹역 Gare de Lyon(Paris Lyon)

바스티유 광장 남동쪽, 센강 바로 북쪽에 있다. 바르셀로나, 이탈리아, 스위스 서부를 비롯해 퐁텐블로·니스·아를·아비뇽 등 프랑스 남부 지역으로 향하는 기차가 정차하는 큰 역이다. **MAP ❿-B**

METRO 1·14·7 & **RER** A·D Gare de Lyon 하차

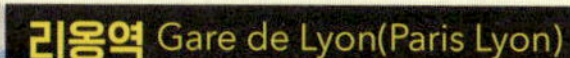

오스테를리츠역 Gare d'Austerlitz

센강을 사이에 두고 리옹역과 나란히 있다. 베르사유, 투르, 블루아 등 IC·TER 서남선이 정차한다. **MAP ❿-A**

METRO 5·10 Gare d'Austerliz

베르시역 Bercy Bourgogne-Pays d'Auvergne

리옹역 바로 뒤쪽에 있는 작은 역이다. 수하물 보관소도 없고, 정차하는 기차도 적어 한산한 편이다. 역 바로 앞에는 장거리 버스 터미널이 있다. **MAP ❿-B**

METRO 6·14 Bercy 하차

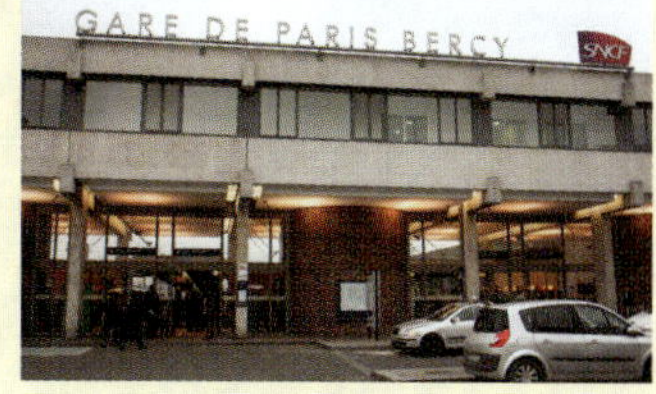

프랑스 기차 이용법

프랑스는 기차 노선이 체계적으로 발달해 있다. 파리를 중심으로 프랑스 전국을 거미줄처럼 연결하고 있으며, 국내는 물론 유럽의 주요 도시와도 기차로 연결된다. 단, 파리에서 기차를 이용할 때는 목적지와 이용 시간대에 따라 출발·도착역이 다르므로 예매할 때 잘 확인해야 한다.

프랑스 철도청 SNCF
WEB www.sncf-connect.com(예약), www.transilien.com(일드프랑스 메트로, RER, 기차 정보), www.ouigo.com(위고)
www.sncf.com(정보 조회)

¤ 프랑스 주요 기차의 종류

- **TGV 테제베** 고속열차로, 좌석을 미리 예약해야 한다.

- **TGV inOui 테제베 이누이** 고급형 TGV로, 노선을 확장 중이다.

- **TGV Lyria 테제베 리리아** 주네브(제네바), 로잔, 바젤, 취리히까지 가는 고속열차

- **Ouigo 위고** 저가형 TGV. 인터넷·모바일 앱으로만 예매할 수 있으며, 수하물 규정도 엄격하다. 기내용 캐리어만 무료, 그 이상은 추가 요금이 있다.

- **IC(Intercités) 앵테르시테** 국내와 일부 국제선을 운행하는 고속열차. 좌석 지정은 선택. 2등석은 좌석 예약이 필요 없다.

- **TER 테르** 알자스, 노르망디, 코트다쥐르 등 지역 단위로 운행하는 기차. 국경을 접한 지역에서는 국제선을 운행하기도 한다. 좌석 예약은 필요 없다.

- **Transilien 트랑질리앵** 파리와 일드프랑스 근교를 다니는 완행열차. 줄여서 트랭(Train)이라고 하며, H, J, N, R 등 노선을 알파벳으로 표기한다. 좌석 예약은 필요 없다.

고급형 TGV, 테제베 이누이

장거리 노선 전용 기차표 자동판매기

¤ 고속열차와 장거리 기차 티켓은 일찍 살수록 저렴하다

프랑스의 TGV와 IC 기차표는 일찍 예매할수록 요금이 저렴하다. 일정이 확실하다면 최대한 서둘러 구간별 티켓을 구매하는 것이 좋다. 특히 성수기에는 파리~몽생미셸 같은 인기 구간이 조기에 매진될 수 있다.

할인율이 높을수록 변경이나 환불이 어려우므로 일정이 확정됐다면 저렴한 특가 티켓을, 일정 변경 가능성이 있다면 조금 비싼 대신 변경 수수료가 적은 티켓을 선택하자.

각 지역을 운행하는 TER와 파리 근교 기차 트랑질리앵(Transilien)은 대부분 고정 요금제로, 출발 당일 구매해도 요금이 같고 좌석 예약도 필요 없다. 철도 패스 소지자는 언제든 예약 없이 TER·트랑질리앵과 IC 2등석을 이용할 수 있다.

요금이 저렴한 위고(Ouigo) 티켓은 인터넷이나 모바일로만 구매할 수 있다. 한국 신용카드 결제 시 오류가 잦은 편이니 여러 카드로 시도해보자.

잊지 말자! 티켓 각인

모바일·PDF 티켓이 아닌 일반 종이 티켓 소지자는 기차를 타기 전에 플랫폼에 있는 승차권 개찰기에 티켓을 넣어 날짜와 시각을 추가로 각인해야 하는 경우도 있다. 개찰기 앞에 있는 역무원에게 확인 후 기차에 탑승한다.

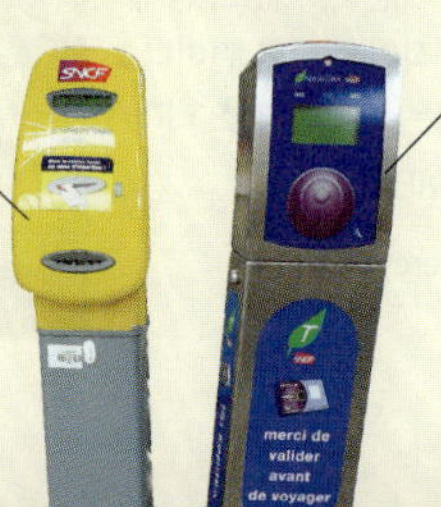

장거리 기차 승차권을 비롯한 큰 종이 티켓 구형 개찰기

1~5존으로 이동한다면 나비고나 스마트폰을 리더기에 터치한다.

¤ 기차표 예매하기

장거리 기차표 예매는 프랑스 철도청 SNCF 홈페이지나 앱, 기차역에 있는 노란색이나 하얀색 장거리(Grandes Lignes) 전용 자동판매기를 이용한다. 철도 패스 소지자는 TGV와 IC 1등석 이용 시 기차역 매표소에서 예약비(3~25€)를 내고 좌석을 예약한다.

TER과 트랑질리앵은 매표소나 파란색·초록색 자동판매기에서 티켓을 구매하고, 철도 패스 소지자의 경우 날짜만 유효하면 별도의 예약 없이 탑승할 수 있다.

■ 온라인 예매

프랑스 철도청 SNCF 홈페이지에서 회원 가입 후 신용카드(또는 체크카드)로 결제하면 이메일·모바일 등 원하는 방법으로 티켓을 수령할 수 있다. 현지 자동판매기에서 실물 티켓을 수령한다면 결제에 사용한 카드가 필요하니 꼭 챙겨가자. 스마트폰 앱 SNCF 커넥트(SNCF Connect)를 통해 예약하면 티켓을 따로 저장하지 않아도 되고, 일정이나 변동사항을 언제든 확인할 수 있어 편리하다.

위고(Ouigo)는 SNCF 홈페이지에서도 예매 가능한데, 전용 홈페이지나 앱을 이용하는 것이 더 편리하다.

■ 기차역(현장) 예매

매표소보다 자동판매기를 이용하면 티켓을 더 빠르고 편리하게 구매할 수 있다. 자동판매기는 대부분 영어 화면을 지원한다.

+ MORE +

PDF·모바일 티켓 사용법

철도청 홈페이지에서 예약한 경우 예약 확인 이메일에 첨부된 PDF 티켓을 출력하거나 스마트폰에 저장한 후 리더기 개찰한다. 기차 안에서도 검표원에게 출력 또는 저장한 PDF 티켓을 보여주면 된다. 단, 티켓의 PIN코드와 QR코드(또는 바코드)가 잘리거나 인쇄 상태가 불량해서는 안 된다.

스마트폰 앱을 통해 예약했다면 각 앱의 구매한 티켓 메뉴에서 QR코드를 검표원에게 보여준다.

SNCF 커넥트

위고

기차역에서 알아두면 좋은 프랑스어

Gare 기차역 **Sortie** 출구 **Voie** 플랫폼
Arrivée 도착 **Départs** 출발
Billetterie 매표소 **Vente** 자동판매기
Accueil 각종 안내소 **Réserver** 예매
Grandes Lignes 장거리 노선
Consignes 짐 보관소, 코인 로커

교통편 통합 검색 웹사이트 & 앱

정류장, 터미널, 역, 공항 위치부터 운행 시간과 요금까지 현지 교통편의 모든 정보를 한눈에 보여주는 교통편 예약 플랫폼을 활용하면 여행 계획이 훨씬 수월해진다. 전 세계 160개국 이상의 교통 정보를 제공하는 롬투리오(Rome2rio)와 한국어로 간편하게 예매할 수 있는 유럽 교통 전문 플랫폼 오미오(Omio)가 대표적이다. 두 플랫폼의 웹사이트나 앱에서 출발지와 도착지 이름을 입력하거나 지도에서 선택하면 기차, 버스, 항공 등 다양한 대중교통 수단의 리스트가 나온다. 다만 일부 교통편은 예약 수수료가 붙어 비용이 더 들 수 있으므로 각 교통편의 공식 홈페이지와 가격을 비교한 후 더 유리한 곳에서 예매한다.

롬투리오
WEB rome2rio.com
APP Rome2rio

오미오
WEB omio.co.kr
APP Omio

연착과 결행이 잦은 프랑스의 기차

프랑스에서는 잦은 파업, 노후한 철로 고장, 기상 악화 등으로 기차가 자주 연착되거나 결행된다. 때문에 SNCF 홈페이지나 앱을 통해 운행 상황을 자주 확인하는 것이 중요하다. 예매한 기차가 운행 중단되면 온라인보다는 현지 기차역 내 장거리 전용 매표소에서 교환·환불하는 편이 신속하다. 30분 이상 연착 시에는 연착 시간에 따라 보상을 받을 수 있으며, 이 경우 기차 탑승 도중 연착된 시간도 포함된다. 배상 신청은 SNCF 고객 지원 사이트(www.sncf-voyageurs.com/en/)의 영문 페이지에서 Contact us > Request and claim > Delayed train > Making a delay claim 순으로 신청한다. 한국 계좌로도 이체받을 수 있으니 인터넷에서 관련 사례를 검색해 참고하자. 위고(Ouigo) 이용자는 전용 앱이나 홈페이지에서 별도 신청해야 한다.

01

ÎLE-DE-FRANCE

베르사유

VERSAILLES

파리 서쪽 20km 지점에 있는 베르사유. 이름부터 사람을 끌어들이는 듯한 베르사유 궁전이 이곳에 있다. "짐이 곧 국가다"라는 말을 남긴 태양왕 루이 14세가 지어 파리의 정치, 문화, 예술의 중심지 역할을 한 궁전답게 온갖 화려함으로 치장돼 있다. 하지만 뭐니 뭐니 해도 이곳의 백미는 역시 정원! 광대한 정원과 크고 작은 분수, 조각들이 한데 어우러져 조형미의 극치를 이룬다.

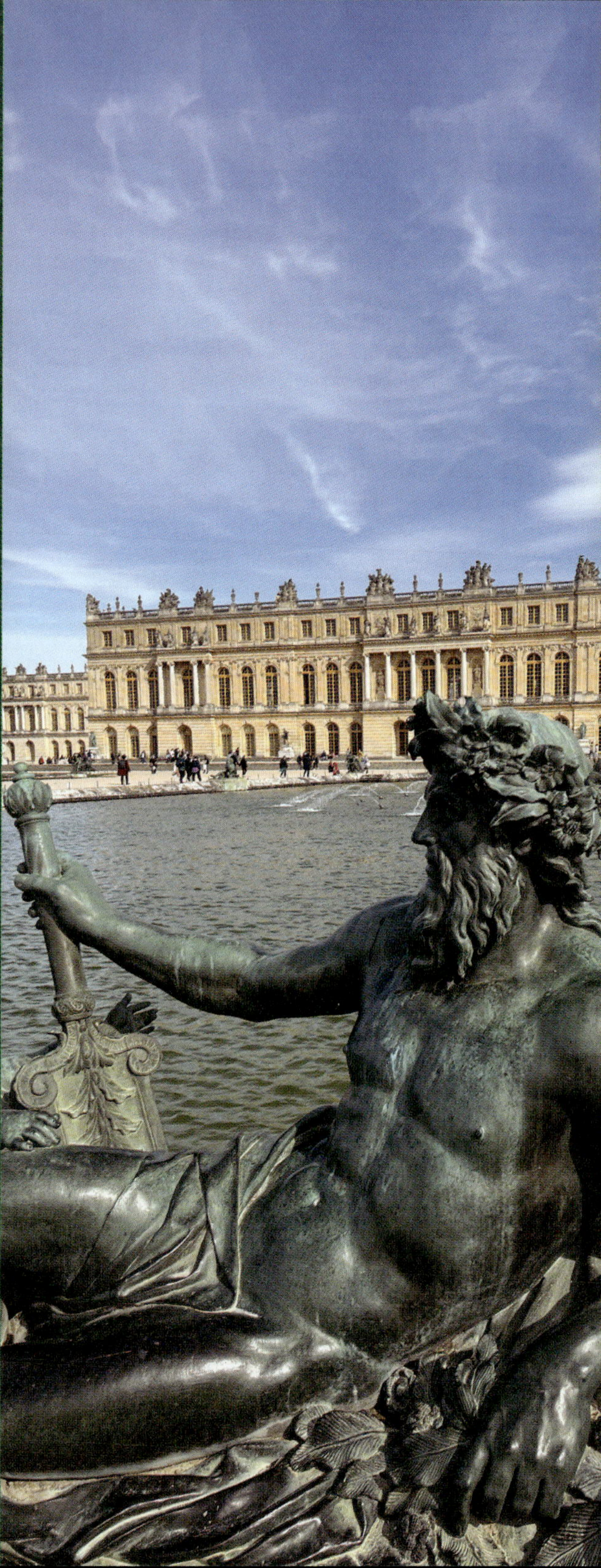

베르사유 가는 법

베르사유 궁전은 RER C선, 기차, 버스 등 다양한 교통편으로 파리와 연결된다. RER은 베르사유 샤토 리브 고슈역과 베르사유 샹티에역, 기차는 베르사유 샹티에역과 베르사유 리브 드루아트역에 정차하며, 버스는 궁전 앞까지 간다. 베르사유행 기차는 고정요금제로 예약 없이 이용 가능하다. RER 베르사유 샤토 리브 고슈역에서 궁전까지 도보 8분, 베르사유 샹티에역과 리브 드루아트역에서는 도보 20분 거리다. 각 역에 궁전까지 안내 표지판이 잘 설치돼 길 찾기는 어렵지 않다. 베르사유는 당일 여행이 가능하지만 짐 보관 시설이 부족해 가볍게 이동하는 것이 좋다.

🚉 RER | 교외 전철

앵발리드(Invalides), 생미셸-노트르담(Saint-Michel-Notre-Dame), 오르세 미술관(Musée d'Orsay) 등에서 RER C선을 타고 종점인 베르사유 샤토 리브 고슈(Versailles Château-Rive Gauche)역에서 내린다. RER C선은 3개의 노선으로 갈라지는 데다 종착역 이름에 'Versailles'가 들어가는 노선이 하나 더 있으니 반드시 'Versailles Château'행을 확인하고 타도록 한다.

승차권은 나비고 이지에서 메트로-기차-RER 티켓(Ticket Métro-Train-RER)으로 구매한다. 출발 역에서 환승까지 2시간 이내면 한 장으로 사용할 수 있지만 역 밖으로 나가서 환승하면 새로운 티켓을 구매해야 하므로 탑승하는 역에서 RER C선의 환승 역 정보를 미리 알아두자.

역에서 나오면 바로 길 건너에 맥도날드와 스타벅스, 상점가가 있어 간단히 요기하기에 좋다. 베르사유 샤토 리브 고슈역이 공사 중일 때는 베르사유 샹티에(Versailles Chantiers)행을 탄다.

TIME 04:50~23:50/15~20분 간격
(생미셸-노트르담역 출발 시 약 36분)
PRICE 2.55€/나비고 1일권·주간권, 파리 비지트
WEB www.iledefrance-mobilites.fr
www.transilien.com

💬 RER C선은 파리 시내에 역이 많고, 베르사유 궁전에서 가장 가까운 역에 도착하기 때문에 궁전까지 찾아가기 쉽다. 또 베르사유 샤토 리브 고슈역은 기·종점이므로 파리로 돌아갈 때 앉아서 갈 확률이 높다.

💔 베르사유를 찾는 대부분 여행자가 이용하기 때문에 늘 붐빈다. 노선이 복잡해 기차를 잘못 탈 수 있으니 각별히 주의한다.

전광판에 따라 베르사유 샤토 리브 고슈역을
'Versailles Château RG'라고도 한다.

베르사유 샤토 리브 고슈역

＋MORE＋

베르사유 샹티에역에서
궁전까지 버스 타고 가기

샹티에역 앞에서 EX01번, 6201번, 6202번 등의 버스를 타면 궁전 앞까지 편하게 갈 수 있다. 버스에 따라 운행 간격이 들쭉날쭉하기 때문에 무더운 여름이나 체력이 약한 사람이 아니라면 차라리 걸어가는 게 더 속 편할 수 있다. 버스마다 정류장 위치와 내리는 곳도 다르다. 각 버스의 노선도를 보고 궁전에서 가까운 정류장에 하차하는 버스를 확인하고 이용하자.

PRICE 2.05€(버스-트램 티켓)/나비고 1일권·주간권, 파리 비지트

궁전으로 가는 길을 안내하는
표지판이 곳곳에 있어
찾아가기 쉽다.

🚊 Train | 기차

❶ 몽파르나스(Montparnasse)역에서 TER이나 트랑질리앵(Transilien)을 타고 베르사유 샹티에역에서 내린다. 급행열차를 타면 중간에 1~2곳만 정차해 약 12분 만에 도착하지만 베르사유 샹티에역을 그냥 통과하는 기차도 있으니 정차역을 꼭 확인하고 탑승한다. 요금은 RER과 같다.

💬 숙소가 몽파르나스역 근처라면 베르사유까지 가장 빨리 갈 수 있다.

❷ 생라자르(Saint-Lazare)역에서 트랑질리앵을 타면 베르사유 리브 드루아트(Versailles Rive Droite)역에 도착한다.

💔 역에서 궁전까지 도보로 20분 정도 걸리는 만만찮은 거리다.

TIME 05:33~01:15/15~50분 간격
PRICE 2.55€/나비고 1일권·주간권, 파리 비지트
WEB www.iledefrance-mobilites.fr, www.transilien.com

🚌 Bus | 일반 버스

메트로 9호선 종점인 퐁 드 세브르(Pont de Sèvres)역 버스 정류장에서 171번 버스를 타고 베르사유 궁전 바로 앞 광장 샤토 드 베르사유(Château de Versailles)에서 내린다. 메트로에서 버스로 갈아탈 때 통합권이 없다면 새로운 버스-트램 티켓(2.05€)이 필요하다.
퐁 드 세브르에서 소요 시간은 약 30분. 파리로 돌아갈 때는 궁전을 등지고 정면으로 난 큰 길 오른쪽 정류장에서 탑승한다.

💬 일드프랑스의 풍경을 감상하며 갈 수 있다.

💔 교통 체증이 심할 때는 퐁 드 세브르 정류장에서 궁전까지 1시간 가까이 걸릴 수 있다는 게 가장 치명적인 단점이다.

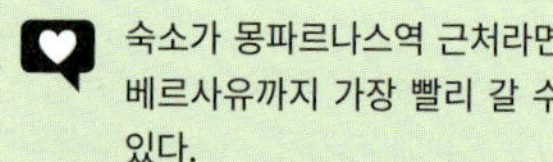

TIME 05:18~00:30/8~10분 간격
PRICE 2.05€/나비고 1일권·주간권, 파리 비지트

: WRITER'S PICK :
여행 팁

관광 안내소

길 양쪽으로 레스토랑이 늘어선 사토리 거리

■ 관광 안내소 Office de Tourisme

베르사유 궁전을 비롯한 명소 입장권과 뮤지엄 패스를 판매하며, 궁전 지도를 무료로 나눠준다.

GOOGLE MAPS R42H+57 베르사유
ADD Place Lyautey, 78000
OPEN 10:00~18:00/전 시즌 월요일, 11~3월 목·금요일 추가 휴무/ 1월 1일·5월 1일·12월 25일 휴무
WALK 베르사유 샤토 리브 고슈역 길 건너편
WEB www.versailles-tourisme.com

■ 베르사유의 식당가

베르사유 궁전 입구를 등지고 왼쪽으로 길을 건너면 아담한 느낌을 주는 카페들이 들어서 있다. 또한 궁전을 등지고 정면을 바라보면 가로수가 이어져 있는 큰 길이 있는데, 그 오른쪽 길(Rue de la Chancellerie)을 따라 걷다 보면 사토리 거리(Rue de Satory)가 나온다. 베르사유 맛집 골목으로, 규모가 크지는 않지만 프랑스 식당, 중국 식당, 케밥집 등 다양한 식당이 옹기종기 모여 있고, 밤늦게까지 문을 여는 슈퍼마켓도 있다.

: WRITER'S PICK :

베르사유 궁전 입장을 위한 총정리

베르사유 궁전은 궁전과 정원, 별궁(그랑 트리아농·프티 트리아농·왕비의 촌락), 공원, 마차 박물관, 죄드폼 등으로 구성되며, 가장 많이 찾는 곳은 궁전과 정원이다. 궁전 입장은 시간이 오래 걸리지만 정원만 볼 경우 정원 전용 입구(Entrée des Jardins)로 바로 들어갈 수 있다. 정원은 궁전 뒤에서 대운하 앞까지로, 4월부터 10월까지는 입장료가 있으며, 뮤지엄 패스에 정원은 포함되지 않는다. 대운하부터 별궁과 왕비의 촌락까지는 공원으로 분류돼 무료다.

궁전과 정원을 둘러보는 데 2~3시간, 별궁과 왕비의 촌락까지 포함하면 4~5시간 걸린다. 아침 일찍 도착해 궁전부터 관람하는 것이 좋고, 오후 도착 시에는 정원을 먼저 산책하며 사람이 적은 오후 3시 이후에 궁전을 예약해 여유 있게 감상하자.

WEB www.chateauversailles.fr

❶ 오픈 시간 & 요금

***궁전은 입장 시각 예약 필수**(뮤지엄 패스 소지자·17세 이하 등 무료입장객 포함)

장소	오픈	입장 마감	입장료	휴일
궁전 Château	4~10월 09:00~18:30	17:45	25€/17세 이하 무료/ 뮤지엄 패스	월요일, 1월 1일, 5월 1일, 12월 25일
	11~3월 09:00~17:30	16:45		
정원 Jardin	4~10월 07:00~20:30	19:00		–
	– 분수 쇼 4월 4일~11월 1일 : 토·일요일, 5월 5일~6월 30일 : 화요일, 4월 3일 금요일, 4월 6일 월요일, 7월 14일, 8월 15일		16€, 6~17세·학생 15€/ 5세 이하 무료 *온라인 예매 시 1€ 할인 *정원+별궁 통합권 20€	
	– 음악 정원 4월 1일~10월 30일 : 화~금요일 *분수 쇼 진행일은 분수 쇼로 대체			
	– 야간 분수 쇼 6월 6일~9월 19일 : 토요일, 7월 14일 20:30~23:05		41€, 12~17세·학생 37€, 3~11세 33€/ 2세 이하 무료 *온라인 예매 시 2€ 할인	
	11~3월 08:00~18:00	17:30	무료	
공원 Parc	4~10월 07:00~20:30	19:45	무료	–
	11~3월 08:00~18:00	17:30		
별궁 (그랑 & 프티 트리아농, 왕비의 촌락)	4~10월 12:00~18:30	17:45 (정원 18:00)	15€/17세 이하 무료/ 뮤지엄 패스 *4~10월 정원+별궁 통합권 20€	월요일, 1월 1일, 5월 1일, 12월 25일
	11~3월 12:00~17:30	16:45		
패스포트 (전체 통합)	4~10월 35€(16:00 이후 28€), 6~17세 15€/5세 이하 무료			
	11~3월 25€(15:00 이후 18€)/17세 이하 무료			

*2026년 1월 기준, 11~3월의 매월 첫째 일요일 궁전과 별궁 무료

*온라인으로 티켓을 구매한 사람만 예약 시각에서 30분 이내 궁전 입장이 보장된다.

❷ 유용한 패스 : 뮤지엄 패스 & 패스포트

패스포트(Passeport)는 유료 구역인 베르사유 궁전과 그랑 트리아농, 프티 트리아농, 왕비의 촌락 등을 모두 포함한 통합 티켓이다. 온라인이나 베르사유 궁전 매표소, 파리나 베르사유의 관광 안내소, 프낙(Fnac) 등에서 예매하면 매표소에서 줄 서는 시간을 절약할 수 있다. 다만, 뮤지엄 패스나 패스포트를 소지했더라도 궁전 입장 시각은 반드시 예약해야 한다. 홈페이지에서 무료 입장 티켓을 선택하고 입장 시각을 정해야 하며, 소지품 검사 줄이 길어 예약한 입장 시각보다 최소 30분, 성수기에는 1시간 이상 일찍 도착하는 것이 좋다.

❸ 피해야 하는 날과 입장 시간

베르사유는 파리 시내 국립박물관이 문 닫는 화요일에 사람이 많이 몰린다. 따라서 이날은 궁전 방문을 10:00 이전으로 당기거나 15:30 이후로 미루는 것이 좋다.

❹ 가방은 맡기고 들어간다

궁전 안에는 너무 큰 가방이나 삼각대, 음식물은 반입할 수 없고, 소지품 검사를 받은 후 무료 보관소에 맡기고 들어가야 한다. 정원에서 도시락을 먹을 수 있지만 궁전 내부로는 반입할 수 없으니 짐 보관소에 맡기고 들어간다. 모든 소지품은 궁전 폐장 30분 전까지 찾아야 하므로 오후 늦게 입장했다면 시간 맞춰 나올 것.

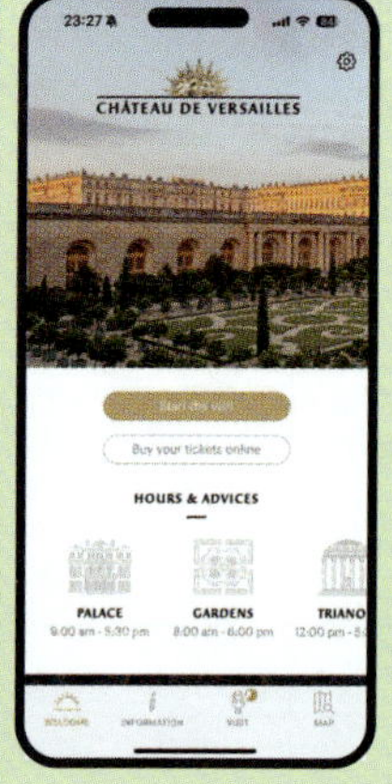

베르사유 궁전 앱

❺ 가이드 투어를 이용하면 더 많은 곳을 돌아볼 수 있다

가이드 투어에 참가하면 더 많은 곳을 볼 수 있다. 국립박물관 강사가 안내하며, 영어 가이드도 있다. 루이 15세·16세·마리 앙투아네트의 처소, 오페라 하우스, 왕실 예배당 내부 등이 포함된다. 당일 09:00 이후부터 궁전 입구를 바라보고 오른쪽 건물의 전용 매표소나 홈페이지에서 예매한다. 소요 시간은 약 90분, 요금은 10€~.

❻ 오디오 가이드 & 앱을 챙기자

오디오 가이드는 구형과 신형 두 종류가 있으며, 대여 시 무작위로 배정된다. 한국어 음성이 지원되지 않는 기기가 있을 수 있으니 대여 전 반드시 확인해야 한다. 일부 기기는 C타입 이어폰이 필요하므로 별도로 준비하는 것이 좋다.

스마트폰 무료 앱 'Palace of Versailles/Château de Versailles'도 제공되며, 설명과 지도, 사진이 풍부해 오디오 가이드보다 더 유용하다는 평가도 많다. 메뉴는 영어지만 음성은 한국어를 지원한다. 단, 음성 파일은 앱 내에서 추가 다운로드해야 하므로 한국에서 미리 준비하는 것이 편리하다.

PRICE 5€, 17세 이하 4€/궁전+별궁 8€/온라인 예매 가능

❹ 비수기에도 10~14시에는 사람이 몰려 줄 서는 시간이 길다.
❺ 정원이나 공원에서 느긋한 피크닉을 즐기는 것도 추천!

❼ 걷기 힘들거나 시간이 없다면

공원이 워낙 넓어서 걸어서 다니려면 시간도 시간이지만 걷다가 지쳐 제대로 감상하지 못 하는 일이 많다. 꼬마 기차나 자전거 등을 타고 돌아보는 것도 좋은 방법이다.

– 꼬마 기차 : 그랑·프티 트리아농까지 둘러볼 때 유용하다. 각 정류장에서 내려 주변을 둘러본 후 다음 기차를 타고 이동하면 된다. 구간마다 1회씩만 탑승할 수 있으므로 노선에 맞춰 동선을 따라야 한다. 경험 삼아 타본다면 대운하에서 1회권을 사서 탑승해보자. 궁전에서 대운하를 바라보고 오른쪽에 꼬마 기차 매표소와 승차장이 있다. 티켓은 각 정류장에서도 구매할 수 있다.

OPEN 11:10~18:10(7·8월 10:40~, 11~3월 ~17:10)/10~30분 간격 출발/월요일 휴무
PRICE 9€(12~17세 7€, 11세 이하 무료), 1회권 5€/기사에게 신용카드로 구매 가능
ROUTE 궁전 앞 → 프티 트리아농 → 그랑 트리아농 → 대운하 → 궁전 앞

– 자전거 : 어른용은 물론 어린이용까지 다양하게 갖추고 있다. 대여소는 대운하 앞에서 궁전을 등지고 오른쪽을 비롯해 총 4곳에 있다. 대여 시 신분증이 필요하며, 신분증이 없다면 보증금 100€를 맡겨야 한다. 자전거를 훔쳐 가는 일도 있으니 사물쇠와 체인도 준비하자.

OPEN 10:00~18:45(2월 중순~3월 ~17:30, 11월 초~중순 ~17:00)/폐장 30분 전 대여 마감/11월 중순~2월 초 휴무
PRICE 30분 8€, 1시간 10€(15분 초과 시 2.50€, 이후 30분당 8€), 4시간 21€, 1일(8시간) 23€/전기 자전거 1시간 16€(15분 초과 시 4€, 이후 30분당 12€)/신용카드 사용 가능

– 전기차 : 24세 이상의 국제 운전면허증 소지자만 대여할 수 있으며, 최대 4인까지 탑승할 수 있다. 궁전 앞에서 대운하를 바라보고 왼쪽에 대여소가 있다.

OPEN 10:00~18:45(2월 중순~3월 ~17:30, 11~12월 ~17:00)/폐장 30분 전 대여 마감/1월~2월 중순 휴무
PRICE 1시간 42€(추가 15분당 10.50€)/신용카드 사용 가능

– 대운하 보트 : 직접 노를 저어야 하며, 최대 4인까지 탈 수 있다. 대운하 시작 지점 오른쪽에 대여소가 있다.

OPEN 11:00~18:45(3월 13:00~17:30, 7~8월 10:00~, 9~10월 13:00~, 11월 초~중순 13:00~17:00)/토·일요일·공휴일에는 10:00~11:00 오픈/폐장 30분 전 대여 마감/11월 중순~2월 휴무
PRICE 30분 16€, 1시간 20€(15분 초과 시 5€, 이후 30분당 16€)

❽ 카페 & 식당

궁전과 정원 곳곳에 카페와 레스토랑, 스낵 가판점이 있다. 하지만 가격 대비 만족도가 떨어지는 편이니 도시락을 준비해 가거나 궁전 근처 먹자골목을 이용하는 편이 낫다.

❾ 기념품 숍

공주풍의 엽서와 거울, 학용품 등 어린이에게 선물하기 좋은 기념품이 많다. 궁전 내에 몇 곳이 있는데, 궁전 입구 근처 왼쪽에 있는 지점이 가장 크다.

대운하
Le Grand Canal
0   100m
3 그랑 뜨리아농
공원 입구
뷔페 분수
4 쁘띠 트리아농
여왕의 극장
왕비의 촌락 5
3
3
사랑의 신전
Allée des Matelots
공원 입구
Allée des Matelots
7
6 3
1 5
Allée   Saint-Antoine
공원
공원 입구
Allée   Saint-Antoine
Route   de   Saint-Cyr
Avenue   de   Trianon
Avenue   des   Moutons
1 오랑주리
Orangerie
2 정오의 정원
Parterre du Midi
3 물의 정원
Parterre d'Eau
4 북쪽 정원
Parterre du Nord
5 수영하는 님프들
Bain des Nymphes
6 3단 분수의 숲
Bosquet des Trois Fontaines
7 개선문의 숲
Bosquet de l'Arc de Triomphe
8 용의 분수
Bassin du Dragon
9 넵튠의 분수
Bassin de Neptune
10 여왕의 숲
Bosquet de la Reine
11 바쿠스의 분수
Bassin de Bacchus
12 자갈의 숲
Bosquet des Rocailles
13 라토나의 분수와 정원
Bassin et Parterre de Latone
14 아폴로의 목욕탕 숲
Bosquet des Bains d'Apollon
15 케레스의 분수
Bassin de Cérès
16 물의 극장의 숲
Bosquet du Théâtre d'Eau
17 거울 분수
Bassin du Miroir
18 사투르누스의 분수
Bassin de Saturne
19 촛대의 숲
Bosquet de la Girandole
20 왕세자의 숲
Bosquet du Dauphin
21 플로르의 분수
Bassin de Flore
22 별의 숲
Bosquet de l'Etoile
23 왕의 정원
Jardin du Roi
24 열주의 숲
Bosquet de la Colonnade
25 돔들의 숲
Bosquet des Dômes
26 엔셀라두스의 분수
Fontaine de l'Encelade
27 오벨리스크의 분수
Fontaine de l'Obélisque
28 아폴로의 분수
Bassin d'Apollon
1 분수 쇼 진행일 정원 매표소
2 꼬마 기차 매표소
3 꼬마 기차 정류장
4 전기차 대여소
5 자전거 대여소
6 보트 선착장
7 세그웨이 대여소
녹색
융단
2 베르사유 정원
공원 입구
5
1
Boulevard   de   Trianon
Allée   de   la   Reine
1 베르사유 궁전
4
2 1
오랑주리(정원) 입구
Pièce d'Eau
des Suisses
Allée   du   Potager
R. de l'Indépendance Américaine
궁전 입구   정원 입구
Rue   des   Réservoirs
Boulevard   du   Roi
Rue de l'Orangerie
Rue du Vieux Versailles
Rue des Récollets
매표소
명예의 안뜰
Cour
d'Honneur
정문
Rue de la Chancellerie
Rue Colbert
Aven. Nepveu Nord
Rue
Carnot
Rue de la Paroisse
R. Neuve Notre Dame
Boulevard   de   la   Reine
Boulevard   d'Angivilier
Rue   Berthier
Rue   des   Missionnaires
Rue Hardy
Rue du Maréchal Joffre
Rue de Satory
사토리 거리
루이 14세 기마상
Aven. Nepveu Sud
Ave. Rockefeller
R. Hoche
Rue Hoche
Rue Ballet Reyron
Rue   d'Angivilier
Rue du Général Leclerc
Ave. de Sceaux
Avenue de Sceaux
Rue d'Anjou
Rue Royale
Ave. du Général de Gaulle
Avenue   de   Paris
Ave. de l'Europe
Avenue   de   Saint-Cloud
Rue du Maréchal Foch
Rue du Maréchal Foch
Versailles
Rive Gauche RER C
베르사유 샤토
리브 고슈역
Place
André Mignot
Rue Georges
Clemenceau
베르사유
리브 드루아트역 RER C
Avenue   de   Sceaux
Avenue   de   Paris
Rue de Limoges
Rue
des
États   Généraux
Rue Edouard Charton
Rue Edouard Lefebvre
Rue de
l'Assemblée
Nationale
Allée
Rue
Jouvencel
Montbauron
Avenue   de   Saint-Cloud
Pierre
Boulevard   de   la   Reine
Albert   Joly
Provence
Rue de Provence
Rue d'Anjou
Avenue   de   Sceaux
Rue de Noailles
Rue de Noailles
Avenue   de   Paris
Avenue   de   Saint-Cloud
Albert   Joly
Place
Raymond
Poincaré
RER C Versailles Chantiers
베르사유 샹티에역
Avenue des Etats Unis
Coubertin
공원 입구

① 꿈의 궁전
베르사유 궁전 Château de Versailles

태양왕 루이 14세(재위 1643~1715)가 강력한 왕권을 과시하기 위해 지은 궁전. 남성적이고 역동적인 바로크 양식과 여성적이고 세련된 로코코 양식이 절묘하게 어우러져 있다. 규모와 예술적 완성도 측면에서 세계적으로 손꼽히는 건축물로, 건축 당시 '꿈의 궁전'이라 불렸으며, 지금은 세계문화유산으로 지정되어 보호받고 있다. 2층 구조로 돼 있는 궁전의 주요 볼거리는 대부분 위층에 집중돼 있으며, 관람 시간은 1시간 30분 정도면 충분하다. **MAP 430p**

GOOGLE MAPS 베르사유궁전
OPEN 09:00~18:30(11~3월 ~17:30)/ 폐장 45분 전까지 입장/ 월요일·1월 1일·5월 1일·12월 25일 휴무/ 무료입장객 포함 입장 시각 예약 필수
PRICE 25€/ 뮤지엄 패스 / 패스포트
WEB www.chateauversailles.fr

: **WRITER'S PICK** :
베르사유 궁전의 역사

베르사유 궁전의 기원은 1631년 루이 13세가 자그마한 수렵용 성을 지은 데서 시작된다. 루이 13세의 뒤를 이어 5살의 나이에 왕위에 오른 루이 14세는 23살이 되던 1661년, 어머니와 함께 자신을 대신해 섭정하던 추기경 마자랭(Mazarin)이 사망하자 독자적으로 왕권을 행사하기 시작했다. 그는 프랑스 왕의 절대 권력에 어울릴 만한 궁전을 마련하는 동시에 궁전 사람들에게 사냥과 연회, 무도, 연극 등의 여흥을 제공하고 총애하는 여인들을 위한 적당한 장소를 마련하고자 루이 13세가 지었던 수렵용 성 자리에 궁전을 짓기로 결심했다. 궁전 건축은 르 보와 르 브륑에게, 정원은 르 노트르에게 명하여 1668년에 착공했다. 그 후 1672년, 공사는 현재의 자리로 옮겨 계속되었으며, 1685년에 완공되었다. 당대 최고의 프랑스 예술가들이 만들어낸 이 새로운 양식은 이후 유럽 궁전 건축의 모델이 되었고, 음식에서부터 애인을 두는 것까지 이곳에서 일어나는 모든 것들이 전 유럽의 유행이 되고 에티켓이 되었다.

1789년 대혁명으로 왕정이 무너지자 방치되어 폐허가 되어가다가, 1830년 왕당파의 7월 혁명으로 입헌군주가 된 루이 필리프(재위 1830~1848)는 분열된 국민을 결집하기 위해 베르사유 궁전을 박물관으로 개조해 일반에게 공개했다. 궁전은 제2차 세계대전 후 복구되어 지금에 이르고 있다.

베르사유 궁전 투어

베르사유를 처음 방문하는 사람들을 기다리고 있는 건 어디에 눈을 둘지조차 모를 화려하고 풍성한 볼거리다.
왕실에서 쓰던 가구와 도자기 등은 대부분 혁명 때 훼손되거나 도난당했다고 하는데, 남아 있는 것만으로도
화려함이 차고 넘치는 것을 보면 당시의 사치가 어느 정도였는지 짐작할 수 있다.
베르사유 궁전의 자유 관람은 출입구 A(궁전의 북측)에서 시작하며, 먼저 루이 15세 시대에 만든 왕실 부속 예배당을
둘러본 후 왕의 처소를 지나는 순서로 짜여 있다. 왕의 처소 끝에 있는 거울 갤러리를 지나면 다시 남쪽으로
마리 테레즈에서부터 마리 앙투아네트의 비극적인 마지막 날에 이르기까지 여러 왕비가 생활했던 왕비의 처소를
지나게 된다. 마지막으로 대관식의 방·전투 갤러리 등 루이 필리프 시대에 만든 박물관을 둘러보면 끝!
예상 관람 소요 시간은 약 1시간 30분.

I. Chapelle Royale

왕실 예배당

루이 14세가 예배를 드린 곳. 제단 위의
조각과 앙투안 쿠아펠의 천장화 <세상
에 구원의 약속을 가져다주는 광채에 싸
인 성부>가 화려하다. 2층에는 파이브
오르간이 있는데, 음색이 뛰어나며 예
술품으로서도 가치가 높다. 1층 문 바로
앞, 오르간 맞은편 자리는 왕실 가족만
앉을 수 있었던 특별석이다. 안으로 들
어갈 수는 없지만 0층과 1층의 각 입구
에서 비교적 다양한 각도로 내부를 들여
다볼 수 있다. 예배당 앞에는 루이 16세
와 마리 앙투아네트의 결혼식을 축하하
기 위해 지은 오페라의 방(L'Opéra Royal)
이 있다.

II. Grand Appartement du Roi 왕의 처소

왕이 집무실, 접견실, 만찬장, 오락실 등으로 사용하던 7개의 방이 있는 곳. 루이 15세와 16세를 거치면서 비너스, 마르스, 헤라클레스 등 그리스·로마 신화에 나오는 신들의 이름이 붙여졌다.

❶

❷

❺

❻

❶ 헤라클레스의 방 Salon d'Hercule

왕실 예배당이 완성되기 전 임시로 이용하던 예배당. 천장에는 그리스·로마 신화에서 가장 힘이 센 영웅 헤라클레스와 관련된 일화가 그려져 있는데, 이는 루이 14세를 헤라클레스에 빗대어 표현한 것이다. 천장의 네 모서리에는 왕의 4가지 덕(힘, 인내, 가치, 정의)을 상징하는 그림이 있다. 베로네세의 <시몬의 집에서의 저녁 식사>가 걸려 있는 남쪽 벽면도 눈여겨볼 만하다.

❷ 비너스의 방 Salon de Vénus

왕의 처소에서 가장 독특한 장식이 있는 곳. 벽면에는 대리석과 대리석처럼 그린 르 브룅(Charles Le Brun)의 그림이 어우러져 착시 현상을 유발한다. 천장의 축복받는 비너스 그림과 고대 로마 장군의 복장을 한 루이 14세의 조각상도 볼만하다.

❸ 디안의 방 Salon de Diane

항해와 사냥의 여신 디안(그리스식 다이아나)의 이름을 딴 곳. 이곳에서 루이 14세가 당구를 즐겼다고 한다. 천장에는 디안의 그림이 있고 중앙에는 이탈리아 바로크의 거장 베르니니가 조각한 루이 14세의 흉상이 있다.

❹ 마르스의 방 Salon de Mars

붉은 벽지 그리고 군사를 상징하는 그림과 부조들로 장식한 긴 방이다. 전쟁의 신 마르스의 이름을 붙인 것에서 알 수 있듯 원래는 근위병을 위해 만든 방이었으나, 본래의 목적과 달리 음악회나 춤을 위한 공간으로 이용되었다.

❺ 머큐리의 방 Salon de Mercure

국왕의 침실로 사용된 방이다. 천장에는 프랑스의 상징인 수탉이 이끄는 전차를 타고 새벽을 여는 머큐리의 모습이 있고 머큐리의 주위에는 수사법, 대수학, 성실성 등을 상징하는 알렉산더, 아우구스투스, 아리스토텔레스, 소크라테스가 둘러싸고 있다. 루이 14세가 사망한 후 9일간 이 방에 시신을 보관했다고 한다.

❻ 아폴로의 방 Salon d'Apollon

황금빛 태양 마차를 끄는 아폴로가 천장을 장식하고 있는 방. 베르사유 궁전에서 가장 호화로운 방이라 소문날 정도로 금·은·보석으로 치장했으나 아우크스부르크 동맹전쟁(1688~1697년) 비용으로 모두 탕진하고 지금은 1701년에 제작한 루이 14세의 초상화가 방문자를 맞고 있다. 초상화에 등장하는 망토의 안감에 쓰인 흰 담비 털은 당시 가장 비싼 옷감이었다고 한다.

<u>III. Galerie des Glaces</u> 거울 갤러리

❶ 전쟁의 방 Salon de la Guerre

국왕의 집무실이었던 곳. 각종 전쟁 기념물로 장식돼 있다. 천장에는 <왕의 초상화가 새겨진 방패를 들고 싸우는 프랑스> 그림이 있는데, 중앙의 방패에 그려진 인물이 루이 14세다.

❷ 거울 갤러리 Galerie des Glaces

왕의 처소와 왕비의 처소를 연결하는 거울 갤러리는 궁전에서 가장 인기가 많은 곳이다. 길이 75m, 높이 13m의 홀로, 정원 쪽으로 17개의 창문이 나 있고, 반대쪽에는 578장의 거울이 설치돼 있어 햇빛에 반사되는 모습이 압권이다.

평범한 거울을 보고 실망하는 여행자도 많은데, 당시에는 거울 한 개 가격이 웬만한 저택보다 비쌌다고 하니 그때로 돌아가서 상상해 보면 그 의미가 조금 다르게 여겨질 수 있다. 베르사유를 방문한 국빈이나 사신이 국왕을 만나기 위해 사용한 통로였다는데, 만나기도 전에 상대의 기를 누르려는 의도가 엿보인다.

르 브룅의 작품으로 채워진 천장에서는 루이 14세의 모든 업적을 묘사한 30개의 대형 천장화 속에서 마치 고대 로마의 영웅처럼 묘사된 왕의 모습을 찾아볼 수 있다. 1919년에는 제1차 세계대전을 종식한 베르사유 조약이 이 방에서 체결되었고, 지금도 중요한 국제회의가 열리고 있다.

❸ 왕의 침실 Chambre du Roi

화려한 침대가 있는 공식적인 왕의 침실로, 거울 갤러리 중앙 벽과 연결돼 있다. 침대 앞 나무 칸막이는 왕이 침대에 있을 때 업무를 보고하는 사람과의 경계를 나타낸다. 침실 양쪽에 집무실이 있었음에도 침대 위에서 업무를 보았다고 하니 왕의 권력이 얼마나 강력했는지 짐작할 만하다.

IV. Grand Appartement de la Reine 왕비의 처소

마리 앙투아네트 시절 호화롭게 개조한 이 방은 대혁명 당시 베르사유에 침입한 파리 시민 수천 명의 분노를 증폭시킨 곳으로 유명하다. 오랑주리 정원의 전경이 잘 보이도록 설계되었으니 창가에서 사진 찍는 것을 잊지 말자.

❶ **왕비의 침실** Chambre de la Reine

루이 14세의 왕비부터 마리 앙투아네트까지 3명의 왕비가 사용한 화려한 침실. 프랑스 혁명 후 이 방의 가구들은 대부분 경매에 부쳐졌는데, 워낙 양이 많아 처분하는 데 1년이나 걸렸다고 한다. 19명의 왕자와 공주가 태어나 '출산의 방'으로도 불렸다. 당시 프랑스에는 신하와 귀족들이 왕비가 출산하는 전 과정을 지켜보는 게 관행이었다고 한다. 마리 앙투아네트는 둘째 아이를 낳을 때부터 산파만 방에 머물도록 했으나, 왕비가 옷을 갈아입는 것까지 공개하던 관행을 견디지 못해 종종 궁전을 떠나 별궁에 머물렀다고 한다.

❷ **민친 대기실** Antichambre du Grand Couvert

왕이 평상시 식사하던 곳. 음악 신동 모차르트가 루이 15세와 함께 식사한 곳이기도 하다. 이곳에서 왕과 왕비는 벽난로를 등진 채 호화로운 정식 의자에 앉고, 공작 등의 귀족들은 등받이가 없는 의자에 앉아서 식사했다고. 왼쪽 벽면에는 마리 앙투아네트의 초상화가 여러 점 걸려 있는데, 그중 비제 르 브룅이 그린 <마리 앙투아네트와 그녀의 아이들>이 특히 유명하다.

V. Musée de l'Histoire de France 프랑스 역사 박물관

궁전의 양쪽 건물은 프랑스 혁명 이후 루이 필리프가 박물관으로 개조해 일반 전시실처럼 꾸몄다.

❶ **대관식의 방** Salle du Sacre

루이 필리프가 나폴레옹을 기념하기 위해 만든 방으로, 장교 시절부터 황제 이후까지 나폴레옹을 모델로 그린 그림 여러 점이 걸려 있다. 그중 자크 루이 다비드의 대작 <1804년 12월 2일, 나폴레옹의 대관식>에서 방의 이름을 따왔다. 원작은 루브르 박물관에 있고, 이 방에 있는 그림은 작가가 추가로 그린 것. 원작보다 크기가 약간 작은 것 외에는 거의 비슷하지만 눈에 띄는 다른 점이 있는데, 바로 나폴레옹의 여동생 중 한 명인 폴린의 드레스 색이다.

❷ **전투 갤러리** Galerie des Batailles

왕실 친척들의 처소로 쓰이던 곳. 선거를 통해 왕이 된 루이 필리프가 프랑스의 위대함을 고취하기 위해 거대한 전시실로 만들었다. 프랑스가 승리를 거둔 전쟁 중에 35개 장면을 양쪽 벽에 걸었으며, 프랑스 왕자들과 전쟁에서 숨진 수석 사령관, 장성, 원수의 이름이 새겨진 청동의 명각문, 82인의 흉상도 볼 수 있다. 가장 유명한 작품은 들라크루아의 <타유부르 전투(Bataille de Taillebourg)>(1837년)다.

② 베르사유 정원 Jardins de Versailles

베르사유의 진수는 궁전보다는 정원에 있다. 베르사유 정원은 화단과 분수, 조각 등이 기하학적으로 배치된 대표적인 프랑스식 정원이다. 여의도 면적의 3배에 가까운 800ha의 대지에 20만 그루의 나무와 산책로, 뱃놀이를 즐기던 운하가 조성돼 있고, 20여 개의 분수와 200여 점에 이르는 조각품이 어우러진 정원은 말 그대로 '장관'을 연출해 낸다.

정원 초입 라톤의 분수에서 대운하 초입까지는 걸어서 15분 정도 걸리지만 중간에 대리석 조각과 아름다운 프랑스식 정원을 두루두루 둘러보려면 1~2시간은 족히 걸린다. 십자 형태로 설계된 대운하를 제대로 보려면 운하 한편에서 대여해 주는 자전거를 이용하는 것이 좋다. **MAP 430p**

GOOGLE MAPS 베르사유 정원
OPEN 08:00~20:30(11~3월 ~18:00)/ 폐장 1시간 30분 전까지 입장
PRICE 4~10월 15€~/11~3월 무료/ 패스포트
WEB www.chateauversailles.fr

+ M O R E +

분수 쇼를 보려면 시간 체크 필수!

하절기에 진행하는 분수 쇼는 대개 오후 4~5시에 끝난다. 분수 쇼 진행일에 베르사유 방문을 오후에 할 예정이라면 정원과 분수 쇼를 먼저 보고 궁전 입장을 천천히 하는 것으로 계획하자. 참고로 6월 중순~9월 중순에는 야간 분수 쇼가 진행되며, 22:50부터 불꽃놀이가 펼쳐진다.

베르사유 정원 산책

기하학적으로 놓인 화단과 분수, 조각 등이 시선을 끄는 베르사유의 정원은 대표적인 프랑스식 정원이다. 궁전 뒤쪽의 정원 입구에 있는 아폴로의 목욕탕 숲을 시작으로 아폴로의 어머니인 라톤의 분수, 녹색 융단이라고 불리는 잔디밭, 십자 모양의 대운하가 차례대로 펼쳐진다. 정원의 분수와 운하는 센강의 물줄기를 양수기로 퍼 올리는 엄청난 공사를 통해 탄생한 수로 시설들로, 이때 축적한 기술은 이후 프랑스의 상하수도 시설 발전에 크게 이바지했다. 정원을 모두 둘러보려면 한나절이 꼬박 걸리기 때문에 지칠 수 있으므로 궁전 양쪽의 정돈된 정원을 먼저 둘러보고 나머지는 가볍게 산책하며 분수 중심으로 돌아보는 것이 좋다. 예상 소요 시간은 1~2시간.

오랑주리 Orangerie

Point 1

궁전에서 대운하를 바라보고 왼쪽에 있는 조각 같은 정원. 가운데 분수를 중심으로 여섯 면으로 나뉜 잔디밭과 화분에 담긴 오렌지 나무들, 기하학적 모양으로 정리된 나무들은 인간의 힘으로 자연을 정복할 수 있다고 믿은 자신감의 산물이다. 정원을 설계한 망사르(Jules Hardouin Mansart)의 최고 작품으로 평가된다.

라토나의 분수 Bassin de Latone

Point 2

궁전에서 내려오면 만나게 되는 4단 케이크 같은 분수. 태양의 신 아폴로와 달의 여신 다이아나의 어머니인 라토나 여신의 이름을 따왔다. 맨 아래는 거북이와 악어 조각, 그 위에는 개구리 조각들이 물을 내뿜고 있는데, 이는 부르봉 왕가에 대항한 귀족들이 일으킨 프롱드의 난(La Fronde) 동조자들을 비유한 것이다.

Point 3 녹색 융단 Tapis Vert

라토나의 분수에서 대운하까지 조성된 잔디밭. 당시 루이 14세와 이탈리아 바로크의 대가 베르니니가 합심해 로마에 학교를 세웠는데, 그때 유학을 떠난 젊은 프랑스 예술가들이 남긴 조각상이 녹색 융단을 지키는 듯 좌우에 늘어서 있다.

Point 4 아폴로의 분수 Bassin d'Apollon

태양의 신 아폴로가 전차를 타고 일출 시각에 바다에서 떠오르는 모습을 역동적으로 표현했다.

Point 5 대운하 Grand Canal

십자 모양으로 조성된 운하의 길이는 세로 1.7km, 가로 1km 정도로, 루이 14세 시절 베네치아에서 보내온 곤돌라를 운하에 띄웠다는 기록이 있다. 지금도 보트를 빌려주고 있으니 연인이나 친구와 함께 노를 저으며 베르사유의 또 다른 낭만을 즐겨보자.

 루이 14세의 휴양지
그랑 트리아농 Grand Trianon

루이 14세가 퇴임 후 여생을 보내기 위해 짓기 시작해 1687년에 완공한 곳. 처음엔 루이 14세의 정부이던 몽테스팡 부인을 위해 지었다가 맹트농 부인과 사귀면서 현재의 모습으로 확장했는데, 여성에게 바치는 별궁답게 장밋빛의 대리석으로 지은 웅장한 건물과 내부 장식에서 루이 14세의 화려한 일상을 엿볼 수 있다. 황후의 거처(Appartement de l'Impératrice)에 있는 거울 갤러리(Salon des Glaces)와 형형색색의 대리석으로 만든 정원의 뷔페 분수(Buffet d'Eau)는 그랑 트리아농의 백미로 꼽힌다. 아폴로의 분수에서 20분 정도 걸어가면 나온다. **MAP 430p**

GOOGLE MAPS 그랑트리아농
OPEN 12:00~18:30(11~월 ~17:30)/
폐장 45분 전까지 입장/
월요일, 1월 1일, 5월 1일, 12월 31일 휴무
PRICE 15€(그랑 트리아농, 프티 트리아농, 왕비의 촌락 통합권)/ 뮤지엄 패스 / 패스포트

각 처소를 오가며 정원을 감상할 수 있도록 설계한 열주

거울 갤러리

신고전주의 양식의 단아한 궁전

비밀스럽게 숲속에 있는 사랑의 신전

④ 마리 앙투아네트의 뜻대로!
프티 트리아농 Petit Trianon

루이 15세가 만든 식물원과 궁전이 있는 곳으로, 그랑 트리아농 바로 옆에 있다. 1762년 루이 15세가 그의 애첩과 함께 지내기 위해 지었는데, 루이 16세는 마리 앙투아네트가 첫딸을 출산한 기념으로 그녀에게 선물로 주었고, 실내장식도 그녀의 취향에 따라 변경했다. 이후 나폴레옹은 황후인 마리 루이즈에게 이 궁전을 주었다. 내부는 장밋빛의 소품들로 꾸며져 있다.

프티 트리아농에서 왕비의 촌락으로 가다 보면 흰 기둥이 둥글게 늘어선 가운데에 큐피드 상이 있는 작은 신전이 나온다. 마리 앙투아네트가 애인 페르젠과 밀회를 나누었다는 사랑의 신전(Temple de l'Amour)이다. **MAP 430p**

GOOGLE MAPS 프티트리아농
OPEN & **PRICE** 그랑 트리아농과 같음

⑤ 마리 앙투아네트를 위해 만든 마을
왕비의 촌락

Hameau de la Reine

화려한 궁전과는 어울리지 않는 12채의 소박한 가옥이 모여 있는 촌락이다. 1783년 마리 앙투아네트를 위해 전통 가옥과 호수 등으로 전형적인 프랑스 전원 풍경을 그대로 재현해낸 것. 실제로 마리 앙투아네트는 이곳에서 농사일을 하거나 소젖을 짜는 등 평범한 농촌의 일상을 즐겼다고 한다. 사랑의 신전에서 프티 트리아농을 바라보고 오른쪽 다리를 건너 7분 정도 걸어가면 나온다. **MAP 430p**

GOOGLE MAPS 베르사유 왕비의 집
OPEN & **PRICE** 그랑 트리아농과 같음

: **WRITER'S PICK** :

프랑스 왕의 정부(情婦) Maîtresse-en-Titre

궁정 사회의 결혼은 정략으로 얽혀 있었기 때문에 어차피 '사랑'은 이들 결혼의 필수 조건이 아니었다. 루이 14세와 루이 15세는 각각 15명의 정부를 두었으며, 왕비와 귀족들 역시 종종 정부를 두었다. 몽테스팡 부인은 루이 14세와 10년 넘게 사귀었고, 루이 15세의 정부이던 퐁파두르 부인은 국정에도 관여했다. 루이 16세와 마리 앙투아네트는 둘 다 애인 만들기에 관심이 없었기에 인맥을 이용해 영향력을 행사하고 싶어 하던 귀족들의 실망이 이만저만 아니었다고 한다. 그래서인지 그들을 향한 유언비어가 유독 많았고, 좋게 말해 순진했기 때문에 혁명기에 유연하게 대처하지 못해 비극적인 막을 내린 것으로 해석된다.

비운의 패셔니스타 마리 앙투아네트

마리 앙투아네트와 친하던 여류 화가 비제 르 브룅(Vigée Le Brun)이 루브르 살롱 전시회에 출품한 왕비의 초상화가 구설수에 올랐다. 고귀한 왕비가 어찌 보면 여신 같고 어찌 보면 속옷을 입은 것처럼 보였기 때문. 숱한 비난이 일자 푸른 드레스를 입은 모습으로 고쳐 그렸지만 이미 공개된 왕비의 '슈미즈(속옷) 룩'은 이후 혁명기 내내 유럽 여인들 사이에 유행하는 스타일이 되었다.
사치의 상징으로 비난받던 마리 앙투아네트는 사실 역대 왕비들과 비교하면 상당히 검소했다.
프랑스 왕실 문화에 적응하지 못한 그녀는 귀족의 시샘과 음모에 휩싸인 채 시민의 갖은 오해 속에 결국 형장의 이슬로 사라지고 말았다.

비제 르 브룅이 다시 그린
〈마리 앙투아네트, 프랑스의 여왕〉.
프티 트리아농에 전시돼 있다.

02

ÎLE-DE-FRANCE

오베르 쉬르우아즈

AUVERS-sur-OISE

파리에서 북서쪽으로 30km 떨어진 작은 마을 오베르쉬르우아즈. 현대인에게 가장 사랑받는 화가 반 고흐가 머물다가 자살로 생을 마감한 곳으로 유명하다. 반 고흐는 이곳에서 70일간 머물면서 무려 70개 이상의 작품을 남겼는데, 그의 마지막 작품으로 알려진 <까마귀가 있는 밀밭> <닥터 가셰의 초상> 등이 대표적이다. 작은 마을이지만 작품 속 배경이 그대로 남아 있어 그를 사랑하는 사람들에게 기대 이상의 큰 감동을 안겨주는 곳. 천천히 거닐며 명화 속 장소를 확인해보자.

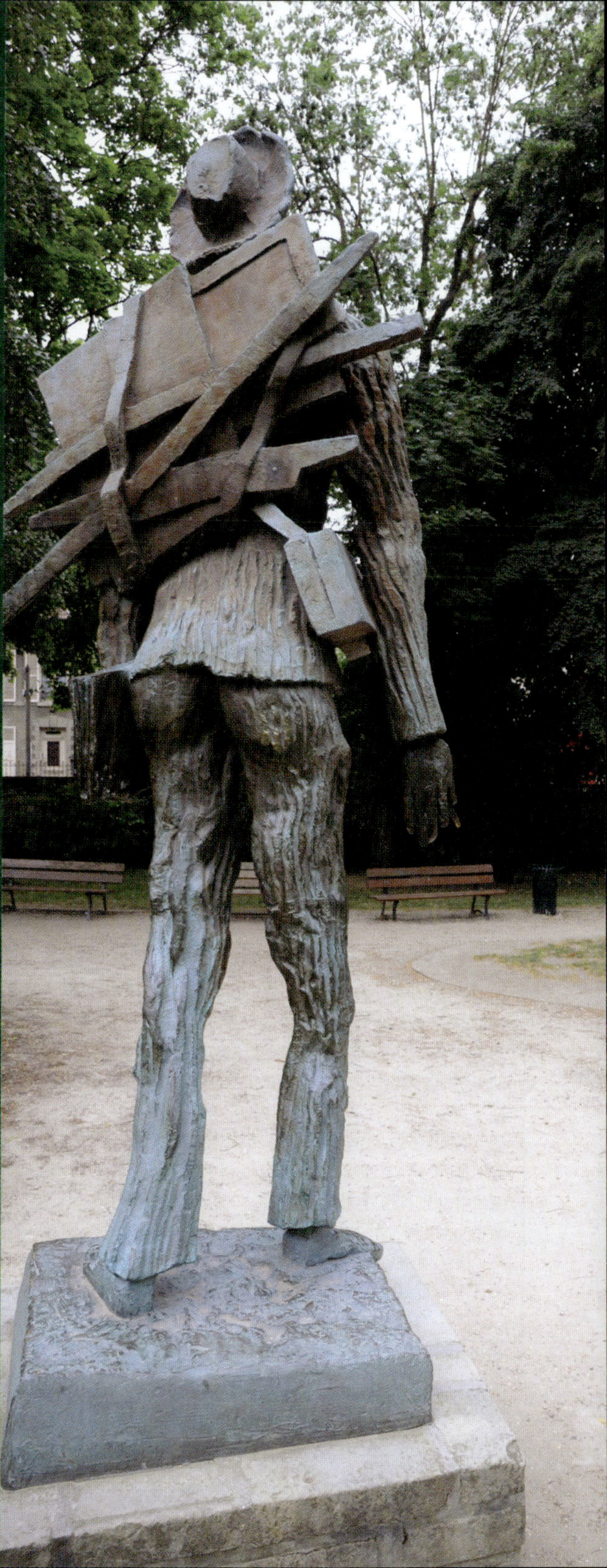

오베르쉬르우아즈 가는 법

파리 시내에서 기차로 약 50분 거리에 있는 오베르쉬르우아즈는 일드프랑스의 5존에 속한다. 보통 1회 이상 갈아타고 가야하므로 이동 시간을 여유있게 잡아야 한다.

🚈 Train | 기차 or 🚈 + 🚌 Train + Bus | 기차 + 버스

❶ 북역에서 페르상 보몽(Persan Beaumont)행 근교 기차 트랑질리앵을 타고 발몽두아(Valmondois)에 내려 퐁투아즈(Pontoise)행으로 갈아타고 오베르쉬르우아즈(Auvers-sur-Oise)역에 내린다. 약 1시간 10분 소요.

❷ 북역이나 생라자르역에서 퐁투아즈행 기차를 타고 생투앙로몬(St-Ouen-L'Aumôn)역이나 퐁투아즈에서 내려 크레이(Creil)행으로 갈아타고 오베르쉬르우아즈역에서 내린다. 경유하는 역과 갈아탈 기차의 도착 시각에 따라 50분~1시간 30분 정도 소요된다.

❸ 북역이나 생라자르역에서 기차를 타고 발몽두아나 퐁투아즈에 내려 역 앞에서 95-07번 또는 1102번 등의 버스를 타고 오베르쉬르우아즈(Mairie – Auvers-sur-Oise)에서 내린다. 발몽두아에서 버스를 탔다면 약 10분, 퐁투아즈에서 버스를 탔다면 약 25분 걸린다. 전체 약 1시간 10분 소요. 버스 이용 시 버스-트램 티켓 추가.

오베르쉬르우아즈역에서 나와 왼쪽으로 걸어가면 반 고흐 공원이 나온다. 마을 규모가 작아 한나절 정도면 주요 명소를 다 걸어서 돌아볼 수 있다. 역에서 나오면 왼쪽에 카르푸(08:00~20:00, 일요일 09:00~13:00)가 있다.

TIME 05:26~20:41/15분~1시간 간격(북역 출발 기준)
PRICE 2.55€(메트로-기차-RER 티켓, 기차+버스 이동 시 버스-트램 티켓 2.05€ 추가)/ 나비고 1일권·주간권, 파리 비지트
WEB www.iledefrance-mobilites.fr, www.transilien.com

*시즌과 요일에 따라 운행 스케줄이 자주 바뀌니 이용 전 다시 한번 확인한다.
*환승 기차는 파리발 기차 도착 후 1~30분 후 출발로 유동적이다.
*북역에서 출발하는 기차는 노선에 따라 퐁투아즈역에서 환승하는 경우도 있다.

💬 3월 마지막 주 토요일이나 4월부터 10월 말까지 토·일요일·공휴일에는 직행기차가 1회 운행한다. 보통 09:30 전후에 파리 북역에서 출발한다. 오베르쉬르우아즈역에서 파리로 가는 기차는 18:15 전후에 1회 있다. 운행 스케줄은 매년 바뀐다.

💔 환승 시간이 불규칙적이고, 당일 상황에 따라 기차 사정이 유동적이니 여행 전 교통편 홈페이지를 통해 확인할 것.

+MORE+

기차 이용 시 주의사항

파리에서 오베르쉬르우아즈까지 가는 기차 구간은 낡은 철로와 기차의 고장으로 인한 연착이 잦은 편이므로 아침 일찍 여유 있게 움직여야 한다.
1회권을 이용한다면 왕복용으로 2장을 충전해 두자. 오베르쉬르우아즈역의 자동판매기가 고장 난 경우가 많아 티켓을 충전하지 못할 수 있다. 만약을 대비해 교통권 구매 앱을 미리 스마트폰에 설치해 두는 것도 좋은 방법이다.

일드프랑스를 오가는 근교 기차. 신형과 구형 기차 모두 다닌다.

오베르쉬르우아즈역

: WRITER'S PICK :

여행 팁

■ 관광 안내소 Office de Tourisme

반 고흐의 그림 배경지를 표시한 그림지도를 판매한다. 한국어 지도도 있는데, 7~8월 이후엔 없을 때가 많다. 엽서와 책, 소품 등의 기념품도 판매한다.

GOOGLE MAPS 35CF+F4 오베르쉬르우아즈
ADD Parc Van Gogh, 38 Rue du Général de Gaulle, 95430
OPEN 4~10월 09:30~13:00, 14:00~18:00(토·일요일 09:30~18:00), 11~3월 10:00~13:00, 14:00~16:30(토·일요일 10:00~16:30)/ 월요일·12월 24일~1월 1일·일부 공휴일 휴무
WALK 역에서 나와 길을 건너 왼쪽으로 가면 나오는 반 고흐 공원 안에 있다. 도보 2분
WEB www.tourisme-auverssuroise.fr

■ 추천 코스

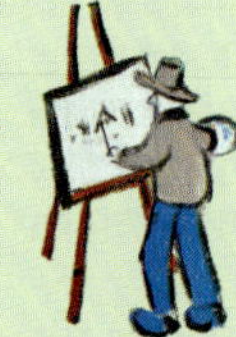

오베르쉬르우아즈를 여행하는 가장 일반적인 방법은 반 고흐와 인상파의 흔적을 따라가는 것. 소요 시간은 2~3시간 예상하면 된다. 시간 여유가 있거나 인상파 화가에 관심이 많다면 모네와 세잔에게 영향을 준 도비니(Charles-François Daubigny, 1817~1878년)의 박물관과 아틀리에도 들러보자.

오베르쉬르우아즈역 → 도보 1분 → ❶ 반 고흐 공원 → 도보 2분 → ❷ 라부 여관 → ❸ 시청사 → 도보 7분 → ❹ 오베르쉬르우아즈 성당 → 도보 5분 → ❺ <까마귀가 나는 밀밭> 배경지 → 도보 4분 → ❻ 오베르쉬르우아즈 묘지

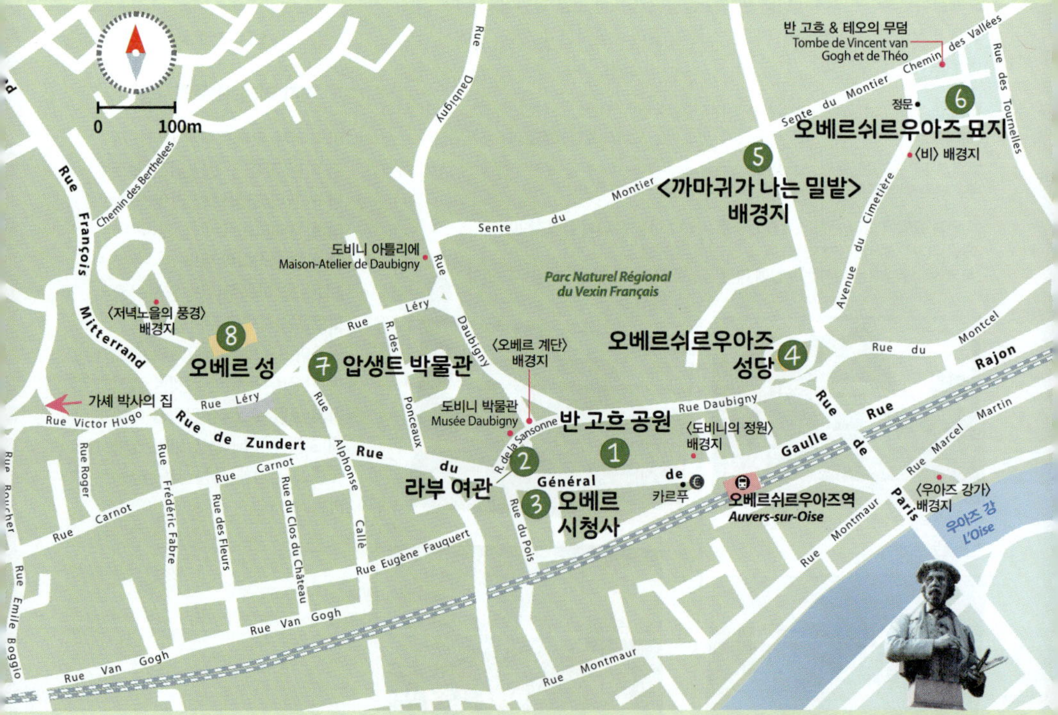

1 오베르쉬르우아즈 마을의 입구
반 고흐 공원 Le Parc Van Gogh

긴 돌담에 둘러싸여 그냥 지나치기 쉬운 이 조용한 공원에는 최초의 입체파 조각가 자드킨(Ossip Zadkine)이 반 고흐에게 헌정한 작품이 있다. 누구와도 함께할 수 없다는 외로움이 서린 반 고흐의 얼굴과 앙상하게 마른 몸에서 한평생 생활고와 고독에 시달린 예술가의 혼을 느낄 수 있다. **MAP 442p**

GOOGLE MAPS 35CF+96 오베르쉬르우아즈
WALK 기차역에서 도보 1분

2 예술가의 마지막 숨결이 깃든 방
라부 여관(반 고흐의 집) Auberge Ravoux(Maison de Van Gogh)

반 고흐가 살던 간소한 다락방이 2층에 남아 있다. 반 고흐가 생레미드프로방스에 있는 정신병원을 떠나 이곳으로 이사 온 것은 미술 애호가이자 그를 진심으로 이해해주던 정신과 의사 가셰 박사 때문이었다. 1890년 5월부터 당시 일반 노동자의 일당 수준인 하루 3.50프랑에 숙식을 제공하는 라부 여관 2층의 제일 작은 다락방에 투숙하면서 반 고흐는 마치 뭔가에 씐 사람처럼 붓을 잡고 약 70일간 70점이나 되는 작품을 완성했다. 하지만 결국 같은 해 7월 27일, 마을 한편에서 권총으로 자살을 도모해 자신의 방에서 이틀간 괴로워하다 숨을 거두고 말았다. 이후 '자살자의 방'이라는 이유로 이 방에 머무는 사람이 한 명도 없었다고 한다. 그 후 아무도 신경 쓰지 않던 라부 여관은 1987년 벨기에 사업가가 인수한 뒤 반 고흐가 살던 당시의 모습으로 복원되었다. 내부에는 반 고흐의 작품이 단 한 점도 없고, 0층에 당시의 모습을 그대로 간직한 식당 오베르주 라부(Auberge Ravoux)가 있다. **MAP 442p**

GOOGLE MAPS 반고흐의집 95430
ADD 52 Rue du Général de Gaulle, 95430
OPEN 3월 4일~11월 22일(매년 조금씩 다름) 10:00~18:00/폐장 30분 전까지 입장/월·화요일·11~2월 휴무
PRICE 10€(12~17세 8€)
WALK 반 고흐 공원에서 도보 2분/기차역에서 도보 3분
WEB www.maisondevangogh.fr

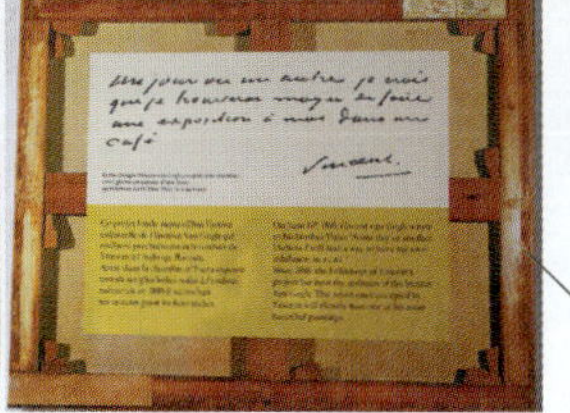

반 고흐의 그림을 전시할 날을 고대하며 걸어 놓은 빈 액자

443

오르세 미술관에 소장된 작품

<가셰 박사의 초상 Portrait du Dr Gachet>

가셰 박사는 반 고흐가 죽기 전까지 많은 교류를 나누었던 정신과 전문의이자 화가다. 그림 속의 가셰 박사는 슬픈 듯 표정을 찡그리고 있는데, 실제로 아내와 사별한 상실감에 우울증을 앓고 있었다고 한다. 손에 든 식물은 심장병이나 정신병에 쓰이던 약초 디기탈리스다. 원본은 현재 누가 소장하고 있는지 알 수 없고, 오르세 미술관에서 볼 수 있는 그림은 반 고흐가 나중에 별도로 그린 것이다.

 그림처럼 새하얀 모습 그대로

오베르 시청사

Mairie d'Auvers-sur-Oise

라부 여관 바로 맞은편에 있는 오베르 시청사는 반 고흐의 그림 속 모습 그대로 변함없이 서 있다. 반 고흐는 이 작품을 여관 주인 라부에게 선물했는데, 라부는 반 고흐가 죽은 후 동네를 방문한 화가에게 헐값에 넘겼다고 한다. **MAP 442p**

GOOGLE MAPS 35CC+3P 오베르쉬르우아즈
ADD 17 Rue du Général de Gaulle, 95430
WALK 라부 여관 바로 앞

<오베르 시청사 La Mairie d'Auvers>, 개인 소장

④ 그림처럼 삐뚤한 작은 성당

오베르쉬르우아즈 성당

Église Catholique
Notre-Dame-de-l'Assomption
d'Auvers-sur-Oise

반 고흐의 후기 작품 중 걸작으로 꼽히는 <오베르 성당>의 배경. 어두운 하늘 아래에 서 있는 13세기 고딕 양식의 성당은 구불거리는 두 갈래 길과 어우러지며 함께 요동치는 것처럼 보인다. 반 고흐는 하늘에는 진한 코발트색을, 건물에는 보라색을, 정원에는 녹색과 장미색을 사용했고 군청색, 오렌지색, 노란색 등으로 화려함을 더했다. 그의 천부적인 색채 감각을 엿볼 수 있는 이 작품은 화려한 색채, 단순한 구도, 소용돌이치는 붓질이 어우러져 강렬하면서도 불안정한 에너지를 내뿜는다. 성당은 그림 속 강한 인상과는 달리 조용하고 고즈넉한 모습으로 반 고흐를 사랑하는 이들을 맞고 있다. **MAP 442p**

GOOGLE MAPS 오베르쉬르우아즈 성당
ADD Place de l'Eglise, 95430
WALK 라부 여관에서 도보 7분/기차역에서 도보 4분

<오베르 성당 L'Église d'Auvers>, 파리 오르세 미술관 소장

5 반 고흐의 마지막 작품
<까마귀가 나는 밀밭> 배경지
Champ de Blé aux Corbeaux

반 고흐의 마지막 작품으로 알려진 <까마귀가 나는 밀밭>의 배경이 된 곳. 그림 속에서 노랗게 타들어 가는 밀밭 위로 소용돌이치는 어두운 하늘이 그려져 있다. 하늘에는 먹구름이 잔뜩 끼어 있고, 한 무리의 까마귀 떼가 불길한 기운을 전한다. 그림 전체를 지배하는 거친 붓질은 강렬함을 넘어 죽음 직전의 격정과 절박함을 느끼게 한다. 현재 이 그림은 암스테르담 반 고흐 박물관에서 소장하고 있으며, 그림과 같은 풍경은 6월 말~7월 말에 볼 수 있다.
MAP 442p

GOOGLE MAPS 35FG+P8 오베르쉬르우아즈
WALK 오베르쉬르우아즈 성당에서 도보 5분

반 고흐와 테오가 잠든
오베르쉬르우아즈 묘지
Cimetière d'Auvers-sur-Oise

반 고흐는 동생 테오가 보는 앞에서 생을 마감했다. 테오는 평생을 정신적·경제적으로 지원해 준 후원자였으며, 반 고흐가 유일하게 터놓고 이야기 할 수 있는 상대였다. 형을 잃은 슬픔 탓인지 그 후 1년도 지나지 않아 테오도 죽음을 맞이했고, 테오의 부인 요안은 그의 유해를 화장해 1914년 형 옆에 안치하고, 하나의 덩굴을 둘의 무덤 위에 심었다. 훗날 요안은 반 고흐가 테오에게 보낸 편지 663통, 테오와 요안에게 보낸 편지 9통, 테오가 반 고흐에게 보낸 편지 39통을 정리해 책으로 출간했고, 덕분에 반 고흐를 연구하는 귀중한 자료로 쓰이고 있다. **MAP 442p**

GOOGLE MAPS 반 고흐의 무덤
WALK 까마귀가 나는 밀밭에서 도보 4분/ 오베르쉬르우아즈 성당에서 도보 6분

> **: WRITER'S PICK :**
>
> **불멸의 화가, 빈센트 반 고흐**
>
> '불멸'이라는 단어가 이토록 잘 어울리는 화가가 또 있을까. 살아서는 화가로서 인정받지 못해 극도로 가난하게 살다가 37세의 젊은 나이에 자살로 생을 마감했지만 그가 남긴 작품은 세월을 견뎌 반 고흐에게 '불멸'의 이름표를 남겼다.
>
> 절친한 친구였던 고갱이 그려준 초상화 때문에 다투다 스스로 귀를 자를 만큼 괴팍한 성격에 우울한 삶을 살았던 것과 달리 반 고흐는 선명한 색채 대비와 소용돌이치는 듯한 붓놀림으로 밝고 생명력이 넘치는 작품을 주로 그렸다. 네덜란드에서 태어났지만 프랑스에서 주로 활동했기 때문에 <해바라기> <별이 빛나는 밤> 등 우리에게 알려진 작품은 모두 프랑스를 배경으로 하고 있다. 가난했던 탓인지 작품 속 그의 소재는 생활 속 풍경과 소소한 일상을 담고 있는데, 그림 속에 나온 장소는 지금까지 그 모습을 그대로 간직하고 있는 곳이 많아 친숙한 느낌을 더하고 있다.

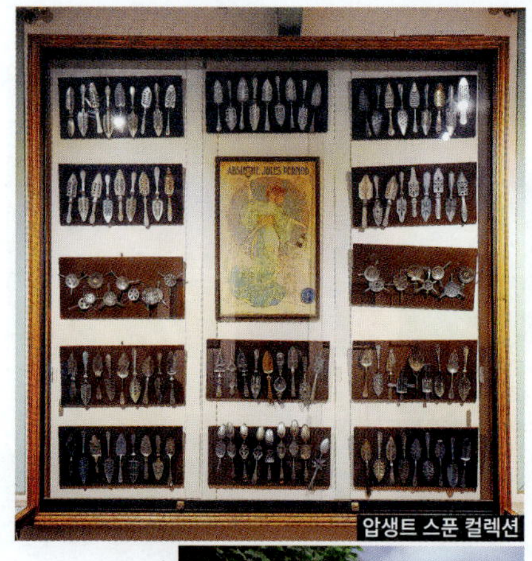

압생트 스푼 컬렉션

예술가들이 사랑한 초록2 요정

⑦ 압생트 박물관 Musée de l'Absinthe

반 고흐가 즐겨 찾던 압생트 카페를 개조해 만든 박물관. 고갱과 헤어진 괴로움에 압생트를 마시던 반 고흐가 취한 상태에서 이를 초록 요정(La Fée Verte)으로 착각해 자신의 귀를 잘랐다는 일화 덕분에 초록 요정이란 별명을 얻었다. 작은 규모의 박물관 안에는 당시 모습을 보존한 바와 압생트를 마시는 기구, 관련 자료와 그림 등이 촘촘히 전시돼 있다. 코폴라 감독이 영화 <드라큘라>를 촬영할 때 영화의 완성도를 위해 꼭 필요하다며 대여를 요청했다던 압생트 스푼 컬렉션이 자랑거리다. 예고 없이 휴관하는 날이 많으니 방문하고 싶다면 전화로 오픈 여부를 확인하는 것이 좋다. **MAP 442p**

GOOGLE MAPS 35C9+P5 오베르쉬르우아즈
ADD 44 Rue Alphonse Callé, 95430   **TEL** 01 42 42 82 55
OPEN 11:00~18:30(10월~12월 중순 수~금요일 13:30·)/
요일과 시즌에 따라 유동적/월·화요일·12월 중순~2월 중순 휴무
PRICE 6€~/박물관+압생트 시음 12€~
WALK 라부 여관에서 도보 4분
WEB www.musee-absinthe.com

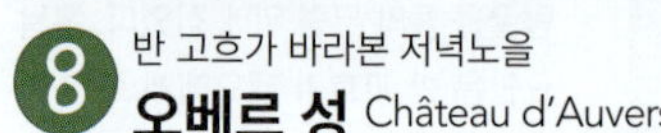
<저녁노을의 풍경>, 암스테르담 반 고흐 미술관

반 고흐가 바라본 저녁노을

⑧ 오베르 성 Château d'Auvers

반 고흐가 그린 <저녁노을의 풍경(Paysage au Crépuscule)>의 배경이 된 성. 17세기에 건축한 소박한 곳으로, 지금은 길도 나고 건물도 들어서는 등 많이 변화해 그림과 같은 장면을 볼 수 없어 아쉽다. 프랑스식으로 아기자기하게 꾸민 정원을 지나 성 안으로 들어가면 오베르쉬르우아즈와 인연이 있던 인상주의 화가들의 작품과 사진 등을 볼 수 있는 전시관이 있다. 전시에 따라 작품 영상을 벽과 설치물에 쏘아 환상적인 분위기를 자아내는데, 그림 속으로 들어가는 듯한 기분에 아이들이 특히 좋아한다. 여름철 수~일요일 점심시간에는 성 뒤편에 레스토랑이 문을 연다. 북쪽 건물은 17세기에 건축된 온실로, 인공 동굴과 님프 분수가 볼만 하다. **MAP 442p**

GOOGLE MAPS 오베르성
ADD Chemin des Berthelées, 95430
OPEN 정원 09:00~19:00(10~3월 ~18:30),
전시관 10:00~18:00(일부 시즌 10:00~12:00, 13:30~18:00)/
폐장 1시간 전까지 입장/바캉스 기간, 시즌에 따라 유동적/
월요일(공휴일인 경우 유동적 오픈)·전시 교체 기간·
12월 말~1월 초 약 3주간 휴무
PRICE 성 일부와 정원 무료,
전시관 3.50~12€(25세 이하 학생·7~17세 2~8€)
WALK 압생트 박물관에서 도보 4분/라부 여관에서 도보 6분
WEB www.chateau-auvers.fr

오베르쉬르우아즈에서 그린
반 고흐의 또 다른 작품들

■ **<도비니의 정원** Le Jardin de Daubigny**>**, 바젤 쿤스트 박물관 소장

반 고흐가 그린 <도비니의 정원> 3개 중 하나로, 오베르쉬르우아즈에서 그린 다른 그림에 비해 불타오르는 듯한 붓질의 터치가 덜해 얌전하고 밝은 느낌이다. 그 때문에 이 그림이 반 고흐 최후의 작품이라는 것이 확실시되고 있다. 그림 배경지는 현재 개인 주택으로 출입이 제한된다.

■ **<오베르 계단** L'Escalier d'Auvers**>**,
　세인트루이스 예술 박물관 소장

라부 여관 입구를 등지고 오른쪽에 보이는 좁고 가파른 계단이 그림의 배경이다. 아트막한 언덕길과 계단의 각도, 사람들의 자세는 청년기부터 노년기까지 '인생'이라는 길을 걷고, 오르고, 내려오는 인간의 삶을 의미한다.

■ **<비** La Pluie**>**,
　카디프 웨일스 국립박물관 소장

반 고흐의 무덤 가까이에서 마을을 바라본 풍경이다. 비를 시각화한 세로 붓 터치가 그의 심경을 보여준다. 화면 가운데에 비를 맞으며 외롭게 홀로 나는 까마귀의 모습에서 반 고흐의 고독함과 처참한 심정이 느껴진다.

■ **<아들린 라부의 초상** Portrait d'Adeline Ravoux**>**, 클리블랜드 예술 박물관 소장

라부 여관 주인의 딸 아들린을 그린 3개의 초상화 중 하나. 당시 아들린은 13살이었는데, 완성된 초상화가 자신과 닮지 않은 성숙한 여인의 모습이어서 실망이 컸다고 전해진다.

■ **<우아즈 강가** Bords de l'Oise**>**,
　디트로이트 예술 학교 소장

'강변'을 뜻하는 '라 그르누예르'라는 제목으로도 알려진 그림. 마네, 르누아르, 쇠라 등 인상파 화가들은 햇살 좋은 날 강에서 물놀이를 즐기는 모습을 화면에 즐겨 담았다. 지금은 그림과 같은 풍경이 남아 있지 않다.

03

ÎLE-DE-FRANCE

퐁텐블로

FONTAINEBLEAU

파리 남동쪽, 일드프랑스 끝자락에 있는 퐁텐블로는 베르사유 궁전의 모델이 된 퐁텐블로성으로 유명하다. 성 주위에 펼쳐진 숲은 파리가 있는 일드프랑스 1존보다 넓은 2만5000ha(약 756만 평)에 이르며, 아름다운 산책길이 조성돼 있어 마치 영화 속의 한 장면을 걷는 듯한 기분이 든다.

"프랑스의 역사를 알려면 역사책을 펼치는 대신 퐁텐블로성에 가보라"는 말이 있을 정도로 유서 깊은 퐁텐블로성은 12세기 초 루이 7세부터 나폴레옹 3세에 이르기까지 34명의 프랑스 왕이 거쳐 간 장구한 역사를 간직하고 있다. 나폴레옹은 이 성을 특히 사랑했는데, 아이러니하게도 그에게서 프랑스 황제 타이틀을 빼앗고 엘바 섬으로 추방한 퐁텐블로 조약이 이 성에서 체결됐다.

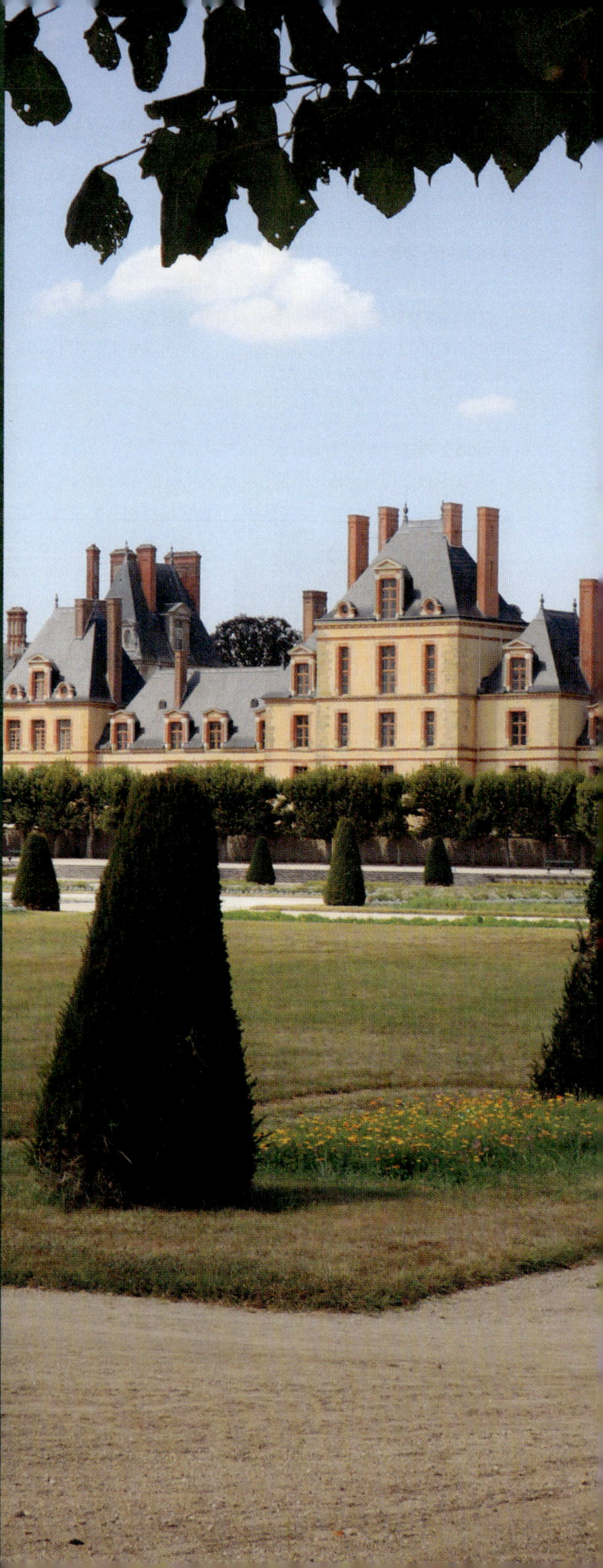

퐁텐블로 가는 법

파리 시내에서 기차로 약 40분 거리에 있는 퐁텐블로는 일드프랑스의 5존에 속한다. 직행기차가 다니지만 공사나 사고로 운행 중 지연되는 일이 잦으니 시간에 여유를 두고 일정을 계획하자.

 Train | 기차

파리 리옹(Lyon)역에서 믈룅(Melun)이나 몽타르지(Montargis), 몽트로(Montereau) 행 TER 또는 트랑질리앵을 타고 약 40분 후 퐁텐블로-아봉(Fontainebleau-Avon) 역에서 내린다. 이때, 퐁텐블로-아봉역에 정차하지 않는 기차도 있으니 꼭 확인한 후 탑승한다.

퐁텐블로성까지는 기차역 플랫폼에서 역 출구를 바라보고 왼쪽에 있는 버스 정류장에서 샤토(Château) 방향 3401번 버스를 타고 10분 정도 가거나 40분 정도 걸어간다. 버스는 싱 정문 앞에는 서지 않으니 샤토(Château) 정류장에서 내려 퐁텐블로성 북쪽에 있는 디안의 정원으로 들어간다. 시간대에 따라 성 방향으로 가는 다른 버스가 추가될 수 있으니 정류장에서 샤토행 버스를 먼저 찾아보자.

TIME 06:16~22:38/30분~1시간 간격
PRICE 기차 2.55€+버스 2.05€/ 나비고 1일권·주간권·파리 비지트
WEB www.iledefrance-mobilites.fr
www.transilien.com

*시즌과 요일에 따라 운행 스케줄이 자주 바뀌니 이용하기 전 다시 한번 확인한다.

퐁텐블로-아봉역으로 가는 구형 기차. 신형 기차도 같이 운행한다. 탑승 전 종이 티켓 각인이나 나비고 인식기 터치를 잊지말자.

퐁텐블로-아봉역

퐁텐블로성으로 가는 버스

퐁텐블로성 Château de Fontainebleau

퐁텐블로성을 지금의 모습으로
확장한 프랑수아 1세

12~15세기에 지은 퐁텐블로성은 각 왕들이 증·개축해 다양한 양식의 건물 형태를 보여주고 있다. 하지만 대부분 프랑수아 1세가 만들어서, 많은 건물들의 외관에 프랑수아 1세의 머리글자인 'F'자가 새겨 있다. 정면 입구에 있는 명예의 안뜰(Cour d'Honneur)은 나폴레옹이 엘바 섬으로 떠날 때 근위병들에게 이별사를 고하던 곳으로, '이별의 광장'이라고도 한다. 성안에는 화려하게 장식된 방이 많은데, 특히 무용의 방(Salle de Bal)은 현란할 정도의 실내장식이 볼거리다. 나폴레옹 1세 박물관(Musée Napoléon I)에는 나폴레옹과 황실 가족이 남긴 도자기, 의상, 회화, 조각, 세공품, 무기 등이 전시돼 있고, 나폴레옹을 비롯해 이곳에 머물던 황제와 왕을 포함한 가족들의 초상화도 있다.

성 뒤쪽으로 조성된 정원과 넓은 숲, 호수, 산책길도 아름답기로 유명하다. 정원은 영국식과 프랑스식이 혼재돼 있어 두 양식의 아름다움을 동시에 엿볼 수 있다. 다른 성들처럼 아기자기하게 가꾼 정원은 아니지만 싱그러움이 가득한 산책로가 매력적이다. 산책로마다 심은 나무의 종류가 달라 서로 전혀 다른 분위기를 연출한다. **MAP 449p**

GOOGLE MAPS 퐁텐블로궁전
ADD Château de Fontainebleau, 77300
OPEN 성 09:30~18:00(10~3월 ~17:00)/
폐장 45분 전까지 입장/정원 09:00~19:00
(11~2월 ~17:00, 3·4·10월 ~18:00)/
겨울철 일부 구역 휴장/
화요일·1월 1일·5월 1일·12월 25일 휴무
PRICE 정원 무료, 성 17€(18~25세 15€)/
예술 전공 학생·9~5월 매월 첫째 일요일 무료/ 뮤지엄 패스
WEB chateaudefontainebleau.fr

프랑수아 1세 갤러리

무도회장

다이아나 갤러리

퐁텐블로성 관람 포인트

퐁텐블로성 입장료에 포함된 곳은 그랑 아파르트망과 나폴레옹 1세 박물관 등이다. 성의 1층이 나폴레옹 1세 박물관이며, 그랑 아파르트망의 여러 방과 연결된다. 더 많은 소장품이 있는 프티 아파르트망과 사냥 박물관, 가구 박물관 등은 가이드 투어(5~10€, 성 입장료 포함 신청 시 약 2€ 할인)를 신청해야 입장할 수 있다.

기본 입장료에 포함된 곳만 둘러보는 데는 2시간 정도 걸린다. 입장료에는 오디오 가이드(한국어 없음)가 포함되나, 뮤지엄 패스 소지자 등 무료입장하는 사람은 대여비 4€를 별도로 내야 한다.

Point 1 명예의 안뜰
Cour d'Honneur

말들이 퍼레이드를 하던 곳이어서 '백마의 안뜰(Cour du Cheval Blanc)'이라는 별칭이 붙은 곳. 정면에 보이는 건물 가운데에 있는 둥그런 모양의 독특한 계단이 바로 이 성의 상징인 페라슈발 계단(Escalier du Fer-à-Cheval)이다. '말발굽'이라는 이름처럼 말발굽 모양의 계단 아래로 마차나 기마병이 통과할 수 있게 만들어졌다.

Point 2 그랑 아파르트망
Grands Appartements

트리니테 예배당

수십 개의 갤러리와 방, 무도회장, 또 다른 아파르트망으로 구성된 넓은 공간으로, 마치 성당처럼 돔까지 만들고 화려하게 장식했다. 화려한 천장화와 금장식이 눈을 사로잡는 트리니테 예배당(Chapelle de la Trinité), 이탈리아 예술가들을 데려와 프랑스 르네상스의 기반을 마련한 르네상스의 방(Salles Renaissance), 진짜 금으로 치장한 벽에 이탈리아 예술가들의 작품이 가득한 프랑수아 1세 갤러리(Galerie François I), 무도회장(Salle de Bal)을 눈여겨보자. 그중 프랑수아 1세 갤러리는 레오나르도 다빈치의 <모나리자>가 프랑스에서 처음 전시된 역사적 장소이기도 하다. 그밖에 80m에 이르는 도서관, 다이아나 갤러리 입구에 있는 나폴레옹이 수집한 대형 지구본도 빼놓지 말자.

Point 3 정원과 공원, 숲
Jardins et Parc, Bois

베르사유 궁전의 정원을 설계한 르노트르가 디자인한 대화단과 정자가 있는 잉어 연못, 직선으로 뻗은 대운하, 영국식 정원, 다이아나의 정원 등으로 이루어진 공간이다. 공원과 숲을 먼저 둘러보다 정작 성안으로 못 들어갈 수 있을 정도로 매력적인 산책로들이 이어진다.

물에 비친 정자의 자태가 아름다운 잉어 연못

밀레의 <만종>이 탄생한 곳

바르비종 Barbizon

폰텐블로 숲에서 가까운 전원마을로, 1830년경부터 유명한 화가들이 모여들어 대자연과 농민을 주제로
그림을 그리던 곳이다. 후에 바르비종파로 불린 화가 중 한 명인 밀레는 이곳에서 <만종> <이삭줍기> 등을 탄생시켰다.
중심 거리인 그랑드 뤼(Grande Rue)를 따라 늘어선 화가 관련 기념관과 카페 등이 마을 분위기를 돋운다.

바르비종 가는 법

폰텐블로-아봉역에서 기차로 두 정거장 떨어진 믈룅(Melun)역에서 버스를 타고
간다. 그러나 버스 배차 간격이 길어서 일정 맞추기가 어려우므로, 일행을 모아
택시를 타는 것을 추천한다. 폰텐블로에서 바르비종의 그랑드 뤼(Grande Rue)
까지는 9km 정도며, 믈룅역에서는 약 10km로 택시 요금은 편도 25€정도 나온
다. 바르비종에서 돌아올 때 대기하고 있는 택시가 없다면 우버나 볼트를 호출
하거나, 관광 안내소나 문을 연 카페에 들어가서 콜택시를 부탁한다.

자전거를 빌려 타고 가는 방법도 있는데, 자전거로 바르비종까지는 40~50분 소
요된다. 시간과 체력에 여유 있는 여행자라면 해볼 만하다. 자전거는 폰텐블로
성 근처의 대여점에서 빌릴 수 있다.

■ **바르비종 관광 안내소**
Office de Tourisme de Barbizon

GOOGLE MAPS CJW3+89 바흐비종
ADD 82 bis Rue Grande, 77630
OPEN 2월 중순~11월 중순 09:30~13:00, 14:00~17:30,
11월 중순~2월 중순 10:00~13:00, 14:00~17:00(일요일 09:00~
13:00)/월·화요일·일부 공휴일·동절기 유동적 휴무
WALK 그랑드 뤼가 시작하는 서쪽의 사거리에서 도보 2분
WEB fontainebleau-tourisme.com

■ **자전거 대여소**

A la Petite Reine

GOOGLE MAPS CM4X+HV 폰텐블로
ADD 14 Rue de la Paroisse, 77300
TEL 01 60 74 57 57, 09 63 41 50 84
OPEN 09:00~19:00(토요일 ~18:00, 일요일·공휴일 ~17:00)/
월요일·일부 공휴일 휴무
PRICE 시간당 10€~, 1일 20€~, 헬멧 3€~/
대여 시 여권과 보증금 필요(신용카드 임시 결제)
WALK 폰텐블로성 정문에서 도보 8분, 폰텐블로성 북쪽 입구에
서 도보 5분
WEB www.alapetitereine.com

바르비종의 중심 거리, 그랑드 뤼

간 여인숙–
바르비종 화가 박물관
Auberge Ganne-Musée départemental
des Peintres de Barbizon

옛날 밀레와 루소, 앵그르 등이 묵었
던 임시 숙소. 호텔이 없던 당시, 마땅
히 모일 곳을 찾지 못한 예술가들이
간이라는 노인의 가게로 모였다. 곳
곳에 그들이 남긴 낙서가 있어, 그것
을 바라보는 것만으로도 그들과 같이
호흡을 하는 것 같다.

GOOGLE MAPS CJW3+F3 바흐비종
ADD 92 Grande Rue, 77630
OPEN 10:00~12:30, 14:00~17:30
(7·8월 ~18:00)/화요일·1월 1일·5월 1일·
12월 24~26·31일 휴무
PRICE 8€(18~25세 5€)
WALK 관광 안내소에서 도보 3분

테오도르 루소의 집
Musée Théodore Rousseau

루소의 아틀리에가 있던 곳. 한동안
루소 박물관으로 쓰이다가 주요 전시
물은 간 여인숙으로 이관해 흔적만
남아 있다. 입구에는 파티스리가, 헛
간이었던 곳은 성당 등이 들어섰다.

GOOGLE MAPS CJW3+6W 바흐비종
ADD 55 Grande Rue, 77630
WALK 간 여인숙에서 도보 2분

밀레의 화실 겸 집
Maison-Atelier de JF Millet

그랑드 뤼에 있는 농가 풍의 2층집으
로, 예전에 밀레가 살던 곳이다.
1849년에 이곳으로 온 밀레는 오전
에는 농사일을 하고, 오후에는 바르
비종을 풍경으로 그림을 그렸다.

GOOGLE MAPS CJV5+P5 바흐비종
ADD 27 Grande Rue, 77630
OPEN 10:00~12:30, 14:00~18:00
(월요일 ~17:00)/4~10월 화요일·11~3월
화·수요일·1월 1일·12월 25일 휴무
PRICE 6€(4~12세 5€)
WALK 테오도르 루소의 집에서 도보 3분

04

HAUTS-DE-FRANCE

샹티이

CHANTILLY

파리 북쪽, 일드프랑스를 막 벗어난 근교의 작은 도시, 샹티이. 프랑스 귀족의 우아한 취향이 묻어나는 성에는 루브르 박물관에 필적할 만큼 방대한 작품을 소장한 콩데 박물관이 있다. 보티첼리, 라파엘로, 들라크루아, 푸생 등의 걸작을 감상하고 난 후 훗날 베르사유 정원을 설계한 르 노트르가 디자인한 정원을 거닐며 평온함을 느껴보자.

샹티이는 생크림의 본고장이기도 하다. 레전드급 요리사 바텔 François Vatel 이 개발한 샹티이 크림을 듬뿍 얹은 아이스크림도 꼭 맛보자.

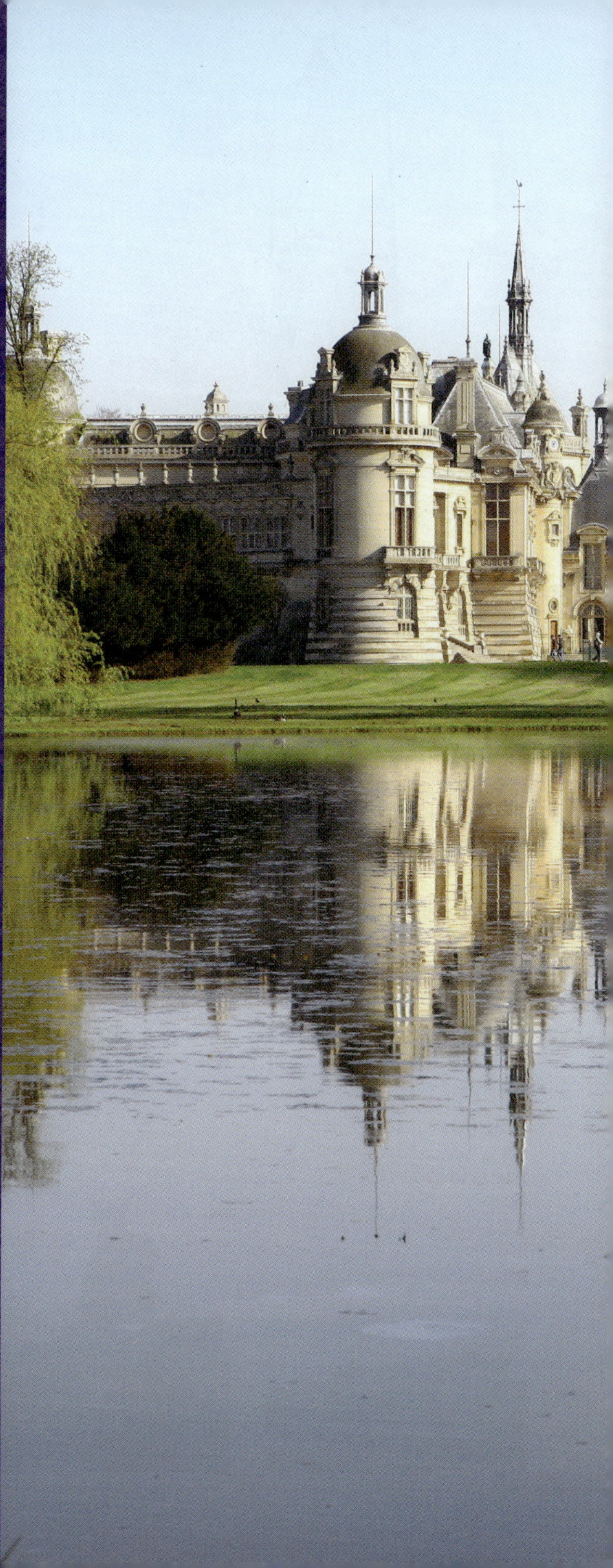

샹티이 가는 법

파리 시내에서 기차로 약 25분 거리에 있는 샹티이는 일드프랑스 5존 바로 밖, 오드프랑스(Hauts-de-France)에 있다. RER D선으로도 갈 수 있지만 2배 이상의 시간이 소요되므로 기차를 이용하는 것이 좋다.

🚋 or 🚈 Train or RER | 기차 또는 교외 전철

❶ 북역에서 크레이(Creil)행 TER을 타고 샹티이-구비외(Chantilly-Gouvieux)역에서 내린다. 기차는 0층의 플랫폼에서 출발하며, 약 25분 만에 샹티이-구비외역에 도착한다. 직행과 환승편이 있으니 노선을 잘 보고 선택한다. 샹티이행 TER은 일드프랑스 교통권을 사용할 수 없으니 티켓은 따로 구매한다.

❷ 북역을 비롯한 샤틀레-레알(Chatelet-Les Halles), 리옹역(Gare de Lyon) 등에서 크레이행 RER D선을 타고 45분~1시간 후 샹티이-구비외역에서 내린다. 일드프랑스 교통권 소지자는 라 본 블랑슈(La Borne Blanche)~샹티이-구비외 구간 티켓을 추가로 구매 후 개시해야 한다.

기차에서 내려 역 출구를 바라보고 왼쪽으로 가면 버스 정류장이 나온다. 역에서 성으로 가는 버스는 DUC, 센리스(Senlis)행 645번, 셔틀(Navette Touristique, 토·일·공휴일에만 운행) 3종류가 있으며, 모두 무료다. DUC와 셔틀버스는 샤토(Château)에서 내리고, 645번은 노트르담 뮤제 두 슈발(Notre-Dame Musée du Cheval)에서 내려 5분 정도 걸어간다. 성에서 역으로 가는 DUC 버스는 막차가 일찍 끊긴다는 것도 알아두자(평일 16:30, 토요일 17:00 전후).
역에서 성까지는 약 2km로, 숲과 가로수가 그림 같은 풍경을 연출해 일부러 걸어가는 사람도 많다.

TIME 기차 06:36~22:28/30분~1시간 간격(TER 기준), DUC 버스 1일 5회
PRICE 9.80€~(5€ 프로모션을 종종 하니 sncf 홈페이지 확인)
WEB www.transilien.com, www.ter.sncf.com
chateaudechantilly.fr/acces/(버스 스케줄 확인, TER 왕복권 구매)

* 시즌과 요일에 따라 운행 스케줄이 자주 바뀌니 이용 전 다시 확인한다.
* 645번은 샹티이성으로 간다고 얘기해야 무료로 탈 수 있다.

💟 TER 왕복권과 성 입장료를 포함한 패키지 티켓을 27€에 판매한다(11세 이하 어린이 동반 시 1€ 추가로 이용 가능). 정가보다 약 10€ 저렴하며, 아이가 있다면 더 경제적이다. 티켓은 역 매표소와 샹티이성 홈페이지에서 구매할 수 있다.

💔 메트로-기차-RER 티켓으로 RER을 타면 저렴하게 갈 수 있다는 사람도 있지만 샹티이는 일드프랑스에 속하지 않는다. 검표원을 만난다면 벌금을 내야하니 주의한다. 게다가 철로가 노후해 1시간 넘게 걸리는 경우도 많아 추천하지 않는다.

샹티이-구비외역

샹티이성으로 가는 무료 DUC 버스

① 대형 마구간 Grandes Écuries

18세기 초 콩데(Condé) 가문이 건축한 거대한 마구간으로, 240여 마리의 말을 동시에 수용할 수 있는 부의 상징으로 군림해왔다. 현재는 말에 관한 자료와 다양한 예술품, 마차뿐 아니라 실제 말도 볼 수 있는 박물관(Musée Vivant du Cheval)으로 일반에 공개하고 있다. 승마와 사냥을 위한 말은 물론 마장마술 공연(Équestre)을 위한 말 등 총 40여 마리가 사육되고 있다. 중세 복장을 한 기수들이 화려한 마술을 뽐내는 말 공연은 시즌에 따라 하루 1~2회 진행한다. 운이 좋으면 공연을 보지 않아도 승마 학교와 경주용 말을 훈련시키는 모습을 경마장에서 볼 수 있다. **MAP 455p**

GOOGLE MAPS 5FVH+CJ 샹티이
ADD Château de Chantilly, 60500
OPEN 12:00~17:00/폐장 1시간 전까지 입장/상황에 따라 유동적/
화요일·1월 중 2~3주 휴무/
행사로 종종 휴장하니 방문 전 홈페이지 확인 필수
PRICE 성+정원+대형 마구간 18€(7~17세·학생 14.50€),
정원 9€(10월 말~3월 말·7~17세·학생 7€), 말 공연 24€~(공연에 따라
다름, 성 입장권과 같이 구매 시 할인)/ 뮤지엄 패스 (말 공연은 제외)
WEB www.chateaudechantilly.fr

대형 마구간

영지의 경마장에서 승마 관련
경기나 행사가 자주 열린다

말 공연

+ **M O R E** +

당대를 주름잡던 명문가, 콩데 Condé

콩데 가문의 시조 루이는 1560년 개신교(위그노)와 가톨릭교의 마찰로 일어난 '앙부아즈의 음모' 사건 당시 개신교 세력에 가담해 주요 세력으로 떠올랐다. 당시 프랑스 왕조 가문이던 발루아의 남자들이 사고와 질병, 전쟁 등에 휘말려 대가 끊기자 치열한 암투 끝에 부르봉 가문의 앙리 4세가 왕위를 물려받았고, 앙리 4세의 삼촌인 루이는 단숨에 왕실의 일원이 되었다. 계속된 종교전쟁에 가담해 우여곡절이 많았으나, 그랑 콩데(Grand Condé) 때부터 왕과 함께 가톨릭교로 개종하고 왕실의 신뢰를 쌓으며 루이 14세의 섭정 자문 회의에 참여할 정도로 전성기를 누렸다.

성 입구 쪽에서
바라본 모습

② 물 위에 뜬 아름다운 궁전
샹티이성 Château de Chantilly

물 위에 뜬 듯 우아하게 서 있는 르네상스 양식의 성. 프랑스인들이 귀족의 궁전 중
에서 가장 아름다운 성이라 자부하는 곳으로, 보는 방향에 따라 전혀 다른 모습을
자랑한다. 15세기 말 몽모랑시 가문이 성을 건축하기 시작했고, 1643년 콩데 가문
이 정원을 조성했으나 프랑스 혁명 때 대부분 파괴되었다. 그 후 콩데 가문의 마지
막 인물인 오말 공(Duc d'Aumale)이 19세기 말에 재건했다.
샹티이성 자체가 바로 그 유명한 콩데 박물관(Musée Condé)이다. <베리 공의 지극
히 호화로운 기도서>(평신도를 위해서 쓰여진 개인용 기도서)와 프랑스에 단 두 장밖
에 없는 <구텐베르크 성서>의 양피지 필사본을 비롯한 희귀 서적, 라파엘로·보티
첼리 등의 르네상스 거장과 앵그르·들라크루아 등의 회화 작품을 소장하고 있다.
말 박물관 맞은편의 죄 드 폼에서는 특별전도 종종 열린다. **MAP 455p**

GOOGLE MAPS 샹티이성
OPEN 10:00~17:00(여름철 ~18:00)/
폐장 1시간 전까지 입장/
화요일·1월 중 2~3주 휴무/
행사로 종종 휴장하니 방문 전 홈페
이지 확인 필수
PRICE 대형 마구간과 동일

샹티이성에서
맛보는
샹티이 크림

③ 베르사유 궁전의 모델이 된 정원
정원 Jardin

샹티이성의 정원은 크게 3개로 나뉜다. 성 입구의 몽모랑시 기마상 옆 계
단 위에 서면 보이는 넓은 화단과 십자 모양의 대운하가 프랑스식 정원인
르노트르 정원(Le Jardin à la Française d' André Le Nôtre)이다. 르노트르
는 훗날 베르사유 궁전과 정원도 설계했다. 르노트르 정원 서쪽은 호수와
나무, 잔디밭, 산책로가 자연스럽게 조성된 영국식 정원(Jardin Anglais)으
로, 비너스 신전과 사랑의 섬 등이 있어 사진 찍기 좋은 포토 포인트다. 동
쪽에는 작은 폭포와 정자, 오두막이 오밀조밀 모여 있는 영국-중국식 정
원(Jardin Anglo-Chinois)으로, 이 오두막을 본떠 만든 것이 베르사유에 있
는 '왕비의 촌락'이다. 이곳에서 유명한 샹티이 크림이 처음 만들어졌는
데, 오두막과 성 안에 있는 레스토랑 라 카피테느리(La Capitainerie)에서
맛볼 수 있다. 샹티이 크림을 곁들인 디저트 11€~. **MAP 455p**

GOOGLE MAPS 5FWP+9V3 샹티이
OPEN 10:00~18:00(여름철 18:30~20:00에 폐장, 10~3월은 유동적)/
오두막 3월 초~11월 중순 12:00~18:00, 라 카피테느리 12:00~17:00/화요일 휴무

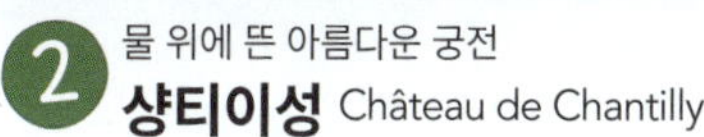
르노트르 정원

영국식 정원

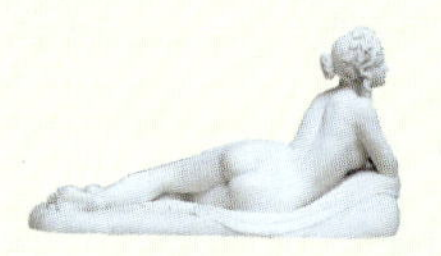

콩데 박물관

콩데 박물관은 프랑스의 자랑이라고 해도 좋을 만큼 귀중한 예술품의 보고라고 할 수 있다. 성 안으로 들어가면 나오는 명예의 홀에는 오디오 가이드와 안내문을 제공하는 간이 부스가 있다. 입장권을 구매할 때 안내문을 받지 못했다면 이곳에서 챙겨 가자. 반가운 한글 안내문도 있다. 명예의 홀 오른쪽으로 가면 회화를 전시한 방들이 있고, 앞으로 가면 귀족의 생활상을 볼 수 있는 거처와 '오말 공의 도서관'으로 불리며 일반에게 공개하는 고서 전시실이 있다.
왼쪽에 있는 명예의 대계단(Grand Escalier d'Honneur)은 건축 초기의 모습을 보존한 주요 유물로, 난간을 만지지 말라는 경고문이 있으니 주의할 것. 대계단 옆으로 돌아 뒤쪽으로 내려가면 예배당으로 연결된다. 예상 관람 시간은 약 1시간 30분.

I. Galeries de Peintures 회화 갤러리

빽빽하게 걸린 그림이 관람자를 압도하는 회화 갤러리는 오말 공의 애장품을 모아놓은 원형의 방(Rotonde)을 비롯해 몇 개의 방으로 나뉜다. 원형의 방 끝에는 라파엘로의 <삼미신>과 <오를레앙의 성모> 그리고 무작인 줄 알았다가 뒤늦게 진품으로 판명된 <로레테의 성모>를 비롯해 피에로 디 코시모의 <시모네타 베스푸치의 초상>과 필리포 리피의 <아하수에르에게 선택받는 에스더> 등이 있는데, 이 방은 신전(Santuario)이라는 이름이 붙었을 정도로 중요하게 대접받는다.
이 외에도 보티첼리의 <가을>, 앵그르의 <자화상>과 <비너스의 탄생>, 반 다이크·푸생·뒤러·루벤스 등의 작품과 프랑스 왕실 가족을 그린 그림, 스테인드글라스와 도자기, 태피스트리, 공예품 등이 여러 방에 나뉘어 전시되고 있다.

라파엘로 <삼미신>

라파엘로
<오를레앙의 성모>

II. Cabinet des Livres 고서 전시실

세상에서 가장 아름다운 책이라는 찬사를 받는 15세기 랭부르 형제의 <베리 공의 지극히 호화로운 기도서(Très Riches Heures du Duc de Berry)>가 있는 곳이다. 아쉽게도 언제 끝날지 모르는 복원에 들어갔지만 전시실 입구 복도에 복제품을 전시해놓았다. 내부에는 복제 과정과 책에 대해 설명해주는 영상 자료와 장서, 고지도, 필사본 등이 전시돼 있다.

III. Grands Appartements
그랑 아파르트망

웬만한 왕궁보다 화려한 곳임을 확인할 수 있는 곳으로, 응접실과 사무실, 음악실, 전투 갤러리, 왕자의 침실 등이 모여있다. 여러 혁명을 거치는 동안 많은 약탈을 당했지만 오말 공의 노력으로 웅장함과 화려함이 재구성되었다. 19세기 중반 이후 훼손되지 않고 지금까지 잘 보존된 공작과 공작부인 전용 거처는 가이드 투어로만 돌아볼 수 있다.

IV. Chapelle
예배당

하얀 대리석과 어우러진 천장의 섬세한 금색 문장과 장식은 화려함보다 고고한 느낌이다. 이곳의 매력 포인트는 주제단에 가려진 뒤쪽의 기념비다. 오말 공이 먼저 세상을 뜬 자녀들과 부인의 묘를 장식하기 위해 만든 검은 조각상과 비석이 바로 그것. 현재 오말 공 가족의 유해는 이곳에 없고 오말 공의 본가인 오를레앙 가문의 묘지로 이장되었다.

05

NORMANDIE

지베르니

GIVERNY

센강가에 펼쳐진 경치가 아름다워 많은 예술가가 정착한 지베르니. 인상파의 거장 모네는 이곳에서 반평생을 보내며 전 세계 사람들의 사랑을 받는 <수련> 연작을 그렸다. 모네의 집과 작업실, 그리고 물 위에 흐드러지게 가지를 드리운 버드나무와 수련, 꽃이 어우러진 정원에는 모네를 기리는 사람들의 발길이 끊임없이 이어진다. 모네의 집과 정원을 둘러본 후에는 아기자기한 멋으로 가득한 지베르니 마을에서 여유롭게 산책하며 꽃과 풀이 자아내는 향기에 취해보자.

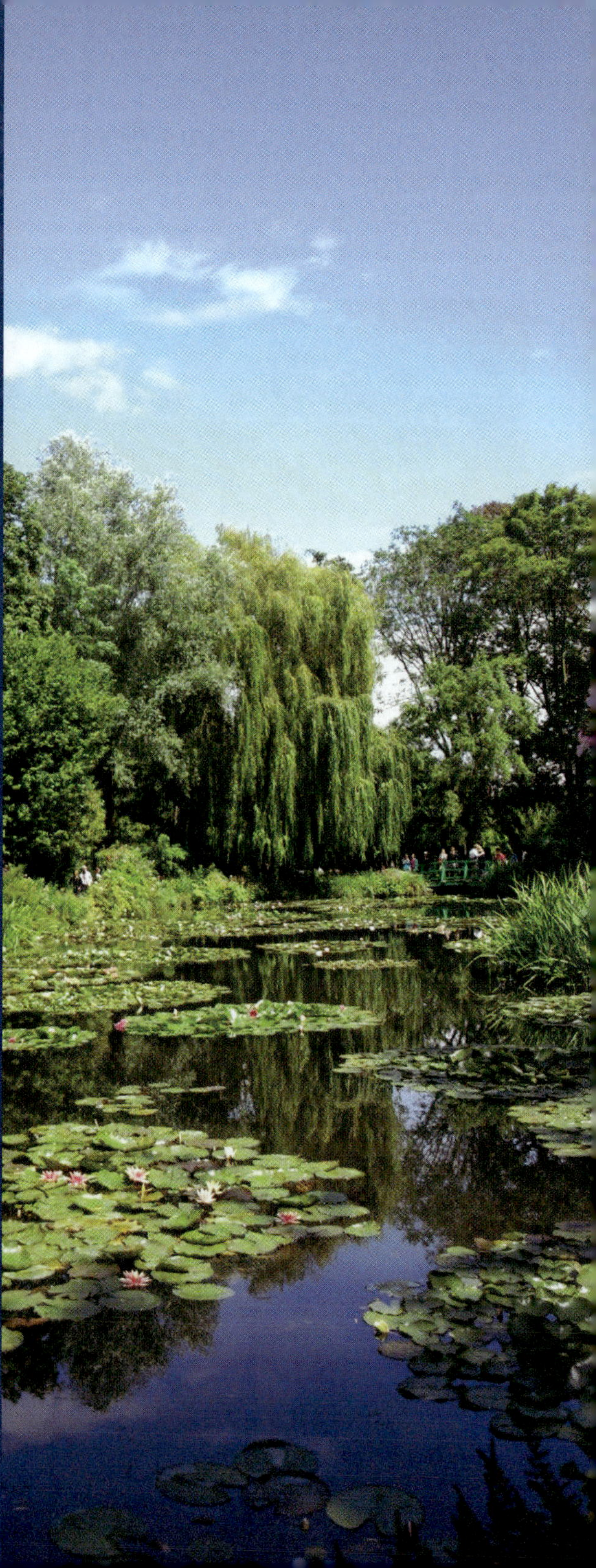

지베르니 가는 법

파리에서 북서쪽으로 약 80km 떨어진 노르망디의 지베르니는 마을 중심까지 기차가 가지 않아 셔틀버스로 갈아타고 가야한다. 또 겨울에는 문을 닫아 성수기에 항상 사람이 많이 몰리니 시간에 여유를 두고 일정을 계획한다.

🚈 + 🚌 Train + Bus | 기차 + 셔틀버스

파리 생라자르역에서 지역 급행열차 TER이나 고속열차 IC를 타고 베르농(Vernon)에서 내려 셔틀버스나 꼬마기차로 갈아타고 모네의 집이 있는 마을 입구에 내린다. 기차는 IC가 TER보다 조금 더 빠르며, 일찍 예매하면 요금도 더 저렴하다.

셔틀버스와 꼬마기차는 역에서 'Giverny' 표지판을 따라가면 나오는 정류장에서 파리에서 출발한 기차 도착 시각에 맞춰 1~3대가 연달아 출발한다. 마을 입구까지 20분 정도 걸리는데, 입석이 없으니 성수기에는 역에서 나와 줄부터 서자. 요금은 각각 왕복 10€(당일만 유효)이며, 기사에게 티켓을 구매한다. 버스는 종점에서 내려 모네의 집까지는 걸어서 5분 정도 걸린다. 표지판이 곳곳에 있고, 마을 자체가 워낙 작아 길 찾기는 쉽다. 꼬마기차는 모네의 집 근처에 정차한다. 베르농역과 지베르니에는 짐을 맡길 수 있는 시설이 없으니 최대한 짐을 가볍게 해서 가고, 오후에는 사람들이 몰리니 되도록 오전 일찍 도착하자.

TIME 기차 05:54~21:12/50분~2시간 간격
셔틀버스 09:20, 11:20, 13:20, 15:20, 18:00/
꼬마기차 09:10, 11:10, 12:10, 13:10, 15:10/
4월~11월 2일 평일 기준, 지베르니 → 베르농은 증편 운행
지베르니 → 베르농 막차: 꼬마기차 18:15, 셔틀버스 19:20(토·일·공휴일 18:20)
PRICE 기차 10€~, 셔틀버스 편도 5€(왕복 10€), 꼬마기차 왕복 10€(편도권 없음)
WEB www.sncf-connect.com
claudemonetgiverny.fr(버스 스케줄 확인)
petittrain-vernon.fr(꼬마기차)

*시즌과 요일에 따라 운행 스케줄이 유동적이니 이용 전 다시 한번 확인한다.

베르농역에서 지베르니로 가는 셔틀버스

마을 입구 주차장에 내려 안내판을 따라간다.

베르농행 기차표는 장거리 전용 자동판매기와 매표소에서 판매한다. 대부분 신용카드와 컨택리스 신용·체크카드만 가능.

베르농행 TER 기차

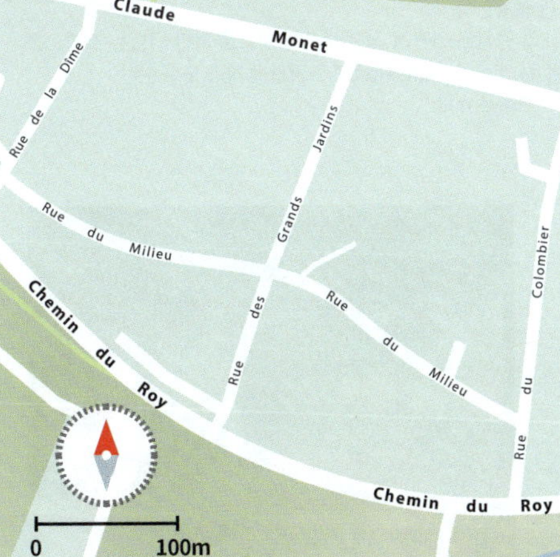

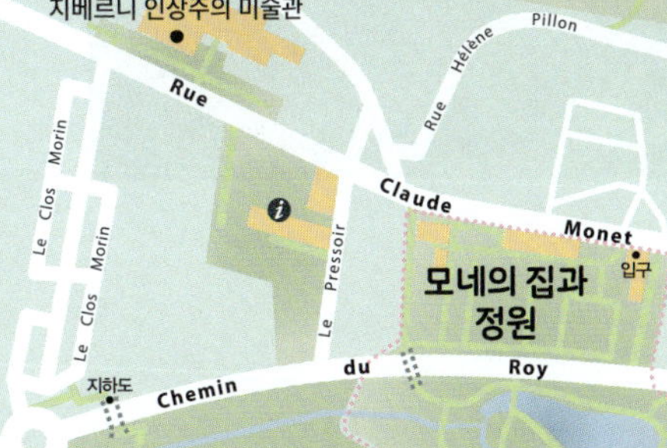

🚌 셔틀버스 정류장

모네의 집과 정원 Maison et Jardins Claude Monet

모네가 살아생전에 아끼던 정원과 집으로, 그가 <수련(Nymphéas)> 시리즈를 그린 곳이다. 모네가 직접 정원과 연못을 만들었으며, 화가로서의 명성을 얻은 후의 삶(1883~1926)을 모두 이곳에서 보냈다. 현재 이곳은 모네의 생활상을 엿볼 수 있는 박물관으로 공개되고 있지만 그의 작품들은 이곳에 없다. 그의 작품은 주로 파리(오르세·오랑주리·마르모탕 모네 미술관)에 전시돼 있고, 이곳에 있는 그림들은 대부분 그가 평소에 수집했던 일본 그림이다.

모네의 집은 크게 집과 정원이 있는 북쪽(입구가 있는 쪽)과 연못이 있는 남쪽으로 나누어지며, 그 가운데 찻길이 지나간다. 찻길 아래로 난 길을 지나면 그림의 배경이 된 수련 연못이 나온다. 모네는 나무와 꽃의 모종을 구하기 위해 파리 식물원을 부지런히 오갔으며, 당시 구하기 힘들던 일본 연꽃을 공수하려고 정치가와 귀족의 인맥을 동원하기도 했다. 계절마다 색다른 멋이 있지만 정원의 꽃들이 활짝 피는 5~6월이 특히 아름답다. 모네의 집과 정원을 모두 돌아보는 데 1시간이면 충분하다. **MAP 461p**

GOOGLE MAPS 지베르니 모네의집
ADD 84 Rue Claude Monet, 27620
OPEN 4월 1일~11월 1일 10:00~18:00/폐장 30분 전까지 입장/
11월 2일~3월 말 휴무(매년 조금씩 다름)
PRICE 13€(7~17세·학생 7€)/예술사·예술 전공 학생 무료/
마르모탕 모네 미술관 통합권 27€(24세 이하 학생·7~17세 16€)/
오랑주리 미술관 통합권 25.50€
*모든 통합권에 금액 할인은 없으며 현장 매표소의 티켓 구매 대기 시간을 줄여주는 용도로만 활용한다.
BUS 버스에서 내려 큰길로 나가기 직전 오른쪽 샛길로 가면 나오는 지하도를 건너 'Maison et Jardins Claude Monet' 표지판을 따라 도보 5분
WEB claudemonetgiverny.fr

+MORE+

지베르니 인상주의 미술관
Musée des Impressionnismes

모네의 집 가까이에 인상주의 미술관이 있다. 19~20세기 미국과 프랑스 인상파 화가들의 작품을 주로 전시하고 있으며, 특별전도 자주 열린다. 지베르니에 온 김에 인상주의 작품을 더 보고 싶다면 들러볼 만하다. 예쁘게 가꾼 정원도 볼거리다. **MAP 461p**

GOOGLE MAPS 3GGJ+GG 지베르니
ADD 99 Rue Claude Monet, 27620
OPEN 3월 27일~11월 1일 10:00~18:00/
폐장 30분 전까지 입장/
11월~3월 말 휴무(매년 조금씩 다름)
PRICE 전시에 따라 6~15€/
4~6월 첫째 일요일 무료/정원은 상황에 따라 유료
WEB www.mdig.fr

모네의 무덤이 있는
생트라드공드 성당
(Église Sainte-Radegonde)

06

NORMANDIE

몽생미셸

MONT SAINT-MICHEL

바다 위의 수도원 몽생미셸은 수도사들이 고행의 길을 걷듯 먼 육지에서 직접 날라 온 돌을 하나하나 깎고 쌓아 만든 곳이다. 중세 시대부터 순례자들이 끊이지 않던 성지였으나, 지리적 위치 탓에 많은 전쟁과 침략을 겪은 사연 있는 곳이기도 하다. 19세기부터 펼쳐진 국가적인 차원의 복구 작업으로 예전의 모습을 많이 되찾아 연간 300만 명 이상이 들르는 관광 명소로 자리 잡았다. 조명으로 은은하게 빛나는 야경 또한 놓치기 아까우니 특히 여름철에는 하루 정도 묵어가는 여행을 계획해보는 것도 좋다.

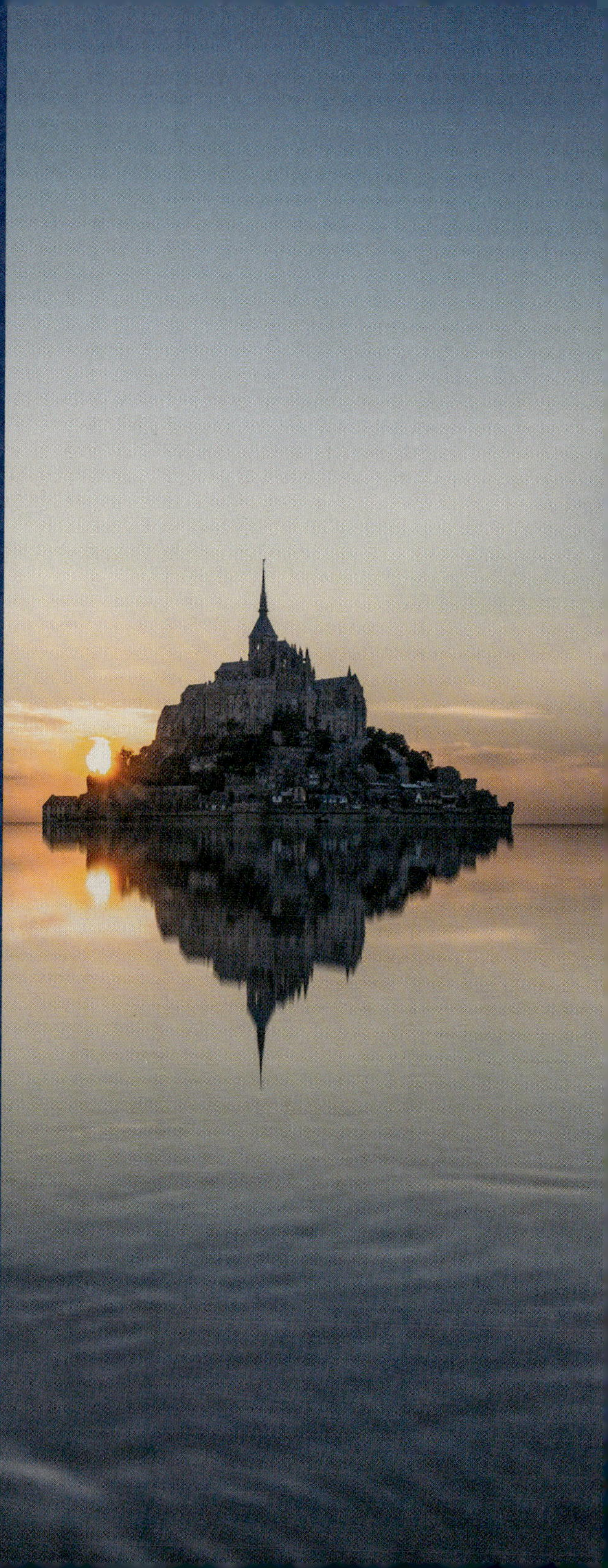

몽생미셸 가는 법

몽생미셸은 파리에서 기차를 타고 브르타뉴의 렌역이나 퐁토르송, 빌디외 레 포엘레 등에서 내려 버스로 갈아타고 가는 것이 일반적이다. 몽생미셸을 당일치기로 다녀오려면 여행 당일의 각 교통편 스케줄을 미리 확인하고, 돌아올 때의 기차표도 예매해 두는 것이 좋다. 몽생미셸의 야경을 감상하거나 가장 큰 밀물이 들어오는 대만조로 길이 사라졌다가 나타나는 현상을 보려면 1박은 필수다. 대만조 시각은 관광 안내소 홈페이지(bienvenueaumontsaintmichel.com)에서 확인할 수 있다.

🚊 + 🚌 Train + Bus | 기차 + 버스

파리 몽파르나스(Montparnasse)역에서 TGV를 타고 렌(Rennes)역이나 퐁토르송(Pontorson), 빌디외레포엘레(Villedieu-les-Poêles), 돌드브르타뉴(Dol-de-Bretagne) 등에서 내려 몽생미셸행 버스로 갈아타고 종점에 내린다. TGV는 프랑스 철도청 SNCF 홈페이지와 매표소, 자동판매기에서 예매한다. 철도 패스 소지자는 기차역 매표소에서 예약료(10~25€)를 내고 좌석을 예약한다.
기차역과 몽생미셸을 잇는 버스는 섬 입구 또는 수도원에서 약 2.5km 떨어진 주차장까지 간다. 주차장에 내렸다면 무료 셔틀버스(Navette)를 타고 약 5분 후 섬 입구에 도착한다. 걸어가면 약 35분 소요된다.

❶ **기차+버스 통합권을 구매한 경우:** 프랑스 철도청 SNCF에서 몽생미셸을 목적지로 지정하면 파리에서 몽생미셸까지 기차와 버스가 함께 포함된 통합권을 구매할 수 있다. 기차는 주로 오전 7시 전후로 하루 1~2회 출발하며, 버스 환승역은 퐁토르송, 빌디외레포엘레, 돌드브르타뉴 등으로 시즌에 따라 달라진다. 버스 환승 시에는 통합권을 기사에게 보여주면 된다.
파리에서 환승역을 거쳐 몽생미셸까지는 3시간 반~5시간 정도 걸린다. 대부분 기차역 바로 앞에 버스 정류장이 있다. 기차 1회 환승 또는 버스 1회 환승이 추가될 수 있으니 예매 시 경로를 반드시 확인한다.

❷ **통합권을 구매하지 않는 경우:** 기차와 버스 티켓을 별도로 구매해야 한다. 렌역에 내려 버스를 타는 방법이 제일 편리하다. 렌역에 내린 후 버스 터미널(Gare Routière) 표지판을 따라 나가면 바로 터미널이 보인다. 전광판에서 목적지를 확인한 뒤 줄을 서고, 승차권은 터미널 매표소(Espace KorriGo) 또는 버스 기사에게 구매한다. 파리 몽파르나스역에서 렌까지 기차로 1시간 25분~2시간, 렌역에서 몽생미셸까지 버스로 약 1시간 10분 소요된다.
렌역에서 퐁토르송역까지 1회 환승 후 버스로 갈아타는 방법도 있으며, 이 경우 파리에서 퐁토르송역까지 3시간 20분~4시간 40분, 퐁토르송역에서 몽생미셸까지는 약 25분 걸린다. 퐁토르송역 밖으로 나가면 버스 정류장이 바로 보이며, 요금은 버스 기사에게 지불한다.

❶ **기차+버스 통합권을 구매한 경우**
TIME 07:07/1일 1회
PRICE 29.60€~
WEB www.sncf-connect.com

❷ **통합권을 구매하지 않는 경우**
1) 렌역에서 환승할 경우
TIME 기차 06:22~21:12/20분~1시간 20분 간격/버스 08:45, 10:45, 13:00 (4~11월 기준, 그 외 기간은 단축 운행)
PRICE 기차 16€~/버스 15€(왕복 25€), 4~25세 12€(왕복 20€), 3세 이하 무료
WEB www.sncf-connect.com(기차) keolis-armor.com(버스)

*기차표 예매 시 요금이 저렴한 대신 짐 추가 및 좌석 지정 시 추가 요금이 있는 기차도 있으니 조건을 꼼꼼히 살펴본다.

*몽생미셸 → 렌역 버스 출발 시각: 4~11월 11:35, 17:00, 18:00 10~3월은 단축 운행

*버스 운행은 상황에 따라 유동적이니 이용 전 확인 필수

2) 퐁토르송역에서 환승할 경우
TIME 기차 1일 1~4회/요일과 시즌에 따라 다름, 버스 09:00~19:10/30분~3시간 간격(여름 성수기 평일 기준, 토·일요일·공휴일 및 10~3월은 단축 운행)
PRICE 기차 21€~, 버스 4.30€
WEB www.sncf-connect.com(기차) www.ot-montsaintmichel.com(버스)

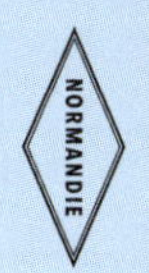

몽생미셸행 기차 티켓은 장거리 전용 자동판매기와 매표소에서 판매한다.

TGV

렌역

퐁토르송과 몽생미셸을 연결하는 버스

 | 플릭스 버스

유럽 전역을 커버하는 플릭스 버스가 파리에서 주 2~6회 직행버스를 1일 1회 운행한다. 보통 파리 서쪽 메트로 3호선의 기·종점인 퐁 드 레발루아 비콩(Pont de Levallois Bécon, 2존)역 옆의 파리 퐁 드 레발루아(Paris Pont de Levallois) 터미널에서 출발한다. 플릭스 버스는 탑승 위치와 운행 스케줄이 자주 바뀌니 예약할 때 탑승 위치를 반드시 확인한다. 티켓은 빨리 예매할수록 저렴하게 살 수 있고, 가끔 5€ 행사도 진행한다. 소요 시간은 약 4시간 30분.

TIME 08:00 전후
PRICE 19.99€~
WEB global.flixbus.com

*플릭스 버스는 파리 1~3존의 12곳에서 정류장을 유동적으로 운영한다. 티켓을 예매할 때 확인했더라도 수시로 변경될 수 있으니 이용하기 전에 다시 확인하자.

: WRITER'S PICK :
여행 팁

❶ 주차장 내 관광 안내소 Centre d'Information Touristique

각 지역을 연결하는 교통편과 숙박, 레스토랑, 가이드 투어 등을 안내한다. 무료 지도와 각종 팸플릿을 제공하며, 무료 화장실과 현금 인출기 등을 갖추고 있다. 코인로커는 약 100여 개 있으며, 유동적으로 운영한다. **MAP 467p**

GOOGLE MAPS JF6V+X6 beauvoir
ADD Le Bas Pays, 50170
OPEN 09:00~19:00(10~3월 10:00~18:00)/
1월 1일·12월 25일 휴무
BUS 버스에서 내려 몽생미셸을 바라보고 오른쪽 대각선 방향에 있는 긴 목조 건물. 도보 2분
WEB montsaintmichel.gouv.fr

❷ 몽생미셸 섬 입구의 관광 안내소 Office du Tourisme

주차장에 들르지 않았다면 이곳의 관광 안내소를 이용하자. **MAP 468p**

GOOGLE MAPS JFPQ+3Q 몽생미셸섬　　　**ADD** Grande Rue, 50170
OPEN 09:30~18:30(7·8월 ~19:00, 10월 ~17:30, 11~3월 10:00~17:00)/
4~6월·9~10월 일요일은 30분 일찍 폐장/일부 공휴일 휴무
WALK 섬 입구로 들어서자마자 오른쪽으로 도보 1분. 우체국과 같은 건물에 있다.
WEB www.ot-montsaintmichel.com

그랑드 뤼

❸ 슈퍼마켓과 식당가

수도원이 있는 섬으로 들어가면 좁은 골목(Grande Rue)을 따라 레스토랑과 상점, 호텔이 빽빽하게 들어서 있다. 워낙 많은 사람이 몰리는 곳이라 가격도 비싸고 불친절하기로도 유명하다. 주차장에서 출발한 셔틀버스가 중간에 정차하는 루트 뒤 몽(Route du Mont) 정류장 옆에도 간식거리를 파는 상점이 있다. 그중에서도 숙소가 모여 있는 몽생미셸 대로(Route du Mont Saint-Michel)에 있는 기념품 및 특산품 판매점 몽생미셸 갤러리(Les Galeries du Mont Saint-Michel)는 슈퍼마켓도 겸하며, 섬 안에 있는 가게들보다 저렴하다. 바로 옆에는 간단히 식사할 수 있는 브리오슈 도레가 있다.

OPEN 몽생미셸 갤러리 09:00~18:30/상황에 따라 유동적 오픈/겨울철 휴무일 잦음
WEB www.le-mont-saint-michel.com

몽생미셸 갤러리

❹ 몽생미셸 무료 셔틀버스, 나베트 Navette

몽생미셸행 버스가 도착하는 주차장의 관광 안내소 앞에서 섬 입구까지 무료 셔틀버스가 다닌다. 07:30~24:00에 약 12분 간격으로 운행하며, 숙소가 모여 있는 루트 뒤 몽(Route du Mont)과 포토 포인트로 유명한 댐이 있는 플라스 뒤 바라주(Place du Barrage) 정류장을 거쳐 섬 입구에 도착한다.

❺ 추천 코스

육지와 연결된 섬 몽생미셸은 멀리서 보면 섬 전체가 바다에 떠 있는 성처럼 보인다. 육지와 연결된 도로는 단 하나로, 버스나 차에서 내린 다음 모두 이 길로 걸어서 들어가거나 셔틀버스를 타고 간다. 섬 내의 주요 거리인 그랑드 뤼(Grande Rue) 양쪽에는 선물 가게, 호텔이나 레스토랑이 즐비하다. 성당과 수도원은 섬 꼭대기에 자리하며, 골목마다 숨겨진 박물관과 작은 성당도 만날 수 있다. 성벽 위 탑에 오르면 바다와 육지를 한눈에 조망할 수 있다. 썰물 때는 평소 볼 수 없는 수도원 서쪽과 북쪽 갯벌을 걸어 탐험할 수 있고, 대만조 때는 성 안까지 바닷물이 차오른다.

ROUTE 몽생미셸 주차장 → 셔틀버스 5분 → 몽생미셸 섬 입구 → 도보 7분 → 몽생미셸 수도원

대만조 때의 모습

+MORE+

몽생미셸 투어

몽생미셸까지는 가는 방법이 복잡하고 시즌 및 선로 공사나 날씨, 파업 등에 따라 기차 일정이 자주 바뀌기 때문에 파리에서 여행사 투어를 이용해 다녀오는 것이 편리하다. 투어는 아침 8시경 출발해 밤 10시경 도착하는 당일치기 일정이 많으며, 주변의 해안 도시를 한두 군데 더 돌아보거나 노르망디에서 하룻밤 묵었다 오는 등 투어 회사별로 상품이 다양하다.

몽생미셸 짐 보관소는 운영이 불규칙해요!

좁은 돌길과 계단이 많은 섬 특성상 무거운 짐은 이동 효율을 극도로 떨어뜨린다. 특히 수도원 내부는 대형 배낭이나 캐리어 반입을 엄격히 금지하며 테러 경보 수준에 따라 수하물 보관소 운영이 예고 없이 중단된다.
관광안내소 코인로커(2€)는 성수기(4~9월)에 조기 매진되거나 운영이 수시로 중단된다. 현장 상황이 공지와 다른 경우가 많으므로 안내소 보관 서비스에 의존하는 것은 위험하다. 몽생미셸 숙박객이 아니라면 짐을 최대한 가볍게 비우고 방문한다.
파리를 거치지 않고 이동한다면 렌역이나 퐁토르송역 등 인근 도시의 유료 보관 서비스를 이용한다. 최소 1일 전까지 예약 사이트를 통해 보관 장소를 확보하는 것이 안전하다. 보관소에 따라 현장 결제가 불가능한 곳도 있으므로 앱이나 홈페이지의 안내글을 잘 확인 후 이용한다.

PRICE 짐 1개당 5.90€~
WEB bounce.com
www.nannybag.com

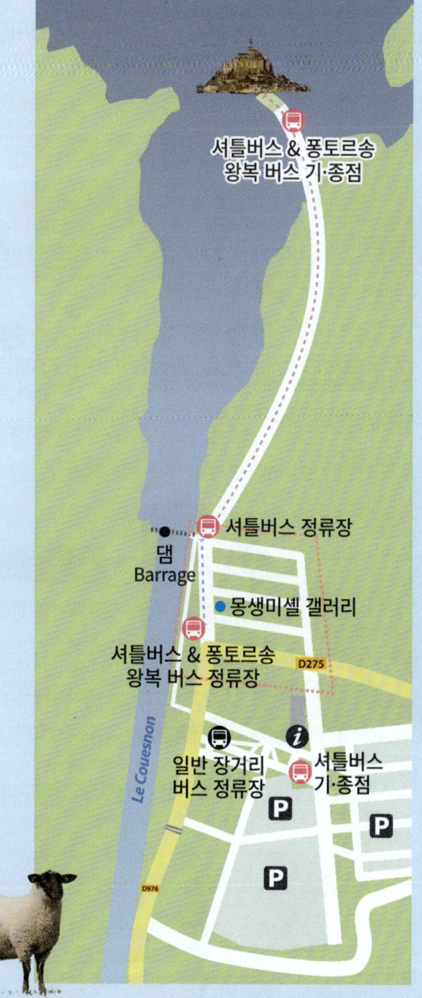

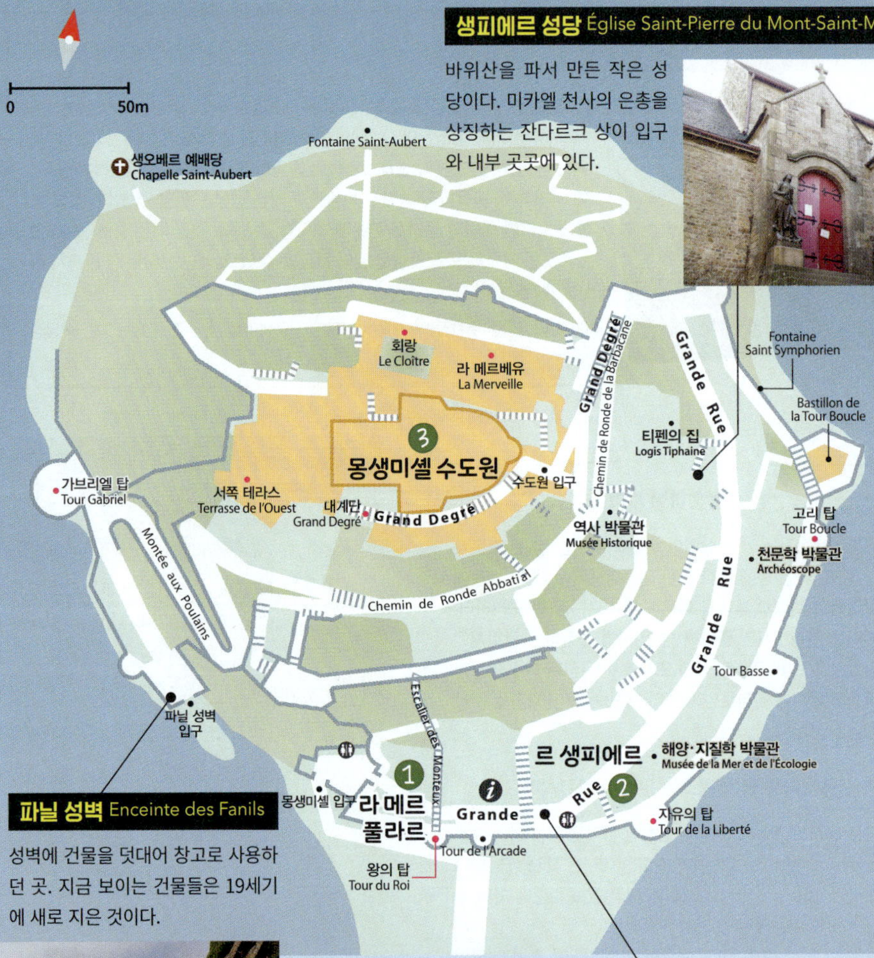

생피에르 성당 Église Saint-Pierre du Mont-Saint-Michel

바위산을 파서 만든 작은 성당이다. 미카엘 천사의 은총을 상징하는 잔다르크 상이 입구와 내부 곳곳에 있다.

파닐 성벽 Enceinte des Fanils

성벽에 건물을 덧대어 창고로 사용하던 곳. 지금 보이는 건물들은 19세기에 새로 지은 것이다.

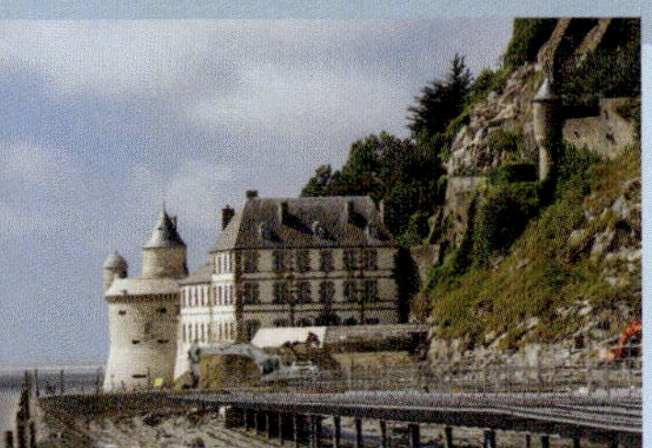

탑 Tour

가브리엘 탑(Tour Gabriel), 왕의 탑(Tour du Roi), 자유의 탑(Tour de la Liberté), 고리 탑(Tour Boucle) 등 13~16세기에 약 50m 간격으로 탑을 건축했다. 전투 때 대포를 쏘기 위해 뚫어놓은 구멍과 돌을 굴려 떨어뜨리던 곳 등 곳곳에 전쟁의 흔적이 남아 있다. 탑에 오르면 바다와 육지의 전경이 멋지게 펼쳐진다.

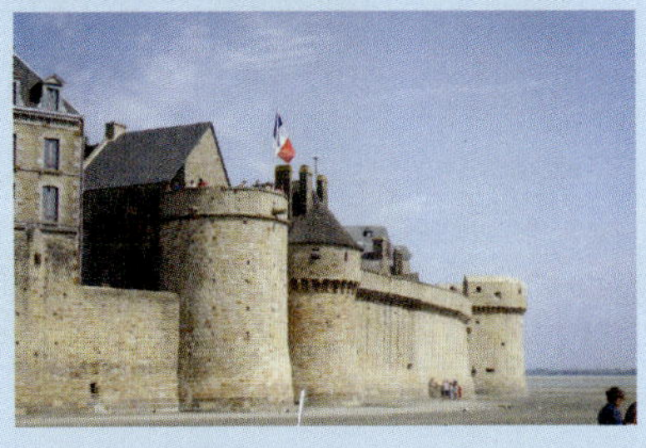

그랑드 뤼 Grande Rue

섬 입구에서 수도원 입구로 올라가는 길. 이름은 '큰길'이지만 실제로는 상점, 식당, 호텔 등이 양쪽에 촘촘히 들어서 매우 좁다.

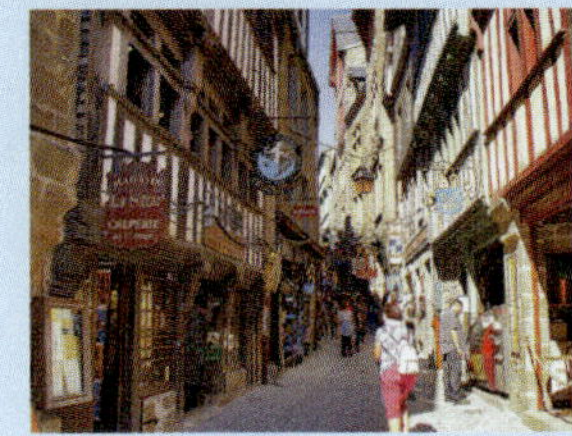

① 달걀요리의 진수
라 메르 풀라르 La Mère Poulard

1888년에 문을 연 호텔 겸 레스토랑. 몽생미셸을 찾은 전 세계 유명인이 맛본 여주인의 오믈렛과 비스킷으로 몽생미셸의 필수 방문 코스로 자리 잡았다. 오믈렛은 치즈와 달걀, 크림으로 만들어 우리 입맛에 느끼할 수도 있으니 일행이 여럿이라면 하나만 시켜 맛을 보고 다른 요리를 주문하는 것을 추천한다.

맞은편에는 샌드위치와 음료 등을 파는 테라스(La Terrasse de La Mère Poulard)가 있고, 골목 안쪽으로 들어가면 지점도 있다. 이곳 역시 오믈렛을 비롯해 간단한 요리를 제공하며, 전망은 오히려 더 좋다. 골목 곳곳에 풀라르 비스킷을 판매하는 상점이 있다. **MAP 468p**

GOOGLE MAPS 라메르 풀라르
ADD BP 18 Grande Rue, 50170
TEL 02 33 89 68 68
OPEN 11:30~15:00, 18:30~21:00
MENU 오믈렛 39€~, 세트 메뉴 59€~
WEB www.lamerepoulard.com

라 메르 풀라르의 대표 메뉴, 오믈렛

② 15세기 가옥에서 즐기는 노르망디의 맛
르 생피에르 Le Saint-Pierre

노르망디 지방의 명물인 오믈렛과 소금기 머금은 풀을 먹고 자란 양고기 요리를 맛볼 수 있는 곳. 특히 허브를 곁들인 새끼 양고기구이(Carré d'Agneau Rôti au Thym)는 누린내 없이 깔끔한 맛과 감칠맛 나는 특제 소스의 조화가 훌륭하다. 다만 15세기 가옥을 잘 보존한 곳으로 유명한 호텔은 내부 시설이 매우 낙후해 평이 좋지 않아 투숙을 권장하지 않는다. **MAP 468p**

GOOGLE MAPS JFPR+42 몽생미셸섬　　**ADD** Grande Rue, 50170
TEL 02 33 60 14 03　　**OPEN** 11:30~21:00
MENU 앙트레 6~16.50€, 오믈렛 22€, 양고기구이 33€, 세트 메뉴 29~74€
WEB www.auberge-saint-pierre.fr

노르망디와 브르타뉴의 또 다른 특산물, 양고기구이

③ 몽생미셸 수도원
Abbaye du Mont-Saint-Michel

해안에서 2km 정도 떨어진 섬에 우뚝 솟은 장엄한 건물로, 708년 사제 오베르가 꿈에 연속해서 세 번 출현한 성 미카엘의 계시를 받아 짓기 시작했다고 한다. 하지만 공사는 16세기까지 이어지는 난공사였고, 처음 예배당을 완공한 이후 계속 그 위에 층을 더하면서 로마네스크에서 고딕 양식으로 건물 형태가 바뀌었다. 외관만 보면 수도원이라기보다 성채 같은 느낌을 주는데, 실제로 영국과 백년전쟁(1339~1453)을 치를 당시에 요새 역할을 했다. 15세기 후반부터 일부를 감옥으로 사용하기 시작했고, 프랑스 혁명 중에는 체제에 반대하는 종교계와 정치계 인사들을 투옥해 '바다 위의 바스티유'라 불리기도 했다. 그 후 빅토르 위고를 비롯한 각계 인사들이 국가의 보물이라며 복구 운동에 나서자 1863년 나폴레옹 3세가 감옥을 폐쇄하고 수도원을 복원하기 시작했다. 1979년 유네스코 세계문화유산으로 지정되었고, 지금도 여전히 복원 중이다.

MAP 468p

GOOGLE MAPS 몽생미셸 수도원
ADD Abbaye du Mont-Saint-Michel, 50170
OPEN 09:30~18:00(5~8월 09:00~19:00)/폐장 1시간 전까지 입장/
조수 간만의 차에 따라 유동적으로 오픈/1월 1일·5월 1일·12월 25일 휴무
PRICE 4~9월 16€(16:00 이후 13€), 10~3월 13€/17세 이하 무료
WEB abbaye-mont-saint-michel.fr

바다 위의 신비한 수도원

몽생미셸 수도원 산책

3층으로 이뤄진 수도원은 본당이 있는 상층부를 먼저 둘러본 후 중간층, 하층으로 내려가도록 동선이 구성되었다.
운이 좋으면 성당에서 진행하는 미사 시간과 맞아떨어질 수 있는데, 이때 들려오는 아름다운 성가 소리는
수도원을 둘러보는 동안 잔잔한 감동을 더한다. 반가운 한글 안내서가 있으니 챙겨서 올라가자. 오디오 가이드는 5€.

I. Étage Supérieur 상층

❶ 서쪽 테라스 Terrasse de l'Ouest

전망이 탁 트여 주변의 경관을 감상하기에 좋은 곳이다.
날씨가 좋은 날에는 멀리 몽생미셸에서 서쪽으로 35km
떨어진 쇼제 군도(Îles Chausey)까지 보인다.

❷ 성당(본당) Église Abbatiale Saint-Michel

노르만 양식(고딕 양식 바로 이전의 양식으로, 높은 벽과 목조 천장 사이사이에 새겨 놓은 기하학무늬가 특징)으로 지은 성당. 본당의 첨탑 맨 꼭대기를 장식하고 있는 금빛 조상의 주인공은 오베르 주교의 꿈에 등장해 이곳에 수도원을 세우라고 명령한 대천사 미카엘이다.

❸ 회랑 Cloître

기도실로 가는 길을 따라 만든 지붕이 있는 회랑으로, 날씨가 험악한 날에도 수도사들이 비나 눈에 젖지 않게 하려고 만들어졌다. 기둥은 모두 석회암으로 돼 있다.

라 메르베유 La Merveille

1204년에 화재로 전소된 후 지은 고딕 양식의 건물로 대식당(상층), 회랑(상층), 기사의 방(중간층)이 여기에 속한다. 라 메르베유란 '기적'이라는 뜻으로 본당의 북쪽에 자리하고 있으며, 수도사들의 생활을 위한 일종의 종합실이다.

❹ 대식당 Réfectoire

밝은 빛이 환하게 들어오길 바란 건축가의 의도에 따라 독특한 채광창이 나 있는 식당이다. 수도사들은 각자 벽을 보고 앉아 조용히 식사했다고 한다. 대식당에 있는 계단을 따라 내려가면 손님의 방이 나온다.

오베르 대주교의 이마에 상처를 내는 미카엘 천사의 부조. 대식당에서 손님의 방으로 내려가는 계단 벽에 있다.

II. Étage du Milieu 중간층

❶ 손님의 방 Salle des Hôtes

성지 순례를 온 귀빈들을 맞이하던 곳으로, 연회장과 취침실로 쓰였다고 한다. '손님 한 명 한 명에게 그에 합당한 대우를 하라'는 베네딕트 수도회의 가르침에 따라 꾸며졌고, 주로 왕이나 귀족이 사용했다.

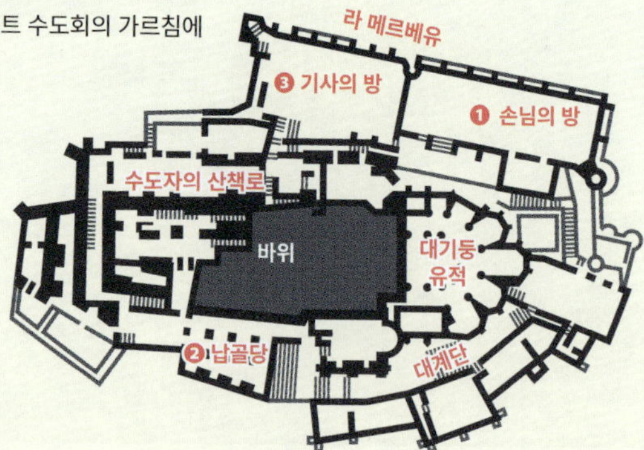

❷ 납골당 Ossuaire

과거 수도사들의 납골당으로 쓰인 곳이다. 커다란 도르래는 원래 수도원 위로 물건을 나르는 도구였으나, 수도원이 감옥으로 쓰이면서 죄수들을 위로 올리는 역할을 하기도 했다.

❸ 기사의 방 Salle des Chevaliers

고딕 양식으로 지은 이 방은 원래 필사본실로 사용되던 곳으로, 당시에는 아무나 들어갈 수 없는 금역(禁域)이었다. '기도와 노동'이라는 베네딕트 수도회의 규율에 따라 수도사들은 노동을 했는데, 그중 필사도 주요 노동 중 하나였다.

III. Étage Inférieur 하층

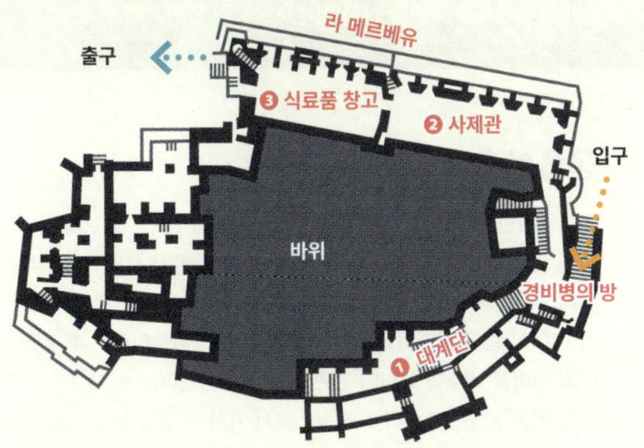

❶ 대계단 Grand Degré

입구에 들어서자마자 제일 먼저 보이는 큰 계단. 과거 전쟁이 나면 곧바로 봉쇄되어 위의 본당을 지키는 역할을 했다.

❷ 사제관 Aumônerie

로마네스크 양식으로 지은 이 방은 걸인들을 수용하던 곳이었다. 방 한쪽에 두레박을 설치해 상층에 있는 대식당에서 음식을 내려받았다고 한다. 창가에 붙어 있는 2개의 쓰레기 처리구는 음식 찌꺼기를 내려보낼 때 쓰였다.

❸ 식료품 창고 Cellier

본토에서 공급받은 식료품을 저장하던 곳. 대식당과 두레박을 연결해 식료품을 올려보냈는데, 그 두레박 통로가 구석에 있다. 지금은 기념품 상점과 전시관으로 사용하고 있다.

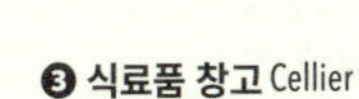

예술가의 흔적이 가득한

옹플뢰르 & 에트르타

Honfleur & Étretat

프랑스 북서부의 영국 해협과 맞닿은 지역, 노르망디는 깎아지른 듯한 절벽과 끝없이 펼쳐진 해안선이 무척이나 아름다운 곳이다. 이 절경에 반한 쿠르베와 모네, 세잔 등의 화가들이 이곳의 풍경을 그림에 담기도 했다. 바이킹의 후손이 정착한 곳이며, 숱한 영화와 드라마의 소재가 된 '노르망디 상륙작전'과 <괴도 뤼팽>의 무대이기도 하다. 노르망디 전통 목조 주택과 바다가 그림같이 어우러지는 해안을 산책하며 이국적인 분위기에 취해보자.

에트르타 & 옹플뢰르 가는 법

파리 생라자르역(Paris Gare Saint-Lazare)에서 기차를 타고 르 아브르역(Gare du Havre/Le Havre)으로 간다. 르 아브르역에서 각 도시로 가는 버스로 갈아탄다. 르 아브르역까지는 파리에서 약 2시간 10분 소요되며, 에트르타까지는 버스로 약 1시간, 옹플뢰르까지는 약 30분 소요된다. 옹플뢰르는 생라자르역에서 기차를 타고 트루빌-도빌(Trouville-Deauville)역에서 내려 버스로 갈아타고 갈 수도 있다.

두 도시 모두 기차와 버스 운행 횟수가 적고, 운행 스케줄도 시즌과 요일에 따라 자주 변경된다. 게다가 느긋한 프랑스 사람의 기질 덕에 시간을 제대로 지키지 않는 버스 기사도 많아 계획이 어긋나기 십상이다. 렌터카를 이용하는 경우가 아니라면 파리에서 출발하는 여행사 투어 상품을 이용하는 것을 추천한다.

프랑스 철도청 SNCF
WEB www.sncf-connect.com

옹플뢰르 버스
WEB nomad.normandie.fr

에트르타 버스
WEB www.transports-lia.fr

노르망디의 진주

옹플뢰르 Honfleur

알록달록한 전통 목조 가옥과 요트, 바다가 어우러진 항구의 풍경이 마치 한 폭의 그림 같아 '노르망디의 진주'라 불릴 정도로 아름다운 도시다. 센 강이 대서양과 만나는 하구의 북쪽에 위치한 르 아브르가 현대식 항구로 개발되면서 남쪽에 자리한 옹플뢰르는 주요 무역항의 자리를 내주고 쇠퇴해 관광 항구로 변신했다.

화려하던 과거를 증명하듯 프랑스에서 가장 오래된 목조 성당인 생트카트린 성당(Église Sainte-Catherine)이 항구 바로 옆에 있다. 4세기 초에 처음 지었으나, 15세기에 장인들이 바이킹의 건축 방식으로 도끼만 사용해 새로 지었다. 종탑과 성당 본채가 떨어져 있는 점과 고딕 양식이면서도 목조로 지은 점이 특이하다. 따뜻한 목재의 질감 덕에 돌로 지은 성당보다 훨씬 아늑하고 평화로운 분위기다.

모네의 스승인 외젠 부댕(Eugène Boudin), 수많은 광고와 영화에 등장하는 '짐노페디'를 작곡한 에리크 사티(Erik Satie)가 이곳 출신이며, 그들의 생가는 현재 박물관으로 운영되고 있다.

옹플뢰르 관광 안내소
GOOGLE MAPS C69M+9R 옹플뢰르
WEB www.ot-honfleur.fr

아몽 절벽에서 바라본
아발 절벽

화가들이 사랑한 코끼리 절벽
에트르타 Étretat

버스에서 내려 해안으로 가면 정면에는 짙푸른 바다가, 양쪽으로는 깎아지른 절벽이 끝없이 펼쳐지는 자연의 경이로움을 만나게 된다. 상부 노르망디(Haute-Normandie) 해안에 100km 이상 길게 이어지는 절벽 사이사이에 들어선 마을 중에서도 에트르타는 유독 예술가들의 사랑을 독차지했다. 양쪽 절벽 사이가 500m에 불과한 이 작은 마을은 예술가들이 작품으로 남기기 전에는 잘 알려지지 않은 그들만의 숨겨진 비밀 장소였던 것. 바다를 바라보고 왼쪽에 있는 아발 절벽(La Falaise d'Aval)에는 모파상이 별명을 붙인 '코끼리바위'와 '바늘'이 있다. 쿠르베, 부댕, 코로, 모네 등 내로라하는 화가들의 작품에 등장하는 절벽이다. 쿠르베는 폭풍우가 지나간 후 고요해진 하늘과 바다가 펼쳐진 모습을, 코로는 풍차가 있는 평온하고 순박한 모습을, 모네는 해가 지는 바다 한편에 우뚝 선 코끼리바위의 모습을 담아냈다. 이 풍경을 더 멋지게 감상하려면 오른쪽 아몽 절벽(La Falaise d'Amont)에 오르자. 20분 정도 가파른 언덕을 올라가면 대서양을 배경으로 펼쳐진 절벽과 하늘이 어우러진 풍광이 힘들게 올라온 수고를 싹 잊게 한다. 14세기에 지어진 언덕 위 예배당과 벤치는 멋진 풍경의 정점을 이루는 사진 배경으로도 인기다.

에트르타 관광 안내소
GOOGLE MAPS P654+28 에트르타
WEB lehavre-etretat-tourisme.com

아몽 절벽

가

가라앉는 집	358
간 여인숙-바르비종 화가 박물관	453
갈레트 카페	295
개선문(에투알)	116,187
갤러리 라파예트 샹젤리제 백화점	189
갤러리 라파예트 오스만	133,222
갤러리 비비엔	225
건축·문화 유산 단지	176
국립 고문서 박물관	314
국립 기메 동양 박물관	176
귀스타브 모로 미술관	365
그랑 트리아농	438
그랑 팔레	131,192
그르넬 거리	277
그르넬교	173
글라스 바시르	307
까레 쇼세 당탱	070
까르띠에 현대 예술 재단	150,212

나

낭만주의 박물관	365
노말	268
노즈	306
노트르담 대성당	093,246
놀이공원 박물관	380
누아르	231
뉴욕 거리	171
니심 드 카몽도 박물관	391
니콜라	067

다

달로와요	045
달리 파리	359
달리다의 집	362
대형 마구간	456
더 로우	227
데 갸토 에 뒤 팽	377
데롤	030
도버 스트리트 마켓 파리	321
동네	183
뒤팽 에 데지데	338
드리민 맨	345
드보브 에 갈레	288

디비노	325
디올 파리 30 몽테뉴	191
디즈니랜드 파리	394
딥티크	268

라

라 그랑 다르슈(신개선문)	147
라 뉴 케이브	235
라 데팡스	146
라 로통드	145
라 메르 풀라르	469
라 메종 뒤 미엘	235
라 메종 뒤 쇼콜라	044
라 메종 디사벨	260
라 메종 로즈	360
라 메종 플리송	328
라 발레 빌라주	078
라 빌레트	148,350
라 알 오 그랭	308
라 카페오테크	324
라 크레므리	297
라 크레프리 드 조슬랭	377
라 투르 다르장	265
라 트레소르리	343
라 파리지엔느	289
라 펠리치타	346
라뒤레	195
라방 콩투아 드 라 메르/테르	267
라부 여관(반 고흐의 집)	443
라브르부아 거리	
라스 뒤 팔라펠	328
라스파이 시장	276
라페루즈	264
랑방(본점)	229
레 두 마고	144
레 카타콩브	376
레 피포	267
레부양테	330
레스토랑 아모르	367
레스트라파드 광장	032
레종브르	181
레클레르 드 제니	045
레페토(본점)	226
레퓌블리크 광장(공화국 광장)	338

로그르	181
로댕 미술관	178
로저 비비에(본점)	229
로즈 베이커리	366
로지에르 거리	335
루브르 박물관	204
루브르 박물관 유리 피라미드	149
루이비통 메종 샹젤리제	188
루이비통 재단	151,388
루즈	077
루카스 카르통	238
뤽상부르 궁전	107
뤽상부르 정원과 궁전	275
르 86 샹 록시땅 x 피에르 에르메	196
르 그랑 카페	197
르 그랑 카페 카퓌신	237
르 돔	145
르 데 롱바르	301
르 로디아	377
르 루아 뒤 포토푀	236
르 루아르 당 라 테이에르	333
르 를레 가스콩	368
르 를레 드 랑트르코트	292
르 바 데프레	294
르 베아슈베 마레	314
르 봉 마르셰	122,277
르 생피에르	469
르 샬레 데 질	388
르 셀렉트	145
르 카페 마를리	214
르 카페 알랭 뒤카스	344
르 콕	384
르 투 파리	215
르 프티 마르셰	330
르19엠	352
르그랑 피 에 피스	067
르네 비비아니 광장	256
르네뒤몽 녹색 산책로	341
리옹역	341
리틀 브레즈	295

라

마들렌 성당	219
마레 지구	312

THIS IS
디스이즈파리
PARIS